生物化学

（第三版）

主　编　梁成伟　赵锦芳　饶　瑜

副主编　叶淑红　薛海燕　邵　化　李红丽

参　编　张久明　李凤梅　王　志　徐　宁
詹宏磊　徐　敏　刘媛媛　黄卓然
黄秀琼　王　凤

华中科技大学出版社

中国·武汉

内容提要

本书分为16章,包括生命现象的化学基础、糖化学、脂质化学、蛋白质化学、酶化学、核酸化学、维生素化学、激素化学、生物氧化、糖代谢、脂质降解与脂肪酸代谢、蛋白质降解与氨基酸代谢、核酸降解与核苷酸代谢、遗传信息传递、蛋白质合成、代谢调节控制等。第1章主要介绍细胞组成和细胞膜结构,为学习本课程打下基础;第2～8章是静态生物化学部分,主要介绍生物有机体的化学组成和性质;第9～16章为动态生物化学部分,主要介绍生物有机体的物质变化、能量变化和调控过程,包括合成代谢、分解代谢以及遗传信息的传递和表达。

本书可供高等院校生物化工、生物工程、生物技术、制药工程、食品工程、精细化工、环境工程、化学工程以及相关专业的师生、科研院所科研人员和企事业单位工程技术人员等使用。

图书在版编目(CIP)数据

生物化学 / 梁成伟，赵锦芳，饶瑜主编. -- 3版. 武汉 ：华中科技大学出版社，2024. 8. -- ISBN 978-7-5772-1138-1

Ⅰ. Q5

中国国家版本馆CIP数据核字第2024TJ4714号

生物化学(第三版)　　梁成伟　赵锦芳　饶　瑜　主编

Shengwu Huaxue(Di-san Ban)

策划编辑：王新华
责任编辑：王新华
封面设计：原色设计
责任校对：朱　霞
责任监印：周治超
出版发行：华中科技大学出版社(中国·武汉)　电话：(027)81321913
武汉市东湖新技术开发区华工科技园　邮编：430223
录　　排：华中科技大学惠友文印中心
印　　刷：武汉市洪林印务有限公司
开　　本：787mm×1092mm　1/16
印　　张：27.75
字　　数：693千字
版　　次：2024年8月第3版第1次印刷
定　　价：69.80元

第三版前言

生物化学就是生命的化学，它是用化学方法和化学理论研究生命过程的化学变化和能量代谢的一门科学。在美国生物化学与分子生物学会会刊(《Journal of Biological Chemistry》)的创刊词中有这样一句话："生物学的未来取决于那些用化学观点来解决生物学问题的人。"现代生物化学起源于 1897 年 Büchner E. 的偶然发现，即不存在完整细胞时，酵母的无活细胞抽提液能够发酵葡萄糖，产生乙醇和二氧化碳。他将这种可溶性物质命名为酶，从而终止了人们长期奉守的"活力论"观念(即发酵需要完整的细胞作用)。经过一个多世纪的扩张和延伸，目前已形成一系列研究领域，包括酶化学、分子生物学、结构生物学、基因组学、蛋白质组学、生物信息学、代谢物组学和糖组学等。

生物化学旨在研究构成生命的化学物质，以及这些物质变化的过程。生物化学是生物科学中较活跃的核心学科之一，是现代生物学和生物工程技术的重要基础。工业、农业、医药、食品、能源、环境科学等越来越多的研究领域都以生物化学理论为依据，并以其实验技术为手段。

生物化学内容十分广泛，新的理论和研究成果与日俱增，为此，我们组织在教学第一线从事多年生物化学理论与实验教学、具有丰富工作经验的教师编写了此书。在编写过程中，我们尽量保证教材内容的科学性、准确性、系统性和实用性，并力求做到概念清晰、文字简练、图文并茂。本书共分 16 章，主要内容包括糖类、脂类、蛋白质、酶、核酸、维生素与激素等生物大分子的结构、性质、功能及在生物技术中的应用，物质代谢和能量代谢的一般规律和代谢过程的调控机制，以及生物信息的传递和蛋白质的合成。

"青年兴则国家兴，中国发展要靠广大青年挺膺担当。年轻充满朝气，青春孕育希望。广大青年要厚植家国情怀、涵养进取品格，以奋斗姿态激扬青春，不负时代，不负华年。"习近平总书记在二〇二三年新年贺词中对我国青年寄予厚望，并且在党的二十大报告中指出要实施科教兴国战略。在祖国科技迅猛发展的背后，是一代又一代科学家为之奉献的一生。本书在编写过程中分享了一些我国科学家艰苦探索、勇于创新取得骄人科技成果的案例，希望读者通过阅读，感受到科学的精神，以及我国科学家的爱国情怀、创新思想和人格魅力。

本书由梁成伟、赵锦芳、饶瑜担任主编。编写人员包括：青岛科技大学梁成伟、张久明、李凤梅，湖北工业大学赵锦芳、王志、徐宁，西华大学饶瑜、徐敏、刘媛媛，大连工业大学叶淑红、詹宏磊，陕西科技大学薛海燕，郑州轻工业大学邵化，郑州大学李红丽，淮北师范大学黄卓然，邵阳学院黄秀琼、王凤。

在本书编写过程中，借鉴和参考了国内外大量的相关教材和论文，第一版、第二版作者付出了大量的劳动，打下了良好的基础，在此一并表示衷心的感谢！

本书可供高等院校生物化工、生物工程、生物技术、制药工程、食品工程、精细化工、环境工程、化学工程以及相关专业的师生、科研院所科研人员和企事业单位工程技术人员等使用。

由于编者水平有限,书中难免存在不足之处,敬请读者批评指正。

编　者

目　　录

绪　　论

生物化学(biochemistry)起源于19世纪的欧洲,当时,由于有机化学和实验生理学的兴起和迅速发展,很多科学家开始研究生命有机体的化学组成和与生理功能有关的化学变化。1828年 Wöhler F. 首次在实验室中用氰酸铵合成了一种有机物——尿素,打破了有机物只能靠生物产生的观点。1860年 Pasteur L. 证明发酵是由微生物引起的,但他认为必须有活的酵母才能引起发酵。1897年 Büchner 兄弟发现酵母的无细胞抽提液可进行发酵,从而证明没有活细胞也可促发如发酵这样复杂的生化反应。后来,很多在欧洲实验室接受训练的美国科学家将这些工作引入美国,开始了动物化学、农业化学、医学化学和生理化学方面的研究,并将与生命体化学研究有关的各个领域组合在一起,称为生物化学或生物的化学。第一本用于报道相关成果的杂志《Journal of Biological Chemistry》也于1905年在美国出版。这个时期的研究工作,主要是对生物体的静态描述,包括对生物体的各种成分进行分离、纯化、结构测定、合成及理化性质的研究等。1926年 Sumner J. B. 制得脲酶结晶,并证明它是蛋白质。随后,伴随着化学及物理学科的发展,有关生物化学方面的研究开始有了长足的进展。生物学家和有机化学家们开始将研究的重点转向生物体中各种物质的转化及其发生转化的机理,使得人们对各种生物分子的代谢机理和途径有了更深入的理解,因此将这段发展时期称为动态生化阶段。此期间最突出的成就是确定了糖酵解、三羧酸循环以及脂肪分解等重要的分解代谢途径。20世纪50年代以后,科学家更加专注于研究生物大分子的结构与功能。通过生物化学的发展,以及与物理学、微生物学、遗传学、细胞学等其他学科的渗透,产生了分子生物学,并成为生物化学研究的主体。1901—1950年,仅有3位诺贝尔奖获得者是从事生物化学研究工作的,而在随后的半个世纪中却有大约40位诺贝尔奖获得者是生物化学家。

1. 生物化学的含义

生物化学就是生命的化学,它是用化学的基本理论和基本方法研究生命现象、探索生命奥秘的一门基础理论学科。生物化学主要研究生命物质的化学组成与结构、生物大分子的结构与功能、生命活动过程中所进行的化学变化以及与生理机能相关的物质代谢规律和基因信息的传递与调控。生物化学并不是简单地研究生命的化学过程,而是研究生命过程中伴随化学变化引起的能量变化和生物体内分子的生理功能等。因此,尽管生物化学与化学、生理学和医学等有着密切的联系,但作为一门独立的学科,生物化学又有着自己独特的研究对象和研究内容。

20世纪60年代以来,生物化学与其他学科融合产生了一些交叉学科,如生化药理学、古生物化学、化学生态学等。生物化学按照研究对象不同,分为动物生化、植物生化、微生物生化等;按照应用领域不同,又分为医学生化、农业生化、工业生化、营养生化等,如果再细分,医学生化还可分为神经生化、肝胆生化、血液生化等,农业生化还可分为果树生化、昆虫生化、作物生化等。

2. 生物化学的发展

虽然生物化学作为一门新兴的学科,仅有100多年的历史,但是人类在长期的生产和社会实践活动中,早已积累了不少有关农业生产、食品加工和医学方面的生物化学知识。例如,早在新石器早期,中国已有稻米、山楂果和野葡萄的发酵物出现。公元前200年左右,我国古人就已掌握酱油和食醋的生产技术。而且,中国人在很久以前就开始用谷物中的糖类物质酿酒,只是还不知道糖为什么会转化为酒精。随着近代化学和生理学的发展,生物化学逐步形成。例如,18世纪,法国人证实了呼吸过程是一个氧化过程;英国人发现了氧气,并指出动物消耗氧气而植物产生氧气;荷兰人证明在光照条件下绿色植物吸收二氧化碳并放出氧气。19世纪末20世纪初,生物化学发展成为一门独立的新型学科。生物化学的发展大致可分为以下三个阶段。①生物化学形成的初级阶段(从19世纪末到20世纪30年代),这个时期主要是处于一种静态的描述性或叙述性阶段,因此被称为静态生物化学或叙述生物化学,主要研究生物体的化学组成,对生物体的各种成分进行分离、纯化、结构测定、合成及理化性质的研究。标志性成果包括糖的结构的确定,蛋白质的肽键连接、酵母发酵过程中"可溶性催化剂"的发现等。②生物化学的发展阶段(20世纪30—50年代),也称动态生物化学阶段,其主要特点是研究生物体内物质的变化,即生物体内的物质代谢途径。标志性成果包括糖酵解、三羧酸循环、脂肪分解等重要的分解代谢途径的确定。③生物学发展的分子生物学阶段(20世纪50年代至今),此期间以蛋白质与核酸为研究的焦点,主要特点是研究生物大分子的结构与功能。标志性成果包括蛋白质α-螺旋二级结构形式的发现、DNA双螺旋结构模型的提出、重组DNA技术的建立等。

21世纪初,人类基因组计划的实施加快了人类认识生命的步伐,使21世纪成为生物学世纪。在21世纪初的20年间,先后有科学家在认识和改造生命领域获得惊人的成就,英国科学家Gurdon J. B.和日本科学家Yamanaka S.在细胞核重新编程技术领域贡献卓著,这项技术可将成熟体细胞重新诱导回早期干细胞状态,以用于发育成各种类型的细胞;之后,两位女科学家Charpentier E.和Doudna J. A.开发出一种基因组编辑方法即CRISPR-Cas9基因剪刀,它可以极其精准地改变生物(包括动物、植物和微生物等)的DNA。这些技术对生命科学产生了革命性的影响,对人类疾病的治疗、健康的保持和生命的延续具有难以估量的作用。

生物化学发展过程中的重大发现主要有:

1897年　发现酵母细胞质能使糖发酵
1902年　创立了肽键理论
1926年　获得脲酶结晶,并证明酶就是蛋白质
1944年　证明遗传信息在核酸上
1953年　完成胰岛素的氨基酸(amino acid, AA)序列测定
　　　　提出DNA双螺旋结构模型
1958年　确定了肌红蛋白的立体结构
1970年　发现了DNA限制性内切酶
1972年　DNA重组技术的建立
1990年　实施人类基因组计划
1997年　首次不经过受精,直接使用成年母羊体细胞的遗传物质获得克隆羊

2000 年　完成人类基因组草图绘制，进入后基因组时代

2006 年　发现诱导多能干细胞(induced pluripotent stem cells，iPS cells，又称为万能细胞)，建立细胞核重编程技术

2012 年　发现 CRISPR-Cas9 可作为基因编辑工具

我国生物化学的开拓者——吴宪教授

我国也为生物化学的迅猛发展作出了不可替代的贡献。我国的生物化学家在血液生化、免疫化学、蛋白质变性理论、血红蛋白变异、植物肌动蛋白结构、生物膜结构与功能、药物提取、细胞凋亡的分子机制和人类葡萄糖转运蛋白 GLUT1 的三维晶体结构研究等方面取得具有国际先进水平的研究成果。特别是，1965 年人工合成结晶牛胰岛素；1972 年用 X 射线衍射法测定了猪胰岛素的空间立体结构；1981 年底在全球首次人工合成化学结构与天然分子完全相同并具有生物活性的酵母丙氨酸 tRNA；2000 年我国作为唯一的发展中国家参加了人类基因组计划，并出色地完成了 1%的测序任务；2017 年我国科学家在真核生物基因组设计与化学合成方面取得重大突破，完成了 4 条真核生物酿酒酵母染色体的从头设计与化学合成。这些成果推动了我国科技的自立自强，为我国建设创新型国家作出了贡献。

3. 生物化学的研究内容和研究方向

生物化学主要研究生物分子的结构和物理性质、酶促反应机理、代谢的化学调控、遗传的分子基础和细胞中的能量利用等。

虽然生物体成分的分析与鉴定是生物化学发展初期的研究特点，但很多新物质仍在不断被发现，如干扰素、环核苷酸、钙调蛋白、粘连蛋白、外源凝集素等。某些已发现的物质也会被发现具有新的功能，例如，一直以来被认为是分解产物的腐胺、尸胺及精胺等就具有多种生理功能，如参与核酸和蛋白质合成的调节，对 DNA 超螺旋起稳定作用，以及调节细胞分化等。因此，有关生物有机体中结构组成的研究仍然是生物化学的重要研究内容。

生物体的生命活动需要物质与能量，新陈代谢是有机体内完成物质转化和能量代谢的根本途径。通过分解代谢和合成代谢，有机体将环境中取得的物质转化为体内自身组成的新物质，并为生命活动提供能量。生物化学与化学变化紧密相关，生物化学一直致力于研究生命系统中各种物质的代谢途径及其调控机制。

通过改变蛋白质的结构基因，在指定部位获得经过改造的蛋白质分子，是 20 世纪末兴起的生物化学研究新领域，也是蛋白质工程的主要研究内容。这一技术不仅为研究蛋白质的结构与功能关系提供了新的途径，而且为制备具有特定功能的新蛋白质提供了广阔前景。

核酸是生物信息的携带者，对核酸结构与功能的研究阐明了基因的本质及生物体的遗传信息流。基因表达的调节控制是分子生物学研究的中心问题，也是核酸结构与功能研究的重要内容。有关基因调控方面的知识多来自原核生物研究，真核生物基因的调控尚待深入探讨。

糖是生物体能量的主要来源，糖链结构的复杂性使其具有很大的信息容量。特别是寡糖，对于细胞专一性识别某些物质并进行相互作用，进而影响细胞代谢具有重要作用。糖是生物信息流的关键节点，与核酸一样也是生物信息大分子，由于寡糖结构与功能研究日渐重要，从而产生了糖组学这一专门研究领域。

生物大分子的功能多样性与其特定结构密切相关，结构分析技术的进展使人们能在分子水平上深入研究它们的结构与功能关系。生物体内几乎所有的化学反应都是酶催化下进

行的,酶具有催化效率高、专一性强等特点,而这些特点取决于酶的结构。生物化学与结构化学紧密相关,为了理解结构与功能之间的相互关系,生物化学试图测定生命系统中的分子结构。

生物化学既是各门生物学科发展的基础,其本身又是现代生物学中发展最快的一门前沿学科。它的迅猛发展为各门生物学科的研究提供了新的理论和方法,深刻影响了细胞学、微生物学、遗传学、生理学等领域的研究,同时也为应用生物学(如发酵工业、生物制品、纺织印染、皮革加工、生物制药、临床医学、食品和生物工程等)奠定了重要的理论基础。生物化学作为生物学和物理学之间的桥梁,将生命世界中所提出的重大而复杂的问题展示在物理学面前,产生了生物物理学、量子生物化学等交叉学科,从而丰富了物理学的研究内容,促进了物理学和生物学的发展。

4. 大分子结构与功能的关系

随着结构化学、结构分析技术的迅速发展,以及向生物学科的交叉渗透,生物化学中的一个重要研究领域——结构分子生物学正在加速发展。它是在分子水平上从化学结构和空间结构角度研究和阐明生物学中的重要科学问题,生物大分子结构和功能的研究是生物化学研究中的重要课题。事实上,生物大分子的功能不仅与其一级结构有关,而且与其三维结构有关。酶的催化机理、基因表达调控中的分子相互作用、膜的运输及免疫机制等,都要从生物大分子空间结构的角度去了解。完整、精确、实时(动态)测定生物大分子的三维结构是结构生物学研究的基本要求,目前主要采用的研究方法有X射线单晶衍射分析、核磁共振技术、扫描隧道显微技术和原子力显微技术,以及计算机和资料分析技术等。生物大分子结构与功能研究包括蛋白质、核酸、寡糖、脂和酶等生物大分子及其复合物的结构、结构与功能的关系,以及生物大分子之间的相互识别和相互作用。

通常认为蛋白质的空间结构是由蛋白质的氨基酸序列决定的,但Anfinsen C. B.对核酸酶变性与复性的研究揭示了氨基酸序列和生物活性构象间的关系,并进一步把有关研究成果总结为“热力学假定”:在正常的生理环境(溶液、pH值、离子强度、其他成分如金属离子和与蛋白质紧密结合的非氨基酸基团的存在、温度等)中,天然蛋白质的三维结构是使整个系统的Gibbs自由能最低的结构,也就是说,在给定的环境中,天然构象是由氨基酸序列决定的。与简单的“序列决定结构”相比,这个假定特别强调了环境条件,不同条件下可能有不同的构象。由于相互作用也可能引发构象的改变,而生物活性总是在不同程度上与构象变化相联系,因此,生物大分子结构与功能的研究,不仅仅需考虑分子结构与功能间的相互关系,更应研究生物大分子构象与生物活性间的相互联系。

5. 生物化学与现代生物技术

生物化学的发展加快了现代生物技术的开发和应用。现代生物技术是以生命科学为基础,利用生物的特性和功能,设计、构建具有预期性能的新物质或新品系,以及与工程原理相结合加工生产产品的综合性技术。它包括对生物的遗传基因进行改造或重组,并使重组基因在细胞内表达,产生人类需要的新物质的基因工程技术;从简单、普通的原料出发,设计最佳路线,合成所需功能产品的发酵工程技术;利用生物细胞大量加工、制造产品的细胞工程技术;分离纯化工业用酶,并进行分子生物学改造和修饰,以获得理想的生产用酶制剂,从而进行酶催化工业生产的酶工程技术;研究蛋白质结构及结构与功能关系的蛋白质工程。基因工程技术与生物信息密切相关,生物遗传信息理论的深入研究促进了基因工程技术的发展，很多基因工程技术都是建立在核酸及其分子生物学理论的基础上的。代谢理论的发展和代谢途径不断被揭示，促进了发酵技术的发展，很多生物产品的开发研究都是以代谢途径及代谢调控为指导的，没有代谢理论的发展，也就没有发酵行业的技术进步和新产品的出现。

6. 生物化学在工农业生产中的应用

生物化学与工业、农业生产密切相关，生产过程中发生的许多问题不断地向生物化学提出各种要求和课题，从而推动了生物化学的不断发展，而生物化学的发展与延伸又为工农业生产提供理论基础和技术支持。

生物化学是发酵工业的重要理论基础，发酵工业中所涉及的各种产品生产都与动物、植物和微生物等的生物代谢有关。在发酵工业中，微生物细胞内的酶系种类和性质的差别导致微生物代谢类型的多样性和复杂性，从而使发酵产品多种多样，对原料也有不同的选择和要求，生产工艺也各具特色。生物工程是以获得产品为主要目的的一门应用学科。它的研究内容是如何利用各种生物体最大限度地进行人类所需产品的生产。生物代谢的调节和控制是提高产品的质量和产率的重要理论基础，它是阐明发酵机理、选择工艺途径、提高产品质量、探索新工艺和研制新产品等的基本保证。

化工行业中的大多数生产都是在高温高压条件下进行的，这与生物反应恰好相反，因此很多化工产品的开发研究都试图采用生物催化方法进行。能源短缺或枯竭在中国尤为严重，国内的石油开采技术已由二次采油开始向三次采油发展，三次采油的实质就是根据微生物生物代谢原理进行的。石油运输的管道化也要求通过生化技术降黏脱蜡，以降低运输成本。生物反应器的开发研究也与生物化学密切相关，反应器设计中的很多参数都需要生物化学理论的支持。

第1章 生命现象的化学基础

细胞是生命体活动的基本组成单位，主要由细胞壁、细胞膜、细胞质、核质体和各种细胞器组成。生命体内所有的生理功能和化学反应都是在细胞及其合成排泄基质的基础上进行的。生物按照组成个体的细胞数可分为单细胞生物与多细胞生物，后者由许多细胞共同组成个体，这些细胞分司不同功能以维持个体生存。细胞内各种生物分子的化学与空间结构、生物分子间的化学反应、生物分子的合成与降解、物质代谢与能量代谢的调控以及遗传信息的传递与表达等是生物化学研究的主要内容。

1.1 细胞的分子构成与类型

细胞是生命活动的基本结构和功能单位，它是由膜包被的一种原生质(protoplasm)团，通过质膜与环境进行物质和信息交流。细胞具有自我复制能力，是有机体生长发育的基础。细胞是代谢与功能表达的基本单位，具有一套完整的代谢和调节系统。细胞是遗传的基本单位，具有遗传的全能性。

1.1.1 细胞的化学基础

组成细胞的基本元素包括氧、碳、氢、氮、硅、钾、钙、磷、镁等，其中氧、碳、氢、氮4种元素占90%以上。所有细胞都是由水、蛋白质、糖、脂、核酸、盐和各种微量有机物组成的(表1-1)。

表1-1 细胞化学组成(以某种细菌为例)

化学成分	细胞中的质量分数/(%)	分子的种类
水	70	1
无机离子	1	20
简单糖及其前体	1	250
氨基酸及其前体	0.4	100
核苷及其前体	0.4	100
脂肪酸及其前体	1	50
大分子(蛋白质、核酸和多糖)	26	3 000
其他小分子	0.2	300

1. 水

水是生物化学的核心，不仅因为它是细胞中含量最高的分子，还因为几乎所有生物分子的结构和功能都与其周围水的理化性质相关；水是生化反应最主要的介质，也是代谢物、营养物和排泄物在细胞内和细胞间运输的介质；水还是代谢过程中很多化学反应的直接参与者。相邻水分子间的关系是靠氢键维系的，这种氢键赋予水分子某些独特的性质，对于细胞具有非常重要的作用。

1）水的功能

水在细胞中既是反应物，又是反应介质，水分子参与生命活动的很多重要生物化学反应。例如，在大分子的合成过程中水是产物，而在分解反应中水是反应物。水分子的极性特点使水成为各种生物分子和离子的最好溶剂，通过形成氢键而使这些分子和离子溶解(图 1-1)。水在细胞中参与细胞有序结构形成，调节温度，参加酶反应过程。

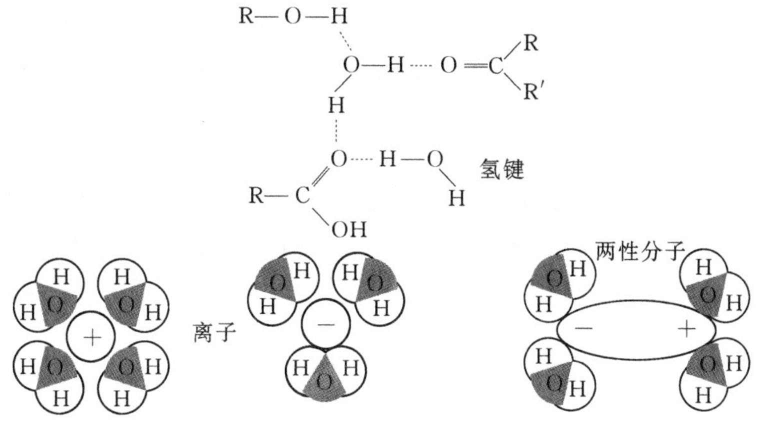

图 1-1　水的溶剂化作用

2）水的存在方式

虽然水的分子式是 H_2O，但部分水分子是以解离状态存在的，即 $H_2O \longrightarrow H^+ + OH^-$。细胞内 H^+ 浓度对生物体内正常生理活动的维持非常重要，任何生化反应都需要在稳定的 pH 值条件下进行，否则环境的 pH 值会改变溶液中分子的带电状况而影响生化反应。细胞中的水能以游离态和结合态两种形式存在，游离态水是细胞代谢反应的溶剂，约占细胞内全部水的 95%；结合态水则以氢键或其他键与蛋白质结合，约占 4.5%，是原生质结构的一部分。随着细胞的生长和衰老，细胞含水量逐渐下降，但是活细胞含水量不低于 70%。

(1) 水分子是偶极子。在化学结构上，1 个水分子仅由 2 个氢原子和 1 个氧原子组成，但水分子中的电荷分布是不对称的，一侧显正电性，另一侧显负电性，是典型的偶极子。这种偶极特性使水分子既可以同蛋白质中的正电荷结合，也可以同负电荷结合，蛋白质中 1 个氨基酸平均可结合 2.6 个水分子。

(2) 水分子可形成氢键。由于水分子是偶极子，因而在水分子间和水分子与其他极性分子间可形成氢键。水分子中的每个氧原子可与另两个水分子中的氢原子形成两个氢键。

(3) 水分子可解离为离子。水分子可解离为氢氧根离子(OH^-)和氢离子(H^+)，但这种解离并不稳定，经常处于分子与离子相互转化的动态平衡。

2. 无机盐

细胞中无机盐的含量很少，约占细胞总重的 1%。盐在细胞中一般以离子状态存在，通过离子浓度调节细胞内的渗透压和维持酸碱平衡，以保持细胞的正常生理功能，同时也可以同蛋白质或脂类结合，组成具有特定功能的结合物。根据在细胞中的功能不同，无机盐大致可以分为四类：

(1) 大分子的结构成分，主要由 C、H、N、O、P、S 等元素组成；

(2) 各种酶反应所需的主要离子,包括 Ca^{2+}、Cu^{2+}、Mg^{2+}、K^{+}、Na^{+}、Cl^{-}等;

(3) 各种酶活性所需的基础微量元素,包括钴、铁、锰、锌等;

(4) 某些生物需要的特殊微量元素,如碘、铯、溴等。

3. 有机小分子

细胞内含有四类有机小分子,即糖、脂肪酸、核苷酸和氨基酸。

1) 糖

糖是细胞的营养物,包括单糖、寡糖(2~6 个糖)和多糖,其中多糖属于生物大分子。糖不仅是细胞代谢所需要的能量物质,很多寡糖也被证明具有生物活性,是重要的遗传信息分子。

2) 脂肪酸

脂肪酸是脂类的主要成分,细胞内几乎所有的脂肪酸分子都是通过其羧基与其他分子共价结合形成复合物。各种脂肪酸的碳链长度及所含C═C数目和位置的不同,决定了它们不同的化学特性。脂肪酸是热值较高的能量储存物质,在细胞内最重要的功能是构成细胞结构。

3) 核苷酸

核苷酸是组成核酸的基本单位,每个核苷酸分子由一个戊糖(核糖或脱氧核糖)、一个含氮碱基(嘧啶或嘌呤)和一个磷酸脱水缩合而成,核苷酸中碱基在核酸中的排列顺序是遗传信息的表征。

4) 氨基酸

氨基酸是组成蛋白质的基本单位,蛋白质中的氨基酸是通过一个氨基酸的羧基与另一个氨基酸的氨基形成的肽键而首尾相连的。组成蛋白质的氨基酸主要有 20 种,氨基酸分子中侧链的差异决定了氨基酸化学性质的不同。

4. 生物大分子

细胞内的生物大分子包括多糖、核酸、蛋白质和脂类,细胞内大约有 3 000 种生物大分子,负责组成细胞的基本结构并执行细胞的基本功能。

1) 多糖

多糖是细胞内重要的能量物质和细胞壁的结构组分。糖通过与蛋白质结合形成糖蛋白,从而影响蛋白质分子的理化性质和生物学功能。在已发现的蛋白质中,50%以上的蛋白质都是糖基化的。蛋白质的糖基化是糖作为生物活性分子实现生物学功能所必需的,去除或破坏糖基化会使蛋白质失去生物学功能。

2) 核酸

脱氧核糖核酸是一种由两条 DNA 分子链组成的双螺旋分子,是遗传信息的携带者。核糖核酸是由 DNA 分子转录而得到的,根据其功能不同分为 tRNA、rRNA 和 mRNA。另外,还有一些存在于细胞核和细胞质中的小分子 RNA。

3) 蛋白质

蛋白质是细胞内行使各种生物学功能的生物大分子。很多蛋白质分子都是由两个或两个以上结合紧密的功能区域构成的,这种区域称为结构域(domain)。结构域在功能上具有半独立性,可与不同的因子结合。

5. 细胞结构系统

细胞的生命活动是高度有序的，细胞内的化学物质有规则地分级组成复杂的细胞结构，如核糖体、细胞核、高尔基体等。细胞结构系统可以粗略地分成五级结构：

(1) 构成细胞的小分子有机物，包括核苷酸、氨基酸、葡萄糖、软脂酸等；

(2) 由小分子单体结合成生物大分子，包括 DNA、RNA、蛋白质、多糖等；

(3) 由生物大分子进一步形成细胞的高级结构，如细胞膜、核糖体、染色体、微管、微丝等；

(4) 由生物大分子和细胞的高级结构组成具有空间结构和生物学功能的细胞器，如细胞核、线粒体、叶绿体、内质网、高尔基体、溶酶体、微体等；

(5) 由细胞器组成完整细胞。

1.1.2 细胞类型与结构

1. 原核细胞

原核细胞(prokaryotic cell)没有核膜，遗传物质多集中在一个没有明确界限的低电子密度区。DNA 为裸露的环状分子，通常没有结合蛋白，没有恒定的内膜系统，核糖体为 70S 型。原核细胞的基本特点是遗传信息量少，内部结构简单，不具有特殊结构与功能的细胞器与核膜。

细菌(图 1-2)是原核细胞的代表，在自然界中分布最广，个体数量最多。细菌主要由细胞壁、细胞膜、细胞质、核质体等部分构成，有的细菌还有荚膜、鞭毛、菌毛等特殊结构。细菌没有细胞核结构，仅为 DNA 与少量 RNA 或蛋白质结合物，也没有核仁和有丝分裂器。由于细菌没有核膜，RNA 的转录与蛋白质合成没有空间的隔离，所以细菌的 RNA 转录与蛋白质翻译几乎是同步进行的。很多细菌细胞中还含有核外 DNA，即质粒 DNA。质粒是比染色体小的遗传物质，为环状的双链 DNA，常常赋予细胞各种抗生素抗性。

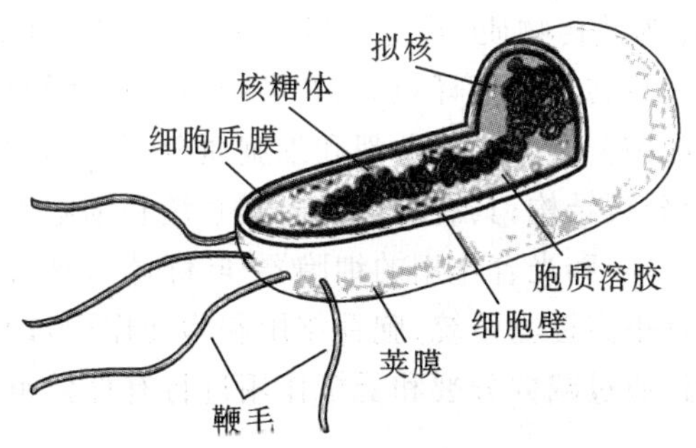

图 1-2 典型的细菌细胞形态结构

2. 真核细胞

真核细胞是以生物膜为基础，经进一步分化，使细胞内形成许多具有不同功能结构的细胞器(organelles)。细胞器是细胞中具有可辨认形态和能够完成特定功能的结构。真核细胞中主要含有以下各种细胞器。

(1) 细胞核由核膜包被，膜上有核孔，核内有核仁，核仁含大量 RNA，其余的核质部分则散布着染色质(chromatin)，染色质含遗传物质 DNA。

(2) 内质网(endoplasmic reticulum)是在细胞中由膜围成的一个连续的管道系统，是蛋白质合成及输送系统,依外形分为粗面内质网和光面内质网。粗面内质网的膜上附着颗粒状的核糖体(ribosome),主要用于蛋白质合成;光面内质网表面没有核糖体,主要参与脂类合成。

(3) 高尔基体(Golgi body)由扁囊和小泡组成,与细胞的分泌活动和溶酶体的形成有关,是细胞内蛋白质的集散地与加工厂。

(4) 细胞骨架系统(cytoskeleton system)由许多微管、微丝和中间纤维等交错构成,用于支持细胞,并进行细胞运动、胞内运输及细胞分裂。

(5) 线粒体(mitochondria)是由双层膜围成的与能量代谢有关的细胞器,是细胞产生能量的地方。线粒体内有自己的 DNA,也可以合成蛋白质。

(6) 叶绿体(chloroplast)是植物细胞中与光合作用有关的细胞器,是植物细胞特有的细胞器。

(7) 溶酶体(lysosome)是动物细胞中执行细胞内消化作用的细胞器,含有多种酸性水解酶。

(8) 微体(microbody)是由单层生物膜围成的小泡状结构的细胞器,含有多种氧化酶,与分解过氧化氢和乙醛酸循环有关。

3. 细胞形状

由于结构、功能和所处的环境不同,各类细胞具有不同的形状。原核细胞的形状一般与细胞外沉积物(如细胞壁)有关,如细菌有棒形、球形、弧形、螺旋形等不同形状。真核细胞的形状与细胞功能和细胞间的相互关系有关,如动物体内具有收缩功能的肌肉细胞呈长条形或长梭形,植物叶表皮的保卫细胞呈半月形,两个细胞围成一个气孔。细胞离开有机体分散存在时,形状往往发生变化,如平滑肌细胞在体内呈梭形,而在离体培养时则可呈多角形。

4. 真核细胞与原核细胞的比较

真核细胞和原核细胞无论在结构上还是在功能上都有许多相同之处:都具有类似的细胞质膜结构,都以 DNA 作为遗传物质,并使用相同的遗传密码,都以一分为二的方式进行细胞分裂,具有相同的遗传信息转录和翻译机制,有类似的核糖体结构。但真核细胞具有许多原核细胞所没有的特点:细胞分裂分为核分裂和细胞质分裂,并且分开进行;DNA 与蛋白质结合成染色体而形成有丝分裂结构;具有复杂的内膜系统和细胞内的膜结构;具有特异的进行有氧呼吸的细胞器(线粒体)和光合作用的细胞器(叶绿体);具有复杂的骨架系统(包括微丝、中间纤维和微管);具有小泡运输系统(胞吞作用和胞吐作用);利用微管形成的纺锤体进行细胞分裂和染色体分离,通过减数分裂和受精作用进行有性繁殖。

1.2 生物膜的结构、功能与应用

生物膜是细胞和各种细胞器表面所包裹的一层极薄的膜系结构,是具有高度选择性的半透性屏障。生物膜包括细胞质膜(细胞膜)、线粒体膜、内质网膜、高尔基体膜、溶酶体膜及核膜等。生物膜在细胞的生命活动中具有十分重要的作用。

(1) 生物膜使细胞具有相对稳定的内环境,并且在细胞与环境之间进行物质运输、能量交换和信息传递的过程中起着决定性作用。

(2) 细胞内的许多重要化学反应都在生物膜上进行,膜系结构为酶提供了大量的附着位点，为各种化学反应的有序进行提供结构基础。

(3) 生物膜把细胞分隔成大小不一的细胞器和亚细胞器结构，使细胞内能够同时进行多种化学反应，而不相互干扰。

1.2.1　生物膜的结构

生物膜(图 1-3)在高倍电子显微镜下呈现平行的三层结构，即电子致密的内外两层(各厚 2.5～3.0 nm)与电子透明的中间夹层(厚3.5～4.0 nm)。

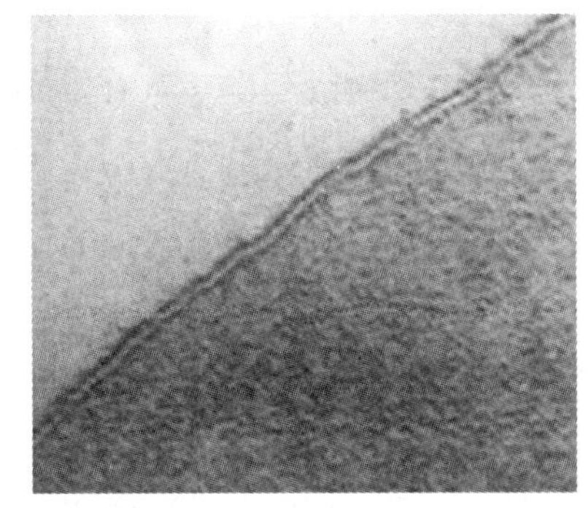

图 1-3　生物膜的结构模型

1. 生物膜的化学组成

在化学组成上，生物膜主要由蛋白质、脂类和少量的糖组成。

1) 膜脂

膜脂主要包括磷脂、糖脂和胆固醇三种类型，不同生物膜脂的种类和含量差异较大(表 1-2)。各种膜脂分子尽管结构不同，但都具有相同的结构特征，即膜脂分子由亲水的极性头和疏水的非极性尾两部分组成。膜脂的这种特性使其在膜中排列具有方向性，对形成膜的特殊结构有重要作用，同时也使生物膜具有屏障作用，大多数水溶性物质不能自由通过，只允许亲脂性物质通过。

表 1-2　生物膜脂类组成　(单位:%)

脂	人红细胞	人髓鞘	牛心脏线粒体	大肠杆菌
磷脂酸(PA)	1.5	0.5	0	0
磷脂酰胆碱(PC)	19	10	39	0
磷脂酰乙醇胺(PE)	18	20	27	65
磷脂酰甘油(PG)	0	0	0	18
磷脂酰丝氨酸(PS)	8.5	8.5	0.5	0
心磷脂	0	0	22.5	12
鞘磷脂	17.5	8.5	0	0
糖脂	10	26	0	0
胆固醇	22	26	3	0
其他	3.5	0.5	8.0	5.0

(1) 磷脂。磷脂(图 1-4)主要包括甘油磷脂和鞘磷脂，是膜脂的基本成分，占整个膜脂的 50%以上。磷脂分子中的脂肪酸链碳原子数为偶数，多数碳链由 16、18 或 20 个碳原子组成，常含有不饱和脂肪酸(如油酸)。

(2) 糖脂。糖脂也是两性分子，是含糖的脂类，普遍存在于原核和真核细胞的质膜上，其含量占膜脂总量的 5%以下。最简单的糖脂是半乳糖脑苷脂(图 1-5(a))，其头部只有一个半乳糖残基；变化最多、最复杂的糖脂是神经节苷脂(图 1-5(b))，其头部包含一个或几个唾液酸和糖的残基。

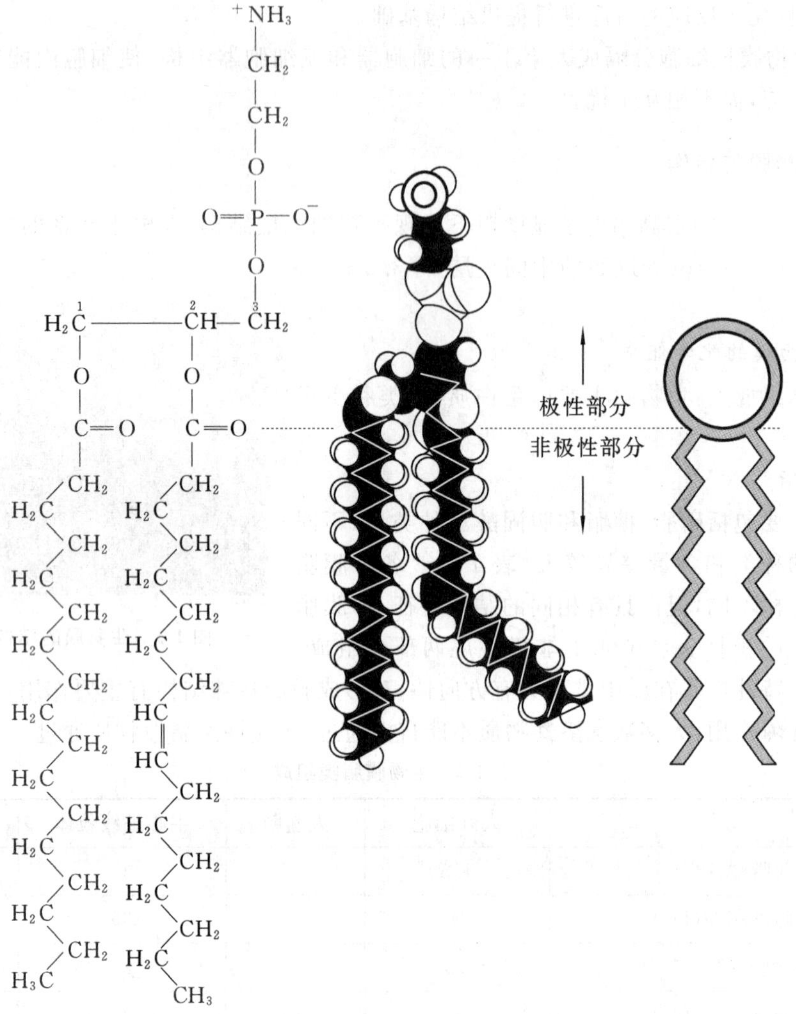

图 1-4　磷脂的结构

(3) 胆固醇。胆固醇(图 1-6)仅存在于真核细胞膜上,含量一般不超过膜脂的 1/3,植物细胞膜中含量较少。胆固醇分子较其他膜脂要小,极性也较低,主要用于调节脂双层流动性,降低水溶性物质的通透性。

2) 膜蛋白

细胞内 20%~25%的蛋白质与膜结构相联系,根据膜蛋白与脂类分子的结合方式,膜蛋白可以分为整合蛋白(integral protein)、外周蛋白(peripheral protein)和脂锚定蛋白(lipid-anchored protein)。

(1) 整合蛋白又称跨膜蛋白,部分或全部镶嵌在细胞膜中或内外两侧。整合蛋白为两性分子,疏水部分位于脂双层内部,亲水部分位于脂双层外侧。由于存在疏水结构域,整合蛋白与膜的结合非常紧密,只有用去污剂才能将其从膜上洗涤下来。

(2) 外周蛋白完全外露在脂双层的内外两侧。外周蛋白通过离子键或其他较弱的价键与膜表面蛋白质分子或脂类分子的亲水部分结合,改变溶液的离子强度或提高温度就可以使其从膜上分离下来。有时很难区分整合蛋白和外周蛋白,主要是因为一个蛋白质可以由

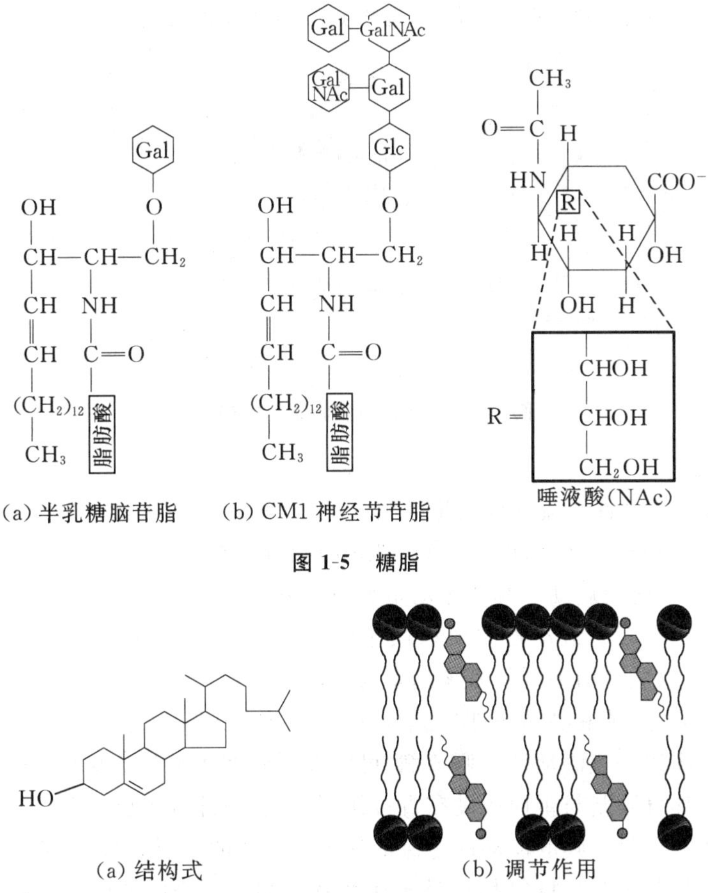

(a) 半乳糖脑苷脂　(b) CM1 神经节苷脂　唾液酸(NAc)

图 1-5　糖脂

(a) 结构式　(b) 调节作用

图 1-6　胆固醇

多个亚基构成，有的亚基为跨膜蛋白，有的则结合在膜的外侧。

(3) 脂锚定蛋白又称脂连接蛋白，通过共价键同脂类分子结合，位于脂双层的外侧。脂锚定蛋白与脂类的结合方式有两种，一种是蛋白质直接结合于脂双层，另一种是蛋白质并不直接同脂类结合，而是通过一个糖分子间接同脂类结合。

3) 糖

生物膜中的糖以寡糖形式存在，通过共价键与蛋白质形成糖蛋白，少量还可与脂类形成糖脂，占膜质量的 1%～10%。糖与氨基酸的连接主要有 O-连接和 N-连接两种形式，O-连接的糖链较短，N-连接的糖链一般有 10 个以上的糖基。糖蛋白中的寡糖链是膜抗原的重要部分，如血型抗原之间的差别就在于寡糖链末端的糖基不同，糖基在细胞识别和接收外界信息方面也具有重要作用。

2. 生物膜的分子结构

1) 结构模型

有关生物膜结构模型的假说有很多，但目前较流行的是液体流动镶嵌模型(fluid mosaic model)。这一模型突出了膜的流动性和不对称性，认为细胞膜是由流动的脂双层和嵌在其中的蛋白质组成。磷脂分子以疏水性尾部相对，极性头部朝向水相，组成生物膜骨架，蛋白质嵌在脂双层的表面、内部或横跨整个脂双层，表现出分布的不对称性(图 1-7)。液体流动镶嵌模型较好地体现了细胞的功能特点,也得到许多实验的支持。

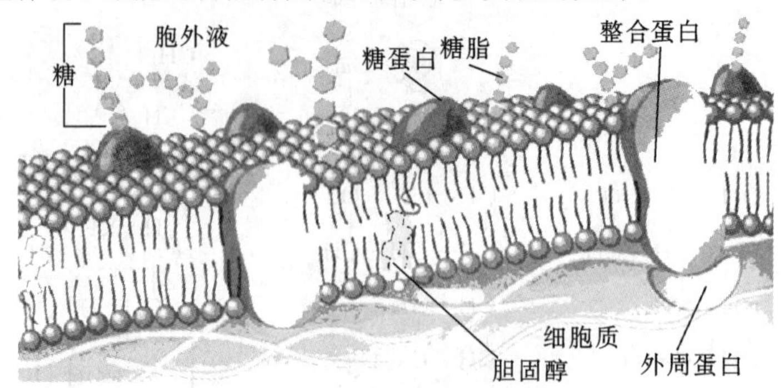

图 1-7 细胞膜的液体流动镶嵌模型

2) 结构特征

(1) 生物膜的流动性。流动性是生物膜的主要特征,表现在膜脂分子的不断运动,这种运动可分为侧向运动和翻转运动。侧向运动是膜脂分子在单层内与临近分子交换位置的运动,是一种经常发生的快运动。翻转运动是膜脂双分子层中的一层翻至另一层的运动,这种运动方式很少发生。膜的流动性主要取决于脂肪酸的链长和不饱和度。在一定温度范围内,脂类分子在脂双层结构中既可呈现晶态的规律性排列,又可表现液态的流动性。但当温度低于某种限度时,这种液晶动态即转化为晶态,此时,膜脂呈凝胶状态,流动性降低,膜功能逐渐丧失。胆固醇是膜流动性的调节剂,可以抑制温度所引起的相变,防止低温时膜流动性急剧降低。大部分膜脂与蛋白质没有直接作用,只有小部分膜脂与膜蛋白结合成脂蛋白,形成完整的功能复合物。膜的流动性是保证其正常功能的必要条件,如跨膜物质运输、细胞信息传递、细胞识别、细胞免疫等都与膜流动性密切相关。当膜的流动性低于一定阈值时,许多酶的活动和跨膜运输将停止;反之,如果流动性过高,又会造成膜的溶解。

(2) 生物膜的不对称性。生物膜内外两层的组分和功能有明显的差异,称为膜的不对称性。膜脂、膜蛋白和复合糖在膜上均呈不对称分布,导致膜功能的不对称性和方向性。脂类分子在脂双层中呈不均匀分布,内外两侧分布的磷脂的含量比例也不同。每种膜蛋白分子在细胞膜上都具有明确的方向性和分布的区域性,与其功能相适应。通常情况下,糖脂和糖蛋白只分布于细胞膜的外表面,可能是细胞表面的受体。

3. 脂筏

脂筏(lipid raft)是生物膜上富含胆固醇和鞘磷脂的微结构域(microdomain),是一种动态结构,位于质膜的外表面。由于鞘磷脂具有较长的饱和脂肪酸链,分子间的作用力较强,因此这些区域结构致密,介于无序液体相与液晶之间,称为有序液体相(liquid-ordered phase)。在低温下这些区域能抵抗非离子去污剂的抽提,所以又称为抗去污剂膜。脂筏就像一个蛋白质停泊的平台,与膜的信号转导、蛋白质分选均有密切的关系。

脂筏中的膜蛋白可以分为三类:①存在于脂筏中的蛋白质,包括糖磷脂酰肌醇锚定蛋白、某些跨膜蛋白、双乙酰化蛋白等;②存在于脂筏之外无序液体相的蛋白质;③介于两者之间的蛋白质,如某些蛋白质在没有接受配体时对脂筏的亲和力小,当结合配体时,通过发生寡聚化而转移到脂筏中。

脂筏中的胆固醇对具有饱和脂肪酸链的鞘磷脂亲和力很大,而对不饱和脂肪酸链的亲和力较小，用甲基-β-环糊精去除胆固醇，抗去污剂的蛋白质就变得易于提取。

脂筏的面积可能占膜表面积的一半以上，脂筏的大小是可以调节的。小的脂筏在一定条件下可以聚集成一个大的平台，使信号分子（如受体）与它们的配体相遇，启动信号传递途径。

1.2.2　生物膜的功能

生物膜的功能在很大程度上是由膜内所含的蛋白质决定的，按功能可将膜蛋白分为以下几类：①能识别各种物质并在一定条件下选择性地使其通过细胞膜的蛋白质，称为通道蛋白；②分布在细胞膜表面、能识别和接收细胞环境中特异化学刺激的蛋白质，称为受体蛋白；③膜内酶类，种类甚多。不同细胞都有其特有的膜蛋白，这是决定细胞功能特异性的重要因素。生物膜的主要功能包括物质交换、信息传递和细胞识别及免疫。

1. 实现物质交换

物质进出细胞主要通过质膜的分子运输。跨膜运输是生物膜的主要功能之一，物质运输可分为被动运输、主动运输、胞吞作用和胞吐作用。被动运输是生物膜从高浓度一侧将物质顺浓度梯度（电化学梯度）运送到低浓度一侧的过程，这是一个不需要外界供给能量的自发过程。主动运输是指生物膜通过特定的通道或载体逆浓度梯度（电化学梯度）把某种分子（或离子）转运到膜的另一侧，这种运输具有专一性、饱和性、方向性和选择性，需要外界供给能量。胞吞作用和胞吐作用主要是大分子的运输方式。

1）被动运输

被动运输可分为简单扩散和促进扩散两种形式。

（1）简单扩散是被动运输的基本方式。简单扩散的特点是顺浓度梯度（或电化学梯度）扩散，不需要提供能量，不需膜蛋白的协助。影响简单扩散的因素主要是物质的脂溶性、分子大小和带电性。非极性分子一般比极性分子容易透过，相对分子质量小、脂溶性高的分子通过膜的速率较快。事实上，细胞通过简单扩散进行物质转运的现象很少。

（2）促进扩散是指非脂溶性物质或亲水性物质如氨基酸、糖和金属离子等借助膜蛋白的帮助，顺浓度梯度（电化学梯度），不消耗能量进入膜内的一种运输方式。与简单扩散相比，促进扩散具有以下特点：①转运速率比简单扩散高几个数量级；②当溶质的跨膜浓度差达到一定程度时，促进扩散的速率不再提高，具有饱和性；③具有高度的选择性；④膜运输蛋白的运输作用也会受到类似于酶的竞争性抑制，或蛋白质变性剂的抑制等。

2）主动运输

主动运输的特点是：①逆浓度梯度（电化学梯度）运输；②需要能量或与释放能量的过程偶联（协同运输）；③有载体蛋白参与。主动运输的目的是建立和维持各种离子在细胞内外的浓度梯度（电化学梯度），这些离子的浓度差异对于细胞的生存和行使功能至关重要。

（1）初级主动运输（primary active transport）是指通过离子泵方式进行的运输。由于载体蛋白在参与主动运输过程中能利用能量做功，通常被称为泵，考虑到所消耗的代谢能多数来自 ATP，所以又称为 ATP 酶。有 4 种类型的运输泵或 ATP 酶参与主动运输：①P 型离子泵或 P 型 ATP 酶，此类运输泵需要磷酸化，如 Na^+/K^+泵（Na^+/K^+-ATP 酶）；②V 型泵或 V 型 ATP 酶，如溶酶体膜中的H^+泵，运输时需要 ATP 供能，但不需要磷酸化；③F 型泵或 F 型 ATP 酶，这种泵主要存在于细菌质膜、线粒体膜和叶绿体膜中，在能量转换中起重要作用,是氧化磷酸化或光合磷酸化的偶联因子;④ABC 转运器,是细菌质膜上的一种运输 ATP 酶,属于一个庞大而多样的蛋白家族,每个成员都含有两个高度保守的 ATP 结合区。

(2) 次级主动运输(secondary active transport)是指协同运输,也称偶联运输(coupling transport),它不直接消耗 ATP,但要依赖离子泵建立的浓度梯度(电化学梯度),是一类靠间接提供能量完成的主动运输方式。物质跨膜运动所需要的能量来自膜两侧离子的浓度梯度(电化学梯度),而维持这种电化学势的是 Na^+/K^+泵或 H^+泵。根据物质运输方向与离子沿浓度梯度(电化学梯度)的转移方向是否相同,又可以将协同运输分为同向协同(symport)和反向协同(antiport)。同向协同指物质运输方向与离子转移方向相同,反向协同指物质跨膜运动的方向与离子转移方向相反。

3) 大分子物质运输

大分子物质运输涉及膜结构的变化,主要包括胞吐作用和胞吞作用。

(1) 胞吐作用(图 1-8)是细胞排放大分子物质的一种方式,被排放的大分子物质被包装成分泌小泡,并与膜融合,在融合的外侧面产生一个裂口,将排放物释放出去。如核糖体上合成的蛋白质,由内质网运输到高尔基体,经过加工改造,形成分泌小泡,以胞吐方式输送到细胞外。

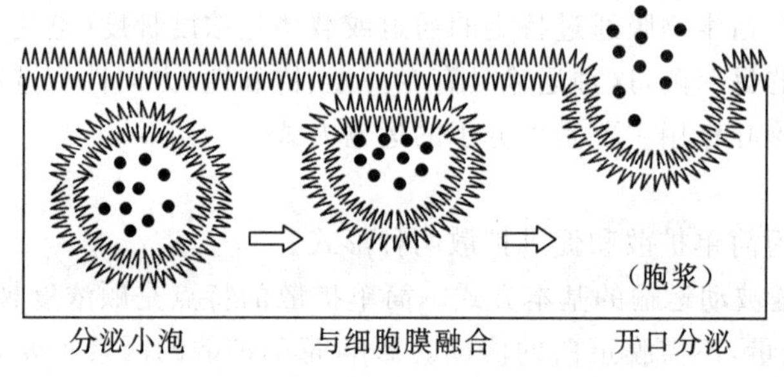

图 1-8 胞吐作用

(2) 胞吞作用(图 1-9)与胞吐作用相反,细胞将被摄取的物质由质膜逐渐包裹,然后囊口封闭成细胞内小泡。一些多肽激素、低密度脂蛋白及毒素等都可经胞吞进入细胞内。

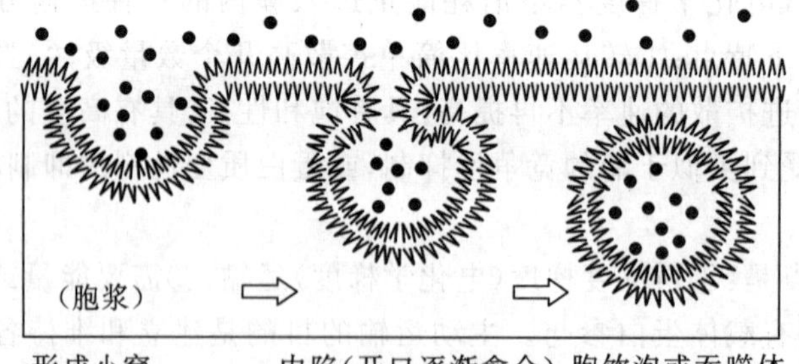

图 1-9 胞吞作用

2. 实现信息传递

生物膜对信息分子具有选择性,细胞外的信息分子要传入细胞并予以表达,主要依赖细胞膜上的专一性受体。膜上受体首先与胞外信息分子(第一信使)专一性结合,使受体活化,活化的受体通过偶联蛋白或直接使效应酶活化;在效应酶的催化下,细胞内产生相应的新信息分子(称第二信使);在第二信使作用下,细胞内进行相应的生化级联反应,最终细胞作出相应的功能应答。

1）受体及其类型

（1）受体是能够识别有生物活性的化学信号物质，并特异性地与之结合，从而引起细胞一系列生化反应，最终导致细胞产生特定的生物学效应的一类生物大分子。研究发现，受体的化学本质均为蛋白质，主要是糖蛋白和脂蛋白。

（2）受体可分为细胞膜受体和细胞内受体。细胞膜受体镶嵌在质膜中，按其机制可分为通道性受体、催化性受体、G 蛋白偶联受体等。细胞内受体可分为胞浆受体和核内受体。亲脂性信息分子可透过质膜进入细胞，并与细胞质或核内受体结合形成复合物，并与 DNA 特定调控区结合，改变基因表达。

2）受体与信息分子结合的反应特点

受体与信息分子的结合类似于底物与酶的结合，其结合反应依赖于信息分子和受体的空间构象。

（1）受体对信息分子具有严格的选择性，不同的受体只能选择相应的信息分子结合。一般情况下，一种受体只能与其相对应的信息分子结合，以传递特定的信息。

（2）细胞上特定受体的数目是有限的，因此配体与受体的结合具有饱和性。但在特殊生理条件或病理情况下，受体数目会发生变化，调节受体数目的主要原因是配体本身，配体浓度或配体与靶细胞的作用时间发生变化可引起受体数目下降。

（3）信息分子与受体之间是非共价结合，复合物解离后的产物不是代谢产物而是配体本身。化学结构与信息分子相类似的化合物也能与信息分子的受体结合。

3）效应酶

效应酶是将细胞外第一信使的信息转化为细胞内第二信使（cAMP、Ca^{2+}、cGMP、IP_3、DAG 等）的一类酶蛋白，通过第二信使调节各种生理效应。常见的效应酶包括可催化 ATP 分解产生 cAMP 的腺苷酸环化酶和催化 IP_3、DAG 产生的磷脂酶 C。

3. 实现细胞识别及免疫

细胞识别依赖细胞表面的多糖、糖蛋白和糖脂等分子的特有顺序，其中细胞膜表面的糖链在细胞识别中具有介导作用，细胞识别是细胞间相互识别、黏着、交换信息的过程。细胞通过其表面的受体与胞外信号物质分子选择性地相互作用，从而导致胞内一系列生理生化变化，最终表现为细胞整体的生物学效应。而免疫的过程首先要发生细胞识别。例如，人的细胞表面有一种蛋白质抗原，即人类白细胞抗原，简称 HLA，是一种变化极多的糖蛋白，由于不同的人有不同的 HLA 分子，器官移植时，被植入的器官常被病人的免疫系统排斥。

1.2.3　生物膜与膜工程

生物膜与膜工程是现代生物科学研究的重要方向之一，对阐明生物能量转换、信息识别与传递及物质转移等生命现象具有重大意义。膜工程已成为基因工程、蛋白质工程、细胞工程和发酵工程之后的又一个重要生物工程领域。

（1）利用膜脂在水中形成磷脂双分子层的原理，可以人工制成平面双分子层脂膜或脂质体并镶入各种功能蛋白，以研究膜的结构、功能及应用。脂质体包裹基因或药物，作为“导弹药物”定向导向靶细胞，在临床诊断和治疗的研究中受到广泛关注。

（2）利用生物膜的基本功能如选择透过性、离子转移、信息识别与感受等机理，将这些原理应用于工业生产或临床实践中,如海水淡化、污染治理、生化工程中的分离浓缩器等,其中人工膜分离浓缩器、生物膜传感器等备受重视。

(3) 利用生物膜能量转换原理,研究“生物芯片”和“智能型生物计算机”系统,如细菌“视紫红质”光驱动光电开关原型和存储装置,细胞色素 c 的氧化还原状态作为记忆单元和 DNA 作为只读存储器的分子模型等。

思考题

1. 细胞是如何定义的?在生命现象中具有怎样的作用?
2. 原核细胞与真核细胞有何异同点?
3. 真核细胞由哪些细胞器组成?
4. 什么叫做生物膜?
5. 试分析生物膜的化学基础。
6. 生物膜有什么生物学功能?
7. 为什么生物膜是半透膜?
8. 生物大分子是如何进出细胞的?

第2章 糖 化 学

糖广泛存在于生物体内，是自然界中数量最多的一类有机物。按干重计，糖占植物的85%～90%，占细菌的10%～30%，在动物体内所占比例小于2%。动物中糖的含量虽然比较少，但动物生命活动所需能量主要来源于糖。糖是绿色植物通过光合作用形成的。大多数糖只由C、H和O三种元素构成，并且分子组成符合$(CH_2O)_n$或$C_n(H_2O)_m$模式，所以糖有“碳水化合物(carbohydrate)”之称。但有些糖如鼠李糖($C_6H_{12}O_5$)和脱氧核糖($C_5H_{10}O_4$)等分子组成并不符合上述模式，而某些非糖物质如甲醛(CH_2O)和乳酸($C_3H_6O_3$)却符合这个模式，所以用碳水化合物表述糖类物质并不准确。

2.1 概 述

2.1.1 糖的结构和分类

1. 糖的结构

从化学结构看，糖是一类多元醇的醛或酮衍生物，包括多羟基醛、多羟基酮，以及它们的缩合物和衍生物。例如，常见的葡萄糖和果糖分别是多羟基醛和多羟基酮。

2. 糖的分类

根据糖能否被水解和水解后的产物，将糖分为单糖、聚糖和复合糖三类，其中聚糖又可分为寡糖和多糖。

单糖(monosaccharide)是指简单的多羟基醛和多羟基酮类化合物，它是构成寡糖和多糖的基本单位，自身不能被水解成更简单的糖类物质。重要的单糖有核糖(ribose)、脱氧核糖(deoxyribose)、葡萄糖(glucose)、果糖(fructose)和半乳糖(galactose)。

寡糖(oligosaccharide)是指由2～6个单糖分子缩合而成的糖类物质，寡糖水解后可以得到几分子单糖。最常见的寡糖为二糖，它可以看作2个单糖分子缩合失水而形成的糖，蔗糖(sucrose)、麦芽糖(maltose)和乳糖(lactose)等是常见的二糖；棉籽糖(raffinose)和龙胆三糖(gentianose)是常见的三糖；水苏糖(stachyose)是四糖；毛蕊花糖(verbascose)是五糖；筋骨草糖(ajugose)是六糖。

多糖(polysaccharide)是由许多单糖分子缩合而成的糖类物质。多糖可以分为同多糖(又称均一多糖)(homopolysaccharide)和杂多糖(又称不均一多糖)(heteropolysaccharide)。由一种单糖分子缩合而成的多糖称为同多糖，如淀粉(starch)、糖原(glycogen)和纤维素(cellulose)等；由两种或两种以上的单糖分子缩合而成的多糖称为杂多糖，如黏多糖(mucopolysaccharide)和果胶(pectin)等。

复合糖(glycoconjugate)是指由糖和非糖物质共价结合而成的复合物，它在生物体内分布广泛，功能多样，主要包括糖与蛋白质结合而成的糖蛋白(glycoprotein)，以及糖与脂类结合而成的糖脂。

2.1.2 糖的命名方法

单糖的通俗名称常与其来源有关,如葡萄糖曾是从葡萄中提取出来的,果糖在水果中的含量较高。单糖可以根据所含的碳原子数来命名。含 3 个碳原子的糖称为丙糖(triose),如二羟基丙酮和甘油醛;含 4 个碳原子的糖称为丁糖(tetrose),如赤藓糖;含 5 个碳原子的糖称为戊糖(pentose),如核糖和阿拉伯糖;含 6 个碳原子的糖称为己糖(hexose),如葡萄糖和果糖等。单糖还可以根据羰基的位置不同,分别命名为醛糖(aldose)和酮糖(ketose)。羰基位于分子末端的糖称为醛糖,如葡萄糖;羰基位于分子中 C(2)位的糖称为酮糖,如果糖。单糖还可以结合碳原子数和羰基位置联合命名,如戊醛糖和戊酮糖、己醛糖和己酮糖等。

寡糖的命名除了根据所含单糖数量分别命名为二糖、三糖、四糖等外,一般采用习惯命名法,如蔗糖、麦芽糖、棉籽糖等。

2.1.3 糖的生物学功能

糖是生物体中一类十分重要的有机物,糖的构成单体种类繁多、结合方式多样,糖的种类和功能表现出多样性的特点。

1. 糖是生物体的重要成分

植物的根、茎、叶含有大量的纤维素、半纤维素、木质素和果胶物质,这些物质作为植物细胞壁和植物体的主要成分,为植物的生长提供了一定的抗张强度。淀粉是植物体的重要储存成分。肽聚糖是细菌细胞壁的主要成分,是一类结构和组成十分复杂的杂多糖。壳多糖是昆虫和甲壳类动物外壁的主要成分。

2. 糖是生物体的主要能源

一切生物体的生命活动都需要消耗能量,这些能量主要是通过糖在生物体内的分解代谢而释放的。植物体内重要的多糖是淀粉,在种子萌发或生长发育时,植物细胞将淀粉降解为葡萄糖以氧化分解提供能量。糖原有“动物淀粉”之称,是储存在动物体内的重要能源物质。动物的肝脏和肌肉中糖原含量最高,分别满足机体不同的能量需要。

3. 糖可以作为生物体合成其他物质的原料

有些糖及其某些中间代谢产物可以为生物体合成其他生物分子如氨基酸、核苷酸和脂肪提供碳骨架原料。

4. 寡糖具有特殊的生物学功能

近年来,随着对寡糖研究的深入,其生理功能被不断发现。例如,某些寡糖能促进机体肠道内有益微生物菌群的生长;有些寡糖能促进老年人对钙离子的吸收,预防骨质疏松。寡糖在植物生长发育过程中也起着重要的调控作用。例如,植物受到病原体侵袭时,植物细胞壁中的某些多糖可以降解为具有生物活性的寡糖,被称为寡糖素。寡糖素是一类新型的植物调节分子,不仅可以作为植物体内的信号分子调节植物的生长发育,而且可以专一地诱导植物合成和分泌不同性质的防卫分子,在不同水平上起到抗病和防病的作用。

5. 糖作为细胞识别的信息分子

糖蛋白是一类在生物体中分布极广的复合糖。糖蛋白的糖链可以起着信息分子的作用。随着分离分析技术和分子生物学的发展,近 20 年来对糖蛋白和糖脂中的糖链结构和功能有了更深入的认识。糖蛋白的糖链与细胞识别(包括黏着、接触抑制和归巢行为)、免疫保护(抗原与抗体)、代谢调控(激素与受体)、受精机制、发育、癌变、衰老、器官移植等生理过程密切相关。

2.2 单　糖

2.2.1　单糖的结构

1. 单糖的链状结构

经元素组成和相对分子质量测定,确定葡萄糖的分子式为 $C_6H_{12}O_6$。葡萄糖与乙酸酐加热,形成结晶的五乙酸酯,证明葡萄糖分子含有 5 个羟基;葡萄糖与无水氰化氢加成生成的氰醇衍生物,经水解和氢碘酸还原得正庚酸,表明葡萄糖是直链的己醛;1 个碳原子上只带 1 个羟基的结构是稳定的。因此,葡萄糖是链端碳原子为醛基,其他 5 个碳原子各带 1 个羟基的直链多羟基醛。果糖的分子式也是 $C_6H_{12}O_6$,同样经上述反应可表明它是直链的多羟基酮。葡萄糖是己醛糖,果糖是己酮糖,它们的非立体链状结构如图 2-1 所示。

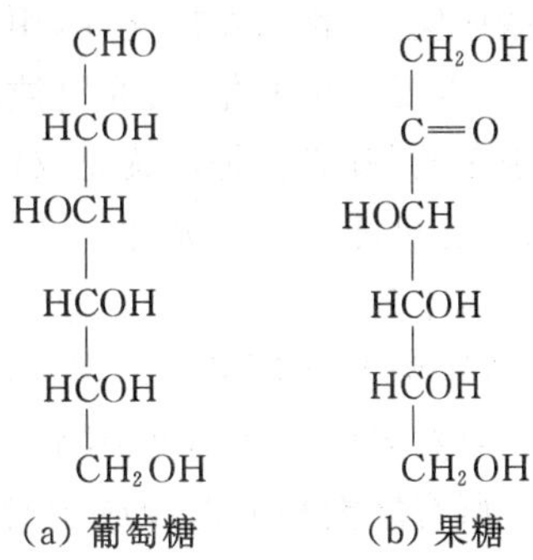

(a) 葡萄糖　　(b) 果糖

图 2-1　单糖

1) 单糖的旋光性

一束光照射到尼科尔棱镜时,通过的只是沿某一平面振动的光波,这种光称为平面偏振光。与平面偏振光振动的平面相垂直的面称为偏振面。某些物质能使平面偏振光的偏振面发生旋转,这种性质称为旋光性。凡具有旋光性的物质,其分子都是不对称分子。这种结构的分子与其镜像不能重叠,如同左手和右手一样,因而称为手性分子。手性分子最基本的特征是含有手性碳原子,手性碳原子是与 4 个不同原子或原子团相连接的碳原子(用“*”表示)。对于单糖而言,除二羟基丙酮外,都含有手性碳原子,因而都具有旋光性。

一种旋光物质在一定条件下使平面偏振光的偏振面旋转的角度称为旋光度。旋光度的大小受到溶液浓度和比色管长度的影响。比旋光度是在单位浓度和单位长度下测得的旋光度,它通常用$[\alpha]_D^t$表示:

$$[\alpha]_D^t = \frac{\alpha_D^t}{cL} \times 100$$

式中:L 为光程,即旋光管的长度(dm);c 为浓度,即在 100 mL 溶液中所含溶质的质量(g);α_D^t是在以钠光灯(称为 D 线,波长为 589.3 nm)为光源、温度为 t 的条件下测定的旋光度。

比旋光度与物质的熔点、密度和沸点一样,对每一种旋光物质而言是一个物理常数,因此通过测定比旋光度可对糖作定性鉴别或定量测定。

2) 单糖的构型

甘油醛(glyceraldehyde)是分子中只含有一个不对称碳原子的最简单糖,对于这个不对称碳原子而言,羟基可以在右边,也可以在左边。事实上,由于羟基的空间结构(称为构型)不同,形成两种不同的物质,它们互为镜像,不能重合,因此尽管它们的分子组成相同,但其性质不尽相同。人为规定羟基位于右边的甘油醛为 D-甘油醛,羟基位于左边的甘油醛为 L-

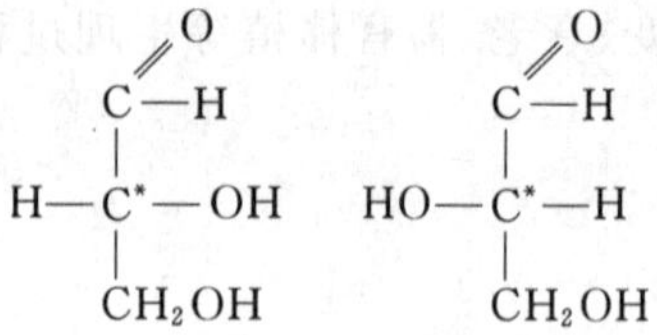

```
      O                    O
     //                   //
    C—H                  C—H
    |                    |
H—C*—OH            HO—C*—H
    |                    |
   CH2OH                CH2OH
```

(a) D-甘油醛　(b) L-甘油醛

图 2-2　D-甘油醛和 L-甘油醛

甘油醛(图 2-2)。由于 D-甘油醛和 L-甘油醛的空间排布不同而表现出不同的旋光性，D-甘油醛使偏振光的偏振面向右旋转，L-甘油醛则使偏振光的偏振面向左旋转。

由不对称分子中原子或原子团在空间的不同排列对平面偏振光的偏振面发生不同影响所引起的异构现象称为旋光异构现象，所产生的异构体称为旋光异构体。甘油醛的两个旋光异构体在结构上不是同一物质，而是互为镜像，对映但不重合，所以这种异构体又称为对映异构体。对映异构体的化学性质和大部分物理性质相同，只是对平面偏振光的影响不同。如果用旋光仪测定该对映异构体，可以发现一个使偏振面偏左(称为左旋光性，用 l 或－表示)，一个使偏振面偏右(称为右旋光性，用 d 或＋表示)。需要指出的是，旋光物质的构型(D 和 L)与其旋光性(d 和 l)是不同的概念，构型是人为规定的，旋光性是用旋光仪测定时偏振面偏转的实际方向。具有 D 型的物质可能具右旋光性，也可能具左旋光性。

对于分子中含 3 个碳原子以上的糖，由于存在不止 1 个不对称碳原子，在规定其构型时，以距醛基或酮基最远的不对称碳原子为准，羟基在右边的为 D 型，羟基在左边的为 L 型。自然界中存在的糖类物质以 D 型为主。

所有醛糖都可以看成由甘油醛的醛基碳下端逐个插入不对称碳原子(C*)延伸而成(图 2-3、图 2-4)。四碳醛糖由于具有 2 个不对称碳原子，其分子结构就有 4(即 2^2)种不同的排列方式，具有 4 个对映异构体；五碳醛糖有 3 个不对称碳原子，故有8(即 2^3)个对映异构体；六碳醛糖有 4 个不对称碳原子，故有 16(即 2^4)个对映异构体。以此类推，凡含有 n 个不对称碳原子的物质，就具有 2^n 个对映异构体。所有的酮糖都可以看成由二羟基丙酮的酮基碳下端逐个插入不对称碳原子延伸而成(图 2-5)。

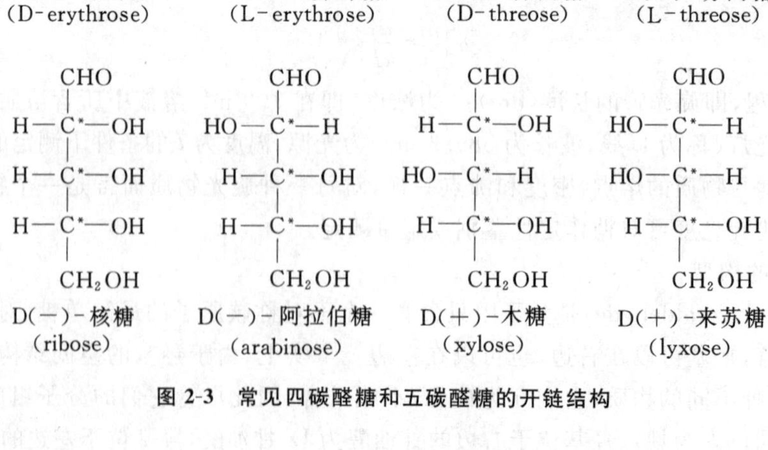

```
    CHO              CHO              CHO              CHO
     |                |                |                |
 H—C*—OH         HO—C*—H          HO—C*—H           H—C*—OH
 - - | - - -          |                |                |
:H—C*—OH  :      HO—C*—H           H—C*—OH         HO—C*—H
:    |    :           |                |                |
:   CH2OH :          CH2OH            CH2OH            CH2OH
 - - - - - -
```

D(－)-赤藓糖 (D-erythrose)　L(＋)-赤藓糖 (L-erythrose)　D(－)-苏阿糖 (D-threose)　L(＋)-苏阿糖 (L-threose)

```
    CHO              CHO              CHO              CHO
     |                |                |                |
 H—C*—OH         HO—C*—H           H—C*—OH         HO—C*—H
     |                |                |                |
 H—C*—OH          H—C*—OH          HO—C*—H          HO—C*—H
     |                |                |                |
 H—C*—OH          H—C*—OH           H—C*—OH          H—C*—OH
     |                |                |                |
   CH2OH            CH2OH            CH2OH            CH2OH
```

D(－)-核糖 (ribose)　D(－)-阿拉伯糖 (arabinose)　D(＋)-木糖 (xylose)　D(＋)-来苏糖 (lyxose)

图 2-3　常见四碳醛糖和五碳醛糖的开链结构

CHO	CHO	CHO	CHO
H—C*—OH	HO—C*—H	H—C*—OH	HO—C*—H
H—C*—OH	H—C*—OH	HO—C*—H	HO—C*—H
H—C*—OH	H—C*—OH	H—C*—OH	H—C*—OH
H—C*—OH	H—C*—OH	H—C*—OH	H—C*—OH
CH_2OH	CH_2OH	CH_2OH	CH_2OH
D(+)-阿洛糖 (allose)	D(+)-阿卓糖 (altrose)	D(+)-葡萄糖 (glucose)	D(+)-甘露糖 (mannose)

CHO	CHO	CHO	CHO
H—C*—OH	HO—C*—H	H—C*—OH	HO—C*—H
H—C*—OH	H—C*—OH	HO—C*—H	HO—C*—H
HO—C*—H	HO—C*—H	HO—C*—H	HO—C*—H
H—C*—OH	H—C*—OH	H—C*—OH	H—C*—OH
CH_2OH	CH_2OH	CH_2OH	CH_2OH
D(−)-古洛糖 (gulose)	D(−)-艾杜糖 (idose)	D(+)-半乳糖 (galactose)	D(+)-塔罗糖 (talose)

图 2-4　常见己醛糖的开链结构

			CH_2OH
	CH_2OH	CH_2OH	C=O
CH_2OH	C=O	C=O	HO—C*—H
C=O	HO—C*—H	H—C*—OH	H—C*—OH
CH_2OH	H—C*—OH	H—C*—OH	H—C*—OH
	CH_2OH	CH_2OH	CH_2OH
二羟基丙酮 (dihydroxyacetone)	D(+)-木酮糖 (xylulose)	D(−)-核酮糖 (ribulose)	D(−)-果糖 (fructose)

图 2-5　常见酮糖的开链结构

从上面的结构可以看出，在己醛糖的旋光异构体中，葡萄糖和甘露糖、葡萄糖和半乳糖，两者之间除一个手性碳原子（对葡萄糖和甘露糖是 C(2)，对葡萄糖和半乳糖是 C(4)）的羟基位置不同外，其余结构完全相同（图 2-6）。这种仅一个手性碳原子的构型不同的非对映异构体称为差向异构体（epimer）。

2. 单糖的环状结构

不同条件下得到的结晶 D-葡萄糖，其比旋光度和熔点都不相同。从低于 30℃的 70%乙醇中结晶的葡萄糖，$[\alpha]_D^{20}=+112.2°$，熔点为 146 ℃；从 98 ℃的吡啶中结晶的葡萄糖，

```
      CHO                CHO                CHO
       |                  |                  |
 HO—C—H           H—C—OH            H—C—OH
       |                  |                  |
 HO—C—H           HO—C—H            HO—C—H
       |                  |                  |
  H—C—OH           H—C—OH           HO—C—H
       |                  |                  |
  H—C—OH           H—C—OH            H—C—OH
       |                  |                  |
     CH₂OH              CH₂OH              CH₂OH
D(+)-甘露糖        D(+)-葡萄糖        D(+)-半乳糖
```

图 2-6 D(+)-葡萄糖及其差向异构体

$[\alpha]_D^{20}=+18.7^\circ$,熔点为 148～155 ℃。将这两种葡萄糖结晶溶解在水中时,比旋光度会随时间的推移逐渐改变,达到平衡后都固定于$+52.5^\circ$。这种旋光度自行改变的现象称为变旋(mutarotation)现象。此外,葡萄糖是多羟基醛,应该显示醛的特性反应,但实际上葡萄糖不如普通醛类化合物活泼。例如,葡萄糖不与 Schiff 试剂(品红-亚硫酸)发生紫红色反应,也难与亚硫酸氢钠发生加成反应。而且葡萄糖在无水甲醇中以氯化氢作催化剂时,得到的是只含一个甲基的化合物,不像普通醛类化合物那样得到的是二甲缩醛,这说明葡萄糖与醛类化合物不同,不能与 2 分子醇反应生成缩醛,只能与 1 分子醇反应生成半缩醛。葡萄糖的开链结构无法解释这些现象。

针对上述情况,Fischer E. 提出了单糖的环状结构。单糖分子中醛基和分子内其他碳原子上的羟基能发生成环反应,这种反应称为半缩醛反应(hemiacetal reaction)。醛糖分子的结构既有开链的醛式,也有环状的半缩醛式,而且以后者为主。

由于单糖为多羟基醛(或多羟基酮),理论上 C(1)位的醛基可以分别与多个羟基发生成环的半缩醛反应,但实验证明只有两种成环方式:一种是醛基与C(5)位上的羟基反应生成六元环(结构类似于环形醚吡喃,故又称为吡喃环),所生成的糖称为吡喃糖(pyranose);另一种是与 C(4)位上的羟基反应生成五元环(结构类似于环形醚呋喃,故又称为呋喃环),所生成的糖称为呋喃糖(furanose)。由于五元环结构不如六元环稳定,因此天然葡萄糖以吡喃糖为主。吡喃糖和呋喃糖的结构式如图 2-7 所示。

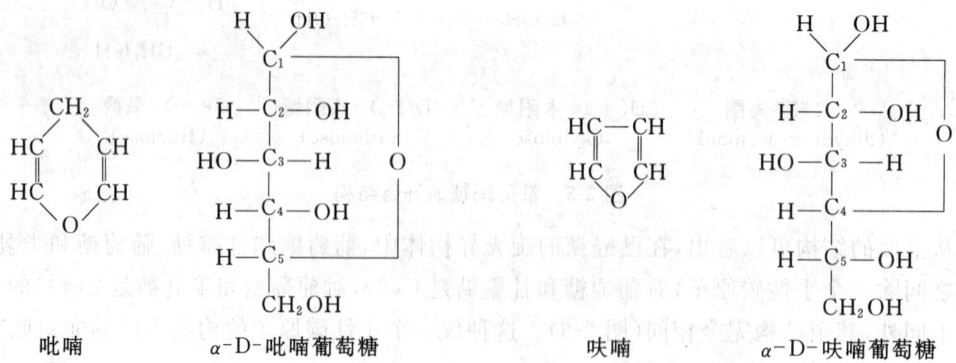

图 2-7 α-D-吡喃葡萄糖和 α-D-呋喃葡萄糖的 Fischer 式

鉴于上述环状结构(Fischer 投影式)过长的氧桥不符合实际情况(碳原子所处的键角并不等于 180°),故多采用另一种书写方法,即所谓的 Haworth 式(透视式)。Haworth 设计的透视式中，用粗线来代表靠近读者的一边。将Fischer式改写成 Haworth 式时应遵循两条原则：一是直链碳链右边的羟基写在环的下方，左边的羟基写在环的上方；二是当糖成环后还有多余的碳原子（即存在未成环的碳原子）时，如果直链环是向右的，则未成环碳原子（酮糖的 C(1)位例外）人为规定写在环之上，反之则写在环之下。例如，两种环状结构的葡萄糖由 Fischer 投影式改写成 Haworth 式的结构如图 2-8 所示。

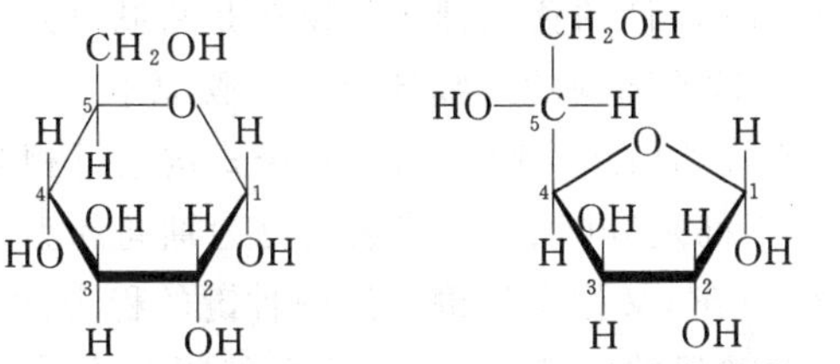

α-D-吡喃葡萄糖　　α-D-呋喃葡萄糖

图 2-8　α-D-吡喃葡萄糖和 α-D-呋喃葡萄糖的 Haworth 式

单糖由直链结构变成环状结构后，羰基碳原子成为新的手性碳原子，导致C(1)差向异构化（epimerization），产生两个非对映异构体。这种羰基上形成的差向异构体称为异头物。在环状结构中，半缩醛碳原子也称异头碳原子（anomeric carbon atom），异头碳原子上新生成的羟基称为半缩醛羟基。对于 Fischer 式环状结构，人为规定，半缩醛羟基与氧桥碳原子的羟基具有相同取向的异构体称 α 型，具有相反取向的异构体称 β 型。而在 Haworth 式环状结构中，规定半缩醛羟基与末端羟甲基具有相反取向的异构体为 α 型，具有相同取向的异构体为 β 型。标明异头物的构型时，必须同时指出糖的构型（D 型或 L 型）。例如，α-D-吡喃葡萄糖（α-D-glucopyranose）和 β-D-吡喃葡萄糖（β-D-glucopyranose）的结构式如图2-9所示。

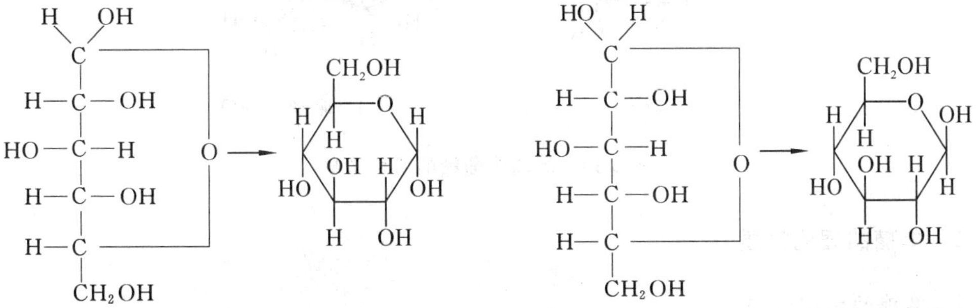

Fischer式　　Haworth式　　Fischer式　　Haworth式

α-D-吡喃葡萄糖　　β-D-吡喃葡萄糖

图 2-9　α-D-吡喃葡萄糖和 β-D-吡喃葡萄糖

用糖的环状结构就可以解释开链结构无法解释的某些性质。由于糖的环状结构中存在一个半缩醛羟基，而此羟基在空间内所处位置的不同将导致产生不同的异构体，即使同一位置的羟基与醛基缩合成半缩醛，产物也有 α、β 之分，因此会有不止一个比旋光度。在成环过程中半缩醛羟基位置会不断改变，最终达到平衡，所以有变旋现象。此外，由于糖的醛基在成环后变成了半缩醛羟基，其性质不如醛基活泼，因而不能与亚硫酸氢钠发生加成反应。对于 D-葡萄糖，平衡后 α-D-葡萄糖约占 36%，β-D-葡萄糖约占 64%，含游离醛基的开链葡萄糖占不到 0.03%。

3. 单糖的构象

由单键旋转引起的组成原子在空间的不同排列称为构象。同一分子的不同构象互称构象异构体。与旋光异构体不同,不同的构象异构体互变太快,通常不能分离出来。吡喃糖可以形成椅式构象和船式构象,其中椅式构象比船式构象稳定;呋喃糖可以形成信封式构象和扭形构象,其中信封式构象比扭形构象稳定。

以葡萄糖为例,Haworth 设计的葡萄糖环状结构是将呋喃式和吡喃式设想为平面结构,但根据 X 射线衍射分析得知,葡萄糖的吡喃环上 5 个碳原子并不在一个平面上,而是扭曲成两种不同的结构(构象):船式和椅式。船式构象和椅式构象可相互转变,椅式构象中的取代基团在几何上和化学上并不都是等同的,可将它们分为轴向和赤道向两类,分别称为轴键(a 键,又称直立键)和赤道键(e 键,又称平伏键),这两种键的稳定性不同。一般而言,赤道键比轴键稳定,因为相邻两个轴键间的距离小,键上两个基团的排斥力大;赤道键间两个基团的排斥力或位阻效应小。β-D-葡萄糖的 C(1)位的羟基为赤道键,而 α-D-吡喃葡萄糖的 C(1)位的羟基为轴键,故 β-D-吡喃葡萄糖比 α-D-吡喃葡萄糖稳定(图 2-10)。

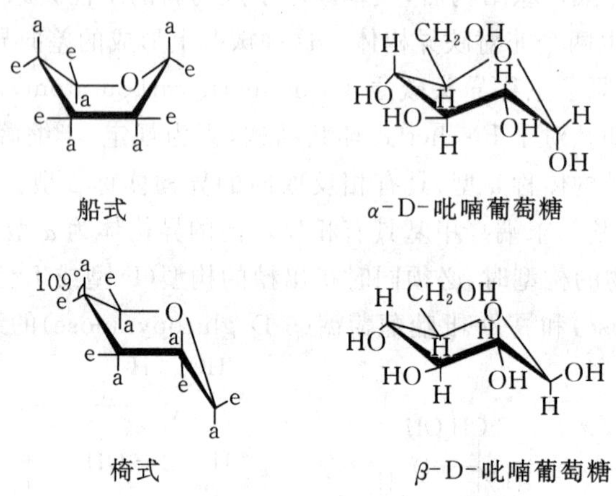

图 2-10 吡喃葡萄糖的两种构象

2.2.2 单糖的理化性质

1. 单糖的物理性质

1) 旋光性

几乎所有的单糖(二羟基丙酮除外)及其衍生物都有旋光性,许多单糖在水溶液中发生变旋现象。变旋现象是糖的链式结构和半缩醛羟基呈现不同构型的环状结构之间发生相互转化并最终达到平衡的结果。例如,葡萄糖在水溶液中变旋达到平衡时有 5 种结构共存。一些重要单糖的熔点和比旋光度见表 2-1。

表 2-1 一些重要单糖的熔点和比旋光度

名　称	熔点/℃	比旋光度(H_2O)	名　称	熔点/℃	比旋光度(H_2O)
D-甘油醛	127～129	+9.4°	β-D-吡喃葡萄糖	148～150	+18.7°→+52.6°
D-赤藓糖	< 25	−9.3°	α-D-吡喃甘露糖	133	+29.3°→+14.5°

续表

名　　称	熔点/℃	比旋光度(H_2O)	名　　称	熔点/℃	比旋光度(H_2O)
D-赤藓酮糖		−11°	β-D-吡喃甘露糖	132	−17°→+14.5°
D-核糖	88～92	−19.7°	α-D-吡喃半乳糖	167	+150°→+80.2°
2-脱氧-D-核糖	89～90	−59°	β-D-吡喃半乳糖	143～145	+52.8°→+80.2°
D-核酮糖		−16.3°	D-果糖	119～122	−92°
D-木糖	156～158	+18.8°	L-山梨糖	171～173	43.1°
D-木酮糖		−26°	L-岩藻糖	150～153	−75°
L-阿拉伯糖	160～163	+104.5°	L-鼠李糖	94(1H_2O)	+8.2°
α-D-吡喃葡萄糖	146(无水)	+112.6°	D-景天庚酮糖	101(1H_2O)	+2.5°
	83(1H_2O)	+52.6°	D-甘露庚酮糖	151～152	+29.7°

2）甜度

不同的单糖具有不同程度的甜味，甜味的相对大小称为甜度。比较甜度时，通常以蔗糖作为标准参考物，并规定它的相对甜度为100。某些糖和糖醇等的相对甜度见表2-2。

表2-2　某些糖和糖醇的相对甜度

名　　称	相对甜度	名　　称	相对甜度
乳糖	16	麦芽糖醇	90
半乳糖	30	蔗糖	100
麦芽糖	35	木糖醇	125
山梨醇	40	转化糖	150
木糖	45	果糖	175
甘露醇	50	阿斯巴甜	15 000
葡萄糖	70	应乐果甜蛋白	20 000

3）溶解度

单糖分子有多个羟基，有良好的水溶性，除甘油醛微溶于水外，其他单糖均易溶于水，在热水中溶解度更大。例如，β-D-葡萄糖在15 ℃水中的溶解度为154 g/100 mL。单糖微溶于乙醇，不溶于乙醚、丙酮等有机溶剂。

2. 单糖的化学性质

单糖是多羟基醛或多羟基酮，具有醇羟基和羰基的性质。例如，单糖与酸反应生成酯，与苯肼或氰化氢(HCN)等发生加成反应，与其他含羟基的化合物作用生成醚，单糖的半缩醛羟基参与成苷反应。由于同时存在羰基和多羟基，单糖还可以发生分子重排(异构化)、氧化、脱水、氨基化和脱氧等反应。

1）单糖异构化

单糖在稀酸中相当稳定，但在碱性溶液中能发生多种反应，产生不同的产物。在强碱性水溶液中，单糖发生降解及分子内氧化和还原反应；在弱碱性水溶液中，单糖易发生异构化，通过烯二醇中间体的分子重排产生差向异构体(图2-11)。例如，D-葡萄糖在氢氧化钡溶液中放置数天，通过异构化会产生 D-果糖和D-甘露糖等异构体。

```
H—C═O              H—C—OH              CH2OH
  |                  ‖                  |
H—C—OH      ⇌        C—OH       ⇌       C═O
  |                  |                  |
 (CHOH)3            (CHOH)3            (CHOH)3
  |                  |                  |
 CH2OH              CH2OH              CH2OH
D-葡萄糖           1,2-烯醇体           D-果糖

                     ⇅

                  H—C═O
                    |
                 HO—C—H
                    |
                   (CHOH)3
                    |
                   CH2OH
                  D-甘露糖
```

图 2-11　单糖在弱碱性条件下发生异构化的机理

2）单糖氧化

醛糖含游离醛基，具有还原性，在碱性溶液中可被重金属离子(Cu^{2+}、Ag^{+}、Hg^{2+}或Bi^{3+}等)氧化。Fehling 试剂(酒石酸钾钠、氢氧化钠和硫酸铜)或 Benedict 试剂(柠檬酸、碳酸钠和硫酸铜)中的 Cu^{2+} 是一种弱氧化剂，能将醛糖的醛基氧化成羧基，产物为糖酸(glyconic acid)，Cu^{2+} 自身被还原成 Cu^{+}，形成砖红(或黄)色的 Cu_2O 沉淀。能将氧化剂还原的单糖称为还原糖(reducing sugar)。所有的醛糖都是还原糖。Fehling 试剂或 Benedict 试剂常用于检测还原糖，试剂中的酒石酸钾钠或柠檬酸钠用作螯合剂与 Cu^{2+} 结合成可溶性的配合物，以防形成$Cu(OH)_2$而使 Cu^{2+} 沉淀。其反应式如下：

```
                                  COONa
 COONa                            |
 |                                CHO
 CHOH                             |    \
 |       + Cu(OH)2 ——→            |     Cu + 2H2O
 CHOH                             |    /
 |                                CHO
 COOK                             |
                                  COOK
 酒石酸钾钠                        可溶性氧化铜配合物
```

```
   COONa                                       COONa
   |                                           |           COOH
   CHO          CHO                            CHOH        |
   |   \        |               NaOH           |       +  (CHOH)4 + Cu2O↓
 2 |    Cu + (CHOH)4 + 2H2O  ————————→ 2       |           |
   |   /        |               加热           CHOH        CH2OH
   CHO          CH2OH                          |
   |                                           COOK
   COOK
             葡萄糖                                      葡萄糖酸
```

如果使用较强的氧化剂(如浓硝酸)，醛糖的醛基和伯醇基均被氧化成羧基，形成具有二羧基的糖二酸。例如，葡萄糖被氧化成葡萄糖二酸(glucaric acid)：

$$\underset{\text{葡萄糖酸}}{\begin{array}{c}\mathrm{COOH}\\|\\(\mathrm{CHOH})_4\\|\\\mathrm{CH_2OH}\end{array}} \xleftarrow{\text{溴水}} \underset{\text{葡萄糖}}{\begin{array}{c}\mathrm{CHO}\\|\\(\mathrm{CHOH})_4\\|\\\mathrm{CH_2OH}\end{array}} \xrightarrow{\text{浓硝酸}} \underset{\text{葡萄糖二酸}}{\begin{array}{c}\mathrm{COOH}\\|\\(\mathrm{CHOH})_4\\|\\\mathrm{COOH}\end{array}}$$

某些醛糖在特定的氧化酶作用下，只有它的伯醇基被氧化，生成糖醛酸，如葡萄糖可被氧化成葡萄糖醛酸(glucuronic acid)。

3）单糖还原

单糖的羰基在适当的还原条件(如硼氢化钠和电解)下可被氢还原成羟基，生成相应的多元醇。由于羰基被还原生成的羟基可以位于糖链的左边或右边，还原产物往往含有两种不同的异构体。例如，葡萄糖用电解法还原时，主要产物是山梨醇(sorbitol)，也有少量的甘露醇(mannitol)。其反应式如下：

$$\underset{\text{葡萄糖}}{\begin{array}{c}\mathrm{CHO}\\|\\\mathrm{H{-}C{-}OH}\\|\\\mathrm{HO{-}C{-}H}\\|\\\mathrm{H{-}C{-}OH}\\|\\\mathrm{H{-}C{-}OH}\\|\\\mathrm{CH_2OH}\end{array}} \xrightarrow{\text{电解}} \underset{\text{山梨醇}}{\begin{array}{c}\mathrm{CH_2OH}\\|\\\mathrm{H{-}C{-}OH}\\|\\\mathrm{HO{-}C{-}H}\\|\\\mathrm{H{-}C{-}OH}\\|\\\mathrm{H{-}C{-}OH}\\|\\\mathrm{CH_2OH}\end{array}} + \underset{\text{甘露醇}}{\begin{array}{c}\mathrm{CH_2OH}\\|\\\mathrm{HO{-}C{-}H}\\|\\\mathrm{HO{-}C{-}H}\\|\\\mathrm{H{-}C{-}OH}\\|\\\mathrm{H{-}C{-}OH}\\|\\\mathrm{CH_2OH}\end{array}}$$

4）成脎反应

许多还原糖可与苯肼反应生成含有两个苯腙基 ($=N-NH-C_6H_5$) 的糖脎，其反应式如下：

$$\begin{array}{c}\mathrm{CHO}\\|\\\mathrm{H{-}C{-}OH}\\|\\\mathrm{HO{-}C{-}H}\\|\\\mathrm{H{-}C{-}OH}\\|\\\mathrm{H{-}C{-}OH}\\|\\\mathrm{CH_2OH}\end{array} \xrightarrow{\mathrm{H_2N{-}NH{-}C_6H_5}} \underset{\text{D-葡萄糖苯腙}}{\begin{array}{c}\mathrm{HC{=}N{-}NH{-}C_6H_5}\\|\\\mathrm{H{-}C{-}OH}\\|\\\mathrm{HO{-}C{-}H}\\|\\\mathrm{H{-}C{-}OH}\\|\\\mathrm{H{-}C{-}OH}\\|\\\mathrm{CH_2OH}\end{array}} \xrightarrow{2\ \mathrm{H_2N{-}NH{-}C_6H_5}} \underset{\text{D-葡萄糖脎}}{\begin{array}{c}\mathrm{HC{=}NNHC_6H_5}\\|\\\mathrm{C{=}NNHC_6H_5}\\|\\\mathrm{HO{-}C{-}H}\\|\\\mathrm{H{-}C{-}OH}\\|\\\mathrm{H{-}C{-}OH}\\|\\\mathrm{CH_2OH}\end{array}}$$

糖脎相当稳定且不溶于水，从热的水溶液中以黄色晶体析出。不同还原糖生成的脎，晶体形状与熔点各不相同，因此成脎反应可用来鉴别还原糖。例如，葡萄糖脎是黄色细针状，麦芽糖脎是长薄片形。

5）形成糖苷

单糖的半缩醛(或半缩酮)羟基与其他含羟基(如醇、酚、酸等)或其他基团的化合物失水而缩合成的缩醛(或缩酮)式衍生物,称为糖苷或苷(glycoside)。例如,葡萄糖与甲醇在脱水剂(如盐酸)存在时可生成甲基葡萄糖苷,其反应式如下:

俞氏糖苷化反应

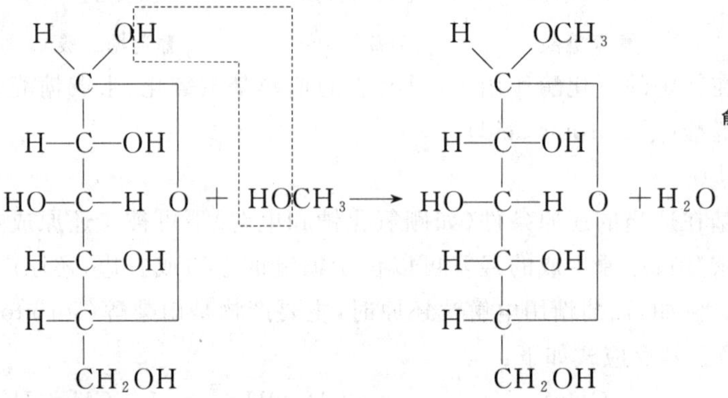

α-D-葡萄糖 + $HOCH_3$ ⟶ 甲基-α-D-葡萄糖苷 + H_2O

α-D-葡萄糖　甲醇　甲基-α-D-葡萄糖苷

糖苷分子中提供半缩醛羟基的糖部分称为糖基(glycosyl),与之缩合的“非糖”部分称为配糖体(aglycone)或配基,这两部分之间的连接键称为糖苷键(glycosidic bond),糖苷键的构型由糖基决定。糖苷配基也可以是糖,这样缩合成的糖苷即为寡糖和多糖。由于一个环状单糖有 α 和 β 两种异头物,成苷时相应地也有两种形式,即 α-苷和 β-苷。

6) 单糖脱水(无机酸的作用)

戊糖与非氧化性强酸(如盐酸)共热(蒸馏)时脱水可生成糠醛(furfural)。脱水是通过一系列的 β-消除反应和环化反应进行的。己糖与酸共热则产生 4-羟甲基糠醛。其反应过程如下:

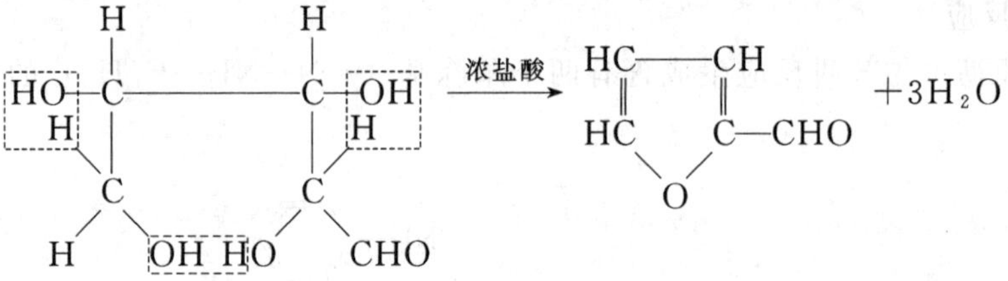

戊糖 $\xrightarrow{\text{浓盐酸}}$ 糠醛 + $3H_2O$

戊糖　糠醛

己糖 $\xrightarrow{\text{浓盐酸}}$ 4-羟甲基糠醛 + $3H_2O$

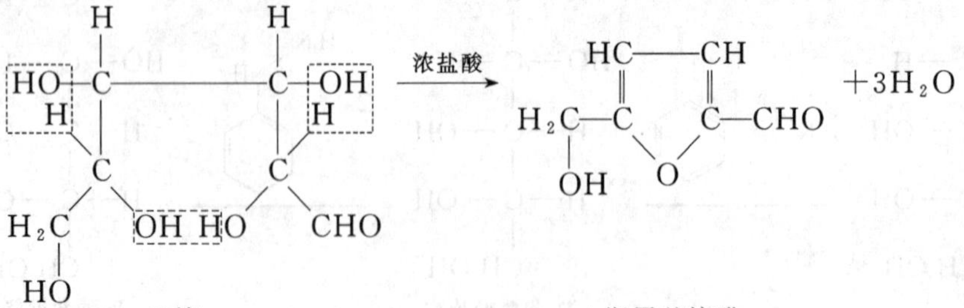

己糖　4-羟甲基糠醛

7) 糖的高碘酸氧化

高碘酸及其盐可以定量地氧化断裂邻二羟基、α-羟基醛等的 C—C 键,生成甲酸和甲醛。顺式邻二羟基化合物比反式的氧化速率快。单糖也能被高碘酸氧化,C—C 键发生断裂。反应是定量的,每断裂 1 mol C—C 键消耗 1 mol 高碘酸,因此,糖的高碘酸氧化反应是研究糖类结构的重要手段之一。例如，1 mol 葡萄糖被高碘酸氧化产生 5 mol 甲酸和 1 mol 甲醛，消耗 5 mol 高碘酸，其反应过程如下：

$$\begin{array}{c} CHO \\ | \\ H-C-OH \\ | \\ HO-C-H \\ | \\ H-C-OH \\ | \\ H-C-OH \\ | \\ CH_2OH \end{array} \xrightarrow{5HIO_4} 5HCOOH + HCHO$$

D-葡萄糖

2.2.3　单糖的衍生物

1）单糖磷酸酯

单糖磷酸酯又称磷酸化单糖，是单糖的羟基（包括半缩醛羟基）与磷酸脱水形成的糖衍生物，广泛地存在于各种细胞中，是很多代谢途径的中间产物。例如，1-磷酸葡萄糖、6-磷酸葡萄糖、6-磷酸果糖、1，6-二磷酸果糖、3-磷酸甘油醛和磷酸二羟基丙酮是糖酵解途径的中间产物；4-磷酸赤藓糖、5-磷酸核糖、5-磷酸木酮糖和 7-磷酸景天庚酮糖等是戊糖磷酸途径和光合作用的 Calvin 循环的中间产物。单糖磷酸酯还包括被称为核苷酸的核糖糖苷的磷酸酯，如腺苷单磷酸（AMP）、腺苷二磷酸（ADP）和腺苷三磷酸（ATP）等。这些单糖磷酸酯在细胞内（pH 值约 7.2）以一价阴离子和二价阴离子的混合物形式存在，以荷电形式存在的单糖磷酸酯的生物学作用之一是防止单糖扩散到细胞外，因而单糖形成磷酸酯也是生物体的一种保糖机制。

2）糖醇

糖醇（glycitol）是单糖的羰基被还原成羟基所形成的衍生物。糖醇通常是生物有机体的成分和代谢产物。自然界存在的糖醇主要是己糖醇，包括山梨醇（D-葡萄醇）、甘露醇和半乳糖醇（galactitol），其他的糖醇还有赤藓糖醇（erythritol）、木糖醇（xylitol）和核糖醇（ribitol）等，丙三醇（甘油）是最简单的糖醇。

糖醇大都是白色结晶，易溶于水，具有甜味，可作为糖类的替代品用于食品工业。糖醇不易被口腔细菌利用，可防止龋齿的发生；糖醇在体内代谢时不需要胰岛素，可抑制血糖升高和防止脂肪积蓄。因而糖醇是糖尿病、肥胖症、高血压和口腔疾病等病人的理想甜味剂。大多数糖醇具有良好的吸湿保水性能，因而糖醇在鱼糜及其制品、面包等食品中被用作保水剂或蛋白质的防变性剂。糖醇还广泛应用于医药等领域，如甘露醇在临床上可用于降低颅内压、治疗青光眼和治疗急性肾衰竭，山梨醇可用于制造抗坏血酸（ascorbic acid）和部分代替甘油。糖醇还可以作为生化或化学制药的原料或中间体。

3）糖酸

根据氧化条件不同，醛糖可被氧化成糖酸、糖二酸和糖醛酸。糖二酸在自然界中极少见，但植物界广泛存在的 L（＋）-酒石酸可看成 D-苏糖的糖二酸。糖酸和糖醛酸都可形成稳定的分子内酯（lactone）。葡萄糖酸（gluconic acid）可形成 δ-和 γ-两种内酯，但葡萄糖酸-δ-内酯较为稳定。生物体内不存在游离的糖酸，但糖酸的某些衍生物，如 6-磷酸葡萄糖酸及其 δ-

内酯是糖代谢戊糖磷酸途径的重要中间产物,3-磷酸甘油酸是很多糖代谢途径的中间产物。

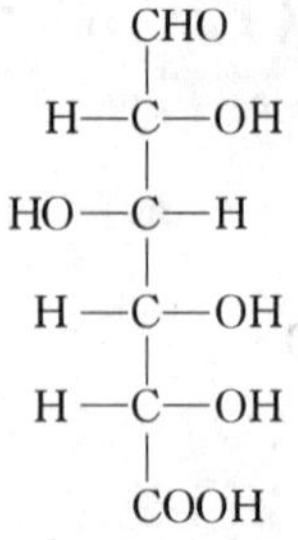

```
        CHO
         |
   H—C—OH
         |
 HO—C—H
         |
   H—C—OH
         |
   H—C—OH
         |
       COOH
```

图 2-12　葡萄糖醛酸的结构

葡萄糖氧化酶可以将葡萄糖氧化为葡萄糖酸,可用于葡萄糖酸的工业制备;葡萄糖被硝酸氧化可制备葡萄糖二酸;葡萄糖醛酸的工业制备是以淀粉为原料,通过硝酸氧化淀粉中的葡萄糖残基C(6)位的羟基成羧基和硝酸水解淀粉使C(1)位的醛基游离而得到,其结构见图 2-12。葡萄糖酸和葡萄糖醛酸都是机体的代谢中间产物,葡萄糖酸钙在医药上用于消除过敏和补充钙质,葡萄糖酸-δ-内酯能凝固蛋白质,被广泛用作食品添加剂;葡萄糖醛酸具有解毒作用,能与进入体内的或代谢分解物中含羟基的有害化合物结合,形成的葡萄糖醛酸的糖苷随尿液排出。

4）脱氧糖

脱氧糖(deoxy sugar)是指分子中的一个或者多个羟基被氢原子取代而形成的单糖,它们广泛分布于植物、动物和微生物中。最重要的脱氧糖是2-脱氧核糖,主要参与DNA的构成。自然界存在多种脱氧己糖(也可称为甲基戊糖):L-鼠李糖(rhamnose)是最常见的天然脱氧己糖,是很多糖苷和多糖的成分;L-岩藻糖(fucose)则参与海藻细胞壁和某些动物多糖(如血型物质)的构成。

5）氨基糖

氨基糖(amino sugar)是单糖分子中一个羟基被氨基所取代的糖衍生物。氨基糖常参与软骨、糖蛋白、糖脂、细菌细胞壁和动物的甲壳素等的构成。自然界中最常见的氨基糖是糖的C(2)位的羟基被氨基取代而生成的2-脱氧氨基糖,氨基也可以取代糖的C(3)、C(4)和C(6)位的羟基形成相应的氨基糖。氨基糖的氨基可以以游离形式存在,如人乳中含有少量的游离氨基的葡萄糖胺,但氨基大多数是以乙酰氨基的形式存在。具有代表性的氨基糖及其衍生物是葡萄糖胺(glucosamine)、*N*-乙酰葡萄糖胺(*N*-acetyl glucosamine)、半乳糖胺(galactosamine)和*N*-乙酰半乳糖胺(*N*-acetyl galactosamine)。

胞壁酸(muramic acid)和神经氨酸(neuraminic acid)是氨基糖的衍生物,由于具有酸性,因此又被称为酸性氨基糖或酸性糖。胞壁酸是由葡萄糖胺C(3)位的羟基与乳酸的羟基脱水缩合形成的一种酸性氨基糖,乙酰胞壁酸则是胞壁酸氨基上的一个氢被乙酰基取代所形成的。神经氨酸是含一个氨基的九碳糖酸,其全称是5-氨基-3,5-二脱氧-6-D-甘油基-D-甘露糖酸。自然界中,神经氨酸以其酰基化形式存在,如*N*-乙酰神经氨酸、*N*-羟乙酰神经氨酸和*N*-乙酰-4-*O*-乙酰神经氨酸,它们被统称为唾液酸(sialic acid)。唾液酸是动物细胞膜上的糖蛋白和糖脂的重要成分。几种重要的氨基糖的结构见图 2-13。

6）糖苷

根据糖苷键连接原子的不同,糖苷可以分为O-苷(氧苷)、S-苷(硫苷)、N-苷(氮苷)和C-苷(碳苷)。自然界中最常见的是O-苷(如苦杏仁苷),其次是N-苷,S-苷和C-苷比较少见。大多数糖苷易溶于水、乙醇、丙酮或其他有机溶剂。糖苷无还原性,也无变旋性。糖苷对碱溶液稳定,但容易被酸水解成原来的单糖和配基。

糖苷是糖在自然界中的一种重要存在形式,几乎所有的生物体都含有糖苷,但它主要存在于植物体内,尤其是植物的种子、叶及树皮中。天然存在的糖苷,其配基有醇类、醛类、酚类、固醇类和嘌呤,大多数糖苷有很强的毒性,但少数糖苷可作为药物。自然界中,很多药用

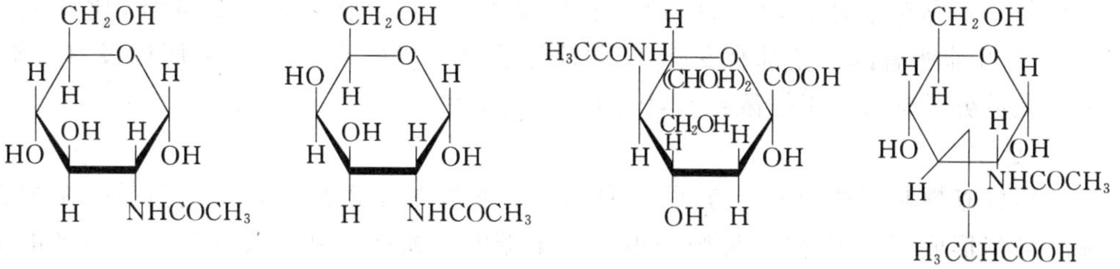

图 2-13　几种重要的氨基糖的结构

植物的有效成分之一就是糖苷，因而糖苷在医药工业中有很大的实用价值。例如，苦杏仁苷(amygdalin)具有止咳、祛痰的功效；强心苷(cardiac glycoside)不仅可以加强心跳、调整脉搏节律，还具有利尿的作用；根皮苷(phlorizin)能使葡萄糖随尿排出；人参皂苷(ginsenoside)具有抗疲劳和抗感染等功效。此外，许多糖苷还可以作为天然颜料和色素。

为了方便书写复杂寡糖和多糖的结构，通常使用缩写符号表示单糖及其衍生物。常见单糖及单糖衍生物的缩写见表 2-3。

表 2-3　常见单糖及单糖衍生物的缩写

单　糖	缩　写	单糖衍生物	缩　写
阿拉伯糖	Ara	葡萄糖酸	GlcA
果糖	Fru	葡萄糖醛酸	GlcUA
岩藻糖	Fuc	半乳糖胺	GalN
半乳糖	Gal	葡萄糖胺	GlcN
葡萄糖	Glc	N-乙酰半乳糖胺	GalNAc
来苏糖	Lyx	N-乙酰葡萄糖胺	GlcNAc
甘露糖	Man	胞壁酸	Mur
鼠李糖	Rha	乙酰胞壁酸	MurNAc
核糖	Rib	N-乙酰神经氨酸	NeuNAc
木糖	Xyl	唾液酸	SA

2.3　寡　糖

2.3.1　寡糖的结构

已知天然存在的寡糖，其糖基数为 2～6。根据组成寡糖的糖基数可以将寡糖分为二糖、三糖和四糖等。根据生成方式，寡糖可以分为初生寡糖和次生寡糖两类。初生寡糖在生物体内以游离形式存在，如蔗糖、乳糖、海藻糖、麦芽糖(它也是次生寡糖)、棉籽糖等。次生寡糖的结构相当复杂，多为高级寡糖。

2.3.2　寡糖的性质

1) 旋光性和变旋性

寡糖分子中存在手性碳原子,因而具有旋光性。例如,蔗糖具右旋光性,比旋光度为+66.5°。但并非所有的寡糖都有变旋性,蔗糖分子中不存在半缩醛羟基,所以没有变旋性。麦芽糖和乳糖分子中含有半缩醛羟基,因而具有变旋性。

2) 还原性

单糖形成寡糖时有两种成苷方式:一种是一个单糖的半缩醛(酮)羟基与另一个单糖的非半缩醛羟基形成糖苷键;另一种则是由两个单糖的半缩醛羟基形成糖苷键。前者的配基保留了一个半缩醛羟基,所以具有还原性,称为还原糖,如麦芽糖和乳糖;后者由于没有游离的半缩醛羟基,因而不具有还原性,称为非还原糖,如蔗糖。

2.3.3 常见的寡糖

1. 二糖

1) 蔗糖

蔗糖(sucrose)俗称食糖或白砂糖,广泛存在于光合植物(根、茎、叶、花和果实)中。动物中不含蔗糖。蔗糖的主要来源是甘蔗、甜菜和糖枫。蔗糖(α-D-吡喃葡萄糖(1→2)β-D-呋喃果糖苷)由1分子葡萄糖和1分子果糖脱水缩合而成,其结构见图2-14,即α-D-吡喃葡萄糖C(1)位的半缩醛羟基与β-D-呋喃果糖C(2)位的半缩酮羟基缩合,所以蔗糖没有还原性,无变旋性,不能形成糖脎。蔗糖水解产生1分子α-D-葡萄糖和1分子β-D-果糖。

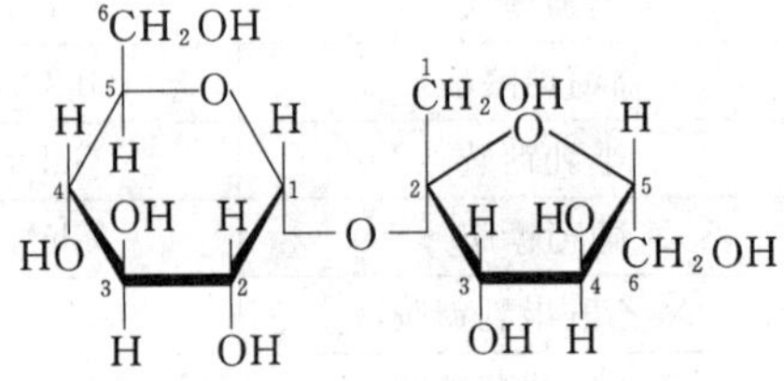

图 2-14 蔗糖的结构

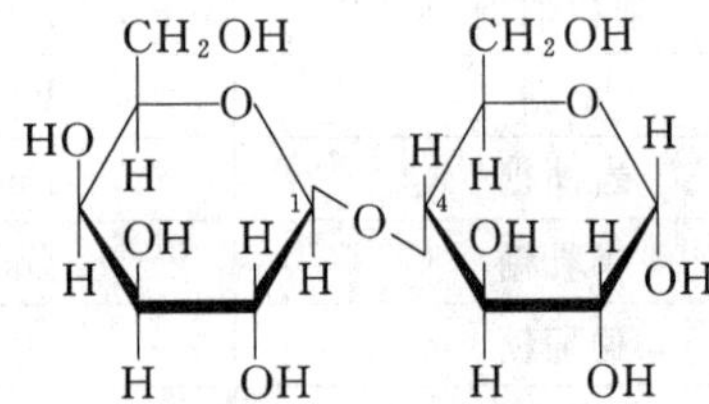

图 2-15 乳糖的结构(α型)

2) 乳糖

乳糖(lactose)由1分子β-D-吡喃半乳糖和1分子D-吡喃葡萄糖通过β(1→4)糖苷键连接而成,其结构见图2-15,具有还原性和变旋性。乳糖几乎存在于所有哺乳动物的乳汁中,含量约为5%。

乳糖的溶解度为17 g/100 mL(冷水)、40 g/100 mL(热水)。乳糖结晶时以α-乳糖或β-乳糖存在。α-乳糖比β-乳糖易溶于水,甜度也稍大。当长时间储存时,β-乳糖可以从冰淇淋中结晶析出,使冰淇淋变成沙质结构。

3) 麦芽糖

麦芽糖(maltose)主要存在于淀粉和其他葡聚糖(sephadex)的酶促降解产物(次生寡糖)中。麦芽糖俗称饴糖,是2分子D-吡喃葡萄糖通过α(1→4)糖苷键连接形成的,其结构见图2-16。麦芽糖是一种还原糖,25 ℃时的溶解度为108 g/100 mL,其甜度为蔗糖的1/3。麦芽糖晶体通常为β型。

4) α,α-海藻糖

α,α-海藻糖亦称为海藻糖(trehalose或mycose),名称前的α,α表示其糖苷键的构型,以区别于β,β-海藻糖(异海藻糖)和α,β-海藻糖(新海藻糖)。α,α-海藻糖是由2分子α-D-吡喃葡萄糖通过 1↔1 糖苷键形成的，是一种非还原糖。α,α-海藻糖属于初生寡糖，它是伞形科植物成熟果实中主要的可溶性糖类，在蕨类中代替蔗糖成为主要的可溶性储存糖类，在昆虫中用作能源的主要血循环糖。

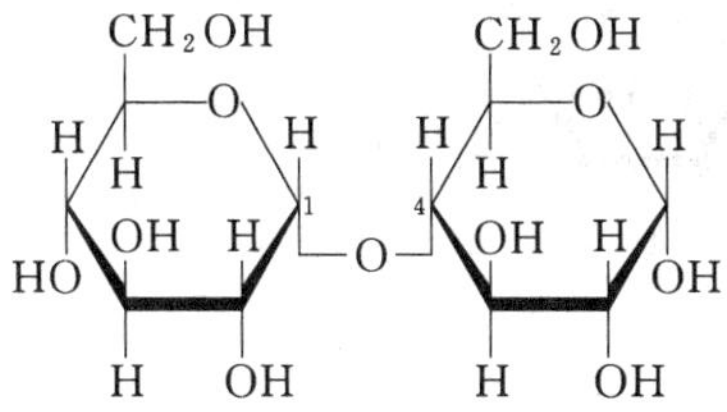

图 2-16　麦芽糖的结构（α 型）

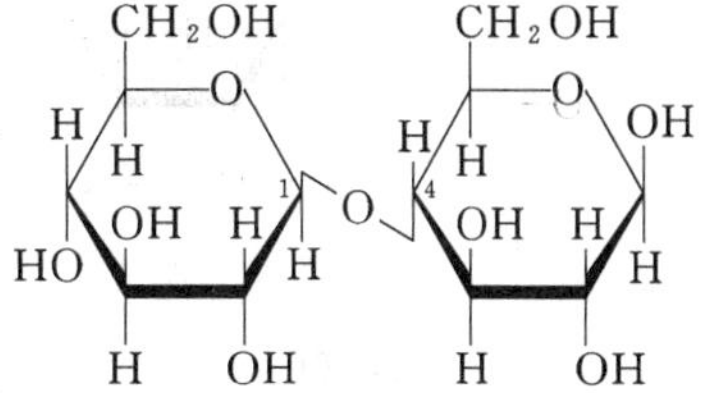

图 2-17　纤维二糖的结构

5）纤维二糖

纤维二糖（cellobiose）属于次生寡糖，是构成纤维素的二糖单位。纤维二糖由 2 分子 β-D-吡喃葡萄糖通过 β(1→4)糖苷键形成，其结构见图 2-17。它与麦芽糖的结构几乎相同，均为葡二糖，单糖间都是 1→4 键连接，不同的只是糖苷键的构型，前者是 β(1→4)，后者是 α(1→4)。纤维二糖不能被人体消化（因缺乏 β-葡萄糖苷酶），也不能被酵母发酵。

2. 三糖和四糖

常见的三糖有棉籽糖、龙胆三糖和松三糖（melezitose）等。棉籽糖是自然界中最重要的三糖，它广泛存在于棉籽、大豆、甜菜和桉树中，其全称是 α-D-吡喃半乳糖基(1→6)α-D-吡喃葡萄糖基(1↔2)β-D-呋喃果糖苷，棉籽糖是非还原糖。水苏糖由 2 分子半乳糖、1 分子葡萄糖和 1 分子果糖通过糖苷键连接而成，其全称是α-D-吡喃半乳糖基(1→6)α-D-吡喃半乳糖基(1→6)α-D-吡喃葡萄糖基(1↔2)β-D-呋喃果糖苷。水苏糖也是非还原糖。棉籽糖和水苏糖的结构见图 2-18。

3. 环糊精

环糊精葡萄糖基转移酶作用于淀粉溶液得到的一系列结构相关的寡糖称为环糊精（cyclodextrin）。环糊精是 α-D-吡喃葡萄糖残基通过α(1→4)糖苷键连接而成的环状结构分子，分子内的葡萄糖残基数一般为 6～12。最常见的环糊精含有 6 个、7 个和 8 个葡萄糖残基，分别称为 α-环糊精、β-环糊精和 γ-环糊精。环糊精无游离的半缩醛羟基，属非还原糖。

由于具有环状分子结构，环糊精具有一定程度的抗酸、碱和酶作用的能力。环糊精分子的结构像一个轮胎，其特点是所有葡萄糖残基的 C(6)位的羟基都在大环的外边缘，而 C(2)和 C(3)位的羟基位于大环的内边缘，形成外部亲水和内部相对疏水的特殊结构。β-环糊精的结构见图 2-19。由于具有这一特殊结构，环糊精无论是结晶态还是在溶液中，都易与某些小分子或离子形成包含配合物，如极性的酸类、胺类、SCN^-、卤素离子、无极性的芳香族碳氢化合物及稀有气体都可以包含在环糊精形成的空穴里，因而环糊精在工业上具有极广泛的用途。

2.4　多　　糖

自然界中糖类主要以多糖形式存在。多糖是高分子化合物，相对分子质量(3×10^4～4×10^8)很大，大多不溶于水。多糖属于非还原糖（因为一个很大的多糖分子只有一个还原末端），无变旋性，无甜味，一般不能结晶。

多糖可以按生物学功能分为储存多糖（storage polysaccharide）和结构多糖（structural

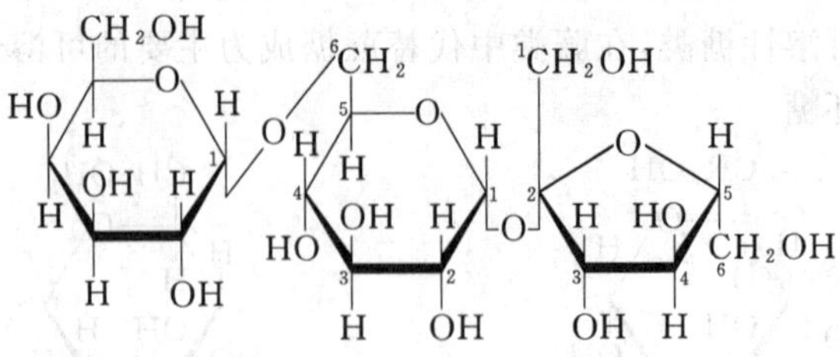

棉籽糖

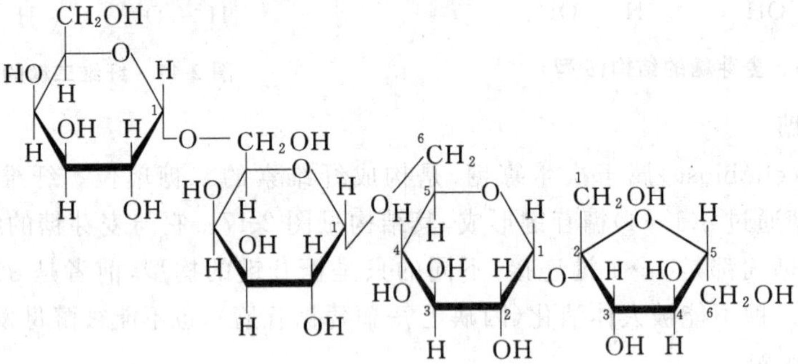

水苏糖

图 2-18　棉籽糖和水苏糖的结构

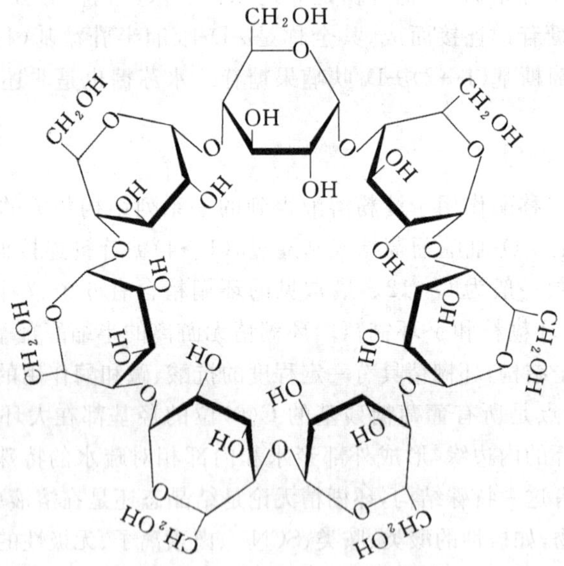

图 2-19　β-环糊精的结构

polysaccharide)。淀粉和糖原等属于储存多糖,纤维素、壳多糖、许多植物多糖和动物杂多糖(如糖胺聚糖)等属于结构多糖。

2.4.1　同多糖

1. 淀粉

淀粉广泛存在于自然界中,是植物体中的重要储存多糖。淀粉由许多 α-D-葡萄糖分子通过糖苷键连接而成。天然存在的淀粉有两种类型，一种是不溶于水的直链淀粉（糖淀粉），另一种是溶于水的支链淀粉（胶淀粉）。这两种淀粉在不同植物中的含量不同，玉米淀粉和马铃薯淀粉分别含有 27%和 20%的直链淀粉，其余的为支链淀粉；有的植物中的淀粉全部为直链淀粉，如豆类淀粉；而糯米中的淀粉全部为支链淀粉。一般而言，天然淀粉中的直链淀粉占 10%～20%，而支链淀粉高达 80%～90%。

直链淀粉（amylose）由 α-D-葡萄糖分子通过 α(1→4)糖苷键连接而成，其结构见图 2-20。直链淀粉的相对分子质量为 3.2×10^4～1.6×10^5，相当于含有 200～980 个葡萄糖残基。每个直链淀粉分子呈现线形的无分支链状结构，其真实结构是以平均每 6 个葡萄糖单位构成一个螺旋圈，许多螺旋圈再构成弹簧状的空间结构。

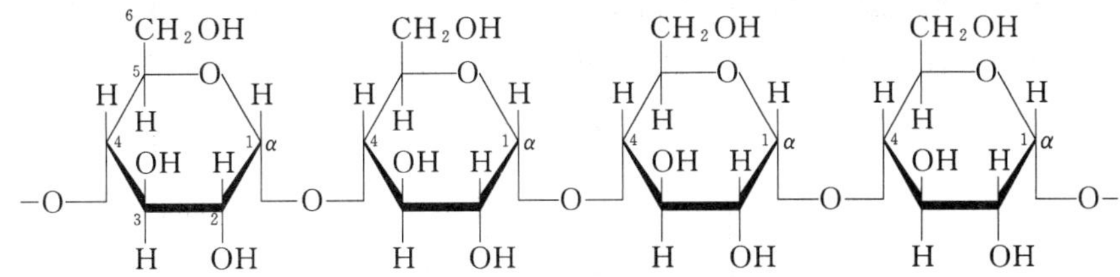

图 2-20　直链淀粉的分子结构

支链淀粉（amylopectin）由 α-D-葡萄糖分子通过 α(1→4)和 α(1→6)两种糖苷键连接而成，其相对分子质量比直链淀粉大得多，一般为 1×10^5～1×10^6，相当于含有 600～6 000 个葡萄糖残基。在由 α(1→4)糖苷键连接的主链上每隔 11～12 个葡萄糖残基有一个支链，支链与主链通过 α(1→6)糖苷键连接；支链内的葡萄糖残基以 α(1→4)糖苷键连接，支链含有 24～32 个葡萄糖残基，每个支链淀粉分子有 50～70 个这样的支链。

一个直链淀粉分子有两个末端：一个末端存在游离的半缩醛羟基，有还原性，称为还原端；另一个末端没有半缩醛羟基，称为非还原端。一个直链淀粉分子只有一个还原端和一个非还原端，一个支链淀粉分子有一个还原端和 $(n+1)$ 个非还原端，其中 n 为支链数。支链淀粉的分子结构及示意图见图 2-21。

淀粉在植物生长期间以淀粉粒（starch granule）形式储存于细胞中。淀粉粒的形状（有卵状、球形、不规则形）和大小（直径 1～175 μm）因植物来源不同而异。淀粉粒为不溶于水的半晶质（semi crystalline），在偏振光下呈双折射现象。当干淀粉分散于水中并加热时，淀粉粒吸水溶胀（swelling）并发生破裂，淀粉分子进入水中形成半透明的胶体溶液，黏度急剧增大，同时失去晶质结构和双折射性质，这一过程称为凝胶化或糊化（gelatinization）。当凝胶化的淀粉溶液缓慢冷却并长期放置时，淀粉分子会自动聚集，通过分子间的氢键键合形成不溶性微晶束而重新沉淀，这一现象称为老化（ageing）。食品工业中，利用淀粉的糊化性质生产方便食品。将淀粉含量高的食品速冻至−20 ℃，使食品中的水迅速结晶可阻碍淀粉分子聚结，从而防止淀粉老化。

淀粉无还原性，具右旋光性，其比旋光度为+201.5°～+205°。天然淀粉大都不溶于水，相对密度较大，工业上常利用淀粉悬浮液容易沉淀分层的性质生产和精制淀粉。

由于 α(1→4)连接，淀粉分子中的每个残基与下一个残基都成一定的角度，因此淀粉链倾向于形成有规则的螺旋构象。根据 X 射线衍射分析，直链淀粉的二级结构（指多糖链的折叠方式）是一个左手螺旋，每圈螺旋含 6 个残基，螺距 0.8 nm，直径 1.4 nm。淀粉的螺旋结

(a)分子结构

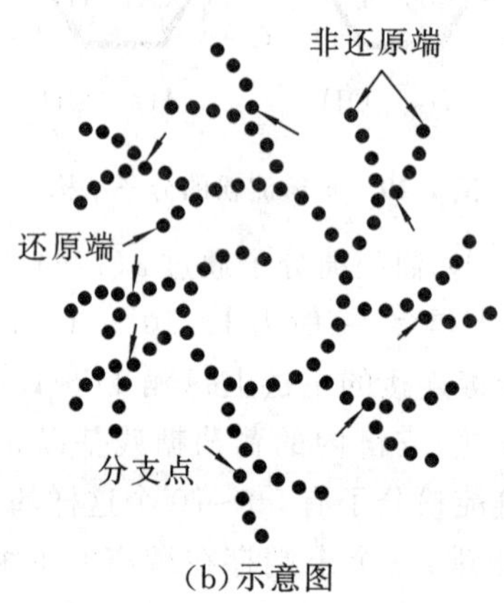

(b)示意图

图 2-21 支链淀粉

构并不十分稳定,当它与其他分子(如碘)相互作用时,直链淀粉可以无规卷曲的形式存在,碘分子正好能嵌入螺旋中心,每圈可容纳一个碘分子,通过朝向圈内的羟基氧(提供未共用电子对)和碘(提供空轨道)之间的相互作用形成稳定的深蓝色淀粉-碘配合物。直链淀粉的螺旋结构及与碘作用的机制见图 2-22。产生特征性的蓝色需要约 36 个(即 6 圈)葡萄糖残基。支链淀粉螺旋形成的短串碘分子比直链淀粉螺旋形成的长串碘分子吸收更短波长的光,因此支链淀粉遇碘呈紫色或紫红色。

淀粉可被酸或淀粉酶水解成葡萄糖。在酸或淀粉酶的水解过程中,淀粉被逐步降解,生成分子大小不一的一系列中间产物,这些中间产物统称为糊精(dextrin)。糊精依相对分子质量的递减,与碘作用可呈现由蓝紫色、紫色、红色到无色的不同颜色,所以根据碘与水解液的颜色变化可以判断水解进行的程度,其水解过程如下:

淀粉(蓝色)→紫糊精(蓝紫色)→红糊精(红色)→无色糊精(无色)→麦芽糖→葡萄糖

2. 糖原

糖原(glycogen)又称动物淀粉,是动物体内的储存多糖,它以颗粒(直径 10～40 nm)形式存在于动物的细胞液内。体内糖原的主要存在场所是肝脏(肝糖原)和骨骼肌(肌糖原),是最易动用的葡萄糖储库。

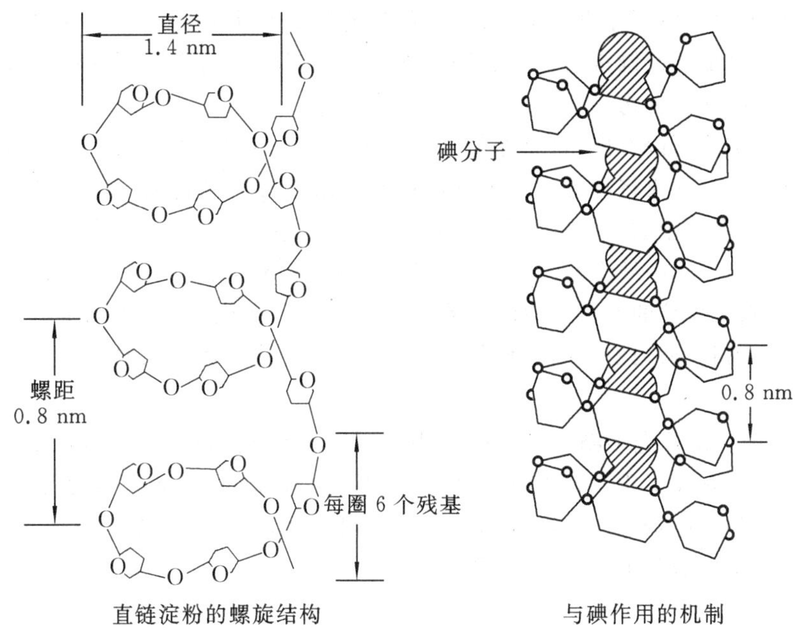

图 2-22 直链淀粉的螺旋结构和与碘作用的机制

糖原的基本组成单位与淀粉相同，也是 α-D-葡萄糖，但是它的相对分子质量(肝糖原为 10^6，肌糖原为 5×10^6)很大，含约 3 万个葡萄糖单位。糖原结构与支链淀粉很相似，主链以 α(1→4)糖苷键连接，再通过 α(1→6)糖苷键将主链与支链相连，但糖原的分支程度更高，分支链更短，平均每 3～5 个葡萄糖残基就有 1 个支链，支链的长度一般为 10～14 个葡萄糖残基，整个分子呈球形。糖原的高度分支结构不仅可增加分子的溶解度，而且有利于加速糖原降解酶(如 β-淀粉酶、磷酸化酶)的水解作用，有利于即时动用葡萄糖储库以供代谢的急需。

糖原无还原性，与碘作用呈红紫色至红褐色，具右旋光性。糖原能溶于水和三氯乙酸，但是不溶于乙醇和其他有机溶剂。

3. 纤维素

纤维素(cellulose)是自然界中分布最广、含量最多的一种多糖，天然纤维素的主要来源是木材、麻和棉花等植物原料，其中棉纤维中纤维素的含量可高达90%～98%。纤维素主要以结构多糖的形式存在于植物体内，是植物细胞壁和支撑组织的重要成分，能使细胞保持足够的抗张韧性和刚性。

纤维素(图 2-23)是 β-D-葡萄糖通过 1→4 糖苷键连接形成的链状大分子。纤维素的相对分子质量因植物种类、处理和测定方法的不同而变化较大，一般为 5×10^4～2×10^6。纤维素在植物体内集结成一种被称为微纤维的生物学结构单元，微纤维由一束沿分子长轴平行排列，但又存在交叉重叠的纤维素分子构成。这种结构决定了纤维素的化学稳定性和机械性能。纤维素的主要特点是极难溶于一般的有机溶剂，也不溶于稀酸、稀碱。某些反刍动物在肠道内共生着产生纤维素酶的细菌，因而能消化纤维素；白蚁消化木头是依赖消化道中存在的原生动物；人体消化道不分泌分解纤维

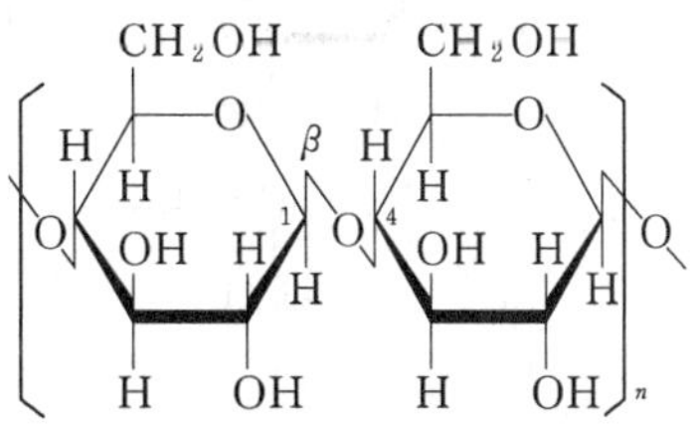

图 2-23 纤维素的分子结构

素所需的酶类,所以人体不能直接消化纤维素,但它是非常重要的膳食成分,能促进肠道蠕动。食物中一定含量的纤维素有减少胆固醇的吸收和降低血清胆固醇等作用,因此纤维素可作为糖尿病人的保健食物。

从纤维素的结构可以看出,每个葡萄糖分子含有 3 个游离羟基,因此在一定条件下均能与酸发生酯化反应。如果将纤维素加入含浓硝酸和浓硫酸的硝化剂中,控制所用酸的浓度和硝化时间,可以将其中的 3 个羟基分步酯化,分别生成纤维素一硝酸酯、纤维素二硝酸酯和纤维素三硝酸酯。其中纤维素三硝酸酯即硝化纤维(俗称火棉),其外表与棉花相似,但遇火迅速燃烧,是制造炸药的原料。前两者的混合物溶于醚和醇的混合溶剂中,可得到一种黏稠的制品——火棉胶(或珂罗酊),这种制品可作为工业生产和医药的原料。

4. 几丁质

几丁质(chitin)又称壳多糖或甲壳素,是昆虫、甲壳类动物硬壳的主要成分,有些真菌细胞壁的结构中也含有几丁质。几丁质是由 *N*-乙酰-2-氨基葡萄糖(又称 *N*-乙酰葡萄糖胺)通过 $\beta(1\rightarrow4)$ 糖苷键连接的线形分子,相对分子质量可高达数百万,其结构类似于纤维素。壳二糖可以看成几丁质的基本组成单元(图 2-24)。

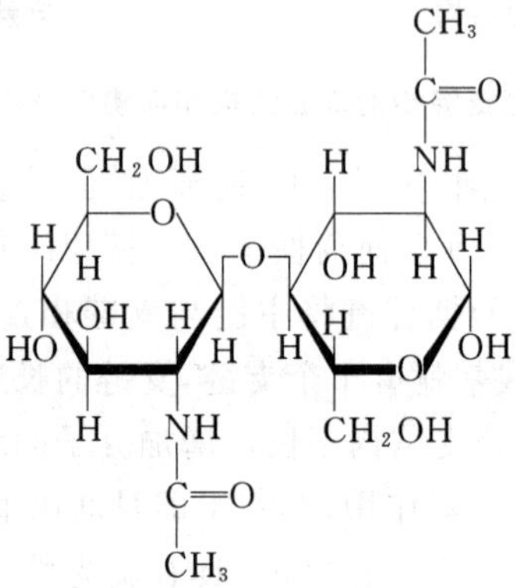

(a)几丁质的结构单元壳二糖

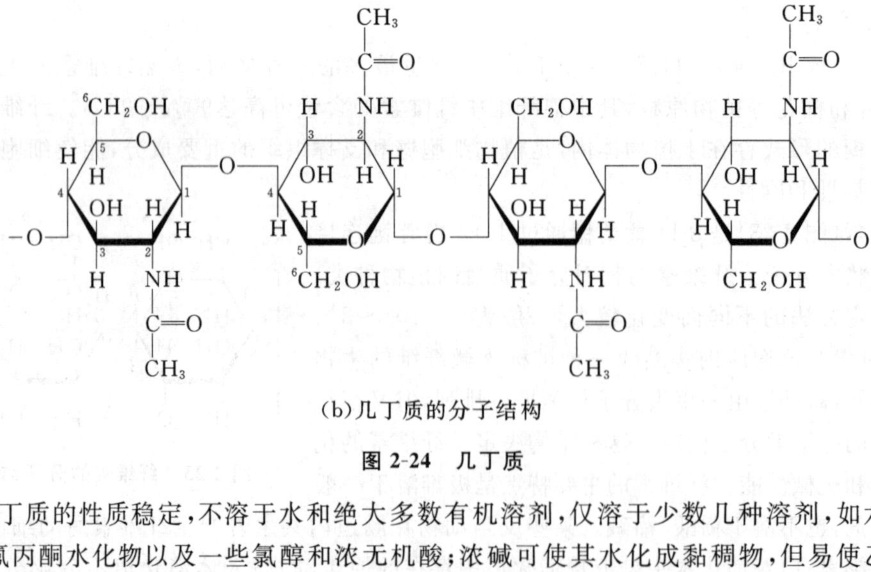

(b)几丁质的分子结构

图 2-24　几丁质

几丁质的性质稳定,不溶于水和绝大多数有机溶剂,仅溶于少数几种溶剂,如六氟异丙醇、六氟丙酮水化物以及一些氯醇和浓无机酸;浓碱可使其水化成黏稠物,但易使乙酰基水解而成为脱乙酰几丁质。在虾、蟹等动物甲壳中含有10%～30%的几丁质，因此，工业上常以甲壳为原料生产几丁质。用亚硫酸氢钠漂白法、草酸漂白法等方法可制得不溶性几丁质。

若将不溶性几丁质用碱法除去分子中的乙酰基，制成脱乙酰化的可溶性几丁质，具有耐碱、耐晒、耐热、耐腐蚀、不潮解、不风化、不怕虫蛀等特性，对织物、皮革等具有牢固的附着力及防皱、防缩、耐摩擦、易固着色素等能力，可用作黏结剂、上光剂、填充剂、乳化剂、净水剂、固发剂等，在医疗、纺织、食品、印染、水处理、化妆品等行业具有广阔的应用前景。

除了上述几种多糖外，常见的同多糖还有甘露聚糖（mannan）、木聚糖（xylan）和多种葡聚糖（dextran）等。常见同多糖的分子组成和主要来源见表2-4。

表2-4　常见同多糖的分子组成和主要来源

名　称	所含单糖成分	糖　苷　键	主要来源
直链淀粉	α-葡萄糖	$\alpha(1\rightarrow4)$	植物种子、果实、根茎
支链淀粉	α-葡萄糖	$\alpha(1\rightarrow4)$，含5%$\alpha(1\rightarrow6)$	植物种子、块茎
糖原	α-葡萄糖	$\alpha(1\rightarrow4)$，含12%～18%$\alpha(1\rightarrow6)$	动物肝、肾、肌肉
右旋糖酐（直链）	α-葡萄糖	$\alpha(1\rightarrow6)$	微生物
右旋糖酐（支链）	α-葡萄糖	$\alpha(1\rightarrow6)$，含8%$\alpha(1\rightarrow3)$、$\alpha(1\rightarrow4)$	微生物
纤维素	β-葡萄糖	$\beta(1\rightarrow4)$	植物纤维素
香菇多糖	β-葡萄糖	$\beta(1\rightarrow3)$	香菇
茯苓多糖（支链）	β-葡萄糖	$\beta(1\rightarrow3)$，含少量$\beta(1\rightarrow6)$	茯苓
昆布多糖	β-葡萄糖	$\beta(1\rightarrow3)$	海带
几丁质	N-乙酰葡萄糖胺	$\beta(1\rightarrow4)$	昆虫及甲壳动物的甲壳、真菌
菊糖（菊粉）	β-果糖（极少量α-葡萄糖）	$\beta(2\rightarrow1)$	菊芋、大理菊、蒲公英
甘露聚糖（直链）	β-甘露糖	$\beta(1\rightarrow4)$	谷类作物茎秆、兰科植物球根
甘露聚糖（支链）	β-甘露糖	$\beta(1\rightarrow6)$，含少量$\beta(1\rightarrow2)$、$\beta(1\rightarrow3)$	酵母
半乳聚糖（直链）	β-半乳糖	$\beta(1\rightarrow4)$	果胶质
半乳聚糖（支链）	β-半乳糖	$\beta(1\rightarrow6)$，含$\beta(1\rightarrow2)$	蜗牛
木聚糖	β-木糖	$\beta(1\rightarrow4)$	玉米芯、植物茎秆
阿拉伯聚糖	β-阿拉伯糖	$\beta(1\rightarrow5)$，含$\beta(1\rightarrow2)$	花生米、甜菜秆

2.4.2　杂多糖

1. 果胶

果胶（pectin）是典型的植物多糖，它是植物细胞壁的特有成分。果胶是果胶酸（pectic acid）的甲酯，果胶酸是D-半乳糖醛酸通过$\alpha(1\rightarrow4)$糖苷键连接而成的直链多糖，在这条多糖主链上有一些侧链，侧链主要由D-半乳糖、L-阿拉伯糖、D-木糖、L-岩藻糖和L-葡萄糖醛酸等糖基构成，侧链与主链通过$\alpha(1\rightarrow2)$和$\beta(1\rightarrow4)$等糖苷键连接。根据果胶酸羧基的酯化程度不同，可以将果胶分为高甲氧基果胶（甲酯化程度高于45%）和低甲氧基果胶（甲酯化程度低于45%）；根据水溶性的不同，可以将果胶分为水溶性果胶和水不溶性果胶，水不溶性果胶又称原果胶（protopectin）。原果胶是果胶与纤维素和半纤维素（hemicellulose）等结合的物质。原果胶受植物体内果胶酶(pectinase)的作用或提取过程中经稀酸处理,则转变为水溶性果胶。果胶可被果胶酯酶(pectinesterase)和果胶酶水解,果胶酯酶水解果胶的甲酯键,果胶经果胶酯酶的去甲酯化作用转变为无黏性的果胶酸,此时果实变成软病状态;果胶酶催化果胶酸解聚成 D-半乳糖醛酸,果胶酶参与果实成熟期(特别是采后成熟过程中)果实组织的软化过程。

果胶主要存在于浆果、果实和茎中,果胶的相对分子质量随来源不同而异,一般为 $2.5\times10^4\sim5\times10^4$(相当于 150~300 个残基)。果胶溶液是亲水胶体,低甲氧基果胶可与多价金属离子通过未酯化的 D-半乳糖醛酸 C(6)位的羧基互相连接形成网状结构;高甲氧基果胶在适当的酸度(pH=2~3.5)和糖浓度(60%~65%蔗糖)条件下可形成凝胶。形成凝胶的机制是糖使高度水化的果胶脱水,同时酸中和果胶分子的负电荷。

2. 半纤维素

半纤维素被定义为碱溶性植物细胞壁多糖,即除去果胶物质后的残留物质能被 15% NaOH 溶液提取的多糖。这些多糖大都具有分子大小为 50~400 个糖残基的侧链,在细胞壁中与微纤维通过非共价键结合成为细胞壁的另一类基质多糖。属于这类多糖的有木聚糖(包括阿拉伯木聚糖和 4-甲氧基葡萄糖醛酸木聚糖)、葡甘露聚糖(glucomannan)、半乳葡甘露聚糖(galactoglucomannan)、木葡聚糖(glucoxylan)和愈创葡聚糖(callose),半纤维素就是这些多糖物质的总称。半纤维素大量存在于植物的木质化部分,如木材中半纤维素占干重的 15%~25%,农作物的秸秆中半纤维素占 25%~45%。

3. 琼脂

琼脂(agar)俗称洋菜,是从红藻类石花菜属及其他属的某些海藻中提取的一种多糖物质。琼脂是琼脂糖(agarose)和琼脂胶(agaropectin)的混合物。琼脂糖的主链由 D-吡喃半乳糖通过 β(1→3)糖苷键连接形成,每 9 个 D-吡喃半乳糖残基单位与 1 个 L-吡喃半乳糖以 β(1→4)糖苷键连接形成侧链。琼脂胶是琼脂糖的磺酸酯(大约每 53 个糖单位有 1 个 $—SO_3H$,磺酸酯化位置在 L-吡喃半乳糖的 C(6)位上)。

琼脂不溶于冷水而溶于热水,1%~2%的溶液冷却至 40~50℃便可形成凝胶,且不被大多数微生物利用,是微生物固体培养的良好支持物。琼脂凝胶是透明的,生化上用作免疫扩散和免疫电泳的支持介质。

4. 树胶

树胶(gum)是某些植物表皮分泌物中具有黏性的多糖成分的总称,它们是由葡萄糖、葡萄糖醛酸、半乳糖、甘露糖和阿拉伯糖等单糖组成的杂多糖。不同植物产生不同结构的树胶,在各种树胶中,糖基常含有羧基等氧化基团,而羧基一般以钙盐、镁盐和钾盐形式存在。常见的树胶有阿拉伯胶(gum arabic)、黄芪胶(tragacanth)和瓜尔豆胶(guar gum)等。树胶具有重要的用途,在食品、制药、印染和化工等工业中被广泛用作黏合剂、增稠剂、悬浮剂和形成剂等。

5. 肽聚糖

肽聚糖(peptidoglycan)也称黏肽(mucopeptide)或胞壁质(murein),是构成细菌细胞壁骨架的一种重要杂多糖。肽聚糖是由胞壁肽(muropeptide)重复排列构成的,胞壁肽(其结构见图 2-25)是一个含有四肽侧链的二糖单位。该二糖单位由 *N*-乙酰葡萄糖胺(GlcNAc)和乙酰胞壁酸(MurNAc)通过 β(1→4)糖苷键连接而成,四肽侧链的 *N* 端通过酰胺键与

MurNAc残基上的乳酸基相连。四肽侧链中氨基酸以D型和L型交替存在，N端第一个氨基酸残基通常是L-丙氨酸（L-Ala），有时为L-丝氨酸（L-Ser）或甘氨酸（Gly）；第二个氨基酸残基通常是D-谷氨酸（D-Glu），有时为D-异谷氨酰胺（D-isoGln），它与下一个残基（R）之间的肽键是由D-谷氨酸的γ-COOH参与形成的。残基R随细菌种属而异，但大多是二氨基羧酸，如L-赖氨酸（L-Lys）、L-鸟氨酸（L-Orn）、2，6-二氨基庚酸（L-DAP）和2，4-二氨基庚酸（L-DABA）等，有的细菌的R残基则是高丝氨酸。四肽C端残基是D-丙氨酸。

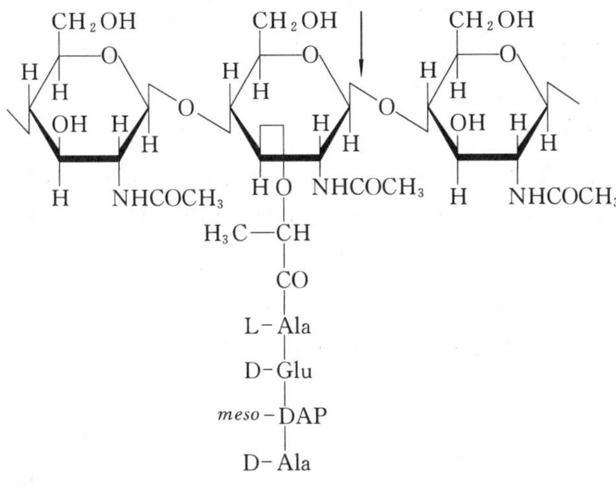

图 2-25 胞壁肽的结构

肽聚糖分子中平行的多糖链通过四肽侧链交联成网状结构。在大肠杆菌和其他革兰阴性细菌中，四肽侧链和四肽侧链相连，即一条多糖链上的四肽C端残基D-丙氨酸的α-COOH与相邻多糖链上的四肽R残基的侧链氨基如L-赖氨酸的ε-NH_2相连。在革兰阳性菌中，四肽侧链之间是通过由1～5个氨基酸组成的肽交联桥（peptide cross-bridge）连接的，如金黄色葡萄球菌中，四肽侧链之间的肽交联桥是五聚甘氨酸。大肠杆菌和金黄色葡萄球菌的肽聚糖结构见图2-26。

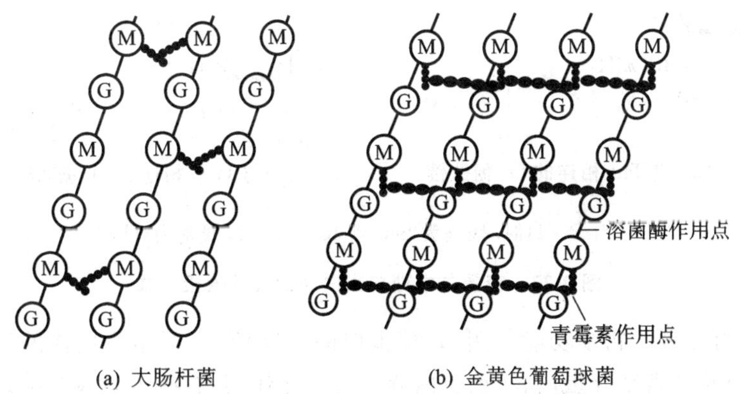

图 2-26 两种肽聚糖的结构

G：N-乙酰葡萄糖胺；M：N-乙酰胞壁酸；

●●●●：四肽侧链；●●●●●：五肽桥

2.5 复合糖

1. 糖蛋白

糖蛋白专指由寡糖链与多肽链共价相连所构成的复合糖类，在大多数情况下以蛋白质成分为主，糖的部分所占比例较小。糖蛋白中的糖链常有分支，且整个分子呈不均一性。构成糖蛋白的糖有10余种，以已糖为主，戊糖次之，有D-葡萄糖、D-半乳糖、D-甘露糖、D-木糖、L-阿拉伯糖、L-岩藻糖、*N*-乙酰氨基已糖和唾液酸等。参与糖肽共价连接的氨基酸种类有限，常见的是丝氨酸、苏氨酸、天冬酰胺等。

根据连接方式的不同，糖蛋白(图2-27)分为N型糖蛋白和O型糖蛋白两种。N型糖蛋白主要由蛋白质中的天冬酰胺(Asn)的氨基与糖基相连，其糖链一般含10～15个单糖单位，所有的N-糖链都含有一个共同的被称为核心五糖(又称三甘露糖基核心)的结构。核心五糖的连接方式是：Manα(1→6)Manα(1→3)Manβ(1→4)GlcNAcβ(1→4)GlcNAc。O型糖蛋白是指蛋白质中的丝氨酸(Ser)、苏氨酸(Thr)、羟脯氨酸(Hyp)或羟赖氨酸(Hyl)残基的羟基与糖基相连。O-糖链的结构比N-糖链简单，没有共同的核心结构，但连接形式远比N-糖链多。

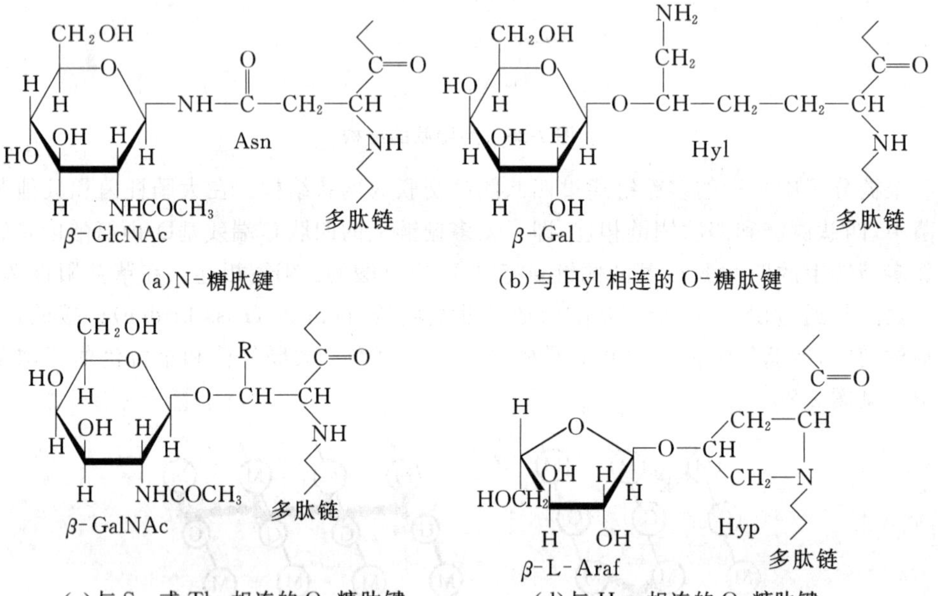

(a)N-糖肽键　　(b)与Hyl相连的O-糖肽键

(c)与Ser或Thr相连的O-糖肽键　　(d)与Hyp相连的O-糖肽键

当R=H时，残基为Ser；当R=CH_3时，残基为Thr

图2-27　糖蛋白中糖与蛋白质的几种连接方式

糖蛋白具有多种生物学功能。例如，糖蛋白的黏度较高，可作为机体的润滑剂；血液中的触珠蛋白、甲状腺素结合蛋白、转铁蛋白等具有运输作用；有些激素及免疫球蛋白、补体等都是糖蛋白；细胞膜上的许多糖蛋白，有的与细胞外物质的通透、传递等有关，有的则是某些激素、补体等的受体分子。

在糖蛋白的诸多生物学功能中，糖蛋白中的糖链起着重要作用。糖链不仅可作为多肽链构象的决定因子，而且糖链的存在与否还会影响某些糖蛋白与其他分子的结合，甚至改变糖蛋白的溶解度、沉淀性和在水溶液中的黏度。此外，糖蛋白对蛋白酶的耐受能力、糖蛋白的分泌及运输等也常与其所含的糖链相关，糖链还参与分子识别、细胞识别、精卵识别、细胞黏着和淋巴细胞的归巢等生理过程。

2. 蛋白聚糖

蛋白聚糖(proteoglycan)由一条或多条糖胺聚糖链和一个核心蛋白共价连接而成。蛋白聚糖除含糖胺聚糖链外，还含有 N 型或/和 O 型连接的糖链。与糖蛋白比较(表 2-5)，蛋白聚糖中糖的比例按质量计算高于蛋白质，糖含量可高达 95%或更高。糖部分主要是不分支的糖胺聚糖链，每条糖胺聚糖链约含 80 个单糖残基，通常无唾液酸。蛋白聚糖不仅分布于细胞外基质，也存在于细胞表面，以及细胞内的分泌颗粒中。蛋白聚糖对维持软骨的形态和功能、调节生物体内某些活性分子的浓缩储存和缓慢释放过程、维持血管的正常结构与功能、维持角膜的透明度及在胚胎发育和器官形成等方面具有重要作用。

表 2-5　蛋白聚糖与糖蛋白的区别

项　目	蛋白聚糖	糖蛋白
糖链含量	较蛋白质部分多	一般少于蛋白质，少数可较多
糖链组成	主要为糖醛酸、糖胺	Glc、Gal、Man、Fuc、GalNAc、GlcNAc、SA 末端常为 SA、Fuc
糖基排列	二糖单位形成长链	大多为分支寡糖链
与肽链连接方式	一般为 O 型连接	O 型或 N 型连接
分布	各种结缔组织基质中	细胞内外
生理功能	以维持结缔组织的功能为主	作用广泛

3. 糖脂

糖脂是一类含有糖基的脂质化合物。糖脂主要存在于质膜的外层，它一方面有助于稳定质膜的结构，另一方面可使细胞接收胞外信息，调节细胞功能。常见的糖脂有两类：鞘糖脂(glycosphingolipid)和甘油糖脂(glyceroglycolipid)。鞘糖脂主要存在于哺乳动物中，而植物和微生物中的糖脂以甘油糖脂为主。

鞘糖脂是神经酰胺(ceramide)中 C(1)位的羟基被糖基化形成的糖苷化合物。动物鞘糖脂中的单糖成分主要是 D-葡萄糖、D-半乳糖、*N*-乙酰葡萄糖胺、岩藻糖和唾液酸，脂肪酸成分以 16～24 个碳的饱和或低不饱和脂肪酸居多，此外还有相当数量的 α-羟基脂肪酸。根据糖基是否含有唾液酸或磺酸基成分，鞘糖脂又可分为中性鞘糖脂和酸性鞘糖脂两类。中性鞘糖脂的糖基不含唾液酸，常见的糖基有半乳糖、葡萄糖等单糖，此外还有二糖、三糖等寡糖；酸性鞘糖脂包括硫酸鞘糖脂和唾液酸鞘糖脂。硫酸鞘糖脂是指糖基部分被硫酸化的鞘糖脂，也称硫苷脂(sulfatide)。唾液酸鞘糖脂是糖基部分含有唾液酸的鞘糖脂，常称为神经节苷脂(ganglioside)，神经节苷脂的糖基都是寡糖链，含有一个或多个唾液酸。神经节苷脂在神经末梢中的含量特别丰富，参与乙酰胆碱和其他神经递质的受体组成，可能在神经传导中起重要作用。神经节苷脂还是免疫反应的介体，调节体内的免疫反应过程。细胞表面的鞘糖脂可参与细胞识别，是细胞相互作用和分化的重要基础。

甘油糖脂也称糖基甘油酯(glycoglyceride)，它由二酰甘油分子 C(3)位的羟基与糖基以糖苷键连接而成,最常见的甘油糖脂有单半乳糖基二酰基甘油和二半乳糖基二酰基甘油。甘油糖脂主要存在于植物和微生物中,植物的叶绿体和微生物的质膜中含有大量的甘油糖脂。哺乳类动物虽然含有甘油糖脂,但分布不普遍,主要存在于睾丸和精子的质膜,以及中枢神经系统的髓磷脂中。

思 考 题

1. 判断对错,并说明原因。

(1) 所有单糖都具有还原性。

(2) 凡具有旋光性的物质一定具有变旋性,而具有变旋性的物质也一定具有旋光性。

(3) 所有的单糖和寡糖都是还原糖。

(4) 自然界存在的单糖主要是L型的。

(5) 如果用化学方法测出某支链淀粉有100个非还原端,则它具有100个分支。

2. 己醛糖和己酮糖各有多少个旋光异构体(包括 α-异构体和 β-异构体)?请写出己醛糖的开链结构(名称与构型)。

3. 写出 β-D-脱氧核糖、α-D-半乳糖、β-L-山梨糖和 β-D-N-乙酰神经氨酸的Fischer投影式和Haworth式。

4. 乳糖和蔗糖各是什么类型的糖苷(α-苷、β-苷)?2分子的D-吡喃葡萄糖可以形成多少种二糖?

5. 某种支链淀粉的相对分子质量为 1×10^6,分支点葡萄糖残基占全部残基的70%。

(1) 一分子支链淀粉有多少个葡萄糖残基?

(2) 假设支链的长度一致且长度均为24个葡萄糖残基,则有多少个支链?

6. 糖蛋白与蛋白聚糖在结构上有什么共同点和不同点?

第3章 脂质化学

脂质(lipid)又称脂类,与蛋白质和糖一样,广泛存在于所有的生物体中,是维持生命所必需的营养物质和结构物质。但脂质不同于蛋白质和糖,它包括的范围很广,涵盖许多化学组成、分子结构和生物学功能差异很大的一大类化合物,其共同点是不溶于水而溶于有机溶剂。脂质不形成聚合物,但可形成聚合态,脂质正是以这种聚合态在生物膜的结构基质中起着尤为显著的作用。

3.1 概 述

3.1.1 脂质的概念

脂质泛指不溶于水,但能溶于有机溶剂(氯仿、乙醚、丙酮、苯等)的各类生物分子。脂质一般是由脂肪酸和醇组成,也有不含脂肪酸的,如萜类(terpene)、固醇类及其衍生物。

3.1.2 脂质的分类

脂质是根据溶解度性质定义的一类生物分子,尚无统一的分类方法,根据其分子组成和化学结构特点,大体上可分为三大类。

1. 单纯脂质

单纯脂质(simple lipid)是脂肪酸和醇(甘油、高级一元醇或固醇)形成的酯,包括甘油三酯和蜡(wax)。甘油三酯是3分子脂肪酸和1分子甘油所形成的酯。蜡主要由长链脂肪酸和长链醇或固醇组成。

2. 复合脂质

复合脂质(compound lipid)分子中除醇类和脂肪酸外,还含有非脂成分。复合脂质按非脂成分的不同,可分为磷脂和糖脂。磷脂的非脂成分是磷酸和含氮碱基(如胆碱、乙醇胺)。磷脂根据醇成分的不同,又可分为甘油磷脂(如磷脂酸、磷脂酰胆碱、磷脂酰乙醇胺等)和鞘磷脂。糖脂的非脂成分是糖。

3. 衍生脂质

衍生脂质(derived lipid)是单纯脂质和复合脂质的衍生物,或与之密切相关并具有脂质一般性质的物质,以及由若干异戊二烯碳骨架构成的物质。它主要包括高级一元醇、脂肪酸及其衍生物、萜类、类固醇类、脂溶性维生素、脂多糖及脂蛋白。

3.1.3 脂质的生理功能

磷脂、糖脂和胆固醇是生物膜的重要结构成分,而生物膜又是物质进出细胞或亚细胞结构的通透性屏障,这对维持细胞正常的结构和功能是很重要的。脂肪是生物体内重要的供能和储能物质。1 g 脂肪在体内完全氧化产生39 kJ 的能量,是等量糖和蛋白质的2.3倍;同时脂肪又以高度疏水状态存在,1 g 脂肪所占体积为 1.2 mL,仅为等量糖或蛋白质的 1/4 左右。因此,脂肪是生物体内最为有效的供能和储能形式。动物皮下和脏器周围的脂肪具有防止机械损伤和固定内脏的保护作用;脂肪不易导热,还有防止热量散失以维持体温的作用。对动物来讲,脂类物质是必需脂肪酸和脂溶性维生素的溶剂。某些萜类及类固醇类物质如维生素 A、维生素 D、维生素 E、维生素 K、胆酸及固醇类激素具有营养、代谢及调节功能。此外,蜡是海洋浮游生物体内能量物质的主要储存形式。羽毛、被膜及果实表层的蜡质对防水、减少外部感染、防止水分蒸发等均具有重要作用。

3.2 脂肪与脂肪酸

3.2.1 脂肪的概念

脂肪即酰基甘油酯(acylglycerol),是由甘油分子中的羟基与长链脂肪酸的羧基发生酯化反应而形成的。酰基甘油酯根据所连接脂肪酸的个数,可分为单脂酰甘油、二脂酰甘油和三脂酰甘油。三脂酰甘油即甘油三酯(又称三酰甘油),是脂类中含量最为丰富的一类。其反应式如下:

$$
\begin{array}{ccc}
\begin{array}{c} H \\ | \\ H-C-OH \\ | \\ H-C-OH \\ | \\ H-C-OH \\ | \\ H \end{array}
+
\begin{array}{c} O \\ \| \\ HO-C-R_1 \\ O \\ \| \\ HO-C-R_2 \\ O \\ \| \\ HO-C-R_3 \end{array}
\rightleftharpoons
\begin{array}{c} H \quad O \\ | \quad \| \\ H-C-O-C-R_1 \\ | \quad O \\ | \quad \| \\ H-C-O-C-R_2 \\ | \quad O \\ | \quad \| \\ H-C-O-C-R_3 \\ | \\ H \end{array}
+3H_2O
\end{array}
$$

甘油　　　　脂肪酸　　　　甘油三酯

根据脂肪酸是否相同,脂肪分为简单甘油三酯和混合甘油三酯两类。如果其中的脂肪酸是相同的,构成的脂肪称为简单甘油三酯;如果脂肪酸是不同的,则构成的脂肪称为混合甘油三酯。天然的甘油三酯多为混合甘油三酯,组成甘油三酯的脂肪酸多为含 16 或 18 个碳原子的饱和脂肪酸及不饱和脂肪酸。动植物体内的脂肪和油大部分都是混合甘油三酯的混合物,这种混合物呈固态(脂肪)还是液态(油)取决于它们的脂肪酸成分和温度。只含有饱和的长链脂酰基的甘油三酯在室温下为固态,而那些含有不饱和或短链脂酰基的甘油三酯在室温下为液态。

3.2.2 脂肪的结构

根据国际纯粹与应用化学联合会及生物化学联合会(IUPAC-IUB)的生物化学命名委员会的建议,甘油采用下列命名原则。

将甘油的三个碳原子分别标号为 1、2、3(其顺序不能颠倒)。第二个碳原子的羟基用 Fischer 投影式表示,且一定要放在左边。C(2)原子上面的碳原子定义为 C(1),C(2)原子下面的碳原子为 C(3)。这种编号称为立体专一编号(stereospecific numbering),用符号 sn 表示,并将其写在化合物名称的前面。

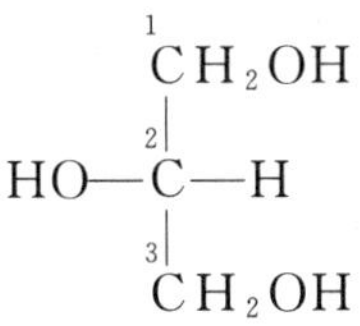

$$\begin{array}{c} \overset{1}{C}H_2OH \\ | \\ HO{-}\overset{2}{C}{-}H \\ | \\ \overset{3}{C}H_2OH \end{array}$$

sn-甘油

甘油分子本身具有平面对称性。当两端的羟基被脂肪酸酯化后，所形成的三酰甘油变为不对称的，而呈现光学活性。尽管 D/L 或 *R*/*S* 可以用于表示这样的对映体，但在使用过程中则会产生很多问题。因此实际应用中常常对酰基甘油酯采用立体专一编号(sn)。根据甘油的命名原则，所有甘油衍生物的名称前都应冠以“sn”符号，因此用“三酰-sn-甘油”而不是“三酰甘油”表示。这是一种更为精确的表示方法，特别是对于那些立体特异性化合物是十分必要的。只有在没有指明详细的立体化学性时才用 α-(第一个羟基)和 β-(第二个羟基)表示。

三酰-sn-甘油的结构通式如下：

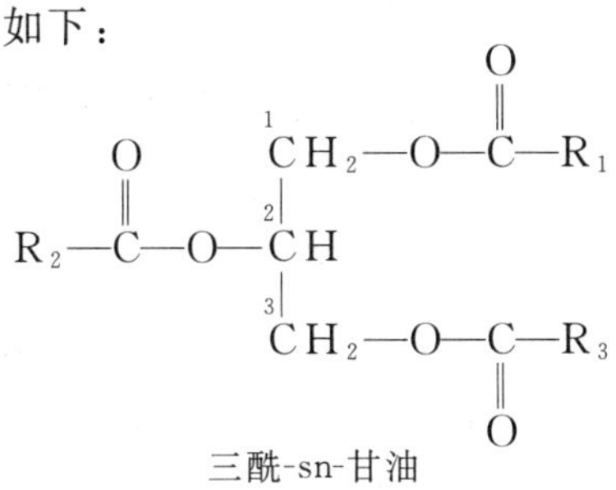

$$\begin{array}{l} \qquad\qquad\qquad\quad \overset{1}{C}H_2{-}O{-}\overset{O}{\overset{\|}{C}}{-}R_1 \\ \qquad\qquad\qquad\quad | \\ R_2{-}\overset{O}{\overset{\|}{C}}{-}O{-}\overset{2}{C}H \\ \qquad\qquad\qquad\quad | \\ \qquad\qquad\qquad\quad \overset{3}{C}H_2{-}O{-}\underset{O}{\underset{\|}{C}}{-}R_3 \end{array}$$

三酰-sn-甘油

3.2.3 脂肪的理化性质

1. 脂肪的物理性质

脂肪是无色、无味的黏稠液体或蜡状固体。固体脂肪的密度约为 0.8 g/cm^3，液体脂肪的密度为 0.91～0.94 g/cm^3，均小于 1 g/cm^3。脂肪不溶于水，略溶于低级醇，易溶于乙醚、氯仿、苯、丙酮、四氯化碳和石油醚等非极性有机溶剂，能被乳化剂(如胆汁酸盐)所乳化。天然脂肪都是多种脂肪的混合物，因此没有明确的熔点。脂肪的熔点取决于脂肪酸链的长度及其不饱和键数，一般情况下，熔点随饱和脂肪酸的数目和脂肪链长度的增加而升高，随不饱和键的增多而降低。

2. 脂肪的化学性质

脂肪的化学性质和它本身的酯键、脂肪酸中的不饱和键、甘油中的羟基有关。

1) 由酯键产生的性质

(1)皂化反应。

脂肪可在酸、碱或脂酶作用下水解。当用碱水解时，产生甘油和脂肪酸的盐(如钠盐、钾盐)，这种盐称为皂。故将碱水解脂肪的作用称为皂化作用。其反应式如下：

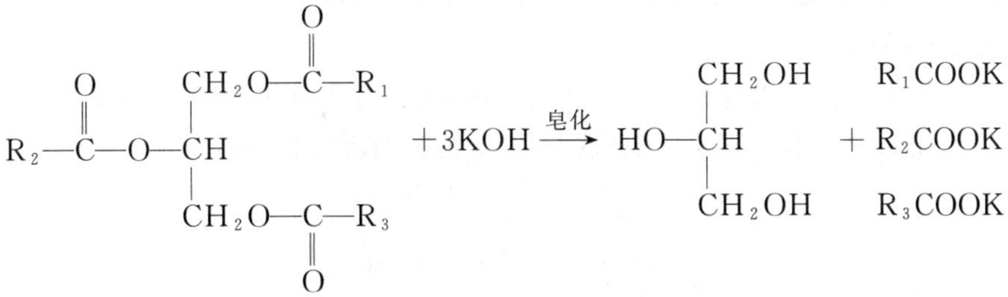

$$\begin{array}{l} \qquad\qquad\qquad\quad CH_2O{-}\overset{O}{\overset{\|}{C}}{-}R_1 \\ \qquad\qquad\qquad\quad | \\ R_2{-}\overset{O}{\overset{\|}{C}}{-}O{-}CH \\ \qquad\qquad\qquad\quad | \\ \qquad\qquad\qquad\quad CH_2O{-}\underset{O}{\underset{\|}{C}}{-}R_3 \end{array} + 3KOH \xrightarrow{\text{皂化}} \begin{array}{l} \qquad CH_2OH \\ \qquad | \\ HO{-}CH \\ \qquad | \\ \qquad CH_2OH \end{array} + \begin{array}{l} R_1COOK \\ R_2COOK \\ R_3COOK \end{array}$$

脂肪　　　　甘油　　　　皂

皂化价为皂化 1 g 脂肪所需 KOH 的质量(以 mg 计)。通常由皂化价计算脂肪的平均相对分子质量:

$$平均相对分子质量=\frac{3\times 56\times 1000}{皂化价}$$

甘油味甜,密度为 1.26 g/cm^3(20 ℃),为制皂工业的副产品。甘油是许多化合物的良好溶剂,可与水、乙醇以任意比例互溶,但不溶于乙醚、氯仿等。甘油能保持水分,可以作为润湿剂,广泛用于化妆品和医药工业。

(2) 酯交换反应。

甘油三酯与甲醇在催化剂条件下发生酯交换反应,反应的终产物为甘油和脂肪酸甲酯。其反应方程式如下:

$$\begin{array}{l} CH_2—OOC—R_1 \\ | \\ CH—OOC—R_2 \\ | \\ CH_2—OOC—R_3 \end{array} + 3CH_3OH \longrightarrow \begin{array}{l} CH_2—OH \\ | \\ CH—OH \\ | \\ CH_2—OH \end{array} + R_1COOCH_3 + R_2COOCH_3 + R_3COOCH_3$$

甘油三酯　　甲醇　　甘油　　脂肪酸甲酯

酯交换催化剂包括碱性催化剂(NaOH、KOH、有机碱等)、酸性催化剂(硫酸、磷酸等)和生物酶催化剂(脂肪酶、酯酶等),其中碱性催化剂是目前酯交换反应中使用最广泛的催化剂。

2) 由不饱和键产生的性质

(1)氧化和酸败。

脂肪在空气中暴露过久会产生难闻的臭味,这种现象称为酸败。酸败的原因主要是脂肪的不饱和成分发生自动氧化产生过氧化物,进而降解成醛、酮、酸的复杂混合物;其次是微生物的作用,它们将脂肪分解为游离的脂肪酸和甘油。一些低级脂肪酸本身就有臭味,经系列酶促反应后产生挥发性的低级酮;甘油可被氧化成具有异味的 1,2-环氧丙醛。

利用废弃食用油生产生物柴油

酸值(又称酸价),是衡量油脂酸败程度的标准之一。酸值是中和 1 g 脂肪中的游离脂肪酸所需 KOH 的质量(以 mg 计)。

过氧化值是指油脂氧化酸败所产生的过氧化物的量。油脂的过氧化值是指 100 g 油脂中所含的过氧化物,在酸性环境下与碘化钾作用时析出碘的质量(以 g 计)。过氧化物是油脂酸败的初始产物,可用来判断油脂质量和变质程度。

(2) 氢化。

脂肪中的不饱和键可以在金属镍催化下发生氢化反应。氢化作用可以将液态的植物油转变为固态的脂,如食品工业中用棉籽油等经氢化制备人造奶油。

(3) 卤化和碘值。

脂肪中的不饱和键可以与卤素发生加成反应,生成卤代脂肪酸,称为卤化作用。通常用碘值(价)表示脂肪的不饱和程度。碘值指 100 g 脂肪能所吸收碘的质量(以 g 计)。

$$—\overset{\displaystyle H}{\overset{|}{C}}=\overset{\displaystyle H}{\overset{|}{C}}— \xrightarrow{I_2} —\underset{\displaystyle I}{\underset{|}{\overset{\displaystyle H}{\overset{|}{C}}}}—\underset{\displaystyle I}{\underset{|}{\overset{\displaystyle H}{\overset{|}{C}}}}—$$

3）由羟基产生的性质

脂肪中含羟基的脂肪酸可以与乙酸酐或其他酰化试剂作用形成相应的酯。脂肪的羟基化程度用乙酰化值(价)表示。乙酰化值指从1 g乙酰化的脂肪中分解出的乙酸用KOH中和时所需要的KOH的质量(以mg计)。由乙酰化值的大小可推知样品中所含羟基的量。

3.2.4　脂肪酸

脂肪酸(fatty acid)是由一条长的烃链和一个末端羧基组成的羧酸。从动植物和微生物中分离出来的脂肪酸已有百余种。在生物体内，仅有少量脂肪酸以游离形式存在，绝大部分脂肪酸以甘油三酯、磷脂、糖脂等结合形式存在。不同脂肪酸之间的主要区别在于烃链的长度、双键数目和位置、构型。

1. 脂肪酸的命名

脂肪酸的命名方法有习惯命名法和系统命名法。习惯命名法主要以脂肪酸的来源、性质或碳原子数目命名，如油酸、花生四烯酸等。系统命名法则反映其碳原子数目、双键数目和位置，其碳原子有两种编码体系，其中Δ编码体系从脂肪酸的羧基碳原子开始编号，ω编码体系从脂肪酸的甲基碳原子开始编号，双键位置用Δ或ω右上标数字表示，并在数字后面用c(cis，顺式)和t(trans，反式)标明双键的构型。脂肪酸的简写方法：先写出碳原子的数目，再写出双键的数目，两个数目之间用冒号隔开，若为不饱和脂肪酸，则以Δ或ω右上标数字表示其双键的位置及数目，如十八烷酸(硬脂酸)简写为18:0，十八碳一烯酸(油酸)简写为$18:1\Delta^{9c}$(或$18:1\omega^{7c}$)，顺，顺-9，12-十八碳二烯酸(亚油酸)简写为$18:2\Delta^{9c,12c}$(或$18:2\omega^{6c,9c}$)。生物体中常见的一些脂肪酸见表3-1。

表3-1　常见的脂肪酸

类型	名称(俗名)	英文名	简写符号	结构	熔点/℃	存在
饱和脂肪酸	丁酸(酪酸)	butyric acid	4:0	$CH_3(CH_2)_2COOH$	−7.9	奶油
	己酸(羊油酸)	caproic acid	6:0	$CH_3(CH_2)_4COOH$	−3.4	奶油、羊脂、可可油
	辛酸(羊脂酸)	caprylic acid	8:0	$CH_3(CH_2)_6COOH$	16.7	奶油、羊脂、可可油
	癸酸(羊蜡酸)	capric acid	10:0	$CH_3(CH_2)_8COOH$	32.0	椰子油、奶油
	十二酸(月桂酸)	lauric acid	12:0	$CH_3(CH_2)_{10}COOH$	44.0	鲸蜡、椰子油
	十四酸(豆蔻酸)	myristic acid	14:0	$CH_3(CH_2)_{12}COOH$	54.0	肉豆蔻脂、椰子油
	十六酸(软脂酸)	palmitic acid	16:0	$CH_3(CH_2)_{14}COOH$	63.0	动、植物油
	十八酸(硬脂酸)	stearic acid	18:0	$CH_3(CH_2)_{16}COOH$	70.0	动、植物油

续表

类型	名称(俗名)	英文名	简写符号	结构	熔点/℃	存在
饱和脂肪酸	二十酸(花生酸)	arachidic acid	20:0	$CH_3(CH_2)_{18}COOH$	75.0	花生油
	二十二酸(山嵛酸)	behenic acid	22:0	$CH_3(CH_2)_{20}COOH$	80.0	山嵛、花生油
	二十四酸(掬焦油酸)	lignoceric acid	24:0	$CH_3(CH_2)_{22}COOH$	84.0	花生油
	二十六酸(蜡酸)	cerotic acid	26:0	$CH_3(CH_2)_{24}COOH$	87.7	蜂蜡、羊毛脂
	二十八酸(褐煤酸)	montanic acid	28:0	$CH_3(CH_2)_{26}COOH$		蜂蜡
不饱和脂肪酸	十六碳烯酸(棕榈油酸)	palmitoleic acid	$16:1\Delta^{9c}$ ($16:1\omega^{7c}$)	$CH_3(CH_2)_5CH=CH(CH_2)_7COOH$	−0.5～0.5	乳脂、海藻类
	十八碳烯酸(油酸)	oleic acid	$18:1\Delta^{9c}$ ($18:1\omega^{7c}$)	$CH_3(CH_2)_7CH=CH(CH_2)_7COOH$	13.4	动、植物油
	十八碳二烯酸(亚油酸)	linoleic acid	$18:2\Delta^{9c,12c}$ ($18:2\omega^{6c,9c}$)	$CH_3(CH_2)_4(CH=CHCH_2)_2(CH_2)_6COOH$	−5.0	棉籽油、亚麻仁油
	十八碳三烯酸(亚麻酸)	linolenic acid	$18:3\Delta^{9c,12c,15c}$ ($18:3\omega^{3c,6c,9c}$)	$CH_3CH_2(CH=CHCH_2)_3(CH_2)_6COOH$	−11.0	亚麻仁油
	二十碳四烯酸(花生四烯酸)	arachidonic acid	$20:4\Delta^{5c,8c,11c,14c}$ ($20:4\omega^{6c,9c,12c,15c}$)	$CH_3(CH_2)_4(CH=CHCH_2)_4(CH_2)_2COOH$	−50.0	磷脂酰胆碱、磷脂酰乙醇胺
	二十碳五烯酸	eicosapentaenoic acid(EPA)	$20:5\Delta^{5c,8c,11c,14c,17c}$ ($20:5\omega^{3c,6c,9c,12c,15c}$)	$CH_3CH_2(CH=CHCH_2)_5(CH_2)_2COOH$	−54.0～−53.0	鱼油
	二十二碳六烯酸	docosahexenoic acid(DHA)	$22:6\Delta^{4c,7c,10c,13c,16c,19c}$ ($22:6\omega^{3c,6c,9c,12c,15c,18c}$)	$CH_3CH_2(CH=CHCH_2)_6CH_2COOH$	−45.5～−44.1	鱼油
含羟基脂肪酸	12-羟油酸(蓖麻油酸)	ricinoleic acid		$C_{17}H_{32}(OH)COOH$	5.5	蓖麻油
	2-羟神经酸	2-hydroxynervonic acid		$C_{23}H_{44}(OH)COOH$		脑苷脂
环状脂肪酸	环戊烯十三酸(大风子油酸)	chaulmoogric acid		CH HC⫽　CH—$(CH_2)_{12}COOH$ H_2C——CH_2	68.5	大风子油
	干酪乳酸	casein lactic acid		CH_2 $CH_3(CH_2)_5CH$——$CH(CH_2)_9COOH$	33.6～35	干酪乳杆菌

人体能合成多种脂肪酸，但不能向脂肪酸引入超过 Δ^9 的双键，因而不能合成亚油酸和亚麻酸等。因为这类脂肪酸对人体生理活动是必不可少的，但人体自身不能合成，必须由食物供给，所以称之为必需脂肪酸(essential fatty acid)。

亚油酸和亚麻酸属于两个不同的多不饱和脂肪酸(PUFA)家族，即 ω-6 家族和 ω-3 家族，分别指第一个双键离甲基末端 6 个碳和 3 个碳的必需脂肪酸。

2. 天然脂肪酸的结构和性质

天然脂肪酸的碳原子数一般为偶数，少数为奇数，且多存在于某些海洋生物中，陆地生物中含量极少。构成脂肪酸碳骨架的碳链长度一般在 4～36 个碳原子之间，大多数为 14～22 个，尤以 16 碳和 18 碳最为常见。脂肪酸分子有极性的羧基端和非极性的烃端，其中亲水性、疏水性两种不同的性质竞争决定其水溶性或脂溶性，一般短链脂肪酸(少于 10 碳)能溶于水，长链脂肪酸不溶于水。

脂肪酸的烃链多数是线形的，少数为环状或含有分支的。烃链不含双键(三键)的为饱和脂肪酸，如软脂酸、硬脂酸等；含有双键的为不饱和脂肪酸，如油酸、亚油酸等。不饱和脂肪酸第一个双键通常在 C(9)和 C(10)之间，在含有多个双键的不饱和脂肪酸中，相邻双键间隔 3 个碳原子，因此不能形成共轭结构。天然脂肪酸中的双键一般为顺式构型。

饱和脂肪酸和不饱和脂肪酸的构象有很大区别。饱和脂肪酸中 C—C 键可以自由旋转，烃链的柔性很大，能以多种构象存在，完全伸展的构象最稳定，这时相邻原子的空间位阻最小，能量最低。不饱和脂肪酸烃链的双键不能旋转，出现一个或多个结节。顺式双键在烃链中产生 30°的刚性弯曲，反式双键的构象与饱和链伸展形式相似。硬脂酸与油酸的结构见图 3-1。

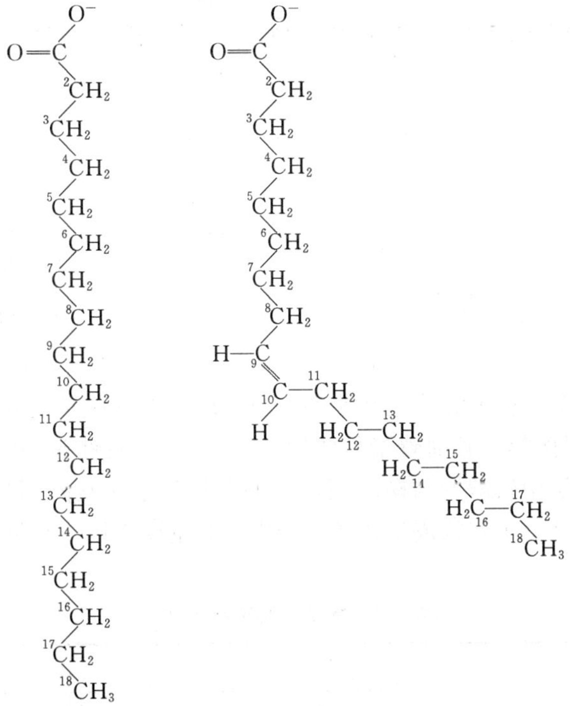

(a)硬脂酸　　(b)油酸

图 3-1 硬脂酸与油酸的结构

3.3 复合脂质

3.3.1 磷脂

磷脂是含磷酸的脂质,它是生物膜的重要成分。

1. 甘油磷脂的结构

甘油磷脂亦称磷酸甘油酯(phosphoglyceride),由甘油、脂肪酸、磷酸和其他物质组成。最简单的甘油磷脂是1,2-二酰基-sn-甘油-3-磷酸,又称磷脂酸(phosphatidic acid),其结构见图3-2。它是由sn-甘油-3-磷酸中甘油骨架C(1)和C(2)位被脂肪酸酯化形成的产物,是其他磷脂的母体化合物。

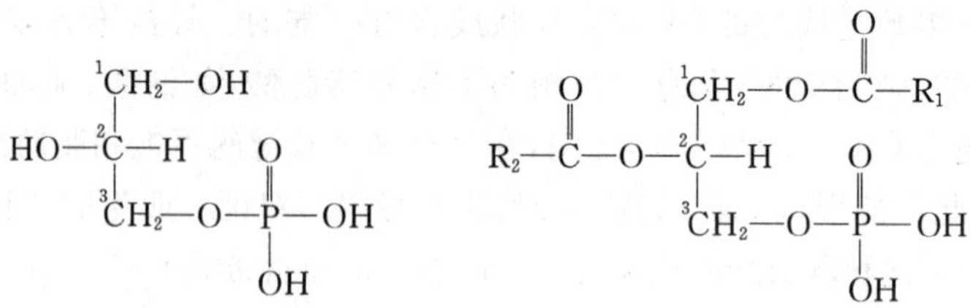

$$\begin{array}{l} {}^{1}CH_2—OH \\ HO—{}^{2}C—H \\ {}^{3}CH_2—O—P(=O)(OH)—OH \end{array}$$

(a)sn-甘油-3-磷酸

$$\begin{array}{l} {}^{1}CH_2—O—C(=O)—R_1 \\ R_2—C(=O)—O—{}^{2}C—H \\ {}^{3}CH_2—O—P(=O)(OH)—OH \end{array}$$

(b)磷脂酸

图 3-2　sn-甘油-3-磷酸和磷脂酸的结构

磷脂酸少量地存在于大多数生物体中,是甘油磷脂生物合成的重要中间产物。磷脂酸的磷酸基进一步被极性醇(X—OH)酯化,形成各种常见的甘油磷脂。甘油磷脂的结构通式如下:

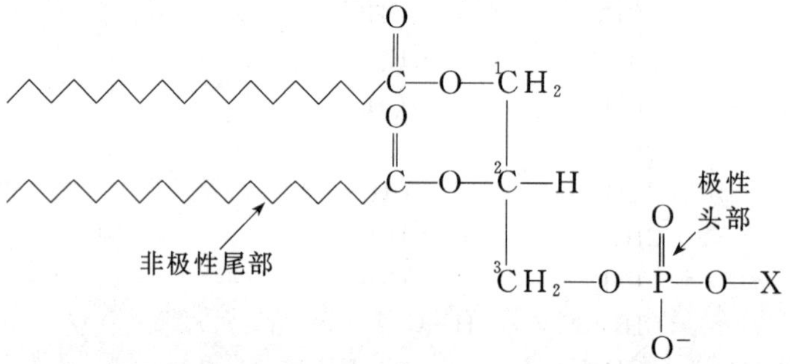

$$\begin{array}{l} \text{~~~~~~~~}—C(=O)—O—{}^{1}CH_2 \\ \text{~~~~~~~~}—C(=O)—O—{}^{2}C—H \\ {}^{3}CH_2—O—P(=O)(O^-)—O—X \end{array}$$

非极性尾部　　极性头部

一般来说,C(1)位上连接的是饱和脂肪酸,C(2)位上连接的是不饱和脂肪酸,X为胆碱、乙醇胺、丝氨酸、肌醇等。甘油磷脂是两性分子,有一个极性头部和长的非极性尾部,极性头部指的是磷脂分子中磷酸和与磷酸相连接的其他带电荷基团,非极性尾部指的是两个长链脂酰基。这种两性分子在构成生物膜结构中具有重要作用。常见甘油磷脂的结构见表3-2。

表 3-2　常见甘油磷脂的结构

HO—X(X的前体)	X	甘油磷脂
水	—H	磷脂酸
胆碱	$—CH_2CH_2\overset{+}{N}(CH_3)_3$	磷脂酰胆碱(卵磷脂)

续表

HO—X(X的前体)	X	甘油磷脂
乙醇胺	$-CH_2CH_2\overset{+}{N}H_3$	磷脂酰乙醇胺
丝氨酸	$-CH_2-CH(\overset{+}{N}H_3)-COO^-$	磷脂酰丝氨酸
甘油	$-CH_2CH(OH)-CH_2OH$	磷脂酰甘油
磷脂酰甘油	$-CH_2CH(OH)-CH_2-O-\underset{O^-}{\overset{O}{\overset{\Vert}{P}}}-O-CH_2-CH(O\overset{O}{\overset{\Vert}{C}}R_2)-CH_2O\overset{O}{\overset{\Vert}{C}}R_1$	双磷脂酰甘油(心磷脂)
肌醇	成键位置 → C-1(肌醇环,C-1～C-6;1、2、3、4、5、6位上分别连接 H 和 OH)	磷脂酰肌醇

2. 甘油磷脂的一般性质

纯的甘油磷脂为白色蜡状固体,暴露于空气中时由于不饱和脂肪酸的过氧化作用,磷脂颜色逐渐变暗。甘油磷脂可溶于含少量水的大多数非极性溶剂,但难溶于无水丙酮。

磷脂属于两亲脂质,是成膜分子,各种生物膜的骨架主要是由磷脂类构成的双分子层(又称脂双层)。脂双层的结构见图3-3。

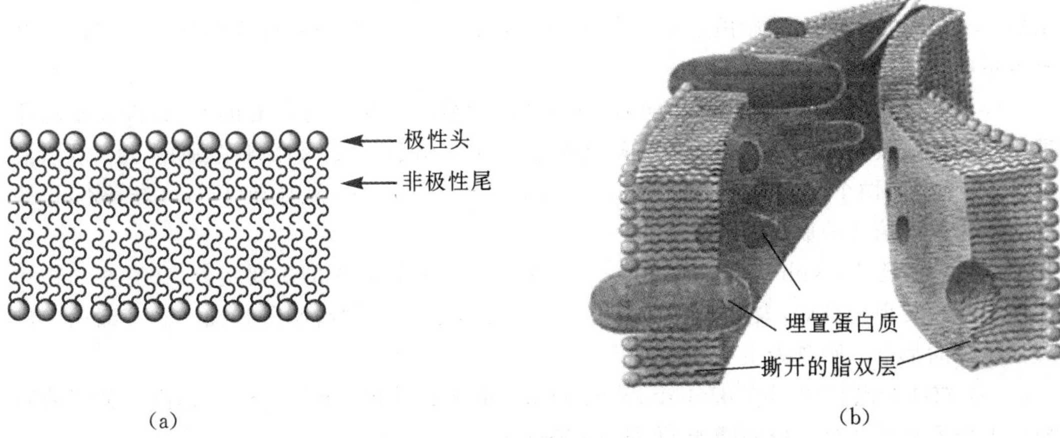

图3-3 脂双层结构

典型脂双层的厚度为5～6 nm。脂双层内脂质分子的疏水尾部指向双层内部,而它们的亲水头部与水相接触,磷脂中带正电荷和负电荷的头部基团为脂双层提供了两层离子表面,脂双层的内部是高度非极性的。

甘油磷脂的酯键和磷酸二酯键能被磷脂酶(phospholipase)专一性地水解(图 3-4),这些磷脂酶根据它们所水解的键(箭头所指者)分别命名为磷脂酶 A_1、磷脂酶 A_2、磷脂酶 C 和磷脂酶 D。

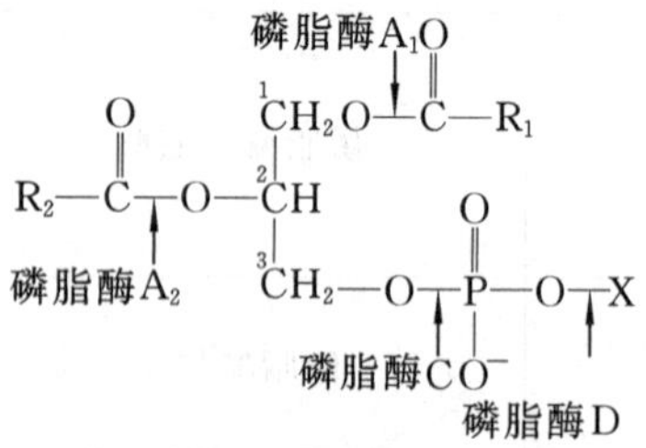

磷脂酶 A_1、磷脂酶 A_2、磷脂酶 C、磷脂酶 D

图 3-4 磷脂酶的作用

磷脂酶 A_1广泛分布于生物界,磷脂酶 A_2主要存在于蛇毒和蜂毒中,磷脂酶 C 来源于细菌及其他生物组织,磷脂酶 D 存在于高等植物中。磷脂酶 A_1和磷脂酶 A_2分别特异性地催化甘油磷脂中 C(1)和 C(2)位酯键的水解。例如,磷脂酶A_2在 C(2)位置水解脂酰基,生成溶血磷脂,其反应式如下:

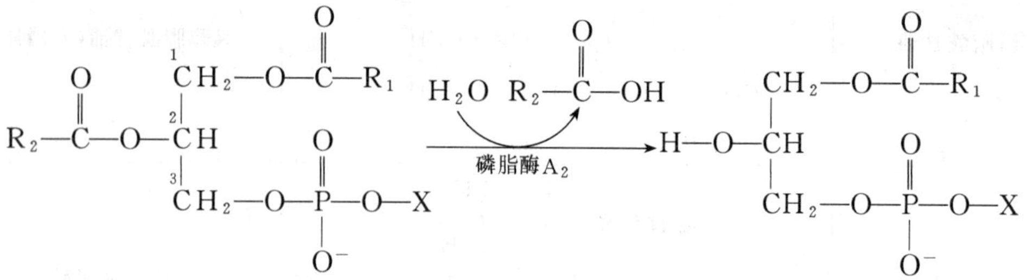

磷脂 + H_2O —(磷脂酶A_2)→ 溶血磷脂 + R_2—COOH

溶血磷脂是一种很强的表面活性剂,可以裂解细胞膜,导致细胞溶解。蛇毒和蜂毒是磷脂酶 A_2的主要来源,因此被毒蛇咬或被毒蜂蜇后,会导致溶血(红细胞裂解),危及生命。

3. 几种常见的甘油磷脂

(1) 磷脂酰胆碱,也称卵磷脂(lecithin)。含氮碱部分是胆碱,胆碱成分是一种季铵离子,碱性极强。在磷脂酰胆碱分子的脂肪酸中,常见的有棕榈酸、硬脂酸、油酸、亚油酸、亚麻酸和花生四烯酸等。卵磷脂被认为有防止脂肪肝形成的作用,在蛋黄和大豆中含量特别丰富,食品工业中常用作乳化剂。

(2) 磷脂酰乙醇胺和磷脂酰丝氨酸,也称脑磷脂(cephalin)。含氮碱部分是乙醇胺和丝氨酸。磷脂酰乙醇胺和磷脂酰丝氨酸分子中的脂肪酸通常有 4 种,即棕榈酸、硬脂酸、油酸及少量花生四烯酸。

(3) 磷脂酰肌醇(phosphatidylinositol),是磷脂酸的磷酸基与肌醇的 C(1)位羟基以酯键相连接。在真核细胞质膜中常含有磷脂酰肌醇-4-单磷酸(PIP)和磷脂酰肌醇-4,5-双磷酸(PIP_2),后者是两个胞内信使肌醇-1,4,5-三磷酸(IP_3)和 1,2-二酰甘油(DAG)的前体,这些信使参与激素信号的放大。

(4) 磷脂酰甘油(phosphatidylglycerol),是某些细菌细胞膜的主要组分,在有些动物和植物中也有发现。例如,大肠杆菌的细胞膜中含有高于 20%的磷脂酰甘油。许多细菌中的磷脂酰甘油都以二脂酰为主要存在形式。

(5) 双磷脂酰甘油(diphosphatidylglycerol),也称心磷脂(cardiolipin),是由 2 分子磷脂酸与 1 分子甘油结合而成的磷脂,大量存在于心肌。

4. 缩醛磷脂

缩醛磷脂(plasmalogen)也属于甘油磷脂,与上述甘油磷脂的差别在于甘油骨架 sn-1 位

上通过一个 α、β 不饱和醚键而不是酯键与甘油相连，缩醛磷脂的结构通式如下：

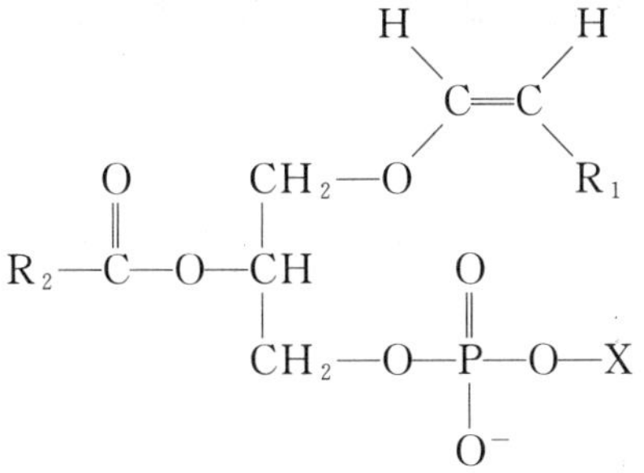

```
                         H         H
                          \       /
                           C═══C
                          /       \
       O        CH₂—O           R₁
       ‖         |
R₂—C—O—CH          O
                 |          ‖
                CH₂—O—P—O—X
                            |
                            O⁻
```

缩醛磷脂中最常见的极性头部基团是乙醇胺、胆碱和丝氨酸，这些磷脂分别称为缩醛磷脂酰乙醇胺（phosphatidal ethanolamine）、缩醛磷脂酰胆碱（phosphatidal choline）、缩醛磷脂酰丝氨酸（phosphatidal serine）。缩醛磷脂广泛存在于哺乳动物组织中，尤其在心、脑和肌肉组织中含量丰富。缩醛磷脂可以调节质膜的流动，是多不饱和脂肪酸的储存库，并可作为内源抗氧化剂保护细胞免遭氧化应激。同时，缩醛磷脂还与细胞信号传导有关。

5. 鞘磷脂

鞘磷脂（sphingomyelin）即鞘氨醇磷脂（phosphosphingolipid），由鞘氨醇、脂肪酸、磷酸、胆碱或乙醇胺组成。

1）鞘氨醇

至今已经发现60多种鞘氨醇。最常见的鞘氨醇是4-烯鞘氨醇，常称D-鞘氨醇；其次是二氢鞘氨醇和4-羟二氢鞘氨醇（又称植物鞘氨醇）。它们的结构式如下：

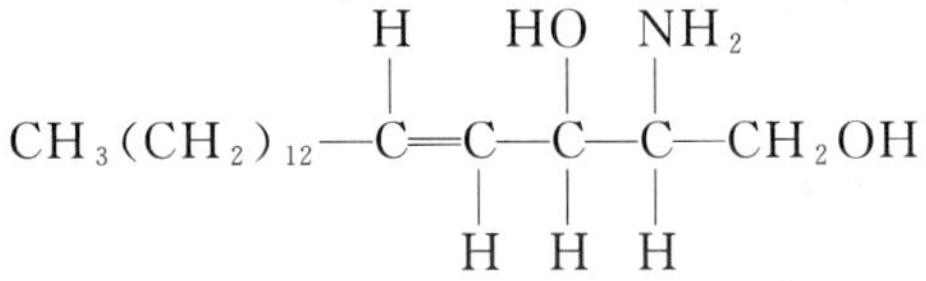

```
              H   HO  NH₂
              |    |    |
CH₃(CH₂)₁₂—C═C—C—C—CH₂OH
                 |    |    |
                 H    H    H
```

D-鞘氨醇

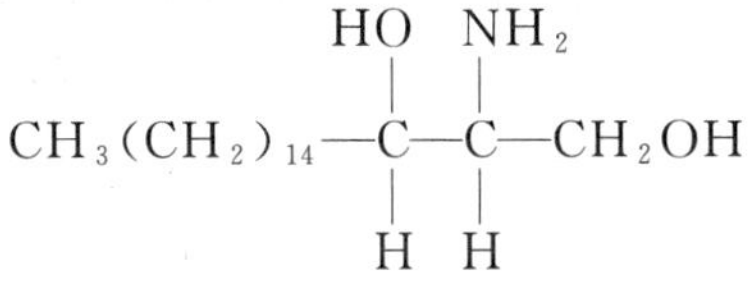

```
              HO  NH₂
               |    |
CH₃(CH₂)₁₄—C—C—CH₂OH
               |    |
               H    H
```

二氢鞘氨醇

```
              OH OH NH₂
               |   |   |
CH₃(CH₂)₁₄—C—C—C—CH₂OH
               |   |   |
               H   H   H
```

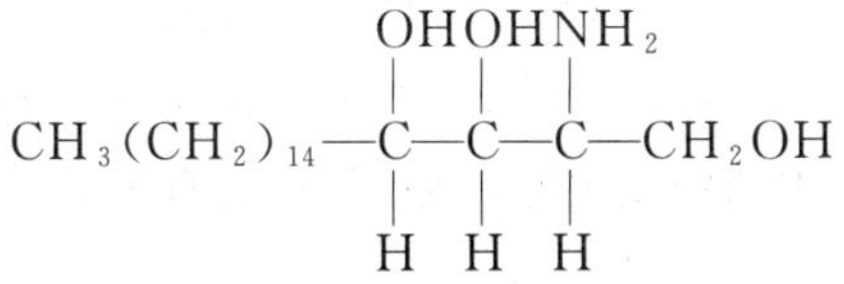

植物鞘氨醇

2）神经酰胺

鞘氨醇分子的C(1)、C(2)和C(3)位有3个官能团（—OH、—NH_2、—OH），很像甘油分子的3个羟基，当鞘氨醇的—NH_2与脂肪酸以酰胺键相连，则形成神经酰胺，其结构通式如下：

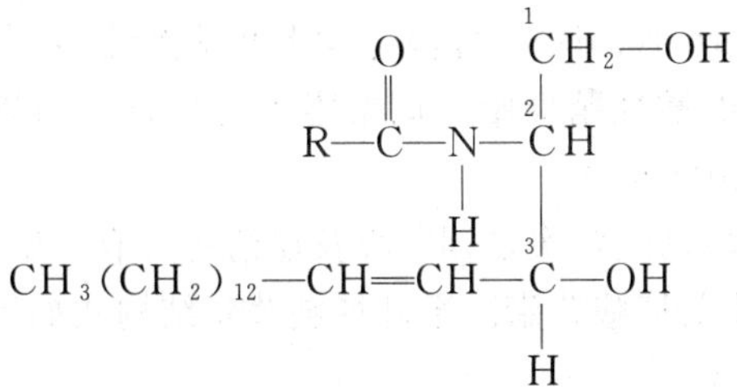

```
                                  1
                          O       CH₂—OH
                          ‖      2|
                       R—C—N—CH
                              |     |
                              H    3|
CH₃(CH₂)₁₂—CH═CH—C—OH
                                    |
                                    H
```

神经酰胺是鞘脂类（鞘磷脂和鞘糖脂）共同的基本结构。

3) 鞘磷脂

鞘磷脂是神经酰胺的C(1)位羟基(伯醇基)与磷酰胆碱或磷酰乙醇胺酯化形成的化合物,其结构通式如下:

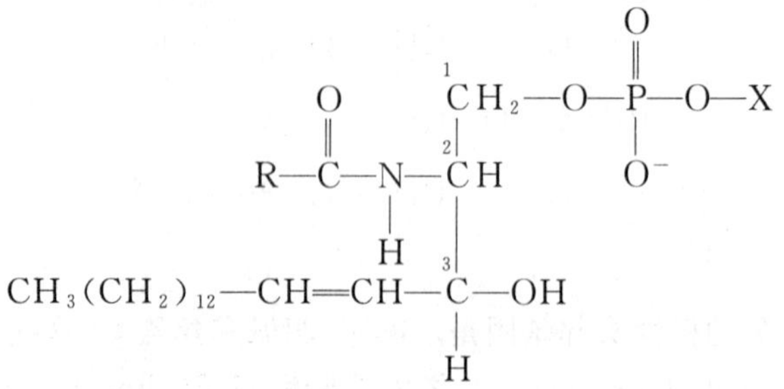

$$\begin{array}{l} \text{R—C(=O)—N(H)—}\overset{2}{\text{CH}}\text{—}\overset{1}{\text{CH}_2}\text{—O—P(=O)(O}^-\text{)—O—X} \\ \text{CH}_3(\text{CH}_2)_{12}\text{—CH=CH—}\overset{3}{\text{C}}\text{H(OH)—(C2)} \end{array}$$

其中与—NH_2连接的脂肪酸多为16碳、18碳、24碳脂肪酸。鞘磷脂也具有两个疏水的尾部和一个极性头部。

3.3.2　糖脂

糖脂(glycolipid)是含有糖成分的结合脂类,在生物体中分布广泛,但是含量较少。糖脂分为甘油糖脂和鞘糖脂。

1. 甘油糖脂

甘油糖脂(glyceroglycolipid)结构与磷脂相似,由甘油、脂肪酸、糖基和其他基团组成。糖基通过糖苷键连接在1,2-甘油二酯的C(3)位上构成糖基甘油酯分子。糖脂可由各种不同的糖类构成它的极性头。甘油糖脂的结构通式如下:

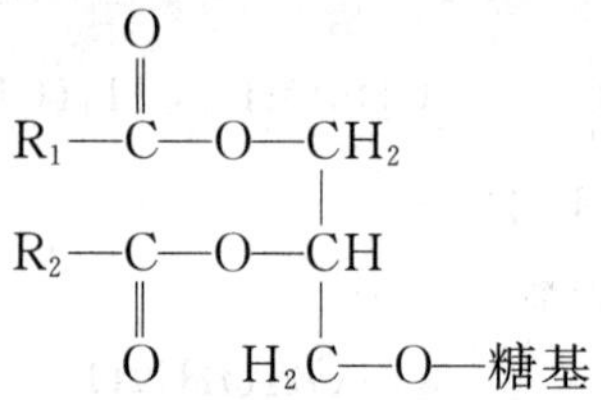

$$\begin{array}{l} R_1\text{—C(=O)—O—CH}_2 \\ R_2\text{—C(=O)—O—CH} \\ \qquad\qquad\quad \text{H}_2\text{C—O—糖基} \end{array}$$

甘油糖脂主要存在于植物和微生物中,也有少量存在于在动物的睾丸、精子和神经系统中。自然界存在的糖脂分子中的糖主要是己糖,常见的有半乳糖(Gal)、葡萄糖(Glc)和甘露糖(Man)。

2. 鞘糖脂

鞘糖脂(glycosphingolipid)又称糖鞘脂,由鞘氨醇、脂肪酸和糖基组成。鞘糖脂的结构与鞘磷脂类似,长链脂肪酸以酰胺键与鞘氨醇的C(2)相结合形成神经酰胺,糖基通常与鞘氨醇的C(1)位的羟基相连接形成极性头部。鞘糖脂分子中的糖基数目不等。仅含一个糖基的鞘糖脂统称脑苷脂(cerebroside)。含多个糖基的鞘糖脂又分为两大类:不含唾液酸的中性鞘糖脂和含有唾液酸的酸性鞘糖脂。鞘糖脂主要分布在动物界,比较重要的鞘糖脂有脑苷脂和神经节苷脂(ganglioside)。

脑苷脂在脑中含量最多,肺、肾次之,肝、脾及血清也含有。脑中的脑苷脂主要是半乳糖脑苷脂,而血液中主要是葡萄糖脑苷脂。半乳糖脑苷脂结构式如下:

```
                CH3                     H
                |                       |
              (CH2)12          ┌────────C──────────┐
                |              |        |          |
             H—C               |     H—C—OH        |
               ‖               |        |          |
               CH              O    HO—C—H         O
               |               |        |          |
           HO—C—H              |    HO—C—H         |
               |               |        |          |
 R—CO—N—CH                     |     H—C───────────┘
 脂酰基  H  |                    |        |
           CH2─────────────────┘      CH2OH
           鞘氨醇基                  D-半乳糖基
```

神经节苷脂是一类含唾液酸的酸性鞘糖脂，广泛分布于全身各组织细胞膜的外表面，以脑组织最为丰富。唾液酸又称为 *N*-乙酰神经氨酸，它通过糖苷键与糖脂相连。神经节苷脂分子由半乳糖(Gal)、*N*-乙酰半乳糖胺(GalNAc)、葡萄糖(Glc)、*N*-脂酰鞘氨醇(Cer)和唾液酸(NeuAc)组成，单唾液酸神经节苷脂的结构通式如下：

```
                                H   H
                                |   |
CH3(CH2)12—CH═CH—C—C—CH2—O—葡萄糖─┐
                                |   |                       |
                               OH  NH                       |
                                    |                       |
                               R—C═O                        |
         N-酰基鞘氨醇(神经酰胺)                              |
┌───────────────────────────────────────────────────────────┘
│ 4 ←β— 1            4 ←β— 1
└────────── 半乳糖 ──────────── N-乙酰半乳糖胺
             |3                  |3
             |↑β                 |↑β
             |2                  |1
            唾液酸               半乳糖
```

3.4 衍生脂类

3.4.1 固醇

严格地说，固醇和萜不应属于脂质，但由于它们常常与油脂共存，一般将其归入脂类。固醇和萜不含脂肪酸，属不可皂化脂质。虽然它们在生物体内含量不多，但其中不少是重要的活性脂质。

固醇也称甾类(steroid)，这类化合物的结构以环戊烷多氢菲(perhydrocyclopentanophenanthrene)为基础。如图 3-5 所示，它是由 3 个六元环(A、B、C 环)和 1 个五元环(D 环)稠合而成。在环戊烷多氢菲的 A、B 环之间(C(19))和 C、D 环之间(C(18))各有一个甲基，称为角甲基。带有角甲基的环戊烷多氢菲称为甾核(steroid nucleus)，是固醇的母体。甾核碳原子的编号从 A 环开始。

固醇的结构特征如下：①甾核的 C(3)上常为羟基或酮基；②C(17)上可以是羟基、酮基或其他各种形式的侧链；③C(4)、C(5)和 C(5)、C(6)之间常是双键；④A 环在某些化合物

甾体化学的先驱者——庄长恭

图 3-5　环戊烷多氢菲和甾核的结构

(如雌酮)中是苯环,这些类固醇无 C(19)角甲基。在环上的取代基,若在环平面以上的称为 β,用实线表示;在环平面以下的称为 α,用虚线表示。

按照来源不同,固醇可分为动物固醇、植物固醇和真菌固醇。

1. *动物固醇*

动物固醇主要包括胆固醇、羊毛固醇(lanosterol)、粪固醇(coprostanol),以及 7-脱氢胆固醇(7-dehydrocholesterol)等。

胆固醇的结构特点是在 C(3)位上有一个羟基,C(5)、C(6)之间有一个双键,C(17)位上连接一个含 8 个碳原子的饱和烃链,其化学结构如图 3-6 所示。

图 3-6　胆固醇

胆固醇在脑、肝、肾和蛋黄中含量很高,它是一种最常见的动物固醇。胆固醇是两亲分子,但它的极性头部(C(3)上的羟基)较小,而非极性部分(甾核和 C(17)上的烷烃侧链)大而有刚性。此两亲特性使胆固醇对膜中脂质的物理状态具有调节作用。胆固醇主要存在于动物细胞中,参与膜的组成;胆固醇是血浆脂蛋白的成分,与动脉粥样硬化有关;胆固醇也是类固醇激素和胆汁酸的前体。

羊毛固醇与胆固醇比较,A 环 C(4)上的两个氢被两个甲基取代,在 B 环C(5)、C(6)之间无双键,C(8)、C(9)之间有双键,支链 C(24)、C(25)之间有双键。羊毛固醇存在于羊毛脂中。

粪固醇与胆固醇比较,C(5)、C(6)之间无双键,是胆固醇经肠道微生物作用转变而来的,随粪便排出。

7-脱氢胆固醇与胆固醇比较,在 B 环 C(7)、C(8)之间多一个双键。它由胆固醇脱氢转变而来,存在于皮肤与毛发中,经阳光或紫外线照射后可转变为维生素 D_3(vitamin D_3)。因此,7-脱氢胆固醇又称维生素 D_3原。

2. *植物固醇*

植物中所含的与胆固醇结构十分相似的一些固醇类物质称为植物固醇(phytosterol)。其中含量最丰富的植物固醇是谷固醇(sitosterol),存在于小麦、大豆等谷物中。常见的植物固醇还有豆固醇(stigmasterol)、菜油固醇(campesterol)等。几种植物固醇的结构如图 3-7 所示。

植物固醇不易被人肠黏膜细胞吸收,并能抑制胆固醇吸收,从而降低血清中胆固醇的水平,故可作为降低胆固醇的药物。

3. *真菌固醇*

真菌固醇(fungisterol)的典型代表是麦角固醇(ergosterol)。麦角固醇最初从麦角中得

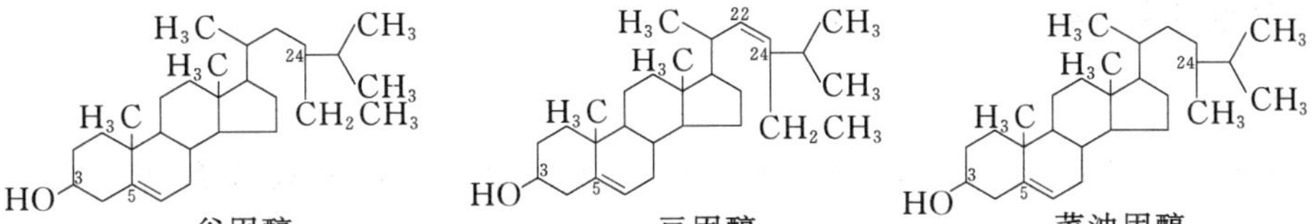

谷固醇　　　　　　豆固醇　　　　　　菜油固醇

图 3-7　几种植物固醇的结构

到，可从酵母中大量提取。麦角固醇的结构比胆固醇多两个双键，一个在 C(7)、C(8)之间，一个在支链 C(22)、C(23)之间。麦角固醇的结构式如下：

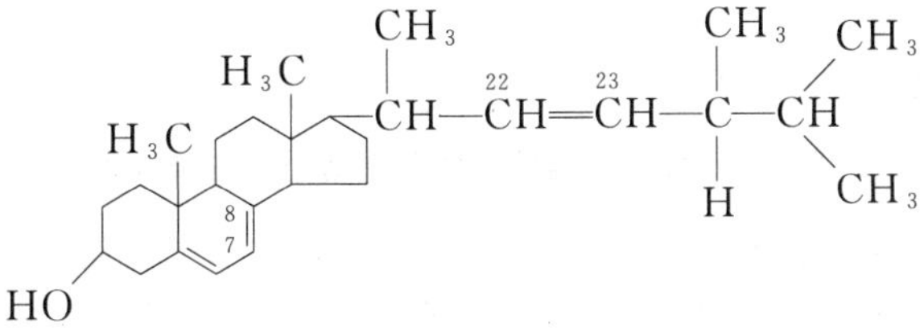

麦角固醇经阳光或紫外线照射后可转变为维生素 D_2(vitamin D_2)。因此，麦角固醇又称维生素 D_2原。

4. 固醇的衍生物

固醇的衍生物称为类固醇。动物从胆固醇衍生而来的类固醇物质包括胆汁酸、固醇激素。植物中强心苷的配基、某些皂苷的配基、植物和昆虫产生的蜕皮激素及蟾蜍腮腺分泌的蟾毒素等都是类固醇物质。

胆汁酸(bile acid)是在肝内由胆固醇直接转化而成的，是机体内胆固醇的主要代谢终产物。人的胆汁中含三种胆汁酸：胆酸、脱氧胆酸和鹅脱氧胆酸。这三种胆汁酸的结构如图3-8所示。

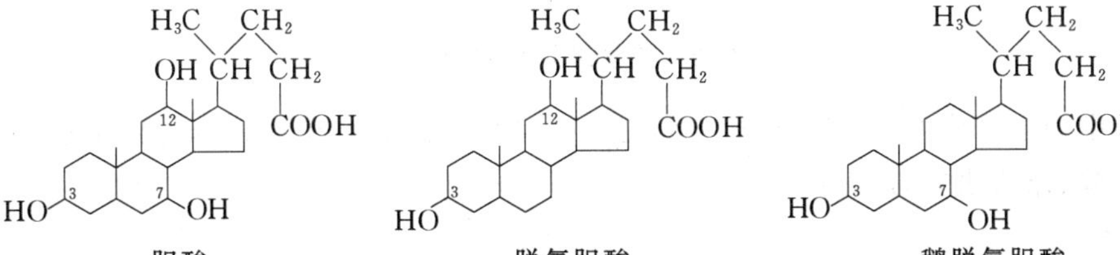

胆酸　　　　　　脱氧胆酸　　　　　　鹅脱氧胆酸

图 3-8　胆汁酸

胆汁酸通常不是以游离状态存在于动物体内，而是与甘氨酸(H_2NCH_2COOH)或牛磺酸($H_2NCH_2CH_2SO_3H$)结合，分别生成甘氨结合物或牛磺结合物，如甘氨胆酸、牛磺胆酸。甘氨结合物或牛磺结合物是胆汁酸的主要形式。胆汁酸盐是这些结合物的钠盐或钾盐，它们是很强的表面活性物质，能使油脂乳化成微团，从而促进肠道中油脂及脂溶性维生素的消化吸收。

固醇激素(steroid hormone)是存在于动物体内、起代谢调节作用的一类固醇衍生物，包括肾上腺皮质激素和性激素。

3.4.2 其他衍生脂类

1. 萜类

萜类(terpene)是异戊二烯的衍生物。异戊二烯是含支链的五碳烯烃(缩写成 C_5)。萜类分子的碳骨架可看成由两个或多个异戊二烯单位连接而成。异戊二烯的连接方式一般是头尾相连,也有尾尾相连。异戊二烯的结构及连接方式如图 3-9 所示。

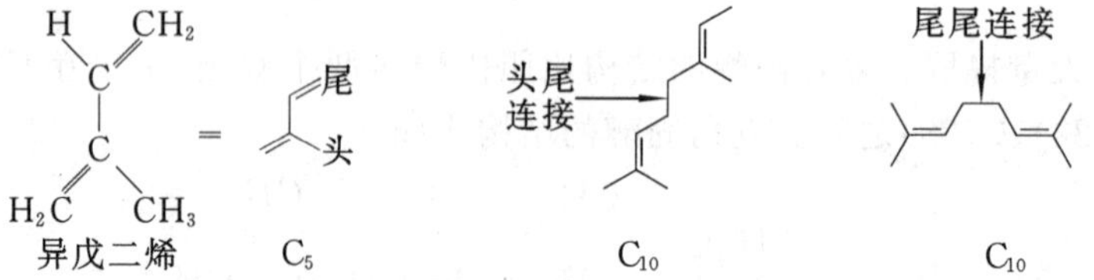

图 3-9 异戊二烯的结构及在萜中的连接方式

形成的萜类有的呈线状,有的呈环状。根据所含异戊二烯的数目,萜可分为单萜、双萜、三萜和多萜等。2 分子异戊二烯构成的萜称为单萜,3 分子异戊二烯构成的萜称为倍半萜,4 分子异戊二烯构成的萜称为双萜,其余以此类推。某些萜类的结构如图 3-10 所示。

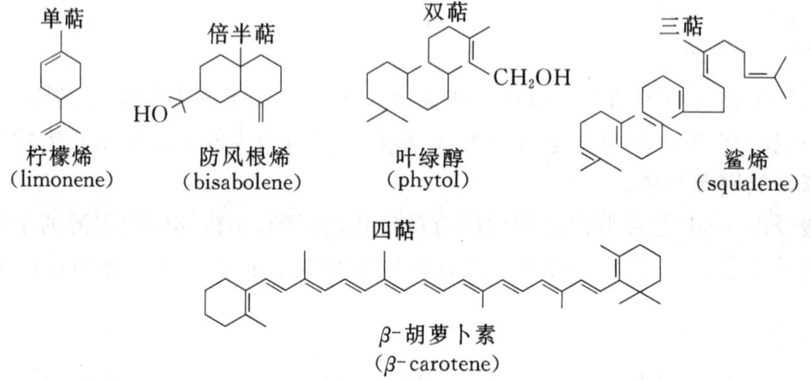

图 3-10 某些萜类化合物的结构

植物中的多数萜类具有特殊的臭味,是从各种植物提取的挥发油的主要成分,如薄荷油中的薄荷醇、樟脑油中的樟脑等。

2. 蜡

蜡是长链脂肪酸与长链(碳数不低于 16)一元醇或固醇形成的酯。简单蜡的结构通式为 RCOOR′。实际上,天然蜡是多种蜡的混合物。蜡分子含一个很弱的极性头(酯基部分)和一个非极性尾(一般为两条长烃链),因此蜡完全不溶于水。蜡的硬度由烃链的长度和饱和度决定。

天然蜡按其来源可分为动物蜡和植物蜡两大类。动物蜡多半是昆虫的分泌物,如白蜡(white wax)、蜂蜡(beeswax)等。白蜡是白蜡虫所分泌的物质,白蜡的主要成分为 26 碳醇与 26 碳酸、28 碳酸所形成的酯,是一种重要的工业原料。蜂蜡是蜜蜂的分泌物,是建造蜂巢的物质,蜂蜡的主要成分为 26 碳醇、28 碳醇与 30 碳酸、32 碳酸所形成的酯。此外,鲸鱼头部含鲸蜡,也是一种重要的工业原料。鲸蜡的主要成分是由棕榈酸和鲸蜡醇(十六烷醇)所形成的酯。植物蜡广泛存在于植物体中,许多植物的叶、茎和果实的表皮上常有蜡质覆盖,重要的植物蜡——巴西的棕榈蜡(palm wax),是天然蜡中经济价值最高的一种,也是一种重要的工业原料。棕榈蜡主要是由24碳酸、28碳酸与32碳醇、34碳醇所形成酯的混合物。

蜡是动植物代谢的最终产物,对动植物具有一定的保护作用。例如,植物的根、茎、叶和果实表皮的蜡质可防止水分的蒸发,防止细菌及某些药物的侵蚀;昆虫体表的蜡质也具有类似作用。

3. 前列腺素

前列腺素(prostaglandin,PG)是20碳不饱和脂肪酸的衍生物,在哺乳动物的许多组织和细胞中都能合成。合成前体主要是花生四烯酸、γ-亚麻酸和EPA。

前列腺素是1930年由瑞典学者von Euler首先从精液中发现的,当时认为其来自前列腺,故称为前列腺素,后来发现它广泛分布于许多组织。天然的前列腺素可分为九大类,分别为A、B、C、D、E、F、G、H、I。前列腺素具有多种生理功能,如促进炎症反应、扩张血管、降低血压、抑制血小板聚集、松弛平滑肌、引产及诱导雌畜发情等作用。

思考题

1. 简述脂肪的重要化学性质。
2. 检验油脂的质量通常需测它的碘值、皂化价、酸值和过氧化值,为什么?
3. 如何防止脂质酸败和自动氧化?
4. 天然脂肪酸有哪些共性?
5. 重要的甘油磷脂和鞘磷脂有哪些?它们在结构上有何特点?
6. 动物体内胆固醇可转变为哪些具有重要生理意义的类固醇物质?

第4章　蛋白质化学

蛋白质是由氨基酸通过酰胺键连接而成的含氮生物大分子，它不仅是生物体的主要成分，而且在生物体内具有广泛和重要的生理功能，是生命现象的物质基础。

4.1　概　　述

4.1.1　蛋白质的概念

根据蛋白质的分子组成、结构和功能等方面的特征，蛋白质可定义为一切生物体中普遍存在的、由氨基酸通过肽键连接而成的生物大分子。蛋白质的种类繁多，具有一定的相对分子质量、复杂的分子结构和特定的生物学功能，是表达生物遗传性状的主要物质。

4.1.2　蛋白质的分类

在蛋白质研究的不同历史时期，出现了许多反映当时研究重点与水平的分类方法，但是按其分子形状、组成和溶解度等差异来进行的分类均为粗略的划分。

1. 根据分子形状分类

蛋白质按其分子外形的对称程度可分为球状蛋白质(globular protein)和纤维状蛋白质(fibrous protein)两大类。球状蛋白质的分子对称性较好，外形接近球形或椭圆形，溶解性较好，能结晶，大多数蛋白质属于这一类。纤维状蛋白质的分子对称性差，分子类似于细棒或纤维。它又可分为可溶性纤维状蛋白质(如肌球蛋白(myosin)、血纤维蛋白原(fibrinogen)等)和不溶性纤维状蛋白质(如胶原、弹性蛋白、角蛋白及丝心蛋白等)。

2. 根据化学组成分类

蛋白质就其化学结构来说，是由20种基本氨基酸组成的长链分子。有些蛋白质完全由氨基酸构成，这类蛋白质称为简单蛋白质(simple protein)，其完全水解后的产物仅为氨基酸，如清蛋白(白蛋白)、球蛋白、组蛋白、精蛋白(硫酸鱼精蛋白)、硬蛋白、核糖核酸酶、胰岛素等。有些蛋白质除了蛋白部分外，还有非蛋白部分，这类蛋白质称为结合蛋白质(conjugated protein)，如血红蛋白、核蛋白等。其中的非蛋白部分称为辅基(prosthetic group)。根据辅基的不同可将结合蛋白质分类(表4-1)。

表4-1　结合蛋白质的种类

蛋白质名称	辅　基	举　例
核蛋白	核酸	染色体蛋白、病毒核蛋白
糖蛋白	糖类	免疫球蛋白、黏蛋白
色蛋白	色素	血红蛋白、黄素蛋白

续表

蛋白质名称	辅　基	举　例
脂蛋白	脂类	α-脂蛋白、β-脂蛋白
磷蛋白	磷酸	胃蛋白酶、酪蛋白
金属蛋白	金属离子	铁蛋白、胰岛素

3. 根据溶解度分类

蛋白质按其溶解度的不同可分为可溶性蛋白质、醇溶性蛋白质和不溶性蛋白质三大类。可溶性蛋白质是指可溶于水、稀盐溶液和稀酸的蛋白质，如清蛋白、球蛋白、组蛋白和精蛋白等。醇溶性蛋白质是指不溶于水而溶于 70%～80%乙醇的蛋白质，如醇溶谷蛋白。不溶性蛋白质是指不溶于水和一般有机溶剂的蛋白质，如角蛋白、胶原蛋白、弹性蛋白等。这样的分类有利于蛋白质的分离制备，故在实际工作中应用较多。

4. 根据功能分类

近年来对蛋白质的研究已发展到深入探索蛋白质的功能与结构的关系，以及蛋白质-蛋白质（或其他生物大分子）相互关系的阶段，因此有些学者提出了根据蛋白质的生物学功能将其分为活性蛋白质和非活性蛋白质两大类。其中活性蛋白质大多数是球状蛋白质，它们的特性在于都有识别功能（与其他分子结合的功能），包括在生命活动过程中一切有活性的蛋白质以及它们的前体，如酶、激素蛋白质、运输蛋白质、保护或防御蛋白质、受体蛋白、毒蛋白、控制生长和分化的蛋白质，以及膜蛋白等。非活性蛋白质则主要包括一大类对生物体起支持和保护作用的结构蛋白质，包括胶原蛋白、角蛋白、弹性蛋白和丝心蛋白等，还包括储存蛋白质。

4.1.3　蛋白质的生物学功能

蛋白质在生物体内的存在形式和作用是多样化的，有的是生物体的结构物质，有的是功能物质。一切生物的肌肉和结缔组织、促进体内化学反应的酶、调解生理的肽类激素、运输氧或其他离子（或物质）的载体（如运输氧的血红蛋白和运输 Ca^{2+} 的载体等）、抗拒病菌的抗体，以及危害生物的病毒等，有的本身是蛋白质，有的是同蛋白质相结合的复合物。概括起来，蛋白质主要有以下功能。

（1）催化功能。生物体内的酶都是由蛋白质构成的，它们是有机体新陈代谢的催化剂。如果没有酶，生物体内的各种化学反应就无法正常进行。例如，没有淀粉酶，淀粉就不能被分解利用。

（2）结构功能。蛋白质可以作为生物体的结构成分。在高等动物里，胶原是主要的细胞外结构蛋白，存在于结缔组织和骨骼中，占蛋白总量的 1/4。细胞里的片层结构，如细胞膜、线粒体、叶绿体和内质网等都是由不溶性蛋白质与脂质组成的。动物的毛发和指甲都是由角蛋白构成的。

（3）运输功能。脊椎动物红细胞中的血红蛋白和无脊椎动物体内的血蓝蛋白在呼吸过程中起着运输氧气的作用。血液中的载脂蛋白可运输脂肪，转铁蛋白可转运铁。一些脂溶性激素的运输也需要蛋白质，如甲状腺素要与甲状腺素结合球蛋白结合才能在血液中运输。

（4）储存功能。某些蛋白质的作用是储存氨基酸，作为生物体的养料和胚胎或幼儿生长发育的原料。此类蛋白质包括蛋类中的卵清蛋白、奶类中的酪蛋白和小麦种子中的麦醇溶蛋白等。肝脏中的铁蛋白可将血液中多余的铁储存起来,供缺铁时使用。

(5) 运动功能。肌肉中的肌球蛋白和肌动蛋白是运动系统的必要成分,它们的构象改变引起肌肉的收缩,带动机体运动。细菌中的鞭毛蛋白有类似的作用,它的收缩引起鞭毛的摆动,从而使细菌在水中游动。

(6) 防御功能。高等动物的免疫反应是机体的一种防御机能,它主要是通过蛋白质(抗体)来实现的。凝血与纤溶系统的蛋白因子、溶菌酶、干扰素等,也担负着防御和保护功能。

(7) 调节功能。某些激素、全部激素受体和许多其他调节因子都是蛋白质。

(8) 信息传递功能 。生物体内的信息传递过程也离不开蛋白质。例如,视觉信息的传递要有视紫红质参与,感受味道需要味觉蛋白。

(9) 遗传调控功能。遗传信息的储存和表达都与蛋白质有关。DNA 在储存时是缠绕在蛋白质(组蛋白)上的。有些蛋白质,如阻遏蛋白,与特定基因的表达有关。β-半乳糖苷酶基因的表达受到一种阻遏蛋白的抑制,当需要合成 β-半乳糖苷酶时,经去阻遏作用才能表达。

(10) 其他功能。某些生物能合成有毒的蛋白质,用以攻击或自卫。例如:某些植物被昆虫咬过后会产生一种毒蛋白;白喉毒素可抑制生物蛋白质的合成。

分子生物学研究表明,在高等动物的记忆和识别功能方面,蛋白质也起着十分重要的作用。此外,有些蛋白质对人体是有害的,称为毒蛋白,如细菌毒素、蛇毒蛋白、蓖麻子的蓖麻蛋白等,它们侵入人体后可引起各种毒性反应,甚至可危及生命。部分蛋白质的生物学功能见表 4-2。

表 4-2 部分蛋白质的生物学功能

蛋白质		生物学功能
酶类	己糖激酶	使葡萄糖磷酸化
	糖原合成酶	参与糖原合成
	脂酰基脱氢酶	脂肪酸的氧化
	转氨酶	氨基酸的转氨基作用
	DNA 聚合酶	DNA 的复制与修复
激素蛋白	胰岛素	降血糖作用
	促肾上腺皮质激素	调节肾上腺皮质激素的合成
防御蛋白	抗体	免疫保护作用
	纤维原蛋白	参与血液凝固
转运蛋白	血红蛋白	O_2和 CO_2的运输
	清蛋白	维持血浆胶渗压
	脂蛋白	脂类的运输
收缩蛋白	肌球蛋白、肌动蛋白	参与肌肉的收缩运动
核蛋白		遗传功能

续表

蛋　白　质	生物学功能
视蛋白	视觉功能
受体蛋白	接收和传递调节信息
结构蛋白:胶原蛋白	结缔组织(纤维性)

综上所述,生命活动是不可能离开蛋白质而存在的。因此,有学者称核酸为“遗传大分子”,而把蛋白质称为“功能大分子”。

4.1.4　蛋白质的组成

1. 蛋白质的元素组成

对于许多蛋白质已经获得其结晶,根据对它们的元素分析,发现其元素组成与糖和脂类不同,除含有碳(约50%)、氢(约7%)、氧(约23%)之外,还有氮(约16%)和少量的硫(0~3%)。有些蛋白质还含有一些其他元素,主要是磷、铁、铜、碘、锌和钼等。

一切蛋白质均含有氮,大多数蛋白质的含氮量比较接近且恒定,平均为16%,这是蛋白质元素组成的一个重要特点,也是各种定氮法测定蛋白质含量的计算基础。其中最常用的定氮法是凯氏(Kjeldahl)定氮法。依据蛋白质中氮的平均含量为16%,可将含氮量转换成蛋白质量,转换系数为6.25,即

$$蛋白质量(g) = 含氮量(g) \times 6.25$$

2. 蛋白质的氨基酸组成

蛋白质是高分子化合物,结构复杂、种类繁多,但其水解的最终产物都是氨基酸,因此,把氨基酸称为蛋白质结构的基本组成单位或构件分子(building-block molecule)。在种类上,天然存在的氨基酸有300多种,但组成蛋白质的氨基酸只有20种,称为基本氨基酸,在蛋白质生物合成时它们受遗传密码控制,且不存在种族差异和个体差异。

4.2　氨　基　酸

4.2.1　氨基酸的结构与分类

1. 基本氨基酸

1) 结构通式

20种基本氨基酸的分子结构可用下列通式表示:

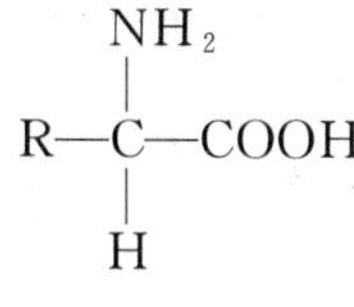

氨基酸的基本结构

各种氨基酸在结构上有下列共同特点。

(1) 组成蛋白质的 20 种基本氨基酸为 α-氨基酸,但脯氨酸例外,为 α-环状亚氨基酸。

(2) 不同的 α-氨基酸,其 R 侧链不同。它对蛋白质的空间结构和理化性质有重要的影响。

(3) 除 R 侧链为氢原子的甘氨酸外,其他氨基酸的 α-碳原子都是不对称碳原子,可形成不同的构型(D 型和 L 型),具有旋光性质。蛋白质分子中出现的氨基酸都是 L 型的,称为 L 型 α-氨基酸。细胞中虽然存在某些 D 型氨基酸,但它们不参加蛋白质分子的组成,只在一些小肽等生理活性分子中存在。20 种基本氨基酸的结构如表 4-3 所示。

表 4-3 20 种基本氨基酸的结构

种类	结构式	中文名	英文名	三字母符号	单字母符号	等电点(pI)
非极性疏水性氨基酸	H_3C O OH NH_2	丙氨酸	alanine	Ala	A	6.00
	CH_3 O H_3C OH NH_2	缬氨酸	valine	Val	V	5.96
	O H_3C OH CH_3 NH_2	亮氨酸	leucine	Leu	L	5.98
	CH_3 O H_3C OH NH_2	异亮氨酸	isoleucine	Ile	I	6.02
	O OH NH_2	苯丙氨酸	phenylalanine	Phe	F	5.48
	H N O OH	脯氨酸	proline	Pro	P	6.30
	O S H_3C OH NH_2	蛋氨酸(甲硫氨酸)	methionine	Met	M	5.74
	O OH NH_2 NH	色氨酸	tryptophan	Trp	W	5.89

续表

种类	结构式	中文名	英文名	三字母符号	单字母符号	等电点(pI)
极性中性氨基酸	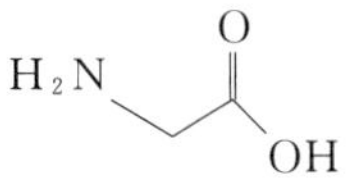 H_2N O OH	甘氨酸	glycine	Gly	G	5.97
	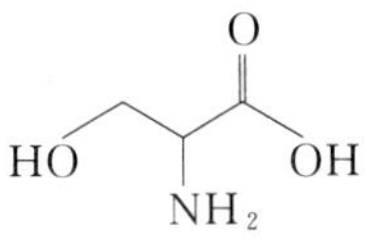 O HO OH NH_2	丝氨酸	serine	Ser	S	5.68
	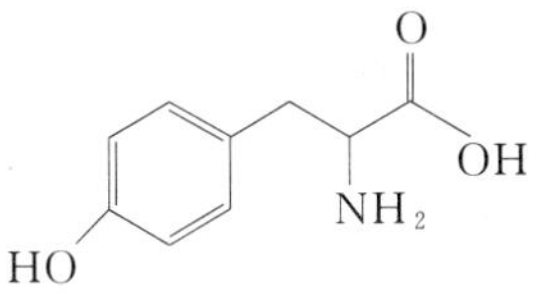 O OH NH_2 HO	酪氨酸	tyrosine	Tyr	Y	5.66
	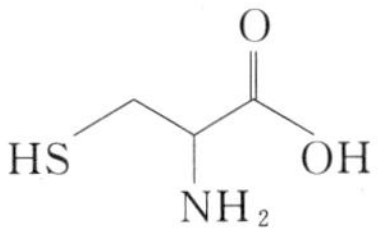 O HS OH NH_2	半胱氨酸	cysteine	Cys	C	5.07
	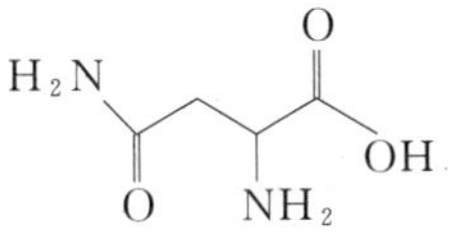 H_2N O OH O NH_2	天冬酰胺	asparagine	Asn	N	5.41
	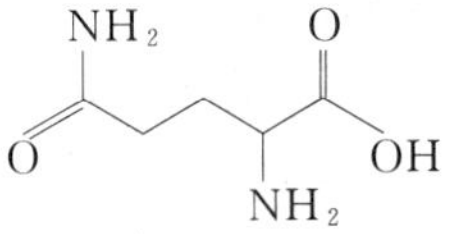 NH_2 O O OH NH_2	谷氨酰胺	glutamine	Gln	Q	5.65
	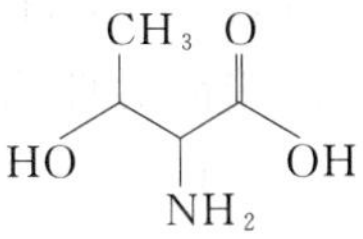 CH_3 O HO OH NH_2	苏氨酸	threonine	Thr	T	5.60
酸性氨基酸	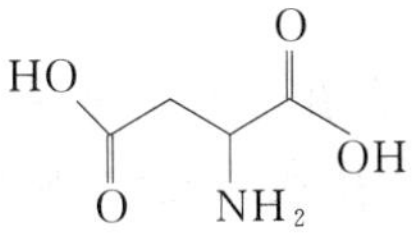 O HO OH O NH_2	天冬氨酸	aspartic acid	Asp	D	2.97
	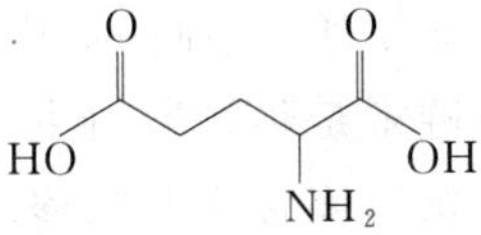 O O HO OH NH_2	谷氨酸	glutamic acid	Glu	E	3.22

续表

种类	结构式	中文名	英文名	三字母符号	单字母符号	等电点(pI)
碱性氨基酸	$H_2N-(CH_2)_4-CH(NH_2)-COOH$	赖氨酸	lysine	Lys	K	9.74
	$HN=C(NH_2)-NH-(CH_2)_3-CH(NH_2)-COOH$	精氨酸	arginine	Arg	R	10.76
	咪唑-$CH_2-CH(NH_2)-COOH$	组氨酸	histidine	His	H	7.59

2) 结构与分类

各种基本氨基酸结构上的区别就在于侧链 R 基团的不同,因此,通常以侧链 R 基团的结构和性质作为基本氨基酸分类的基础,其具体分类方法如下。

(1) 根据侧链 R 基团的化学结构,20 种基本氨基酸可以分为三大类:①脂肪族氨基酸,有 Gly、Ala、Val、Leu、Ile、Ser、Thr、Cys、Met、Asp、Glu、Asn、Gln、Lys 和 Arg;②芳香族氨基酸,有 Phe 和 Tyr;③杂环族氨基酸,有 Trp、Pro 和 His。

(2) 根据侧链 R 基团的极性性质,20 种基本氨基酸可分为以下四组。①非极性 R 基团氨基酸,共有 8 种,即 Ala、Val、Leu、Ile、Phe、Trp、Met 和 Pro,该组氨基酸的 R 基团为疏水性的。②极性不带电荷 R 基团氨基酸,共有 7 种,即 Ser、Thr、Tyr、Cys、Asn、Gln,以及介于极性与非极性之间的 Gly。这一类氨基酸中,Cys 和 Tyr 的 R 基极性最强,Cys 中的巯基和 Tyr 中的酚羟基虽然在 pH=7 时解离很弱,但与该组中其他氨基酸侧链相比,失去质子的倾向要大得多。③带负电荷的 R 基团氨基酸,Asp 和 Glu 为酸性氨基酸。它们都含有两个羧基,且第二个羧基在 pH=6～7 范围内也完全解离,因此分子带负电荷。④带正电荷的 R 基团氨基酸,这是一组碱性氨基酸,在 pH=7 时带净正电荷,共有三种,即 Lys、His 和 Arg。

氨基酸的 R 基团在形成肽链时,作为肽主链的侧链存在,所以侧链的性质(大小、酸碱性、极性)在决定蛋白质高级结构时有重要的意义。

2. 其他氨基酸

1) 蛋白质分子中的稀有氨基酸

蛋白质组成中除了上述 20 种基本氨基酸外,少数蛋白质还存在一些不常见的特有氨基酸,称为稀有氨基酸。这些氨基酸在蛋白质生物合成中没有翻译密码,是蛋白质生物合成后由相应的氨基酸残基经过加工修饰而成的衍生物。例如,在结缔组织的胶原蛋白中有 4-羟脯氨酸(4-Hyp)和 5-羟赖氨酸(5-Hyl),肌球蛋白中有 *N*-甲基赖氨酸,凝血酶原中有 γ-羧基谷氨酸,甲状腺素是酪氨酸衍生物,弹性蛋白中存在的一种锁链素是赖氨酸衍生物,而硒代半胱氨酸是由硒代替半胱氨酸中的硫,是丝氨酸衍生物,是在蛋白质合成期间掺入的,只存在于少数已知蛋白质中。

2）非蛋白质氨基酸

自然界中尚有 200 多种非蛋白质氨基酸，大多数为基本氨基酸的衍生物，还有些是 β-氨基酸、γ-氨基酸、δ-氨基酸和 D 型氨基酸。它们以游离或结合形式存在，但不存在于蛋白质中。这类氨基酸中有些是细胞的结构物质，如细菌细胞壁的肽聚糖中有 D-谷氨酸和 D-丙氨酸；有些参与活性物质的分子组成，如抗生素短杆菌肽 S 中含有 D-苯丙氨酸，泛酸（维生素 B_1）中含有 β-丙氨酸；还有一些是代谢中间产物，如瓜氨酸、鸟氨酸是尿素循环的中间产物，γ-氨基丁酸是 L-谷氨酸的脱羧产物，是动物神经冲动的传递介质。

3）必需氨基酸

人体不能合成或合成量不能满足机体需要，必须从食物中获得的氨基酸称为必需氨基酸（essential amino acid，EAA）。一般认为必需氨基酸有 8 种，它们是 Ile、Leu、Lys、Met、Phe、Thr、Trp、Val。Cys 和 Tyr 在体内可分别由 Met 和 Phe 转变而成，称为条件必需氨基酸（conditionally essential amino acid），或半必需氨基酸（semiessential amino acid）。His 是婴儿的必需氨基酸。

20 种基本氨基酸中除去必需氨基酸后，其余的就是非必需氨基酸（nonessential amino acid），在人体内可以自身合成以满足机体的需要。非必需氨基酸并不是不重要，只是它们大多可以由必需氨基酸转变而来，因而在非必需氨基酸不足的时候，体内就会耗用必需氨基酸。

人体蛋白质以及各种食物蛋白质在必需氨基酸的种类和含量上存在着差异，在营养学上用氨基酸模式（amino acid pattern）来反映这种差异。氨基酸模式就是蛋白质中各种必需氨基酸的构成比例，是蛋白质营养评价的基础。色氨酸是必需氨基酸中需要量最少的一种，故在必需氨基酸模式中常以 Trp 量作为单位 1，分别计算出其他必需氨基酸的相应比值，这一系列的比值就是该种蛋白质的氨基酸模式（表 4-4）。

表 4-4　几种食物和人体蛋白质的氨基酸模式

氨　基　酸	人体	全鸡蛋	鸡蛋白	牛奶	猪瘦肉	牛肉	大豆	面粉	大米
异亮氨酸	4.0	2.5	3.3	3.0	3.4	3.2	3.0	2.3	2.5
亮氨酸	7.0	4.0	5.6	6.4	6.3	5.6	5.1	4.4	5.1
赖氨酸	5.5	3.1	4.3	5.4	5.7	5.8	4.4	1.5	2.3
蛋氨酸＋半胱氨酸	3.5	2.3	3.6	2.4	2.5	2.8	1.7	2.7	2.4
苯丙氨酸＋酪氨酸	6.0	3.6	6.3	6.1	6.0	4.9	6.4	5.1	5.8
苏氨酸	4.0	2.1	2.7	2.7	3.5	3.0	2.7	1.8	2.3
缬氨酸	5.0	2.5	4.0	3.5	3.9	3.2	3.5	2.7	3.4
色氨酸	1.0	1.0	1.0	1.0	1.0	1.0	1.0	1.0	1.0

4.2.2　氨基酸的重要理化性质

1. 一般物理性质

各种基本氨基酸均为无色结晶，熔点极高，一般在 200 ℃以上。各种氨基酸的味道有所不同，有的无味，有的味甜，有的味苦。谷氨酸的单钠盐有鲜味，是味精的主要成分。

各种氨基酸在水中的溶解度差别很大，并能溶解于稀酸或稀碱中，但不能溶解于有机溶剂。通常用乙醇能把氨基酸从溶液中沉淀析出。

除甘氨酸之外,每种氨基酸都有旋光性和一定的比旋光度。常见氨基酸的一些性质见表 4-5。

表 4-5 常见氨基酸的一些性质

氨基酸	相对分子质量	pK'_1 α-COOH	pK'_2 α-NH_3^+	pK'_R	$[\alpha]_D$(1%～2%)	
					H_2O	5 mol/L HCl
甘氨酸	70.05	2.34	9.60			
丙氨酸	89.06	2.34	9.69		+1.8	+14.6
缬氨酸	117.09	2.32	9.62		+5.6	+28.3
亮氨酸	131.11	2.36	9.60		−11.0	+16.0
异亮氨酸	131.11	2.36	9.68		+12.4	+39.5
丝氨酸	105.06	2.31	9.15		−7.5	+15.1
苏氨酸	119.18	2.63	10.43		−28.5	−15.0
天冬氨酸	133.6	2.09	9.82	3.86(β-COOH)	+5.0	+25.4
天冬酰胺	132.6	2.02	8.80		−5.3	+33.2 (2 mol/L HCl)
谷氨酸	147.08	2.19	9.67	4.25(γ-COOH)	+12.0	+31.8
谷氨酰胺	146.08	2.17	9.13		+6.3	+31.8 (1 mol/L HCl)
精氨酸	174.4	2.17	9.04	12.48(胍基)	+12.5	+27.6
赖氨酸	146.13	2.18	8.95	10.53(ε-NH_3^+)	+13.5	+26.0
组氨酸	155.09	1.82	9.17	6.00(咪唑基)	−38.5	+11.8
半胱氨酸	121.12	1.71	8.33	10.78(—SH)	−16.5	+6.5
蛋氨酸	149.15	2.28	9.21		−10.0	+23.2
苯丙氨酸	165.09	1.83	9.13		−34.5	−4.5
酪氨酸	181.09	2.20	9.11	10.07(—OH)		−10.0
色氨酸	204.11	2.38	9.39		−33.7	+2.8
脯氨酸	115.09	1.99	10.60		−86.2	−60.4

各种基本氨基酸对可见光均无吸收能力。Tyr、Trp、Phe 在近紫外区有吸收,利用紫外吸收可定量测定这几种氨基酸的浓度,它们的最大吸收峰(λ_{max})和摩尔消光系数(又称摩尔吸光系数,ε)如下:

Tyr $\lambda_{max}=275$ nm,$\varepsilon_{275}=1.4\times10^3$ L/(mol · cm)

Trp $\lambda_{max}=280$ nm,$\varepsilon_{280}=5.6\times10^3$ L/(mol · cm)

Phe $\lambda_{max}=259$ nm,$\varepsilon_{259}=2.0\times10^2$ L/(mol · cm)

2. 两性解离及等电点

氨基酸含有酸性基团(α-COOH 及个别 R 基上的酸性基团)和碱性基团(α-NH_2及个别 R 基上的碱性基团),决定了氨基酸分子的两性解离性质。氨基酸的酸碱性质和等电点是了解蛋白质的诸多性质的基础,也是氨基酸分析分离工作的理论依据。而氨基酸的分析分离是测定蛋白质氨基酸组成和顺序的必要步骤。

1) 氨基酸的两性解离

(1) 氨基酸的两性离子形式。氨基酸晶体的熔点很高,一般在 200 ℃以上;氨基酸能使水的介电常数升高,与一般的有机物明显不同。无机盐一般为离子化合物,具有高熔点,能溶于水而不溶于有机溶剂,氨基酸也具有这两个特点。由此可推断氨基酸也为离子化合物。实验证明,氨基酸在水溶液中或在晶体状态下都以离子形式存在,与无机盐不同的是它以两性离子形式存在,如$H_3N^+CH_2COO^-$。两性离子(又称兼性离子)是指在同一个氨基酸分子上带有能释放质子的—NH_3^+和能接受质子的—COO^-。

(2) 氨基酸的两性解离。氨基酸是两性电解质,在水中的两性离子既起酸(质子供体)的作用,也起碱(质子受体)的作用。例如:

$$H_3N^+CH_2COOH \xrightleftharpoons{+H^+} H_3N^+CH_2COO^- \xrightleftharpoons{-H^+} H_2NCH_2COO^-$$

氨基酸完全质子化时,可以看成多元酸,侧链不解离的中性氨基酸可视为二元酸,酸性氨基酸和碱性氨基酸可视为三元酸。现以 Gly 为例,说明氨基酸的解离情况。它分步解离如下:

$$H_3N^+CH_2COOH \xrightleftharpoons{K'_1} H_3N^+CH_2COO^- + H^+, \quad K'_1=\frac{[R^0][H^+]}{[R^+]} \tag{1}$$

阳离子(R^+)　　　　两性离子(R^0)

$$H_3N^+CH_2COO^- \xrightleftharpoons{K'_2} H_2NCH_2COO^- + H^+, \quad K'_2=\frac{[R^-][H^+]}{[R^0]} \tag{2}$$

两性离子(R^0)　　　　阴离子(R^-)

在上列公式中,K'_1和 K'_2分别代表 α-碳原子上的—COOH 和—NH_3^+的表观解离常数。如果侧链 R 基团上有可解离的基团,其表观解离常数用 K'_R表示。

物质的表观解离常数可以用测定滴定曲线的实验方法求得。当 1 mol Gly 溶于水时,溶液的 pH 值约等于 6,如果用 NaOH 标准溶液进行滴定,以加入的 NaOH 的物质的量对 pH 值作图,得滴定曲线 B(图 4-1),在 pH=9.60 处有一拐点。由解离公式(2)可知,当滴定至$H_3N^+CH_2COO^-$有一半变成$H_2NCH_2COO^-$,即$[R^0]=[R^-]$时,则 $K'_2=[H^+]$,两边各取负对数得 $pK'_2=pH$,这就是曲线 B 拐点处的 pH 值(9.60)。如果用 HCl 标准溶液滴定,以加入的 HCl 的物质的量对 pH 值作图,得滴定曲线 A,在 pH=2.34 处有一拐点。同样,由解离公式(1)可知,$pK'_1=2.34$ 时,$H_3N^+CH_2COO^-$和 $H_3N^+CH_2COOH$ 的物质的量浓度相等,即$[R^+]=[R^0]$。

Handerson-Hasselbalch 公式:

$$pH=pK'+\lg\frac{[质子受体]}{[质子供体]}$$

由上式及所给的 pK'_1和 pK'_2等数据,即可计算出在任意 pH 值条件下一种氨基酸的各种离子的比例。

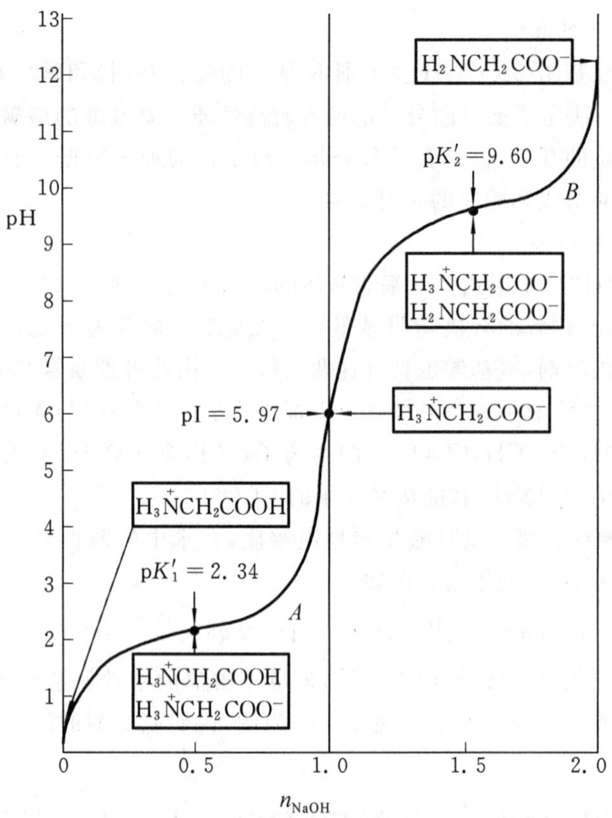

图 4-1　Gly 的解离曲线

(方框内表示在曲线拐点处的 pH 值时所具有的离子形式)

基本氨基酸(除 His 外)在生理 pH 值(7.0 左右)下都没有明显的缓冲容量,因为这些氨基酸的 pK'值都不在 7.0 附近(表 4-5),而缓冲容量只在接近 pK'值时才显现出来。His 咪唑基的 pK'值为 6.0,在 pH=7.0 附近有明显的缓冲作用。红细胞中运载氧气的血红蛋白含有较多的 His 残基,使得它在 pH=7.0 左右的血液中具有显著的缓冲能力,这一点对红细胞在血流中起运输氧气和二氧化碳的作用来说是极为重要的。

2) 氨基酸的等电点及其计算

氨基酸的等电点(isoelectric point,pI)是指氨基酸净电荷为零时溶液中的 pH 值。

从 Gly 的解离公式或解离曲线可以看出,氨基酸的带电状况与溶液的 pH 值有关,改变 pH 值可以使氨基酸带正电荷或负电荷,也可以使它处于净电荷为零的两性离子状态。图 4-1中曲线 A 和曲线 B 之间的拐点(pI=5.97)就是 Gly 处于净电荷为零时的 pH 值。

在等电点时,氨基酸在电场中既不向正极也不向负极移动,即处于两性离子(极少数为中性分子)状态,少数解离成阳离子和阴离子,但解离成阳离子和阴离子的数目和趋势相同。氨基酸等电点的计算有三种情况。

(1) 对侧链 R 基团不解离的中性氨基酸来说,其等电点是它的 pK'_1和 pK'_2的算术平均值(这可由氨基酸的解离公式推导出来),即

$$pI=\frac{1}{2}(pK'_1+pK'_2)$$

例如,Gly 的等电点 pI=(2.34+9.60)/2=5.97,等电点与离子浓度无关,只取决于两性离

子(R^0)两侧的 pK' 值。对于有三个可解离基团的氨基酸来说，只要写出它的解离公式，然后取两性离子两边的 pK' 值的平均值，则得其 pI。

(2) 酸性氨基酸(Glu 和 Asp)的 $pI=\frac{1}{2}(pK'_R+pK'_1)$。

(3) 碱性氨基酸(Arg、Lys 和 His)的 $pI=\frac{1}{2}(pK'_2+pK'_R)$。

pH 值高于等电点时，氨基酸带净负电荷，在电场中将向正极移动；pH 值低于等电点时，氨基酸带净正电荷，在电场中将向负极移动。在一定 pH 值范围内，氨基酸溶液的 pH 值离等电点越远，氨基酸所携带的净电荷就越多。

氨基酸在溶液中的带电状态取决于氨基酸的种类及溶液的 pH 值，通过溶液 pH 值的变化可以改变氨基酸的解离，这一特性在氨基酸的电泳、离子交换分离制备中十分重要。

3) 氨基酸的甲醛滴定

氨基酸虽然是一种两性电解质，既是酸又是碱，但它不能直接用酸碱滴定来进行定量测定。因为氨基酸的酸碱滴定的化学计量点 pH 值过高(12～13)或过低(1～2)，在这样的 pH 值范围内没有适当的指示剂可用。当向氨基酸溶液中加入过量的甲醛，用标准 NaOH 溶液滴定时，由于甲醛与氨基酸中的氨基作用形成—$NHCH_2OH$、—$N(CH_2OH)_2$ 等羟甲基衍生物，从而降低了氨基的碱性，使羧基充分暴露而容易滴定(可以理解为用甲醛封闭—NH_2，使—COOH 在近中性时释放 H^+，可以通过酸碱滴定测定氨基酸的量)。

$$\underset{\text{氨基酸}}{R-\overset{\overset{+}{N}H_3}{\underset{H}{C}}-COO^-} + HCHO \longrightarrow \underset{\text{氨基酸羟甲基衍生物}}{R-\overset{HN-CH_2OH}{\underset{H}{C}}-COO^-} + H^+$$

氨基酸的甲醛滴定是测定氨基酸的一种常用方法。当溶液中存在 1 mol/L 甲醛时，滴定终点由 pH≈12 移至 pH≈9(酚酞指示剂的变色区域)，这就是甲醛滴定法的依据。

3. 氨基酸的化学反应

除氨基酸分子的 α-氨基和 α-羧基能参加化学反应外，有的侧链 R 基团也能参加某些化学反应。

1) α-氨基参加的反应

(1) 与亚硝酸反应。氨基酸的氨基也和其他伯胺一样，在室温下与亚硝酸作用，生成氮气(N_2)。

$$R-\overset{NH_2}{\underset{H}{C}}-COOH + HNO_2 \longrightarrow R-\overset{OH}{\underset{H}{C}}-COOH + N_2\uparrow + H_2O$$

在标准条件下测定生成的氮气(注意：这里生成的氮气只有一半来自氨基酸)体积，即可计算出参与反应的氨基酸量。这是 Van Slyke 法测定氨基氮的理论依据。此法可用于氨基酸定量和蛋白质水解程度的测定。

除 α-氨基外，Lys 的 ε-氨基也能参与此反应，但速率较慢，α-氨基作用 3～4 min 即可反应完全。

(2) 烃基化反应。氨基酸 α-氨基上的一个氢原子可被烃基(包括环烃及其衍生物)取代。例如,Gly 与 2,4-二硝基氟苯(DNFB,FDNB)在弱碱溶液中发生亲核芳环取代反应而生成二硝基苯基氨基酸(DNP-氨基酸)。

$$O_2N\text{—}C_6H_3(F)\text{—}NO_2 + H_2N\text{—}\underset{R}{\overset{H}{C}}\text{—}COOH \longrightarrow$$

2,4-二硝基氟苯

$$O_2N\text{—}C_6H_3(NO_2)\text{—}\overset{H}{N}\text{—}\underset{R}{\overset{H}{C}}\text{—}COOH + HF$$

二硝基苯基氨基酸

2,4-二硝基氟苯除了可与氨基酸反应外,也可与多肽链的 N 端氨基酸残基反应,该反应首先被英国的 Sanger 用来鉴定多肽或蛋白质的氨基末端氨基酸,故该反应又称为 Sanger 反应。

氨基酸的 α-氨基另一个重要的烃基化反应是与异硫氰酸苯酯(PITC)的反应,该反应首先被 Edman 用于鉴定多肽或蛋白质氨基末端氨基酸。它在多肽和蛋白质的氨基酸顺序分析方面具有重要意义。

(3) 与酰化试剂反应。氨基酸的 α-氨基与酰氯或酸酐在弱碱溶液中发生作用时,α-氨基即被酰基化。例如,Gly 与苄氧甲酰氯的反应:

$$C_6H_5\text{—}CH_2\text{—}O\text{—}\overset{O}{\overset{\|}{C}}\text{—}Cl + H_2N\text{—}\underset{R}{\overset{H}{C}}\text{—}COOH \longrightarrow$$

苄氧甲酰氯

$$C_6H_5\text{—}CH_2\text{—}O\text{—}\overset{O}{\overset{\|}{C}}\text{—}\overset{H}{N}\text{—}\underset{R}{\overset{H}{C}}\text{—}COOH + Cl^- + H^+$$

苄氧甲酰氨基酸

除苄氧甲酰氯外,酰化试剂还有很多种,在多肽和蛋白质的人工合成中常被用作氨基保护试剂。另外,丹磺酰氯还用于多肽链氨基末端氨基酸的标记和微量氨基酸的定量测定。

氨基酸的 α-氨基与醛类化合物反应生成弱碱(即 Schiff 碱),它是以氨基酸为底物的某些酶促反应(如转氨反应)的中间产物。氨基酸在生物体内经氨基酸氧化酶催化即可脱去 α-氨基而转变为酮酸。

2) α-羧基参加的反应

(1) 成盐与成酯反应。氨基酸的 α-羧基作为酸可与碱作用成盐,与醇反应形成相应的酯。氨基酸的羧酸酯是制备氨基酸的酰胺或酰肼的中间产物。当氨基酸的羧基变成甲酯、乙酯或钠盐后,羧基的化学反应性能即被掩蔽(或者说羧基被保护),而氨基的化学反应性能则得到加强或氨基被活化，易与酰基或烃基结合。这就是氨基酸的酰基化和烃基化需要在碱性条件下进行的原因。

(2) 成酰氯反应。氨基酸的氨基用适当的保护基(如苄氧甲酰基)保护后，其羧基可与二氯亚砜或五氯化磷作用生成酰氯。该反应可使氨基酸的羧基活化，使之易与另一个氨基酸的氨基结合，因此在人工合成多肽中常用。

(3) 叠氮反应。氨基酸的氨基通过酰化加以保护，羧基经酯化转变为甲酯，然后与肼和亚硝酸反应即变成叠氮化合物。此反应使氨基酸的羧基活化，氨基酸叠氮化合物常用于肽的人工合成。

在生物体内氨基酸经氨基酸脱羧酶作用，放出CO_2，并生成相应的一级胺。

3) α-氨基和 α-羧基共同参加的反应——茚三酮反应

茚三酮在弱酸性溶液中与氨基酸共热，引起氨基酸氧化脱氨、脱羧反应，最后茚三酮与反应产物(还原茚三酮)发生作用，生成蓝紫色物质(λ_{max}=570 nm)。其反应过程见图 4-2。

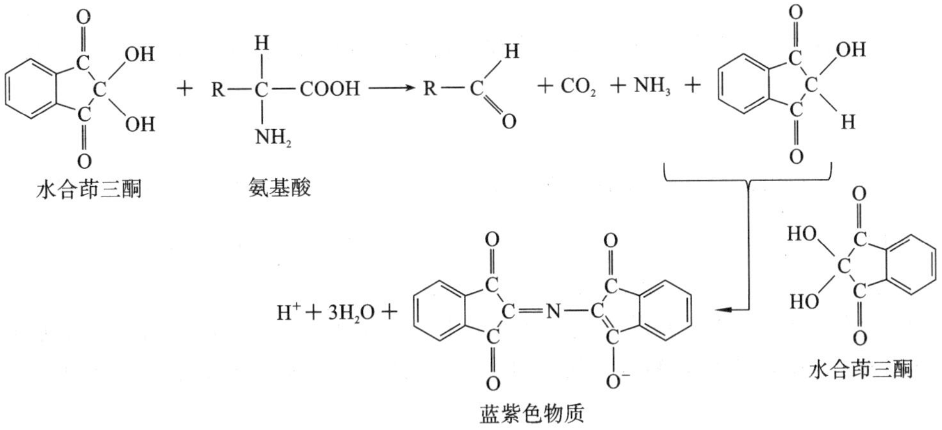

图 4-2　氨基酸与茚三酮反应的过程

注意：①该反应必须加热，否则不生成蓝紫色物质；②其他含氨基的化合物及 NH_3会对反应产生干扰；③两个亚氨基酸——脯氨酸和羟脯氨酸与茚三酮反应不释放 NH_3，所以最终不生成蓝紫色物质，而是直接生成一种黄色物质(λ_{max}=440 nm)。

在氨基酸分析中，氨基酸与茚三酮的反应具有特殊意义，既可用来定性显色鉴定，也可以通过分光光度法在 570 nm 波长处定量测定氨基酸。

用层析法把各种氨基酸分离后，利用茚三酮显色可以定性鉴定氨基酸的种类；对分离后的氨基酸可用比色法定量测定，亦可通过测压法测量释放的 CO_2量，从而计算出参加反应的氨基酸量。

4) 侧链 R 基团参加的反应

氨基酸侧链具有官能团时也可发生化学反应，这是由不同氨基酸中 R 的结构特点所决定的。这些官能团包括羟基、酚基、巯基(包括二硫键)、吲哚基、咪唑基、胍基、甲硫基等。每种官能团都可以和多种试剂起反应，其中有些反应是蛋白质化学修饰的基础。蛋白质的化学修饰是指在较温和的条件下，以可控的方式使蛋白质与某种试剂(称化学修饰剂)起特异反应，以使蛋白质中个别氨基酸侧链官能团发生共价化学改变。化学修饰在蛋白质结构与功能的研究中有很重要的应用价值。关于侧链基团的反应，下面举几个例子加以说明。

(1) Tyr 的酚基在 3 位和 5 位上容易发生亲电取代反应,如发生碘化或硝化反应,分别生成一碘(二碘)酪氨酸或一硝基(二硝基)酪氨酸。

(2) Tyr 的酚基还可以与重氮化合物(如对氨基苯磺酸的重氮盐)结合生成橘黄色的化合物,这就是 Pauly 反应,可用来检测 Tyr。His 的侧链咪唑基与重氮苯磺酸也能形成类似的化合物,但颜色稍有差异,呈棕红色。

(3) Cys 可与二硫硝基苯甲酸(DTNB,又称 Ellman 试剂)发生硫醇-二硫化物交换反应。此反应中 1 分子的 Cys 引起 1 分子二硫硝基苯甲酸的释放,pH＝8.0 时,它在 412 nm 波长处有强烈的吸收,因此可用比色法定量测定巯基。

4.3 肽

4.3.1 肽键及肽链

一个氨基酸的氨基与另一个氨基酸的羧基可以缩合成肽(peptide),形成的酰胺键在蛋白质化学中称为肽键(peptide bond)。

$$\underset{\text{氨基酸 1}}{H_2N\text{—}\underset{R_1}{\underset{|}{C}H}\text{—}COOH} + \underset{\text{氨基酸 2}}{H_2N\text{—}\underset{R_2}{\underset{|}{C}H}\text{—}COOH} \longrightarrow \underset{\text{二肽}}{H_2N\text{—}\underset{R_1}{\underset{|}{C}H}\text{—}\overset{O}{\overset{\|}{C}}\text{—}\underset{H}{\underset{|}{N}}\text{—}\underset{R_2}{\underset{|}{C}H}\text{—}COOH} + H_2O$$

肽键是蛋白质分子中氨基酸之间的主要连接方式,由两个氨基酸缩合形成的肽称为二肽(dipeptide)。例如,由丙氨酸的 α-羧基和甘氨酸的 α-氨基缩合形成的二肽称为丙氨酰甘氨酸。

二肽分子中尚有一个自由的氨基和一个自由的羧基,所以还能和第三个氨基酸以肽键缩合成三肽。多个氨基酸分子以上述方式缩合则形成多肽。多肽为链状,所以多肽也称为多肽链,具有自由氨基的一端称为氨基端(或 N 端),另一端称为羧基端(或 C 端)。图 4-3 所示为一个五肽的结构。蛋白质就是由几十到几百个甚至几千个氨基酸分子以肽键相互连接起来的多肽链。

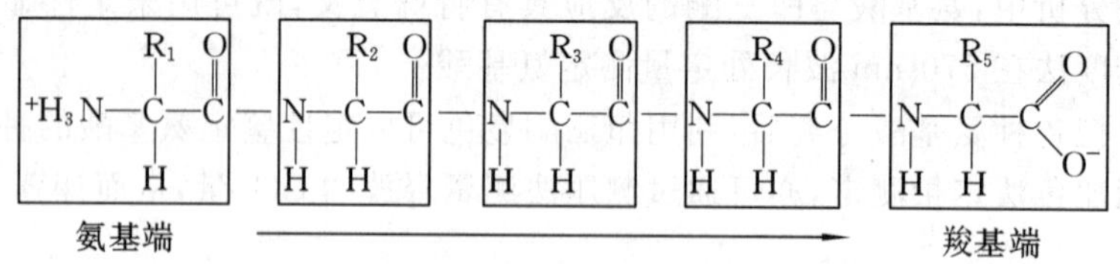

图 4-3　一个五肽的结构

4.3.2 肽的命名及结构

肽链中的氨基酸因参加肽键的形成而不再是原来的完整分子,故称为氨基酸残基(amino acid residue)。一个肽可根据其所含的氨基酸残基数简单地称为二肽、三肽、四肽等。肽的命名是从肽链的 N 端开始,按照氨基酸残基的顺序而逐一命名。氨基酸残基用酰来称呼,称为某氨基酰某氨基酰……某氨基酸。例如,由丝氨酸、甘氨酸、酪氨酸、丙氨酸和亮氨酸组成的五肽就命名为丝氨酰甘氨酰酪氨酰丙氨酰亮氨酸。

对于多肽来说，一般用氨基酸中文名称的字头表示，中间用“·”或“-”将它们隔开；也可用氨基酸英文名称的三字符或单字符缩写表示，中间用“·”或“-”将其隔开。例如：

甘·丙·丝·缬·亮·蛋·赖·赖·精·谷

Gly-Ala-Ser-Val-Leu-Met-Lys-Lys-Arg-Glu

G-A-S-V-L-M-K-K-R-E

在书写时，含自由氨基的一端总是写在左边，含自由羧基的一端总是写在右边(即 N→C)。肽的化学性质与氨基酸相似，但因大多数的 α-氨基和 α-羧基已经缩合，所以各氨基酸残基的 R 侧链对肽性质的影响就尤为突出。另外，肽的显色反应也和氨基酸相似。

4.3.3　天然存在的活性肽

有一些肽在生物体内具有特殊功能。激素肽或神经肽都是活性肽，它们广泛分布于生物体内。作为主要的化学信使，它们在沟通细胞内部、细胞与细胞之间，以及器官与器官之间的信息方面起着重要作用。近年来对活性肽的研究表明，生物的生长发育、细胞分化、大脑活动、肿瘤病变、免疫防御、生殖控制、抗衰防老、生物钟规律及分子进化等均涉及活性肽。

(1) 谷胱甘肽是存在于动植物和微生物细胞中的重要三肽，简称 GSH，是由 Glu、Cys 和 Gly 组成的。它的分子中有一个特殊的 γ-肽键，是由 Glu 的 γ-羧基与 Cys 的 α-氨基缩合而成的，显然这与蛋白质分子中的肽键不同。还原型谷胱甘肽(GSH)的结构式如下：

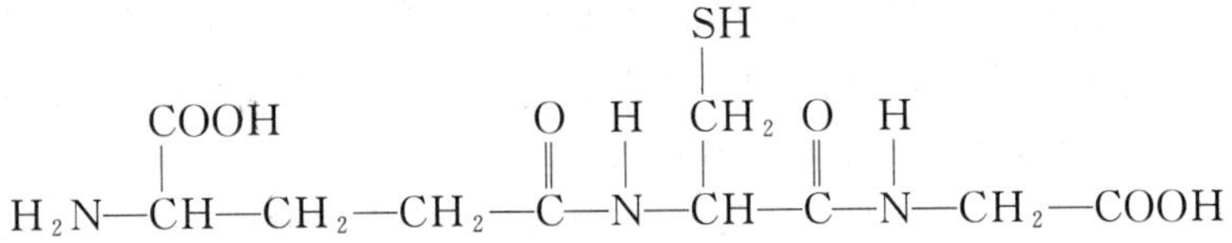

$$H_2N-\underset{\displaystyle COOH}{\overset{|}{CH}}-CH_2-CH_2-\overset{O}{\overset{\|}{C}}-\overset{H}{\overset{|}{N}}-\overset{\overset{\displaystyle SH}{|}}{\overset{CH_2}{\overset{|}{CH}}}-\overset{O}{\overset{\|}{C}}-\overset{H}{\overset{|}{N}}-CH_2-COOH$$

由于 GSH 中含有一个活泼的巯基，很容易被氧化，两分子之间脱去两个氢，两个巯基形成二硫键而生成氧化型谷胱甘肽(GSSG)，并且这种氧化与还原是可逆的：

$$2GSH \underset{+2H}{\overset{-2H}{\rightleftharpoons}} GSSG$$

还原型　　　　氧化型

谷胱甘肽在体内的氧化还原反应过程中起重要作用，如在红细胞中作为巯基缓冲剂，使血红蛋白和其他红细胞蛋白质的 Cys 残基保持还原态。

(2) 催产素和升压素都是在下丘脑的神经细胞中合成的多肽激素，合成后与神经垂体运载蛋白相结合，经轴突运输到神经垂体，再释放到血液。它们都是九肽，分子中都有环状结构。

催产素的结构简式如下：

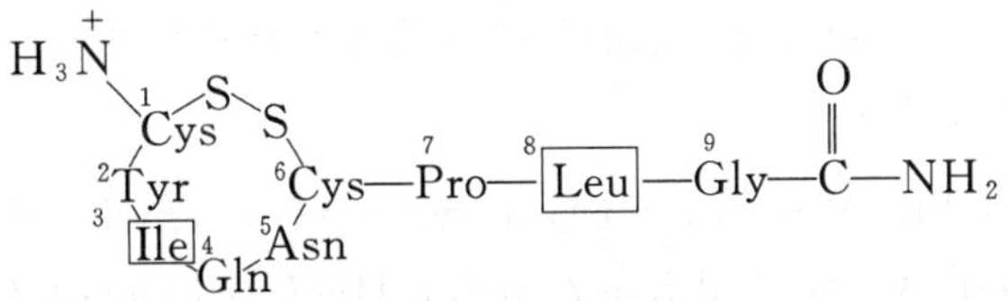

$$\begin{array}{l} H_3\overset{+}{N} \\ \quad {}^{1}Cys-S-S-{}^{6}Cys-{}^{7}Pro-{}^{8}\boxed{Leu}-{}^{9}Gly-\overset{O}{\overset{\|}{C}}-NH_2 \\ \quad {}^{2}Tyr \qquad\quad {}^{5}Asn \\ \quad {}^{3}\boxed{Ile}-{}^{4}Gln \end{array}$$

升压素的结构与催产素十分相似，仅 3 位和 8 位的两个氨基酸残基不同，它的结构简式如下：

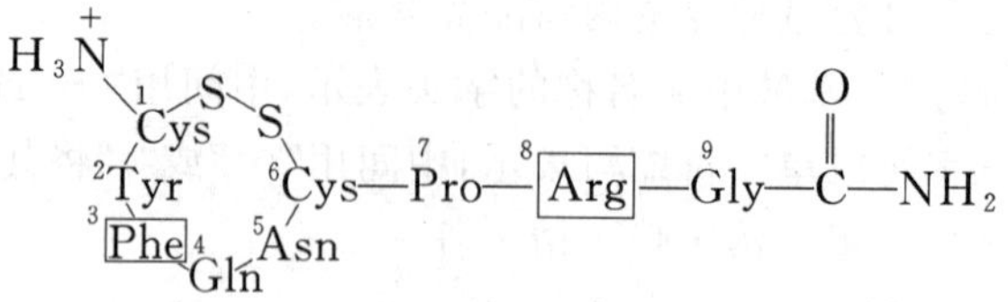

```
 +
H₃N         S—S                                    O
    \1     /    \                                  ‖
     Cys         S
    /              \6       7      8         9
  2Tyr              Cys—Pro—[Arg]—Gly—C—NH₂
    \               /
   3[Phe]4      5Asn
         Gln
```

催产素和升压素虽然结构很相似,但由于有两个氨基酸残基不同,因此两者在生理功能上有所不同。前者使子宫和乳腺平滑肌收缩,具有催产及使乳腺排乳的作用,而后者则是促进血管平滑肌收缩,从而使血压升高,并有减少排尿的作用,所以也称抗利尿激素。近年来有资料指出升压素还参与记忆过程,并且根据实验提出升压素分子的环状部分参与学习记忆的巩固过程,分子的直线部分则参与记忆的恢复过程。催产素对行为的影响正好与升压素相反,是促进遗忘的。

(3) 促肾上腺皮质激素(ACTH)是腺垂体分泌的,由 39 个氨基酸残基组成,其一级结构如下:

$H_3\overset{+}{N}$-Ser-Tyr-Ser-Met-Glu-His-Phe-Arg-Trp-Gly-Lys-Pro-
Val-Gly-Lys-Lys-Arg-Arg-Pro-Val-Lys-
Val-Tyr-Pro-Asn-Gly-Ala-Glu-Asp-Glu-Ser-Ala-Glu-
Ala-Phe-Pro-Leu-Glu-Phe-COO^-

它的活性部位为 4～10 位的七肽片段:Met-Glu-His-Phe-Arg-Trp-Gly。ACTH 能刺激肾上腺皮质的生长及肾上腺皮质激素的合成和分泌。除腺垂体分泌的 ACTH 外,尚有大脑、下丘脑等分泌的 ACTH,各处分泌的 ACTH 执行不同的生物学功能。例如,大脑分泌的 ACTH 参与意识行为的调控,腺垂体分泌的 ACTH 主要作用于肾上腺皮质。现在通过化学方法合成的 ACTH 在临床上用于库欣综合征的诊断,以及风湿性关节炎、皮肤炎和眼炎的治疗等。

(4) 脑肽的种类很多,其中脑啡肽是近年来在高等动物大脑中发现的镇痛作用比吗啡更有效的活性肽。有人在 1975 年从猪脑中分离出两种类型的脑啡肽,一种的 C 端氨基酸残基为 Met,称为 Met-脑啡肽,另一种的 C 端氨基酸残基为 Leu,称为 Leu-脑啡肽。两者均为五肽,其结构如下:

Met-脑啡肽　Tyr-Gly-Gly-Phe-Met

Leu-脑啡肽　Tyr-Gly-Gly-Phe-Leu

由于脑啡肽类物质是高等动物脑组织中原本就有的,这必然是一类既有镇痛作用而又不会像吗啡那样使病人上瘾的药物。中国科学院上海生物化学研究所于 1982 年利用蛋白质工程技术成功地合成了 Leu-脑啡肽,它为分子神经生物学的研究拓展了思路,从而可以在分子基础上阐明大脑的活动。

有人从猪脑中分离出一种具有较强的吗啡样活性与镇痛作用的 β-内啡肽,它含有 31 个氨基酸残基,其一级结构如下:

$H_3\overset{+}{N}$-Tyr-Gly-Gly-Phe-Met-Thr-Ser-Glu-Lys-Ser-Gln-Thr-Pro-Leu-Val-Thr-Leu-
Phe-Lys-Asn-Ala-Ile-Val-Lys-Asn-Ala-His-Lys-Lys-Gly-Gln-COO^-

β-内啡肽的降解产物称为 γ-内啡肽(1～17 位的片段),无镇痛作用,但显示出行为效应,具有抗精神分裂症的疗效。

(5) 消化管实际上是体内最大而又复杂的内分泌器官，它分泌一系列与消化机能相适应的活性肽。例如，小肠上段黏膜分泌胃泌素，促进胃酸分泌；十二指肠、空肠分泌肠促胰泌素，可刺激胰脏分泌 HCO_3^-，增强十二指肠对胆囊收缩素的分泌；回肠和结肠分泌肠高血糖素，以滋养肠细胞。胆囊收缩素是一种由 33 个氨基酸残基组成的肽，其结构如下：

$$H_3\overset{+}{N}\text{-Lys-Ala-Pro-Ser-Gly-Arg-Val-Ser-Met-Ile-Lys-Asn-Leu-Gln-Ser-Leu-Asp-Pro-}$$

$$\text{Ser-His-Arg-Ile-Ser-Asp-Arg-Asp-}\underset{}{\overset{\overset{SO_3H}{|}}{\text{Tyr}}}\text{-Met-Gly-Trp-Met-Asp-Phe-COO}^-$$

(6) 胰岛 α-细胞可分泌胰高血糖素，它含有 29 个氨基酸残基，其结构如下：

$$H_3\overset{+}{N}\text{-His-Ser-Gln-Gly-Thr-Phe-Thr-Ser-Asp-Tyr-Ser-Lys-Tyr-Leu-Asp-Ser-}$$
$$\text{Arg-Arg-Ala-Gln-Asp-Phe-Val-Gln-Trp-Leu-Met-Asn-Thr-COO}^-$$

胰高血糖素可调节控制肝糖原降解产生葡萄糖，以维持血糖水平，它还能引起血管舒张，抑制肠的蠕动及分泌。

4.4　蛋白质的分子结构

蛋白质是由各种氨基酸通过肽键连接而成的多肽链，再由一条或一条以上的多肽链按各自不同的方式组合成具有完整生物活性的分子。随着肽链数目、氨基酸残基组成及其排列顺序的不同，就有不同的三维空间结构，也就形成不同的蛋白质。

蛋白质的分子结构通常可分为一级结构、二级结构(secondary structure)、超二级结构(super-secondary structure)、结构域(structural domain)、三级结构(tertiary structure)和四级结构(quaternary structure)。其中一级结构又称蛋白质的化学结构(chemical structure)、共价结构或初级结构。而二级结构、三级结构和四级结构又称为蛋白质的空间结构或三维结构(three dimensional structure)。

4.4.1　蛋白质的一级结构

1. 概念

一级结构是指蛋白质多肽链中氨基酸残基的排列顺序及二硫键的位置。一级结构是蛋白质分子结构的基础，它包含决定蛋白质分子所有结构层次构象的全部信息。蛋白质一级结构研究的内容包括蛋白质的氨基酸残基组成、氨基酸残基排列顺序、二硫键的位置、肽链数目、末端氨基酸残基的种类等。

蛋白质是由氨基酸通过肽键连接起来的生物大分子，不同蛋白质的氨基酸残基种类、数量和排列顺序都不同，这是蛋白质生物学功能多样性的基础。

有些蛋白质不是简单的一条肽链，而是由两条以上肽链组成的，肽链中除肽键外还有二硫键，它是由肽链中相应部位的两个 Cys 残基脱氢连接而成的，可以在两条肽链之间形成，也可在一条肽链内部形成(图 4-4)。二硫键在蛋白质分子中起着稳定空间结构的作用。一般二硫键越多，蛋白质的结构越稳定。

```
       R1                             R2
       |                              |
—HN—CH—CONH—CH—CONH—CH—CO—
                    |
                    CH2
                    |
                    S
                    |
                    S
                    |
                    CH2
                    |
—HN—CH—CONH—CH—CONH—CH—CO—
       |                              |
       R3                             R4
```

—S—S—

—S—S—

—S—S—

图 4-4 蛋白质肽链内和肽链间的二硫键

现以胰岛素为例介绍蛋白质的一级结构。胰岛素是动物胰脏中胰岛 β-细胞分泌的一种相对分子质量较小的蛋白质类激素，它的主要功能是降低体内的血糖含量。当胰岛素分泌不足时血糖浓度升高，并从尿中排出，形成糖尿，因此在临床上胰岛素可以用来治疗糖尿病。

结晶牛胰岛素的人工合成

胰岛素是第一种被阐明化学结构的蛋白质，分子中含 51 个氨基酸残基，相对分子质量为5 734，由两条肽链组成，一条称 A 链，一条称 B 链。A 链是由 21 个氨基酸残基组成的二十一肽，B 链是由 30 个氨基酸残基组成的三十肽。A 链和 B 链之间通过两对二硫键连起来。另外 A 链的 6 位和 11 位上的两个半胱氨酸残基通过二硫键相连形成链内小环。胰岛素的一级结构如下：

```
                          ┌──────S──S──────┐
A 链
HGly-Ile-Val-Glu-Gln-Cys-Cys-Ala-Ser-Val-Cys-Ser-Leu-Tyr-Gln-Leu-Glu-Asn-Tyr-Cys-AsnOH
  1               5   6   7           10  11              15                  20  21
                          |                                                    |
                          S                                                    S
                          |                                                    |
                          S                                                    S
B 链                      |                                                   /
HPhe-Val-Asn-Gln-His-Leu-Cys-Gly-Ser-His-Leu-Val-Glu-Ala-Leu-Tyr-Leu-Val-Cys-Gly-
  1               5       7           10                  15              19  20
              Glu-Arg-Gly-Phe-Phe-Tyr-Thr-Pro-Lys-AlaOH
               21              25                  30
```

1965 年，我国科学家首次完成了结晶牛胰岛素的人工全合成，这是世界上第一次人工合成蛋白质类生物活性物质，开辟了人工合成蛋白质的时代，为之后我国科学家在蛋白质结构与功能、晶体结构测定等结构生物学领域取得进展奠定了基础。

蛋白质的一级结构通常是不能轻易改变的，有时只有一个氨基酸残基的改变就可能改变整个蛋白质分子的空间结构和功能。随着蛋白质化学进展，已有十几万种蛋白质分子的氨基酸残基排列顺序被弄清，为方便查找和研究，科学家把这些资料分类整理储存在计算机中，称为蛋白质数据库。

2. 测定原理

蛋白质一级结构的测定包括蛋白质分子中氨基酸残基的组成和排列顺序的分析。其基本思路是将肽链由大化小，逐步分析。

1）氨基酸残基组成分析

(1) 蛋白质样品的纯化。一级结构的测定要求样品必须是均一的，同时必须知道相对分子质量。

(2) 蛋白质分子中多肽链数目的测定。根据末端分析测定蛋白质末端氨基酸残基(N 端或 C 端)数和蛋白质的相对分子质量可以确定分子中多肽链的数目。

(3) 氨基酸残基组成分析。将纯化的蛋白质样品完全水解,用氨基酸自动分析仪测定其组成。如蛋白质分子是由几条不同的多肽链构成,则应设法将这些多肽链拆开并分离纯化,再分别测定每条多肽链的氨基酸残基组成和排列顺序。

2) 末端氨基酸残基分析

应用肽链两端氨基酸残基的自由—NH_2和—COOH 的化学反应可对其进行标记、裂解和分离鉴定。

(1) N 端分析。常用的化学法有二硝基氟苯法、丹磺酰氯法和异硫氰酸苯酯法。

氨肽酶能从肽链的 N 端逐个往里切,随着酶的水解依次检测出释放的氨基酸,便可以确定肽的氨基酸残基顺序。但该酶对各种氨基酸残基的水解速率不同,所以结果的分析难度比较大。

(2) C 端分析。常用的方法有以下几种。①肼解法:多肽与无水肼加热发生肼解,C 端氨基酸残基以自由形式释放,而其他氨基酸残基则生成相应的氨基酸酰肼化合物,肼解过程中 Gln、Asn 和 Cys 等被破坏不易测出。②还原法:肽链的 C 端氨基酸残基用硼氢化锂还原成相应的 α-氨基醇,肽链完全水解后,鉴别 α-氨基醇。③羧肽酶法:羧肽酶能特异地水解 C 端氨基酸残基的外切酶,常用羧肽酶 A(能释放除 Pro、Arg 和 Lys 以外的所有 C 端氨基酸残基)和羧肽酶 B(只能水解以碱性氨基酸——Arg 和 Lys 为 C 端氨基酸残基的肽链),该法是 C 端分析最常用且最有效的方法。

3) 多肽链的部分断裂和肽段的分离

目前用于顺序分析的方法一次能测定的氨基酸残基序列都不太长,因此必须设法将多肽链断裂成较小的肽段,然后把它们分离开来,测定每一肽段的氨基酸残基顺序。断裂时要求断裂点少、专一性强、反应产率高,常用的方法有酶裂解法和化学裂解法。如果蛋白质分子中含有二硫键,则首先要选择适当的方法将其断裂。

二硫键的断裂常用两种方法:一是过甲酸氧化法,是将二硫键中的两个半胱氨酸残基(C—S—S—C)氧化成为两个半胱氨磺酸(C—SO_3H),该过程为不可逆氧化,仅用于测序及结构研究中;二是巯基化合物还原法,常用的还原剂是 β-巯基乙醇(β-BME)和二硫苏糖醇(DTT),可以将二硫键(C—S—S—C)还原成两个半胱氨酸残基(C—SH),该法条件温和,反应可逆,故在蛋白质性质研究中应用较多。测序时为了防止 C—SH 再被重新氧化,需再用碘乙酸进行烷化。

(1) 酶裂解法。目前用于肽链断裂的蛋白水解酶已有几十种,最常用的有胰蛋白酶、糜蛋白酶(胰凝乳蛋白酶)、胃蛋白酶和几种近年来发现的蛋白酶。这些蛋白酶都是肽链内切酶(又称内肽酶),其特性如表 4-6 所示。

表 4-6　几种蛋白酶的特性

酶	专一性	断裂点
胰蛋白酶	强	Lys 或 Arg 羧基参与形成的肽键
糜蛋白酶	稍弱	Phe、Trp 和 Tyr 等疏水性氨基酸的羧基参与形成的肽键

续表

酶	专一性	断 裂 点
胃蛋白酶	稍弱	断裂键的两侧都是疏水性氨基酸残基,如 Phe-Phe
金黄色葡萄球菌蛋白酶	强	磷酸缓冲溶液(pH=7.8)中可断裂 Glu 和 Asp 羧基参与形成的肽键,碳酸氢铵缓冲溶液(pH=7.8)或乙酸缓冲溶液(pH=4.0)中只断裂 Glu 羧基参与形成的肽键
梭状芽孢杆菌蛋白酶	强	断裂 Arg 羧基参与形成的肽键

(2) 化学裂解法。这种方法获得的肽段一般都比较大,适合在自动测序仪上测定顺序,所以化学裂解法对大分子蛋白质的测序很重要。

① 溴化氰(CNBr)只断裂 Met 羧基参与形成的肽键。由于大多数蛋白质只含有很少的 Met,因此 CNBr 断裂产生的肽段不多,这些肽段可用胰蛋白酶处理变成更小的肽段。

② 羟胺(NH_2OH)能专一性地断裂 Asn-Gly 之间的肽键,但专一性不是很强,Asn-Leu 和 Asn-Ala 之间的肽键也能部分断裂。蛋白质中 Asn-Gly 键出现的概率是很低的,这种方法得到的肽段都很大,这对相对分子质量大的蛋白质的顺序测定是十分有用的。

用上述各种方法得到的肽段混合物常用高效液相色谱法进行分离提纯后才可用于测序。

4) 肽段的氨基酸残基顺序分析

多肽链经降解和分离后得到大小合适、纯度合格的肽段,即可进行肽段的氨基酸残基顺序分析,常用的方法主要有 Edman 降解法、酶解法、气相色谱-质谱联用法等。

(1) Edman 降解法。此法由 Edman P. 于 1950 年首先提出,最初是用于 N 端氨基酸残基的分析,即异硫氰酸苯酯法。这种技术每次都只是标记、水解和鉴定肽段的 N 端氨基酸残基,而留下其他完整的肽链,是一项使蛋白质序列分析革命化的技术。1967 年 Edman 和 Begg 依据此原理设计出了多肽氨基酸残基序列分析仪。

Edman 降解法测定肽段氨基酸残基顺序主要涉及偶联、水解、萃取等步骤。首先用 N 端氨基酸残基标记试剂 PITC 在 pH=9.0～9.5 的碱性条件下对肽段进行处理,使 PITC 与肽段 N 端的氨基酸残基的游离 α-氨基偶联,形成 PTC-肽;然后用三氟乙酸处理,水解 N 端氨基酸残基参与生成的肽键,释放出该氨基酸残基的噻唑啉酮苯胺衍生物。接下来将该衍生物用有机溶剂(如氯丁烷)从反应液中萃取出来,而去掉了一个 N 端氨基酸残基的肽仍留在溶液中。萃取出来的噻唑啉酮苯胺衍生物不稳定,经酸作用后,进一步环化成一个稳定的苯乙内酰硫脲(PTH)衍生物,即 PTH-氨基酸。Edman 降解的原理见图 4-5。

Edman 降解的最大优越性是在水解除去末端标记的氨基酸残基时,不会破坏余下的多肽链,故可重复进行上述反应过程,整个测序过程目前都是通过测序仪自动进行的。每一循环都获得一个 PTH-氨基酸,经 HPLC 可以鉴定出是哪一种氨基酸。Edman 降解法现已有多种改进形式,如 DNS-Edman 测序法。

采用 Edman 降解法一次可连续测定 60～70 个氨基酸残基的肽段氨基酸残基顺序,也有报道一次测出 90～100 个氨基酸残基顺序的。目前使用的氨基酸残基序列自动分析仪是根据此法的原理设计制造的。

(2) 酶解法。采用肽链外切酶(又称外肽酶),如氨肽酶和羧肽酶,它们分别从肽链的 N

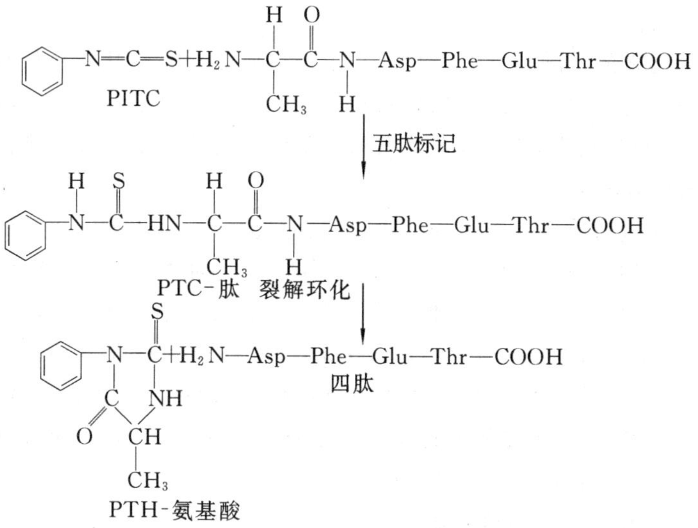

PITC + $H_2N-CH(CH_3)-CO-NH-$Asp—Phe—Glu—Thr—COOH

↓ 五肽标记

PTC-肽：$C_6H_5-NH-C(=S)-HN-CH(CH_3)-CO-NH-$Asp—Phe—Glu—Thr—COOH

↓ 裂解环化

PTH-氨基酸 + H_2N-Asp—Phe—Glu—Thr—COOH（四肽）

图 4-5　Edman 降解的原理

端和 C 端逐个往里切。这种方法在实际应用中有很多困难，局限性很大，它只能用来测定末端附近很少几个氨基酸残基的顺序。

(3) 气相色谱-质谱联用法。质谱法(mass spectrography，MS)和气相色谱-质谱(GC-MS)联用法也已用于肽链的氨基酸残基顺序测定。这是一种不同于 Edman 降解的物理化学方法。其原理是先将多肽切割成 2～6 肽的小片段，并将之转化为挥发性的衍生物，经气相色谱和质谱的分离分析、计算机数据处理，可得到其氨基酸残基排列顺序。

目前质谱法一次能测的氨基酸残基尚不多，一般为 10 个左右。但质谱法具有样品用量少、分析速度快的优点。用质谱仪分析化合物的结构要求样品有较高的纯度，因此气相色谱仪与质谱仪联用是比较理想的，利用 GC-MS 联用法测定肽链的氨基酸残基顺序已有不少成功的报道，这是一种很有发展前途的方法。

5) 肽段顺序的确定

常用两种或两种以上的不同方法对肽链进行有控制的部分裂解，生成两套或几套肽段。不同方法是指断裂的专一性不同，即切口是彼此错位的，因此两套或几套肽段恰好跨过切口而重叠，这样的肽段称为重叠肽。

借助重叠肽可以确定肽段在原多肽链中的正确位置，从而拼凑出整个多肽链的氨基酸残基顺序。同时，几套肽段可以互相核对各个肽段的氨基酸残基顺序测定是否有误。

例如，有一条肽链，分别用 A 法和 B 法进行裂解，得到不同的小肽段并测定其氨基酸残基顺序。

A 法　蛋-苯丙　　甘-丝　　缬-赖-酪-丙

B 法　酪-丙-蛋-苯丙　　甘-丝-缬-赖

若仅用 A 法或仅用 B 法很难确定其顺序。如综合两法的结果，找出其关键的“重叠顺序”，便可推导出此多肽链的氨基酸残基顺序。

重叠顺序：缬-赖-酪-丙

多肽顺序：甘-丝-缬-赖-酪-丙-蛋-苯丙

6) 核酸推导法

近些年发展起来的核酸推导法是目前确定蛋白质氨基酸残基顺序最有效的方法。基于蛋白质的氨基酸残基顺序由核酸的核苷酸顺序或三联体密码子(三个核苷酸为一个密码子)决定,只要测出核酸的核苷酸顺序,即可根据三联体密码子法则推导出蛋白质的氨基酸残基顺序:蛋白质←cDNA←mRNA。

方法是用待测蛋白质作抗原免疫动物,得相应抗体,并用此抗体去沉淀合成待测蛋白质的多核糖体,因为在这种多核糖体上含有该蛋白质合成的模板(mRNA)以及与其相连而未被释放的蛋白质多肽链。后者将与加入的抗体发生结合而使多核糖体沉淀,再从沉淀中分离出该 mRNA,并将它逆转录成互补 DNA(complementary DNA,cDNA)。然后测出 cDNA 的核苷酸顺序,并由它推导出 mRNA 的核苷酸顺序,进而推导出蛋白质的氨基酸残基顺序。本法的优点:测定 DNA 核苷酸顺序的技术已经相当成熟;对经典化学法难以分析的大分子蛋白质或生物体内含量很低的蛋白质,此法十分有效。

由于存在简并密码子及需确定翻译 mRNA 的起始点(DNA 序列)等,这种测序还不能离开传统测序。目前,大多数蛋白质的序列信息是由核苷酸序列翻译而来的。也发展出一些新的测序方法,如纳米孔单分子蛋白质测序等。

蛋白质组学研究技术体系简介

随着蛋白质数据量的增加,为了便于在细胞或生物体水平系统地描述蛋白质的存在、分布、相互作用等,产生了"蛋白质组(poteome)",发展出新的学科即蛋白质组学。

4.4.2　蛋白质的二级结构

蛋白质的二级结构是指蛋白质分子中多肽链本身在局部空间的折叠和盘绕方式。

具有生物活性的蛋白质在一定条件下往往只有一种或很少几种构象,这是由蛋白质分子中肽键的性质、肽链上的基团以及所处环境造成的。蛋白质的二级结构主要讨论肽链及规律的二级结构单位(secondary structure element)。氢键等次级键是稳定二级结构的主要作用力。

1. 肽单位的构象

20 世纪 30 年代后期,Linus P. 和 Robert C. 就开始用 X 射线衍射法分析氨基酸和肽的精确结构,希望获得这些构件的标准键长和键角,并用这些资料预测蛋白质的构象。他们的重要发现之一是确定了肽单位。肽单位是多肽链中从一个 α-碳原子到相邻 α-碳原子的结构(图 4-6)。

1) 肽单位是一个刚性的平面结构

肽键中羰基碳原子与氮原子之间所形成的键不能自由旋转,因为这个键(C—N)的长度为 0.132 nm,比一般的 C—N(0.147 nm)要短些,而比一般的C═N (0.127 nm)要长些,所以具有部分双键的性质,不能自由旋转,这样使得肽单位所包含的六个原子处于同一个平面上,这个平面又称为酰胺平面(amide plane)或肽平面(peptide plane),如图 4-7 所示。

2) 肽平面中羰基氧与亚氨基氢几乎总是处于相反的位置

虽然肽平面中的羰基氧与亚氨基氢可以有顺式和反式两种排列,但由于连接在相邻两个 α-碳原子上的侧链基团之间的立体干扰不利于顺式构象的形成,而有利于伸展的反式构象的形成,因此蛋白质中几乎所有的肽单位都是反式构象。

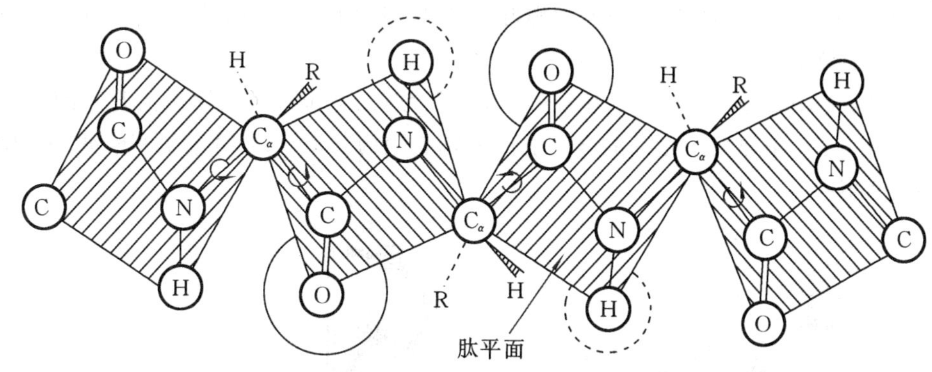

图 4-6　多肽链主链骨架的构象

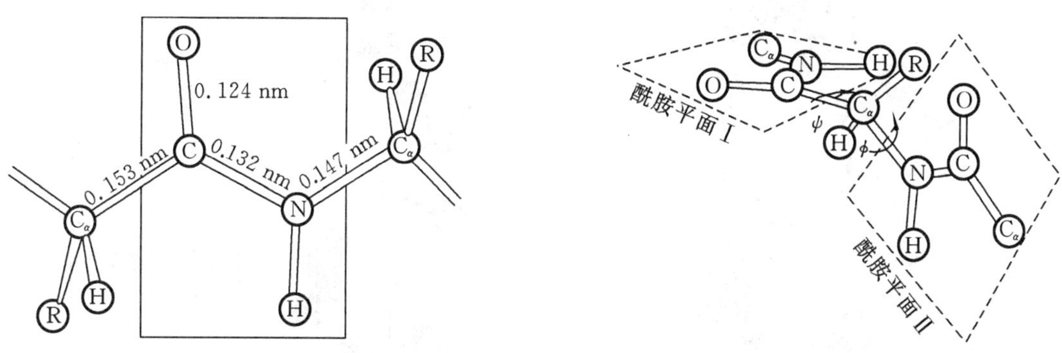

图 4-7　肽平面　　　　图 4-8　α-碳原子的二面角

3）α-碳原子与亚氨基氮原子及 C_α 与羰基碳原子之间的键是单键，可以自由旋转

α-碳原子与羰基碳原子之间的键是一个纯粹的单键，其键长为 0.153 nm；α-碳原子与亚氨基氮原子之间的键也是一个纯粹的单键，其键长为 0.147 nm，因此，可以自由旋转。C_α—N 键旋转的角度通常用 ϕ 表示，C_α—C 键旋转的角度用 ψ 表示，它们被称为 C_α 原子的二面角（dihedral angle）或肽单位二面角，如图 4-8 所示。肽单位的二面角都可以在 0～180°范围内变动。相邻的两个肽平面通过 C_α 相对旋转的程度决定了两个相邻的肽平面的相对位置。一个蛋白质的构象取决于肽单位绕 C_α—N 键和 C_α—C 键的旋转，于是肽平面就成为肽链盘绕、折叠的基本单位，也是蛋白质形成各种立体构象的根本原因。

因为 C_α—N 和 C_α—C 键旋转时将受到 α-碳原子上侧链 R 基团的空间阻碍影响，所以肽链的构象受到限制，只能形成一定的构象。如果每个氨基酸残基的 ψ 和 ϕ 已知，多肽链主链的构象就被完全确定。肽平面的存在大大限制了主链所能形成的构象数目，但如果没有这个平面，蛋白质多肽链主链的自由度过大，则会导致蛋白质不能形成特定的构象。

2. 蛋白质的二级结构单位

二级结构单位是指蛋白质多肽链在空间的规律性结构单位，包括 α-螺旋（α-helix）、β-折叠（β-sheet）、β-转角（β-turn）、自由回转（random coil）4 种，它们是蛋白质高级结构的基础。

1951 年，Pauling 和 Corey 根据一些简单化合物（如氨基酸和寡肽）的 X 射线晶体图的数据，提出了两个周期性的多肽结构模型，分别称为 α-螺旋结构和 β-折叠结构。

1）α-螺旋结构

（1）α-螺旋结构是类似棒状的结构，从外观看，紧密卷曲的多肽链主链构成螺旋棒的中心部分,所有氨基酸残基的 R 侧链伸向螺旋的外侧,这样可以减少立体障碍。肽链围绕其长轴盘绕成右手螺旋体(图 4-9(a))。

(2) α-螺旋每圈包含 3.6 个氨基酸残基,螺距为 0.54 nm,即螺旋每上升一圈相当于向上平移 0.54 nm。相邻两个氨基酸残基之间的轴心距为 0.15 nm,每个氨基酸残基绕轴旋转 100°(图 4-9(b))。

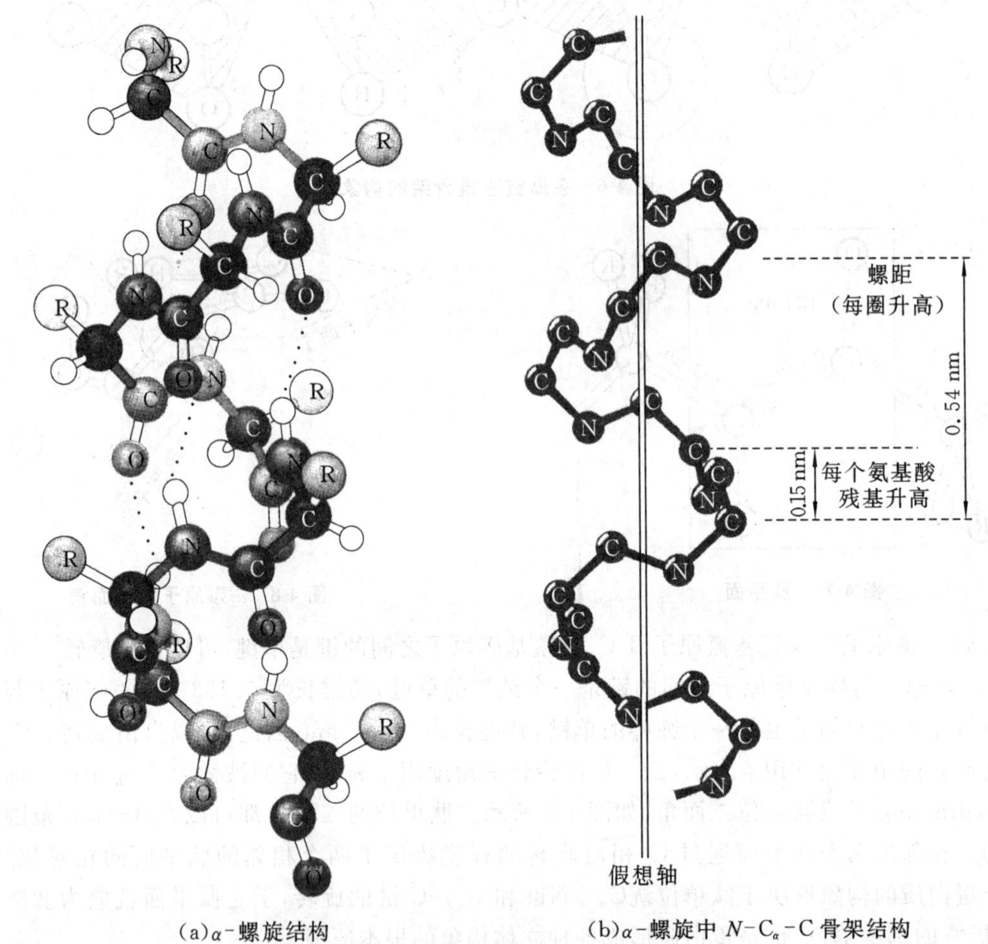

(a)α-螺旋结构　　(b)α-螺旋中 N-C_α-C 骨架结构

图 4-9　右手 α-螺旋

(3) α-螺旋结构的稳定性主要靠链内的氢键维持。螺旋中每个氨基酸残基(第 n 位)的羰基氧原子与它后面第四个氨基酸残基(第 $n+4$ 位)的 α-氨基氮原子上的氢之间形成氢键,所有氢键与长轴几乎平行。螺旋内的单个氢键对结构的稳定性的作用并不大,但由于 α-螺旋内氢键数量多,总体效应能稳定螺旋的构象,因此 α-螺旋是最稳定的二级结构。

蛋白质的 α-螺旋结构常用"n_s"表示,其中 n 表示螺旋每上升一圈的氨基酸残基数,s 是一个氢键封闭环中的原子数,如上述的 α-螺旋结构可表示为 3.6_{13},此外典型的螺旋结构还有 3.0_{10}、4.4_{16}等。

所有研究过的天然蛋白质的 α-螺旋都是右手螺旋。蛋白质多肽链是否能形成 α-螺旋以及螺旋的稳定程度如何,与它的氨基酸残基组成和排列顺序有很大关系,而且 R 基团的电荷性质、大小都会影响螺旋的形成。有些氨基酸残基出现在 α-螺旋中的次数要比其他氨基酸残基多，如丙氨酸残基带有小的、不带电荷的侧链，它很适合填充在 α-螺旋构象中；而有些氨基酸残基则基本上不会出现在 α-螺旋中，如多肽链中有脯氨酸残基时 α-螺旋就被中断，这是因为脯氨酸的 α-亚氨基上氢原子参与肽键形成后就再没有多余的氢原子形成氢键，所以在有脯氨酸存在的地方就不能形成 α-螺旋结构。又如多聚异亮氨酸的 R 侧链体积大，造成空间阻碍，所以不能形成 α-螺旋。另外，多聚精氨酸带正电荷，互相排斥，也不能形成 α-螺旋。同样，谷氨酸和天冬氨酸的侧链有游离的羧基，带负电荷，负电荷之间的斥力使这个区域的 α-螺旋不稳定，只在酸性溶液中羧基的解离度减小时才能形成稳定的 α-螺旋结构。

由于各种不同蛋白质的一级结构不同，因此其分子中 α-螺旋结构的比例也有差异。例如，肌红蛋白和血红蛋白主要是由 α-螺旋结构组成的，而有些蛋白质几乎不含 α-螺旋结构，如 γ-球蛋白和肌动蛋白。有些蛋白质，如毛发、皮肤、指甲中的α-角蛋白几乎全是 α-螺旋结构组成的纤维蛋白，而且组成 α-角蛋白的 α-螺旋还以三股或七股并列拧成螺旋束(胶原螺旋)，彼此间靠二硫键交联在一起，于是形成强度大的长纤维状蛋白质。

2) β-折叠结构

β-折叠结构又称为 β-折叠片层(β-plated sheet)结构、β-结构等。这是 Pauling 和 Corey 继发现 α-螺旋结构后在同年又发现的另一种蛋白质二级结构。β-折叠结构是一种肽链相当伸展的结构，多肽链呈扇面状折叠(图 4-10)。

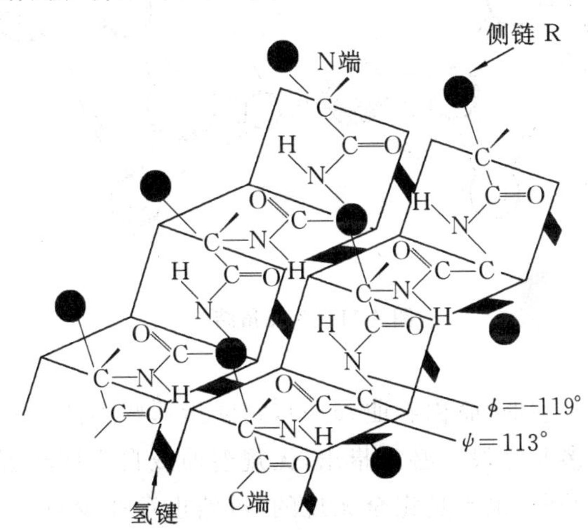

图 4-10　β-折叠结构

β-折叠结构的形成一般需要两条或两条以上的肽段共同参与，即两条或多条几乎完全伸展的多肽链侧向聚集在一起，相邻肽链主链上的氨基和羰基之间形成有规则的氢键，维持这种结构的稳定。β-折叠结构的特点如下。

(1) 在 β-折叠结构中，多肽链几乎是完全伸展的。相邻的两个氨基酸之间的轴心距为 0.35 nm。侧链 R 交替地分布在片层的上方和下方，以避免相邻侧链 R 之间的空间障碍。

(2) 在 β-折叠结构中，相邻肽链主链上的 C═O 与 N—H 之间形成氢键，氢键与肽链的长轴近于垂直。所有的肽键都参与了链间氢键的形成，因此维持了 β-折叠结构的稳定。

(3) 相邻肽链的走向可以是反平行和平行两种。在反平行的 β-折叠结构中，相邻肽链的走向相反,氢键近于平行;在平行的 β-折叠结构中,相邻肽链的走向相同,氢键不平行。从能量角度考虑,反平行式更为稳定。

β-折叠结构也是蛋白质构象中经常存在的一种结构方式,如蚕丝丝心蛋白几乎全部由堆积起来的反平行 β-折叠结构组成。球状蛋白质中也广泛存在这种结构,如溶菌酶、核糖核酸酶、木瓜蛋白酶等球状蛋白质中都含有 β-折叠结构。

3) β-转角结构

β-转角结构又称为 β-弯曲(β-bend)、β-回折(β-reverse turn)、发夹结构(hairpin structure)和 U 形转折等。蛋白质分子多肽链在形成空间构象时,经常会出现 180°的回折(转折),回折处的结构就称为 β-转角结构(图 4-11),一般由四个连续的氨基酸组成。在构成这种结构的四个氨基酸中,第一个氨基酸的羧基和第四个氨基酸的氨基之间形成氢键。甘氨酸和脯氨酸容易出现在这种结构中。在某些蛋白质中也有由三个连续氨基酸形成的 β-转角结构,第一个氨基酸的羰基氧和第三个氨基酸的亚氨基氢之间形成氢键。

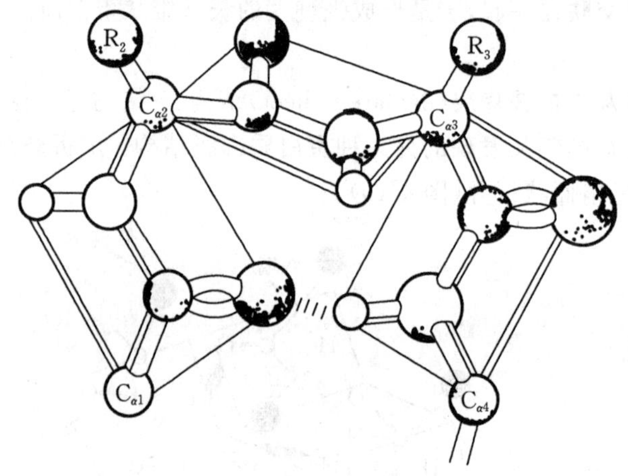

图 4-11　β-转角结构

4) 自由回转

自由回转又称为无规卷曲,简称卷曲(coil),它泛指那些不能被归入明确的二级结构单位(如折叠片或螺旋)的多肽区段。必须指出,无规卷曲或自由回转容易引起误解。实际上这些区段大多数既不是卷曲,也不是完全无规的,虽然也存在少数柔性的无序区段,绝不是自由随意的,而是像其他高级结构一样,是在系统能量最低的熵原理驱动及其他次级键作用下形成的,受侧链相互作用的影响很大。该结构区域也像其他二级结构那样是明确而稳定的结构,否则蛋白质就不可能形成三维空间上每维都具有周期性结构的晶体。这类有序的非重复性结构经常构成酶活性部位和其他蛋白质特异的功能部位,如铁氧还蛋白和红氧还蛋白中结合铁硫串(iron-sulfur cluster)的肽环以及许多钙结合蛋白中结合钙离子的 E-F 手性结构(E-F hand structure)的中央环。

对 500 多种蛋白质的 X 射线晶体衍射分析发现,有些蛋白质几乎全是由 α-螺旋结构组成的,有些蛋白质几乎全是由 β-折叠结构组成的,而有些蛋白质分子中α-螺旋和 β-折叠结构都存在。通常在一种蛋白质中存在两种以上的二级结构,天然蛋白质的完整结构实际上可以看成这些二级结构单位的组合体。

4.4.3　超二级结构和结构域

1. 超二级结构

超二级结构的概念是 Rossmann M. 于 1973 年提出来的，也称其为模体(motif)。蛋白质分子中的多肽链在三维折叠中形成有规则的二级结构聚集体，如 α-螺旋聚集体(αα 型)、β-折叠聚集体(βββ 型)以及 α-螺旋和 β-折叠的聚集体，常见的是 βαβ 型聚集体(图4-12)。在一些纤维状蛋白质和球状蛋白质中都已发现 α-螺旋聚集体(αα 型)。在球状蛋白质中常见的是两个 βαβ 聚集体连在一起，形成 βαβαβ 结构，称为Rossmann卷曲(Rossmann-fold)。这种由二级结构间组合的结构层次称为超二级结构。超二级结构一般以一个整体参与三维折叠，作为三级结构的构件。

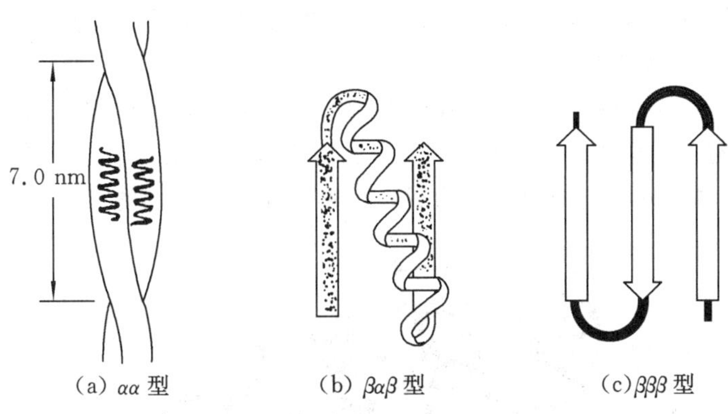

图 4-12　几种超二级结构的类型

2. 结构域

Wetlaufer 于 1973 年根据对蛋白质结构及折叠机制的研究结果提出了结构域的概念。结构域是指蛋白质亚基结构中明显分开的紧密球状结构区域，又称为辖区。结构域是介于二级结构和三级结构之间的另一种结构层次。多肽链首先是在某些区域相邻的氨基酸残基形成有规则的二级结构，然后，又由相邻的二级结构片段集装在一起形成超二级结构，在此基础上局部多肽链折叠成近似于球状的三级结构。对于较大的蛋白质分子或亚基，多肽链往往由两个或多个在空间上可明显区分的、相对独立的区域性结构缔合而成三级结构，这种相对独立的区域性结构就称为结构域。对于较小的蛋白质分子或亚基来说，结构域和它的三级结构往往是一个意思，也就是说，这些蛋白质或亚基是单结构域。结构域自身是紧密装配的，但结构域与结构域之间关系松散。结构域与结构域之间常常有一段长短不等的肽链相连，形成铰链区。不同蛋白质分子中结构域的数目不同，同一蛋白质分子中的几个结构域彼此相似或不同。常见结构域的氨基酸残基数在 100～400 之间，最小的结构域只有 40～50 个氨基酸残基，大的结构域可超过 400 个氨基酸残基。图 4-13 为免疫球蛋白 G 轻链的两个结构域。

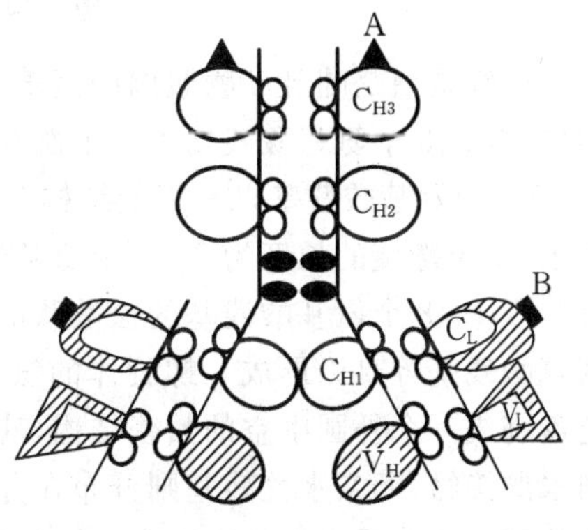

图 4-13　免疫球蛋白 G 轻链的两个结构域

4.4.4　蛋白质的三级与四级结构

1. 蛋白质的三级结构及其特点

1）蛋白质三级结构的概念

蛋白质三级结构是指多肽链在二级结构、超二级结构以及结构域的基础上，进一步卷曲、折叠形成的复杂球状分子结构。三级结构包括多肽链中一切原子的空间排列方式。

蛋白质多肽链如何卷曲、折叠成特定的构象，是由它的一级结构即氨基酸残基排列顺序决定的，是蛋白质分子内各种侧链基团相互作用的结果。维持这种特定构象稳定的作用力主要是次级键，它们使多肽链在二级结构的基础上形成更复杂的构象。肽链中的二硫键可以使远离的两个肽段连在一起，所以对三级结构的稳定也起到重要作用。

2）肌红蛋白的三级结构

1958 年，英国著名的科学家 Kendwer 等人用 X 射线结构分析法第一次弄清了抹香鲸肌红蛋白的三级结构。在这种球状蛋白质中，多肽链不是简单地沿着某一个中心轴有规律地重复排列，而是沿多个方向卷曲、折叠，形成一个紧密的近似球形的结构(图 4-14)。

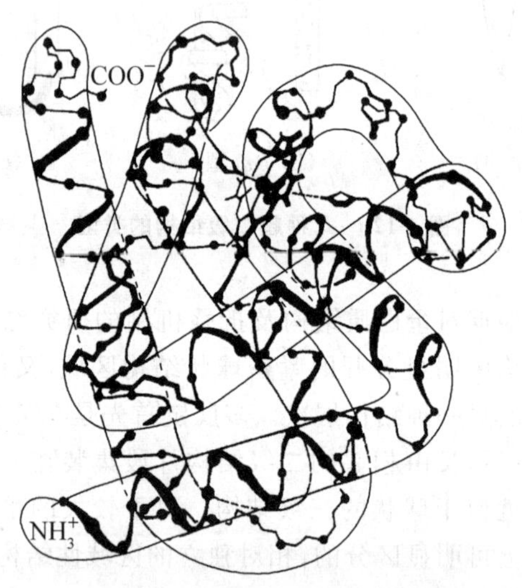

图 4-14　抹香鲸肌红蛋白的结构

肌红蛋白是哺乳动物肌肉中运输氧的蛋白质，促进肌肉中氧的扩散。它由一条多肽链构成，有 153 个氨基酸残基和一个血红素(heme)辅基，其相对分子质量为 17 800。肽链中约有 75%的氨基酸残基以 α-螺旋结构存在，形成 8 段 α-螺旋体，分别用 A、B、C、D、E、F、G、H 表示，每个螺旋的长度为 7～8 个氨基酸残基，最长的由 23 个氨基酸残基组成。在拐弯处都有一段 1～8 个氨基酸残基的松散肽链，使 α-螺旋体中断，脯氨酸残基、异亮氨酸残基及多聚精氨酸残基等难以形成 α-螺旋体的氨基酸残基都存在于拐弯处。由于侧链的相互作用，肽链盘绕成一个外圆中空的紧密结构，疏水性残基包埋在球状分子的内部，最大程度降低与溶剂水的接触，而亲水性残基则分布在分子的表面，使肌红蛋白具有水溶性。血红素辅基插入球状蛋白质分子表面的空穴中，并通过肽链上的 93 位组氨酸残基和 64 位组氨酸残基与肌红蛋白分子内部非共价相连。

3）蛋白质三级结构的特点

虽然各种蛋白质都有自己特殊的折叠方式，但根据大量研究结果发现，蛋白质的三级结构有以下共同特点。

（1）具备三级结构的蛋白质一般是球蛋白，都有近似球状或椭圆状的外形，而且整个分子排列紧密，内部有时只能容纳几个水分子。

（2）大多数疏水性氨基酸侧链都埋藏在分子内部，它们相互作用形成一个致密的疏水核，这对稳定蛋白质的构象有十分重要的作用，而且这些疏水区域常常是蛋白质分子的功能部位或活性中心。

（3）大多数亲水性氨基酸侧链都分布在分子的表面，它们与水接触并强烈水化，形成亲水的分子外壳，从而使球蛋白分子可溶于水。

4）蛋白质结构预测与蛋白质数据库

蛋白质的三维结构是由一级序列决定的，是肽链上各个单键自由旋转受到不同作用力限制的结果。根据不同氨基酸形成二级结构的倾向性不同可以进行二级结构预测，如 Ala、Glu、Met 和 Leu 易于出现在 α-螺旋中，而 Pro 和 Gly 则易形成 β-转角。

蛋白质的高阶结构折叠还受到侧链特异性基团相互作用的影响，因此预测难度大。可以通过已知结构的同源蛋白质进行推测，一般来说，同源蛋白质三维结构比一级结构更加保守。溶菌酶是最早被进行结构解析的模式蛋白质之一，已利用溶菌酶结构参数推测出 β-乳球蛋白的结构。三维结构预测大多数利用计算机进行模拟，利用人工智能 AlphaFold 已经完成人类蛋白质组 98.5% 的蛋白质结构预测。

随着大量蛋白质结构相关数据的产生，为了便于对比研究，科学家建立了蛋白质序列数据和结构数据库。其中 Uniprot（https://www.uniprot.org/）整合了早期的 SwissProt、TrEMBL 和 Pir 三家数据库资源，构建了通用蛋白质序列数据库。

蛋白质高级结构数据库有 PDB 蛋白质结构数据库（全称 Protein Data Bank，简称 PDB 数据库，https://www.rcsb.org），它是美国 Brookhaven 国家实验室于 1971 年创建的。它提供了蛋白质结构的三维坐标数据，其中数据由世界各地科学家提交，通过 X 射线单晶衍射、核磁共振、电子衍射等实验手段验证后再发布，可用于结构生物学研究、药物设计和分子模拟等领域。

蛋白质数据库

2. 蛋白质的四级结构

1）蛋白质四级结构的概念与亚基组成

有些蛋白质分子含有多条肽链，每条肽链都具有各自的三级结构。这些具有独立三级结构的多肽链彼此通过非共价键相互连接而形成的聚合体结构就是蛋白质的四级结构。

在具有四级结构的蛋白质中，每条具有独立三级结构的多肽链称为该蛋白质的亚单位或亚基。亚基一般只由一条肽链组成，单独存在时没有活性，它们通过次级键连接在一起形成完整的寡聚体蛋白质分子。具有四级结构的蛋白质当缺少某一个亚基时也不具有生物活性，或者生物活性不健全。

根据构成蛋白质四级结构的各个亚基的特点可将蛋白质分为两类：由相同的亚基聚合而成的均一蛋白质（同聚体），由不同亚基组成的不均一蛋白质（异聚体）。亚基一般以 α、β、γ 等命名。亚基的数目一般为偶数，个别为奇数，亚基在蛋白质中的排布一般是对称的，对称性是具有四级结构的蛋白质的重要性质之一。

由两个亚基组成的蛋白质一般称为二聚体蛋白质,由四个亚基组成的蛋白质一般称为四聚体蛋白质,由多个亚基组成的蛋白质一般称为寡聚体蛋白质或多聚体蛋白质。但并不是所有的蛋白质都具有四级结构,有些蛋白质只有一条多肽链,如肌红蛋白,这种蛋白称为单体蛋白。维持四级结构的作用力与维持三级结构的作用力相同。

2) 血红蛋白的四级结构

血红蛋白(hemoglobin)就是由 4 条肽链组成的具有四级结构的蛋白质分子。血红蛋白的功能是在血液中运输 O_2 和 CO_2,其相对分子质量为 65 000,由 2 条 α 链(含 141 个氨基酸残基)和 2 条 β 链(含 146 个氨基酸残基)组成(图 4-15)。

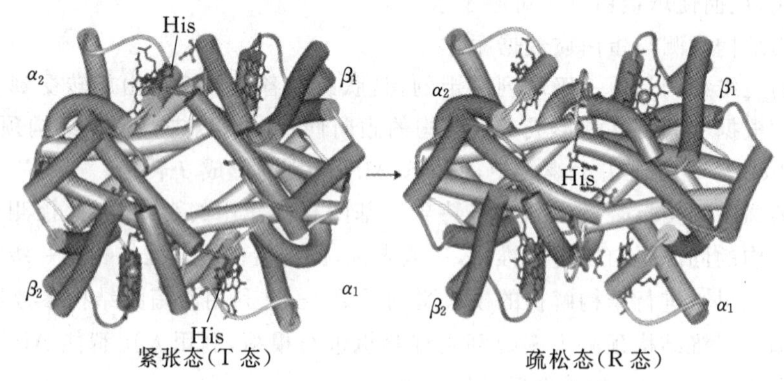

图 4-15　血红蛋白的四级结构

在血红蛋白的四聚体中,每个亚基含有一个血红素辅基。α 链和 β 链在一级结构上的差别较大,但它们的三级结构都与肌红蛋白相似,形成近似于球状的亚基,每条肽链都含有约 70%的 α-螺旋结构部分,并且每个亚基中都含有 8 个肽段的 α-螺旋体,都有长短不一的非螺旋松散链。肽链拐弯的角度和方向也与肌红蛋白相似。每个亚基都与一个血红素辅基结合。血红素是一个取代的卟啉,在其中央有一个铁原子,血红素中的铁原子可以处在亚铁(Fe^{2+})或高铁(Fe^{3+})状态中,只有亚铁形式才能结合氧。血红蛋白的亚基和肌红蛋白在结构上相似,这与它们在功能上的相似性是一致的。

四级结构对于生物学功能是非常重要的。对于具有四级结构的寡聚体蛋白质来说,当某些变性因素(如酸、热或高浓度的尿素、胍)作用时,其构象就发生变化。首先是亚基彼此解离,即四级结构遭到破坏,随后分开的各个亚基伸展成松散的肽链。当条件温和,处理得非常小心时,寡聚体蛋白质的几个亚基彼此解离开来,但不破坏其正常的三级结构。若恢复原来的条件,分开的亚基又可以重新结合并恢复活性。当处理条件剧烈时,分开后的亚基完全伸展成松散的多肽链。在这种情况下要恢复原来的结构和活性就比仍具三级结构的蛋白质困难得多。

4.4.5　维持蛋白质构象的作用力

蛋白质的构象包括从二级结构到四级结构的所有高级结构,其稳定性主要依赖于大量的非共价键(又称次级键),其中包括氢键、离子键、疏水键和范德华力(又称范德瓦耳斯力)。

此外，二硫键也在维持蛋白质空间构象的稳定中起重要作用(图 4-16)。

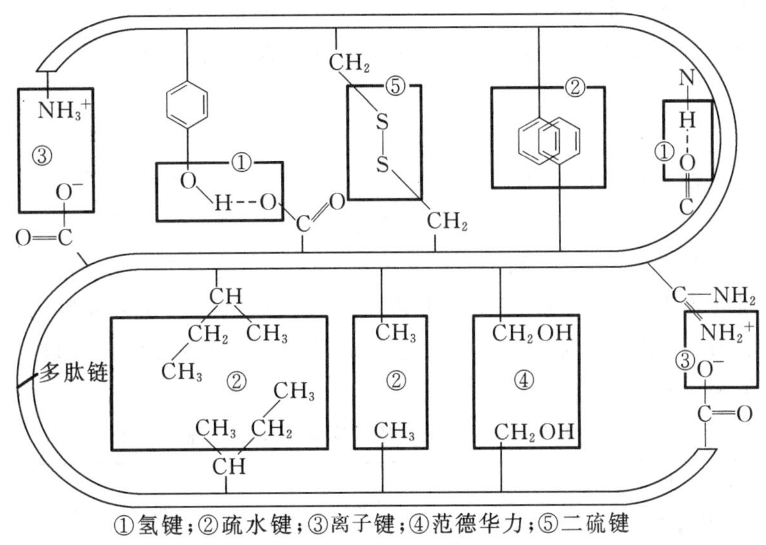

图 4-16　维持蛋白质构象的作用力

1) 氢键

氢键是由一个极性很强的 X—H 基上的氢原子与另一个电负性强的原子 Y(如 O、N、F 等)相互作用形成的一种吸引力，本质上属于弱的静电吸引作用。氢键可以在带电荷的基团间形成，也可以在不带电荷的两个基团间形成。氢键的实质是一个氢原子被两个其他原子“瓜分”。例如：

—O—H ······ N—	—N—H ······ O═C
氢供体　　氢受体	氢供体　　氢受体

蛋白质分子中的主要供氢体是－NH、－OH 上的 H，受氢体是酰(胺)基上的 O、胍(亚胺)基上的 N。氢键键能小，但由于数量非常多，因此在维持蛋白质空间结构的稳定性方面有重要作用，是保持肽链折叠结构的主要因素。加热及氢键破坏试剂(尿素、胍盐、酰胺化合物等，它们自身都有很强的氢键形成能力)可破坏氢键。

2) 疏水键

蛋白质分子含有许多非极性侧链和一些极性很小的基团，这些非极性基团避开水相互相聚集在一起而形成的作用力称为疏水键，也称疏水作用力。例如，缬氨酸、亮氨酸、异亮氨酸、苯丙氨酸、色氨酸等氨基酸的侧链基团具有疏水性，在水溶液中它们会避开周围的溶剂聚集在一起，从而在分子内部形成疏水区。

一般来讲，处于细胞内及水溶液中的蛋白质分子，在形成高级结构时非极性的氨基酸 R 侧链趋向于分布在大分子的核心，而极性 R 基团多处于近水的外部。所以改变溶液的极性往往会改变蛋白质的结构。

3) 离子键

离子键是带相反电荷的基团之间的静电引力，也称为静电键或盐键。蛋白质的多肽链由各种氨基酸残基组成，有些氨基酸残基带正电荷，如赖氨酸残基和精氨酸残基，有些氨基酸残基带负电荷，如谷氨酸残基和天冬氨酸残基。另外，游离的 N 端氨基酸残基的氨基和 C

端氨基酸残基的羧基也分别带正电荷和负电荷,这些带相反电荷的基团(如羧基和氨基、胍基、咪唑基等)之间都可以形成离子键。

由于带电离子的解离受 pH 值影响,因此离子键在强酸、强碱及高盐下会受到很大的影响。

4) 范德华力

范德华力是一种非特异性引力,任何两个相距 0.3～0.4 nm 的原子(偶极与诱导偶极)之间都存在范德华力。范德华力比离子键弱,但数量更多,故在生物系统中非常重要。

次级键只有当肽链上的原子基团的本身特点和空间排布满足一定的要求(相互作用距离、解离状态)时才能形成,是由肽链及其所处环境共同决定的。如果外界因素影响或破坏了这些次级键的形成,则会引起蛋白质空间结构的变化。维持蛋白质空间构象的次级键和二硫键的特点见表 4-7。

表 4-7　维持蛋白质空间构象的次级键和二硫键的特点

类　型	能量/(kJ/mol)	相互作用距离/nm	参与结合的功能团	断裂因素	增强条件
二硫键(共价键)	330～380	0.1～0.2	胱氨酸 S—S	巯基乙醇、二硫苏糖醇、半胱氨酸、亚硫酸盐等	
氢键	8～40	0.2～0.3	酰胺—NH ······ O=C 酚羟基—OH ······ O=C	尿素、胍盐、洗涤剂、加热	冷却
疏水键	4～12	0.3～0.5	含长脂肪侧链和芳香族侧链的氨基酸残基	洗涤剂、有机溶剂	加热
离子键	42～84	0.2～0.3	$—COO^-$ $—NH_3^+$	高盐溶液、高 pH 值或低 pH 值	
范德华力	1～9	0.3～0.4	永久、诱导和瞬时偶极		

4.4.6　蛋白质结构与功能的关系

蛋白质的种类很多,各种蛋白质都有其独特的生物学功能,而实现其生物学功能的基础就是蛋白质分子所具有的结构,从根本上来说取决于它的一级结构。因此,研究蛋白质结构与功能的关系已成为从分子水平上认识生命现象的最终目标,它与生命起源、细胞分化、代谢调节等重大理论问题的解决密切相关。同时,也为解决工农业生产和医疗实践中所存在的许多重大问题提供重要的理论依据。

1. 蛋白质一级结构与功能的关系

1) 分子病与结构的关系

分子病是指蛋白质分子一级结构的氨基酸残基排列顺序与正常顺序有所不同的遗传病,如镰刀型贫血病就是一例。病人的血红蛋白分子与正常人的血红蛋白分子相比,在 574 个氨基酸残基中有 2 个不同。正常人的血红蛋白的 β-链 N 端 6 位氨基酸残基为谷氨酸残基,而病人的血红蛋白为缬氨酸残基。这样就使血红蛋白分子表面的负电荷减少,亲水基团成为疏水基团,导致血红蛋白分子不能正常聚合,溶解度降低,在细胞内易聚集沉淀,从而丧失了结合氧的能力,同时血球收缩成镰刀状,细胞变脆弱而发生溶血。这个例子说明,蛋白质的一级结构是蛋白质行使功能的基础，甚至只要改变一个氨基酸残基就能引起功能的变化或丧失。

2）同功能蛋白质中氨基酸残基顺序的种属差异

有些蛋白质虽然存在于不同的生物体中，但具有相同的生物学功能，这些蛋白质被称为同功能蛋白质或同源蛋白质。研究发现，不同种属的同一种蛋白质其一级结构有些变化，这就是种属差异。将不同生物体中同功能蛋白质的一级结构进行比较，发现在结构上有相似性，如细胞色素 c 就是一例。

细胞色素 c 广泛存在于需氧生物细胞的线粒体中，是一种与血红素辅基共价结合的单链蛋白质，它在生物氧化反应中起重要作用。各种生物的细胞色素 c 的一级结构分析结果表明，虽然各种生物在亲缘关系上差别很大，但与功能密切相关的氨基酸残基顺序有共同之处。例如，104 个氨基酸残基中有 35 个氨基酸残基是各种生物所共有的，是不变的，其中 14 位和 17 位是半胱氨酸残基，18 位是组氨酸残基，80 位是蛋氨酸残基，48 位是酪氨酸残基，59 位是色氨酸残基，这些氨基酸残基的位置都没有变化。这几个氨基酸残基都是保证细胞色素 c 功能的关键部位，如肽链上 14 位和 17 位两个半胱氨酸残基是与血红素共价连接的位置。另外，亲缘关系越近，结构越相似。例如，人与黑猩猩的细胞色素 c 的氨基酸残基种类、排列顺序和三级结构大体上都相同，而人与马相比就有 12 处不同，与鸡相比有 13 处不同，与昆虫相比有 27 处不同，与酵母相比相差最大，有 44 处不同。因此，可以根据它们在结构上的差异程度断定它们在亲缘关系上的远近，从而为生物进化的研究提供有价值的根据。表 4-8 所列为不同生物与人的细胞色素 c 相差的氨基酸残基数目。

表 4-8　不同生物与人的细胞色素 c 相差的氨基酸残基数目

生物名称	相差氨基酸残基数目/个	生物名称	相差氨基酸残基数目/个
黑猩猩	0	响尾蛇	14
恒河猴	1	海龟	15
兔	9	金枪鱼	21
袋鼠	10	狗鱼	23
牛、羊、猪	10	小蝇	25
狗	11	蛾	31
驴	11	小麦	35
马	12	粗糙链孢酶	43
鸡、火鸡	13	酵母菌	44

3）一级结构的局部断裂与蛋白质的激活

生物体中的很多酶、蛋白激素、凝血因子等蛋白质都具有重要的生物学功能，但它们在体内往往以无活性的前体（precursor）形式储存着，酶的无活性前体称为酶原。这些酶原在体内被切去一个或几个肽段后才能被激活成有催化活性的酶。例如，胃蛋白酶原由 392 个氨基酸残基组成，在胃酸的作用下，酶原的第 42 个与第 43 个氨基酸残基间的肽键断裂，失去 42 个氨基酸残基，从而变为有活性的胃蛋白酶，而且有活性的胃蛋白酶又可进一步去激活其他的胃蛋白酶原；胰蛋白酶原进入小肠后，在有 Ca^{2+} 的环境中受到肠激酶的激活，使酶原中赖氨酸残基和异亮氨酸残基之间的肽键断裂,失去 6 个氨基酸残基,使构象发生一定变化,成为有活性的胰蛋白酶。

每种蛋白质分子都具有特定的结构,并且都以某种特异的结构行使其特定的功能,当一级结构改变时,则丧失其功能。这说明蛋白质的一级结构与功能之间有高度的统一性和相互适应性。

2. 蛋白质的空间结构与功能的关系

一些蛋白质由于受某些因素的影响,其一级结构不变而空间结构发生变化,导致其生物学功能的改变,称为蛋白质的变构现象或别构现象。变构现象是蛋白质表现其生物学功能的一种普遍而十分重要的现象,也是调节蛋白质生物学功能的极为有效的方式,血红蛋白的变构现象就是典型的例子。

血红蛋白未与氧结合时处于紧密型(又称紧张型、T 型),是一个稳定的四聚体($\alpha_2\beta_2$),这时与氧的亲和力很小。一旦氧与血红蛋白分子中的一个亚基结合,即导致该亚基构象发生变化,并且会导致其余三个亚基构象相继发生变化,最终导致整个分子构象变化为松弛型(又称 R 型),使得所有亚基的血红素铁原子的位置都变得适于与氧结合,所以血红蛋白与氧结合的速率大大加快。

血红蛋白的 α 链和 β 链与肌红蛋白的构象十分相似,它们都具有基本的氧合功能。但由于血红蛋白是一个四聚体,其分子结构要比肌红蛋白复杂得多,因此除了运输氧以外,还能运输质子和二氧化碳。而且血红蛋白与氧的结合还表现出协同性,这一点可以从血红蛋白的氧合曲线看出。在溶液中,血红蛋白分子上已结合氧的位置数与可能结合氧的位置数之比称为饱和度或饱和分数。以饱和度为纵坐标,氧分压为横坐标作图可得到氧合曲线。血红蛋白的氧合曲线为 S 形,而肌红蛋白的氧合曲线则为双曲线(图 4-17)。S 形曲线说明血红蛋白与氧的结合具有协同性,而肌红蛋白则没有。如果将血红蛋白中的 α 亚基和 β 亚基分离,得到单独的 α 亚基或 β 亚基,则它们的氧合曲线也和肌红蛋白一样,都是双曲线,没有变构性质。可见,血红蛋白的变构性质来自亚基之间的相互作用。这些都说明蛋白质的空间结构与其功能具有相互适应性和高度的统一性。

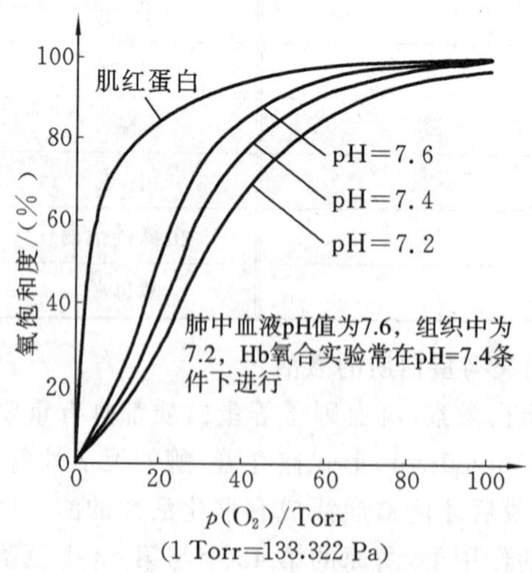

图 4-17　血红蛋白和肌红蛋白的氧合曲线

蛋白质的空间结构是其行使特定生物学功能的基础，蛋白质结构的变化会引起功能的相应变化，如血红蛋白从 T 型变为 R 型，对氧的结合能力增加，别构酶也会由于效应剂引起酶构象变化而使酶的活性提高（或降低）。在一定程度上可以看出蛋白质结构有一定的“柔性”，但是超过限度的变化可引起破坏，使蛋白质变性，从而失去生物活性；若变性蛋白质能恢复原来的天然构象，活性又可以恢复。

4.5　蛋白质的性质

4.5.1　两性解离和等电点

蛋白质分子由氨基酸残基组成，分子中保留着游离的 α-氨基和 α-羧基以及侧链上的各种功能基团。因此，蛋白质的某些化学性质和物理性质与氨基酸相似。由于蛋白质的侧链基团数量多，其更多的性质是由侧链决定的，如侧链基团的化学反应、分子的两性解离等。

蛋白质也是一类两性电解质，能和酸或碱发生作用。在蛋白质分子中，可解离基团主要来自侧链上的基团，如 β-羧基、γ-羧基、酚羟基、巯基、ε-氨基、咪唑基和胍基等，此外还有为数不多的末端 α-氨基和 α-羧基。结合蛋白质还包括辅基成分的可解离基团。因此，蛋白质的解离曲线更复杂，是更多的解离基团的复合曲线。为方便讨论，仅以—COOH 代表所有的酸性基团，以—NH_2代表所有的碱性基团来阐述蛋白质的解离情况。

各种解离基团的解离度与溶液的 pH 值有关，pH 值越低，碱性基团的解离程度越大，蛋白质分子带的正电荷就越多；pH 值越高，则酸性基团的解离程度越大，蛋白质分子带的负电荷就越多。

$$\mathrm{Pro}\begin{matrix}\diagup \mathrm{COOH}\\ \diagdown \mathrm{NH_2}\end{matrix}$$

$$\Updownarrow$$

$$\underset{pH<pI}{\mathrm{Pro}\begin{matrix}\diagup \mathrm{COOH}\\ \diagdown \mathrm{NH_3^+}\end{matrix}} \underset{H^+}{\overset{OH^-}{\rightleftharpoons}} \underset{pH=pI}{\mathrm{Pro}\begin{matrix}\diagup \mathrm{COO^-}\\ \diagdown \mathrm{NH_3^+}\end{matrix}} \underset{H^+}{\overset{OH^-}{\rightleftharpoons}} \underset{pH>pI}{\mathrm{Pro}\begin{matrix}\diagup \mathrm{COO^-}\\ \diagdown \mathrm{NH_2}\end{matrix}}$$

调节溶液的 pII 值可以改变蛋白质分子的带电状况。在特定的 pH 值条件下，某种蛋白质分子所带的正电荷数与负电荷数相等，即净电荷为零，此时溶液的 pH 值称为该蛋白质的等电点，用 pI 表示。处于等电点的蛋白质溶解度最小，其分子在电场中既不向阳极移动，也不向阴极移动。一些蛋白质的等电点如表 4-9 所示。

表 4-9　几种蛋白质的等电点

蛋　白　质	等电点(pI)	蛋　白　质	等电点(pI)
胃蛋白酶	1.0	血清蛋白	4.7
卵清蛋白	4.6	β-乳球蛋白	5.2

续表

蛋　白　质	等电点(pI)	蛋　白　质	等电点(pI)
胰岛素	5.3	核糖核酸酶	9.5
血红蛋白	6.7	细胞色素 c	10.7
α-糜蛋白酶	8.3	溶菌酶	11.0
α-糜蛋白酶原	9.1		

每种蛋白质都有特定的等电点,但当溶液中有中性盐存在时,蛋白质分子的解离基团除了与 H^+ 发生作用外,还能分别与阳离子(如 Mg^{2+}、Ca^{2+} 等)或阴离子(如 Cl^-、HPO_4^{2-} 等)结合而发生带电性质的变化,使等电点偏移。因此,等电点并不是一个恒定值,它会因溶液中盐的种类及浓度(离子强度)的影响而有所不同。

在纯水溶液中,蛋白质的带电状态不受其他离子的干扰,完全由 H^+ 的解离和结合来决定,这种条件下的等电点称为等离子点。等离子点是蛋白质的特征常数。

等电点与蛋白质分子的氨基酸残基组成有关。对于变性蛋白质来说,可解离基团都已外露,全部可以滴定,根据其分子中所含酸性、碱性氨基酸残基的数量比例就可以判断其等电点的范围。含酸性氨基酸残基多者,其等电点较低;而含碱性氨基酸残基多者,其等电点则较高。可是对于天然球状蛋白质分子来说,一部分可解离基团在分子内部参与组成氢键、离子键等,不能被滴定,所以不能简单地根据分子中酸性、碱性氨基酸残基的数量比例来判断蛋白质的等电点范围。例如,肌红蛋白分子中有 11 个组氨酸残基,其中有 5 个咪唑基在蛋白质变性前不能被滴定。表 4-10 列出了几种蛋白质中碱性氨基酸残基与酸性氨基酸残基的数目和它们之间的比例,以及蛋白质的等电点。从中可看出这个比例和等电点之间有一定的关系。

表 4-10　蛋白质的酸性氨基酸残基和碱性氨基酸残基含量与等电点的关系

蛋　白　质	酸性氨基酸残基数 a/mol	碱性氨基酸残基数 b/mol	b/a	等电点(pI)
胃蛋白酶	37	6	0.2	1.0
血清蛋白	82	99	1.2	4.7
血红蛋白	53	88	1.7	6.7
核糖核酸酶	7	20	2.9	9.5

4.5.2　大分子及胶体性质

1. 蛋白质的相对分子质量及其测定

蛋白质是一类高分子化合物,其相对分子质量一般为 $1\times10^4 \sim 1\times10^6$。表4-11列出了一些蛋白质的分子参数,通常将相对分子质量低于 10^4 者称为多肽,高于 10^4 者称为蛋白质。

表 4-11　一些蛋白质的分子参数

蛋　白　质	相对分子质量	氨基酸残基数/个	多肽链数/条
牛胰岛素	5 733	51	2
人细胞色素 c	13 000	104	1
牛胰糜蛋白酶	21 600	241	3
人血红蛋白	64 500	574	4
人免疫球蛋白	145 000	约 1 320	4
大肠杆菌 RNA 聚合酶	450 000	约 4 100	5
人载脂蛋白 B	513 000	4 636	1
牛肝谷氨酸脱氢酶	1 000 000	约 8 300	约 40

高分子特性是蛋白质的重要性质，测定蛋白质分子的大小是蛋白质化学的重要内容。测定蛋白质相对分子质量的方法有超速离心法、分子筛层析法、SDS-聚丙烯酰胺凝胶电泳法、生物质谱法等。

2. 胶体性质

蛋白质溶液是一种分散系统，在这种分散系统中，蛋白质分子颗粒是分散相，水是分散介质。分散系统的分散程度以分散相质点的直径来衡量。根据分散程度，可以把分散系统分为三类：分散相质点直径小于 1 nm 的为真溶液，大于 100 nm 的为悬浊液，介于两者之间的为胶体系统。就分散程度来说，蛋白质溶液属于胶体系统。

分散相质点在胶体系统中保持稳定，需要具备以下三个条件。

(1) 分散相质点大小在 1～100 nm 范围内，这样大小的质点在动力学上是稳定的，介质分子对这种质点碰撞的合力不等于零，使它能在介质中不断地进行布朗运动。

(2) 分散相质点带有同种电荷，互相排斥，不能聚集成大颗粒而沉淀。

(3) 分散相质点能与溶剂形成溶剂化层，如与水形成水化层，质点有了水化层，相互间不易靠拢而聚集。

蛋白质溶液是一种亲水胶体，其分子表面的亲水基团，如$—NH_2$、—COOH、—OH、—CONH—等，在水溶液中能与水发生水化作用，使蛋白质分子表面形成一个水化层，1 g 蛋白质分子能结合 0.3～0.5 g 水。此外，蛋白质分子表面的可解离基团，在适当的 pH 值条件下，都带有同种净电荷，与其周围的反离子形成稳定的双电层。这样，蛋白质分子由于具有水化层和双电层两种稳定因素，因而作为胶体系统是相当稳定的，如无外界因素的影响，就不致互相凝集而沉淀。

蛋白质胶体也和一般的胶体系统一样具有丁铎尔效应、布朗运动以及不能通过半透膜等性质。

蛋白质的胶体性质具有重要的生理意义。因为生物体中最多的成分是水，蛋白质与大量的水结合形成各种流动性不同的胶体系统。如构成生物细胞的原生质就是一个复杂的、非均一性的胶体系统，生命活动的许多代谢反应在此系统中进行。其他各种组织细胞的形状、弹性、黏度等性质，也与蛋白质的亲水胶体性质有关。

4.5.3 沉淀作用

蛋白质在溶液中的稳定性是有条件的、相对的,如果条件发生改变,破坏了蛋白质溶液的稳定性,蛋白质就会从溶液中沉淀出来。沉淀蛋白质的方法有以下几种。

(1) 盐析法。向蛋白质溶液中加入大量的中性盐,使蛋白质分子脱去水化层而聚集沉淀。盐析是非变性的蛋白质沉淀,除盐后可复溶。

(2) 有机溶剂沉淀法。向蛋白质溶液中加入一定量的极性有机溶剂,可使蛋白质分子脱去水化层,同时降低溶剂的介电常数,从而增加带电质点间的相互作用,致使蛋白质分子容易凝集而沉淀。有机溶剂会引起蛋白质变性,应在低温下进行并缩短时间。

(3) 等电点沉淀法。蛋白质是两性电解质,其分子携带的净电荷数量因 pH 值不同而改变。当蛋白质溶液的 pH 值处于等电点时,蛋白质分子携带的净电荷为零,此时相邻蛋白质分子之间因为失去了静电斥力而趋于相互凝集,因此蛋白质的溶解度达到最低点。

(4) 重金属盐沉淀法。当溶液的 pH 值大于蛋白质的等电点时,蛋白质分子带负电荷,容易与重金属离子结合形成不溶性的蛋白盐而沉淀。

(5) 生物碱试剂。生物碱是植物组织中具有显著生理作用的一类含氮的碱性物质。能够沉淀生物碱的试剂称为生物碱试剂,如单宁酸、苦味酸、三氯乙酸等都能沉淀生物碱。因为一般生物碱试剂都为酸性物质,而蛋白质在酸性溶液(溶液 pH 值小于蛋白质的等电点)中带正电荷,所以能和生物碱试剂的酸根离子结合,形成溶解度较小的盐类而沉淀。三氯乙酸常用于去除检测中的干扰蛋白质。

(6) 加热变性沉淀法。几乎所有的蛋白质都能因加热变性而沉淀(凝固),少量盐类可促进该过程。当蛋白质溶液处于等电点时,加热凝固最迅速也最完全。加热变性引起蛋白质沉淀的原因可能是加热变性使蛋白质的天然构象解体,疏水基外露,从而破坏了蛋白质分子的水化层,同时破坏了分子的带电状态,即破坏了双电层。我国豆腐的制作原理就是用少量盐卤($MgCl_2$),加热,使蛋白质变性。

蛋白质沉淀反应和变性是两个不同的概念,两者有联系但又不完全一致。仅通过改变或破坏蛋白质胶体稳定的因素,并不引起蛋白质构象破坏所产生的沉淀多为不变性沉淀。蛋白质变性有时可表现为沉淀,亦可表现为溶解状态;同样,蛋白质沉淀有时可以是变性,亦可以不是变性。这取决于沉淀的方法和条件以及是否对蛋白质的空间构象造成破坏。

4.5.4 变性与复性

某些物理或化学因素使蛋白质分子的空间构象发生改变或破坏,导致其生物活性的丧失和一些理化性质的改变,这种现象称为蛋白质的变性作用(denaturation)。

1) 变性作用的本质

蛋白质变性学说最早由我国生物化学家吴宪于 1931 年提出,他认为天然蛋白质分子因受环境因素的影响,从有规则的紧密结构变为无规则的松散状态,这一过程称为蛋白质的变性作用。

由于蛋白质分子空间构象形成与稳定的基本因素是各种次级键,因此蛋白质变性作用的本质是破坏了形成与稳定蛋白质分子空间构象的次级键,从而导致蛋白质分子空间构象的改变或破坏，并不涉及蛋白质一级结构的改变或肽键的断裂。生物活性的丧失是变性的主要表现，是变性蛋白质与天然蛋白质分子的根本区别。构象的破坏是蛋白质变性的结构基础。

2）变性作用的特征

蛋白质变性后许多性质都发生了改变，主要有以下几个方面。

（1）生物活性丧失。这是蛋白质变性作用的主要特征。蛋白质的生物活性是指蛋白质表现其生物学功能的能力，如酶的生物催化作用、蛋白质类激素的代谢调节功能等，这些生物学功能是由各种蛋白质的特定空间构象所决定的，一旦外界因素使其空间构象遭受破坏，其表现生物学功能的能力也随之丧失。有时空间构象仅有微妙的变化，而这种变化尚未引起其理化性质改变，在生物活性上已可反映出来。

（2）理化性质的改变。一些天然蛋白质可以结晶，而变性后则失去结晶的能力；一般蛋白质变性后，分子结构松散，易为蛋白酶水解，因此食用变性蛋白质更有利于消化。变性还可以引起球状蛋白质不对称性增加、黏度增加、扩散系数降低等。

3）蛋白质变性的因素

能引起蛋白质变性的因素很多，物理因素有高温、紫外线、X 射线、超声波、高压、剧烈的搅拌、振荡等，主要是通过能量效应破坏蛋白质结构维持的次级键。这里的多数方法可作为杀菌、灭酶、除杂的主要手段。

化学因素有强酸和强碱（破坏解离状态等）、尿素和胍盐（氢键破坏剂）、去污剂（破坏疏水键、离子键）、浓乙醇（破坏疏水键等）、重金属盐和三氯乙酸（与蛋白质不可逆结合形成沉淀）等，不同蛋白质对各种因素的敏感程度不同。

4）蛋白质的可逆变性与复性

变性条件不剧烈时，变性作用是可逆的，说明蛋白质分子内部结构的变化不大。这时，如果除去变性因素，在适当条件下变性蛋白质可恢复其天然构象和生物活性，这种现象称为蛋白质复性（renaturation）。如果变性条件剧烈而持久，蛋白质变性是不可逆的。蛋白质变性是否可逆与变性和复性的条件以及蛋白质的种类都有关，蛋白质高级结构越复杂（多亚基、多结构域），越难复性。

4.5.5　颜色反应

1）用于蛋白质定量的颜色反应

（1）双缩脲反应。双缩脲是由 2 分子尿素缩合而成的化合物。双缩脲在碱性溶液中能与硫酸铜反应产生紫红色配合物，此反应称为双缩脲反应（biuret reaction）。蛋白质分子中含有许多肽键，结构与双缩脲相似，也能产生双缩脲反应，所以可用此反应来定性、定量地测定蛋白质。凡含有 2 个或 2 个以上肽键结构的化合物均可发生双缩脲反应。

（2）酚试剂反应。酚试剂又称福林（Folin）试剂。酪氨酸中的酚基能将酚试剂中的磷钼酸及磷钨酸还原成蓝色化合物（钼蓝和钨蓝的混合物）。蛋白质分子中一般含有酪氨酸，可用此反应来测定蛋白质含量。测定（Lowry 法或 Folin-酚法）时在双缩脲试剂（Cu^{2+}）的基础上再引入 Folin 试剂，灵敏度大大提高。

2）用于蛋白质定性的颜色反应

(1) 蛋白质黄色反应。蛋白质溶液遇硝酸后先产生白色沉淀，加热则变成黄色，再加入碱后颜色会加深呈橙黄色。含有苯丙氨酸残基、酪氨酸残基、色氨酸残基的蛋白质均有此反应。

(2) 米隆反应。米隆试剂为硝酸汞、亚硝酸汞、硝酸和亚硝酸的混合物。将此试剂加入蛋白质溶液后即产生白色沉淀，加热后沉淀变成红色。含有酪氨酸残基的蛋白质都有此反应。

(3) 乙醛酸反应。将乙醛酸加入蛋白质溶液，然后沿试管壁慢慢注入浓硫酸，则在两液层之间会出现紫色环。含有色氨酸残基(吲哚基)的化合物都有此反应。

(4) 坂口反应。精氨酸分子中的胍基能与次氯酸钠(或次溴酸钠)及 α-萘酚在 NaOH 溶液中产生红色产物。此反应可用来测定精氨酸的含量或鉴定含有精氨酸残基的蛋白质。

(5) 乙酸铅反应。凡含有半胱氨酸残基、胱氨酸残基的蛋白质都能与乙酸铅起反应，生成黑色的硫化铅沉淀，因为其中含有—S—S—或—SH。

4.6 蛋白质分离与多肽合成

4.6.1 蛋白质分离技术

1. 蛋白质分离纯化的一般程序

蛋白质在组织或细胞中一般以复杂的混合物形式存在，每种类型的细胞都含有上千种不同的蛋白质。目前还没有一套单独或现成的方法能把任何一种蛋白质从复杂的混合蛋白质中提取出来。但对任何一种蛋白质都有可能选择到一套适当的分离提纯程序以获得高纯度的制品。

蛋白质分离提纯的一般程序包括前处理、蛋白质抽提、蛋白质粗分级和蛋白质进一步纯化四步。

(1) 前处理。分离提纯某蛋白质，首先要求把蛋白质从原来的组织或细胞中以溶解的状态释放出来，并保持其原有的天然状态，不丧失生物活性。实际操作中，应根据不同的情况选择适当的方法，将组织或细胞破碎。常用的破碎方法有机械方法(如匀浆喷射、研磨或超声波)、化学法(如去污剂、有机溶剂处理)、酶学方法(如溶菌酶处理)等。如果目的蛋白质主要集中在某一细胞组分，则可用差速离心法分离细胞组分后，再进行破碎。如果目的蛋白质是与细胞膜或膜质细胞器结合的，则必须利用超声波或去污剂使膜结构解聚，然后才能用适当的介质提取。

(2) 蛋白质抽提。通常选择适当的缓冲溶液把蛋白质提取出来。抽提所用缓冲溶液的 pH 值、离子强度、成分等应根据目的蛋白质的性质而定。

(3) 蛋白质粗分级。采用分级盐析、等电点沉淀和有机溶剂分级分离等方法将目的蛋白质与其他杂蛋白质分离开来。

(4) 蛋白质进一步纯化。蛋白质经粗分级后，采用层析法如凝胶过滤、离子交换层析、吸附层析以及亲和层析等，进行分离纯化，也可以进一步选择电泳法进行最后的提纯。

2. 蛋白质分离纯化的常用方法

分离和提纯蛋白质的各种方法，主要是利用蛋白质之间的各种特性差异，包括分子大小和形状、酸碱性质、溶解度、吸附性质和对其他分子的生物学亲和力等。

1）根据分子大小不同的分离方法

（1）透析（dialysis）和超滤（ultrafiltration）。利用蛋白质分子不能通过半透膜的性质，使蛋白质和其他小分子物质如无机盐、单糖、水等分开。根据半透膜的材料及操作压力，分离方法分为透析和超滤。

（2）离心分离。在强大的离心力场下，利用物质沉降系数、质量、形状及密度的不同，将样品中各组分分离、纯化和浓缩的方法称为离心分离，可分为普通离心、高速离心与超速离心。普通离心主要用于含不溶性固体较大颗粒的粗分散系统的分离（差速离心），高速或超速离心用于大分子的分离纯化与分析鉴定（密度梯度离心）。

（3）凝胶过滤层析。凝胶过滤层析又称为分子排阻层析、分子筛层析、凝胶渗透层析，是根据分子大小分离蛋白质混合物的有效方法之一。凝胶介质的交联度或孔度（网孔大小）决定凝胶的分级范围，如 Sephadex G-50 的分级范围是 1 500～30 000（相对分子质量）。有时也用排阻极限来表示分级范围的上限，它指不能扩散进入凝胶珠微孔的最小分子的相对分子质量，如 Sephadex G-50 的排阻极限是 30 000。

2）利用溶解度差别的分离方法

根据蛋白质分子结构的特点，适当地改变溶液的 pH 值、离子强度、介电常数、温度等外界因素，就可以选择性地控制蛋白质混合物中某一成分的溶解度，作为分离和纯化蛋白质的一种手段。

（1）等电点沉淀和 pH 值控制。蛋白质解离受 pH 值影响，等电点时蛋白质的净电荷为零，溶解度最低，利用蛋白质等电点不同可以把蛋白质彼此分开。

（2）蛋白质的盐溶和盐析。中性盐对球状蛋白质的溶解度有明显影响（图 4-18）。低浓度时，中性盐可以增加蛋白质的溶解度，这种现象称为盐溶。当溶液的离子强度增加到一定程度时，蛋白质的溶解度开始下降；当离子强度足够高时，蛋白质可以从溶液中沉淀出来，这种现象称为盐析。

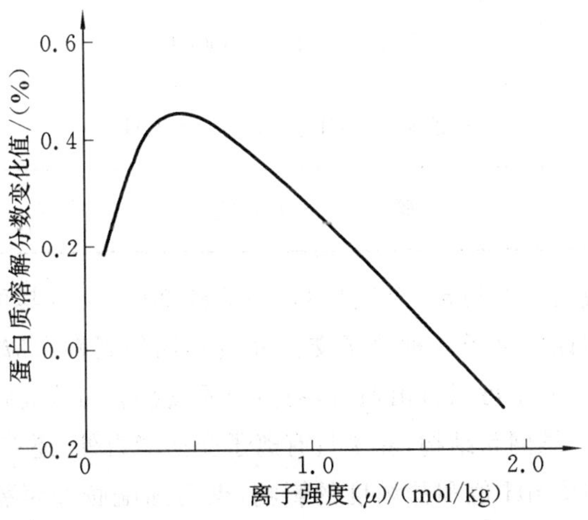

图 4-18　中性盐对蛋白质溶解度的影响

(3) 有机溶剂分级法。与水互溶的有机溶剂(甲醇、乙醇和丙酮等)能使蛋白质在水中的溶解度显著降低。在室温下有机溶剂会引起蛋白质变性,如果预先将有机溶剂冷却到 −40 ℃以下,然后在不断搅拌下逐滴加入有机溶剂,那么变性作用在很大程度上可以得到缓解。

3) 根据蛋白质的吸附性质分离

某些物质(如极性的硅胶和氧化铝以及非极性的活性炭等)具有吸附能力,能够将其他种类的分子吸附在其粉末颗粒的表面,而吸附力的强弱又因被吸附物质的性质不同而不同。吸附层析法就是利用这种吸附力的强弱不同而达到分离的目的。

4) 根据对配基的生物学特异性分离蛋白质——亲和层析

根据蛋白质能够特异性地与另一种配基非共价结合而提出的亲和层析,是一种针对性最强的蛋白质分离方法,如免疫亲和层析、金属螯合层析等。配基是指能被生物大分子识别并与之结合的原子、原子团和分子,如酶的作用底物、辅酶及其结构类似物。

5) 根据蛋白质带电状态分离

根据所带电荷不同,可用电泳(如聚丙烯酰胺凝胶电泳(PAGE)、毛细管电泳、等电聚焦等)和离子交换层析分离蛋白质。离子交换层析(ion exchange chromatography,IEC)是根据蛋白质的两性解离性质、在溶液中所带电荷不同进行分离的。离子交换层析介质一般是大孔径亲水凝胶介质,这种介质是带有不同离子交换基团的纤维素、葡聚糖或琼脂糖,也可用聚丙烯酰胺或天然多糖的化学修饰物作载体。目前常用于连接在载体上的离子交换基团见表 4-12。

表 4-12 常用离子交换基团的类型与结构

简　写	解离基团	类　别
DEAE	二乙基氨乙基　$-CH_2-CH_2-N-(C_2H_5)_2$	弱阴离子
QAE	氨乙基　$-CH_2-CH_2-NH_2$	强阴离子
CM	羧甲基　$-CH_2-COOH$	弱阳离子
SE	磺酸乙基　$-CH_2-CH_2-SO_3H$	强阳离子
SP	磷酸根　$-PO_4H_2$	强阳离子

离子交换基团构成离子交换剂(介质)的核心活性部分,决定其可交换离子的性质。而不溶于水的网状结构载体则赋予各种离子交换介质不同的属性和应用特点:纤维素具有松散的亲水性网状结构,大分子可以自由通过,对蛋白质交换容量大,洗脱条件比较温和,回收率高;葡聚糖的骨架为三维网状结构,除了具有离子交换能力外,还有分子筛的作用,但离子交换葡聚糖的床体积易受 pH 值和盐浓度的影响,聚丙烯酰胺葡聚糖可以改善其体积在高盐下的收缩变化;琼脂糖的物理化学性质稳定,刚性好,分辨率高,流速快。

4.6.2　多肽的人工合成

1. 多肽合成的原理与液相合成

多肽的从头化学合成是指由不同氨基酸残基按照定向顺序的控制合成。基本原理是在已知肽链氨基酸残基序列的情况下，控制一个氨基酸残基的 α-NH_2与另一个氨基酸残基的 α-COOH 之间准确的成肽(接肽缩合)反应。为保证目标成肽反应的顺利进行，关键是要排除或限制其他不应参加成肽反应的官能团发生作用，通常对该类基团进行有效的保护(或封闭)，肽键形成之后再将保护基除去。严格地讲，肽链合成是不对称合成，在保护与去保护等操作中要严格保证 L-氨基酸不变构，肽链不断裂。

在多肽的液相合成中，肽链从 N 端向 C 端延伸，总反应如下：

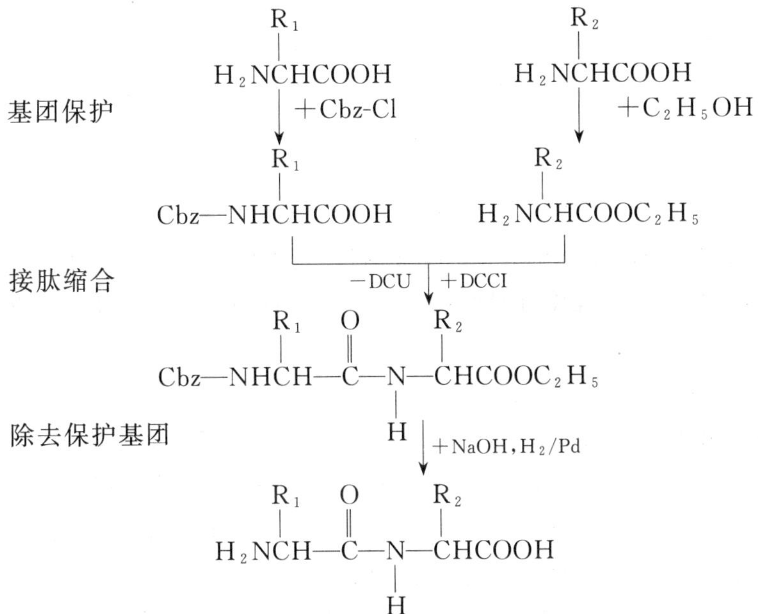

多肽液相合成操作步骤多，每连接一个氨基酸残基，都要经过多个步骤。而要想得到一个足够长的多肽，就必须保证每个步骤都有较高的产率。

1) 氨基酸的基团保护与活化

成肽反应所需的试剂能同时和其他不应参加成肽的官能团发生作用，因此之前必须先用适当的保护基把这些基团封闭或保护起来，以免和接肽试剂发生作用而生成不需要的肽键或其他化学键。作为保护基必须符合的条件是在成肽反应过程中能起保护作用，而之后又能很容易地被除去，且不引起肽键的断裂。

(1) 氨基保护。N 端氨基酸残基的游离氨基常用的氨基保护基是苄氧甲酰基，也可以用三苯甲基、叔丁氧甲酰基、对甲苯磺酰基等。

(2) 羧基保护。C 端氨基酸残基的游离羧基一般以盐或酯的形式加以保护。盐是对羧基的临时性保护，常用的有钾盐、钠盐、三乙铵盐及三丁铵盐等。酯有甲酯、乙酯、苄酯和叔丁酯。

(3) 侧链基团保护。Asp 的 β-COOH、Glu 的 γ-COOH 和 Lys 的 ε-NH_2的保护与前类

似。Cys 的巯基常用苄基(Bzl)或对甲氧苄基(MBzl)保护,Ser、Thr 和 Tyr 的侧链羟基常用苄基。Cys 的巯基和 Lys 的 ε-NH_2需要保护到肽链合成完成为止,因此要求它们的保护基在切除 N 端 α-氨基的保护基时不致脱落。

2) 接肽缩合反应

在正常条件下,羧基和氨基之间形成肽键是不会自发进行的。因此这两个基团中必须有一个转变为更加活泼的形式,通常是活化羧基。羧基的活化最早采用的方法是酰氯法,现广泛使用的是叠氮法、混合酸酐法和活化酯法。

除活化羧基的方法之外,接肽还可以使用缩合剂,常用的接肽缩合剂为N,N'-二环己基碳二亚胺(DCC)。它与一分子氨基被保护的氨基酸和另一分子羧基被保护的氨基酸或肽作用,脱水缩合生成肽,而 DCC 则利用这一分子水生成N,N'-二环己基脲(DCU)沉淀析出,易分离除去。

$$\text{C}_6\text{H}_{11}\text{—NCN—C}_6\text{H}_{11} \xrightarrow{+H_2O} \text{C}_6\text{H}_{11}\text{—NHCNH—C}_6\text{H}_{11}\ (\text{C=O})$$

DCC　　　　DCU

3) 除去保护基

根据保护基的性质选用适当的方法除去保护基,经分离纯化即得合成的肽。

重复以上三个步骤可合成多肽化合物。操作的每一步都必须将肽与其他反应物分离,然后才能进行下一步骤的反应,操作过程十分繁复,近年发展最快的固相合成可使这一过程简化。

2. 多肽的固相合成

多肽固相合成(solid-phase synthesis of polypeptide)是控制合成技术的一个重要进展。其原理是以不溶性的固相(如聚苯乙烯树脂)作为载体,将要作为 C 端的氨基酸残基的氨基加以保护,而其羧基则以酯键与载体相连而固化,然后除去氨基保护基,下一个氨基被保护而羧基游离的氨基酸以 DCC 为接肽缩合剂,连接到第一个氨基酸残基的氨基上。重复上述步骤,可以使肽链按控制顺序从 C 端向 N 端延长。肽链合成完成后,将树脂悬浮于无水三氟乙酸中,通入干燥的 HBr,使肽链与树脂分离,这就是基于 Merrifield 法的多肽固相合成过程原理(图 4-19)。

本法的优点是:由于所合成的肽是连在不溶性的固相载体上,因此可以在一个反应器中进行所有的反应,便于自动化操作,加入过量的反应物可以获得高产率的产物,同时产物很容易分离。缺点是:在多肽合成过程中,可能出现反应不完全、保护基脱落、肽与载体间的共价键部分断裂等,导致肽的流失和副反应增加,产生的类似物难以分离,因而固相合成法所得产物的纯度不如液相法。通常固相法用于合成小分子多肽还是比较理想的,一般适宜合成 30 个氨基酸残基以内的多肽。对于合成 30 个氨基酸残基以上的大分子蛋白质,目前采用化学合成还有相当的困难,有待进一步研究。

目前整个固相合成过程已经可以在程序控制的自动化固相多肽合成仪上进行。合成仪多是基于 Merrifield 原理,将一系列去保护、活化、偶联的重复操作由仪器自动完成,极大地减少了多肽合成的工作量,是生物学和化学研究的重要工具。

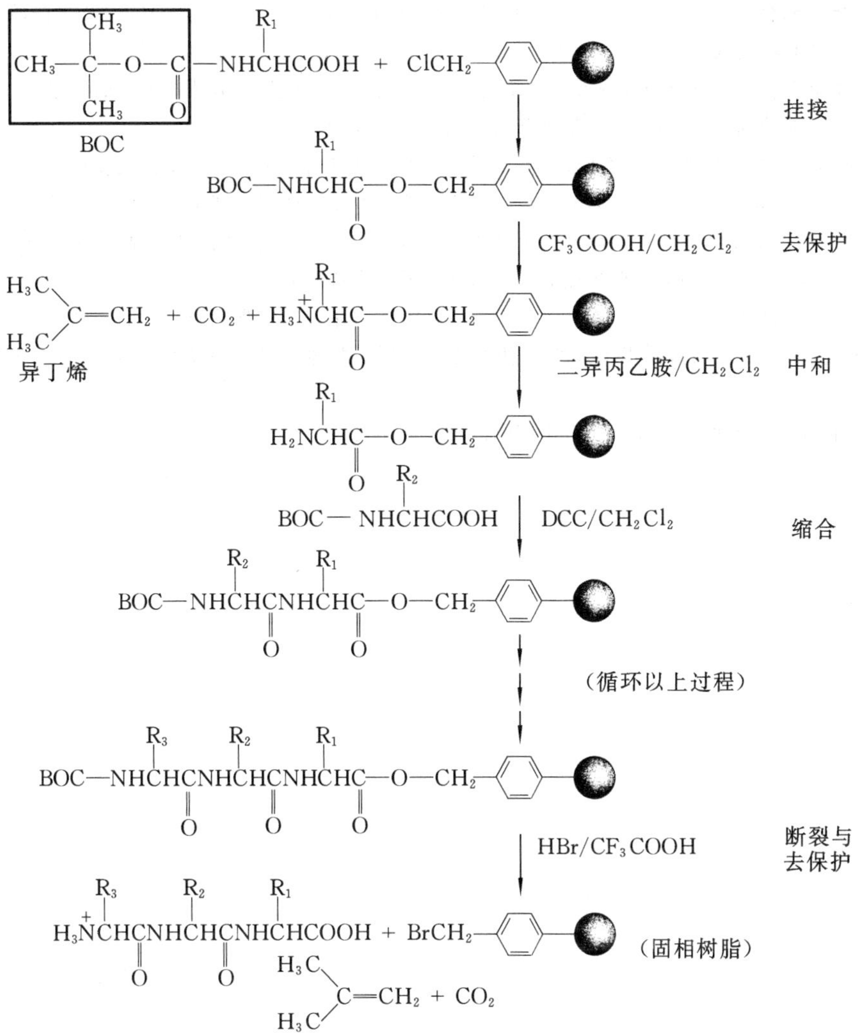

$$\underbrace{(CH_3)_3C-O-\overset{O}{\overset{\|}{C}}}_{BOC}-NH\overset{R_1}{\overset{|}{C}}HCOOH + ClCH_2-C_6H_4-(\text{树脂})$$

挂接

$$BOC-NH\overset{R_1}{\overset{|}{C}}H\overset{O}{\overset{\|}{C}}-O-CH_2-C_6H_4-(\text{树脂})$$

CF_3COOH/CH_2Cl_2　去保护

$$(H_3C)_2C=CH_2 + CO_2 + H_3\overset{+}{N}\overset{R_1}{\overset{|}{C}}H\overset{O}{\overset{\|}{C}}-O-CH_2-C_6H_4-(\text{树脂})$$

异丁烯

二异丙乙胺$/CH_2Cl_2$　中和

$$H_2N\overset{R_1}{\overset{|}{C}}H\overset{O}{\overset{\|}{C}}-O-CH_2-C_6H_4-(\text{树脂})$$

$$BOC-NH\overset{R_2}{\overset{|}{C}}HCOOH$$

DCC/CH_2Cl_2　缩合

$$BOC-NH\overset{R_2}{\overset{|}{C}}H\overset{O}{\overset{\|}{C}}NH\overset{R_1}{\overset{|}{C}}H\overset{O}{\overset{\|}{C}}-O-CH_2-C_6H_4-(\text{树脂})$$

（循环以上过程）

$$BOC-NH\overset{R_3}{\overset{|}{C}}H\overset{O}{\overset{\|}{C}}NH\overset{R_2}{\overset{|}{C}}H\overset{O}{\overset{\|}{C}}NH\overset{R_1}{\overset{|}{C}}H\overset{O}{\overset{\|}{C}}-O-CH_2-C_6H_4-(\text{树脂})$$

HBr/CF_3COOH　断裂与去保护

$$H_3\overset{+}{N}\overset{R_3}{\overset{|}{C}}H\overset{O}{\overset{\|}{C}}NH\overset{R_2}{\overset{|}{C}}H\overset{O}{\overset{\|}{C}}NH\overset{R_1}{\overset{|}{C}}HCOOH + BrCH_2-C_6H_4-(\text{固相树脂}) + (H_3C)_2C=CH_2 + CO_2$$

图 4-19　三肽固相合成简图

思　考　题

1. 何谓基本氨基酸、必需氨基酸和非蛋白质氨基酸？基本氨基酸如何分类？

2. 茚三酮法显色在氨基酸分析鉴定中的应用是什么？与肽链测序关系密切、应用较多的氨基酸的化学反应有哪些？

3. 某氨基酸一定浓度的纯水溶液 pH 值为 6.01，则此时的氨基酸带什么电荷？欲达到等电点，应向溶液中加酸还是碱？

4. 氨基酸和蛋白质的等电点是如何定义的？两者解离特性（曲线）有何异同？等电点时蛋白质有哪些特性？

5. 阐述蛋白质的颜色反应在蛋白质定量测定和定性检测方面的应用，各种反应的优缺点有哪些？

6. 何谓蛋白质的一级结构和高级结构？为什么说蛋白质的高级结构取决于它的一级结构？说明维持高级结构的力的种类与特点。

7. 以血红蛋白和肌红蛋白的结构与功能的特点为例,说明蛋白质高级结构的含义,以及蛋白质的性质和生物学功能与其结构的关系。
8. 如何理解蛋白质的大分子与胶体性质？阐述胶体稳定的因素、破坏的方法与产生的结果。
9. 使蛋白质沉淀的因素各有优缺点,根据什么原则选用沉淀剂？
10. 何谓蛋白质变性？变性后有何特征？其本质是什么？试举出几种能引起蛋白质变性的试剂,其原理是什么？什么是蛋白质的复性？影响复性的因素有哪些？复性研究的理论与实践意义是什么？
11. 制备蛋白质时需要考虑哪些问题？写出基本的步骤。为什么蛋白质的纯度越高产率会越低？
12. 分离纯化氨基酸和蛋白质主要依据它们的哪些性质？有哪些方法可选择？原理是什么？
13. 如何理解蛋白质纯度的概念？实际工作中有哪些方法可用来鉴定蛋白质制品的纯度？
14. 凝胶过滤、离子交换层析技术的原理有什么异同？层析技术有哪些用途？层析操作的基本程序是什么？
15. 电泳分离蛋白质的原理是什么？常用的电泳种类与用途是什么？

第5章 酶 化 学

酶是生物体内重要的活性物质之一，以具有催化作用的蛋白质为主。体内的所有代谢反应都是酶催化的，所以酶是研究生命活动时的关键物质。同时，酶所具有的独特催化功能，使得酶在科学研究、工业、农业和医药等诸多领域具有重要的应用价值，酶学研究成果在催化理论、催化剂设计、药物作用机理及设计、筛选新的分析检测方法等方面提供了理论依据。

5.1 概 述

对酶本质的不断探索

5.1.1 酶的概念和作用

1. 酶的概念

酶是生物体内一类具有高效催化活性和特定空间构象的生物大分子，大多数是蛋白质，也可以是核酸，且几乎来源于生物体。因此，酶常被简单地定义为具有催化作用的蛋白质，但实际上，酶是更为广泛的生物催化剂(biological catalyst)，包括蛋白质酶和核酸酶两大类。

生物体的基本特征之一是不断地进行新陈代谢，而新陈代谢是由各式各样的化学反应组成的。这些反应的基本特点是在极温和的条件(体温 37 ℃，pH≈7)下进行。如果把这些反应和在实验室中进行的同种反应相比，就会发现其中有些反应在实验室中需要高温、高压、强酸或强碱等剧烈条件才能进行，甚至有些反应在实验室中还未能实现。生物化学反应在体内能如此顺利和迅速地进行，其主要原因就是生物体内含有一类特殊的催化剂，这就是“酶”。

几乎所有的生物化学反应都是在酶的催化下进行的。人们对酶的认识起源于生产实践。从几千年前我国夏禹时代的酿酒、周制作饴糖和酱到春秋战国时期用曲治疗消化不良，都是利用酶的例子。然而对酶的深入研究还得从酵母酿酒的机理讲起。

法国微生物学家 Pasteur L. 对酵母从葡萄糖到酒精的发酵过程进行了大量研究，1857 年提出乙醇发酵是酵母细胞活动的结果，认为发酵与酵母细胞的完整性不可分割。1878 年 Liebig 提出了“enzyme”(enzyme 的意思是在酵母中)这个名词，提出发酵现象是由溶解于细胞液中的酶引起的。1897 年 Büchner 兄弟成功地用不含细胞的酵母汁实现了发酵，证明了发酵与细胞的活动无关，从而使人们对发酵的研究从“神秘的生命力”迷雾中走了出来，从此真正开创了对酶的研究探讨。1913 年 Michaelis 和 Menten 提出了酶促反应动力学原理——米氏学说，对酶促反应机理的研究是一个重要突破。

1926 年 Sumner 第一次从刀豆中提出了脲酶结晶，并证明它具有蛋白质性质。以后 Northrop 又分离出结晶的胃蛋白酶、胰蛋白酶及胰凝乳蛋白酶，并进行了动力学探讨，确立了酶的蛋白质本质。现已鉴定出 3 000 多种酶，其中不少已得到结晶。人们相继弄清了溶菌酶(129 个氨基酸残基)、胰凝乳蛋白酶(241 个氨基酸残基)、羧肽酶(307 个氨基酸残基)等的结构及作用机理。蛋白质的生物活性取决于其特定的化学结构，酶蛋白化学结构的改变可导致酶活性的改变。20 世纪 60 年代初，我国生物化学家邹承鲁院士提出了必需基团修饰与酶活性丧失的定量关系式和邹氏作图法，在国际上广泛采用。20 世纪 80 年代初，邹承鲁等人率先提出“酶活性部位的柔性”假说，认为酶分子活性部位的结构与其整体结构相比具有更大的柔性，在弱变性条件下酶活性丧失先于分子整体的构象变化。这些都是我国科研人员在酶学研究领域的开创性工作。

2. 酶在生物细胞中的分布

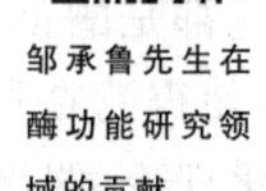
邹承鲁先生在酶功能研究领域的贡献

生物体中的各种化学反应，包括物质转化和能量转化，都需要酶来催化。生物细胞产生的酶有以下两类。

一类酶在细胞中产生并在细胞内起催化作用，称为胞内酶。这类酶的种类和数量比较多，在细胞内往往与细胞结合，有一定的分布区域，催化的反应具有一定的顺序性，使许多反应能有条不紊地进行。如线粒体上分布着三羧酸循环酶系和氧化磷酸化酶系，而蛋白质生物合成酶系则分布在内质网的核糖体上。不同组织和细胞中酶的种类及数量与其代谢特点有关，往往作为该类组织(细胞)的标志(正常、异常)，是临床检验的重要指标。

另一类酶由细胞内产生后分泌到细胞外发挥作用，称为胞外酶。这类酶大都是水解酶，如人和动物消化道中的胃蛋白酶、胰蛋白酶就是由胃黏膜细胞和胰腺细胞分泌的胞外酶。某些细菌所分泌的水解淀粉、脂肪和蛋白质的酶，是生物从外界分解、吸收营养物质所必需的，是生物防御的重要手段，如溶菌酶可杀菌。这类酶一般含量较高，且大多是外分泌的相对分子质量较小的球蛋白，容易分离得到。酶制剂工业生产的酶大多为微生物细胞的胞外酶。

3. 酶的重要性

酶存在于所有的细胞和组织中，是生物细胞维持正常功能的基础，生物细胞中错综复杂的反应能够有条不紊地进行，是由一系列酶有规律地组合与调节控制来实现的。有生命活动的地方，就有酶的存在与作用，其中异常代谢酶是研究病理、药理、临床检验、新药开发的基础。在应用方面，各种核酸工具酶的完善是以基因工程为核心的现代生物技术发展的基石，是认识生命的金钥匙。酶的专一性和高效性使得现代酶法分析技术广泛应用于与生命相关的各种领域，工业化生产的酶制剂已广泛应用于食品、医药、环保及各种化工领域，创造了良好的效益，且具有污染小、能耗低、环境友好等特性，有着不可估量的应用前景。

5.1.2 酶催化作用的特点

1. 酶催化作用的一般特点

由酶催化的化学反应称为酶促反应，反应中发生化学变化的物质称为底物(substrate, S)，生成物称为产物(product, P)。

$$\text{酶促反应：S(substrate/reactant)} \longrightarrow \text{P(product)}$$

酶和一般催化剂一样，只能催化热力学上允许进行的反应。因为在催化过程中酶本身不被消耗，可以重复使用，因此极少量的酶即可大大加速化学反应的进行。酶对化学反应正、逆两个方向的催化作用是相同的，因此它可以缩短达到平衡的时间，而不改变反应的平衡点。和一般催化剂相比，酶又有以下不同之处。

(1) 极高的催化效率。酶催化反应的速率比非催化反应高 10^8～10^{20} 倍，比其他催化反应高 10^7～10^{13} 倍。如 H_2O_2 分解为 H_2O 和 O_2，用胶态的钯催化与不使用催化剂相比，反应

加快 5×10^4 倍，而用过氧化氢酶催化则反应加快 1.65×10^{12} 倍。1 g 结晶的纯 α-淀粉酶在 65 ℃时，1 min 可使 2×10^3 kg 淀粉水解为糊精。

酶的转换系数(turnover number，k_{cat})是指每秒钟每个酶分子能催化的底物的物质的量(μmol)。酶的催化效率以酶的转换系数表示，大部分酶为 1 000，最大的可达几十万，甚至百万以上。

(2) 酶的反应条件温和，但容易失去催化活性。酶来源于生物细胞，是以蛋白质为主的生物大分子，其催化反应都是在常温、常压和近中性条件下进行的。因此体外使用酶制剂时也要求有适宜的作用条件，否则会由于酶蛋白变性而失去活性，这从另一方面可称为酶反应的条件依赖性。

一般的催化剂在一定条件下会因中毒等而失去催化能力，而酶较其他催化剂更易失去活性。凡是能使蛋白质变性的因素，如高温、高压、强酸、强碱和紫外线等都容易使酶被破坏而失去活性。因此，酶作为工业催化剂时，不需要耐高温、高压的设备和耐酸、耐碱的容器，生产安全、快速，有利于改善劳动条件和保护环境。例如，用盐酸水解淀粉生产葡萄糖，需在约 0.15 MPa 和 140 ℃的操作条件下进行，需要耐酸的设备；若用淀粉酶和糖化酶水解，则可用一般设备在常压下进行。

(3) 酶的催化活性与辅酶、辅基和金属离子有关。有些酶是结合蛋白质，其中的小分子物质(辅酶、辅基及金属离子)与酶的催化活性密切相关，若将它们除去，酶就失去活性。

(4) 酶的催化活性在体内受到调节控制。生命现象表现了生物体内化学反应历程的有序性和协调性，这是由于生物体内的酶促作用是受多方面因素的调节和控制的。正因为如此，酶在生物体内才能够准确地发挥催化作用，维持正常的代谢平衡，使生命活动有节奏地进行。

在生物体内，酶的调节和控制方式是多种多样的，归纳起来有以下两种：①在分子水平上对酶的催化活性进行调节，包括酶原激活、变构调节、共价修饰调节、同工酶调节、多功能酶调节等；②在酶合成水平上对酶量进行调节(诱导、反馈抑制等)，这种方式是通过调节酶蛋白的表达合成来实现的。

2. 酶催化作用的专一性

与一般催化剂相比，酶最突出的特点是其高度的专一性(specificity)，即酶对其底物有着严格的选择性。一种酶只能作用于一些结构相似的化合物，甚至只能作用于一种化合物。例如，H^+ 作为水解反应的一种催化剂，可以催化淀粉、蔗糖、麦芽糖等糖类的水解，也能催化脂肪、蛋白质和核酸的水解，而酶则不同，淀粉酶专门催化淀粉水解，蛋白质和核酸都有各自的专一性水解酶，这是酶本质的特性之一。

1) 绝对专一性(absolute specificity)

有些酶只对一定化学键两端带有一定原子基团的化合物发生作用，即只能催化某一种底物的反应。例如，脲酶只能催化尿素的分解反应，过氧化氢酶只能催化过氧化氢的分解。

$$NH_2CONH_2 + H_2O \xrightarrow{\text{脲酶}} 2NH_3 + CO_2$$

2) 相对专一性(relative specificity)

属于这一类专一性的酶，除对作用底物的某一化学键选择性地发生作用外，对化学键的两侧基团有不同要求，故又称为基团专一性。

(1) 键专一性。有的酶只对某种化学键起作用，对此化学键两端所连接的原子基团并无多大的选择，如酯酶能水解不同脂肪酸所形成的酯键：

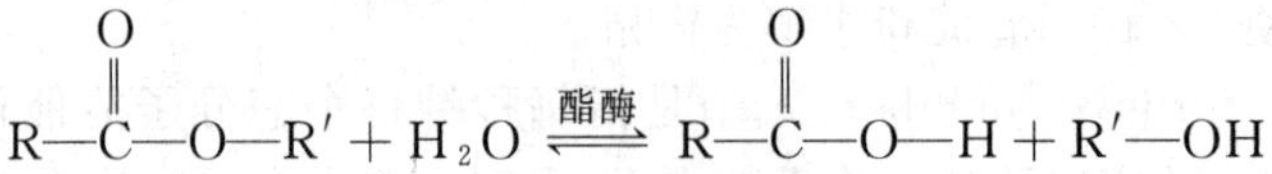

$$R-\overset{\overset{\displaystyle O}{\|}}{C}-O-R' + H_2O \xrightleftharpoons{\text{酯酶}} R-\overset{\overset{\displaystyle O}{\|}}{C}-O-H + R'-OH$$

二肽酶可水解由不同氨基酸所组成的二肽的肽键。

(2) 族专一性。有一些酶类，不但要求作用物具有一定化学键，而且对此化学键两端连接的两个原子基团之一亦有一定的要求，如 α-葡萄糖苷酶能催化任何α-葡萄糖苷的水解。

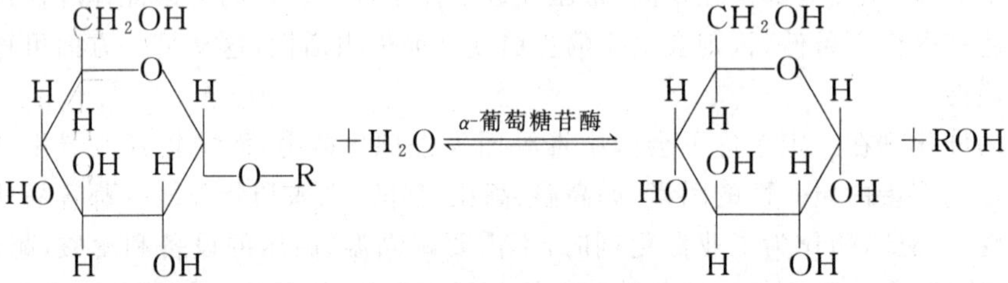

$$\text{α-D-葡萄糖苷(R-O-)} + H_2O \xrightleftharpoons{\alpha\text{-葡萄糖苷酶}} \text{D-葡萄糖} + ROH$$

此酶要求底物是 D-葡萄糖 α-糖苷键所形成的糖苷，但对 R 基团没有要求。

胰蛋白酶能够催化水解碱性氨基酸(Lys、Arg)的羧基所形成的肽键，而对此肽键氨基端的氨基酸没有要求。

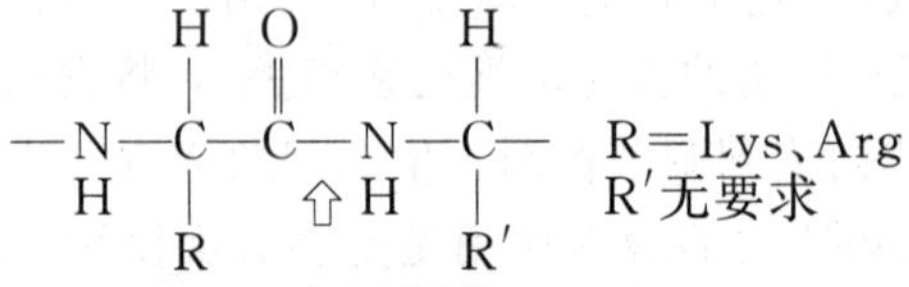

$$-\underset{H}{N}-\underset{R}{\overset{H}{C}}-\overset{\overset{\displaystyle O}{\|}}{C}-\underset{H}{N}-\underset{R'}{\overset{H}{C}}- \quad R=\text{Lys、Arg} \quad R'\text{无要求}$$

水解部位

3) 立体构型专一性(stereos specificity)

这类酶可以辨别底物的不同立体异构体，只对其中的某一种空间构型起作用，对其对映体则无作用。

(1) 旋光异构(optical isomerism)专一性。酶只作用于旋光异构体中的一种，这种情况是酶反应中相当普遍的现象，如 L-精氨酸酶只对 L-精氨酸起分解作用，而对 D-精氨酸则无作用。

$$\text{L-氨基酸} + H_2O + O_2 \xrightleftharpoons{\text{L-氨基酸氧化酶}} \alpha\text{-酮酸} + H_2O_2 + NH_3$$

底物没有不对称碳原子，酶催化时可以生成含有不对称碳原子的产物，得到的产物是立体异构体中的一种(而不是外消旋体)，如乳酸脱氢酶催化丙酮酸还原只生成 L-乳酸。

$$\underset{\text{丙酮酸}}{CH_3-C(=O)-COOH} + NADH + H^+ \xrightleftharpoons{\text{乳酸脱氢酶}} \underset{\text{L-乳酸}}{HO-C(CH_3)(H)-COOH} + NAD^+$$

(2) 几何异构(geometrical isomerism)专一性。当底物具有几何异构体时，酶只作用于其中的一种，这称为几何异构专一性。例如，琥珀酸脱氢酶只能催化琥珀酸生成延胡索酸(反丁烯二酸)，而不生成顺丁烯二酸。

$$\underset{\text{琥珀酸}}{\begin{matrix}CH_2COOH\\|\\CH_2COOH\end{matrix}} \xrightleftharpoons{\text{琥珀酸脱氢酶}} \underset{\text{延胡索酸}}{\begin{matrix}HOOCCH\\\|\\CHCOOH\end{matrix}}$$

这种情况在脂肪的生物合成中则相反，生物体内天然不饱和脂肪酸中的双键都是顺式结构。

酶的专一性不仅是对底物的要求，由于其反应专一，生成的产物也是专一的，在生物体内正是这种专一性，使得处于同一个细胞环境内的数量众多、反应各异的代谢活动有条不紊地进行，这是生命活动的特点。

酶的专一性的意义还在于将酶置于体外反应，专一性可以使酶催化反应的目标性更强，减少其他共存物质的干扰和副反应的发生，如用酶学方法测定样品（特别是生物样品组成复杂）时可不经纯化等预处理直接测定。酶的旋光异构专一性在许多生化物质及药物的不对称合成、不对称拆分中有更广泛的用途。

酶之所以具有专一性，是因为酶是具有一定的空间构型的生物大分子，其空间构型的识别吻合性能是小分子不可能具备的。

5.1.3 酶的命名与分类

由于酶的结构复杂，人们对许多酶的结构还不十分了解，因此现在对酶的分类仅以其功能（催化化学反应的性质）来进行分类。

酶的命名以习惯命名应用最多，系统命名比较严格，但实际中使用较少。

1. 习惯命名法

1961 年以前使用的酶的名称都是习惯沿用的，称为习惯名称。习惯命名的原则有以下几点。

(1) 绝大多数酶依据底物来命名，如催化水解淀粉的酶称为淀粉酶，催化水解蛋白质的酶称为蛋白酶。

(2) 某些酶根据其所催化的反应性质来命名，如水解酶催化底物分子水解，转氨酶催化化合物上的氨基转移至另一化合物上。

(3) 有的酶结合上述两个原则来命名，如琥珀酸脱氢酶是催化琥珀酸脱氢反应的酶。

(4) 在这些命名的基础上有时还加上酶的来源或酶的其他特点，如胃蛋白酶及胰蛋白酶、碱性磷酸酯酶及酸性磷酸酯酶等。

习惯命名比较简单，应用历史较长，但缺乏系统性，有时会出现一酶数名或一名数酶的情况。为了适应酶学发展的新情况，避免命名的重复，国际酶学会议于 1961 年提出了一个新的系统命名及系统分类的原则，已为国际生化协会所采用。

2. 国际系统命名法

按照国际系统命名法原则，每一种酶有一个系统名称(systematic name)和习惯名称（即推荐名称，recommended name）。习惯名称应简单，便于使用；系统名称应当明确标明酶的底物及催化反应的性质。例如，草酸氧化酶（习惯名称）写成系统名称时，应将它的两个底物，即“草酸”及“氧”同时写出，并用“:”将它们隔开，它所催化的反应的性质为“氧化”，也需指明，所以它的系统名称为“草酸:氧氧化酶”。当底物之一是水时，可将水略去不写，如乙酰辅酶 A 水解酶（习惯名称），可以写成“乙酰辅酶 A:水解酶”（系统名称），而不必写成“乙酰辅酶 A:水水解酶”。

另外,按照系统分类法,每个酶还有一个特定的编号。这种系统命名原则及系统编号是相当严格的,一种酶只可能有一个名称和一个编号。例如:

习惯名称	系统名称	催化的反应
丙转氨酶	丙氨酸:α-酮戊二酸氨基转移酶	丙氨酸+α-酮戊二酸⟶谷氨酸+丙酮酸
己糖激酶	ATP:己糖磷酸基转移酶	ATP+葡萄糖⟶6-磷酸葡萄糖+ADP

3. 国际系统分类法及编号

国际系统分类法的原则是将所有的酶促反应按反应性质分为七大类,分别用 1、2、3、4、5、6、7 来表示。再根据底物中被作用的基团或键的特点将每一大类分为若干个亚类,每个亚类又按顺序编成 1、2、3、4 等。每个亚类可再分为若干个亚-亚类,仍用 1、2、3、4 等编号。

每个酶的分类编号由四个数字组成,数字间由"."隔开。第一个数字指明该酶属于七大类中的哪一类,第二个数字指出该酶属于哪一个亚类,第三个数字指出该酶属于哪一个亚-亚类,第四个数字则表明该酶在一定的亚-亚类中的排列序号。编号之前冠以 EC (enzyme commission 的缩写)。酶分为如下七大类。

(1) 氧化还原酶类。催化氧化还原反应的酶称为氧化还原酶,如琥珀酸脱氢酶、醇脱氢酶、多酚氧化酶等。

$$\text{反应通式:}Ag2H+B \rightleftharpoons A+Bg2H$$

(2) 转移酶类。催化分子间基团转移的酶称为转移酶,如谷丙转氨酶、胆碱转乙酰基酶等。

$$\text{反应通式:}AB+C \xrightleftharpoons{\text{转移酶}} A+BC$$

(3) 水解酶类。催化水解反应的酶称为水解酶,如蛋白酶、淀粉酶、脂肪酶、蔗糖酶等。

$$\text{反应通式:}AB+H_2O \rightleftharpoons AOH+BH$$

(4) 裂解酶类。催化非水解地除去底物分子中的基团及其逆反应的酶称为裂解酶,如草酰乙酸脱羧酶、碳酸酐酶等。

$$\text{反应通式:}AB \rightleftharpoons A+B$$

(5) 异构酶类。催化分子异构反应的酶称为异构酶,如葡萄糖磷酸异构酶、磷酸甘油酸变位酶等。

$$\text{反应通式:}A \rightleftharpoons B$$

(6) 连接酶类。与 ATP(或相应的核苷三磷酸)的一个焦磷酸键相偶联,催化两个分子合成一个分子的酶称为连接酶,如 T_4 DNA 连接酶、天冬酰胺合成酶、丙酮酸羧化酶等。

$$\text{反应通式:}A+B+ATP \rightleftharpoons AB+ADP+Pi$$

(7)转位酶类。将离子或分子从膜的一侧转移到另一侧的酶称为转位酶,如肉碱-酰基肉碱转位酶、ATP-ADP 转位酶等。

七个大类及其部分亚类列于表 5-1 中。

表 5-1　酶的国际分类表——大类及亚类

1. 氧化还原酶类 （亚类表示底物中发生氧化的基团的性质） 1.1 作用于—CH—OH 上 1.2 作用于—C═O 上 1.3 作用于—CH═CH—上 1.4 作用于—CH—NH_2上 1.5 作用于—CH—NH—上 1.6 作用于 NADH、NADPH 上	2. 转移酶类 （亚类表示底物中被转移基团的性质） 2.1 一碳基团 2.2 醛或酮基 2.3 酰基 2.4 糖苷基 2.5 除甲基之外的烃基或酰基 2.6 含氮基 2.7 磷酸基 2.8 含硫基
3. 水解酶类 （亚类表示被水解的化学键的类型） 3.1 酯键 3.2 糖苷键 3.3 醚键 3.4 肽键 3.5 其他 C—N 键 3.6 酸酐键	4. 裂解酶类 （亚类表示底物中被裂解的化学键的类型） 4.1 C—C 4.2 C—O 4.3 C—N 4.4 C—S
5. 异构酶类 （亚类表示异构的类型） 5.1 消旋及差向异构酶 5.2 顺反异构酶	6. 连接酶类 （亚类表示新形成的化学键的类型） 6.1 C—O 6.2 C—S 6.3 C—N 6.4 C—C
7. 转位酶类 （亚类表示转位离子或分子的类型） 7.1 氢离子 7.2 无机阳离子及其螯合物 7.3 无机阴离子 7.4 氨基酸和肽 7.5 糖及其衍生物 7.6 其他化合物	

亚-亚类更加明确地表明底物的性质，如氧化还原酶类中的亚-亚类表示受体的类型：

1.1.1 表示氧化还原酶，作用于—CH—OH 基团，受体是 NAD^+、$NADP^+$；

1.1.2 表示氧化还原酶，作用于—CH—OH 基团，受体是细胞色素；

1.1.3 表示氧化还原酶，作用于—CH—OH 基团，受体是分子氧。

当酶的编号仅有前三个数字时，就已清楚地表明了该酶的特性：反应性质、底物性质、键

的类型等。关于编号中的第四个数字则没有特殊的规定,例如:

EC1.1.1.27 为乳酸:NAD^+氧化还原酶;

EC1.1.1.37 为苹果酸:NAD^+氧化还原酶;

EC1.1.1.1 为乙醇:NAD^+氧化还原酶;

EC6.1.1.1 为 L-酪氨酸:tRNA-连接酶(AMP);

EC6.1.1.2 为 L-色氨酸:tRNA-连接酶(AMP)。

前三者都是氧化还原酶,都是作用在—CH—OH 基团上的第一个亚类,又都是以 NAD^+为受体,但第四个数字不同,分别为 27、37 和 1,则说明它们所利用的底物不同,分别为乳酸、苹果酸和乙醇,它们的习惯名称分别为乳酸脱氢酶、苹果酸脱氢酶和醇脱氢酶。后两个酶则都是连接酶,都要求 ATP 供给能量,但催化 RNA 与不同的氨基酸之间的连接,所以第四个数字不同。

所有的酶都能按此系统得到适当的编号。这种国际编号方法比较明确,但在一般使用上并不方便。

5.1.4 酶的化学本质

1. 绝大多数酶是蛋白质

从 1926 年 Sanger 分离出脲酶结晶并研究证明它是蛋白质,到目前为止,已被分离纯化研究的酶已有数千种,经过物理和化学等方法分析,证明了绝大多数酶的化学本质是蛋白质。例如:

(1) 酶是具有空间结构的大分子。引起蛋白质变性的化学及物理因素,如加热、无机酸、碱、重金属盐、生物碱试剂及紫外照射等,同样能使酶活性丧失;

(2) 酶是两性电解质,在不同 pH 值条件下呈现不同的离子状态,各自具有特定的等电点;

(3) 酶经酸碱水解后的最终产物是氨基酸,酶能被蛋白酶水解而失活;

(4) 酶具有胶体物质的一系列特性,如不能通过半透膜等。

绝大多数酶是蛋白质,具有蛋白质所有的性质,这也是酶理化性质及分离纯化的基础。酶与一般蛋白质不同的是其特有的催化活性。

2. 具有催化活性的核酸

半个多世纪以来,酶是蛋白质的观念深入人心。1981—1982 年 Thomas R. Cech 实验室在研究原生动物嗜热四膜虫的 rRNA 前体加工成熟时发现了第一个有催化活性的天然 RNA,取名为“核酶”。由于此 RNA 进行的是自我催化,且反应后自身发生变化失去催化能力,故严格地讲它不是真正的催化剂。随后,陆续发现了真正的 RNA 催化剂。其中 L19 RNA 和核糖核酸酶 P 的 RNA 组分具有酶活性是两个典型的例子。

L19 RNA 是四膜虫 rRNA 前体自剪接释放出的内含子,在自身两次环化、开环反应过程中丢失了 19 个核苷酸形成的。L19 RNA 催化寡聚核苷酸底物进行切割和连接反应,具有核糖核酸酶和 RNA 聚合酶的活性。它具有使底物分子反应加速、反应终了本身不被消耗且仍具有催化活性的一般催化剂的特性。同时它还能像真正的酶那样起作用:它催化C_5(五聚胞苷酸)水解的速率大约是非催化反应的 10^{10}倍;它对底物具有高度的专一性,作用C_5比作用 U_5(五聚尿苷酸)快得多,对A_5和 G_5则无催化作用;此外,它还服从一般酶的米氏方程动力学规律，并能被dC_5竞争性抑制。综上所述，L19 RNA 显然是一种十分有效的酶。

后来又陆续发现了其他的 RNA 催化剂，并人工制造出许多 RNA 催化剂。近年来发现 RNA 催化剂催化作用的底物除了 RNA 外还有多糖、DNA 以及氨基酸酯等，催化反应的类型也有多种。核酶中的 RNA 部分被 DNA 取代或 2′-O-被取代之后仍有催化活性，但比一般相应的 RNA 催化剂的催化活性低得多。

核酶在阻断基因表达和抗病毒作用方面具有应用前景。用核酶药物治疗疾病的原理如下：核酶可以选择性地裂解癌细胞或病毒的 RNA，从而阻断它们合成蛋白质。如针对 HIV 病毒的 RNA 序列和结构，设计出专门裂解 HIV 病毒的 RNA 的核酶，而这种核酶对正常细胞 RNA 则没有影响。与反义 RNA 相比，核酶药物使用剂量较少，毒性也较小，而且核酶对病毒作用的靶向序列是专一的，因此病毒较难产生耐受性。

3. 抗体酶

抗体酶(abzyme)也叫催化抗体(catalytic antibody)，是美国的 Lerner R. A. 和 Schultz P. G. 于 1986 年发现的一类新的模拟酶。根据酶与底物作用的过渡态结构设计合成一些类似物——半抗原，半抗原与一定的载体交联成免疫原用于免疫动物，通过杂交瘤技术制备单克隆抗体，从中筛选既可与半抗原特异结合(抗体活性)，又具有催化半抗原进行化学反应的酶活性的模拟酶。抗体酶具有较高的催化活力和较好的专一性，能够根据人们的意愿设计出天然蛋白酶所不能催化的反应，用以催化在结构上有差异的底物。迄今已开发出近百种具有多种催化反应类型的抗体酶，为研究开发特异性强的治疗药物开辟了广阔前景。

5.2 酶的结构

5.2.1 酶的结构特点

1. 酶的蛋白质化学组成

对于大多数化学本质为蛋白质的酶来说，按照蛋白质化学组成可将其分为单纯酶和结合酶两大类。

单纯酶是由氨基酸组成的简单蛋白质，不再含有其他成分，如脲酶、胃蛋白酶和核糖核酸酶等一般水解酶都属于单纯酶。

结合酶又称双成分酶，这类酶由酶的蛋白质部分与非蛋白质部分组成，如转氨酶、碳酸酐酶、乳酸脱氢酶及其他氧化还原酶等均属于结合酶。这些酶除了蛋白质组分外，还含有对热稳定的小分子物质。前者称为酶蛋白(apoenzyme)，后者称为辅因子(cofactor)。酶蛋白与辅因子单独存在时，均无催化活力。只有两者结合成完整的分子时，才具有催化活力。此完整的酶分子称为全酶(holoenzyme)。

全酶中酶的专一性主要由酶蛋白部分决定，酶的辅因子在酶的催化作用中决定反应性质，作为电子、原子或某些基团的载体参与反应并促进整个催化过程，故有人称其为“化学反应牙齿”(chemical teeth)。

2. 酶的辅因子

根据辅因子与酶蛋白部分结合的紧密程度，酶的辅因子可分为辅酶和辅基两类。通常把与酶蛋白结合比较松的，可以用透析法除去的小分子有机物称为辅酶(coenzyme)；把与酶蛋白结合比较紧密的,用透析法不易除去的小分子物质称为辅基(prosthetic group)。

辅因子可以是金属离子,也可以是小分子有机物(多数是维生素和核苷酸的衍生物),有时这两者对酶的活性都是必需的。金属离子在酶分子中或者作为酶活性部位的成分(表 5-2),或者帮助形成酶活性必需的构象。常见辅因子的功能见表 5-3。

表 5-2 酶的金属离子

酶	辅 因 子
醇脱氢酶、碳酸酐酶、羧肽酶	Zn^{2+}
磷酸转移酶类、精氨酸酶	Mn^{2+}
细胞色素类、过氧化物酶、过氧化氢酶、铁氧还蛋白	Fe^{2+}、Fe^{3+}(在卟啉环中)
酪氨酸酶、细胞色素氧化酶	Cu^{2+}(Cu^{+})
磷酸水解酶类、磷酸转移酶类	Mg^{2+}
质膜 ATP 酶	Na^{+}(K^{+}、Mg^{2+})
丙酮酸激酶	K^{+}(Mg^{2+})

表 5-3 转移电子、原子和基团反应中酶的辅因子

转 移 基 团	辅 酶	辅 基
H 原子、电子	NAD^{+}(维生素 PP 衍生物)	
H 原子、电子	$NADP^{+}$(维生素 PP 衍生物)	
H 原子		FMN(维生素 B_2 衍生物)
H 原子		FAD(维生素 B_2 衍生物)
H 原子	CoQ	
电子		铁卟啉
羧基	焦磷酸硫胺素(维生素 B_1 衍生物)	
酰基	CoA(与泛酸有关)	
羧基(二氧化碳)	生物素	
氨基	磷酸吡哆醛(与维生素 B_6 有关)	
甲基、亚甲基、次甲基、甲酰基及亚氨甲基	FH_4(四氢叶酸)	

通常一种酶蛋白必须与特定的辅因子结合才能成为有活性的全酶,如果该辅因子被另一种辅因子替换,酶即不表现活性。而一种辅因子则常常可以与多种不同的酶蛋白结合,形成具有不同专一性的全酶。例如,NAD(或 NAD^{+})可与不同的酶蛋白结合,组成乳酸脱氢酶、苹果酸脱氢酶和 3-磷酸甘油醛脱氢酶等。由此可见,辅因子所决定的酶促反应性质有一定的通用性,而酶催化的专一性则是由酶蛋白的结构决定的。

3. 酶蛋白的结构

酶的分子结构是酶功能的物质基础。酶蛋白之所以不同于非酶蛋白质,具有催化性和专一性,都是由其分子结构的特殊性决定的。酶的催化活性与它的初级结构和高级结构密切相关。

酶蛋白由组成一般蛋白质的 20 种氨基酸残基组成，具有一级、二级、三级结构，有些还具有四级结构。如果酶蛋白的构象发生变化（别构）、高级结构被破坏（如变性）或某种功能基团被掩盖，均可导致酶失去全部活性。根据酶蛋白的结构特点可将酶分为三类。

1）单体酶

只有一条多肽链构成的酶称为单体酶（monomeric enzyme），如 RNA 酶、胃蛋白酶和溶菌酶等，其相对分子质量为 13 000～35 000。属于这类酶的不多，而且全部为水解酶类。常见的单体酶见表 5-4。

表 5-4　常见的单体酶

酶	相对分子质量	氨基酸残基数/个
溶菌酶	14 600	129
核糖核酸酶	13 700	124
木瓜蛋白酶	23 000	203
胰蛋白酶	23 800	223
羧肽酶 A	34 600	307

2）寡聚酶

由多个亚基组成的酶称为寡聚酶（oligomeric enzyme），寡聚酶的多肽链有的相同，有的不同。碱性磷酸酯酶有两条相同的多肽链，苏氨酸脱氢酶含有四条相同肽链；乳酸脱氢酶含有两种不同的肽链（M 和 H），所以它的四聚体就可能有 M_4、M_3H、M_2H_2、MH_3和 H_4 5 种形式。亚基之间以非共价键结合，在 4 mol/L 的尿素溶液中或通过其他方法可以把亚基分开。已知的寡聚酶（表 5-5）大多为糖代谢酶，其相对分子质量可达数百万。

表 5-5　寡聚酶

酶	亚　基		相对分子质量
	数　目	相对分子质量	
磷酸化酶 a	4	92 500	370 000
己糖激酶	4	27 500	102 000
果糖磷酸激酶	2	78 000	190 000
果糖二磷酸酶	2	29 000	130 000
	2	37 000	
醛缩酶	4	40 000	160 000
3-磷酸甘油醛脱氢酶	2	72 000	140 000
烯醇化酶	2	41 000	82 000
肌酸激酶	2	40 000	80 000
乳酸脱氢酶	4	35 000	150 000
丙酮酸脱氢酶	4	57 200	237 000

3）多酶复合物

由几个酶嵌合而成的复合物称为多酶复合物(multienzyme)，一般由 2～6 个功能相关的酶组成。这样更有利于化学反应的进行，以提高酶的催化效率，同时便于机体对酶的调控。多酶复合物的相对分子质量都达数百万。多酶复合物有利于连续催化反应的进行，前一个酶的产物是后一个酶的底物，直到最后产物的生成。细胞内的多酶复合物以三种状态存在：第一种是以可溶或游离状态存在于细胞质中，催化反应的中间代谢物可以扩散，如丙酮酸脱氢酶复合物；第二种是以某种方式结合成复合体，作用物可以依次进行反应，复合体解体后便丧失活性，如由 7 个酶组成的脂肪酸合成酶系等；第三种是固定在细胞膜、线粒体等亚细胞结构上，成为细胞结构的一部分，如与呼吸链有关的各种酶及脂肪酸合成酶复合物等。

5.2.2　与酶催化作用相关的结构特点

1. 酶的活性中心

酶的活性中心(active center)是酶分子中直接和底物结合，并起催化作用的空间部位。

一般认为活性中心有两个功能部位：一个是结合部位(binding site)，负责结合底物分子，决定酶的专一性；另一个是催化部位(catalytic site)，又称催化基团，负责催化底物发生一定的化学变化，决定催化反应的性质。

对于不需要辅因子的酶来说，活性中心就是酶分子在三维结构上比较靠近的少数几个氨基酸残基或是这些残基上的某些基团，它们在一级结构上可能相距甚远，甚至位于不同的多肽链上，通过肽链的盘绕折叠而在空间构象上相互靠近(表 5-6)。对于需要辅因子的酶来说，除了某些氨基酸残基外，辅因子或者辅因子上的某一部分结构往往也是活性中心的组成部分，如磷酸吡哆醛、核黄素、血红素等。

表 5-6　一些酶活性中心的氨基酸残基

酶	总氨基酸残基数/个	活性中心氨基酸残基
胰蛋白酶	223	His46，Asp90，Ser183
胰凝乳蛋白酶	241	His57，Asp102，Ser195
弹性蛋白酶	240	His45，Asp93，Ser188
胃蛋白酶	348	Asp32，Asp215
木瓜蛋白酶	212	Cys25，His159
枯草杆菌蛋白酶	275	His64，Asp32，Ser221
羧肽酶 a	307	Glu270，Arg127，Arg145，Tyr248，Zn^{2+}

酶活性中心的形成要求酶分子具有一定的空间构象，是酶分子表面的一个特殊区域，常常处于酶分子表面的裂隙处，是一个三维的空间结构部位。

2. 酶的必需基团与非必需基团

对于一个完整的酶分子，是不是仅具有相关基团就能使酶具有完备的催化功能？或者说，酶分子上除活性中心之外的部分有何功能？以木瓜蛋白酶为例，该酶由 180 个氨基酸残基组成，当从其 N 端逐个水解氨基酸残基，直到只剩下 60 个氨基酸残基时，该酶仍保持全部活性，若再切下去则酶很快失去活性，这说明此酶的活性只与剩下的60个氨基酸残基直接相关。但是研究发现其活性中心必需的氨基酸残基仅有2～3个，而这60个氨基酸残基是酶保持活性所必需的部分。

酶表现催化活性所必需的部分称为必需基团(essential group)。必需基团包括活性中心，但必需基团不一定就是活性中心。例如，维持酶分子高级结构所需的基团(如巯基、羟基等)就不和底物结合，甚至直接引起中间产物的分解。酶的活性中心(图5-1)是属于酶催化必需基团的一部分。

酶分子中其他部位(非必需基团)的作用对于酶的催化来说，可能是次要的，但绝不是毫无意义的，它们为酶活性中心的形成提供了结构基础，故称为结构维持中心。所以酶的活性中心与酶蛋白的空间构象的完整性之间是辩证统一的关系，当外界因素破坏了酶的结构时，首先就可能影响酶活性中心的特定结构，从而影响酶的催化活力。

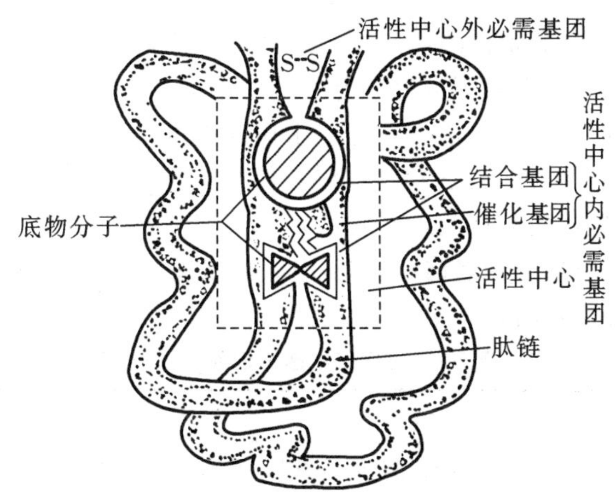

图5-1　酶的活性中心

3. *酶活性中心的测定*

探测酶分子中哪些氨基酸残基属于活性中心的方法有切除法、化学修饰法、X射线晶体衍射法、定点突变法和计算机模拟。

1）切除法

用专一性酶将被测酶分子的肽链切去一段，然后测其剩余肽段有无活性的方法称为切除法。如剩余肽段仍有活性，则表示被切去的一段与该酶的活性中心无关。例如，从卵清溶菌酶N端切去34个氨基酸残基并不影响其催化活力，说明溶菌酶的第1～34位氨基酸残基与其活性中心无关，如将35位的Glu一并切去，酶即失去活力，则说明35位的Glu是该酶活性中心的组分。

2）化学修饰法

该方法是使用一些对酶分子侧链功能基团可进行共价修饰的试剂(通常用酶抑制剂)作用于酶，以查出哪些基团是保持酶活性所必需的。当这种试剂与酶分子侧链上的功能基团结合后，测定酶活性的变化。如果酶并不失活，则表明含有该基团的氨基酸残基与酶的活性中心无关；如果酶全部失活，则表明它属于活性中心；如果酶部分失活，则说明该氨基酸残基可能属于活性中心，但可能只是其底物结合部位，并不是其催化部位。

酶分子中可以被共价修饰的基团很多,如巯基、羟基、咪唑基、氨基和羧基等。可以用作共价修饰的试剂也很多,目前已有 70 多种,用得较多的有氟磷酸二异丙酯(DFP)、二异丙基氟磷酸(DIFP)及 *N*-对甲苯磺酰苯丙氨酰氯甲酮(TPCK)。DFP 这种毒性很大的试剂是有机磷抑制剂中较重要的一种。实验时先把 DFP 加到酶中,再对磷酸化了的酶进行水解,然后对水解产生的肽段进行分离和鉴定,可以得到含有磷酰化丝氨酸残基的肽段,即 DIP 标记了的肽段,称为 DIP-肽。DIP 在水解中未被除去,这对于阐明酶活性中心的组成是很重要的。最后,对 DIP-肽进行序列分析,可以得出一些酶活性中心的氨基酸残基顺序。表 5-6 列举了一部分 DIP-肽的氨基酸残基顺序,从表中可以看出许多酶的活性中心都有丝氨酸残基,某些蛋白水解酶的活性中心还有共同的天冬-丝-甘。

TPCK 是通过使组氨酸残基烷化而对酶进行亲和标记。亲和标记是确定酶活性中心的另一种重要方法。人工合成一些与正常底物相似的化合物,使其与酶反应,活性中心中与底物起反应的基团就会和 TPCK 结合,从而可找出活性中心中的氨基酸残基。DFP 和 TPCK 两种试剂结合使用,在胰凝乳蛋白酶活性中心的研究中起了很大的作用。

此外,碘乙酸、对氯汞苯甲酸等可以与酶侧链中的巯基作用,如果酶活性在加入上述试剂之后受到抑制,则表明巯基属于活性中心。采用这类试剂时,还可以配合使用抑制剂,如丙二酸盐(琥珀酸的类似物)抑制琥珀酸脱氢酶,使酶免受不可逆的巯基抑制剂——碘乙酸的失活作用,这也表明巯基在某些酶的活性中心占有特殊地位。表 5-7 列举了用作化学修饰的部分试剂。用它们对酶进行修饰后证明,组氨酸残基的咪唑基、赖氨酸残基的 ε-氨基也常常是酶活性中心的必需基团。

表 5-7　用作化学修饰的部分试剂

受作用的氨基酸残基	试　剂
半胱氨酸残基	碘乙酸、碘乙酰胺、*N*-乙基顺丁烯二酰亚胺、二硝基氟苯、*N*-(4-二甲氨-3,5-二硝基苯)、顺丁烯二酰基胺
酪氨酸残基	碘、重氮化合物、*N*-乙酰咪唑
色氨酸残基	2-羟基-5-硝基溴苯
组氨酸残基	重氮化合物、二硝基氟苯
赖氨酸残基	二硝基氟苯、乙酸酐

还有一些用来测定酶活性中心的方法,例如用强还原剂硼氢化钠使醛缩酶的酶-底物复合物还原,对这个还原了的酶-底物复合物进行部分水解,可以得到一个含甘油酰衍生物的肽,其中有特异性的赖氨酸残基。

3) X 射线晶体衍射法

X 射线晶体衍射法为测定酶的活性中心提供了许多直接、确切的实验结果。该法可以测定酶-底物复合物的三维结构,可直接探明酶结合部位的三维结构、酶与底物的结合情况以及结合的基团。但此法只适用于能结晶的酶蛋白。

4) 定点突变法

定点突变法是评价酶分子特定氨基酸残基作用的一种有效方法,可用于研究酶的活性中心。对一种酶分子上的某个或某些氨基酸残基进行诱变,通过与野生型酶对比,会了解该氨基酸残基对酶催化活性的影响,为酶活性中心必需氨基酸的研究和酶的催化机理研究提供重要信息。如将胰蛋白酶 Asp102 诱变为 Asn102,突变体的 k_{cat}仅为野生型的 1/5 000,突变体水解底物的活性仅为天然胰蛋白酶的 1 /1 000,可见 Asp102 对胰蛋白酶催化活性是必需的;将胰蛋白酶 Asp189 突变为不带电荷或带正电荷的氨基酸残基后,胰蛋白酶活性完全丧失,结合胰蛋白酶的底物特征(只能水解碱性氨基酸羧基与其他氨基酸氨基形成的肽键),该结果揭示,胰蛋白酶 Asp189 通过带负电荷的侧链与底物上的碱性氨基酸残基带正电荷的侧链相互作用,决定了胰蛋白酶的底物专一性。近年来,随着分子生物学技术的发展,蛋白质的定点突变已变得十分容易,基于氨基酸突变的定向进化技术也广泛用于酶分子的改造中。定向进化是在体外的实验环境中模拟生物体自然进化的实验手段,通过随机突变氨基酸,构建突变体重组文库,再进行定向筛选,以获得预期的目的蛋白质。酶的定向进化可在不了解酶蛋白的结构及催化机制的条件下,获得具有特定催化性能的突变体酶蛋白。定向进化方法高度依赖于完善的突变体重组文库以及高效的高通量定向筛选方法,存在着无效突变多、筛选困难及工作量大等问题。

5）计算机模拟

随着高性能计算机的发展,计算机模拟技术已经能够处理复杂的生物大分子的动态变化过程,在研究酶的活性中心和催化机制方面具有独特优势。通过计算机模拟,可以对酶的活性中心、催化反应中形成的酶-底物复合物和过渡态等结构进行直接的预测和鉴定,而且可以在原子水平上提供更为精细的分子结构,并对反应的能量变化进行精确的计算和分析,在此基础上,可解析每一个基团对酶催化作用的贡献。如当通过分子动力学模拟技术获得突变体的热力学和动力学信息后,将其与野生型酶的动力学行为进行对比,可获得该突变位点直接或间接影响催化活性的理论机制。此外,传统的生物学实验难以捕捉酶与底物相互作用的动态细节,而分子动力学模拟能通过对酶-底物复合物的全原子分子动力学模拟计算,详细地“观察”催化活性中心氨基酸的构象变化过程,并对反应的能量变化进行精确的计算和分析,这些重要信息可为酶分子的理性设计提供理论指导。

此外,酶促反应速率常数的研究,以及 pH 值对米氏常数和最大反应速率影响的研究等酶促反应动力学方面的工作,对于判断活性中心和阐明酶的作用机理,也有重要的参考价值。

5.3 酶的催化作用机制

酶的催化作用机制探讨的内容包括酶如何与底物结合及酶如何能使反应加快两个方面。

5.3.1 酶促反应的本质

化学反应动力学的研究认为,在反应的瞬间,只有那些能量达到或超过一定水平(活化能,以 ΔE 表示)的“活化分子”才能发生变化,形成产物。反应物中这些活化分子越多,反应速率就越快。活化能的定义是在一定温度下 1 mol 底物全部进入活化态所需要的自由能(free energy),单位是 J/mol。

催化剂能降低化学反应的活化能,如图 5-2 所示。由于在催化反应中,只需较少的能量就可使反应物进入活化态,所以和非催化反应相比,活化分子的数量大大增加,从而加快了反应速率。例如 H_2O_2的分解,当没有催化剂时活化能为75.24 kJ/mol;用胶态钯作催化剂时,活化能为 48.9 kJ/mol;当用过氧化氢酶催化时,活化能下降到 8.36 kJ/mol 以下。

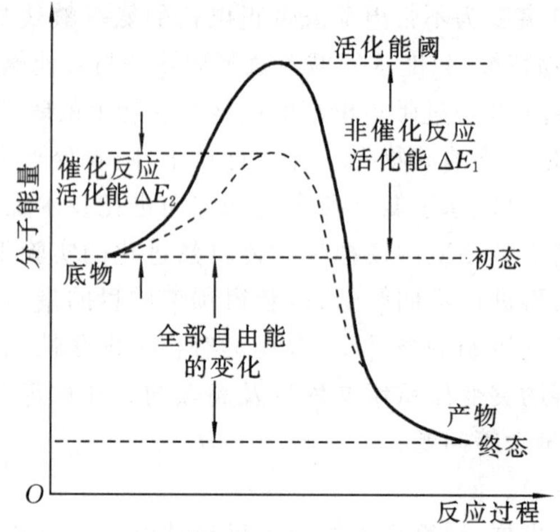

图 5-2 非催化反应与催化反应过程的能量变化

酶作为催化剂参加一次化学反应之后,酶分子立即恢复到原来的状态,继续参加反应。所以一定量的酶在短时间内能催化大量的底物发生反应。

5.3.2 酶的催化机制——中间产物学说

酶是通过降低反应的活化能加快化学反应的,那么酶是如何降低活化能的?目前用一般公认的中间产物学说可以解释酶的催化机制。中间产物学说是由 Brown 和 Henri 提出的,该学说认为:酶(E)催化某一化学反应时,总是先与底物(S)形成不稳定的酶-底物复合物(ES),此中间产物极为活泼,很容易分解成酶(E)和产物(P),酶(E)又可与新的底物(S)结合,继续发挥其催化功能。

$$E+S \rightleftharpoons ES \longrightarrow E+P$$

在酶促反应进程中,酶(E)与底物(S)结合形成 ES,致使底物(S)分子内的某些化学键发生极化而呈现不稳定状态(又称过渡态),从而大大降低了底物(S)的活化能,使反应加速进行。

中间产物的存在与否是该学说的关键,但中间产物本身处于过渡态,很不稳定,很快即降解成产物,或者又解离成底物,直接分离研究中间产物较困难。用吸收光谱法测定过氧化物酶(纯的),可出现四条吸收带 (640 nm、583 nm、548 nm、498 nm),其溶液为褐色。加入过氧化氢底物(对可见光无吸收)时,其光谱吸收带变为两条(561 nm、530.5 nm),溶液变为红色。此时如再加入焦性没食子酸,后者即被氧化,而溶液又显褐色,光谱吸收带又恢复到原来的四条吸收带。即可证明中间产物的存在。

5.3.3 酶与底物的结合

酶与底物是如何形成中间产物的?Fischer 和 Koshland 分别提出了"锁钥学说"和"诱导契合假说",这也是从酶活性中心与底物的相互作用方面解释酶的专一性。

1. 锁钥学说

Fischer 曾用“模板”或“锁钥学说”来解释酶作用的专一性，认为底物分子或底物分子的一部分可以像钥匙那样，专一地嵌入酶的活性中心部位，也就是说，底物分子进行化学反应的部位与酶分子上有催化效能的必需基团具有紧密互补的关系，并且假设底物与酶结合至少有三个功能基团形成的三维结构区域，如图 5-3(a)所示。该学说可以很好地解释酶的立体异构专一性，亦可解释为什么酶变性后就不再有催化活性，但是不能解释酶专一性的所有现象。例如，假设酶活性中心是“锁”而底物是“钥匙”，那么，酶活性中心的结构就不可能既适合于可逆反应的底物，又适合于可逆反应的产物。

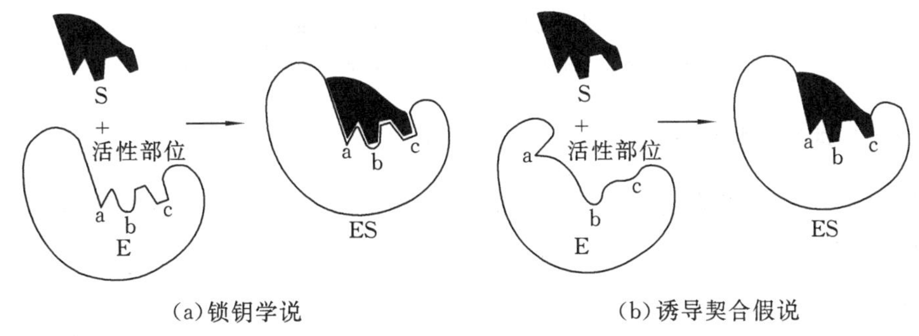

图 5-3　酶与底物结合的两种假说示意图

2. 诱导契合假说

Koshland 在“锁钥学说”的基础上提出了“诱导契合假说(induced-fit hypothesis)”，认为酶的初始状态的活性基团并非处于它们起催化作用的最佳位置，而当酶分子与底物分子接近时，酶蛋白受底物分子的诱导，其构象发生有利于和底物结合的变化，从而使酶与底物互相契合而进行反应，如图 5-3(b)所示。近年来许多实验结果都证明许多酶在它们的催化循环中确实有构象上的变化，特别是 X 射线衍射分析发现未结合底物的游离羧肽酶与结合了甘氨酰酪氨酸底物的羧肽酶在构象上有很大的区别，溶菌酶的 X 射线衍射分析也得到类似的结果。这些都是支持“诱导契合假说”的有力证据。

目前认为这一假说可以比较满意地解释酶的专一性。图 5-4 表示在正常底物和不正常底物存在时酶分子的构象变化。图 5-4(a)表示酶分子原有的构象，图 5-4(b)表示正常底物诱导酶分子发生了构象变化，使催化基团Ⓐ、Ⓑ并列，有利于与正常底物的结合，形成酶-底物复合物。如果引入不正常、非专一性的底物，情况就不同了。图 5-4(c)、图 5-4(d)分别表示引入了一个比底物大、小的分子，在这两种情况下都不能使Ⓐ、Ⓑ并列，不利于酶-底物复合物的形成，故不能发挥催化作用。

这两个学说本质的区别在于：“锁钥学说”认为酶活性中心的构象是僵硬不变的，故有人称其为刚性模型；“诱导契合假说”则认为酶活性中心的构象是柔性可变的，酶与底物相互诱导发生构象上的变形与适应，但是这种变化是有限度的，决定了酶对底物不同的专一性要求。

酶与底物一般在酶蛋白分子的活性部位发生结合，酶蛋白分子中的共价键、氢键、酯键、偶极电荷等皆可作为酶与底物间的结合力。底物分子上的某些功能基团必须具有能使其某一基团与酶分子的相应功能基团起反应的构象，以便于与酶的相应功能基团发生作用。

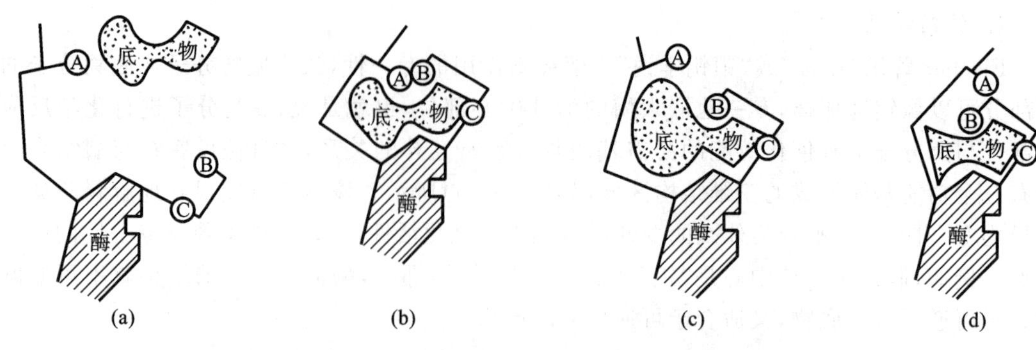

图 5-4　不同底物分子存在时酶的构象变化模型

Ⓐ、Ⓑ为酶分子上的催化基团;Ⓒ为酶分子上的结合基团

5.3.4　酶反应的高效性机制

酶催化底物的基本机制包括酶与底物相遇、互相定向、电子重组以及产物释放。酶实现高效催化有以下机制。

1. 靠近与定向

靠近效应是指在酶促反应中,底物分子进入酶的活性中心后,酶与底物分子结合形成中间复合物,使分子间的反应变为分子内的反应,酶活性部位的底物浓度远远大于溶液中的底物浓度,从而加快反应速率。定向效应是指反应物的反应基团之间和酶的催化基团与底物的反应基团之间的正确取位而产生的效应。酶与底物的靠近与定向如图 5-5 所示。只有既"靠近"又"定向",底物分子才能被作用,迅速形成过渡态中间产物。

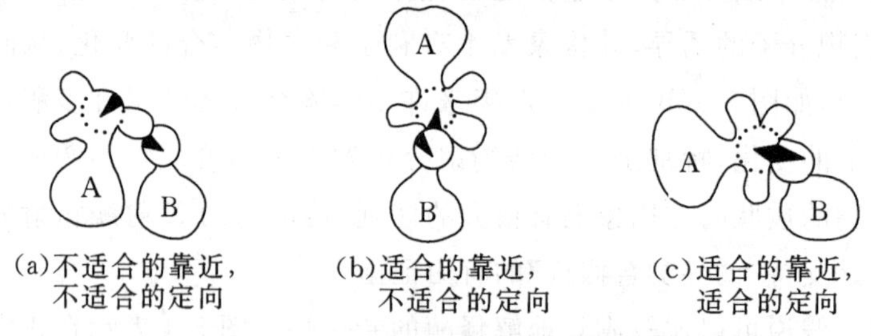

图 5-5　酶与底物的靠近与定向示意图

当专一性底物与活性中心结合时,酶蛋白会发生一定的构象变化,使反应所需要的酶分子中的催化基团与结合基团正确地排列并定位,以便能与底物契合,使底物分子可以"靠近"及"定向"于酶,这就是诱导契合。这样活性中心局部的底物浓度才能大大提高。酶构象发生的种种改变是反应速率加快的一个很重要的原因。

2. 底物形变

前面讲的酶的诱导契合是指底物引起酶的构象发生改变。事实上,在酶与底物相互作用过程中,不仅酶构象受底物作用而变化,底物分子常常也受酶作用而变化。酶分子中的某些基团或离子可以使底物分子内敏感键中某些基团的电子云密度增高或降低,产生"电子张力",使敏感键的一端更加敏感,更易于发生反应。有时甚至使底物发生变形,使酶-底物复合物易于形成。酶构象发生改变的同时,底物分子也发生形变(图 5-6),从而形成一个互相契合的酶-底物复合物。

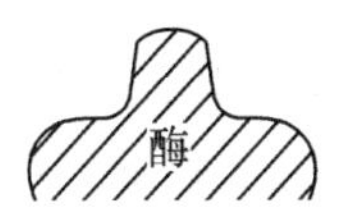

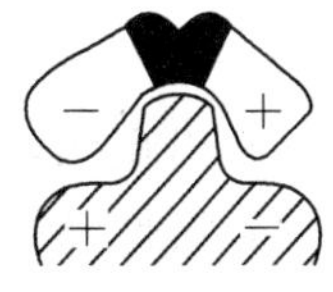

图 5-6 电子张力使底物发生形变示意图

3. 共价催化

某些酶通过酶和底物以共价键形成一个反应活性很高的共价中间物，降低了反应的活化能，从而使反应速率加快。酶反应中可以进行共价催化的、强有力的亲核基团很多，酶蛋白分子上至少就有三种，如丝氨酸残基的羟基、半胱氨酸残基的巯基以及组氨酸残基的咪唑基。此外，辅因子中也含有一些亲核中心。共价结合也可以被亲电子基团催化，最典型的亲电子基团就是 H^+，还有 Mg^{2+}、Mn^{2+} 及 Fe^{3+}。蛋白质中酪氨酸残基的羟基及氨基等都属于此类，它们可以接受电子或供给电子。

通过共价催化而加快反应速率的酶，按提供亲核（或亲电子）基团的氨基酸残基种类进行分类（表 5-8）。

表 5-8 可形成共价 ES 复合物的某些酶

酶		共价中间产物的类型
丝氨酸残基类（羟基结合）	磷酸葡萄糖变位酶	磷酸酶
	乙酰胆碱酯酶	酰基酶
	胰蛋白酶	酰基酶
	胰凝乳蛋白酶	酰基酶
	弹性蛋白酶	酰基酶
半胱氨酸残基类（巯基结合）	磷酸甘油醛脱氢酶	酰基酶
	木瓜酶	酰基酶
	乙酰 CoA-转酰基酶	酰基酶
组氨酸残基类（咪唑基结合）	葡萄糖-6-磷酸酶	磷酸酶
	琥珀酰 CoA 合成酶	磷酸酶
赖氨酸残基类（氨基结合）	果糖二磷酸醛缩酶	Schiff 碱
	转醛酶	Schiff 碱
	D-氨基酸氧化酶	Schiff 碱

4. 酸碱催化

这里的酸碱催化指的是广义酸碱催化，即质子供体或质子受体（对应于酸或碱）对酶促反应的催化作用。酶蛋白中有几种可以起酸碱催化作用的功能基团，如氨基、羧基、巯基、酚羟基及咪唑基等。

影响酸碱催化反应速率的因素有两个：酸碱的强度和提供（或接受）质子的速率。在这些功能基团中，组氨酸咪唑基的解离常数约为 6.0，在中性条件下，有一半以酸形式存在，另一半以碱形式存在，既可以作为质子供体，又可以作为质子受体。因此，咪唑基是最有效的一种催化功能基团。

5. 酶活性部位的微环境效应

某些酶分子表面常常出现凹陷，而活性中心多半靠近或位于疏水微环境的凹陷中。由于疏水环境的介电常数较极性环境的介电常数低，故在疏水环境中两个带电场之间的作用力比在极性环境中的显著增加。当底物分子与酶活性中心相结合时，就被埋在疏水环境中，其中底物与催化基团之间的作用力将比在极性环境中的作用力强得多。这也是使某些酶催化反应的总速率加快的一个原因。

5.4 酶促反应动力学

酶促反应动力学是研究酶促反应速率及其影响因素的科学。这些因素主要包括底物浓度、酶浓度、温度、pH 值、激活剂和抑制剂等。酶促反应动力学对基础理论和生产实践都有十分重要的意义。例如，确定最有效的反应系统、反应条件和反应器，以期能以最少的酶量、在最短时间内完成最大量的反应；建立一个适宜的酶分析系统以期获得准确可靠的结果；筛选出理想的药物或毒物，以期专一而有效地达到治疗疾病或消灭害虫的目的，这些都需要以酶促反应动力学为依据。此外，酶促反应动力学也是探讨酶反应历程、酶作用机制，阐明代谢过程和进行代谢调控的重要手段。

5.4.1 底物浓度对酶促反应速率的影响

酶促反应动力学的研究必须从酶反应的基本动力学关系开始。酶反应的基本动力学关系是指酶反应速率与酶和底物之间的动力学关系。对于任何一个酶反应系统来说，由于酶和底物是最基本的构成因素，它们一方面决定酶反应的基本性质，另一方面各种因素又必须通过它们才能产生影响，因此，这种动力学关系是整个酶促反应动力学的基础。

1. 米氏学说的提出

在 20 世纪初期，人们就已经观察到酶被底物所饱和的现象，而这种现象在非酶促反应中是不存在的，后来发现底物浓度的改变对酶促反应速率的影响比较复杂。在一定的酶浓度下，如将酶促反应速率(v)对底物浓度[S]作图，即得 v-[S]关系曲线(图 5-7)。该曲线可分成三段来进行分析。

(1) 当底物浓度较低时，酶的活性中心没有全部被底物占据，此时随着底物浓度[S]的增加，反应速率 v 成正比例增加，表现为一级反应。

(2) 当底物浓度继续增加时，反应速率虽然仍在增加，但比较缓慢，不再与底物浓度成正比，表现为混合级反应。

(3) 如果再继续增加底物浓度，表现为零级反应，此时尽管底物浓度还可以不断增加，但反应速率不再增加，而是趋向一个极限值，说明酶已被底物所饱和。所有的酶都有此饱和现象，但各自达到饱和时所需的底物浓度并不相同，甚至差异极大。

人们曾提出过各种假说来解释酶反应速率与底物浓度之间的复杂曲线关系，其中比较合理的是中间产物学说。该学说认为，酶促反应的历程是酶与底物首先生成一个中间复合物(此中间产物亦被人们视为稳定的过渡态物质)，再由中间复合物分解成产物和游离的酶。

1913 年，Michaelis 和 Menten 根据中间产物学说对酶促反应进行了数据分析，从而提出酶促反应动力学的基本原理，并推导出酶促反应底物浓度与反应速率的表达式：

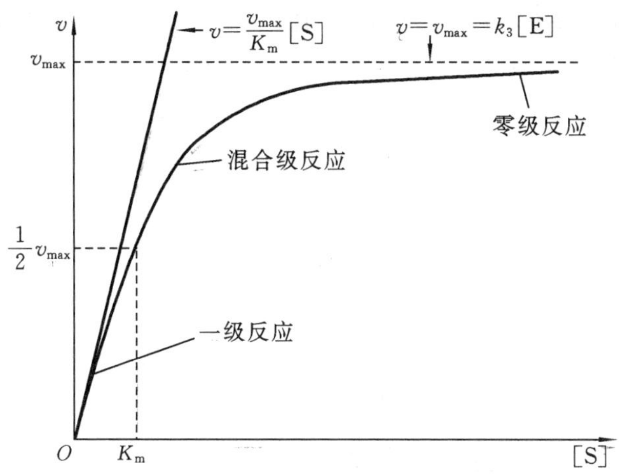

图 5-7 酶的 v-[S]关系曲线

$$v=\frac{v_{max}[S]}{K_m+[S]}$$

式中：v 为反应速率；v_{max} 为最大反应速率；[S]为底物浓度；K_m 为米氏常数。

这个数学式称为米氏方程。米氏方程表明了底物浓度与酶反应速率之间的定量关系，为酶促反应机理的中间产物学说提供了动力学依据，现在一般称为米氏学说。

2. 米氏方程的推导

Michaelis 和 Menten 提出酶促反应动力学基本原理后，Briggs 和 Haldane 又加以补充与发展，米氏方程的推导如下。

第一步：酶(E)与底物(S)作用，形成酶-底物中间产物(ES)。

$$E+S\underset{k_2}{\overset{k_1}{\rightleftharpoons}}ES \tag{1}$$

第二步：中间产物分解，形成产物(P)，同时释放出游离的酶(E)。

$$ES\underset{k_4}{\overset{k_3}{\rightleftharpoons}}P+E \tag{2}$$

这两步反应都是可逆的。它们的正反应与逆反应的速率常数分别为 k_1、k_2、k_3、k_4。

由于酶促反应的速率与酶-底物中间产物(ES)的形成及分解直接相关，因此必须先考虑 ES 的形成速率及分解速率。Briggs 和 Haldane 的发展就在于指出 ES 的量不仅与式(1)的平衡有关，有时还与式(2)的平衡有关，不能一概把式(2)略去不计。

ES 的形成量与 E+S 及 P+E 有关，但 P+E 形成 ES 的速率极小，故可忽略不计。因此，ES 的形成速率可用下式表示：

$$\frac{d[ES]}{dt}=k_1([E]-[ES])[S] \tag{3}$$

式中：[E]为酶的总浓度；[ES]为酶与底物所形成的中间产物的浓度；[E]－[ES]为游离态酶的浓度；[S]为底物浓度；t 为反应时间。

通常底物浓度比酶浓度大得多，即[S]≫[E]，因此被酶结合的底物的量[ES]与底物浓度相比可以忽略不计，即[S]－[ES]≈[S]。而 ES 的分解速率为

$$\frac{-d[ES]}{dt}=k_2[ES]+k_3[ES] \tag{4}$$

当整个酶反应系统处于动态平衡(即恒态)时,ES 的形成速率与分解速率相等,即

$$k_1([E]-[ES])[S]=k_2[ES]+k_3[ES]$$

$$\frac{([E]-[ES])[S]}{[ES]}=\frac{k_2+k_3}{k_1} \tag{5}$$

令 $K_m=\frac{k_2+k_3}{k_1}$,则

$$\frac{([E]-[ES])[S]}{[ES]}=K_m \tag{6}$$

由上式可得

$$[ES]=\frac{[E][S]}{K_m+[S]} \tag{7}$$

因为酶反应的速率 v 与[ES]成正比,所以

$$v=k_3[ES] \tag{8}$$

将式(7)代入式(8)得

$$v=k_3\frac{[E][S]}{K_m+[S]} \tag{9}$$

当底物浓度很大时,所有的酶都被底物所饱和,转变成 ES 复合物,即[E]=[ES]时,酶促反应达到最大速率 v_{max},所以

$$v_{max}=k_3[ES]=k_3[E] \tag{10}$$

联立式(9)和式(10)得

$$\frac{v}{v_{max}}=\frac{\dfrac{k_3[E][S]}{K_m+[S]}}{k_3[E]}$$

因此

$$v=\frac{v_{max}[S]}{K_m+[S]} \tag{11}$$

这就是米氏方程,K_m称为米氏常数。

3. 米氏常数的意义

由米氏方程可知,当反应速率 v 等于最大反应速率 v_{max} 的一半时,即 $v=\frac{v_{max}}{2}$,代入方程(11)得

$$\frac{v_{max}}{2}=\frac{v_{max}[S]}{K_m+[S]}$$

化简得

$$K_m=[S]$$

由此可知,米氏常数的含义是反应速率达到最大反应速率一半时的底物浓度,其单位与底物浓度的单位一样,一般用 mol/L 或 mmol/L 表示。不同酶的 K_m值可相差很大,表 5-9 列出了一些酶的 K_m值。

表 5-9 一些酶的 K_m 值

酶	底 物	K_m/(mmol/L)
过氧化氢酶	H_2O_2	25

续表

酶	底 物	K_m/(mmol/L)
脲酶	尿素	25
己糖激酶	葡萄糖	0.15
	果糖	1.5
蔗糖酶	蔗糖	28
	棉籽糖	350
胰凝乳蛋白酶	*N*-苯甲酰酪氨酰胺	2.5
	N-甲酰酪氨酰胺	12.0
	N-乙酰酪氨酰胺	32.0
	甘氨酰酪氨酰胺	122.0
谷氨酸脱氢酶	谷氨酸	0.12
	α-酮戊二酸	2.0
	NAD	0.025
	NADH	0.018
肌酸激酶	肌酸	0.6
	ADP	19
	磷酸肌酸	5
乳酸脱氢酶	乳酸	0.017
丙酮酸脱氢酶	丙酮酸	1.3
葡萄糖-6-磷酸脱氢酶	6-磷酸葡萄糖	0.058
磷酸己糖异构酶	6-磷酸葡萄糖	0.7
β-半乳糖苷酶	乳糖	4.0
溶菌酶	*N*-乙酰葡萄糖胺	0.006
苏氨酸脱氢酶	苏氨酸	5
青霉素酶	苄基青霉素	0.05
丙酮酸羧化酶	丙酮酸	0.4
	HCO_3^-	1.0

米氏常数是酶学研究中极为重要的数据。

(1) K_m值是酶的特征常数之一，一般只与酶的性质有关，而与酶的浓度无关。不同的酶K_m值不同，如脲酶的K_m值为25 mmol/L，苹果酸酶的K_m值为0.05 mmol/L。各种酶的K_m值一般为1×10^{-8}～1 mmol/L。

(2) 如果一个酶有几种底物，则对每一种底物都有一个特定的K_m值，并且K_m值还受

pH 值及温度的影响。因此,K_m值作为常数只是对一定的底物、一定的 pH 值、一定的温度条件而言的。测定酶的 K_m值可以作为鉴别酶的一种手段,但是必须在指定的实验条件下进行。

(3) 同一种酶有几种底物就有几个 K_m值,其中 K_m值最小的底物一般称为该酶的最适底物或天然底物,如蔗糖是蔗糖酶的天然底物,N-苯甲酰酪氨酰胺是胰凝乳蛋白酶的最适底物。

$\frac{1}{K_m}$可近似地表示酶对底物亲和力的大小。$\frac{1}{K_m}$越大,表明亲和力越大,因为$\frac{1}{K_m}$越大,K_m值就越小,达到最大反应速率一半时所需的底物浓度就越小。显然,最适底物与酶的亲和力最大,不需要很高的底物浓度就可以很容易地达到最大反应速率 v_{max}。

K_m值随不同底物而异的现象可以帮助判断酶的专一性,并有助于研究酶的活性中心。

可由所要求的反应速率,求出应当加入底物的合理浓度,反之,也可以根据已知的底物浓度,求出该条件下的反应速率。

如果要求反应速率达到 v_{max}的 99%,则

$$99\%v_{max} = \frac{v_{max}[S]}{K_m + [S]}$$

$$99\%K_m + 99\%[S] = [S]$$

$$[S] = 99K_m$$

如已知底物浓度[S]=9K_m,则

$$v = \frac{v_{max} \times 9K_m}{K_m + 9K_m} = 0.9v_{max}$$

即反应速率等于最大反应速率的 90%。

4. 米氏常数的求法

从酶的 v-[S]图上可以得到 v_{max},再从$\frac{v_{max}}{2}$可求得相应的[S],即 K_m值。但实际上即使用很大的底物浓度,也只能得到趋近于 v_{max}的反应速率,而达不到真正的 v_{max},因此测不到准确的 K_m值。

常用双倒数作图法(Lineweaver-Burk 作图法)求得准确的 K_m值。将米氏方程改变成倒数形式:

$$\frac{1}{v} = \frac{K_m}{v_{max}}\frac{1}{[S]} + \frac{1}{v_{max}}$$

实验时选择不同的[S]测定相应的 v,求出两者的倒数,以 $1/v$ 对 $1/[S]$作图(图 5-8(a)),直线外推至与横坐标相交,横坐标截距即为$\frac{1}{K_m}$,纵坐标截距为$\frac{1}{v_{max}}$。

此法因为方便而应用最广,但实验点过分集中于直线的左端,作图不易准确。为此可将米氏方程改变成:

$$v = -\frac{v}{[S]}K_m + v_{max}$$

以 v 对$\frac{v}{[S]}$作图,得一直线(图 5-8(b)),其纵轴截距为 v_{max},直线斜率为$-K_m$,这种方法为 Eadie-Hofstee 作图法。

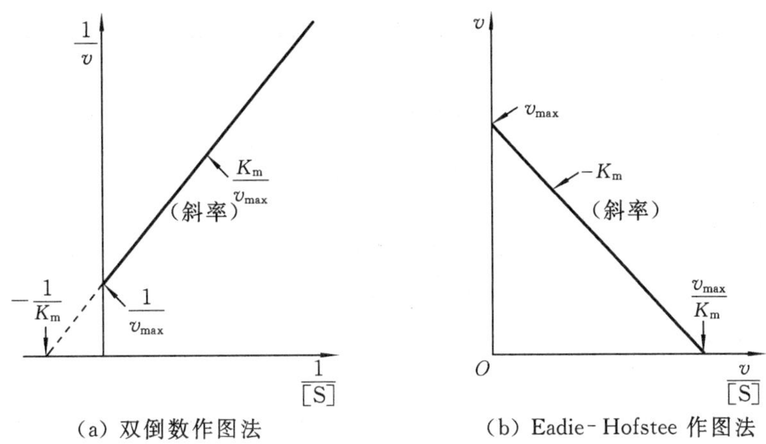

图 5-8　K_m值的作图法求解

5.4.2　酶浓度对酶促反应速率的影响

在酶促反应中，如果底物浓度足够大，足以使酶饱和，则反应速率与酶浓度成正比，这种正比例关系也可由米氏方程推导。

$$v=\frac{v_{max}[S]}{K_m+[S]}$$

又因为

$$v_{max}=k_3[E]$$

所以

$$v=\frac{k_3[E][S]}{K_m+[S]}=\frac{k_3[S]}{K_m+[S]}[E]$$

当[S]维持不变时，$v\propto[E]$。酶的反应速率与酶浓度之间的正比例关系是酶活力测定的基础。但是生产中酶的添加量应视具体情况而定，酶浓度太小，反应时间较长；酶浓度过大，会造成浪费(酶制剂成本较高)，一般通过工艺研究确定酶的最佳用量。

5.4.3　pH 值对酶促反应速率的影响

大部分酶的活力受其环境 pH 值的影响，在一定 pH 值下，酶促反应具有最大速率，高于或低于此值，反应速率都会下降，通常称此 pH 值为酶促反应的最适 pH 值。各种酶的最适 pH 值不同(表 5-10)，一般为 6.0～8.0，但也有不少例外，如霉菌酸性蛋白酶的最适 pH 值为 2.0，地衣芽孢杆菌碱性蛋白酶的最适 pH 值则为 11.0，胃蛋白酶的最适 pH 值为 1.5～2.0。最适 pH 值有时因底物种类、浓度及缓冲溶液成分不同而不同，而且常与酶的等电点不一致，因此，酶的最适 pH 值并不是一个常数，只有在给定条件下才有意义。

表 5-10　几种酶的最适 pH 值

酶	底　　物	最适 pH 值
胃蛋白酶	鸡蛋清蛋白	1.5
	血红蛋白	2.2
丙酮酸羧化酶	丙酮酸	4.8

续表

酶	底　物	最适 pH 值
延胡索酸酶	延胡索酸	6.5
	苹果酸	8.0
过氧化物酶	H_2O_2	7.6
胰蛋白酶	苯甲酰精氨酰胺	7.7
	苯甲酰精氨酸甲酯	7.0
碱性磷酸酶	3-磷酸甘油	9.5
精氨酸酶	精氨酸	9.7

用酶促反应速率对 pH 值作图，一般可以得到一条钟形曲线，如图 5-9 所示。绘制 pH 值-酶活力曲线时，一般采用使酶全部饱和的底物浓度，在此条件下再测定不同 pH 值时的酶活力。由于酶活力受 pH 值影响很大，在酶的提纯或应用中测定酶活力时 pH 值必须是恒定的，所以测定酶活力的反应最好在缓冲溶液中进行。

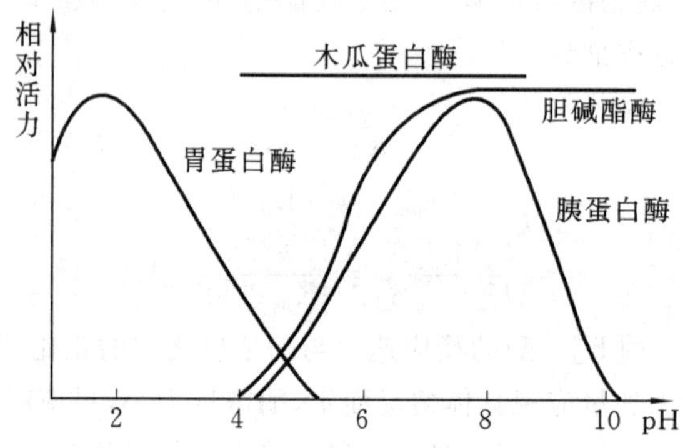

图 5-9　pH 值对几种酶反应速率的影响

pH 值影响酶活力的原因可能有以下几个方面。

(1) 强酸、强碱会影响酶蛋白的构象，甚至使酶变性而失活。

(2) 当 pH 值改变不很剧烈时，酶虽然不变性，但活力会受影响。因为 pH 值会影响底物分子的解离状态，影响程度取决于底物分子中与酶结合的那些功能基团的 pK' 值；也会影响酶分子的解离状态，最适 pH 值与酶活性中心结合底物的基团及参与催化的基团的 pK' 值有关，往往只有一种解离状态最有利于与底物结合，在此 pH 值下酶活力最高；也可能影响中间产物 ES 的解离状态。总之，pH 值可影响 ES 的形成，从而影响酶活力。

(3) pH 值影响分子中其他一些基团的解离，这些基团的离子化状态与酶的专一性及酶分子中活性中心的构象有关。

应当指出的是，酶在试管中反应的最适 pH 值与它所在正常细胞的生理 pH 值并不一定完全相同。这是因为一个细胞内可能有几百种不同的酶，这些酶对该细胞内的生理 pH 值的敏感性不同，也就是说，细胞内的生理 pH 值对某些酶来说是最适 pH 值，而对另一些酶来说则不是，不同的酶在同一 pH 值条件下表现出不同的活性。

5.4.4　温度对酶促反应速率的影响

温度对酶促反应速率的影响有两个方面：①像一般化学反应一样，随着温度升高，活化分子数增多，酶反应速率加快；②随着温度升高，酶蛋白逐渐变性失活，反应速率随之减慢。

在酶促反应中，通常用温度系数(Q_{10})来表示酶对温度变化的敏感程度。Q_{10} 定义为反应温度升高 10 ℃，其反应速率与原反应速率的比值。大多数酶的Q_{10}为 1～2，即温度每升高 10 ℃，酶反应速率上升 1～2 倍。

以酶促反应速率对温度作图，可以得到一条曲线，如图 5-10 所示。这条曲线反映了温度对于酶促反应的两个方面的影响。曲线的顶点对应的温度就是使酶发挥最大催化效应的温度，称为酶反应的最适温度。在低于最适温度时，前一种影响为主；高于最适温度时，后一种影响(酶蛋白变性失活)起主导作用。

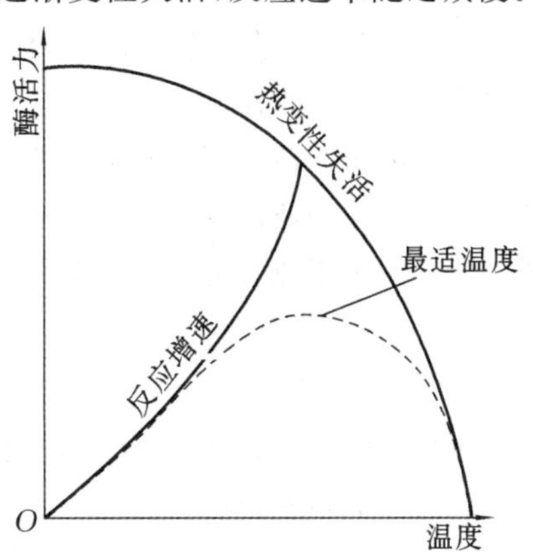

图 5-10　温度对酶反应速率的影响

每一种酶都有一个最适温度。从温血动物组织中提取的酶，最适温度一般在 35～40 ℃，植物酶的最适温度稍高，在 40～50 ℃，大部分微生物酶的最适温度在 30～60 ℃。

酶的最适温度不是一个特征物理常数，而与酶的作用时间、酶浓度、底物、激活剂和抑制剂等因素有关。例如，最适温度会随作用时间的改变而改变，作用时间长，酶的最适温度就低；作用时间短，则酶的最适温度较高。这种规律在生产实践中有重要意义。例如，在葡萄糖的生产中，α-淀粉酶的液化温度控制在 93 ℃，此时在酶作用下液化反应可以在数秒钟之内完成。

酶除了最适温度外，还有一个与生产和应用关系密切的概念——酶的稳定温度范围，它是指在一定时间和一定条件下，酶不变性或极少变性的温度范围。加入保护剂可以提高酶的热稳定性。酶的分离、纯化和干燥的工艺条件的设计，以及酶制剂的使用条件，都必须充分考虑酶的稳定温度范围。

酶在干燥状态下比在水溶液中要稳定得多，对温度的耐受力也明显增强。这一点已用于指导酶的保藏。有些酶的干粉制剂可在室温下放置一段时间，而其水溶液则必须保存于冰箱中；制成冷冻干粉的酶制剂可以放置几个月，甚至更长时间，而未制成这种冷冻干粉的酶溶液即使在冰箱里也只能保存几周，甚至几天就可能失活。

低温会使酶活性降低，但酶不被破坏，当温度回升时，酶的催化活性又随之恢复。酶对低温的稳定性是生物制品、菌种等低温保存的理论基础，而酶的热变性则是高温灭菌的依据。

5.4.5　激活剂对酶促反应速率的影响

凡是能提高酶活性的物质都称为激活剂(activator)，其中大部分是无机离子或小分子有机物。

1. 无机离子

(1) 金属离子。金属离子对酶的作用有两种,一是作为酶的辅因子起作用,二是作为激活剂起作用。作为激活剂起作用的有 K^+、Na^+、Mg^{2+}、Zn^{2+}、Fe^{2+}和Ca^{2+}等,其中 Mg^{2+}是多种激酶和合成酶的激活剂。

(2) 阴离子。在一般浓度下,阴离子的激活作用并不明显。较突出的是动物唾液中的α-淀粉酶受 Cl^-激活,Br^-也有激活作用,但比较弱。

无机离子激活作用的机制通常认为有以下三种:①与酶分子肽链上的侧链基团相结合,稳定酶催化作用所需的空间构象;②作为底物(或辅因子)与酶蛋白之间联系的桥梁;③作为辅因子的一个组成部分,协助酶的催化作用。一般来说,这三种机制相互之间存在协同作用。

2. 小分子有机物

(1) 某些还原剂,如半胱氨酸、还原型谷胱甘肽、氰化物等能激活某些酶,使酶蛋白中的二硫键还原成巯基,从而提高酶的活性,如木瓜蛋白酶及D-甘油醛-3-磷酸脱氢酶。

(2) EDTA(乙二胺四乙酸)是金属螯合剂,能除去酶蛋白中的金属杂质,从而解除重金属离子对酶的抑制作用。

有的简单有机物对酶的激活可能是通过与游离酶结合,形成活性酶复合物,或与底物结合形成复合的活性底物,或与酶-底物复合物结合成三元复合物等,从而起激活作用。

在使用激活剂时,要注意以下两点。

(1) 激活剂对酶的作用有一定的选择性,即一种激活剂对某种酶能起激活作用,而对另外一种酶则可能起抑制作用。有时离子之间有拮抗现象,如 Na^+抑制 K^+的激活作用,Mg^{2+}激活的酶则常被 Ca^{2+}抑制。有时金属离子之间也可相互替代,如 Mg^{2+}作为激酶等的激活剂时,可以被 Mn^{2+}替代。

(2) 激活剂的浓度对其作用也有影响。同一种酶由于激活剂浓度升高,可以从被激活转化为被抑制,如对于 $NADP^+$合成酶,$[Mg^{2+}]$为 5～10 mmol/L 时具有激活作用,但在30 mmol/L时则会使酶活性下降;若用Mn^{2+}代替 Mg^{2+},则在 1 mmol/L 时起激活作用,高于此浓度,则酶活性下降,不再有激活作用。多核苷酸磷酸化酶(PNPase)也有类似现象。

在酶提取或纯化过程中,激活剂容易损失,所以要注意补充。

5.4.6 抑制剂对酶促反应速率的影响

很多因素能降低酶的催化反应速率,但归纳起来可分为两类,即失活作用和抑制作用。由于理化因素的影响,破坏了酶分子的三维结构,酶蛋白变性,导致酶部分或全部丧失活性,称为酶的失活或钝化。酶在不变性的情况下,由于必需基团或活性中心化学性质的改变而引起的酶活性降低或丧失,则称为抑制作用(inhibition)。能引起这种抑制作用的物质称为酶的抑制剂(inhibitor)。抑制剂通常对酶有一定的选择性,一种抑制剂只能抑制某一类或某几类酶。凡是使酶变性失活的因素如强酸、强碱等,其作用对酶没有选择性,不属于抑制剂。

研究抑制剂对酶的作用是非常重要的,它有力地推动了对生物机体代谢途径、某些药物的作用机理、酶活性中心功能基团的性质、维持酶分子构象的功能基团的性质、酶的底物专一性以及酶的作用机理等的研究。此外,很多药物是酶的抑制剂,通过对病原体内某些酶的抑制作用或改变体内某些酶的活性而发挥其治疗功效，了解酶的抑制作用是阐明药物作用机制和设计研究新药的重要途径。

根据抑制剂与酶的作用方式以及抑制作用是否可逆，可将抑制作用分为两大类，即可逆抑制作用(reversible inhibition)和不可逆抑制作用(irreversible inhibition)。

1. 可逆抑制作用

这类抑制剂与酶蛋白的结合是可逆的，可用透析法、分子筛过滤等物理方法除去抑制剂，恢复酶的活性。根据抑制剂与底物的关系，可将可逆抑制作用分为竞争性抑制(competitive inhibition)、非竞争性抑制(noncompetitive inhibition)和反竞争性抑制(uncompetitive inhibition)三种类型。

在酶促反应中，当有抑制剂时，其一般反应机理可用如下模式表示：

$$\begin{array}{ccccc} E+S & \rightleftharpoons & ES & \longrightarrow & E+P \\ + & & + & & \\ I & & I & & \\ \Big\Updownarrow K_i & & K_i' \Big\Updownarrow & & \\ EI+S & \rightleftharpoons & EIS & & \end{array}$$

式中：I 为抑制剂；EI 为酶-抑制剂复合物；EIS 为酶-抑制剂-底物三元复合物；K_i、K_i'分别为相应的中间复合物的解离常数。

根据米氏方程的推导方法，可推导出可逆抑制作用速率方程的一般表达式：

$$v=\frac{v_{max}[S]}{K_m\left(1+\frac{[I]}{K_i}\right)+[S]\left(1+\frac{[I]}{K_i'}\right)}$$

并可由此推导出竞争性抑制、非竞争性抑制、反竞争性抑制的速率方程式。

1) 竞争性抑制

这是最常见的一种可逆抑制作用。这类抑制作用中的抑制剂(I)在分子结构上与底物相似，在酶促反应中与底物(S)竞争，从而阻止底物与酶的结合，因为酶的活性中心不能同时既与抑制剂结合，又与底物结合，也就是说，ES 复合物不能再结合 I，EI 复合物也不能再结合 S。因为竞争性抑制剂与酶形成的 EI 复合物不能分解为酶和产物 P，故酶促反应速率会有所下降。若增加底物浓度，这种抑制作用可以被解除。最典型的例子是丙二酸对琥珀酸脱氢酶的抑制，因为丙二酸与该酶的底物琥珀酸在结构上很相似，于是，丙二酸就对琥珀酸脱氢酶产生了抑制作用。如增加琥珀酸的浓度，则可增加其与酶结合的机会，从而可以使丙二酸的抑制作用减弱或解除。

(1) 速率方程。由于不能形成 EIS 三元复合物，即有 $K_i'\to\infty$，上述一般方程式可改写为

$$v=\frac{v_{max}[S]}{K_m\left(1+\frac{[I]}{K_i}\right)+[S]}$$

速率方程的双倒数方程为

$$\frac{1}{v}=\frac{K_m}{v_{max}}\left(1+\frac{[I]}{K_i}\right)\frac{1}{[S]}+\frac{1}{v_{max}}$$

(2) 动力学曲线。当固定不同抑制剂浓度时,以 $1/v$ 对 $1/[S]$ 作图(图 5-11),各直线交纵轴于一点,说明 v_{max} 不变;直线与横轴交点右移,说明竞争性抑制时,随着抑制剂 I 浓度的增加,K_m 值增大 $(1+[I]/K_i)$ 倍。

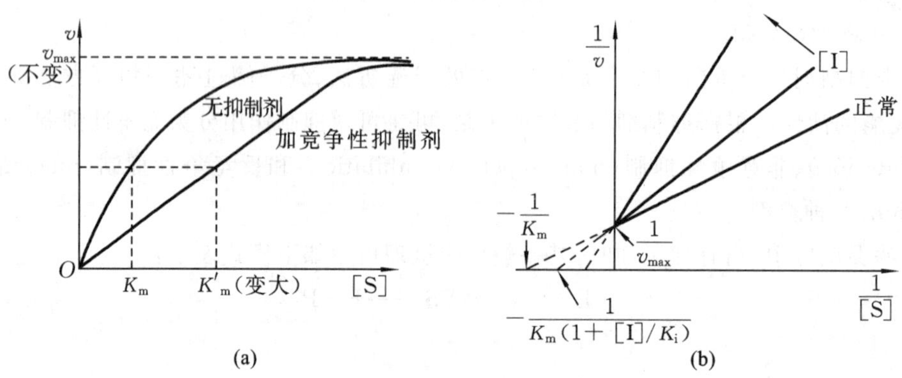

图 5-11 竞争性抑制动力学曲线

2) 非竞争性抑制

非竞争性抑制作用中,底物和抑制剂可同时与酶发生可逆结合,两者没有竞争作用,也没有先后次序。酶与抑制剂结合后,还可以再与底物结合(EIS);酶与底物结合后,也可再与抑制剂结合(ESI)。但是生成的三元复合物(ESI 和 EIS)不能进一步分解为产物,因此酶促反应速率降低。这类抑制剂与酶活性中心以外的基团结合,其结构可能与底物毫无相关之处,如亮氨酸是精氨酸酶的一种非竞争性抑制剂。非竞争性抑制不能用增加底物浓度的方法解除,但可用透析或分子筛过滤的方法将抑制剂除去。

大多数非竞争性抑制都是由一些可以与酶的活性中心以外的巯基可逆结合的试剂引起的。这些巯基对于酶活力来说也是很重要的,因为它们帮助维持酶分子的空间构象。这类试剂如果是某些含有金属离子(Cu^{2+}、Hg^{2+}、Ag^{+} 等)的化合物,与酶反应时存在如下的平衡:

$$E-SH+Ag^{+} \rightleftharpoons E-S-Ag+H^{+}$$

此外,EDTA 结合金属离子引起的抑制也属于非竞争性抑制,如它对需要 Mg^{2+} 的己糖激酶的抑制。图 5-12 可说明竞争性抑制与非竞争性抑制的区别。

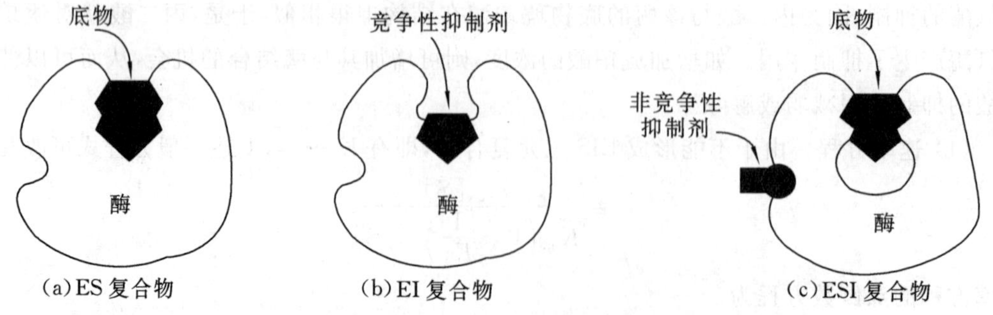

图 5-12 酶与底物或抑制剂结合的中间产物

(1) 速率方程。当 $K_i=K'_i$ 时,有

$$v=\frac{v_{max}[S]}{K_m\left(1+\frac{[I]}{K_i}\right)+[S]\left(1+\frac{[I]}{K_i}\right)}=\frac{v_{max}[S]}{\left(1+\frac{[I]}{K_i}\right)(K_m+[S])}$$

双倒数方程为

$$\frac{1}{v}=\frac{K_m}{v_{max}}\left(1+\frac{[I]}{K_i}\right)\frac{1}{[S]}+\frac{1}{v_{max}}\left(1+\frac{[I]}{K_i}\right)$$

(2) 动力学曲线。非竞争性抑制动力学曲线见图 5-13,各直线在横轴交于一点,说明非竞争性抑制对反应速率 v_{max} 影响最大,而不改变 K_m,[I]越大或 K_i 越小,则抑制因子 $(1+[I]/K_i)$ 越大,对反应抑制能力越大。非竞争性抑制在生物体内大多表现为代谢中间产物反馈调控酶的活性。

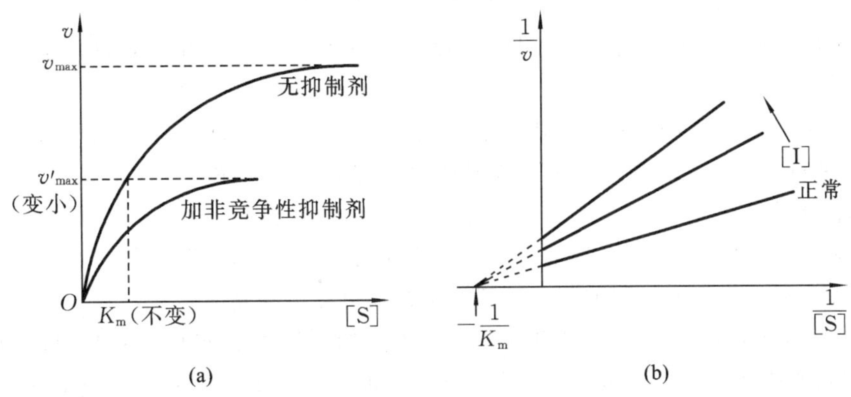

图 5-13 非竞争性抑制动力学曲线

3) 反竞争性抑制

反竞争性抑制剂(I)不与游离酶(E)结合,只能与 ES 复合物结合成无活性的三元复合物 ESI,但 ESI 不能分解产生产物 P。当反应系统中存在抑制剂(I)时,可使 $E+S \rightleftharpoons ES$ 的平衡向右移动,有利于 ES 复合物的形成,因此反竞争性抑制剂(I)的存在反而增加了底物(S)和酶(E)的亲和力。这种情况恰巧与竞争性抑制相反,故称为反竞争性抑制。

(1) 速率方程。由于 I 不能与游离酶 E 结合,因此 $K_i \rightarrow \infty$,一般方程式可改写为

$$v=\frac{v_{max}[S]}{K_m+[S]\left(1+\frac{[I]}{K'_i}\right)}$$

双倒数方程为

$$\frac{1}{v}=\frac{K_m}{v_{max}[S]}+\frac{1}{v_{max}}\left(1+\frac{[I]}{K'_i}\right)$$

(2) 动力学曲线。反竞争性抑制动力学曲线见图 5-14。无论在纵轴上还是横轴上,随着[I]的变化,截距均发生变化,而斜率 v_{max}/K_m 不变,随着[I]的增加,v_{max} 和 K_m 均降低。反竞争性抑制在简单系统中少见,但在多元反应系统中是常见的动力学模型。

2. 不可逆抑制作用

这类抑制剂通常以比较牢固的共价键与酶蛋白中的必需基团结合而使酶失活,不能用透析、超滤等物理方法除去抑制剂而恢复酶的活性。抑制作用随着抑制剂浓度的增加而逐渐加强,当抑制剂的量大到足以和所有的酶结合,则酶的活性完全被抑制。

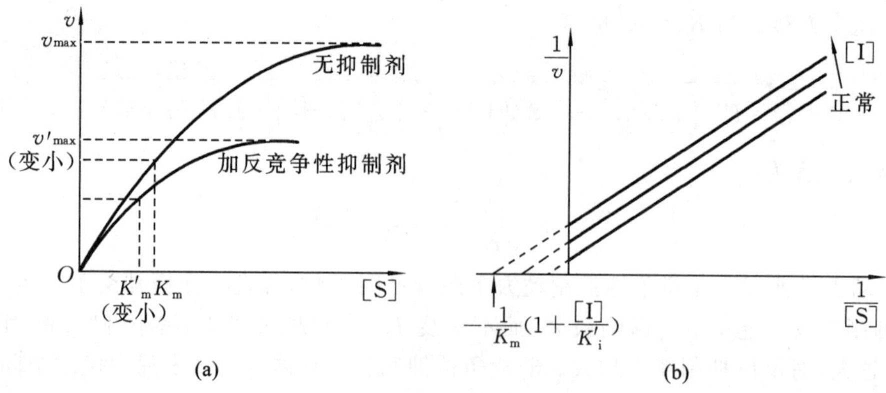

图 5-14 反竞争性抑制动力学曲线

根据不可逆抑制作用的选择性不同,又可将其分为专一性不可逆抑制和非专一性不可逆抑制两类。

(1) 非专一性不可逆抑制。抑制剂可以和酶分子中的一类或几类基团(包含必需基团)发生反应,进行共价结合。由于酶的必需基团也被抑制剂结合,故可使酶失活。

某些重金属离子(Pb^{2+}、Cu^{2+}、Hg^{2+}等)、有机砷化合物以及对氯汞苯甲酸等,能与酶分子中的巯基不可逆结合,许多以巯基为必需基团的酶会因此而被抑制,用二巯基丙醇(dimercaprol,BAL)和二巯基丁二酸钠等含巯基的化合物可以使酶复活。

(2) 专一性不可逆抑制。抑制剂专一作用于酶的活性中心或其必需基团,进行共价结合,从而抑制酶的活性。有机磷杀虫剂专一作用于胆碱酯酶活性中心的丝氨酸残基,使其磷酰化而不可逆地抑制酶的活性。有机磷杀虫剂的结构与底物越相似,抑制作用越快,有人称其为假底物(pseudosubstrate)。当胆碱酯酶被有机磷杀虫剂抑制后,乙酰胆碱不能及时分解,导致乙酰胆碱过多而产生一系列胆碱能神经过度兴奋症状。解磷定(PAM)等药物可与有机磷杀虫剂结合,使酶与有机磷杀虫剂分离而复活。

有些专一性不可逆抑制剂在与酶作用时,通过酶的催化作用,使抑制剂的某一基团被活化,从而与酶发生共价结合,抑制了酶的活性,此类抑制剂称为酶的自杀性底物(suicide substrate)。例如,新斯的明(prostigmine)抑制胆碱酯酶时,先被胆碱酯酶水解,所产生的二甲氨基甲酰基可结合到酶活性中心的丝氨酸残基的羟基上,从而抑制酶的活性。

非专一性不可逆抑制剂(如烷化巯基的碘代乙酸)用途较广,它可以用来很好地了解酶有哪些必需基团,而专一性不可逆抑制剂(如 TPCK、DFP 及 3,4-癸炔酰-*N*-乙酰半胱胺)则往往要在前者提供线索的基础上才能设计出来。另外,非专一性不可逆抑制剂还可用来探测酶的构象。

几种抑制作用的动力学比较见表 5-11。

表 5-11 几种抑制作用的动力学比较

抑制类型	方程式	K_m	v_{max}
无抑制剂	$v=\frac{v_{max}[S]}{K_m+[S]}$	K_m	v_{max}

续表

抑制类型	方程式	K_m	v_{max}
竞争性抑制	$v=\dfrac{v_{max}[S]}{K_m\left(1+\dfrac{[I]}{K_i}\right)+[S]}$	增大	不变
非竞争性抑制	$v=\dfrac{v_{max}[S]}{\left(1+\dfrac{[I]}{K_i}\right)(K_m+[S])}$	不变	减小
反竞争性抑制	$v=\dfrac{v_{max}[S]}{K_m+[S]\left(1+\dfrac{[I]}{K_i'}\right)}$	减小	减小

3. 一些重要的抑制剂

1）不可逆抑制剂

当这类抑制剂过量地加入酶溶液后，随着受抑制酶分子的逐渐增多，抑制作用不断增强，甚至使酶反应停止。某些不可逆抑制剂通过对酶分子的化学修饰起抑制作用，但有时修饰过的酶仍有活性，只是活性极低。

（1）有机磷化合物。有机磷化合物能够与酶活性直接相关的丝氨酸残基上的羟基牢固地结合，从而抑制某些蛋白酶及酯酶，这类化合物强烈抑制与中枢神经系统有关的胆碱酯酶，使乙酰胆碱不能分解为乙酸和胆碱。乙酰胆碱的堆积能引起一系列神经中毒的症状，因此这类物质又称为神经毒剂。第二次世界大战中曾使用过的毒气 DFP，以及一些有机磷杀虫剂都属于此类化合物。它们的一般结构如下：

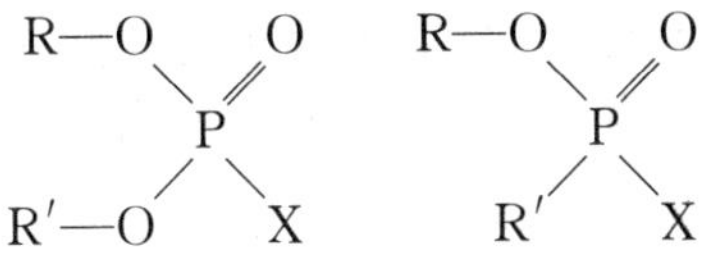

$$\begin{array}{ccc} R-O & & O \\ & \diagdown\ \diagup\!\!\diagup & \\ & P & \\ & \diagup\ \diagdown & \\ R'-O & & X \end{array} \qquad \begin{array}{ccc} R-O & & O \\ & \diagdown\ \diagup\!\!\diagup & \\ & P & \\ & \diagup\ \diagdown & \\ R' & & X \end{array}$$

其中 R、R′为烷基，X 为 F、CN 等

DFP 的结构如下：

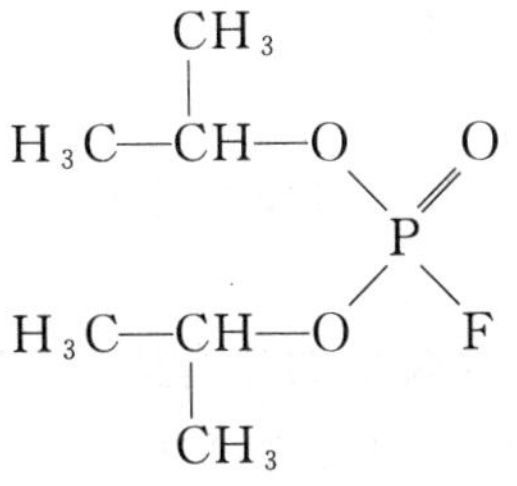

$$\begin{array}{l} \qquad\ \ CH_3 \\ \qquad\quad | \\ H_3C-CH-O \quad\ O \\ \qquad\qquad\quad \diagdown\ \diagup\!\!\diagup \\ \qquad\qquad\qquad P \\ \qquad\qquad\quad \diagup\ \diagdown \\ H_3C-CH-O \quad\ F \\ \qquad\quad | \\ \qquad\ \ CH_3 \end{array}$$

反应过程如下：

$$\begin{array}{ccc} C_2H_5-O & & O \\ & \diagdown\ \diagup\!\!\diagup & \\ & P & \\ & \diagup\ \diagdown & \\ C_2H_5-O & & X \end{array} + E-OH \longrightarrow E-OH\cdots\begin{array}{c} OC_2H_5 \\ \diagup \\ P-OC_2H_5 \\ |\ \diagdown\!\!\diagdown \\ X \quad O \end{array}$$

$$\longrightarrow HX + E-O-\begin{array}{c} \diagup OC_2H_5 \\ P-OC_2H_5 \\ \| \\ O \end{array}$$

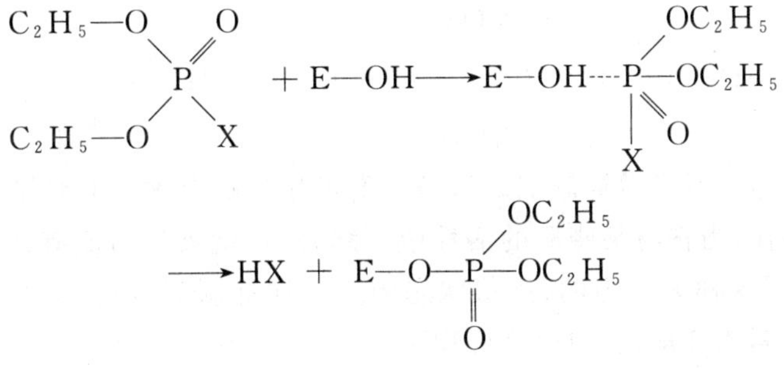

有机磷制剂与酶结合后虽不解离，但有时可用肟类化合物(含 CH═NOH)把酶上的磷酸根除去，使酶复活，临床上应用的解毒剂 PAM 就是这类化合物，其解毒过程如下：

$$\underset{\text{磷酸化酶(失活)}}{E-O-\overset{OC_2H_5}{\underset{O}{\overset{|}{\underset{\|}{P}}}}-OC_2H_5} + \underset{\text{PAM}}{(\text{N}^+\text{-}CH_3\text{吡啶})-CH{=}NOH} \longrightarrow \underset{\text{磷酰化 PAM}}{(\text{N}^+\text{-}CH_3\text{吡啶})-CH{=}NO-\overset{OC_2H_5}{\underset{O}{\overset{|}{\underset{\|}{P}}}}-OC_2H_5} + \underset{\text{游离酶}}{E-OH}$$

(2) 有机汞、有机砷化合物。这类化合物与巯基作用，抑制含巯基的酶，对氯汞苯甲酸的作用如下：

$$E-SH + ClHg-C_6H_4-COO^- \longrightarrow E-S-Hg-C_6H_4-COO^- + HCl$$

这种抑制可因加入过量的巯基化合物如半胱氨酸或还原型谷胱甘肽(GSH)而解除。

这类化合物还可与双巯基化合物作用生成环状硫醇化合物，如三价的有机砷化合物可与辅醇硫辛酸作用：

$$\begin{array}{l} CH_2-SH \\ | \\ CH_2 \\ | \\ CH-SH \\ | \\ (CH_2)_4-COO^- \end{array} + O{=}As-R' \longrightarrow \begin{array}{l} CH_2-S \\ | \quad\quad \diagdown \\ CH_2 \quad\quad As-R' \\ | \quad\quad \diagup \\ CH-S \\ | \\ (CH_2)_4-COO^- \end{array} + H_2O$$

砷化物的毒理作用可能就在于破坏了硫辛酸辅酶，从而抑制了丙酮酸氧化酶系统。路易斯毒气($CHCl{=}CHAsCl_2$)也是有机砷化合物，它的毒理作用也如此，能抑制几乎所有的巯基醇。砷化物的毒性可被过量的双巯基化合物解除，如二巯基丙醇，它是临床上砷化物及重金属中毒的重要解毒剂。

(3) 氰化物。氰化物与含铁卟啉的酶(如细胞色素氧化酶)中的 Fe^{2+} 结合，使酶失去活性而阻抑细胞呼吸。

(4) 重金属。含有 Ag^+、Cu^{2+}、Pb^{2+}、Hg^{2+} 等的盐类化合物能使大多数酶失活，加入螯合剂 EDTA 后可以解除。

(5) 烷化剂。其中最主要的是含卤素的化合物，如碘乙酸、碘乙酰胺及卤乙酰苯等，它们可使酶分子中的巯基烷基化，从而使酶失活，常用作鉴定酶分子中巯基的特殊试剂。其作用如下：

$$E-SH + I-CH_2-C(=O)-OH \longrightarrow E-S-CH_2-C(=O)-OH + HI$$

(6) 有活化作用的不可逆抑制剂。这是一类可用作抑制剂的独特的化合物，以潜伏状态(latent state)存在，当它与某些酶的活性中心结合后，就被激活成有抑制活性的抑制剂。在反应中，酶激活了这种无活力的、潜伏状态的不可逆抑制剂，而自身的活力则完全丧失。所以这类抑制剂又被看作酶的“自杀性底物”。

这类抑制剂只是在遇到对于它们来说是专一性的靶子酶时，才从潜伏状态转变成活性状态，而在一般情况下则不转变。由于这种抑制作用存在高度专一性，而且这种作用是按化学计量关系进行的，因此，它们有可能成为对酶活性中心作高度专一性研究的良好试剂。

2）可逆抑制剂

可逆抑制剂中最重要及最常见的是竞争性抑制剂，它们的结构与正常底物极为相似，但又有一些区别，它们与底物争夺酶，但不能与酶发生作用。当有大量底物存在时，底物先和酶的有关部位结合，抑制作用便会减弱，这种底物的保护作用是酶-底物中间产物学说的证据之一。

常见的可逆抑制剂有以下几种。

（1）磺胺药物。以对氨基苯磺酰胺为例，它的结构与对氨基苯甲酸（PABA）十分相似，是对氨基苯甲酸的竞争性抑制剂。对氨基苯甲酸是叶酸的一部分，叶酸和二氢叶酸则是核酸的嘌呤核苷酸合成中的重要辅酶四氢叶酸的前身，如果缺少四氢叶酸，细菌的生长繁殖便会受到影响。

$H_2N-C_6H_4-COOH$　　$H_2N-C_6H_4-SO_2NH_2$

对氨基苯甲酸　　对氨基苯磺酰胺

OH; N; N; N; N; H_2N; $-CH_2-NH-C_6H_4-CO-NH-CH(COO^-)-CH_2-CH_2-COO^-$

叶酸

人体能直接利用食物中的叶酸，某些细菌则不能直接利用外源的叶酸，只能在二氢叶酸合成酶的作用下，利用对氨基苯甲酸合成二氢叶酸。而磺胺药物可与对氨基苯甲酸相竞争，抑制二氢叶酸合成酶，影响二氢叶酸的合成，最后抑制细菌的生长繁殖，从而达到治病的效果。

抗菌增效剂 TMP（trimethoprim）可增强磺胺药物的药效。因为它的结构与二氢叶酸类似，是细菌二氢叶酸还原酶的强烈抑制剂，但它很少抑制人体的二氢叶酸还原酶。它与磺胺药物配合使用可使细菌的四氢叶酸合成受到双重阻碍，因而严重影响细菌的核酸及蛋白质合成。

（2）氨基叶酸。氨基叶酸是叶酸的竞争性抑制剂，前者用氨基取代了正常叶酸中嘌呤上的羟基，所以氨基叶酸可用作抗癌药物。其结构如下：

NH_2; N; N; N; N; H_2N; $-CH_2-NH-C_6H_4-CO-NH-CH(COO^-)-CH_2-CH_2-COO^-$

利用竞争性抑制是药物设计的根据之一，如抗癌药阿拉伯糖胞苷、5-氟尿嘧啶等都是利用竞争性抑制而设计出来的。

（3）胆碱酯酶的竞争性抑制剂。其结构类似于正常底物乙酰胆碱。胆碱酯酶的抑制剂种类很多,都含有甲基化的季铵基团、碱性氮原子或类似的酯键。植物中的某些生物碱亦能抑制胆碱酯酶(如蕈毒碱等),这类物质具有毒性的原因,可能是抑制胆碱酯酶,使神经冲动产生的乙酰胆碱不能除去。

$$CH_3-\overset{\overset{O}{\parallel}}{C}-O-CH_2CH_2\overset{+}{N}(CH_3)_3$$

乙酰胆碱

$$CH_3-\underset{OH}{CH}-\underset{CH_3}{CH}-\underset{CH_3}{CH}-CH_2-\overset{+}{N}(CH_3)_3$$

蕈毒碱

5.4.7 双底物反应

1. 双底物反应的分类

双底物反应是一类广泛存在的反应,反应模式如下:

$$A + B \longrightarrow P + Q$$

依据底物与酶结合及发生反应的程序不同,双底物反应可分为两大类,即序列反应(sequential reaction)和乒乓反应(ping-pong reaction)。前者又分为顺序序列反应(ordered sequential reaction)和随机序列反应(random sequential reaction)。

1) 序列反应

序列反应是指酶结合底物和释放产物是按先后顺序进行的反应。

(1) 顺序序列反应。底物 A 和 B 与酶的结合按特定的顺序进行,产物 P 和 Q 的释放也有特定顺序,其反应如下:

A↓　B↓　P↑　Q↑

E————————————————E

EA　EAB ⇌ EPQ　EQ

乳酸脱氢酶(LDH)催化乳酸(Lac)脱氢,生成丙酮酸(Pyr)的反应为顺序序列反应,在此反应中 LDH 酶蛋白先与 NAD^+ 结合生成 LDH-NAD^+,再与底物结合,完成催化反应,生成 LDH-NADH-Pyr,然后按顺序释出产物 Pyr 和 NADH。

NAD^+↓　Lac↓　Pyr↑　NADH↑

LDH————————————————LDH

LDH-NAD^+　LDH-NAD^+-Lac ⇌ LDH-NADH-Pyr　LDH-NADH

(2) 随机序列反应。此反应是指酶与底物结合的先后是随机的,可以先 A 后 B,也可以先 B 后 A,无规定顺序,产物的释放也是随机的,先 P 或先 Q 均可。其反应机理如下:

A↓ B↓ (上)　B↑ A↑ (下)　Q↑ P↑ (上)　P↓ Q↓ (下)

E—(EA / EB)—EAB ⇌ EPQ—(EP / EQ)—E

肌酸激酶(CK)催化的反应:

$$ATP + 肌酸(C) \xrightarrow{CK} ADP + 磷酸肌酸(CP)$$

该酶在催化过程中，可以先和肌酸(C)也可先和ATP结合，在形成产物后，可先释放磷酸肌酸(CP)，也可先释放ADP。其反应如下：

$$CK \xrightarrow[\text{ATP}\downarrow\ \text{C}\downarrow]{\text{C}\downarrow\ \text{ATP}\downarrow} \text{CK-ATP-C} \rightleftharpoons \text{CK-CP-ADP} \xrightarrow[\text{CP}\downarrow\ \text{ADP}\downarrow]{\text{ADP}\uparrow\ \text{CP}\uparrow} CK$$

2）乒乓反应

乒乓反应指各种底物不可能同时与酶形成多元复合体，酶结合底物A，并释放产物后，才能结合另一底物，再释放另一产物。由于底物和产物是交替地与酶结合或从酶释放，好像打乒乓球一样，故称乒乓反应。实际上这是一种双取代反应，酶分两次结合底物，释放两次产物。如己糖激酶(HK)催化的反应：

$$\text{葡萄糖(G)} + Mg^{2+}\text{-ATP} \xrightarrow{HK} Mg^{2+}\text{-ADP} + \text{6-磷酸葡萄糖(G-6-P)}$$

可写成

MgATP↓　MgADP↑　G↓　G-6-P↑

HK————————————————————HK

HK-MgATP ⇌ HK-H_3PO_4　　HK-H_3PO_4-G ⇌

HK-H_3PO_4-MgADP　　HK-G-6-P

2. 双底物反应速率方程

用稳态法和快速平衡法都可推导出双底物反应速率方程，但较复杂。这里仅列举常见的两种动力学方程。

序列反应的速率方程：

$$v = \frac{v_{max}[A][B]}{K_s^A \cdot K_m^B + K_m^B[A] + K_m^A[B] + [A][B]}$$

乒乓反应的速率方程：

$$v = \frac{v_{max}[A][B]}{K_m^A[B] + K_m^B[A] + [A][B]}$$

[A]、[B]分别为底物A和B的浓度，K_m^A、K_m^B分别为底物A、B的米氏常数，而K_s^A为底物A与酶E结合物的解离常数。必须指出，在双底物反应中，一个底物的米氏常数可随另一底物浓度的变化而变化，故K_m^A实际上是在B达到饱和状态时A的米氏常数。同理，K_m^B是指A达到饱和状态时B的米氏常数。固定一个底物为饱和状态时测定的米氏常数称为表观米氏常数。v_{max}也是指A、B达到饱和状态时的最大反应速率。

3. K_m与v_{max}的求取

在双底物动力学中，对于K_m与v_{max}，必须先固定某一底物的浓度，改变另一底物的浓度测得一组实验数据，并进行两次作图方可求得。

以乒乓反应为例，双倒数方程为

$$\frac{1}{v} = \frac{K_m^A}{v_{max}}\frac{1}{[A]} + \frac{K_m^B}{v_{max}}\frac{1}{[B]} + \frac{1}{v_{max}}$$

固定[B]，改变[A]，可得一组实验数据，以 $1/v$ 对 $1/[A]$ 作图，固定不同的[B]时得一组平行线（图 5-15）。

从图 5-15 还不能直接获得 K_m^A、K_m^B 及 v_{max} 的数值，因无论是斜率，还是截距都是未知数，故必须第二次作图。将纵轴的每个截距再对 $1/[B]$ 作图，可得图5-16。其斜率为 K_m^B/v_{max}，纵轴截距为 $1/v_{max}$，横轴截距为 $-1/K_m^B$。同理求得 K_m^A。

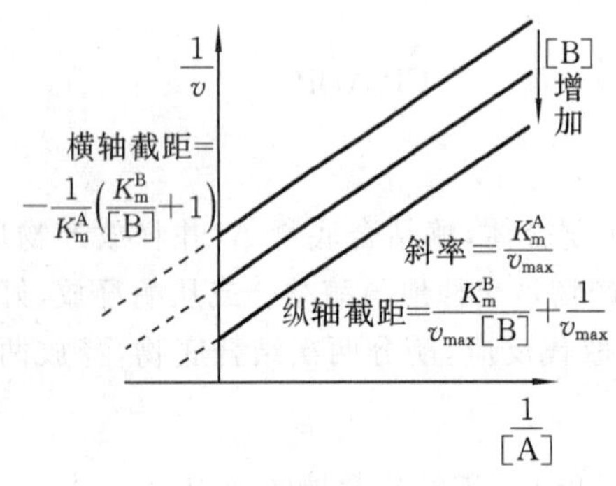

图 5-15　乒乓反应双倒数图

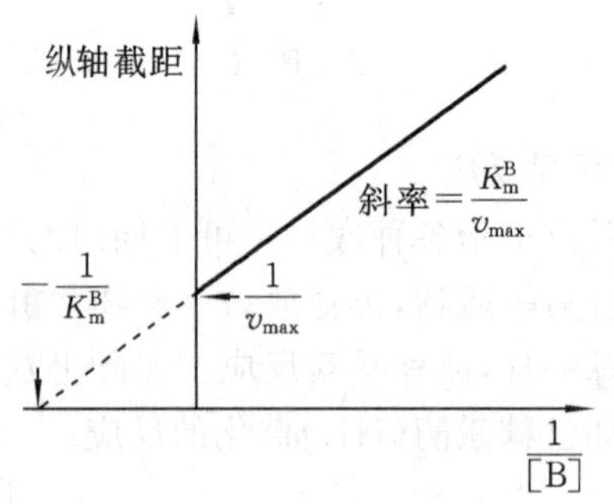

图 5-16　乒乓反应的第二次作图

5.5　酶活性的调节控制

酶活性受各种因素的调节控制，上节介绍了体外因素如底物浓度、酶浓度、pH 值等对酶活性的调节，本节主要介绍生物体内酶活性的调节方式。

5.5.1　别构调节

非催化部位与某些化合物以非共价键可逆结合，导致酶分子构象发生改变，进而改变酶的活性状态，这一过程称为酶的别构调节（allosteric regulation）。具有这种调节作用的酶称为别构酶（allosteric enzyme）。能使酶分子产生别构效应的物质称为效应物（effector）或别构剂，通常为小分子代谢物或辅因子。产生别构效应后酶被激活的，称为别构激活效应；反之则称为别构抑制效应。相对应的效应物分别称为正效应物（positive effector）或别构激活剂和负效应物（negative effector）或别构抑制剂。

许多代谢途径的关键酶就是利用别构调节来控制代谢途径之间的平衡。基因表达过程中，不论是转录水平调控、转录后调控，还是转录-翻译偶联的衰减机制调控都直接或间接地与别构调节有关。

1. 别构酶的特点

别构酶一般是寡聚酶，含有两个以上的亚基，亚基间由次级键连接。酶分子中除了有可以结合底物的活性中心外，还有可以结合效应物的别构中心。这两个中心可位于不同的亚基上，也可位于同一个亚基的不同部位上。别构酶的活性中心与底物结合，起催化作用；别构中心则与效应物结合，起调节酶反应速率的作用。每个别构酶分子都可以有一个以上的活性中心和别构中心，因此可以结合一个以上的底物分子和效应物分子。活性中心与别构中心虽然在空间上是分开的，但这两个中心可以相互影响，通过构象的变化，产生协同效应。协同效应可发生在底物-底物、效应物-底物、效应物-效应物之间，可以是正协同，也可以是负协同。

2. 别构效应

效应物与酶分子中的别构中心结合后，引起酶蛋白构象的变化，使酶活性中心对底物的结合与催化作用受到影响，从而调节酶的反应速率，此效应称为酶的别构效应。别构效应有以下两种类型。

（1）正协同效应。别构酶的一个亚基与一分子底物或效应物结合后，分子产生新的构象，新构象有利于后续底物的结合，表现为正协同效应（positive cooperative effect）。此时酶反应动力学不服从米氏方程，以反应速率（v）对底物浓度（[S]）作图所得曲线呈 S 形（出现两个拐点），而不是双曲线（图 5-17）。正协同效应使酶的反应速率对不同浓度的底物变化不同：当[S]小时，随[S]的增加 v 变化较小；当[S]增加到一定的数值后，v 则快速增加；[S]再增加时 v 的变化又变缓。酶活力对[S]非常敏感，通过酶的正协同效应可以使[S]保持相对稳定的水平。

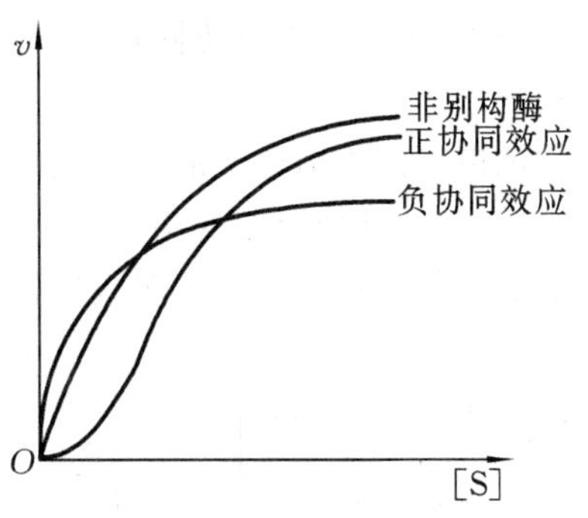

图 5-17　酶的别构效应

（2）负协同效应。在多数情况下，底物（或效应物）对别构酶的作用都表现为正协同效应，但有时底物或效应物结合后产生的新构象不利于后续底物的结合，表现为负协同效应（negative cooperative effect）。具有负协同效应的别构酶的动力学曲线与上述 S 形曲线不同，而与非别构酶的动力学曲线很相似，但又不完全相同。底物浓度很小时，其反应速率上升很快，随后底物浓度虽有较大程度的提高，反应速率的变化却相对很小。换句话说，负协同效应使酶的反应速率对外界环境中底物浓度的变化不敏感。

3. 别构酶的判定

常用饱和比值（saturation ratio，R_s）的大小来区分非别构酶、具有正协同效应的别构酶和具有负协同效应的别构酶。

$$R_s=\frac{\text{酶与底物结合达到 90\% 饱和度时的底物浓度}}{\text{酶与底物结合达到 10\% 饱和度时的底物浓度}}$$

非别构酶 $R_s=81$；具有正协同效应的别构酶 $R_s<81$，R_s越小，正协同效应越显著；具有负协同效应的别构酶 $R_s>81$，R_s越大，负协同效应越显著。

另外，常用 Hill 系数（n）来判断某种酶属于哪一类型：符合米氏方程的酶 $n=1$；具有正协同效应的别构酶 $n>1$；具有负协同效应的别构酶 $n<1$。因此，Hill 系数也可以作为判断协同效应的一个指标。

4. 别构模型

至今已有多种假说解释别构酶协同效应的机制，并设计了多种模型，其中最重要的有以下两种。

1）序变模型（sequential model）

序变模型又称 KNF 模型和渐变模型，是血红蛋白与氧结合的模型（Adair 模型）与诱导契合学说在别构酶研究上的一种发展。KNF 模型的要点如下。

（1）别构酶在底物或别构效应剂不存在时只有一种分子构象。

（2）当配体和一个亚基结合时，可引起此亚基构象的变化，这种变化可引起临近亚基发生同样的构象变化,从而影响该亚基对底物的亲和力。当第二个亚基与底物结合后,又引起第三个亚基的构象变化。这样依次改变,直至全部亚基变为同样的构象。

(3) 亚基与底物或别构效应剂结合后,可使临近亚基对第二个底物分子的亲和力发生改变。这种改变可以是正协同效应,即一个亚基与配体结合后,使临近亚基对底物分子的亲和力增大,也可以是负协同效应,即一个亚基与配体结合后,使临近亚基对底物分子的亲和力减小。

该模型认为酶分子的活化型和抑制型之间各亚基的转变是按照顺序发生的,亚基与调节物结合后,其他亚基的构象逐个依次变化,如图 5-18 所示,其中 R 代表活化态,T 代表抑制态。这种模型适宜于大多数别构酶。

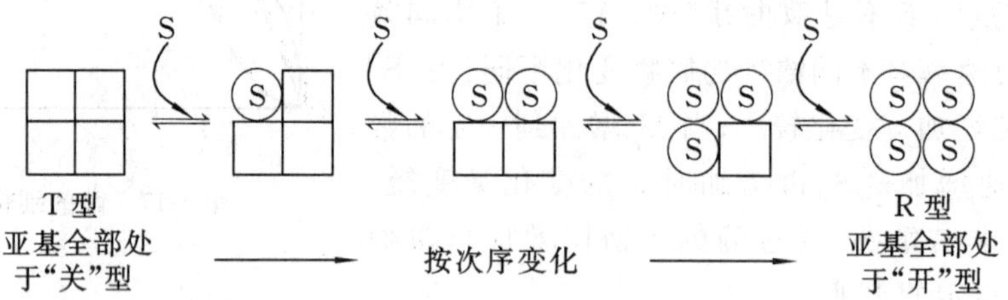

图 5-18 别构酶的序变模型

2) 齐变模型(concerted model)

齐变模型又称对称模型(symmetry model)和 MWC 模型。该模型认为酶的抑制型和活化型之间各亚基的构象转变是同时发生的,如图 5-19 所示,其中 R、T 分别代表活化态和抑制态。其要点如下。

(1) 别构酶是由确定数目的、占有相等地位的亚基组成的寡聚酶。

(2) 对于一种配体(或调节物),每个亚基只有一个结合位点。

(3) 每种亚基有两种构象状态:一种为有利于结合底物或调节物的松弛型(relaxed state, R 型)构象;另一种为不利于底物或调节物结合的紧张型(tensed state, T 型)构象。这两种状态可以互变,取决于外界环境,也取决于亚基间的相互作用。按此模型,构象的改变采取同步协同方式。

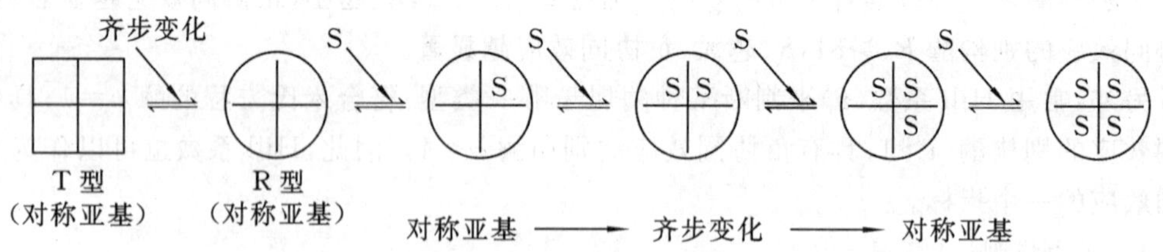

图 5-19 别构酶的齐变模型

(4) 当蛋白质的构象状态发生转变时,其分子对称性不变。

一般认为,齐变模型不适用于负协同反应,但能较好地解释负变构调节作用。

KNF 模型与 MWC 模型的主要区别在于 KNF 模型中的构象转变是渐变方式,其中的 T 型与 R 型之间存在中间型构象,而 MWC 模型中的构象变化是齐变方式,T 型和 R 型之间不存在中间构象。

5.5.2 可逆的共价修饰调节

这种调节作用通过共价调节酶(covalently modulated enzyme)进行。共价调节酶通过其他酶对其多肽链上某些基团进行可逆的共价修饰,使酶分子处于活性与非活性的互变状态,从而调节酶的活性。动物组织中的糖原磷酸化酶(glycogen phosphorylase)即为典型的共价调节酶。

糖原磷酸化酶的作用是催化糖原分解产生1-磷酸葡萄糖。糖原磷酸化酶有活性较强的磷酸化酶a与活性较弱的磷酸化酶b两种形式,前者由4条多肽链组成,每条多肽链的丝氨酸残基上的羟基与一个磷酸基团相连,这些磷酸基团是磷酸化酶a发挥最大活性所必需的。磷酸化酶磷酸酶能水解除去磷酸基团使磷酸化酶a转变为活性较低的磷酸化酶b。

$$\text{磷酸化酶 a}+4H_2O \xrightarrow{\text{磷酸化酶磷酸酶}} 2\text{ 磷酸化酶 b}+4Pi$$

磷酸化酶b经磷酸化酶激酶催化又可同ATP作用转变为磷酸化酶a。

$$4ATP+2\text{ 磷酸化酶 b} \xrightarrow{\text{磷酸化酶激酶}} \text{磷酸化酶 a}+4ADP$$

通过酶分子的磷酸化与去磷酸化,即可实现对磷酸化酶活性的调节。目前已发现100多种酶蛋白合成之后要进行共价修饰才具有催化活性。主要的共价修饰类型有6种:①磷酸化/去磷酸化;②乙酰化/去乙酰化;③腺苷酸化/去腺苷酸化;④尿苷酸化/去尿苷酸化;⑤甲基化/去甲基化;⑥二硫键/巯基。

除了上述两种方式之外,还有通过酶分子的聚合与解聚来实现酶活性的调节。在多数情况下,酶与一些小分子调节因子结合,引起酶的聚合与解聚,从而实现酶活性态与无活性态间的转换。该调节方式为非共价结合,专一性不高而不同于别构调节(如乙酰CoA羧化酶)。另外,酶原的激活也是细胞内酶活性调节的一种常见方式。

5.5.3 酶原激活

有的酶在生物体内合成后不能自发地进行折叠,而合成出来的只是它的无活性酶的前体,称为酶原。酶原在一定条件下转变成有活性酶的过程称为酶原激活。酶原激活是生物体调控酶活性的一种方式。其机制:酶蛋白分子内的一处或几处发生断裂,使分子的构象发生一定的改变,从而形成酶的活性中心,使没有活性的酶原转变成有活性的酶分子。这些酶(主要是消化酶和执行防御功能的酶)在细胞内以无活性酶原形式存在,然后分泌到细胞外,当功能需要时就会被活化而起作用。许多水解酶类是以无活性的酶原形式从细胞内分泌出来,经过切断部分肽段后即变成有活性的酶。有的酶当其肽链在核糖体上合成之后,先自发地进行折叠而形成一定的三维结构,一旦形成一定的构象,酶就立即表现出全部活性,如溶菌酶。

酶原激活过程是共价调节的一种特殊形式——共价键断裂,造成酶原不可逆的构象变化,转变为有活性的酶。例如,胃蛋白酶原(相对分子质量为42 500)在胃酸和胃蛋白酶自身催化下,切除四十二肽(相对分子质量为8 100)后,即形成有活性的胃蛋白酶(相对分子质量为34 500)。又如胰蛋白酶原经肠激酶或胰蛋白酶的自身催化,切下N端一个六肽后即变成有活性的胰蛋白酶。酶原的这种激活,除了切除一定片段外,通常要引起其构象变化。

5.5.4 同工酶

1959 年 Makert 首次用电泳分离法发现动物的乳酸脱氢酶(LDH)具有多种分子形式,并将其称为同工酶(isoenzyme 或 isozyme)。同工酶是指催化相同的化学反应,但其蛋白质分子结构、理化性质乃至免疫学性质等方面都存在明显差异的一组酶。同工酶存在于同一个体的不同组织中,甚至同一组织、同一细胞的不同亚细胞结构中。

现已发现多种同工酶,其中 LDH 是研究得最清楚的一种,在哺乳动物体内有 5 种 LDH 同工酶,它们催化同样的反应:

$$\underset{\text{乳酸}}{CH_3—CHOH—COOH} + NAD^+ \xrightleftharpoons{LDH} \underset{\text{丙酮酸}}{CH_3—\overset{\overset{\displaystyle O}{\|}}{C}—COOH} + NADH + H^+$$

5 种 LDH 同工酶的相对分子质量约为 1.4×10^5,均由 4 个亚基组成,每个亚基的相对分子质量约为 3.5×10^4。4 个亚基可分为两种类型:骨骼肌型(M)和心肌型(H)。5 种同工酶的亚基组成分别为 HHHH(H_4,心肌中以此为主)、HHHM (H_3M)、HHMM(H_2M_2)、HMMM(HM_3)和 MMMM(M_4,骨骼肌中以此为主),相应的名称为 LDH-1、LDH-2、LDH-3、LDH-4 和 LDH-5。两种类型亚基在许多方面都有差别,最重要的是氨基酸组成差别较大,H 型富含酸性氨基酸,而 M 型则富含碱性氨基酸,因此在相同 pH 值条件下带电情况不同,可以用电泳法把不同类型的 LDH 分开。LDH 同工酶的电泳图谱见图 5-20。

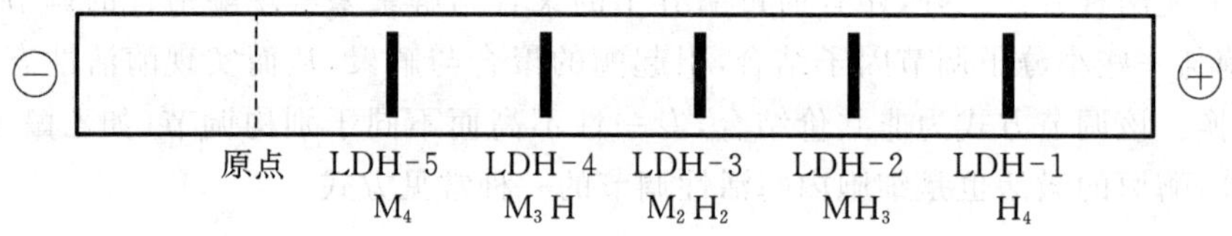

图 5-20　LDH 同工酶电泳图谱

骨骼肌 LDH 对底物丙酮酸的 K_m 值比较高,因此当丙酮酸浓度增加时,酶反应速率会随之加快。而心肌 LDH 对底物丙酮酸的 K_m 值较低,当丙酮酸浓度比较大时,酶很快就会被饱和,反应速率不再随着底物浓度的增加而加快,而且更高浓度的丙酮酸会对酶产生抑制作用。因此,骨骼肌中 LDH-5 多,而心肌和大脑中 LDH-1 多,骨骼肌中可产生大量的乳酸,心肌和大脑则相反,在高浓度丙酮酸条件下,丙酮酸不能转变为乳酸,而是被迫进入三羧酸循环氧化供能。不同器官存在的同工酶是与各器官的代谢环境相适应的,有着不同的生理功能。

5.6 酶的制备与活力测定

5.6.1 酶的分离纯化

大多数酶是具有催化活性的蛋白质,蛋白质的分离纯化方法也是分离纯化酶的常用方法。在酶的提纯过程中应避免使用强酸、强碱,必须在低温下操作,以保证酶的催化活性为基本原则。

分离提纯过程中通过测定酶的催化活性以跟踪酶在纯化过程中的去向，同时酶的催化活性又可以作为选择分离纯化方法和操作条件的指标，在整个酶的分离纯化过程中的每一步骤，都要进行酶的总活力和比活力测定。

酶的纯度一般用比活力表示，比活力即每毫克酶蛋白所具有的酶活力单位数，其单位为活力单位/mg(酶蛋白)。

$$比活力=\frac{总活力单位数}{酶蛋白总量}$$

在酶的纯化工作中，还要计算纯化倍数和产率(即回收率)。

$$纯化倍数=\frac{每次比活力}{第一次比活力}$$

$$产率=\frac{每次总活力}{第一次总活力}\times 100\%$$

一种酶的纯化，往往需要经过多个步骤，纯化操作的步骤越多，纯度会越高，但往往产率会随之降低，实际应用中酶的纯度要与最终使用目的相适应，工业用酶注重产率的提高，而研究及医药(注射)则要求纯度高。天冬酰胺酶纯化过程中比活力的变化见表5-12。

表 5-12 天冬酰胺酶纯化过程中比活力的变化

纯化步骤	总蛋白量/g	总活力/活力单位	比活力/(活力单位/mg(酶蛋白))	纯化倍数	产率/(%)
① 粗抽提液	30	21 000	0.7	1	100
② 氯化锰去核酸，热变性去杂蛋白	7.64	15 017	2.0	2.8	72
③ KOH 冰冻溶解	5.58	14 872	2.7	3.8	71
④ DEAE-纤维素吸附层析	0.113	5 025	44.5	63.5	24
⑤ 硫酸铵盐析	0.048	3 467	71.7	102.0	17
⑥ 羟基磷灰石吸附层析	0.016	3 133	200.0	286.0	15
⑦ 聚丙烯酰胺凝胶电泳	0.012	3 100	255.0	365.0	15

由上表可见，通过6个主要步骤，酶蛋白总量逐渐减少，总活力也减少，但纯度有所提高。

5.6.2 酶活力的测定

酶活力(enzyme activity)是指酶催化一定化学反应的能力。酶活力的高低是研究酶的特性、酶制剂生产及应用的一项不可缺少的指标。

由于酶蛋白的浓度低，共存蛋白质种类多，对酶蛋白缺乏专一性的检测方法，很难直接用质量或体积来表示酶的含量，但是酶催化的化学反应专一性及活性高，易测定，当其他条件一定且底物足够时，酶促反应的速率(用 v 表示)与酶的浓度成正比，所以酶活力可以表示酶量的多少。

1. *酶活力与酶促反应速率*

测定酶活力(实质上是酶的定量测定)就是测定酶促反应的速率(用 v 表示)。对于酶促反应：

$$S \xrightarrow{E} P \qquad v=\frac{d[P]}{dt}=-\frac{d[S]}{dt}$$

酶的反应速率可以用单位时间内、单位体积中底物的减少量或产物的增加量来表示。

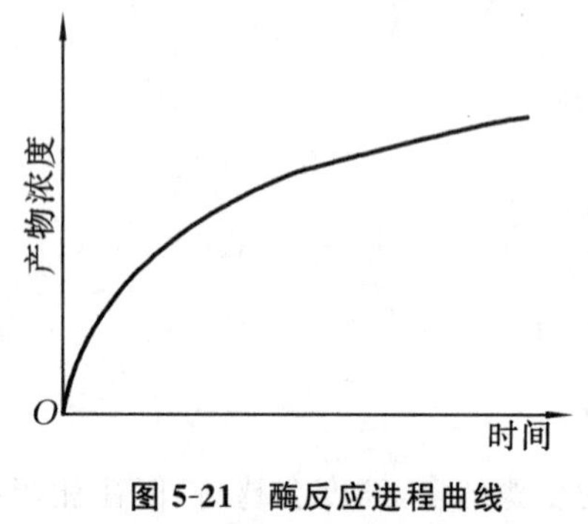

图 5-21　酶反应进程曲线

将产物浓度对反应时间作图(图 5-21)，反应速率为图中曲线的斜率。从图中可以看出，反应速率只在最初一段时间内保持恒定，随着反应时间的延长，反应速率逐渐下降。引起反应速率下降的原因很多，如底物浓度的降低、酶在一定的 pH 值及温度下部分失活、产物对酶的抑制、产物浓度增加而加速了逆反应的进行等。因此，在测定酶活力时，测定的反应速率应是反应刚开始的瞬时速率，一般为底物消耗 5%以内所测定的速率。

2. 酶活力的测定方法

酶促反应的速率受环境条件的影响比较大，因此在测定酶活力时，要维持在一个固定的条件下进行，这包括温度、pH 值(缓冲溶液及离子的种类与强度)。选择底物的种类与浓度，以及合适的酶添加量往往是确定酶活力测定方法的重点。

进行酶活力测定时要测定两个数值，一是反应时间，二是在此时间段内物质量的变化。时间测定主要是酶促反应开始与终止时间的确定，特别是后者往往需要采取终止反应的措施(加热、加入三氯乙酸变性酶)。测定产物增加量或底物减少量的方法很多，常用的方法有化学滴定法、比色法、比旋光度法、气体测压法、紫外吸收法、电化学法、荧光测定法以及同位素技术等。选择哪一种方法，要根据底物或产物的物理化学性质而定。在简单的酶促反应中，底物减少与产物增加的速率是相等的，但一般以测定产物为宜，因为测定酶促反应的速率时，实验设计规定的底物浓度往往是过量的，反应时底物减少的量只占其总量的小部分，测定时不易准确，而产物则是从无到有，只要方法足够灵敏，就可以准确测定。

3. 酶活力单位

酶活力单位(U)是表示酶量的单位，但不是用质量或容量表示，而是用其催化能力表示。酶活力单位的基本定义为规定条件(最适条件)下一定时间内催化完成一定化学反应所需的酶量，有国际酶活力单位和习惯酶活力单位两种。

1) 国际酶活力单位

(1) 酶活力单位(又称国际单位，用 IU 表示)。1961 年国际酶学委员会规定：1 个酶活力单位是指在特定条件下，在 1 min 内能转化 1 μmol 底物的酶量，或者是转化底物中1 μmol 的有关基团所需的酶量。特定条件是指稳定温度选定为 25 ℃，其他条件(如 pH 值及底物浓度等)均采用最适条件。

(2) Kat。1 Kat 是指 1 s 内能转化 1 mol 底物的酶量。该计量单位为国际单位制(SI)的单位。Kat 比 IU 大，1 Kat＝6×10^{7} IU，1 IU＝1.667×10^{-8} Kat。

在“IU”和“Kat”的定义和应用中，酶催化底物的相对分子质量必须是已知的。但在实际应用中，许多生物大分子底物的相对分子质量是未知的，或者以混合物(如淀粉、果胶、纤维素等)为底物，则应用起来就很不方便，所以常用习惯酶活力单位。

2）习惯酶活力单位

在实际使用中，不同的酶有各自的习惯酶活力单位。

（1）α-淀粉酶活力单位。每小时分解 1 g 可溶性淀粉的酶量为一个酶活力单位。也有规定每小时分解 1 mL 2%可溶性淀粉溶液为无色糊精的酶量为一个酶活力单位。

（2）糖化酶活力单位。在规定条件下，每小时转化可溶性淀粉产生 1 mg 还原糖（以葡萄糖计）所需的酶量为一个酶活力单位。

（3）蛋白酶活力单位。在规定条件下，每分钟分解底物酪蛋白产生 1 μg 酪氨酸所需的酶量为一个酶活力单位。

（4）DNA 限制性内切酶活力单位。在推荐反应条件下，每小时可完全消化 1 μg 纯化的 DNA 所需的酶量为一个酶活力单位。

可见，习惯酶活力单位物质量的规定多以质量为单位，不同规定差别较大，就是同一种酶（如 α-淀粉酶）往往有不同单位，所以当应用任何一种酶（制剂）时，不能只看有多少单位，还要注意所采用的单位是怎样定义的、是在什么条件下进行反应、用什么方法测定的，只有单位和测定条件相同的酶活力单位数才能进行比较。

思　考　题

1. 酶的化学本质是什么？如何证明？它作为生物催化剂有何特点？

2. 辅酶与辅基有何不同？它们与激活剂有何区别？

3. 何谓酶的专一性？有哪几类？如何解释酶的专一性？研究专一性有何意义？

4. 何谓酶的活性中心和必需基团？测定活性中心的方法有哪些？

5. 与酶反应的高效性有关的机制有哪些？它们是如何加快酶促反应速率的？

6. 影响酶促反应速率的因素有哪些？

7. 进行酶活力测定时应注意什么？为什么测定酶活力时应以测定初速率为宜，并且底物浓度应大大超过酶浓度？

8. 米氏方程中 K_m 的意义、求法及应用是什么？

9. 何谓竞争性抑制和非竞争性抑制？举例说明几种可逆抑制剂和不可逆抑制剂。研究抑制作用的意义是什么？

10. 某酶的双倒数曲线如图 5-22 中 A 线所示，当加入抑制剂 B 后，则曲线成为 I_B，加入抑制剂 C 后变为 I_C。

（1）写出该酶的米氏方程；

（2）判断抑制剂 B、C 的抑制类型；

（3）欲使酶的反应速率达最大反应速率的 99%，应使用多大的底物浓度？图中 v 的单位为 10^{-6} mol/(L · min)，[S]的单位为 10^{-3} mol/L。

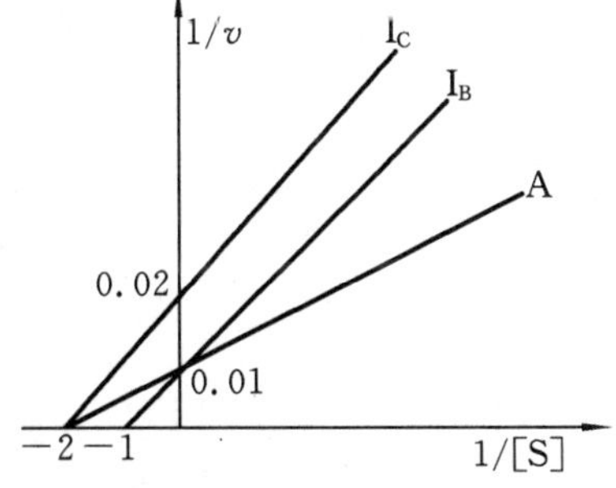

图 5-22　思考题 10 附图

11. 将 1 g 淀粉酶制剂用水溶解成 500 mL 溶液,从中取 1 mL 测定淀粉酶活力,测得 2 min 分解 0.20 g 淀粉。

(1) 计算每克酶制剂所含的淀粉酶活力单位数(每小时分解 1 g 淀粉的酶量称为一个酶活力单位)。

(2) 将 1 g 酶制剂消化后定容至 100 mL,从中取 2 mL 蒸馏,测得蛋白氮含量为 0.4 mg,计算该酶制剂的比活力。

12. 下列数据取自某酶促反应 S ⟶ P,以该数据用[S]/v 对[S]作图法确定 K_m 和 v_{max}。

$[S]/(10^{-5}$ mol/L)	0.833	1.25	2.00	3.00	4.00	6.00	8.00	10.00
$v/[10^{-9}$ mol/(min · L)]	13.8	19.0	26.7	34.3	40.0	48.0	53.3	57.1

13. 取 25 mg 蛋白酶粉配制成 25 mL 酶溶液,从中取出 0.1 mL 酶溶液,以酪蛋白为底物用Folin-酚比色法测定酶活力,得知每小时产生 1 500 μg 酪氨酸。另取 2 mL 酶溶液用凯氏定氮法测得蛋白氮为 0.2 mg。若以每分钟产生 1 μg 酪氨酸的酶量为一个活力单位,根据以上数据,求出:

(1) 1 mL 酶液中所含蛋白质量及活力单位;

(2) 比活力;

(3) 1 g 酶制剂的总蛋白含量及总活力。

第6章 核酸化学

瑞士科学家 Miescher F. 从外科绷带上脓细胞的细胞核中分离得到一种含磷丰富的物质，并将其称为核素(nuclein)。这种核素由碱性部分和酸性部分组成，碱性部分为蛋白质，酸性部分即被称为核酸。Miescher F. 后来在鲑鱼精子头部也发现了同样的酸性物质，并部分纯化了核酸。像蛋白质一样，核酸是大分子聚合物，其基本构成单位是核苷酸(nucleotide)。

1944 年，Avery 通过肺炎球菌转化实验首次证明 DNA 是遗传的主要物质。随后，苏联科学家 Chargaff E. 在测定了多种生物的 DNA 碱基组成后，发现 DNA 的碱基组成具有种的特异性。同时发现，任何一种 DNA，其腺嘌呤残基的数量等于胸腺嘧啶残基的数量(A＝T)，鸟嘌呤残基的数量等于胞嘧啶残基的数量(G＝C)。这种数量关系被称为 Chargaff 定则。

Watson J. 和 Crick F. 于 1953 年提出了著名的 DNA 双螺旋结构模型，并对其复制机理进行推测。

6.1 概　　述

从发现核酸到揭示核酸的组成与结构及其与遗传的关系，历经大半个世纪。Mendel G. J. 在豌豆杂交实验中提出：决定生物性状的是“遗传因子”。这一名称在 1909 年，由丹麦生物学家 Johannsen W. 根据希腊文“给予生命”之义，改称为基因(gene)。此时的基因仍然是一个抽象的概念，而无具体的结构形态。随后经过果蝇杂交实验，证实决定生物性状的基因与生物体中特定的染色体结构相关。1953 年，DNA 双螺旋结构被阐明，自此人们才开始对基因、染色体及遗传物质 DNA 等有真正意义的理解，并逐步揭示它们在控制遗传性状中的重要作用与机制。

6.1.1 染色体、基因和 DNA

染色体是遗传信息的主要携带者，它存在于细胞核中，由 DNA、蛋白质和少量 RNA 组成，容易被碱性染料着色，在显微镜下可见染色体呈现丝状或杆状结构(图 6-1)。在细胞分裂中期，染色体由两条姐妹染色单体组成，它们仅在着丝粒处相连。根据着丝粒位置的不同，染色体可分为中着丝粒染色体、近中着丝粒染色体、近端着丝粒染色体和端着丝粒染色体 4 种类型。有些染色体的大小可因不同生物、不同组织、不同外界条件而差别很大。染色体的长度为 0.2～50 μm，直径为 0.2～2 μm。每种生物染色体数目是相对固定的。在体细胞中染色体成对存在，而在配子细胞中，染色体数目是体细胞中的一半。染色体的数目和形状可作为生物种的特征之一，因此可用染色体作为物种分类并探索物种之间亲缘关系的一个指标。1928 年 Morgan T. H. 证实了染色体是遗传基因的载体，并由此获得诺贝尔生理学或医学奖。

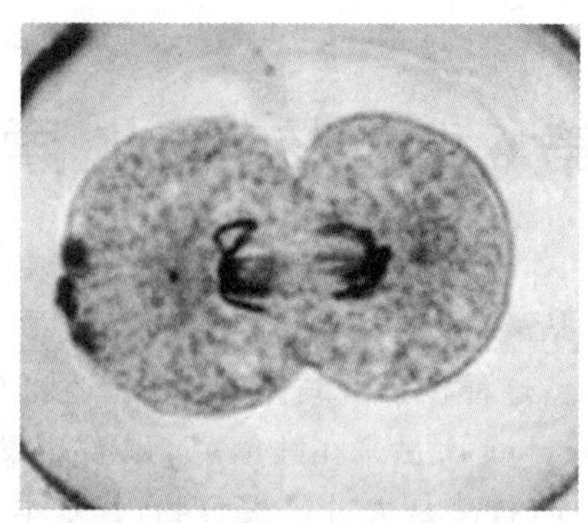

图 6-1 显微镜下正在分裂的细胞
(中心黑色的丝状物为染色体)

证实染色体化学本质的是微生物学家 Avery。Avery 在研究肺炎球菌的转化实验中,将致病的光滑型肺炎球菌的 DNA 与不致病的粗糙型肺炎球菌混合培养后,该 DNA 能使不致病的肺炎球菌获得致病性状,证明 DNA 是细菌性状发生转化的原因,从而在理论上确立了 DNA 分子就是遗传信息及基因的载体。几年之后,Hershey 等进一步证实了这一观点。他们用放射性同位素 ^{32}P 和 ^{35}S 分别标记 T2 噬菌体的内部 DNA 和外壳蛋白质,然后用这种噬菌体感染大肠杆菌宿主细胞。结果发现只有 ^{32}P 标记的 DNA 进入宿主细胞的内部,并重新繁殖出子代噬菌体。在宿主细胞内新组装的噬菌体的外壳蛋白质中并无放射性标记,这一实验进一步表明:噬菌体中的遗传物质是 DNA,而不是蛋白质。Avery 和 Hershey 等的实验均有力地证明了 DNA 在决定遗传性状中的作用,是携带基因的物质实体。

基因是编码蛋白质和 RNA 分子的基本遗传单位,其化学本质就是一段具有特定结构与功能的连续的脱氧核苷酸序列。结构上,基因由多个不同的区域组成。无论是原核基因还是真核基因,都可划分为编码区和非编码区两个基本组成部分。编码区是可以被转录的区域,由连续的密码子组成,其中包括起始密码(通常是 AUG)和终止密码(UAA、UAG 和 UGA)。编码区中包含 5′端的非翻译区(5′UTR)和 3′端的非翻译区(3′UTR),它们也是基因表达所必需的结构。非编码区则位于转录区以外,包含具有调控作用的序列。

染色体、基因及 DNA 分别体现了遗传功能不同层次的形态结构和功能作用,DNA 体现的是遗传信息化学层面或分子水平的结构,基因则通过其编码表达的 RNA 或蛋白质呈现出特定的功能,染色体更多展示的是细胞水平的遗传活动与形态特征。

6.1.2 核酸的分类与功能

核酸分为两类:脱氧核糖核酸(deoxyribonucleic acid,DNA)和核糖核酸(ribonucleic acid,RNA)。无论动物、植物还是微生物细胞中都含有 DNA 和 RNA,它们占细胞干重的 5%~15%。病毒是一类含核酸和蛋白质的感染颗粒,其中的核酸成分有些是 DNA,有些则是 RNA。真核细胞中,绝大部分 DNA(约占细胞总 DNA 的 98%)与蛋白质结合形成染色质而存在于细胞核中,其余的则分布在细胞器中。RNA 主要有三种:核糖体 RNA(ribosomal RNA,rRNA)、转运 RNA(transfer RNA,tRNA)及信使 RNA(messenger RNA,mRNA),它们主要存在于细胞质中,约占细胞 RNA 总量的 90%。

核酸是遗传的物质基础，其主要生物学功能是传递和表达遗传信息。DNA 是遗传信息的主要储存和携带者，通过 DNA 复制，将亲代 DNA 所携带的遗传信息传递给子代，从而维持遗传性状的稳定。在某些生物（如某些病毒）中，RNA 也可以作为遗传信息的携带者，并将其传递给子代。DNA 携带的遗传信息以基因（遗传的基本单位）或特定顺序的核苷酸片段为单位转录到 RNA 分子中，并通过 RNA 将核苷酸顺序翻译为蛋白质中的氨基酸顺序，从而产生特定的蛋白质而表现其生物学功能。上述过程称为遗传信息的表达，其中主要涉及三种 RNA，它们是 mRNA、rRNA 及 tRNA，它们在遗传信息的表达过程中所发挥的作用各不相同。另外，还有少量其他种类的 RNA 分子也参与遗传信息的表达。1982 年美国科学家 Cech T. 和 Altman S. 各自发现 RNA 分子也能自身拼接和装配，从而提出了核酶的概念，这改变了长达半个多世纪以来认为酶的化学本质只是蛋白质的观念，他们因此荣获了 1989 年的诺贝尔化学奖。1995 年 Cuenoud B. 等发现了具有酶活性的 DNA，可催化 2 个底物 DNA 片段的连接。这些研究显示某些特定序列的核酸（DNA 或 RNA）也可具有酶的催化功能。

6.1.3 核酸的化学组成

组成核酸的主要元素有 C、H、O、N、P 等。与蛋白质相比，核酸的元素组成有两个特点：一是核酸一般不含 S；二是核酸中 P 的含量较多且较恒定，为 9%～10%，这一特征可作为测定核酸含量的方法之一。

核酸的基本构成单位是核苷酸，核酸由多个核苷酸连接而成，所以核酸又称多聚核苷酸（polynucleotide）。组成 DNA 的核苷酸是 4 种脱氧核糖核苷酸（deoxyribonucleotide），组成 RNA 的核苷酸是 4 种核糖核苷酸（ribonucleotide）。

6.2 核苷酸

核酸水解后产生核苷酸，核苷酸经水解产生核苷（nucleoside）和磷酸。核苷进一步水解，可产生戊糖（pentose）和碱基（base），如图 6-2 所示。

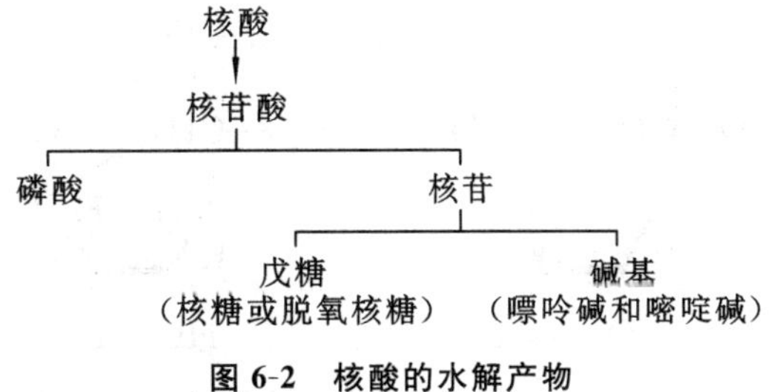

图 6-2 核酸的水解产物

6.2.1 碱基

核酸分子中的碱基均为含氮杂环化合物，分为两类：嘌呤碱（purine）和嘧啶碱（pyrimidine）。DNA 与 RNA 中含有的嘌呤碱主要为腺嘌呤（adenine，A）和鸟嘌呤（guanine，G）；组成 DNA 的嘧啶碱主要为胸腺嘧啶（thymine，T）和胞嘧啶（cytosine，C），RNA 分子中主要为尿嘧啶（uracil，U）及胞嘧啶。碱基的结构式及其原子顺序如下：

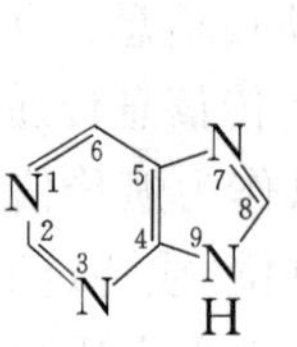

嘌呤 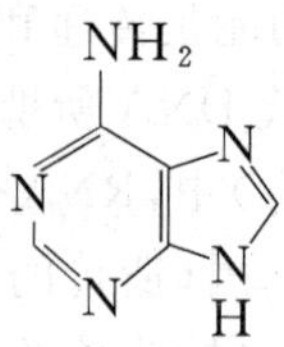　腺嘌呤 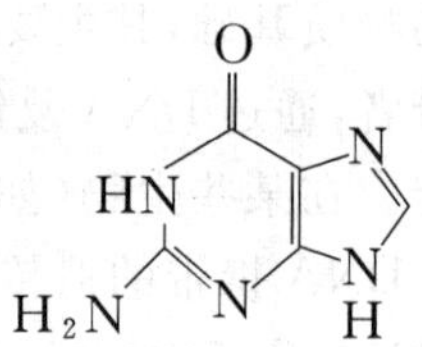　鸟嘌呤

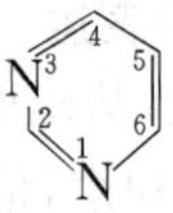

嘧啶 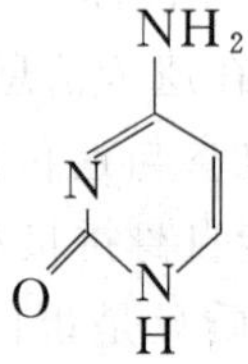　胞嘧啶 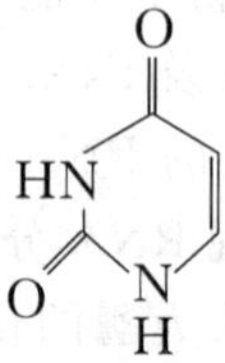　尿嘧啶 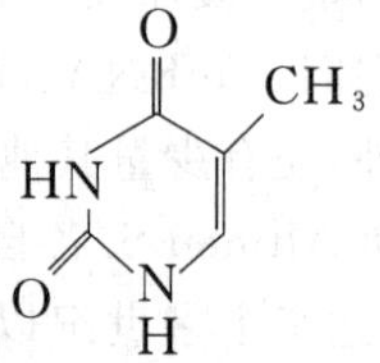　胸腺嘧啶

除上述5种主要碱基以外,核酸中还有一些特别的碱基,它们绝大多数是上述碱基的衍生物,由于这些碱基在核酸中含量一般很低,所以将其称为稀有碱基或修饰碱基。在DNA中最普遍的稀有碱基是碱基的甲基化产物。在某些病毒中,一些碱基可能被羟基化或糖基化。这些DNA中稀有碱基在不同情况下可能用于调节或保护遗传信息。RNA中含稀有碱基最多的是tRNA。常见的稀有碱基如下:

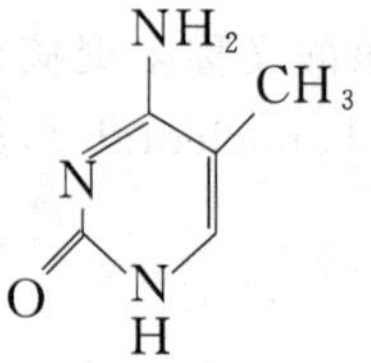

5-甲基胞嘧啶 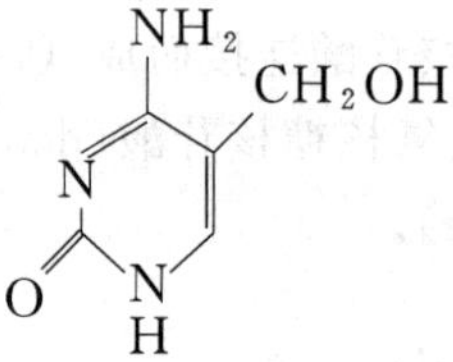　5-羟甲基胞嘧啶 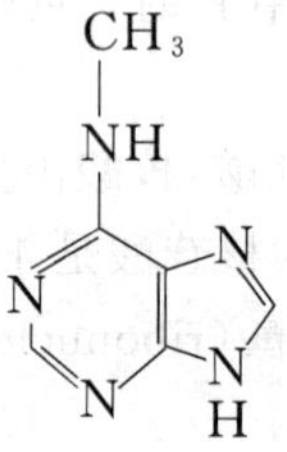　N^6-甲基腺嘌呤 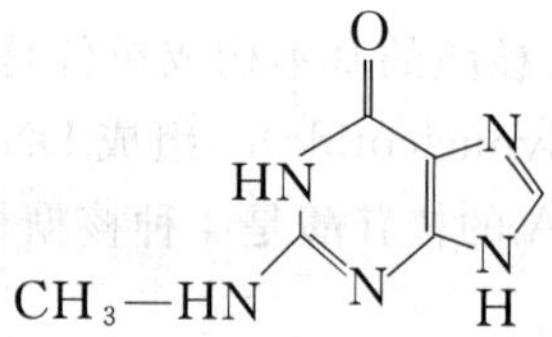　N^2-甲基鸟嘌呤

6.2.2 核糖

核酸中的戊糖有核糖(ribose)和脱氧核糖(deoxyribose)两种,均为β-呋喃型。RNA中戊糖为β-D-呋喃核糖,DNA分子中为β-D-2-脱氧呋喃核糖。

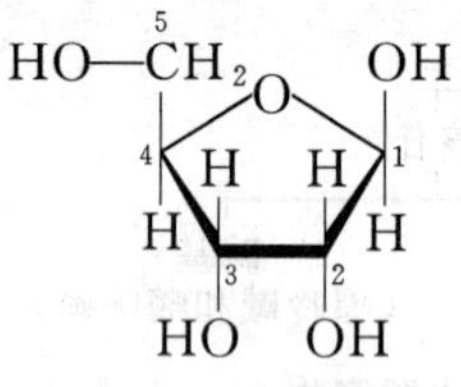

β-D-呋喃核糖 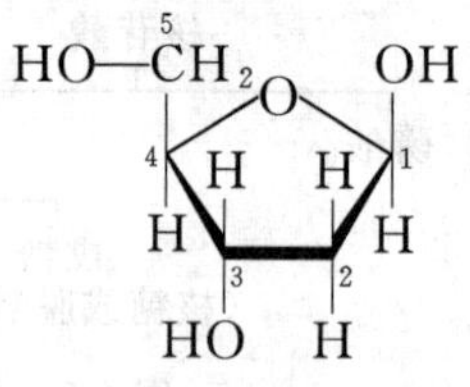　β-D-2-脱氧呋喃核糖

脱氧核糖使得DNA在化学性质上比RNA更加稳定,在碱性条件下不易水解。

6.2.3 核苷

核苷是核糖或脱氧核糖与碱基缩合后形成的糖苷。糖的第1位碳原子与嘧啶碱的第1位氮原子或与嘌呤碱的第9位氮原子以糖苷键相连。核苷中糖与碱基间的连接键称为N—C糖苷键,且都属于β-糖苷键。习惯上在核苷或核苷酸中戊糖的碳原子编号数字上加“′”以与碱

基中原子的编号相区别。

除了 4 种主要的脱氧核糖核苷和 4 种核糖核苷之外，核酸中还含有少数稀有碱基形成的核苷。

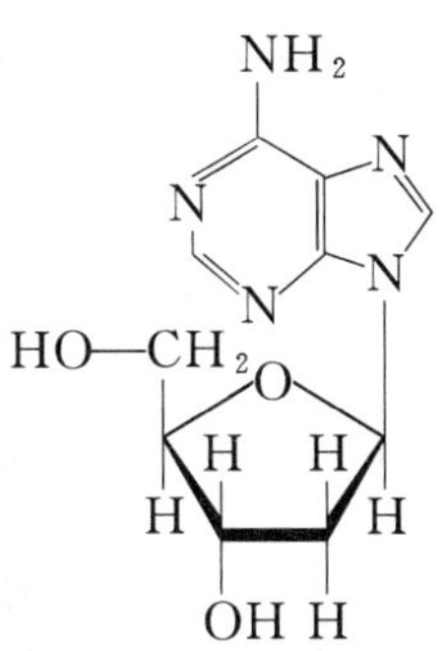

腺嘌呤脱氧核苷 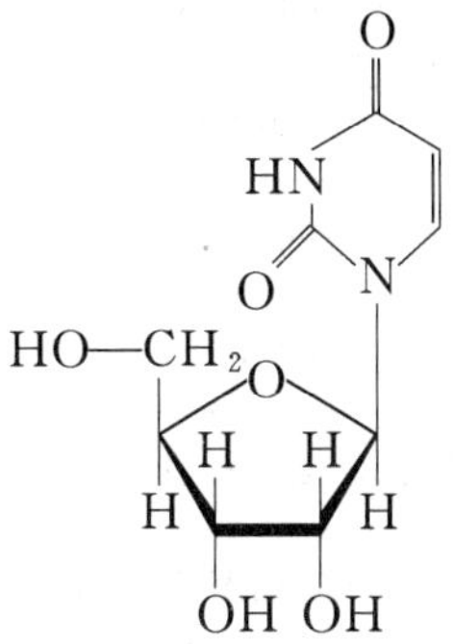　　尿嘧啶核苷

6.2.4　核苷酸的化学组成

核苷酸由核苷和磷酸酯化形成，是核苷的磷酸酯。酯化可以发生在核苷的任意游离羟基上，但在生物体中酯化的部位主要在糖环的 5′位和 3′位，产生核苷-5′-磷酸和核苷-3′-磷酸。

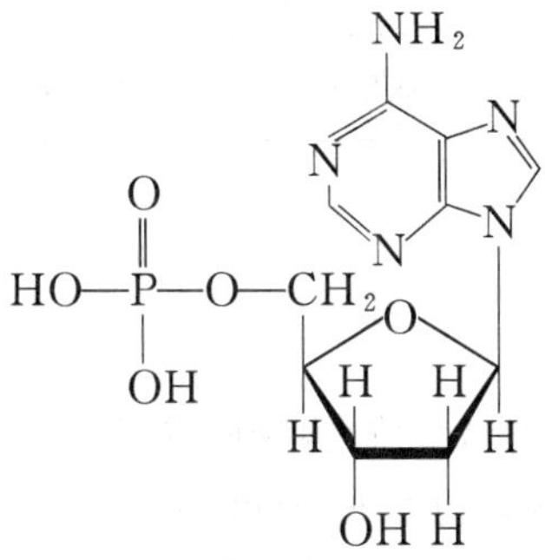

脱氧腺嘌呤核苷-5′-单磷酸 (dAMP)　　脱氧胸腺嘧啶核苷-5′-单磷酸 (dTMP)

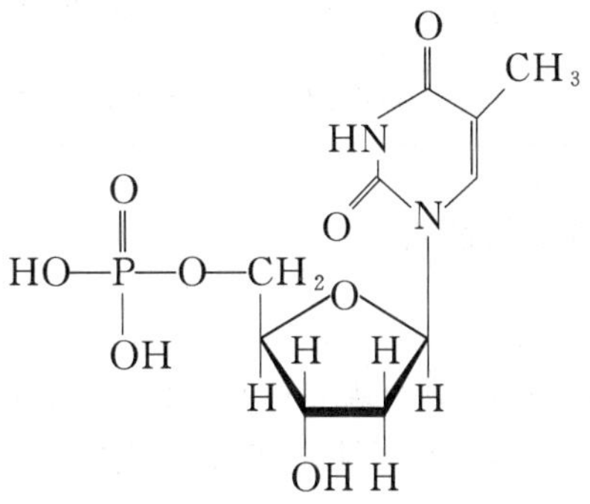

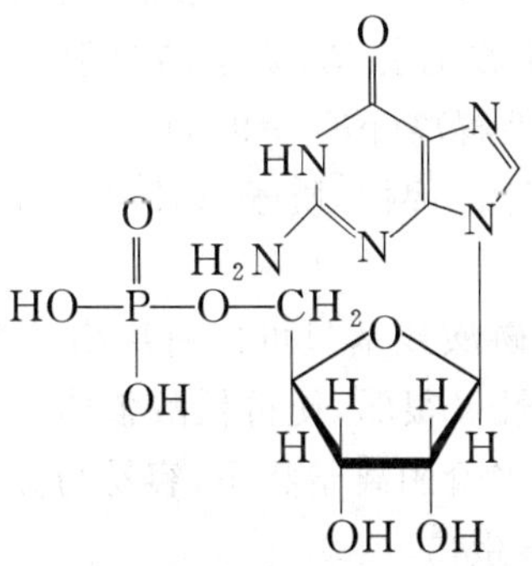

鸟嘌呤核苷-5′-单磷酸 (GMP)　　胞嘧啶核苷-5′-单磷酸 (CMP)

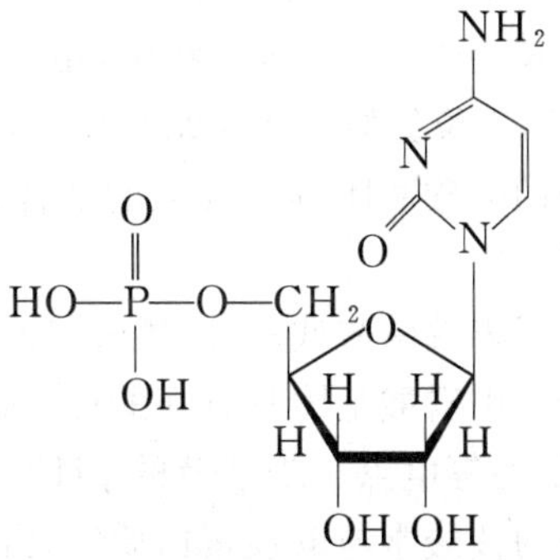

核糖核酸和脱氧核糖核酸的成分见表 6-1。

表 6-1 核酸的化学组成

核酸	DNA	RNA
碱基	腺嘌呤(A)	腺嘌呤(A)
	鸟嘌呤(G)	鸟嘌呤(G)
	胞嘧啶(C)	胞嘧啶(C)
	胸腺嘧啶(T)	尿嘧啶(U)
核苷	脱氧腺嘌呤核苷(dA)	腺嘌呤核苷(A)
	脱氧鸟嘌呤核苷(dG)	鸟嘌呤核苷(G)
	脱氧胞嘧啶核苷(dC)	胞嘧啶核苷(C)
	脱氧胸腺嘧啶核苷(dT)	尿嘧啶核苷(U)
核苷酸	脱氧腺嘌呤核苷-5′-单磷酸(dAMP)	腺嘌呤核苷-5′-单磷酸(AMP)
	脱氧鸟嘌呤核苷-5′-单磷酸(dGMP)	鸟嘌呤核苷-5′-单磷酸(GMP)
	脱氧胞嘧啶核苷-5′-单磷酸(dCMP)	胞嘧啶核苷-5′-单磷酸(CMP)
	脱氧胸腺嘧啶核苷-5′-单磷酸(dTMP)	尿嘧啶核苷-5′-单磷酸(UMP)

6.2.5 核苷酸的性质

1. 酸碱解离

核苷酸与核酸中的磷酸具有酸性,嘌呤和嘧啶(尿嘧啶和胸腺嘧啶除外)具有弱碱性,所以核苷酸和核酸属于两性电解质。胞嘧啶环中的第 3 位氮原子可结合质子而带正电荷($pK'=4.4$),C(2)上的烯醇式羟基的性质与酚基很相似,具有释放质子的能力而带负电荷($pK'=12.2$)。尿嘧啶和胸腺嘧啶不能进行碱性解离,具有非常弱的酸性,其第 3 位氮原子可释放质子而带负电荷(尿嘧啶 $pK'=9.5$,胸腺嘧啶 $pK'=9.9$)。腺嘌呤中质子结合于第 1 位氮原子上($pK'=4.15$)。鸟嘌呤中,由于 C(6)上没有氨基,质子结合于第 7 位氮原子上($pK'_1=3.3$);第 1 位氮原子无法结合质子,进行酸性解离($pK'_2=9.6$)。

核苷酸中的磷酸基团具有较强的酸性,可以解离出两个质子($pK'_1=0.7\sim1.6$,$pK'_2=5.9\sim6.5$)。

核酸中除了末端磷酸残基外,磷酸二酯键中的磷酸残基只可以解离出一个质子($pK'=1.5$)。核酸分子中磷酸基团具有强酸性,碱基的碱性又很弱,使得核酸整体上呈现出较强的酸性,具有较低的等电点。当溶液的 $pH>4$ 时,呈多价阴离子状态,容易与金属离子结合形成盐。细胞中的核酸常与碱性蛋白质结合而形成核蛋白。

碱基的解离状态直接影响核酸双螺旋结构中碱基对之间氢键的稳定性,对 DNA 来说,碱基对在 $pH=4\sim11$ 时最稳定。

2. 紫外吸收

嘌呤和嘧啶碱基环都含有共轭双键，所以有强烈的紫外吸收性质。不同碱基的吸收光谱有一定的差别，同一种碱基在不同的 pH 值条件下吸收光谱也不相同(图 6-3)。另外，核酸的构象也影响其光吸收。核酸的最大吸收波长在 260 nm 左右，所以利用吸收光谱检测核酸时选用 260 nm 的紫外光。

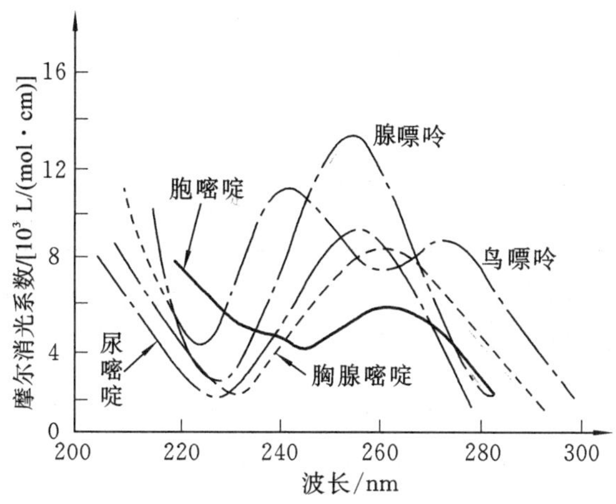

图 6-3　常见碱基的紫外吸收曲线

3. 测定

利用核苷酸的紫外吸收特性，可以定性和定量测定核苷酸。定性测定某一未知核苷酸时，分别在 250 nm、260 nm、280 nm 和 290 nm 波长处测定其吸光度，计算出相应的比值(A_{250}/A_{260}、A_{280}/A_{260}、A_{290}/A_{260})。由于各种核苷酸都有特定的紫外吸收标准吸光度比值(表 6-2)，故将样品测定的比值与已知的标准比值比较，即可鉴定样品属于何种核苷酸。

表 6-2　4 种核苷酸紫外吸收光谱的标准比值

核　苷　酸	A_{250}/A_{260}		A_{280}/A_{260}		A_{290}/A_{260}	
	pH=2.0	pH=7.0	pH=2.0	pH=7.0	pH=2.0	pH=7.0
5′-AMP	0.85	0.80	0.22	0.15	0.03	0.003
5′-GMP	0.22	0.15	0.68	0.68	0.40	0.28
5′-CMP	0.46	0.84	2.10	0.99	1.55	0.30
5′-UMP	0.74	0.73	0.38	0.40	0.03	0.03

利用摩尔消光系数法，亦可以对核苷酸进行定量分析。摩尔消光系数是指单位浓度的核苷酸溶液在某一波长的吸光度。各种核苷酸的摩尔消光系数列于表 6-3。

利用核苷酸的摩尔消光系数，可以根据下面的公式计算出某溶液的核苷酸量：

$$\varepsilon_{260}=\frac{A_{260}}{cL}$$

式中：ε_{260} 为核苷酸在 260 nm 波长处的摩尔消光系数；c 为核苷酸样品的物质的量浓度；A_{260} 为核苷酸样品在同一波长(260 nm)下的吸光度；L 为液层厚度，一般为 1 cm。

表 6-3　几种核苷酸的摩尔消光系数和相对分子质量

核苷酸	摩尔消光系数/[10^3L/(mol·cm)]		相对分子质量
	pH=7.0	pH=2.0	
5′-AMP	15.0	14.2	347.22
5′-GMP	11.4	11.8	363.24
5′-CMP	7.4	6.2	323.31
5′-UMP	10.0	10.0	324.18
ATP	15.4	14.3	506.81

例如：某溶液含有 5′-AMP，稀释 10 倍后，在 pH=7 时，于 260 nm 波长处测定其吸光度为0.5，求 20 mL 原液中含有的 5′-AMP 的质量。

$$\text{核苷酸质量} = \frac{A_{260}}{\varepsilon_{260}} \times M_r \times n \times V = \frac{0.5}{15.0 \times 10^3} \times 347.22 \times 10 \times 20\ \text{mg} = 2.3\ \text{mg}$$

式中：M_r代表相对分子质量；n 代表稀释倍数；V 代表原液的体积。

6.2.6　核苷酸衍生物

1. 能量载体

ATP(图 6-4)作为能量通用载体在生物体的能量转换中起核心作用，UTP、GTP 和 CTP 则在某些专门的生化反应中起传递能量的作用。另外，各种三磷酸核苷及脱氧三磷酸核苷是合成 RNA 与 DNA 的活性前体。

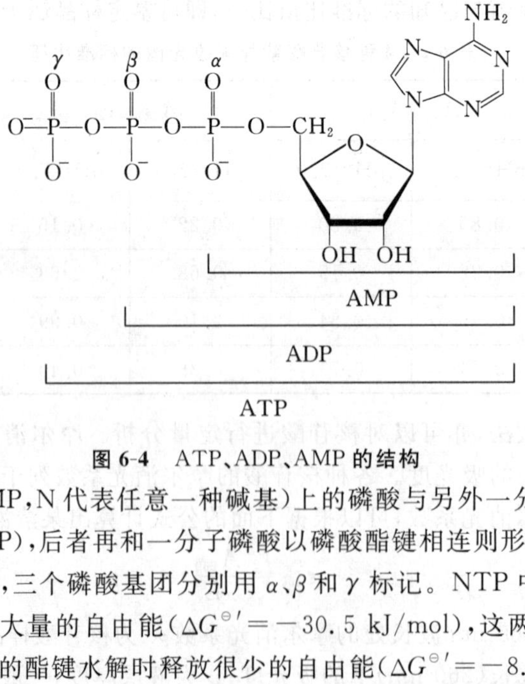

图 6-4　ATP、ADP、AMP 的结构

核苷单磷酸(5′-NMP，N 代表任意一种碱基)上的磷酸与另外一分子磷酸以磷酸酯键相连形成核苷二磷酸(NDP)，后者再和一分子磷酸以磷酸酯键相连则形成核苷三磷酸(NTP)。从接近核糖的位置开始，三个磷酸基团分别用 α、β 和 γ 标记。NTP 中 α 与 β、β 与 γ 之间的磷酸酯键水解时释放出大量的自由能($\Delta G^{\ominus\prime}=-30.5$ kJ/mol)，这两个化学键被称为高能键。而核糖与磷酸相连的酯键水解时释放很少的自由能($\Delta G^{\ominus\prime}=-8.4$ kJ/mol)。

2. 化学信使

3′,5′-环化单磷酸腺苷(cAMP)和3′,5′-环化单磷酸鸟苷(cGMP)分别具有放大和缩小激素作用的功能,被称为第二信使。cAMP分别在腺苷酸环化酶(存在于细胞质膜的内表面)和cAMP磷酸二酯酶的催化下合成和降解。除了植物以外,cAMP在所有细胞中都具有调节功能。

$$\text{ATP} \xrightarrow{\text{腺苷酸环化酶}} \text{cAMP} + \text{PPi}$$

$$\text{cAMP} \xrightarrow{\text{cAMP 磷酸二酯酶}} 5'\text{-AMP}$$

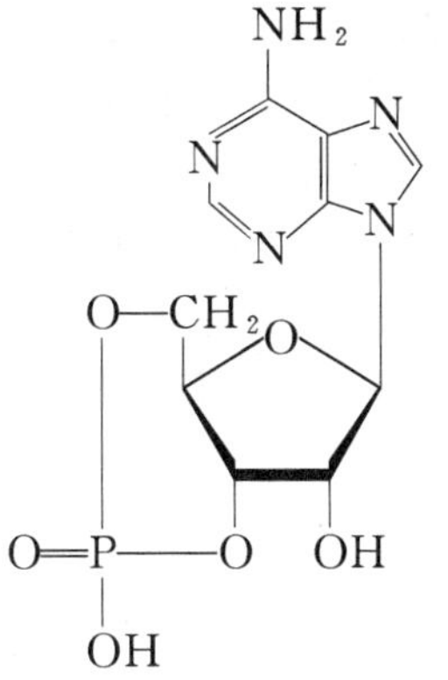

cAMP 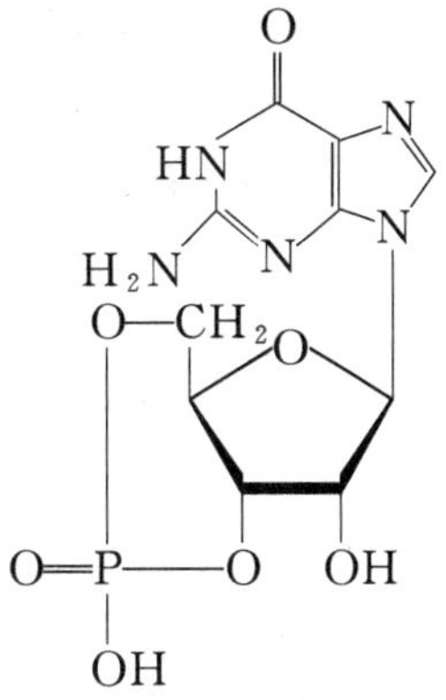　　　　cGMP

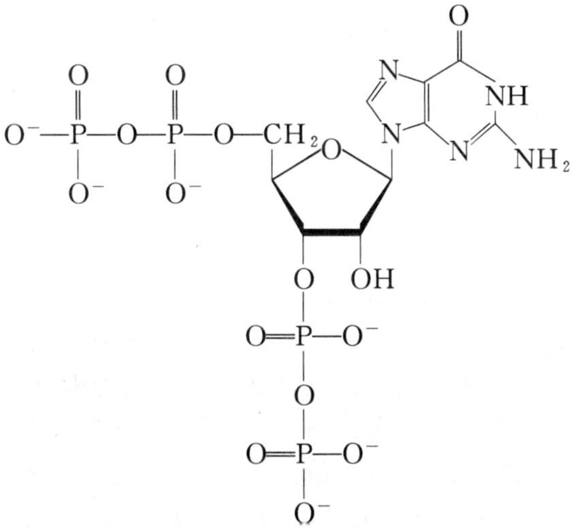

ppGpp

鸟嘌呤核苷四磷酸酯(ppGpp)是在氨基酸含量低的培养基中由细菌产生的,它可抑制rRNA和tRNA的合成,进而抑制蛋白质的合成。

3. 辅酶和辅基的结构成分

多种辅酶和辅基,如NAD、NADP、FAD、CoA等都含有腺苷酸。

4. 食品工业上用作添加剂

5′-肌苷酸(次黄嘌呤核苷酸)和5′-鸟苷酸具有强烈的助鲜作用。在味精中加入5%的5′-肌苷酸能使味精的鲜度提高30倍,加入5%的5′-鸟苷酸可使味精的鲜度提高60～100倍。

6.3 DNA 的结构与功能

DNA 由 4 种脱氧核糖核苷酸通过 3′,5′-磷酸二酯键相连而成,包含 dAMP、dGMP、dCMP、dTMP 4 种。

6.3.1 DNA 的一级结构

DNA 的一级结构是指 DNA 分子中脱氧核苷酸的连接方式及排列顺序。由于 DNA 中脱氧核苷酸彼此之间的差别只在于碱基部分,因此碱基顺序也代表了核苷酸的顺序。

脱氧核糖核苷酸聚合形成 DNA 长链分子的底物是 4 种脱氧核苷三磷酸(5′-dNTP)。在聚合过程中,链末端脱氧核苷酸残基的 3′-羟基对脱氧核苷酸的 α-磷酸进行亲核攻击,形成一个 3′,5′-磷酸二酯键。这一反应由 DNA 或 RNA 聚合酶催化,同时形成副产物焦磷酸。多次聚合反应产生链状聚合物,它包括由戊糖-磷酸形成的主链骨架,以及连接在戊糖上的向外伸出的含氮碱基。主链骨架是戊糖-磷酸连接而成的重复单位,缺少变化,其变化在于碱基(或核苷酸)的排列顺序。

线形核酸分子有两个游离的末端:戊糖分子 5′-羟基末端称为 5′端(或称 5′末端),3′-羟基末端称为 3′端(或称 3′末端)。5′端上可能存在一个或多个磷酸基团,如图 6-5 所示。

核酸中核苷酸的排列顺序可以以图 6-6 中的方式表示。磷酸基团用 P 表示,每个脱氧核糖用一垂直线表示,糖中的 5 个碳原子从上到下分别是 1′→5′。实际上糖是处于环状结构。一个核苷酸残基的 3′端与另一核苷酸残基的 5′端通过磷酸二酯键连接。通常记录一条单链核酸的核苷酸顺序总是左边表示 5′端,右边表示 3′端。图 6-6 可以简化为 pA-T-C-A-G_{OH}或 pApTpCpApG 或 pATCAG。

6.3.2 DNA 的二级结构

1. *右手双螺旋结构模型的提出*

1945—1950 年,Chargaff 提出的 Chargaff 定则为 DNA 二级结构模型的建立提供了一个有力的证据。细胞中的 DNA 分子几乎都是由双链分子构成,对其成分的结晶学和物理化学研究表明,A 与 T、G 与 C 之间可配对形成氢键,虽然嘌呤碱和嘧啶碱都存在互变异构体,但连接嘌呤环和嘧啶环上的氮原子主要以氨基(—NH_2)而非亚氨基(—NH)形式存在,鸟嘌呤和胸腺嘧啶环 C(6)上的氧原子则以酮式(—C═O)为主,烯醇式(═C—OH)较少。碱基这些结构上的趋向表明 DNA 分子中以 A-T 和 G-C 配对为主。

2. DNA *右手双螺旋结构的要点*

Watson-Crick 提出的 DNA 右手双螺旋模型的主要内容有以下几方面。

(1) 主链。DNA 分子由两条反向平行的脱氧多核苷酸链围绕同一个中心轴盘曲而成,两条链均为右手螺旋,其走向取决于磷酸二酯键的走向,一条是 5′→3′,另一条是 3′→5′。DNA 链的骨架由交替出现的亲水的脱氧核糖基和磷酸基构成,位于双螺旋的外侧,碱基位于双螺旋的内侧。

(2) 碱基配对。两条脱氧多核苷酸链以碱基之间形成氢键配对而相连。A 与 T 配对,形成两个氢键;G 与 C 配对,形成三个氢键。碱基相互配对又叫碱基互补。

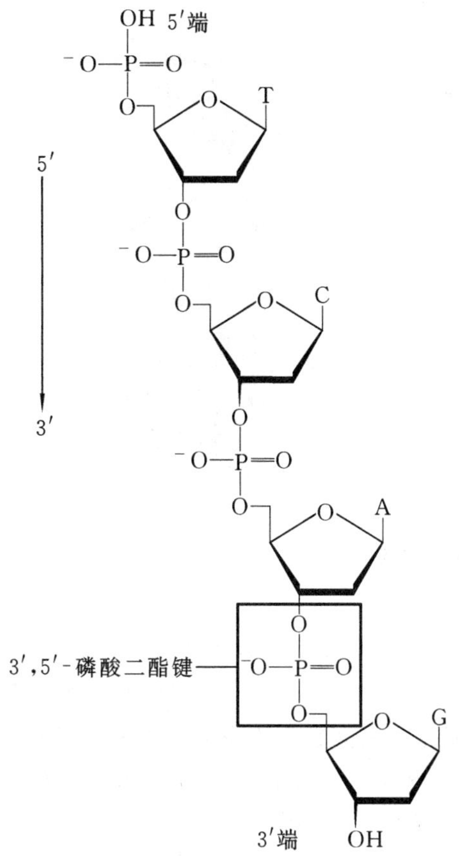

图 6-5 脱氧核糖核苷酸单链

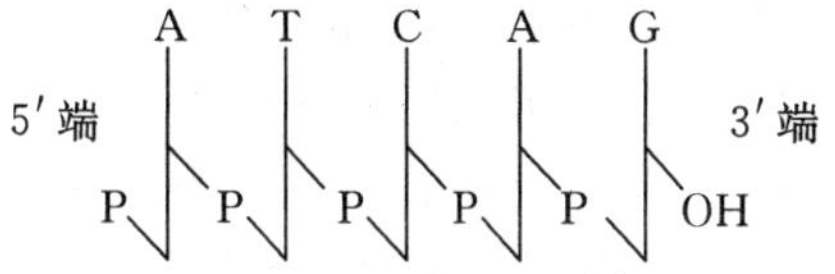

图 6-6 核苷酸链表示方法

(3) 空间位置与螺旋参数。碱基对平面在螺旋中的位置与螺旋轴几乎垂直，螺旋轴穿过碱基平面，相邻碱基对沿轴旋转 36°，上升 0.34 nm。每个螺旋结构含 10 对碱基，螺旋的螺距为 3.4 nm，直径是 2.0 nm。

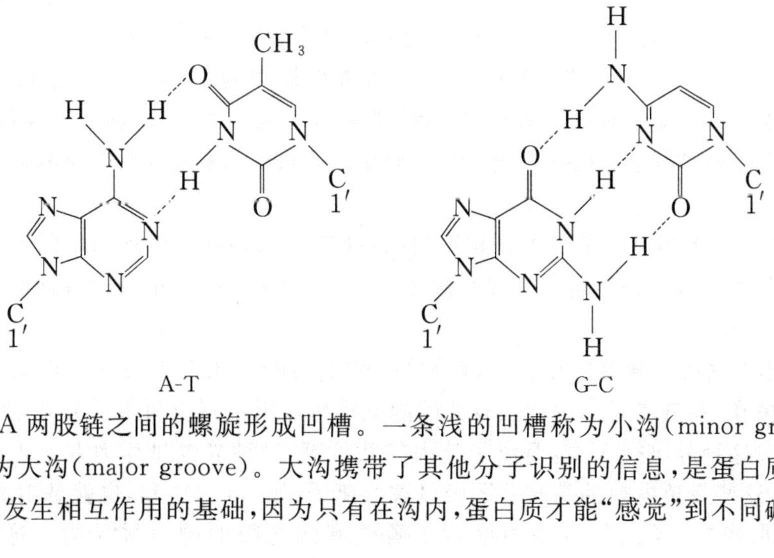

(4) DNA 两股链之间的螺旋形成凹槽。一条浅的凹槽称为小沟(minor groove)，一条深的凹槽称为大沟(major groove)。大沟携带了其他分子识别的信息，是蛋白质识别 DNA 的碱基序列、发生相互作用的基础，因为只有在沟内，蛋白质才能“感觉”到不同碱基序列，而

在双螺旋结构的表面全是相同的磷酸和脱氧核糖的骨架,如图 6-7 所示。

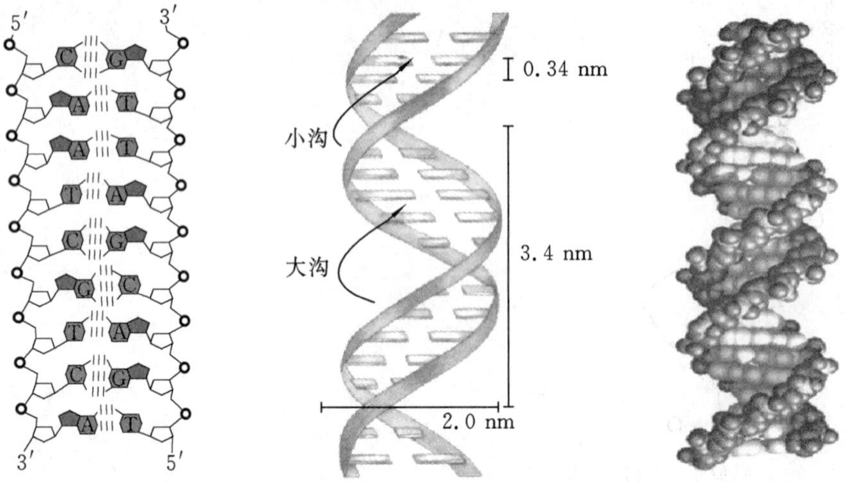

图 6-7 DNA 分子的双螺旋结构模型

3. DNA 双螺旋结构的稳定因素

DNA 双螺旋结构的稳定主要由互补碱基对之间的氢键和碱基堆积力来维持。氢键是由静电作用引起的一种次级键,虽然单个氢键在室温下十分不稳定,然而 DNA 分子中大量氢键集合在一起,其能量则不可忽视;碱基堆积力是碱基对之间在垂直方向上的相互作用,碱基堆积力可以使碱基缔合,DNA 分子层层堆积,分子内部形成疏水核心,这对 DNA 结构的稳定是很有利的,碱基堆积力对维持 DNA 的二级结构起主要作用。

(1) 氢键。在每个碱基上都有适合形成氢键的供氢体(如氨基和羟基)及受氢体(如羰基和亚氨基)。DNA 双螺旋结构中的氢键处于不断地断裂和复合的热平衡状态,如果溶液中加入尿素或甲酰胺,则它们能与碱基形成氢键而减少碱基形成氢键的机会,使得解链温度显著降低。

(2) 碱基堆积力。碱基堆积力主要指疏水作用力,即同一条链中相邻碱基之间的非特异性作用力。疏水作用是不溶于水或难溶于水的分子,在水中具有相互靠近、成串地结合在一起的趋势,其中并无键的生成,但这样的趋势在热力学上是有利的。

对碱基堆积力的研究发现:①加入能减弱疏水作用的试剂可以消除碱基堆积作用;②DNA样品加热时,碱基堆积作用减弱,同时伴随 A_{260} 的增加;③能够断裂氢键的试剂对于单链 DNA 的碱基堆积作用没有影响,但是能将双链 DNA 碱基堆积作用减弱到变性 DNA 的程度。

双链 DNA 中的碱基比单链堆积程度更高,这是由两条链配对碱基之间的氢键引起的。氢键和疏水作用力都易被热运动减弱和破坏,当所有的碱基指向正确的方向时,氢键最易形成。

(3) 磷酸根基团的静电排斥力。每个核苷酸的磷酸基团上都带有负电荷,如果这些负电荷没有被中和,双链之间的这种强有力的静电排斥作用将驱使两条链分开(在同一条链内虽然也存在着这种静电排斥力,但由于链内的共价键,这种静电排斥力并不重要)。但是当加入盐类时,这些带负电荷的磷酸基团可以被阳离子(如 Na^+)中和,也就是阳离子围绕在磷酸基团周围形成"离子云",有效地屏蔽了磷酸基团之间的静电排斥力。这就是 Debye-

Hückel 离子屏蔽理论。在生理盐浓度(约 0.1 mol/L)时就发生了这种屏蔽作用,排斥力也被中止。当离子浓度降低时,这种屏蔽作用减弱,排斥力增大,因而解链温度随之降低。纯蒸馏水中的 DNA 在室温下就会变性就是这个缘故。在超过生理盐浓度时,解链温度将随着离子强度的增加而上升,这是因为在高盐浓度下碱基的溶解性降低而增加了疏水作用力,促进了双螺旋结构的稳定。

(4) 碱基分子的内能。当温度等因素使碱基分子内能增加时,碱基的定向排列遭受破坏,从而削弱碱基的氢键结合力和碱基堆积力,会使 DNA 双螺旋结构受到破坏。

在决定 DNA 双螺旋结构状态的 4 种因素中,互补碱基的氢键结合力和相邻碱基的堆积力有利于 DNA 维持双螺旋结构,而磷酸基团的静电排斥力和碱基分子的内能则不利于 DNA 维持双螺旋结构。一种 DNA 分子的结构状态将是这 4 种因素竞争的结果。

4. DNA 的二级结构具有多样性

当年由 Watson-Crick 提出的双螺旋结构称为 B 型 DNA(图 6-8(b)),B 型 DNA 是在生理条件下具有随机碱基排列顺序的 DNA 最普遍的构象形式。研究表明,在不同的湿度下 DNA 可呈现不同的螺旋异构体,在相对缺水的溶液(如乙醇提取 DNA 时)中,DNA 的构象转变成 A 型(图 6-8(a))。A 型和 B 型都为右手螺旋,但 A-DNA 较粗,每圈螺旋含有更多碱基(11 个碱基对),螺距是 2.8 nm,而且刚性比 B-DNA 的强。A-DNA和 B-DNA 表面大沟和小沟的形状也不一样,因此,与蛋白质具有不同的结合能力。生理状态下,双链 RNA 和 RNA-DNA 杂交体都为 A 型结构,它们缺乏柔韧性。A-DNA 比 B-DNA 难以溶解,这就是过度干燥的 DNA 很难溶解的原因。

1972 年美国科学家 Wang 和 Rich 等在研究了荷兰科学家提供的d(CGCGCG)结晶后,提出了 Z 型 DNA 结构模型,如图 6-8(c)所示。Z 型为左手螺旋,每一螺旋含 12 个碱基对,螺距是 4.5 nm,直径是 1.8 nm。两个碱基对为一重复单位,螺旋的主链为锯齿状(B-DNA 和 A-DNA 的主链都是光滑状),故称 Z-DNA(zig-zag DNA)。

对于同一种 DNA 分子,A 型要比 B 型短而粗一些,B 型又比 Z 型粗一些。A-DNA 是否存在于细胞中还不能肯定,但有证据表明细胞中有短的 Z-DNA 段落。Z-DNA 可增强某些基因的转录,但另一些 Z-DNA 区域的存在则抑制邻近基因的开放。此外,Z-DNA 还有助于负超螺旋结构的打开,一些特异的调节蛋白可与之结合,因此 Z-DNA 与基因的调控有关。

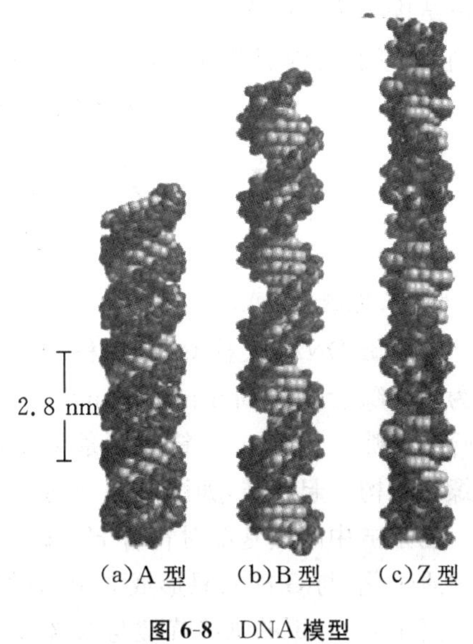

图 6-8 DNA 模型

5. 与 DNA 碱基顺序相关的特殊结构

一些特殊的碱基顺序能形成特殊的二级结构。回文序列是指从正方向阅读和反方向阅读具有相同含义的句子,在 DNA 结构中用来描述碱基顺序颠倒重复而具有 2 倍对称的 DNA 段落,如图 6-9 所示。

这种顺序具有链内互补的碱基序列,因此,在单链 DNA 或 RNA 中能形成发夹结构,在

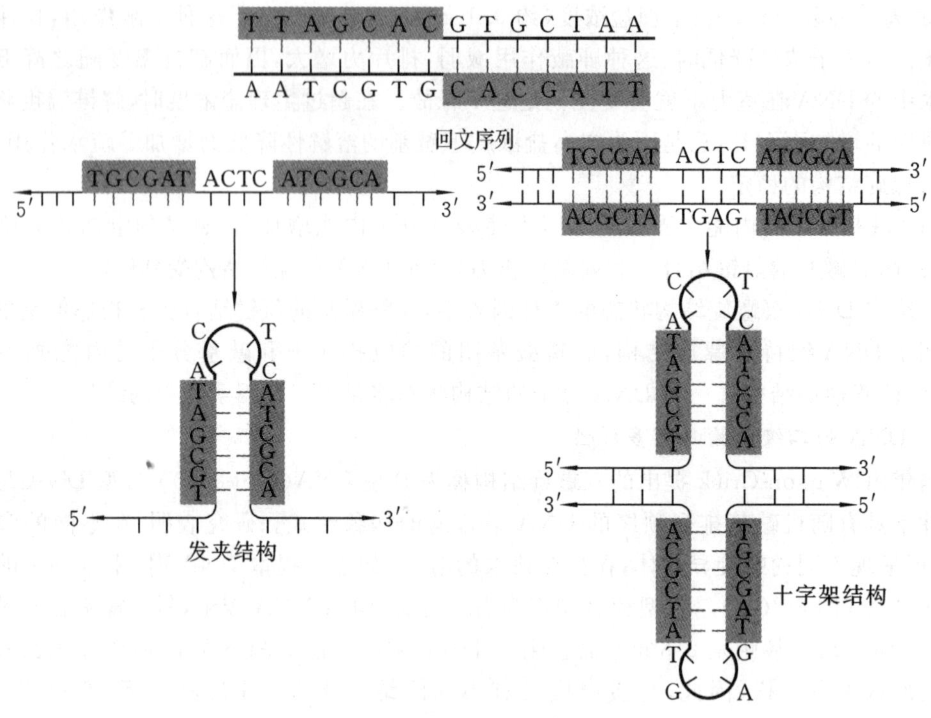

图 6-9　回文序列及其形成的发夹结构和十字架结构

双链结构中能形成十字架结构。镜像重复序列是指在同一条链内的颠倒重复,如图 6-10 所示,它不具有链内互补顺序,不能形成发夹结构和十字架结构。

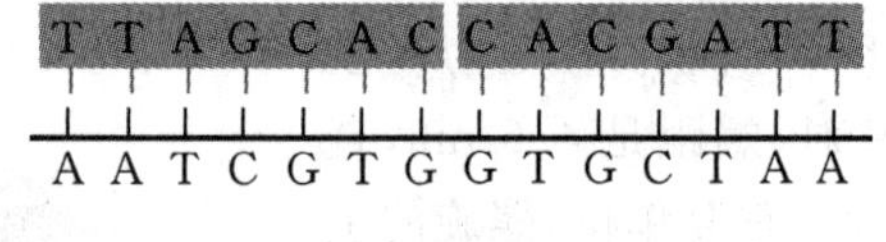

图 6-10　镜像重复序列

6. 三螺旋 DNA

三螺旋 DNA(又称 tsDNA 和 H-DNA)是在 DNA 双螺旋结构的基础上形成的,三条链均为同型嘌呤(homopurine,Hpu)或同型嘧啶(homopyrimidine,Hpy),即整段的碱基均为嘌呤或嘧啶。通常,三条链中两条为正常双螺旋,第三条嘧啶链位于双螺旋的大沟中,并随双螺旋结构一起旋转,如图 6-11 所示。

三条链中的碱基配对符合 Hoogsteen 模型,即第三碱基以 A＝T、G＝C^+(第 3 位上的 C 必须质子化,与 G 配对只形成 2 个氢键)配对。

近年来,对短的寡核苷酸与双螺旋 DNA 中的寡聚嘧啶-寡聚嘌呤序列结合进行了许多详细研究,合成的寡核苷酸与富含 A-T 和 G-C 碱基对片段的 DNA 形成一种分子间的三螺旋 DNA,从而可在转录水平上阻抑基因的转录。这就是反基因策略,又称反基因技术,即寡核苷酸以靶序列 DNA 为目标,通过三螺旋的形成,特异性识别双螺旋 DNA,从而抑制转录因子等与蛋白质的结合,阻断基因的转录,降低靶基因的表达。这种识别双链 DNA 的寡核苷酸称为反基因寡核苷酸(anti-gene oligonucleotide)。三螺旋 DNA 的研究有助于认识染色体结构及真核基因转录、复制、调控和重组的机理,同时利用单链 DNA 片段携带特定试剂

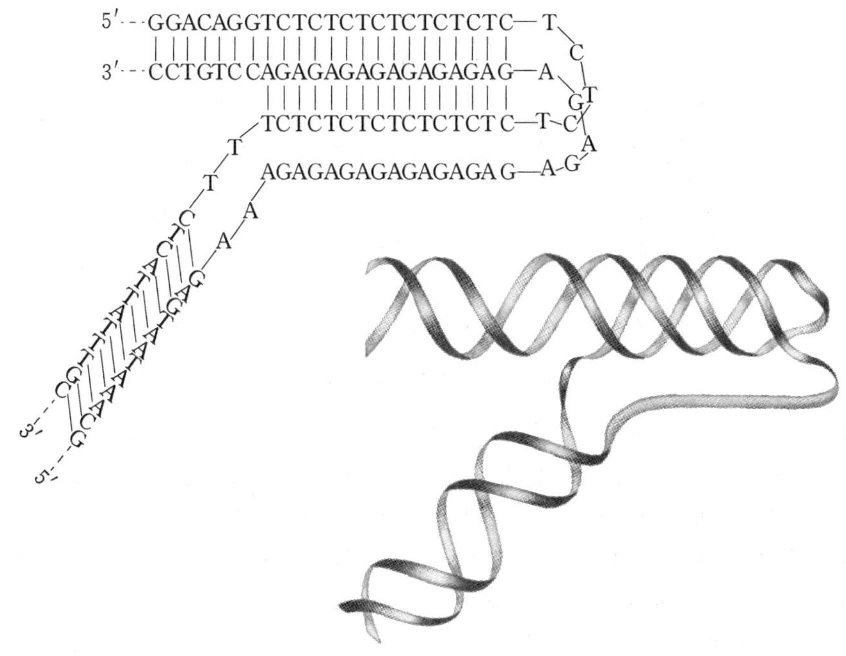

图 6-11　三螺旋 DNA 结构

(如内切酶、EDTA-Fe 等)至 DNA 的特定位点,选择性切断染色体 DNA,或封闭转录因子的结合位点,达到关闭有害基因或病毒基因的目的。

6.3.3　DNA 的三级结构

1. 超螺旋结构

在细胞中,双螺旋还可以进一步盘曲形成更加复杂的结构,称为 DNA 的三级结构,它具有多种形式,其中以超螺旋(supercoil)最常见。

DNA 分子是以双螺旋的形式卷曲的,由于 DNA 双螺旋结构具有一定的柔性,即 DNA 螺旋轴本身可以扭曲,因此,DNA 的超螺旋即指螺旋轴本身的扭曲。相反,如果 DNA 双螺旋轴没有弯曲,则它处在一种松弛型的状态。超螺旋的形成不是一种随机的过程,只有当 DNA 处在某种结构张力时才出现。因此,DNA 超螺旋是 DNA 结构张力的一种表现形式。DNA 旋转不足或者旋转过度是张力产生的原因。这种张力可以驱使负超螺旋(右手超螺旋)或正超螺旋(左手超螺旋)的形成(图 6-12)。

在 B-DNA 完整松弛型结构中,如果环状分子的一条链断开,绕另一条完整的链以解链方向(左手)旋转几圈,会造成 DNA 双螺旋旋转不足。当两个末端重新连接起来时,将形成局部解链的环状结构。这种情况常发生在环状 DNA 复制时,是生理解旋的结果。DNA 分子因旋转不足(欠旋)所产生的张力代表了一种能量储存形式。由于 DNA 双螺旋的右手旋转是正向的,因此,因补偿欠旋所造成的影响而形成的超螺旋是负超螺旋(negative supercoil)。负超螺旋和欠旋之间的相互转换在蛋白质同 DNA 结合时可能起到促进作用。在正常生理条件下,所有天然 DNA 的超螺旋大都是负超螺旋。

如果断开的链绕另一条完整链以与右手螺旋相同的方向再旋转几圈,会造成 DNA 双螺

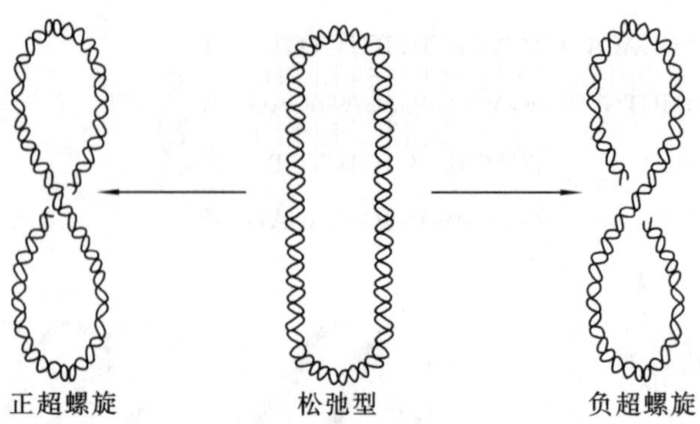

图 6-12　DNA 超螺旋结构

旋分子旋转过度(overwinding)。这种结构同样偏离了正常的 B-DNA 结构。当两个末端重新连接起来时,DNA 分子因旋转过度产生的张力促使它以相反方向形成正超螺旋(positive supercoil)。这种正超螺旋在 DNA 复制叉的头部和转录时 RNA 聚合酶的前面都会出现,必须通过拓扑异构酶解除这种超螺旋,才能使 DNA 的复制和转录继续进行。拓扑异构酶能打断 DNA,消除张力并能重新接上断开的链。

运用数学中拓扑学(topology)原理可以描述 DNA 双螺旋结构与超螺旋结构的相互关系。其中涉及三个参数,第一个参数称为连环数(linking number),用 L 表示,是指共价闭合的环状 DNA 分子的两条链相互缠绕的次数。连环数是一种拓扑学上的性质,只要 DNA 双螺旋保持完整,这个值是不会因双股 DNA 以任何方式扭曲或变形而发生改变,对于闭合环状 DNA 来说,它也总是一个整数。第二个参数称为盘绕数(twist number),用 T 表示,是指螺旋的轮数。第三个参数称为超螺旋数(writhing number),用 W 表示,是指 DNA 双螺旋绕超螺旋轴的次数,在数值上它与欠旋或过度旋转的圈数相等。三者的关系可以用关系式 $L=T+W$ 表示。T 和 W 可以不是整数,W 为正数代表正超螺旋,W 为负数代表负超螺旋,T 和 L 只取正数。一给定环状 DNA 分子因拓扑学性质的不同而产生的不同形式(如松弛型和超螺旋型)称为拓扑异构体(topoisomer)。

2. 染色体 DNA 结构

超螺旋结构并不只是环状 DNA 分子才能形成,真核生物线形染色体 DNA 在核小体结构中的扭曲也是一种超螺旋。

染色体是由差不多等量的 DNA 和蛋白质组成的,一条染色体含有一个 DNA 分子。染色体中的蛋白质可分为组蛋白和非组蛋白两大类。组蛋白有 5 种,相对分子质量为10 000~21 000,富含碱性氨基酸——精氨酸和赖氨酸。DNA 与组蛋白紧密结合形成核小体。

核小体呈球状。每个核小体含有 8 个组蛋白分子,在染色质上每个核小体和间隔所含的 DNA 约 200 个碱基对,其中 146 个碱基对紧紧缠绕着组蛋白八聚体核心,其余的用于连接两个核小体,称为连接 DNA。

当染色体用能降解 DNA 的核酸酶处理时,DNA 被水解后释放出核小体颗粒。核小体由于得到蛋白质的保护而不被降解。以这种方法获得的核小体已被结晶,并用 X 射线衍射法分析。分析结果表明,缠绕组蛋白的核心 DNA 以左手螺旋(线圈型负超螺旋,螺旋不足)的方式形成超螺旋。DNA 每缠绕一圈需要解开一螺旋。如果让闭合环形 DNA 分子和组蛋白核心结合,使围绕组蛋白核心的这部分 DNA 呈负超螺旋状态,则在这个过程中 DNA 分子没有改变拓扑连环数，而 DNA 分子的另一部分通过形成正超螺旋来补偿。真核生物 DNA 拓扑异构酶不能在 DNA 分子直接导入负超螺旋，但是它们可以松弛正超螺旋，结果在 DNA 分子中留下负超螺旋。

核小体相互连接形成串珠状核小体纤维，直径约 11 nm。核小体纤维进一步缠绕形成 30 nm 纤维，在 30 nm 核小体纤维中 DNA 获得 100 倍的包装比。更高层次的 DNA 折叠包装情况还不是十分清楚，但是有证据表明真核细胞染色体还有更高层次的组织，每一次都使得染色体的包装变得更致密，如图 6-13 所示。

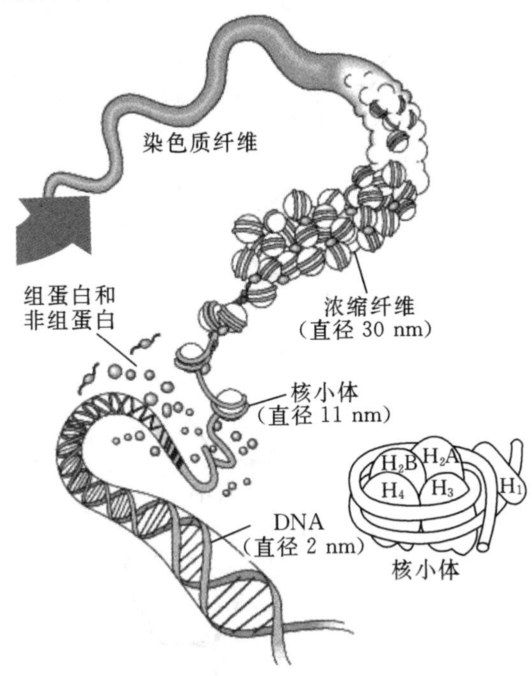

图 6-13　真核染色质不同层次结构模式

6.4　RNA 的结构与功能

DNA 是遗传信息的携带者，一般而言，遗传信息的作用是由蛋白质的功能来体现的。在两者之间，RNA 起着中介作用。与 DNA 相比，RNA 种类繁多，相对分子质量较小。在 DNA 的遗传信息表达为蛋白质的氨基酸序列过程中各类 RNA 分别发挥作用。RNA 分子一般以单股链存在，但是可以有局部二级结构，即由分子内不同核苷酸序列区段之间通过碱基互补配对形成局部双螺旋，碱基互补配对发生于鸟嘌呤与胞嘧啶之间(G-C)和腺嘌呤与尿嘧啶之间(A-U)。形成局部双螺旋的两个核苷酸序列区段，其走向相反，一个区段是 5′→3′，另一个区段是3′→5′。

6.4.1　RNA 的一级结构

同 DNA 的一级结构一样，RNA 的一级结构是指 RNA 分子中核糖核苷酸的连接方式和排列顺序。RNA 分子主要由 4 种核糖核苷酸(有些 RNA 分子含有稀有核苷酸)组成。相邻核糖核苷酸之间也与 DNA 分子中的一样，是通过 3′,5′-磷酸二酯键连接的(图 6-14)，所不同的是 RNA 分子中的戊糖是核糖，因此其糖环的 2′位多了一个羟基。生物体中 RNA 分子主要以单链形式存在，而且 RNA 的种类较 DNA 的多，分子的大小、链的长短差别较大，功能也各不相同。近年来，对 RNA 的研究取得许多重要成果，如 RNA 生物学功能多样性以及 RNA 与生命起源关系等方面的进展，表明 RNA 在生命活动中具有重要的作用。

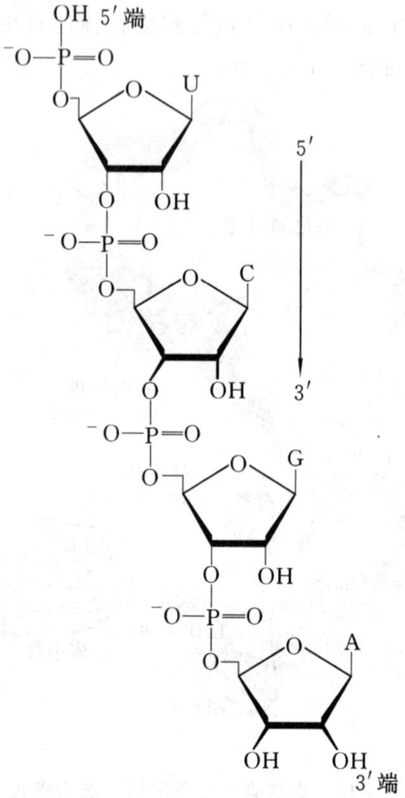

图 6-14　核糖核苷酸链(RNA 链)

6.4.2　RNA 的空间结构

RNA 的空间结构分为二级结构和三级结构。与 DNA 分子简单有规律的双螺旋结构不同，大多数 RNA 是单链线形结构并且具有复杂和独特的构象，其二级结构在很大程度上是由分子内的碱基配对决定的。在 RNA 分子中广泛存在着由碱基配对形成的螺旋结构(A 型右手螺旋)，如图 6-15 所示。人们曾在实验室中(高盐浓度和高温下)合成了 Z 型 RNA 双螺旋，但未曾发现 B 型 RNA 双螺旋。RNA 中的碱基配对区域形成的螺旋结构和非配对区域形成的环状结构交织在一起构成 RNA 的极不规则的二级结构，如图 6-16 所示。

RNA 的二级结构中可以看到其互补配对的区域形成螺旋结构，未配对的区域可能以单链形式存在或形成环结构，当一条链回折形成螺旋结构时，转折处呈泡状，这一特定的转折结构称为发夹结构。此外，在配对区域中夹杂单个非配对碱基时，可形成突起。这些结构均可在 RNA 中观察到。

1965 年，Holley R. 第一个测出了酵母丙氨酸-tRNA 的一级结构。随后不久，其他几种

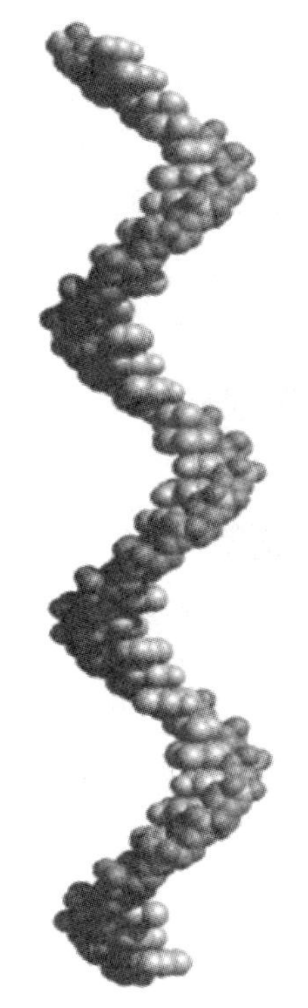

图 6-15　RNA 的右手螺旋

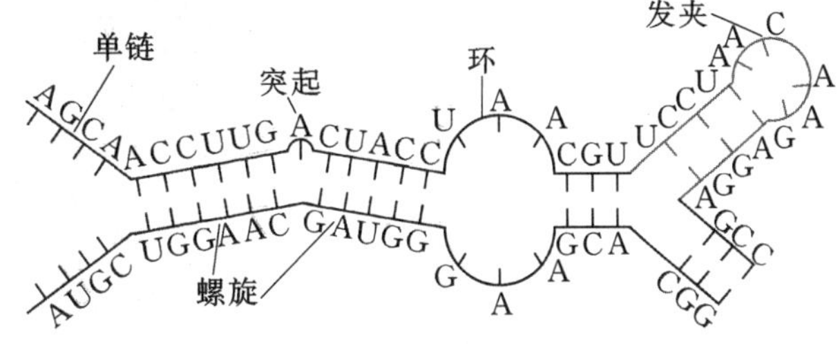

图 6-16　RNA 中的二级结构种类

tRNA 分子的顺序也被测定出来。对 RNA 的二级结构研究发现，所有 tRNA 都有共同的结构特征：tRNA 都可以写成三叶草形，其中有一半的残基形成碱基对，剩余的则形成环状。tRNA 的二级结构可用图 6-17 所示的三叶草结构模型表示。从 tRNA 共有的二级结构推断，它们可能以相同的方式和核糖体及各种 mRNA 相互作用。目前，这一推断已经得到证实。

相对分子质量较大的 rRNA 则更为复杂，分子中夹杂着大量的配对区域和非配对区域。配对区域可形成螺旋结构，而在配对区域之间的非配对区域则形成大小不等的环结构，形似泡状。图 6-18 中显示的是大肠杆菌的 16S rRNA 和酵母菌中的18S rRNA的二级结构，两者的结构十分相似。

在基因的表达及调控过程中，RNA 的二级结构起主要作用：rRNA 与 mRNA 间的碱基配对控制蛋白质合成的起始，tRNA 与 mRNA 间的碱基配对促进翻译过程，RNA 的发卡结构及茎环结构控制转录的终止、翻译的效率以及 mRNA 的稳定性。RNA-RNA 间的碱基配对在内含子的剪切过程中起着重要作用。

RNA 的三级结构是指在二级结构基础上形成的三维空间结构。其中最为典型的是 tRNA 的三级结构。X 射线衍射研究表明，tRNA 分子呈倒 L 形，如图 6-19 所示。

6.4.3　RNA 的种类

细胞内的 RNA 是从 DNA 转录而来，有多种 RNA 存在，分别行使不同的功能。mRNA（信使 RNA）占 RNA 总数的 5%左右，是合成蛋白质的模板。tRNA（转运 RNA）占 RNA 总数的 15%左右，在蛋白质的合成中转运氨基酸。在反转录病毒的复制过程中，tRNA 可作为

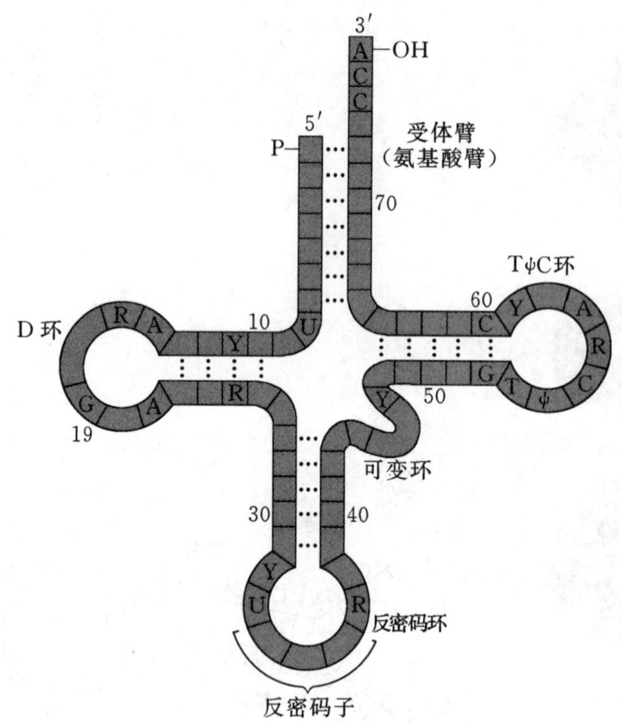

图 6-17 tRNA 结构模式

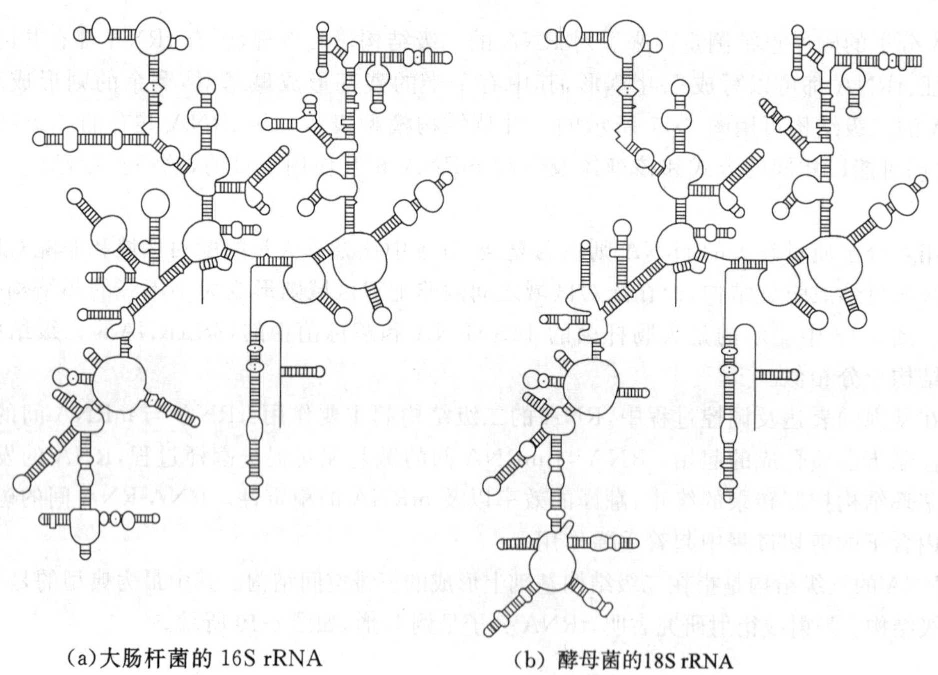

(a)大肠杆菌的 16S rRNA (b) 酵母菌的18S rRNA

图 6-18 二级结构

DNA 复制的引物。rRNA(核糖体 RNA)占 RNA 总数的 80%左右,是核糖体的主要组成部分。核糖体是蛋白质合成的场所。

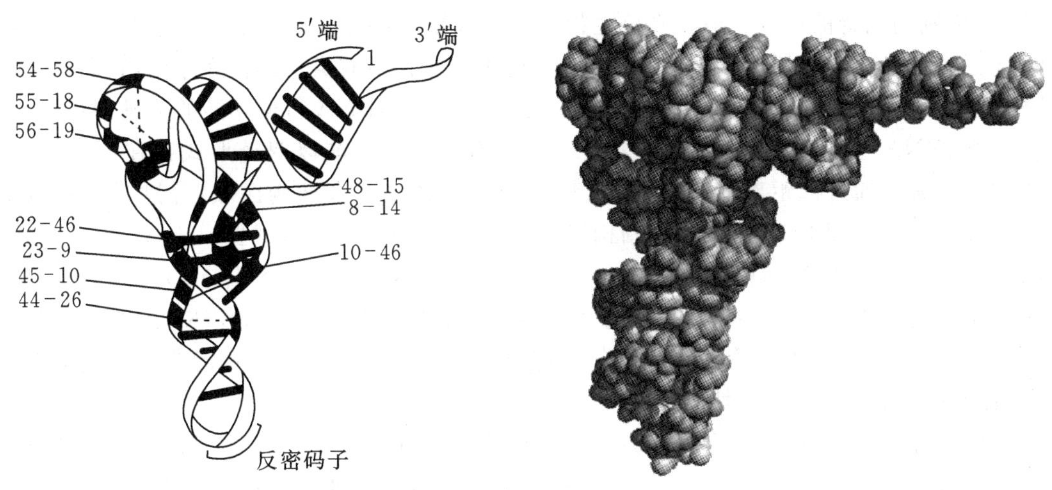

图 6-19　tRNA 的倒 L 形结构

以上三种 RNA 是 RNA 的主要类型，还有一些次要类型的 RNA，如 hnRNA（核内不均一 RNA，mRNA 剪接前体）、snRNA（核内小 RNA，富含经修饰的尿嘧啶残基，参与内含子的剪切及其加工过程）、iRNA（起始 RNA，在 DNA 合成中作为滞后链合成引物的短 RNA 片段）、scRNA（细胞质内小 RNA，在细胞质中发现的有多种功能的低相对分子质量 RNA）、端粒酶 RNA（形成端粒重复序列的模板的核 RNA，是端粒酶的组成部分）、核酶（具有催化功能的 RNA 分子）等。

1. rRNA

rRNA 是蛋白质合成机器——核糖体的组成部分，参与蛋白质的合成。核糖体由大亚基、小亚基组成。真核生物核糖体小亚基只含有一种 rRNA，即18S rRNA，大亚基中含有 28S rRNA、5.8S rRNA 和 5S rRNA 三种 rRNA。其中 28S rRNA、18S rRNA 和 5.8S rRNA 在核仁中合成。原核生物中 16S rRNA 存在于小亚基中，23S rRNA 和 5S rRNA 存在于核糖体大亚基中。原核生物与真核生物中 rRNA 的比较见表 6-4。rRNA 与核糖体蛋白质结合形成具有稳定构象的核糖体。

表 6-4　原核生物与真核生物 rRNA 的比较

核　糖　体	亚基种类	rRNA 的大小	核糖体蛋白数/个
原核细胞 70S 相对分子质量为 2.5×10^6 其中 RNA 含量为 66%	50S（大亚基）	23S	31
		5S	
	30S（小亚基）	16S	21
真核细胞 80S 相对分子质量为 4.2×10^6 其中 RNA 含量为 60%	60S（大亚基）	28S	49
		5.8S	
		5S	
	40S（小亚基）	18S	33

原核生物 16S rRNA 有 1 542 个核苷酸，其 3′端有一段保守序列 ACCUCCU，该序列是

mRNA 识别与结合的位点。但在真核生物 18S rRNA 上未找到该序列。通过比较原核生物和真核生物小亚基 rRNA 的二级结构,发现分开的几个区域有类似的保守序列,它们的二级结构基本相似,由此看来这些二级结构的保守序列是这类 rRNA 行使功能的关键部位。

23S rRNA 与 16S rRNA 相似,分子中至少有一半核苷酸以双链形式存在,分子内有 100 多个螺旋。通过远距离碱基配对,把整个分子折叠成 6 个结构区域,分别是结构域Ⅰ(16～524)、结构域Ⅱ(579～1 261)、结构域Ⅲ(1 295～1 645)、结构域Ⅳ(1 648～2 009)、结构域Ⅴ(2 043～2 625)、结构域Ⅵ(2 630～2 882)。每个区域中结构组织与 16S rRNA 一样,短的螺旋通过中央环和侧环相连接。与 16S rRNA 最明显不同的是 23S rRNA 的 5′端和 3′端之间互补,由 8 个碱基对形成一个十分稳定的螺旋,两个末端维系在一起为整个链折叠形成最后坚实的结构作出了贡献。

5S rRNA 分子较小,其 5′端与 3′端区域互补,形成稳定的 9～11 个碱基对的双螺旋。整个核苷酸序列组成 2 个复合发夹结构。在提出的基本相似的二级结构模型基础上产生了一个通用模型(图 6-20),可适用于所有已知的 5S rRNA 二级结构。这种结构有较低的自由能,碱基对占碱基总数的 60%以上。

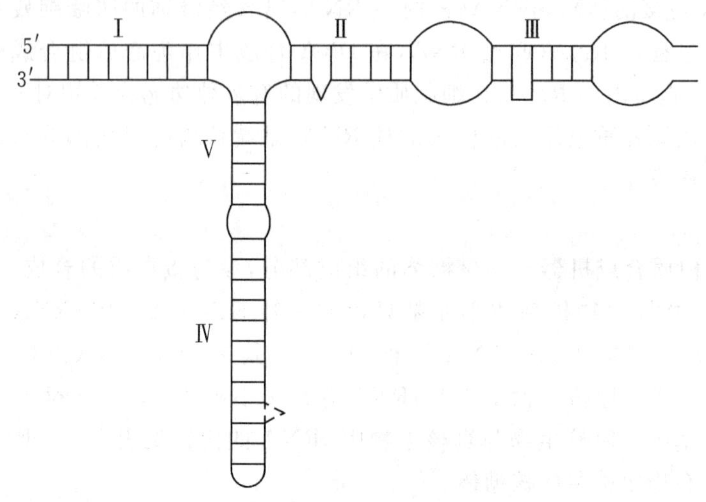

图 6-20　5S rRNA **二级结构通用模型**

(Ⅰ～Ⅴ代表分子内 5 个螺旋区)

原核生物 5S rRNA 的第 43～47 位核苷酸为 CGAAC 序列,可与 tRNA 上 TψCG(ψ,假尿嘧啶核苷,pseudouridine)核苷酸互补。在真核生物 5.8S rRNA 上也有相同的 CGAAC 序列,因而这是 tRNA 与 rRNA 相互识别、相互作用的部位。

除此之外,rRNA 上有很多 rRNA 之间识别、结合的部位及与蛋白质相互作用的部位。这些部位对维持核糖体结构及行使功能都很重要。

2. mRNA

DNA 是遗传信息的载体,位于细胞核中,而体现遗传信息的蛋白质合成则在细胞质中,因而有人猜测两者之间存在一种中介物质,即所谓的信使,将遗传信息转达到细胞质中。研究证实,这种中介物质确实存在,其本质是 RNA,即称其为信使 RNA。

mRNA 的分子大小变异非常大,小到几百个核苷酸,大到几万个核苷酸。mRNA 的结构在原核生物和真核生物中有很大的差别。

1）原核生物 mRNA 结构的特点

现已证实，无论是原核生物还是真核生物的 mRNA 都存在编码区和非编码区。编码区是指含有合成蛋白质信息的核苷酸区段，能根据密码子翻译规律将核苷酸序列翻译为蛋白质中的氨基酸序列；非编码区则不含合成蛋白质氨基酸序列的信息。非编码区的长短随不同的 mRNA 而异。在 mRNA 的 3′端和 5′端以及原核生物的多顺反子（polycistron）mRNA 中的顺反子之间都存在非编码区。在编码区内尚无非编码区插入的证据。顺反子（cistron）是由顺反实验所规定的遗传单位，相当于一个基因，含有决定一种蛋白质氨基酸序列的全部核苷酸序列。多顺反子是指携带一种以上蛋白质合成信息的 mRNA。原核生物的 mRNA 具有多顺反子结构特点，即几个结构基因转录在一条 mRNA 链上，然后分别合成各自的肽链。结构基因的序列之间有间隔序列，可能是核糖体识别、结合的部位。

在原核生物 mRNA 起始密码子 AUG 的上游约 10 个核苷酸处，含有一段富含嘌呤核苷酸的序列。这段序列称为前导序列（leading sequence）。由于该序列是由 Shine J. 和 Dalgarno L. 首先发现的，因此又常称为 Shine-Dalgarno 序列，简称 SD 序列。这段序列与翻译起始有关，是核糖体小亚基 16S rRNA 结合的部位。

此外，原核生物 mRNA 还具有以下特点：①5′端无帽子结构，3′端无 poly（A）尾巴；②一般没有修饰碱基；③半衰期短，如细菌 mRNA 半衰期一般仅几分钟。

2）真核生物 mRNA 结构的特点

（1）5′端的帽子（cap）结构。帽子结构就是 5′端第一个核苷酸都是甲基化鸟嘌呤核苷酸，它以 5′端三磷酸酯键与第二个核苷酸的 5′端相连，而不是通常的3′，5′-磷酸二酯键。帽子结构中的核苷大多数为 7-甲基鸟苷（简写为 m^7G），也有少量的 $m_3^{2,2,7}G$ 或 $m_2^{2,7}G$。在其后面第二和第三个核苷酸的核糖第 2 位羟基上有时也甲基化。因此通常帽子结构有三种类型，即帽子 0 型（$m^7G^{5'}ppp^{5'}Np$）、帽子 1 型（$m^7G^{5'}ppp^{5'}NmpNp$）和帽子 2 型（$m^7G^{5'}ppp^{5'}NmpNmpNp$），如图 6-21 所示。帽子结构可保护 mRNA 不被核酸外切酶水解，更重要的是与核糖体识别、结合，与翻译起始有关。

在 mRNA 生物合成过程中，当初始转录物长达 20～30个核苷酸时，转录产物 5′端就加入帽子结构。7-甲基鸟苷与 mRNA 链 5′端起始核苷酸以 5′，5′-焦磷酸键连接，形成 mG-5′ppp5′-N-3′p-结构。帽子结构封闭了 mRNA 的 5′端，为核糖体与 mRNA 的结合提供了信号。帽子结构附近区域能形成发夹结构，这就缩短了帽子与起始密码子之间在空间上的距离，可能与蛋白质合成的

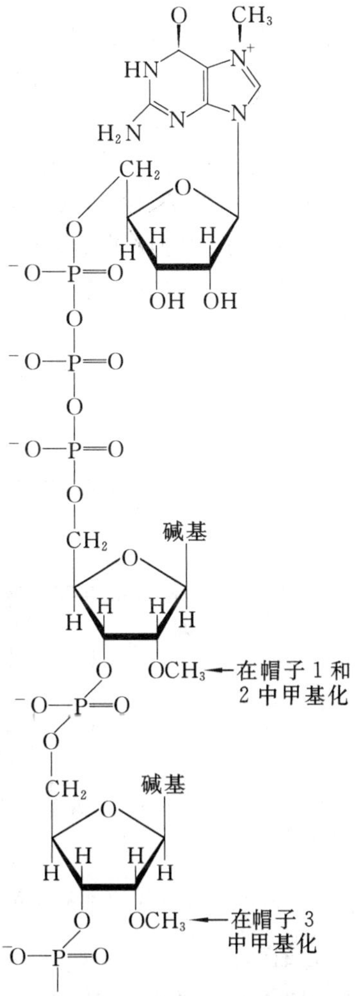

图 6-21　真核生物 mRNA 的帽子结构

起始有关。与原核生物不同,真核生物 mRNA 分子的编码区前没有与核糖体 18S rRNA 互补的序列,因此核糖体通过与帽子结合,然后移动到离 5′端通常 10～100 个核苷酸的一个 AUG 密码子处并开始翻译。

(2) 3′端的 poly(A)尾巴。大多数真核生物 mRNA 的 3′端有聚腺苷酸序列,其长度为 20～200 个腺苷酸,常称为 poly(A),它是在细胞核内转录后,由 poly(A)聚合酶专门加到 hnRNA 的末端形成的。多聚腺苷酸尾巴与 mRNA 的寿命有关,没有尾巴或尾巴短的 mRNA易降解。一般真核生物mRNA的半衰期为几十小时,但绝大多数组蛋白 mRNA 没有尾巴,半衰期仅几十分钟。

绝大多数真核生物 mRNA 的 3′端具有 poly(A)尾链结构,利用这一特征可以用亲和层析法对其进行分离。可以将一段寡聚 U(oligo (U))或寡聚 dT(oligo (dT))共价连接在纤维素上,制成亲和层析柱,将含有mRNA的核酸样品通过层析柱,即可分离获得 mRNA。

(3) 分子中可能有修饰碱基,主要是甲基化,如 m^6A。

3) hnRNA

在真核生物中,最初转录生成的 RNA 称为 hnRNA(heterogeneous nuclear RNA)。在细胞质中作为蛋白质合成模板的是 mRNA。hnRNA 是 mRNA 的未成熟前体。两者之间的差别主要有两点:①hnRNA 核苷酸链中的一些片段将不出现于相应的 mRNA 中,这些片段称为内含子,而那些保留于 mRNA 中的片段称为外显子,即 hnRNA 在转变为 mRNA 的过程中经过剪接,去掉了一些片段,余下的片段被重新连接在一起;②mRNA 的 5′端被加上一个 m^7Gppp 帽子,在mRNA的 3′端多了一个 poly(A)尾巴。mRNA 从 5′端到 3′端的结构依次是 5′帽子结构、5′非编码区、决定多肽氨基酸序列的编码区、3′非编码区和 poly(A)尾巴。hnRNA 与 mRNA 的结构如图 6-22 所示。

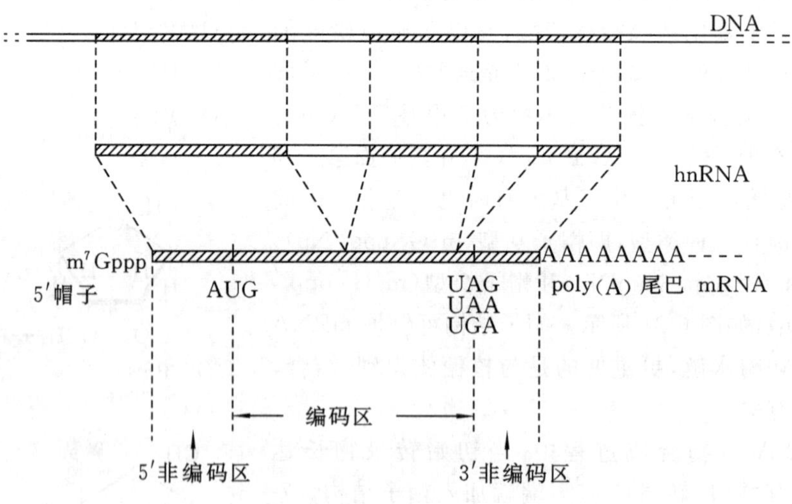

图 6-22 hnRNA 与 mRNA 的结构

(加斜线者为外显子序列,未加斜线者为内含子序列)

3. tRNA

tRNA 分子较小,长度仅为 70～120 个核苷酸。tRNA 分子有数十种,可各携带一种氨基酸,将其转运到核糖体上,供蛋白质合成使用。各种 tRNA 无论在一级结构上,还是在二级、三级结构上均有一些共同特点。tRNA 中含有大量的稀有碱基，如甲基化的嘌呤 ^{m}G、嘌呤 ^{m}A、二氢尿嘧啶(DHU)、次黄嘌呤等。此外，tRNA内还含有一些稀有核苷，如胸腺嘧啶核糖核苷、假尿嘧啶核苷(ψ)等。在假尿嘧啶核苷中，不是通常嘧啶环中 1 位氮原子，而是嘧啶环中的 5 位碳原子与戊糖的 1′位碳原子之间以糖苷键相连。

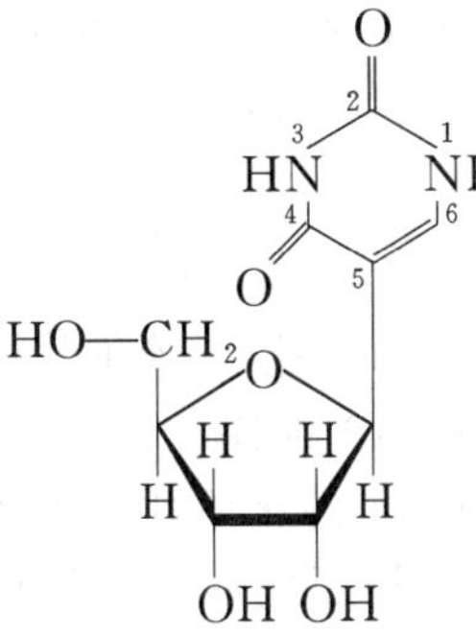

假尿嘧啶核苷(ψ) 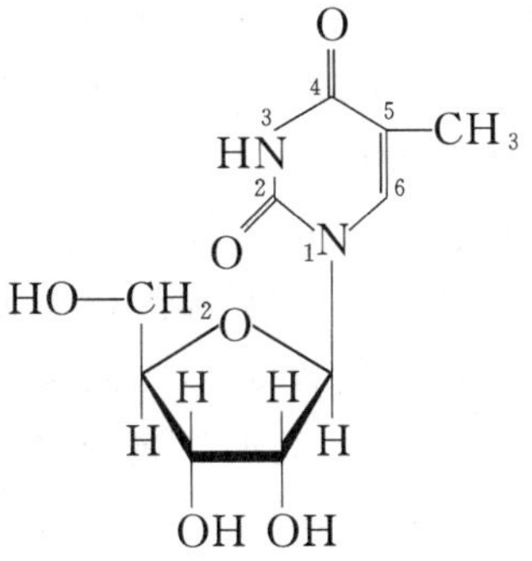　　胸腺嘧啶核糖核苷

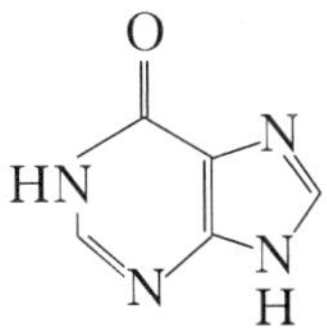

次黄嘌呤(I) 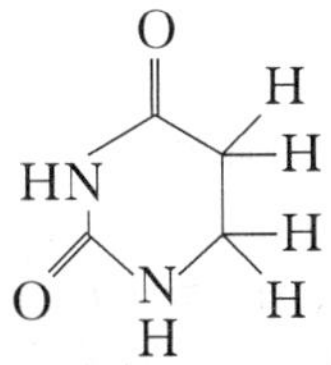　　二氢尿嘧啶(DHU) 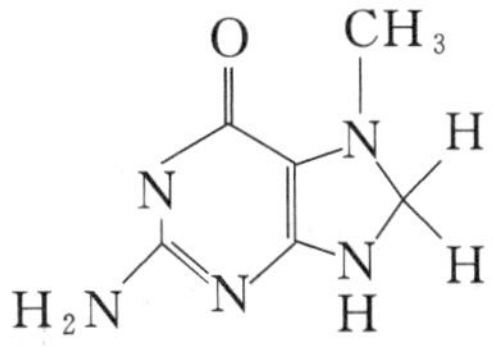　　7-甲基鸟嘌呤

tRNA 分子内的核苷酸通过碱基互补配对形成多处局部双螺旋结构，未成双螺旋的区带构成环和襻。已发现的所有 tRNA 均可呈现三叶草样二级结构。在此结构中，从 5′端起的第一个环是 DHU 环，以含二氢尿嘧啶为特征；第二个环为反密码子环，其环中的三个碱基可以与 mRNA 中的三联体密码子形成碱基互补配对，构成反密码子(anticodon)，在蛋白质合成中解读密码子，把正确氨基酸引入合成位点；第三个环为 TψC 环，以含胸腺嘧啶核糖核苷和假尿嘧啶核苷为特征；在反密码子环与 TψC 环之间，往往存在一个襻，由数个核苷酸组成；所有 tRNA 的 3′端均有相同的 CCA—OH 结构，tRNA 所转运的氨基酸就连接在此末端上。

4. 其他 RNA 分子

1) 小核 RNA

小核 RNA(snRNA，small nuclear RNA)存在于真核细胞的细胞核内，是一类称为小核核糖核蛋白(snRNP)的组成部分，有 U1、U2、U4、U5、U6……U13，它们均为小分子核糖核酸，长 100～300 个核苷酸。其功能是在 hnRNA 成熟转变为 mRNA 的过程中，参与 RNA 的剪接，并在 mRNA 从细胞核中转运到细胞质的过程中起着十分重要的作用。

2) 小胞浆 RNA

小胞浆 RNA(scRNA，small cytosol RNA)又称 7SL-RNA，长约 300 个核苷酸，主要存在于细胞质中，其序列与基因组中中等重复序列 Alu 序列同源性很高。在细胞质中，1 分子 scRNA 与 6 分子不同的蛋白肽链形成信号识别颗粒(signal recognition particle，SRP)。SRP 可识别新合成肽链的信号肽部分并与之结合，引导此肽链至内质网膜上与 SRP 受体结合,进入内质网进一步加工。

3) 反义 RNA

反义 RNA(antisense RNA)是单链 RNA,其碱基序列正好与有义 mRNA(sense mRNA)互补,从而可与 mRNA 配对结合形成双链,抑制该 mRNA 的翻译。这是近年来所发现的一种基因表达的调控机制。利用此机制,人工合成一些反义 RNA,试图调节基因的表达(如癌基因的表达)。在原核生物,也有一种 mRNA 干扰互补 RNA(mRNA interfering complementary RNA,micRNA),机制与此相同,也可与特异 mRNA 结合并阻止翻译。

4) 具有催化活性的 RNA

具有催化活性的 RNA 被命名为核酶。现在已知的核酶绝大部分参与 RNA 的加工和成熟,它们大致可分成三类:①异体催化的剪切型,如 RNaseP;②自体催化的剪切型,如植物类病毒等;②内含子的自我剪接型,如四膜虫大核 26S rRNA 前体。

核酶的一级结构没有一定的规律,但有些二级结构对于催化活性很重要,锤头结构是某些核酶的典型二级结构,可在锤头右上方产生剪切反应,切断底物分子的磷酸二酯键,如图 6-23 所示。据此可设计合成不同的锤头结构来剪切底物,现在已设计了针对 HIV 的 *gag*、*tat* 基因和 5′LTR 区的 4 种核酶,在体外都已成功地破坏了病毒 RNA。

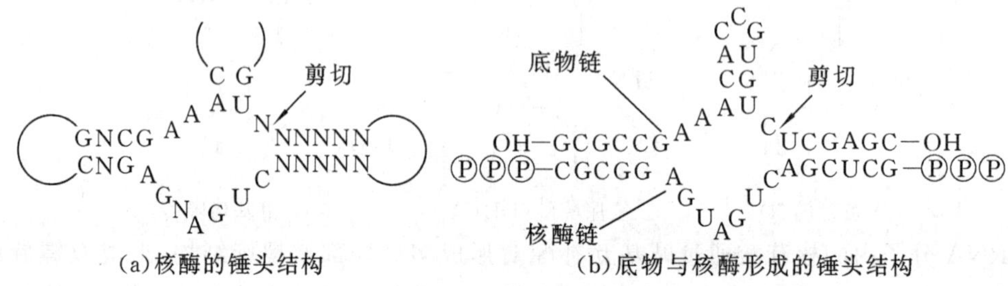

图 6-23　具有锤头结构的核酶及其催化作用

6.5　核酸的性质

6.5.1　核酸的黏度和沉降特性

核酸是大分子,具有一定的黏度。黏度的大小与溶液的浓度、核酸的种类及溶液的性质有关。一般条件下,核酸分子越大,链越长,双链比例越高,则溶液的黏度也越大。在水溶液中,DNA 溶液的黏度明显大于 RNA 溶液;DNA 变性后,溶液的黏度减小。通常情况下,由于 DNA 和 RNA 在水中的溶解度都不大,它们在溶液中的浓度相对较低,因此其溶液的黏度与普通水溶液并无明显差别。然而在高浓度的电解质溶液中,DNA 的溶解度增大,此时高浓度的 DNA 溶液就具有很大的黏度。

核酸溶液是相当稳定的,很难自然沉降,但在超速离心时会发生沉降。核酸在离心场中的沉降行为可以用来测定其相对分子质量,也可进一步作为研究核酸结构(如分子的形状、密度等)的重要依据。

核酸沉降的速率与分子形状和结构有关。核酸的沉降系数(S)与相对分子质量之间呈对应关系。由于分子的构象对其沉降特性有很大的影响,因此这种对应关系只是相对一定构象而言的。如果相对分子质量相同，其构象不同，沉降系数就会不同。环状 DNA 分子的沉降系数比同样大小的线形 DNA 分子大，而在环状基础上所形成的超螺旋结构，其沉降系数更大。

1963 年，Vinograd 从多瘤病毒中获得高纯度的 DNA 后，在超离心时观察到分别相当于 20S、16S 和 14S 的三条不连续的带，每一条带相当于同一分子的一种结构形式。14S 带代表该分子的线形双螺旋结构，16S 带代表该分子松弛的开环结构，20S 带代表该分子的超螺旋结构，如图 6-24 所示。

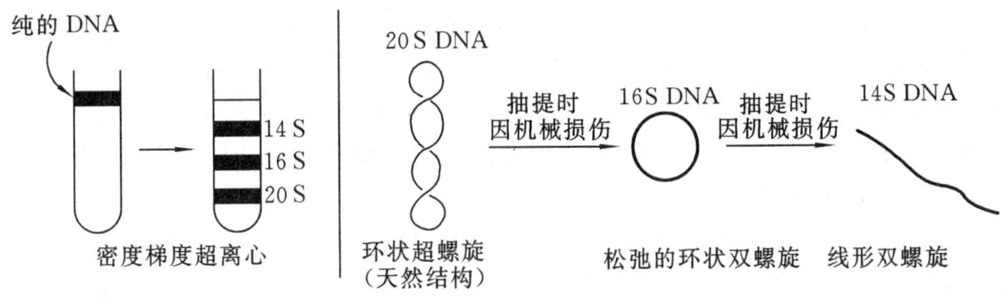

图 6-24　多瘤病毒 DNA 的沉降特性与它的构象有关

同一种 DNA，变性后的沉降系数要比天然的大。因为 DNA 变性后，单股 DNA 随机卷曲成致密的线团。

6.5.2　溶解性

DNA 和 RNA 都是极性分子，都微溶于水而不溶于非极性的有机物，因此常用有机溶剂（如乙醇、异戊醇等）来沉淀核酸。

DNA 和 RNA 在细胞中常与蛋白质结合在一起而形成脱氧核糖核蛋白（DNP）及核糖核蛋白（RNP）。在不同的盐浓度中，它们的溶解度差别很大。DNP 在 1 mol/L NaCl 溶液中溶解度达到最大（比纯水中的溶解度大 2 倍），而 RNP 在此盐浓度下的溶解度很小。RNP 在 0.14 mol/L NaCl 溶液中可以很好地溶解，而 DNP 在此浓度下的溶解度仅为其在纯水中溶解度的 1%。可用此性质来分离这两种核蛋白。

核蛋白的溶解度也与溶液的 pH 值有关，DNP 的等电点为 4.2，RNP 的等电点为 2～2.5，因此 DNP 的溶解度在 pH＝4.2 时最低，RNP 的溶解度在 pH＝2～2.5 时最低。

6.5.3　核酸的显色反应

核酸中的核糖或脱氧核糖与某些化学物质有特殊的颜色反应，这些颜色反应常用来测定核酸的含量。

苔黑酚（3,5-二羟基甲苯）是测定核糖的常用试剂。当含有核糖的 RNA 与浓盐酸以及 3,5-二羟基甲苯在沸水浴中加热 10～20 min 后，有绿色物质产生，这是因为 RNA 脱嘌呤后的核酸与酸作用生成糠醛，后者再与 3,5-二羟基甲苯作用产生绿色物质。

二苯胺试剂常用于测定 DNA 中的脱氧核糖。在强酸环境下加热，可以使 DNA 中嘌呤碱与脱氧核糖间的糖苷键断裂，因而 DNA 酸解后生成嘌呤碱基、脱氧核糖和脱氧嘧啶核苷酸。脱氧核糖在酸性条件下脱水生成 ω-羟基-γ-酮基戊醛，后者与二苯胺作用后显示蓝色。

荧光染料溴化乙锭（或其他荧光物质）也能使核酸着色。溴化乙锭可以嵌入 DNA 的堆积碱基之间，从而与 DNA 结合，并呈现荧光。对电泳分离的核酸样品常采用此种显色方法，观察相对分子质量不同的DNA电泳图谱,通过与标准样品比较,即可确定未知片段的含量与相对分子质量。由于溴化乙锭能与DNA结合,是强烈的DNA诱变剂,因此使用溴化乙锭时操作人员应注意安全,并防止污染环境,严格遵守操作规程,或选择其他无毒的染料。

6.5.4 核酸的化学反应

遗传信息的稳定性对生物体来说是至关重要的。在没有酶催化的情况下,DNA发生的化学变化非常缓慢,DNA分子的细微改变会对生物体产生巨大的影响,像癌变和衰老可能就是DNA缓慢变化的结果。因此,了解核酸的化学性质是非常重要的。

核酸中的嘌呤和嘧啶能进行一系列化学反应,如脱氨、聚合、烷基化等。实验表明,在一般的生理条件下DNA中的胞嘧啶在24 h内会以10^{-7}的概率脱氨变成尿嘧啶。腺嘌呤和鸟嘌呤脱氨的速率是胞嘧啶的1/100。

DNA不含有尿嘧啶,所以胞嘧啶脱氨后产生的尿嘧啶很容易被DNA的修复系统作为外来物除去,这说明了为什么DNA含的是胸腺嘧啶而不是尿嘧啶。假如DNA本来含的就是尿嘧啶,则胞嘧啶脱氨后生成的尿嘧啶就无法被修复系统识别,尿嘧啶就会被保留下来,被保留下来的尿嘧啶在复制期间和腺嘌呤配对,使母代DNA中个别的G-C碱基对在子代DNA中成为A-U碱基对,这样通过胞嘧啶的脱氨作用和DNA的复制会逐渐地导致G-C碱基对的减少和A-U碱基对的增多,经过千万年后,G-C碱基对会不复存在。

紫外线可以诱导两个乙烯基团缩合形成环丁烷,类似的反应发生在核酸的两个相邻嘧啶之间。由于是在紫外线的诱导下产生的,这种二聚体又称光合二聚体。最常见的光合二聚体是环丁基嘧啶二聚体,它可在任何两个相邻嘧啶之间产生,T-T是最普遍的,其他依次为C-T、C-C。另一种常见的光合二聚体是6-4光合产物。

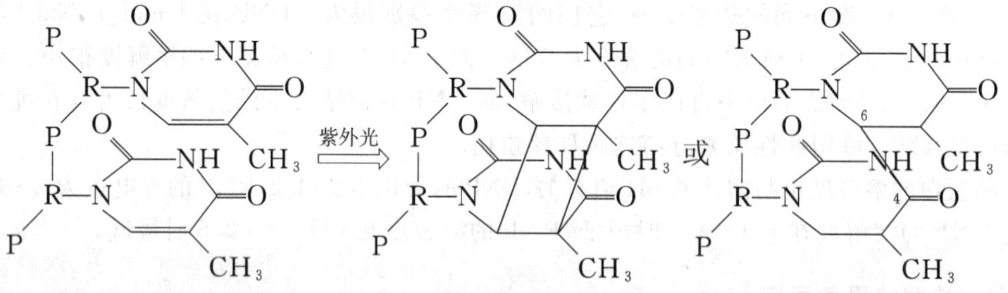

紫外光　或

环丁基嘧啶二聚体　　6-4 光合产物

烷化剂能与核酸的亲核基团发生反应,改变DNA的一些碱基,如二甲基亚硝胺、二甲基硫酸酯等。烷化剂可导致多种类型DNA损伤:碱基修饰造成复制中的错误,大型的烷化产物会阻断复制,双功能因子(能使两个碱基烷基化)会造成交联。

DNA是仅有的具有修复系统的生物大分子,这些修复系统大大减小了DNA损伤造成的影响。

6.5.5 变性、复性及杂交

1. 变性

核酸的变性(denaturation)是指在一些物理或化学因素的作用下,核酸的二级结构遭到破坏,双螺旋区域解螺旋变成单链的过程。核酸的变性不涉及共价键的断裂。引起核酸变性的因素很多，常见的有加热、酸、碱、乙醇、丙酮、尿素、甲酰胺等。加热变性是分子生物学常用的方法。通常将DNA的稀盐溶液加热到90～100 ℃，使DNA从双螺旋结构转变成单链的线团状结构。

DNA变性后，某些物理性质也随之发生改变。天然DNA溶液具有很高的黏度，这种DNA溶液在极端的pH值或加热到80 ℃以上的高温时，黏度会急剧下降，紫外吸收增加（增色效应），一般天然DNA变性后260 nm的光吸收增加30%～40%，RNA增加10%左右。这两种性质可用于变性的检测。

DNA的热变性是在一个狭窄的温度范围内发生并迅速完成的。DNA热变性时，其紫外吸收增加值到达总增加值一半时的温度，称为DNA的变性温度或解链温度，又称熔解温度（T_m）（图6-25）。

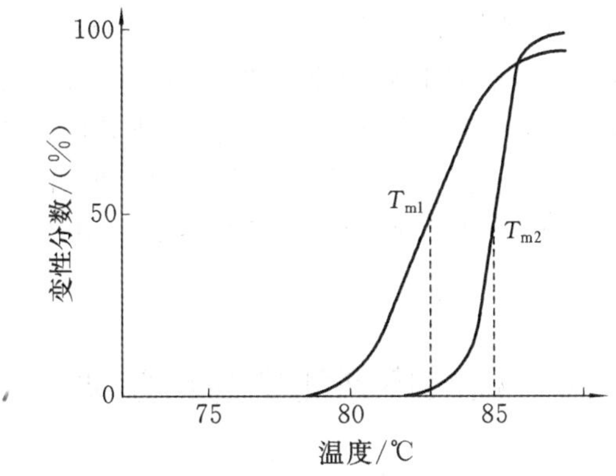

图6-25　DNA**解链曲线**

解链温度与DNA的碱基组成有关。G-C碱基对含量高的T_m值也高。这是因为G-C碱基对含有三个氢键，比A-T碱基对（含有两个氢键）稳定。在固定pH值和离子强度的条件下测定DNA样品的解链温度，可以估计出它的碱基组成。均一DNA的熔解过程发生在很窄的温度范围内；如果DNA样品不均一，熔解过程的温度范围将变宽。

解链温度还与溶液的性质有关。通常，离子强度低时，解链温度较低。因此，DNA制品应保存在较高离子强度（1 mol/L）的缓冲溶液中。

RNA双螺旋或RNA-DNA杂交链形成的双螺旋同样可以发生变性。但RNA双螺旋比DNA双螺旋稳定。在中性溶液中，双链RNA与相当顺序的DNA双链相比解链温度高出20 ℃左右。RNA-DNA杂交体的解链温度介于两者之间。

2. 复性

在适当的条件下，变性DNA分开的两条链又重新缔合而恢复成双螺旋结构，这个过程称为复性。完全变性的DNA的复性过程分两步进行：首先是分开的两条链相互碰撞，在互补顺序间先形成双链核心片段，这一步是相对缓慢的；第二步比第一步快得多，以此核心片段为基础，尚未配对的其他部分按碱基配对相结合，像拉链一样迅速形成双螺旋，完成其复性过程。

复性过程受很多因素的影响，序列简单的DNA分子比复杂的分子复性快。DNA的复性一般只适用于均一的病毒和细菌的DNA，至于哺乳动物细胞中的非均一DNA，很难恢复到原来的结构状态。这是因为各片段之间只要有一定数量的碱基彼此互补，互补部分就可以重新组合成双螺旋结构,碱基不互补的区域则形成突环。DNA 浓度越高,越易复性。此外,DNA 片段大小、溶液的离子强度等对复性过程都有影响。

当温度高于 T_m 约 5 ℃时,DNA 的两条链由于布朗运动而完全分开。如果将此热溶液迅速冷却,单链 DNA 失去碰撞的机会,两条链保持分开状态,因而不能复性,称为淬火;若将此溶液缓慢冷却(称退火,annealing)到适当的低温,则两条链可发生特异性的重新组合而恢复原来的双螺旋结构。

复性后 DNA 的一系列物理化学性质能得到恢复,如紫外光吸光度下降(减色效应),黏度增大,比旋光度增加,生物活性也得到部分恢复。

3. 杂交

DNA 的变性和复性都是以碱基互补为基础的。不同来源的 DNA,若有互补的碱基顺序,经变性分离、退火处理后,就能发生杂交(hybridization)形成 DNA-DNA 杂合体,甚至可以在 DNA 和 RNA 间进行杂交,形成 DNA-RNA 杂合体。如果杂交的一条链是特定(已知核苷酸顺序)的 DNA 或 RNA 的序列,并经放射性同位素或其他方法标记,则称为探针。利用杂交方法,使探针与特定未知的序列发生退火形成杂合体,即可达到寻找和鉴定特定序列的目的。用探针来寻找某些 DNA 或 RNA 片段,已成为目前基因克隆、鉴定分析中十分重要的手段。

6.6 核酸序列测定与组学研究

6.6.1 核酸序列的测定

1. 第一代测序技术

早在 20 世纪 50 年代,Sanger 就已经完成蛋白质的测序工作。此后,很多科学家投身于核酸序列测定的研究,但由于核酸序列较长,采用片段重叠法的策略会耗费很长时间。直到 1975 年,Sanger 提出加减法测序策略,并于 1977 年进行改进,形成较为成熟的双脱氧链终止法。

双脱氧链终止法的反应体系包括待测序的 DNA 模板、引物、同位素标记的底物 dNTP 和 DNA 聚合酶。将待测液分为四组,每组按一定比例加入双脱氧核苷三磷酸,即分别加入 ddATP、ddCTP、ddGTP 和 ddTTP。这种双脱氧核苷酸可以作为底物类似物随机掺入新合成的 DNA 链,并随机导致合成终止。将这些随机获得的大小不同的 DNA 片段进行电泳后,即可利用放射自显影技术获得图谱,从而读出 DNA 序列。

1977 年 Maxam 和 Gilbert 提出化学法测序策略,即利用化学试剂特异性地作用于不同的碱基,并随之将序列在这些位置切断。与双脱氧链终止法类似,该方法也需要将 DNA 标记,并分成四组,分别添加不同的化学试剂进行反应,继而加热断裂序列,电泳后放射自显影获得测序图谱。

第一代测序技术的发展使较长序列的基因组 DNA 测序成为可能,但仍会耗费较长的时间,工作量较大,因此,序列自动化分析技术成为发展的主流。以 Sanger 的双脱氧链终止法测序为基础,20 世纪 80 年代,第一代 DNA 测序仪诞生。它采用荧光检测代替放射自显影,即用 4 种不同的荧光染料标记双脱氧底物,从而使得每条链的合成终止位置碱基都用不同颜色标记,有利于电泳后的仪器检测。这种测序仪被广泛应用于基因组测序领域,也有助于人类基因组计划的成功完成。

2. 第二代测序技术

尽管第一代测序技术能够准确地完成较长序列DNA的测序工作,但其测试速度慢、成本高、通量低等不足之处也限制了它的进一步应用。随着人类基因组计划的完成和科学技术的不断进步,新的测序技术也不断出现。第二代测序技术,也称下一代测序技术,以其高通量测序的特点占据了绝大部分的测序市场。

在第二代测序技术中,将基因组DNA以片段的方式接上两侧的接头,继而通过PCR克隆产生几百万个阵列,之后进行引物杂交和延伸反应。延伸过程中掺入的荧光标记碱基可以通过成像检测进行数据读取。

以Illumina测序平台为例,首先,将目的DNA分子打断成100～200 bp的片段,随机连接到固相基质上,经过桥式PCR生成大量的DNA簇,每个DNA簇中约有1 000个相同序列的DNA片段。之后的反应与双脱氧链终止法类似,加入用4种不同荧光标记并结合了可逆终止剂的dNTP。固相基质上每个孔有8道独立检测的位点,所以一次可以并行8个独立文库,可容纳数百万的模版克隆,可把多个样品混合在一起检测,每个固相基质上一次可读取10^9 bp。DNA簇与单链扩增产物的通用序列杂交,由于终止剂的作用,DNA聚合酶每次循环只延伸一个dNTP。每次延伸所产生的光信号被标准的微阵列光学检测系统分析测序,下一次循环中把终止剂和荧光标记基团裂解掉,然后继续延伸dNTP,边合成边测序。

除了Illumina以外,Roche 454和ABI公司的Solid也都是较为常见的第二代测序平台。第二代测序技术在大大降低测序成本的同时,还大幅提高了测序速度,并且保持了高准确性,但在测序读长方面比起第一代测序技术要短很多。

3. 第三代测序技术

中国人自己的基因测序仪

近年来,随着分子生物学技术的不断发展,以及临床医疗、基因检测等领域需求的不断增加,科研人员开发出第三代测序技术,即单分子测序技术,以PacBio公司的SMRT技术和牛津纳米孔科技公司的纳米孔单分子测序技术为代表。第三代测序技术的原理与前两代测序技术不同,即不需要进行PCR扩增,而是基于单分子的电信号或化学反应信号检测,即可实现对每一条DNA分子的单独测序。PacBio公司的SMRT技术也应用了边合成边测序的思想,将荧光标记的碱基与待测序列、DNA聚合酶一起放入纳米孔底部。每个纳米孔只允许一条DNA模板进入,DNA模板进入后即与DNA聚合酶结合。4种不同颜色荧光标记的dNTP参与新链的合成过程,不同碱基的加入会发出不同的光,根据光的波长与峰值可判断进入的碱基类型。纳米孔单分子测序技术则是基于电信号的测序技术,纳米孔的直径只能容纳一个核苷酸,单链模板就会在电场作用下依次通过纳米孔而引起电流强度变化,灵敏的电子设备检测到这些变化,从而鉴定所通过的碱基。

第三代测序技术弥补了第二代测序技术的部分缺陷,它不需要任何PCR扩增过程,能有效地避免因PCR扩增而导致的系统错误,在保证高通量、低成本测序的同时提高了测序读长。

6.6.2　基因组学与转录组学

1. 基因组学

随着第二、第三代测序技术的发展,测序能力获得极大的提高,DNA的测序成本也大大降低,这也意味着越来越多的基因组可以完成测序。自从1977年噬菌体Φ-X174单链作为第一个完整的基因组被测序以来,已有超过1.0×10^4个基因组测序完毕并发布。这也表明全面基因组时代已经来临,而基因组学作为一门新兴学科,逐渐走入人们的视野。

基因组学是对生物体所有基因进行集体表征、定量研究以及对不同基因组进行比较研究的一门交叉生物学学科。基因组学主要研究基因组的结构、功能、进化、定位和编辑等,以及它们对生物体的影响。基因组学可以进一步分为结构基因组学、功能基因组学、比较基因组学和宏基因组学等。

结构基因组学是指基因组分析的初始阶段,包括构建基因组的遗传和物理图谱、基因鉴定、基因特征注释和基因组结构比较等。通过基因组作图、核苷酸序列分析等来研究基因组结构,确定基因组组成、基因定位。

功能基因组学是指基于基因组序列信息,利用各种组学技术,在系统水平上将基因组序列与基因功能以及表型有机联系起来,最终揭示自然界中生物系统不同水平的功能的科学。功能基因组学的目标是确定生物系统的各个组成部分如何协同工作以产生特定的表型,侧重于基因产物在特定环境中的动态表达。

比较基因组学基于基因组图谱和测序技术,对一个物种的多个个体(群体)基因组或多个物种基因组的结构和功能基因区域进行比较分析。基因组的结构和功能基因区域主要包括DNA序列、基因、基因家族、基因排序和调控序列等。比较基因组学分析就是借助生物信息学的方法,通过对多个物种的基因组结构特征进行比较,找出其中的异同,进而研究物种间基因家族收缩与扩张、分化时间和演化关系,以及新基因的产生与进化等。

宏基因组的概念提出较晚,它是环境中全部微小生物遗传物质的总和。目前的宏基因组学研究常以某一环境中全体微生物基因组为研究对象,利用生物信息学的方法分析微生物群落的多样性、种群结构和相互作用等。特定物种基因组的研究可以使人们的认识单元实现从单一基因到基因集合的转变,而宏基因组学研究将使人们摆脱物种界限,揭示更高、更复杂层次上的生命运动规律。

2. 转录组学

自从2001年人类基因组计划完成以来,基因组学的研究日益完善,但仍然难以直接用基因序列数据去解释生命活动和生命现象。因此,人们开始把目光投向DNA与蛋白质联系的纽带,即RNA组学的研究中。

转录组学的研究对象是全基因组尺度下表达的所有转录产物,它们反映了特定时间和空间状况下基因的表达情况。也就是说,与基因组不同,它会随着生物体所处环境、生长状态、发育时间等因素的不同而发生改变。广义的转录组包括mRNA、rRNA、tRNA、snRNA和miRNA等,有时为了研究方便也特指所有mRNA。

转录组学的研究目的是发现所有转录本种类、确定基因结构、确定基因表达情况,以及发现差异表达基因等。这些是建立在转录组测序基础上的,包括基因表达系列分析、基因芯片技术以及高通量测序技术等。RNA-seq技术是在第二代测序技术的基础上发展起来的,相比于基因芯片技术来说,RNA-seq技术具有通量高、不依赖参考基因组、成本低等优势,目前已在诸多研究领域得到广泛应用。

中国科学家基因组研究的历程

思 考 题

1. 下列关于双链DNA碱基物质的量的关系式，哪一项是错误的？
(1) A=T，G=C； (2) A+T=G+C； (3) A+G=C+T； (4) A+C=G+T。

2. 大多数真核生物mRNA 5′端有下列哪几种结构？
(1) poly (A)； (2) 帽子结构； (3) 起始密码； (4) 终止密码。

3. 下列关于tRNA分子的叙述，哪一项是错误的？
(1) 它们具有广泛的链内氢键；
(2) 它们具有特异氨基酸转移酶、核糖体及mRNA上特异密码子的结合部位；
(3) 氨基酸与其3′端腺苷的3′-羟基相连；
(4) 在分子的5′端含有反密码子，它能与mRNA上的密码子互补结合。

4. 解释下列名词。
(1) DNA的一级结构； (2) 稀有碱基； (3) 核酸的变性和复性； (4) 核酸杂交。

5. 比较DNA和RNA在化学组成和分子结构上的异同点。

6. 试述DNA双螺旋结构的要点及其与DNA生物学功能的关系。

7. 试述RNA的种类及其结构与功能特点。

8. 什么是解链温度？影响核酸分子T_m值的主要因素有哪些？请解释。

9. tRNA的分子结构有哪些特点？

10. 计算相对分子质量(M_r)为3×10^7的双链DNA分子的螺旋数。(每个核苷酸对的M_r约为618。)

11. 双链DNA含有32.8%的胸腺嘧啶(按物质的量计)，计算该DNA其他碱基的摩尔分数。

第7章　维生素化学

维生素是维持机体正常生理功能的微量有机物，大多数在体内不能合成或者合成量不足，必须从食物中获得。维生素既不是构成身体组织的原料，也不是能量的来源，而是一类调节物质，在机体生长、代谢、发育过程中发挥重要作用。

7.1　概　　述

维生素(vitamin)的利用是在医学实践和实验研究中发展起来的。中国唐代名医孙思邈在《千金方》中即记载了用赤小豆、乌豆和大豆等治疗脚气病，宋代也有用肝脏治疗夜盲症(“雀蒙眼”)的记载。19世纪初，生物化学家 Eijkman C. 在实验鸡群中发现了米糠中含有抗脚气病的营养因素。1906年，英国科学家 Hopkins F. G. 提出正常膳食应包含必需的食物辅助因子，即维生素。1913年维生素A、B被发现之后，其他维生素也被陆续发现。

1. 维生素的共同特点

维生素种类繁多，化学结构与生理功能各异，既不是构成组织的主要成分，也不是体内的产能物质，而是作为调节机体代谢的微量物质。需要量少，但又不可或缺是其主要特点。

(1) 维生素有两种存在形式：一种是维生素本身；另一种是其前体——维生素原(provitamin)，如β-胡萝卜素为维生素A原。虽然维生素存在于天然食物中，但是没有一种天然食物含有人体所需的全部维生素。

(2) 大多数维生素不能在体内合成，也不能大量储存于组织中，所以必须从食物中不断地摄取。有些维生素，如烟酸和维生素D可由机体合成，维生素K、生物素和维生素B_6可由肠道细菌合成一部分，但并不能满足机体的需要，因而不能完全替代食物摄取这一主要途径。

(3) 维生素在体内不提供热量，也不是机体各种组织的主要成分，各种维生素有其不同的生理功能，但大多数以辅酶或辅基形式参与酶的催化功能，在代谢调节中起作用。

(4) 维生素通过维持或参与调节代谢发挥作用，从而维持机体正常生理功能，所以人体的每日生理需要量极少。人体维生素长期不足或缺乏，可导致维生素缺乏症(avitaminosis)。由于维生素的生理最适需要量较低，而且体内最适量与有毒剂量有时比较接近，因此过量摄入维生素也有可能造成中毒。

2. 维生素的命名与分类

1) 命名

目前，维生素的命名主要有三种方式，分别是按发现的时间先后、生理功能和化学结构命名。

(1) 按发现的时间先后，以英文字母A、B、C、D、E等为维生素命名，每个英文字母后又可附以1、2、3等。这是在没有完全确定各种维生素的化学结构之前所采用的主要命名方法，排列顺序并没有特别的含义。

(2) 按生理功能，取其全称或第一个字母为维生素命名，如抗坏血酸、抗干眼病维生素、抗凝血维生素。

(3) 按化学结构、结合特点或作用命名，如视黄醇、硫胺素、核黄素等。

2) 分类

按照维生素溶解性的不同，将其分为水溶性维生素和脂溶性维生素两大类。

(1) 水溶性维生素是指可溶于水的维生素，包括 B 族维生素(维生素 B_1、维生素 B_2、维生素 PP、维生素 B_6、叶酸、维生素 B_{12}、泛酸、生物素等)和维生素 C。大多数水溶性维生素常以辅酶的形式参与机体的物质代谢，易于通过肾脏排出，不易中毒。

(2) 脂溶性维生素是指不溶于水而溶于脂肪及有机溶剂(如苯、乙醚及氯仿等)中的维生素，包括维生素 A、维生素 D、维生素 E、维生素 K 四大类。食物中脂溶性维生素常与脂类共存，其吸收与肠道中的脂类密切相关，一般与蛋白载体相结合才能在血液中运输，易储存于体内而不易排至体外，摄取过多时易在体内蓄积而导致毒性作用。

7.2 脂溶性维生素

1. 维生素 A

维生素 A 是不饱和一元醇，包括两种：视黄醇——维生素 A_1，主要存在于哺乳动物和海水鱼类的肝脏中；脱氢视黄醇——维生素 A_2，主要存在于淡水鱼中。维生素 A_2 的生物活性约为维生素 A_1 的 40%。

维生素 A 原可在小肠和肝细胞内转变成视黄醇和视黄醛。有色(黄、橙和红色)植物中含有类胡萝卜素(carotenoids)，其中一小部分称为维生素 A 原，如 α-胡萝卜素、β-胡萝卜素、β-隐黄素、γ-胡萝卜素等，其中最重要的为 β-胡萝卜素。

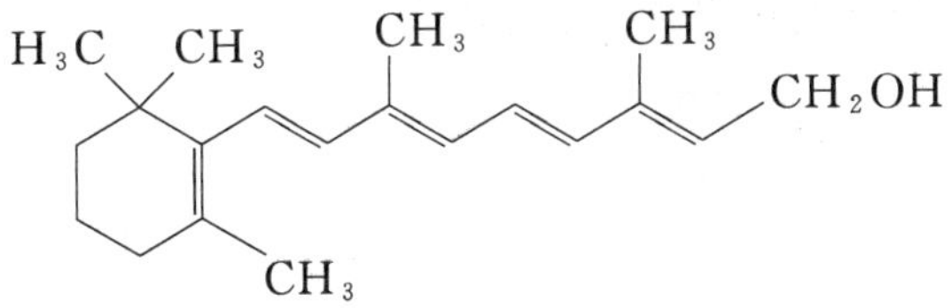

维生素 A_1

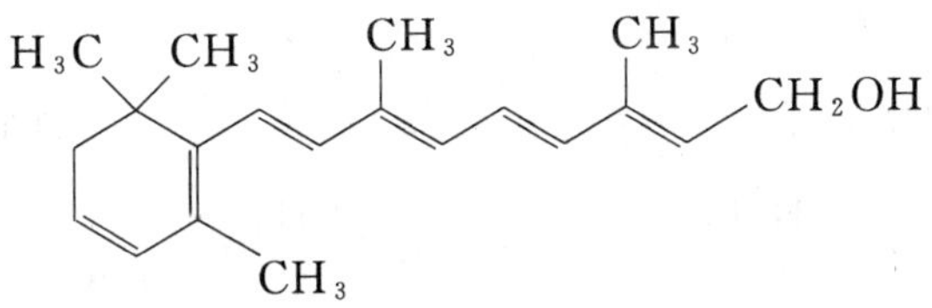

维生素 A_2

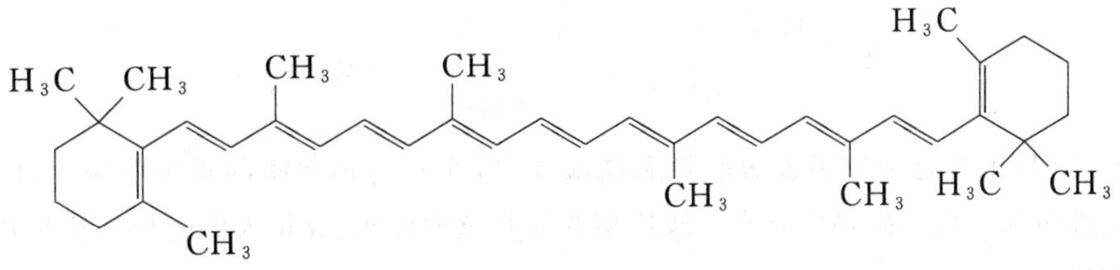

β-胡萝卜素

维生素 A 的生理功能如下。

(1) 维生素 A 是眼睛视网膜细胞内视紫红质的成分,维生素 A 充足时,视网膜细胞中视紫红质容易合成,眼睛在暗处易看清东西,称为“暗适应”。若维生素 A 摄入不足或缺乏,人在暗光下则无法看清物体,即暗适应时间延长,严重时发生夜盲症。

(2) 维生素 A 是细胞膜表面糖蛋白合成的重要物质,对上皮的形成、发育与维持十分重要。当维生素 A 缺乏时,会使上皮的正常结构改变,上皮组织鳞状变化、角化,呼吸道、胃肠和泌尿生殖系统黏膜角质化,从而削弱防止细菌侵袭的天然屏障作用,易发生感染。

(3) 近年来研究发现,维生素 A 及 β-胡萝卜素有防止某些肿瘤发生的作用,特别是皮肤组织的肿瘤。

2. 维生素 D

维生素 D 是指含环戊烷多氢菲结构、具有钙化醇(calciferol)生物活性的一大类物质,由于具有抗佝偻病作用,故又称为抗佝偻病维生素。

维生素 D 常包括两种:维生素 D_2(ergocalciferol,麦角钙化醇)及维生素 D_3(cholecalciferol,钙化醇),它们有相同的生理功能。维生素 D_2 与维生素 D_3 仅侧链结构不同,D_2 是通过太阳光作用于麦角固醇产生的。维生素 D_3 在体内转化为其活性形式 1,25-二羟胆钙化醇,发挥钙、磷代谢调节作用。

维生素 D 的生理作用是通过诱导肠黏膜上皮细胞基因表达,产生特异性的钙结合蛋白及磷酸酶,促进钙和磷的吸收;促进肾小管对钙、磷的重吸收,避免损失,增加利用率;对骨细胞呈现多种作用,并通过内分泌系统调节血钙平衡;作用于小肠、肾、骨等靶器官,参与维持细胞内外钙浓度,以及钙、磷代谢的调节。此外,它还作用于其他很多器官,如心脏、肌肉、大脑、造血和免疫器官,参与细胞代谢或分化的调节。

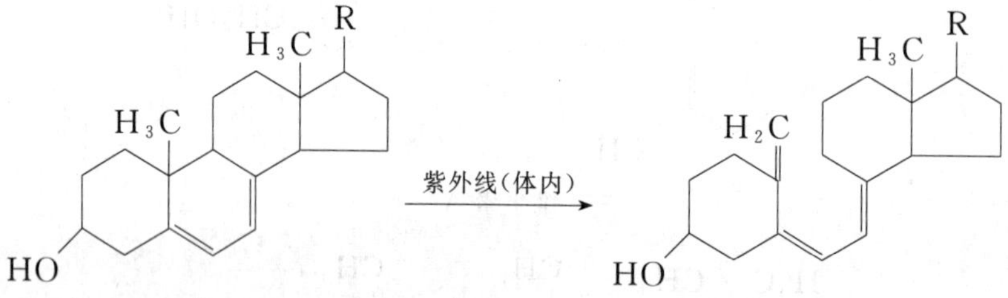

胆固醇 —紫外线(体内)→ 维生素 D

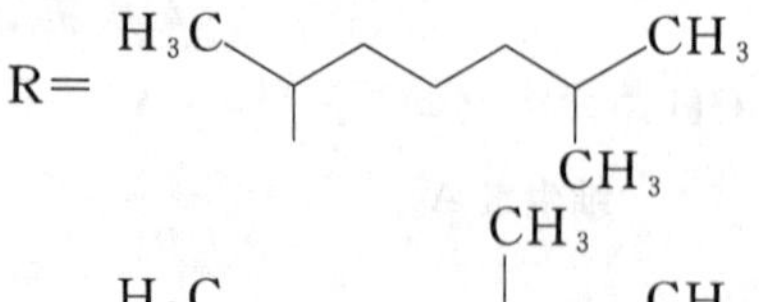

R= (维生素 D_3)

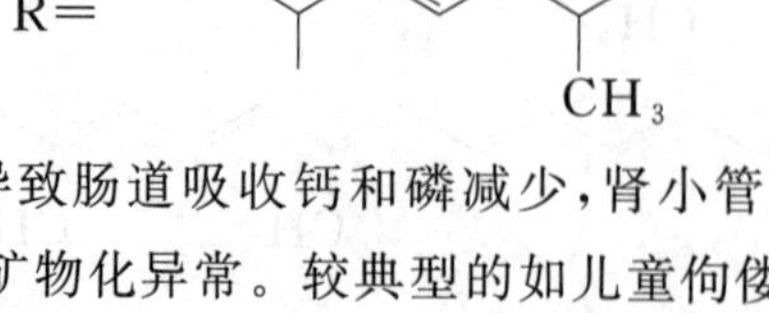

R= (维生素 D_2)

维生素 D 的缺乏导致肠道吸收钙和磷减少,肾小管对钙和磷的重吸收减少,影响骨钙化,造成骨骼和牙齿的矿物化异常。较典型的如儿童佝偻病、成年人的骨质软化与疏松症及手足痉挛症。

3. 维生素 E

维生素 E 又称生育酚，是指含苯并二氢吡喃结构的一类物质。天然存在的维生素 E 可分为两类：一类是生育酚（tocopherol），有 4 种，即 α-T、β-T、γ-T、δ-T；另一类是生育三烯酚（tocotrienol），也有 4 种，即 α-TT、β-TT、γ-TT、δ-TT。不同的维生素 E 的结构中苯环上的取代基R_1、R_2见表 7-1。α-生育酚生理活性最强，而 δ-生育酚抗氧化作用最强。

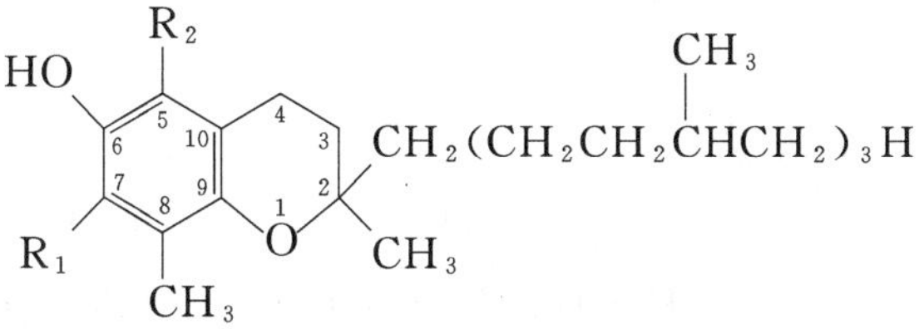

生育酚

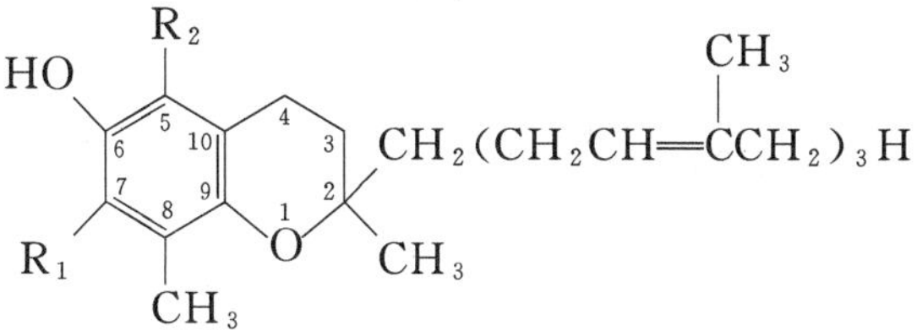

生育三烯酚

表 7-1　不同的维生素 E 的结构中苯环上的取代基

维生素 E		R_1	R_2
α-生育酚	α-生育三烯酚	CH_3	CH_3
β-生育酚	β-生育三烯酚	CH_3	H
γ-生育酚	γ-生育三烯酚	H	CH_3
δ-生育酚	δ-生育三烯酚	H	H

维生素 E 为脂溶性黄色油状液体，在无氧条件下较稳定，在空气中可以缓慢地被氧化破坏。维生素 E 作为强抗氧化剂，保护细胞免受自由基的攻击，维持膜的完整性，也防止维生素 A、维生素 C 被氧化，保护它们在体内发挥正常功能。维生素 E 与动物的生殖功能和精子的生成有关，临床上常用维生素 E 治疗先兆流产和习惯性流产。维生素 E 能调节血小板的黏附力和聚集作用，可用来预防心血管疾病，治疗溶血性贫血；还可降低血浆胆固醇水平，抑制肿瘤细胞的生长和增殖，促进肌肉组织正常生长发育。维生素 E 的缺乏在人类较为少见，维生素 E 的毒性相对较小。

4. 维生素 K

维生素 K 具有促进凝血功能，故又称凝血维生素，自然界中常见的有维生素 K_1和维生素 K_2，均为 2-甲基-1,4-萘醌衍生物，人工合成的是维生素 K_3和维生素 K_4，分别为 2-甲基萘醌和 4-亚氨基-2-甲基萘醌，维生素 K_4的活性比 K_1高 3～4 倍。

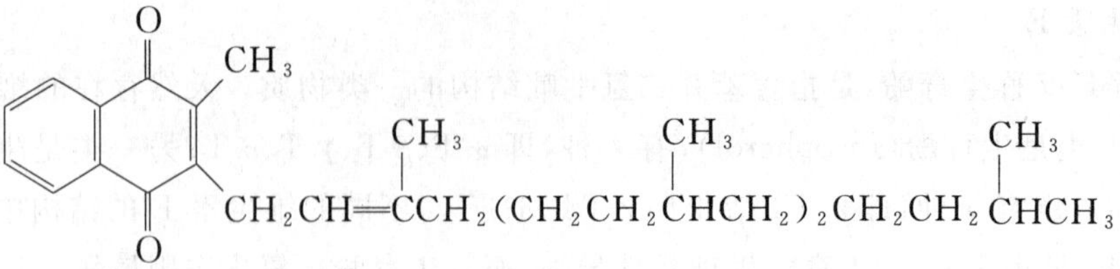

维生素 K_1

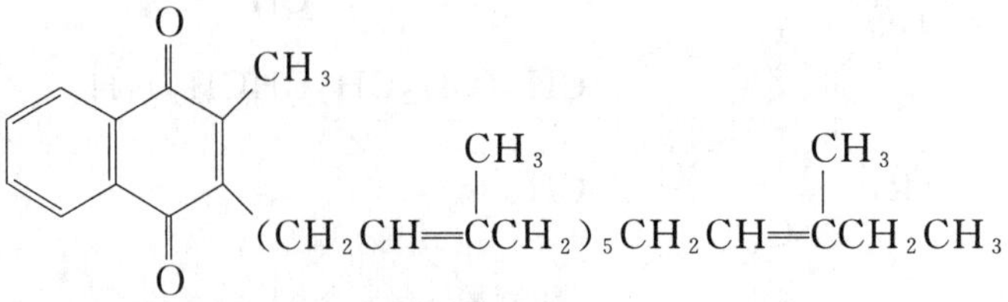

维生素 K_2

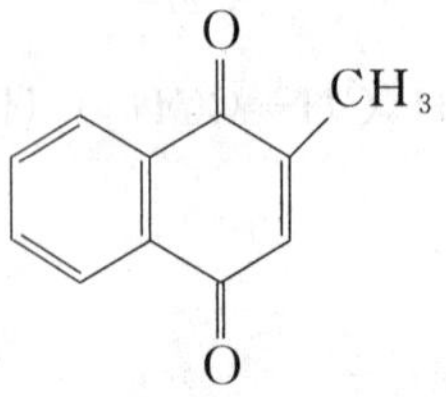

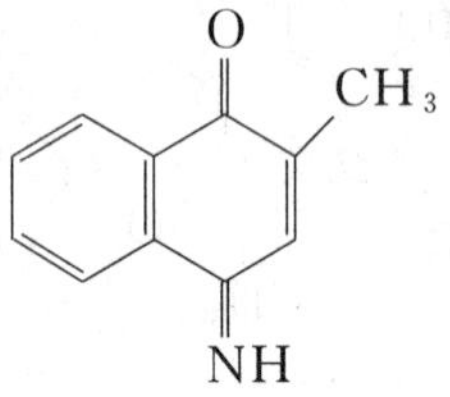

维生素 K_3　　维生素 K_4

维生素 K 主要在凝血过程中发挥作用,还能调节骨钙沉淀等。维生素 K_1 和维生素 K_2 与其他脂溶性维生素一样,需要依赖胆汁、胰液吸收,并与乳糜微粒(chylomicron,CM)相结合,由淋巴系统运输。其吸收率为摄入量的10%~70%。维生素 K 的储存部位是肝、皮肤及肌肉。

维生素 K 在绿色蔬菜、奶、肉类等食物中含量丰富,且人和哺乳动物肠道中的大肠杆菌也可合成维生素 K,因此一般不会缺乏。但长期服用抗生素,有可能导致维生素 K 不足。

7.3 水溶性维生素

水溶性维生素在体内代谢快、储存少(机体饱和后多余的水溶性维生素会从尿液排出),烹饪加工过程中损失较多,易出现缺乏症状。

1. 维生素 B_1

维生素 B_1 因其分子中含氨基和硫元素,又称为硫胺素(thiamine),以不同的磷酸化形式存在于体内,包括硫胺素一磷酸(TMP)、硫胺素二磷酸(TDP)、硫胺素焦磷酸(TPP)以及三磷酸硫胺素(TTP)。

TPP 的辅酶功能是由于 TPP 分子中五元噻唑环 C(2)上的氢可解离成 H^+,而碳成为碳负离子,可以与 α-酮酸的羰基碳结合形成过渡态,引发脱羧或转酮作用。

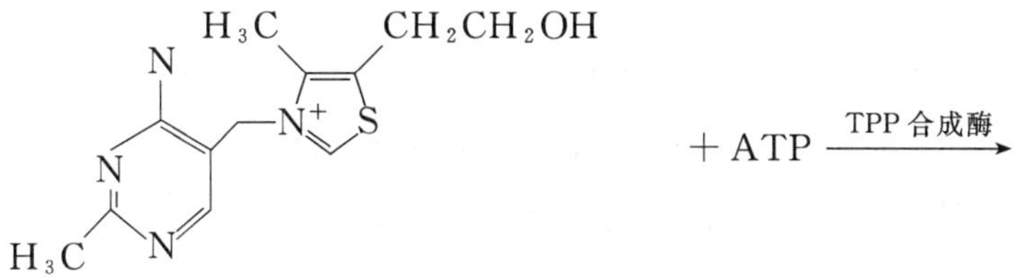

硫胺素(维生素 B_1)

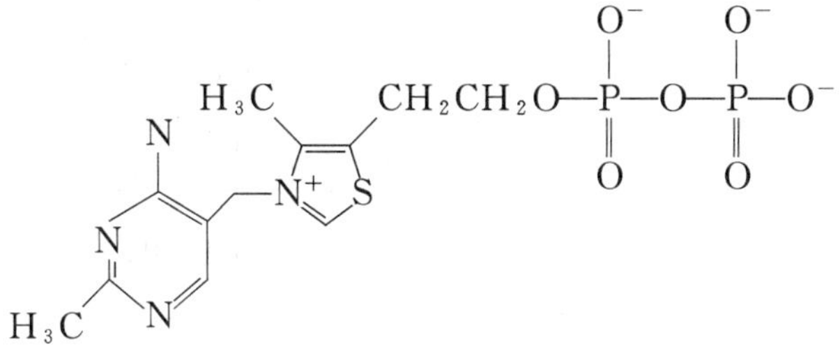

B 族维生素的绿色生物合成

硫胺素焦磷酸(TPP)

TPP 是脱羧酶和转酮酶的辅酶,是糖的三羧酸循环和磷酸戊糖代谢途径的重要辅酶,是葡萄糖、脂肪酸、支链氨基酸分解代谢和产生能量的关键环节。

维生素B_1作为能量代谢的重要辅酶,在机体整个物质代谢中都起着极其重要的作用。

正常情况下神经系统主要从葡萄糖获得能量,如缺乏维生素 B_1,碳水化合物代谢发生障碍,使神经系统供能不足并影响其功能,同时影响心肌、骨骼肌等组织的能量代谢。维生素 B_1缺乏而引起的营养不良功能病称为脚气病(beriberi)。长期酗酒者可出现 Wernicke-Korsakoff 综合征。

全粒谷物、杂粮、干酵母、坚果、动物内脏、蛋类、绿叶蔬菜、瘦猪肉是维生素 B_1的良好来源。

2. 维生素 B_2

维生素 B_2又称核黄素(riboflavin),是由核糖醇与异咯嗪组成的黄色物质(氧化型有色,还原型无色)。生物体内维生素 B_2有磷酸化的黄素单核苷酸(flavin mononucleotide,FMN)和核苷酸化的黄素腺嘌呤二核苷酸(flavin adenine dinucleotide,FAD)两种形式。FMN 和 FAD 多作为蛋白质的辅基存在,与蛋白质结合成黄素蛋白(flavoprotein,也称黄素酶),结合形式的维生素 B_2比游离形式的更稳定,且不易分离。

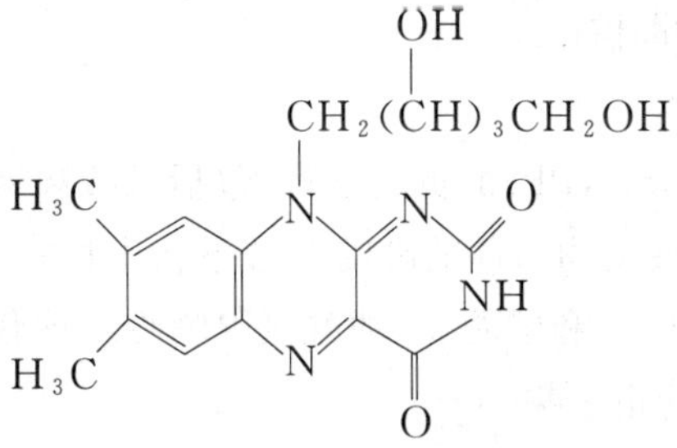

维生素 B_2

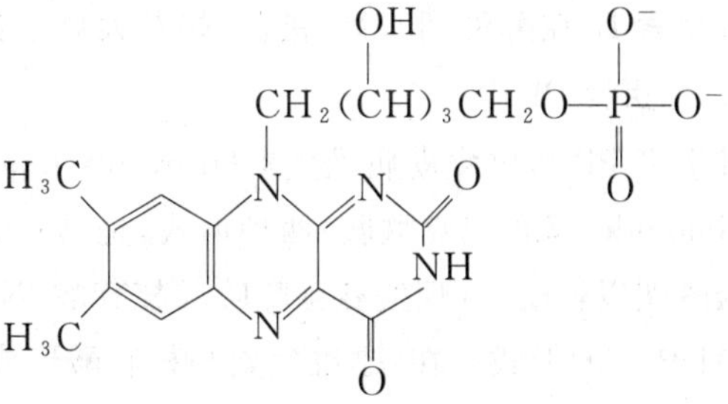

FMN

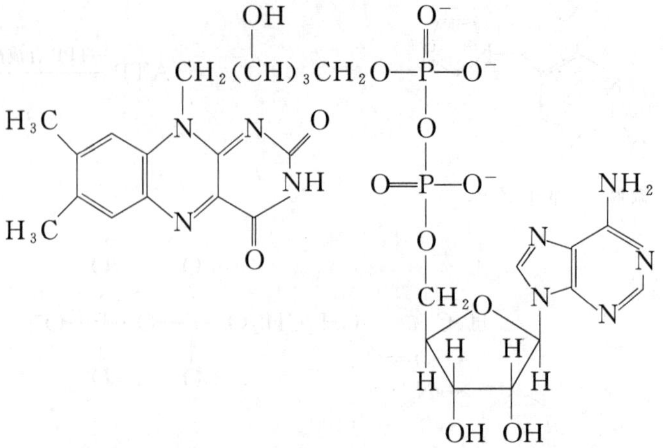

FAD

在生物氧化还原过程中,FMN 和 FAD 通过分子中的异咯嗪环上 $N(1)$ 和 $N(10)$ 位的加氢与脱氢,作为重要的氢传递体,参与体内多种氧化还原反应。

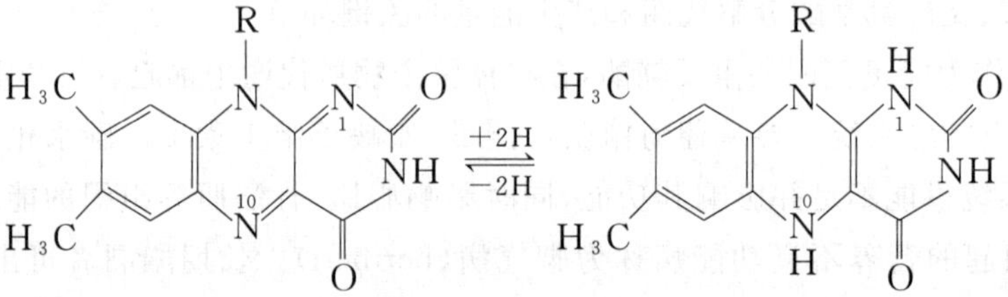

$$\text{氧化型(FMN/FAD)} \underset{-2H}{\overset{+2H}{\rightleftharpoons}} \text{还原型(FMN/FAD)}$$

氧化型(FMN/FAD)　　还原型(FMN/FAD)

R 表示异咯嗪环以外的部分

维生素 B_2 是许多酶的重要组成部分,以 FAD 和 FMN 为辅基的酶有琥珀酸脱氢酶、脂酰 CoA 脱氢酶、NADH-泛醌还原酶(呼吸链)、一些氨基酸氧化酶等,在糖类、脂肪和蛋白质代谢中起非常重要的作用,参与体内生物氧化与能量代谢。维生素 B_2 还有激活维生素 B_6、参与色氨酸形成烟酸(又称尼克酸)的作用,参与体内铁的吸收、储存与动员,参与体内的抗氧化防御系统和药物代谢,维持体内物质代谢正常,促进正常的生长发育,维护皮肤和黏膜的完整性。若体内维生素 B_2 不足,则物质和能量代谢发生紊乱,将表现出多种缺乏症状。

维生素 B_2 在酵母、肝、肾、蛋黄、奶及大豆中含量丰富。

3. 维生素 PP

维生素 PP 是抗癞皮病维生素(preventive pellagra,PP)的英文缩写,包括烟酸和烟酰胺(nicotinamide,又称尼克酰胺)两种形式,是具有烟酸生物活性的吡啶-3-羧酸衍生物的总称。

烟酰胺以辅酶Ⅰ(烟酰氨腺嘌呤二核苷酸,NAD^+)和辅酶Ⅱ(烟酰氨腺嘌呤二核苷酸磷酸,$NADP^+$)的形式存在,是维生素与核苷酸形成的衍生物。

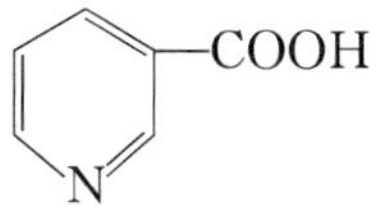

烟酸

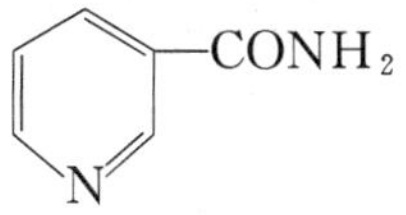

烟酰胺

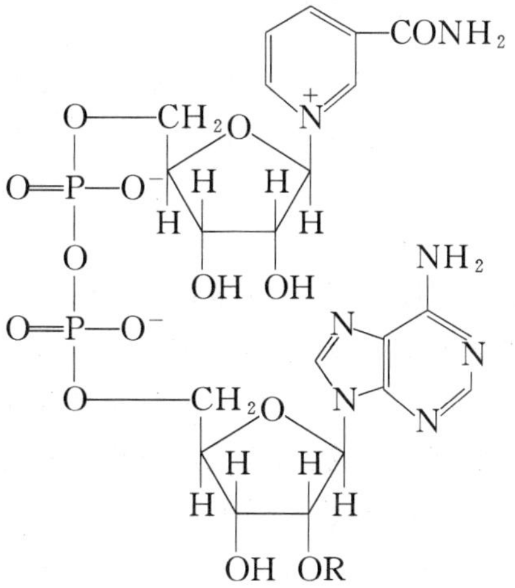

R＝H　　NAD⁺

$R=PO_3^{2-}$　　$NADP^+$

NAD^+ 和 $NADP^+$ 中的烟酰胺环可发生可逆的氧化还原反应，在代谢中起传递氢的作用。

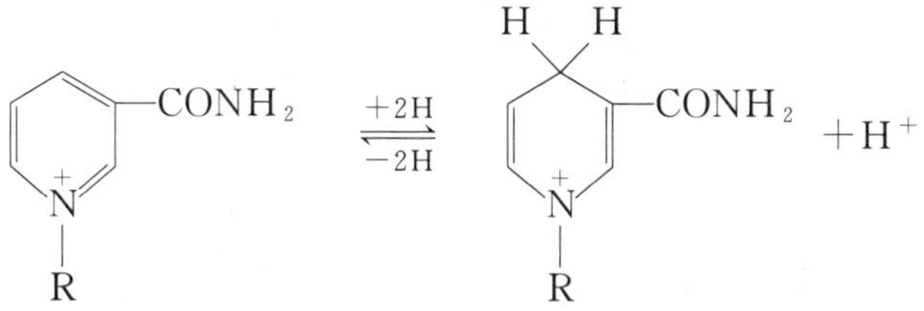

$$\xrightleftharpoons[-2H]{+2H}$$ $+H^+$

氧化型（$NAD^+/NADP^+$）　　还原型（$NADH+H^+/NADPH+H^+$）

R 表示烟酰胺环以外的核苷酸部分

NAD^+ 和 $NADP^+$ 都是不需氧脱氢酶的辅酶，有的酶以 NAD^+ 或 $NADP^+$ 为辅酶皆可，有的酶较为特异，辅酶只能是两者中的一种。NAD^+ 常用于产能分解代谢，还原型的辅酶（$NADH+H^+$ 或 $NADPH+H^+$）既可经呼吸链氧化产能，又可用于合成代谢的还原反应。NAD^+ 和 $NADP^+$ 作为最重要的两种辅酶，影响体内多种代谢（糖、脂和蛋白质），并与蛋白质糖基化、DNA 复制、修复和细胞分化有关。烟酸还是葡萄糖耐量因子 GTF 的重要组分，具有增强胰岛素效能的作用；大剂量的烟酸还能降低血甘油三酯、总胆固醇等，有利于改善心血管功能。

4. 维生素 B_6

维生素 B_6 包括吡哆醇（pyridoxin，PN）、吡哆醛（pyridoxal，PL）、吡哆胺（pyridoxamine，PM）三种衍生物，可以相互转变，在动物体组织内多以吡哆醛和吡哆胺存在，而植物则以吡哆醇为主。

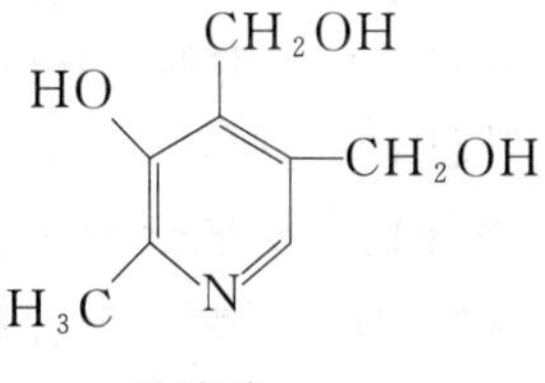

吡哆醇 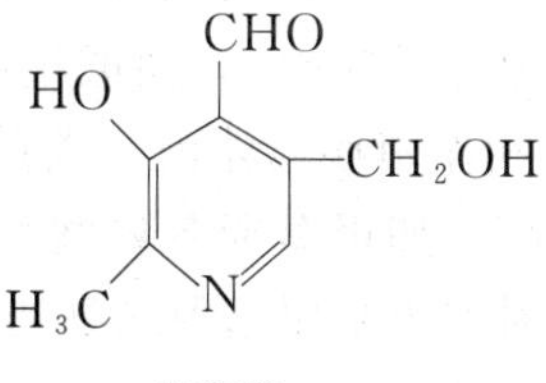　　吡哆醛 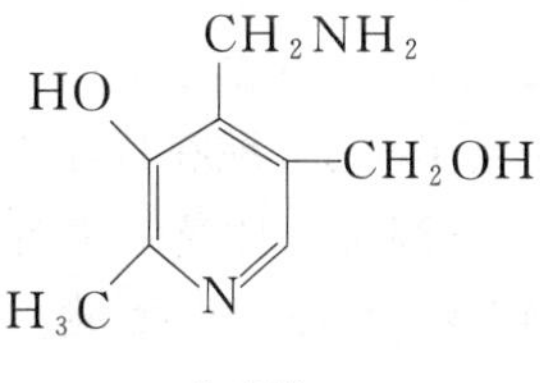　　吡哆胺

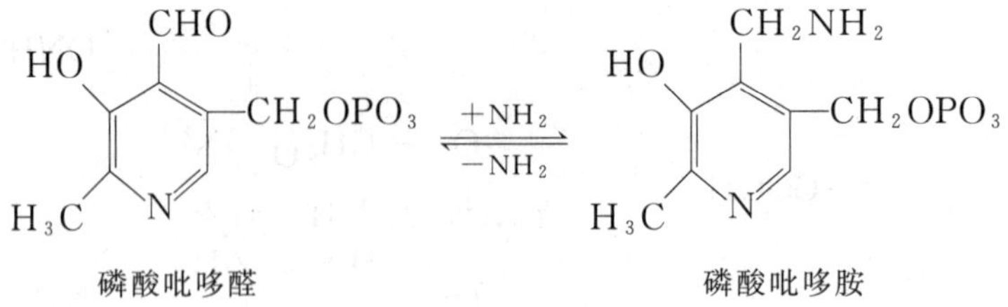

磷酸吡哆醛 $\underset{-NH_2}{\overset{+NH_2}{\rightleftharpoons}}$ 磷酸吡哆胺

维生素 B_6 在体内以 5′-磷酸吡哆醛(5′-pyridoxal phosphate,PLP)形式与多种蛋白质结合,作为辅酶参与多种酶系反应,与氨基酸的代谢有关,通过其与氨基的可逆结合和释放在氨基酸的合成与分解代谢(转氨基)上起着重要作用。

维生素 B_6 与血红素合成、肌肉及肝脏中的糖原转化、花生四烯酸及胆固醇的合成与转运有关。维生素 B_6 的缺乏会损坏细胞介导的免疫反应,影响 DNA 的合成,继而会影响人体神经系统和免疫系统的正常功能。缺乏症主要是周围神经性皮炎,个别会出现神经症状,可使免疫力下降。

5. 叶酸

叶酸(folic acid)因最初从菠菜叶中分离提取而得名,由 2-氨基-4-羟基-6-亚甲基蝶呤、对氨基苯甲酸和 L-谷氨酸三部分组成,是含有蝶酰谷氨酸(pteroylglutamic acid,PGA)结构的一类化合物的统称。叶酸在体内的活性形式是四氢叶酸(FH_4 或 THFA)。

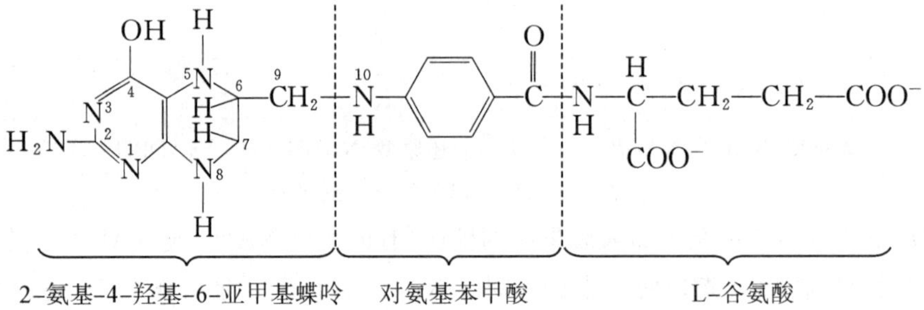

2-氨基-4-羟基-6-亚甲基蝶呤　对氨基苯甲酸　L-谷氨酸

四氢叶酸

生物体内,在二氢叶酸还原酶的催化下,叶酸被还原,先生成二氢叶酸,再生成四氢叶酸,反应需由 NADPH 供氢。四氢叶酸是体内重要生化反应中一碳单位的运载体(辅酶),分子中的 *N* (5)和 *N* (10)位是一碳单位的结合位点,在体内复杂碳链的合成需要延长一个碳单位时都需要该类辅酶参与。

叶酸通过核苷酸影响 DNA 和 RNA 的合成,还可以通过蛋氨酸代谢影响磷脂、肌酸、神经介质以及血红蛋白的合成。

6. 维生素 B_{12}

维生素 B_{12} 分子中含有金属元素钴,故又称钴胺素。维生素 B_{12} 的化学结构复杂,分子中除含有钴原子外,还含有 5,6-二甲基苯并咪唑、3′-磷酸核糖、氨基丙醇和类似卟啉的环成分。

维生素 B_{12} 与叶酸在代谢中互相作用参与体内一碳单位代谢,参与嘌呤、嘧啶及核酸的合成。B_{12} 辅酶是几种变位酶的辅酶。如甲基天冬氨酸变位酶催化谷氨酸分子中—COOH 的转移,转变为甲基天冬氨酸。同时它也是甲基丙二酰辅酶 A 变位酶的辅酶,参与转羰基辅酶 A 作用。

维生素 B_{12}可以通过增加叶酸的利用率来影响核酸、蛋白质的合成，促进红细胞的发育和成熟及皮肤的新陈代谢。维生素 B_{12}通过蛋氨酸合成，参与乙醇胺生成胆碱的代谢。由于维生素 B_{12}与叶酸关系密切，因此当维生素 B_{12}缺乏时也会引起恶性贫血及其他疾病。

7. 泛酸

泛酸(pantothenic acid)是自然界中分布十分广泛的维生素，故又称遍多酸。其结构为丙氨酸经肽键与 α、γ-二羟基-β,β-二甲基丁酸缩合而成的酸性物质。

泛酸经磷酸化，并与 β-巯基乙胺结合成磷酸泛酰巯基乙胺，再结合腺苷形成辅酶 A(简写为 CoA)，这也是泛酸的主要活性形式。

CoA 分子中所含的巯基可与酰基形成硫酯，起传递酰基的作用，是各种酰化反应中的辅酶，其中最重要的是以乙酰 CoA 的形式作为二碳单位的载体，在蛋白质、碳水化合物代谢过程中，对乙酰基转移具有十分重要的作用。乙酰 CoA 参与脂肪酸的合成与降解、胆碱的乙酰化、抗体的合成。

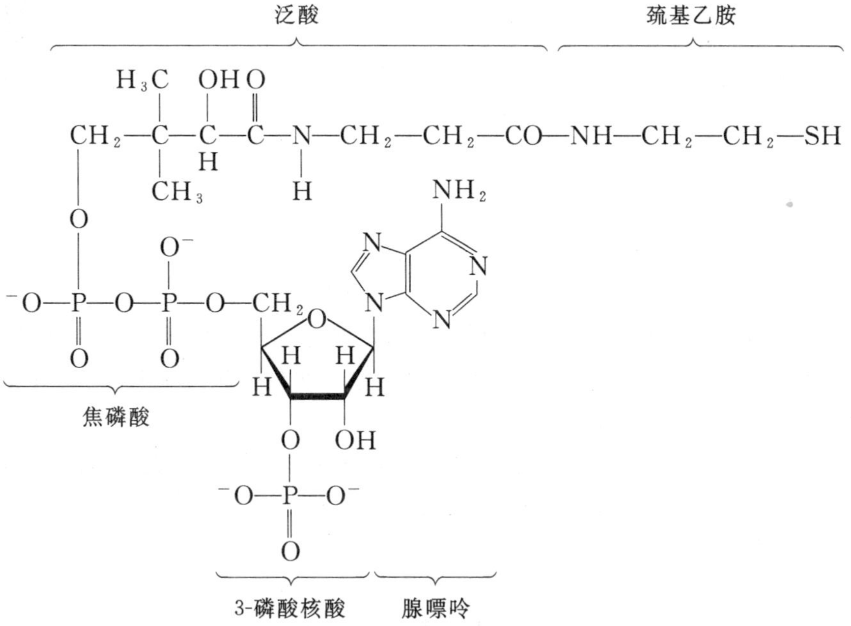

泛酸　　巯基乙胺

$CH_2—C(CH_3)_2—CH(OH)—CO—NH—CH_2—CH_2—CO—NH—CH_2—CH_2—SH$

焦磷酸　　3-磷酸核酸　　腺嘌呤

泛酸在各种食物中含量均较高，尤其在蜂王浆中最多，广泛用于各种疾病的辅助治疗。

8. 生物素

生物素(biotin)又称维生素 H，为噻吩环与尿素形成的双环化合物。生物素与酶蛋白的赖氨酸残基 ε-NH_2结合，它是多种羧化酶的辅酶，主要催化体内 CO_2的固定以及羧化反应。首先 CO_2与尿素环上的一个氮原子结合，然后将 CO_2转给适当的受体。脂肪酸合成起始的乙酰 CoA 羧化酶，糖代谢 TCA 循环补偿途径中的丙酮酸羧化酶，生物素都作为重要的辅酶，在脂肪与糖代谢、蛋白质与核酸合成方面都起到重要的作用。

生物素来源广泛，且人体每日需求量少，因此一般不会缺乏。生鸡蛋清中含抗生素蛋白(avidin，亲和素)，能和生物素结合导致其不能被消化道吸收，因此大量食用生鸡蛋清会引起生物素缺乏。

生物素

9. 维生素 C

维生素 C 又称抗坏血酸(ascorbic acid),是分子内含有 6 个碳原子的 α-酮基内酯的酸性多羟基化合物。维生素 C 是很强的还原剂,在碱性环境、加热或与铜、铁共存时极易被氧化破坏,在酸性条件下稳定。其异构体 D 型抗坏血酸的生物活性大约是 L 型抗坏血酸的 10%,常用异抗坏血酸钠盐(并非维生素 C)作为抗氧化剂添加于食品中。维生素 C 的食物来源为水果、蔬菜,动物不能合成维生素 C。

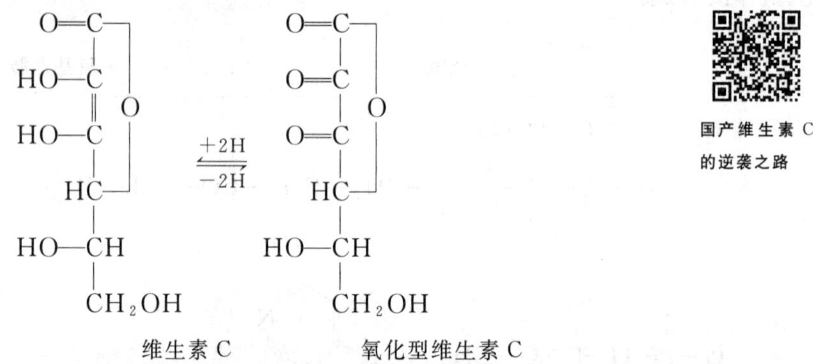

维生素 C　　氧化型维生素 C

国产维生素 C 的逆袭之路

维生素 C 能促进钙、铁和叶酸的吸收和利用,还能防止或延缓维生素 A、维生素 E 及不饱和脂肪酸的氧化,阻止某些氧化物的形成。维生素 C 可促进维生素 E 再生,避免心血管发生动脉粥样硬化,减少白内障发病的危险。

人体缺乏维生素 C 可以引起坏血病,主要临床表现是毛细血管脆性增强,牙龈肿胀、出血、萎缩,常有鼻涕、月经过多以及便血;还可导致骨钙化不正常及伤口愈合缓慢等维生素 C 缺乏的早期典型症状。

思 考 题

1. 何谓维生素?脂溶性维生素和水溶性维生素的生理功能如何?

2. 人体产生维生素缺乏的原因有哪些?如何预防维生素缺乏?维生素是否多多益善?

3. 试总结维生素与辅因子的关系,并举例说明其功能机制。

第8章 激素化学

激素(hormones)是生物体内由特殊组织或腺体产生的，直接分泌到体液中，通过体液运送到特定作用部位，从而引起特殊激动效应(调节控制各种物质代谢或生理功能)的一类微量的有机物。因此，也可以把这类化学物质看作生物体内的"化学信息"。

20世纪60年代以来，陆续地分析了某些激素的分子结构，随后发现激素与细胞膜或细胞核中受体结合而对机体进行调节。这一发现指出了激素的功能与酶的作用及基因的表达是密切相关的，重组DNA技术又极大地促进了激素的研究工作。于是，激素在生命现象中的重要性及进行此研究的可行性都被提高到一个新的水平。

根据激素的化学本质，可将其分为氨基酸衍生物类、蛋白质多肽类、甾体类和脂肪酸衍生物类。而根据激素的溶解性质，可将其分为水溶性激素和脂溶性激素两大类。脂溶性激素和水溶性激素的性质见表8-1。

表8-1 脂溶性激素和水溶性激素的性质

项　　目	脂溶性激素	水溶性激素
合成后储存	除了甲状腺激素以外很少见	储存
结合蛋白	总是	少见
半衰期	长(数小时或数天)	短(数分钟)
受体	细胞质或细胞核	细胞膜
作用机制	直接	间接(通过第二信使)

氨基酸衍生物类激素包括甲状腺分泌的甲状腺素、肾上腺髓质分泌的肾上腺髓质激素等。蛋白质多肽类激素是一大类激素，是由垂体、甲状旁腺、下丘脑、胰岛、肠、胃黏膜、性腺等分泌的，可以是单纯蛋白质、多肽，也可以是糖蛋白。甾体类激素主要是由性腺、肾上腺皮质分泌的，以环戊烷多氢菲为母体的一类激素。脂肪酸衍生物类激素主要是以前列腺素为代表、含有一个环戊烷及两个脂肪酸侧链的20碳脂肪酸。部分激素的化学本质及生理功能见表8-2。

表8-2 部分激素的化学本质及生理功能

内分泌腺		激素名称	化学本质	主要生理功能
垂体	腺垂体	促甲状腺激素	糖蛋白	促进甲状腺的增生与分泌
		促肾上腺激素	三十九肽	促进肾上腺皮质增生与糖皮质类固醇的分泌
		促性腺激素	糖蛋白	促进性腺生长、生殖细胞生成和分泌性激素
		生长激素	蛋白质	促进蛋白质的合成和骨的生长
		催乳素	蛋白质	促进成熟的乳腺分泌乳汁
	神经垂体	抗利尿素	九肽	促进肾小管重吸收水分，使小动脉收缩、血压升高
		催产素	九肽	促进妊娠末期子宫收缩

续表

内分泌腺		激素名称	化学本质	主要生理功能
甲状腺		甲状腺素	氨基酸衍生物	促进基础代谢,促进机体的生长和发育
		三碘甲状腺原氨酸	氨基酸衍生物	提高神经系统的兴奋性
甲状旁腺		甲状旁腺素	蛋白质	促进骨钙溶解入血并抵制肾小管吸收磷而促进对钙离子的重吸收
胰岛	α-细胞	胰高血糖素	二十九肽	促进肝糖原分解,升高血糖
	β-细胞	胰岛素	蛋白质	促进糖原的生物合成及葡萄糖氧化,降低血糖
肾上腺	肾上腺皮质	糖皮质激素	类固醇	升高血糖、抗过敏、抗炎症、抗毒性
		盐皮质激素	类固醇	促进肾小管吸收钠和钾
		性激素	类固醇	分泌少量性激素
	肾上腺髓质	肾上腺素	儿茶酚胺	促进糖原分解,使毛细血管收缩,促进血压升高、心跳加快
		去甲肾上腺素	儿茶酚胺	使小动脉收缩、血压升高
性腺	睾丸	雄性激素	类固醇	促进精子和副性器官生长发育,激发并维持男性的第二性征
	卵巢	雌激素	类固醇	促进卵巢、子宫、阴道、乳腺生长发育,激发并维持女性第二性征
		孕激素	类固醇	促进子宫内膜增生和乳腺泡发育

脂溶性激素因为很容易通过细胞膜,所以难以储存,只有在需要的时候才被合成,但甲状腺素是一个例外。脂溶性激素很难溶于水,因此需要与血清中特殊蛋白质分子上的疏水“口袋”结合后才能运输,这种结合反过来又保护了激素本身,从而延长了它们的半衰期。脂溶性激素的疏水性质允许它们自由通过细胞膜,从而与细胞质或细胞核的受体结合,产生生理效应。

水溶性激素可以被包被在有膜的囊胞内,因此可储存在体内。尽管一些小肽也需要与特殊的血清蛋白结合才能被运输,但是绝大多数水溶性激素的运输并不需要与血清蛋白结合,这就使得它们很容易被代谢掉。由于水溶性激素不能通过细胞膜,因此它们必须与细胞膜上的受体结合后才能发挥作用。

8.1 激素的作用机制

1. 激素的作用特点

激素虽然种类很多,作用复杂,但它们在对靶组织发挥调节作用的过程中具有某些共同特点。

1）激素的信息传递作用

与神经系统的信息不同，内分泌系统的信息是以化学的形式，靠激素在细胞与细胞之间进行传递的。激素既不能添加成分，也不能提供能量，仅仅起着“信使”的作用，将生物信息传递给靶组织，发挥增强或减弱靶细胞内原有的生理生化过程的作用。

2）激素作用的相对特异性

激素进入血液后被运送到各个部位，虽然与各处的组织、细胞有广泛接触，但有些激素只作用于某些器官、组织和细胞，这称为激素作用的特异性。被激素选择作用的器官、组织和细胞，分别称为靶器官、靶组织和靶细胞。有些激素专一地作用于某一内分泌腺体，该腺体称为激素的靶腺。激素作用的特异性与靶细胞上存在能与该激素发生特异性结合的受体有关。蛋白质多肽类激素的受体存在于靶细胞膜上，而类固醇激素与甲状腺激素的受体则位于细胞质或细胞核内。激素与受体相互识别并发生特异性结合，经过细胞内复杂的反应，激发出一定的生理效应。有些激素作用的特异性很强，只作用于某一靶腺，有些激素没有特定的靶腺，其作用比较广泛，几乎对全身的组织、细胞的代谢过程都发挥调节作用。

3）激素的高效能生物放大作用

激素在血液中的浓度都很低，一般为 nmol/L 数量级，甚至为 pmol/L 数量级，虽然激素的含量甚微，但其作用显著。据估计，1 分子的胰高血糖素使 1 分子的腺苷酸环化酶激活后，通过 cAMP-蛋白激酶可激活 10 000 分子的磷酸化酶；1 分子的促甲状腺激素释放的激素可使腺垂体释放 100 000 分子的促甲状腺激素。

4）激素间的相互作用

当多种激素共同参与某一生理活动调节时，激素与激素之间往往存在着协同作用或拮抗作用，这对维持其功能活动的相对稳定起着重要作用。例如，生长激素、肾上腺素、糖皮质激素及胰高血糖素，虽然使用的环节不同，但均能提高血糖，在升糖效应上有协同作用。激素之间的协同作用与拮抗作用的机制比较复杂，可以发生在受体水平，也可以发生在受体后的信息传递过程，或者是细胞内酶促反应的某一环节。

另外，有的激素本身并不能直接对某些器官、组织或细胞产生生理效应，然而可使另一种激素的作用明显增强，即对另一种激素有调节及支持作用。这种现象称为允许作用（permissive action）。

5）激素的寿命

激素在体内的寿命很短，大多数的半衰期仅为数分钟，少数激素如甲状腺素较长，可达数天，也有极少数激素如肾上腺素只有数秒。

2. 激素的受体

激素受体是位于细胞表面或细胞内的一类生物大分子，能够识别并特异性地与有生物活性的化学信号物质结合，从而引发细胞一系列生物化学反应，最终导致该细胞产生特定的生物效应。对受体具有选择性结合能力的有生物活性的化学信号物质称为配体（ligand）。配体与受体结合进而引发机体细胞某一特定结构产生生物效应，这一特定结构叫做效应器（effector）。配体与受体结合后产生生物效应与受体所处的微环境有关，因为受体大分子大多存在于膜结构上，并镶嵌在双层脂膜结构中，如改变其环境因素，也会影响配体与受体的相互作用，这与受体是否处于活性状态有关。配体与受体结合后可产生生物效应，这种配体称为激动剂（agonist）；虽能与受体结合但并不产生生物效应，这种配体称为拮抗剂（antagonist),它可拮抗激动剂的作用;既有激动作用,又有拮抗作用的配体称为部分激动剂(partial agonist)。此外,有一类配体称为反向激动剂(inverse agonist)或负性拮抗剂(negative antagonist),这一类配体主要与非活性状态的构象 Ri 的受体有亲和力,而产生与激动剂作用相反的效应。这种作用可用受体二态模型来解释,受体存在两种构象,一种为呈活性状态的构象 Ra,另一种为呈非活性状态的构象 Ri,两者相对不同的分布使不同的配体产生不同的效应。受体有两方面的功能:一是识别自己特异的信号物质——配体;二是把识别和接收的信号准确无误地放大并传递到细胞内部,启动一系列胞内信号级联反应,最后导致特定的细胞效应。

3. 激素的作用机制

G 蛋白偶联受体

根据激素受体类型的不同,激素的作用机制可分为两大类:一是通过细胞膜受体起作用,二是通过细胞内受体起作用。

1) 通过细胞膜受体起作用

cAMP 相关的诺贝尔奖

水溶性激素不能自由地通过细胞膜,它们的受体位于靶细胞的表面,这些受体称为细胞膜受体,或简称膜受体。根据结构和功能膜受体主要分为四类:G 蛋白偶联受体、离子通道受体、酶受体和酪氨酸蛋白激酶偶联受体。当水溶性激素与靶细胞膜上相应的受体结合后,形成的激素-受体复合物通过某种过程激活定位于细胞膜的特定的酶。一方面被激活的酶再调控其他酶和蛋白质的活性,从而引发一系列生化反应,使靶细胞产生特定的生理效应;另一方面导致某些小分子物质的合成。这些小分子物质被释放到细胞质中之后,可代替原来的激素行使功能。如果把激素本身看成第一信使(first messenger),那么,被合成的小分子物质可以看成第二信使(second messenger),而催化第二信使合成的酶称为效应器。

目前已发现的第二信使有 cAMP、Ca^{2+}、cGMP、IP_3、DAG(二酰甘油)、神经酰胺(ceramide)、花生四烯酸和 NO 等。下面以 cAMP 和 Ca^{2+} 为例,简单介绍细胞膜受体作用机制。

(1) 以 cAMP 作为第二信使的作用机制。通过生成 cAMP 而立刻作用于机体组织。大部分氨基酸衍生物类激素和蛋白质多肽类激素都以这种方式起作用。

激素作为第一信使与靶细胞膜上的特异受体结合,然后触发 G 蛋白与 GTP 结合形成 G-GTP 复合物,该复合物再激活腺苷酸环化酶使其转化为活性形式,接着环化酶催化 ATP 形成 cAMP。作为第二信使的 cAMP 经一系列的相关反应——级联放大,即先激活细胞内的蛋白激酶,再进一步诱发各种功能单位产生相应的反应,cAMP 起着信息的传递和放大作用。激素的这种作用机制称为第二信使学说,如图 8-1 所示。

(2) 以 Ca^{2+} 作第二信使的作用机制。有些激素与细胞膜受体结合后,可使细胞膜上依赖于受体的钙通道开放,使细胞内的 Ca^{2+} 浓度升高。还有一些激素通过启动磷酸肌醇级联反应,使细胞内 Ca^{2+} 浓度升高,因此,Ca^{2+} 也被认为是一个第二信使。

Ca^{2+} 主要是通过钙调蛋白(calmodulin,CaM)来发挥第二信使作用的。一般 CaM-Ca^{2+} 与它所控制的酶相连,CaM 与 Ca^{2+} 结合后引起的构型变化会改变与它相连酶的活性。细胞内存在着许多由 CaM-Ca^{2+} 活化的蛋白激酶,通过这条通道表现出许多细胞效应。例如,糖原磷酸化酶和糖原合成酶都是 CaM-Ca^{2+} 活化的蛋白激酶(磷酸化酶 b 激酶)的靶酶。激活磷酸化酶 b 激酶使磷酸化酶 b 活化,或使糖原合成酶失活。

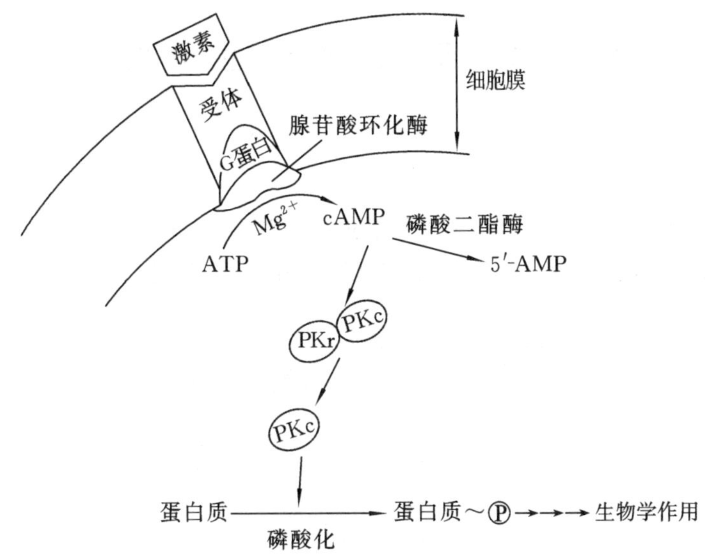

图 8-1　以 cAMP 作第二信使的作用机制

PKr—蛋白激酶调节亚单位；PKc—蛋白激酶催化亚单位

2）通过细胞内受体起作用

脂溶性激素的疏水性质使得它们能自由通过细胞膜，与细胞内的受体结合，产生细胞内效应，这些受体称为细胞内受体，又可分为细胞质受体和细胞核受体。例如，醛固酮的受体位于细胞质基质，而甲状腺素的受体位于细胞核。脂溶性激素透过细胞膜进入细胞后，与各自的受体（实质是结合着 DNA 的某些蛋白质）结合。一旦激素结合到受体上，受体就会转变成一种转录增强子，于是特定的基因得到扩增表达。这些激素的原发效应反映在基因表达上，而不表现在酶的激活或转运过程的变化上。由于这种作用方式是通过基因转录形成 mRNA 而实现的，因此作用过程较慢，如图8-2所示。

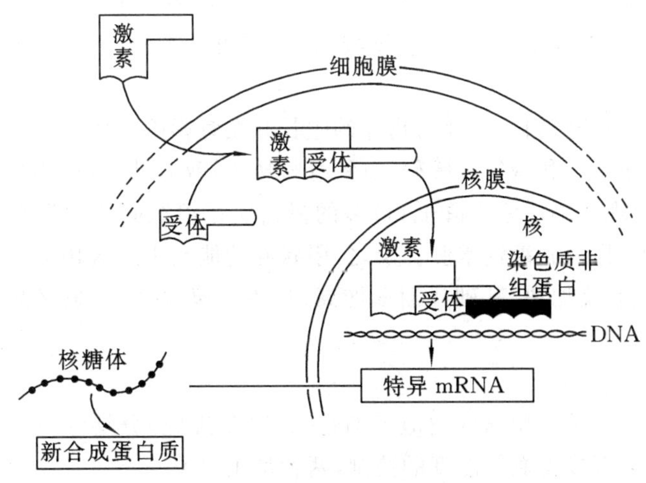

图 8-2　细胞内受体作用机制

8.2　主要激素的化学与生理功能

1. 甲状腺

1) 甲状腺素

甲状腺素为两种具有生理活性的碘化酪氨酸衍生物：L-3,5,3′,5′-四碘甲状腺原氨酸(以 T_4表示)和 L-3,5,3′-三碘甲状腺原氨酸(以 T_3表示)。它们的化学结构式如下：

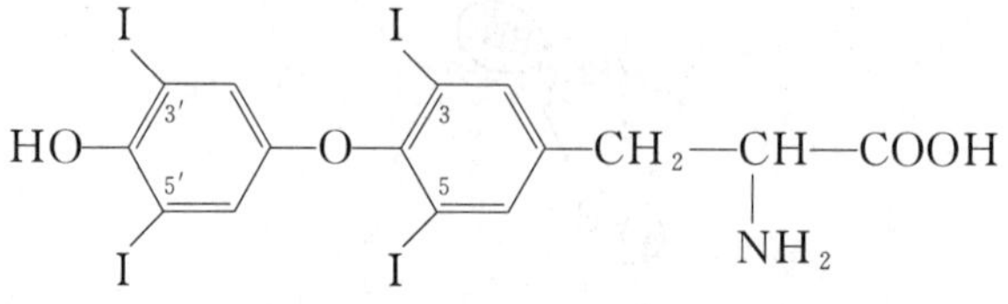

T_4

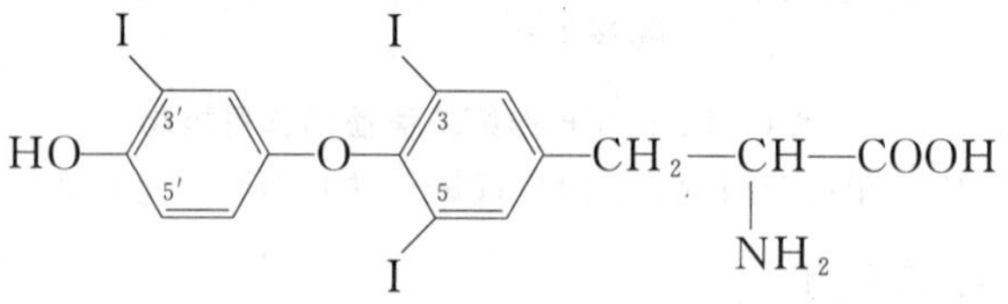

T_3

甲状腺素有促进物质代谢、增加耗氧量及产热的作用，这些作用可能与细胞膜上的 Na^+/K^+-ATP 酶活性增加有关。甲状腺素可以促使许多组织如心肌、肝、肾和骨骼等的细胞膜上 Na^+/K^+-ATP 酶的活性增强，使 ATP 分解，[ADP]/[ATP]值增大，氧化磷酸化作用加强，促进物质分解代谢，从而增加氧耗与产热量。

甲状腺素对糖代谢的影响除有直接作用外，还可加强儿茶酚胺和胰岛素对糖代谢的影响，且与剂量大小有关。甲状腺素能增加一些组织对肾上腺素和胰高血糖素的敏感性，使细胞内 cAMP 浓度升高，激活甘油三酯脂肪酶，脂肪动员加强。甲状腺素除能促进胆固醇合成外，更重要的是加速胆固醇转变为胆汁酸，胆汁酸可从粪便中排出，使血浆胆固醇水平降低。

甲状腺素能促进骨骼钙化，因此对机体的生长和发育影响很大。在幼年时期，如甲状腺功能低下会导致骨骼生长和脑发育障碍，以致身材矮小，智力低下，称为呆小症；成人若甲状腺功能低下，则会出现基础代谢率降低，过多的蛋白质在组织间隙中积存，妨碍细胞液流回血液，病人皮下水肿，称为黏液性水肿。反之，甲状腺功能亢进或服用大剂量甲状腺素后，动物会出现眼球突出、心跳加快、基础代谢率增高、身体消瘦、神经系统兴奋性增强，表现为神经过敏等。

2) 降钙素

降钙素(calcitonin)是由甲状腺滤泡旁细胞(又称 C 细胞)分泌的，是一种降低血钙和血磷的激素。它的分泌直接受血钙浓度的控制，两者呈正相关。

降钙素为小分子多肽，相对分子质量约为 3 600。人、犬、鲑鱼等的降钙素结构已被确定，都是由 32 个氨基酸残基组成的。不同来源的降钙素的氨基酸残基种类有所不同，生理活性也不相同，其中鲑鱼降钙素的活性最强，其分子结构中不存在螺旋结构，在 N 端均有二硫键所形成的环，C端是酰胺化的脯氨酸。人降钙素的氨基酸残基顺序如下：

```
S———————————————————S
|                   |
Cys-Gly-Asn-Leu-Ser-Thr-Cys-Met-Leu-Gly-Thr-Tyr-Thr-Gln-Asp-Phe
                                                              |
Pro-Ala-Gly-Val-Gly-Ile-Ala-Thr-Gln-Pro-Phe-Thr-His-Phe-Lys-Asn
        30                                      20
```

降钙素可抑制破骨细胞的生成，阻止骨盐溶解，且能促进破骨细胞转变成成骨细胞，使Ca^{2+}沉淀于骨中，并对甲状旁腺素有拮抗作用，因而使血钙降低。降钙素可直接作用于肾的近曲小管，维持血钙的相对稳定，并保护骨盐使其不致过多溶解。降钙素对小肠也有作用，在生理浓度下可抑制小肠对钙的吸收，但大剂量时可促进钙的吸收。

2. 甲状旁腺

甲状旁腺素(parathyroid hormone，PTH)是由甲状旁腺主细胞合成分泌的。首先在甲状旁腺细胞的内质网上合成前甲状旁腺素原(由115个氨基酸残基组成)，然后将信号肽切除成为甲状旁腺素原，再运至高尔基体降解成由84个氨基酸残基组成的甲状旁腺素，其氨基酸残基序列已确定。不同动物的甲状旁腺素的氨基酸残基组成稍有差别，相对分子质量约为9 500。用人工合成的多肽证明，PTH的活性并不一定需要完整的分子结构，其氨基末端的三十四肽即能表现PTH的全部活性，但更小的片段或用化学方法改变这一肽段的结构，均会使活性减弱或全部丧失。

PTH的主要功能是调节钙、磷代谢，使血钙升高、血磷降低。甲状旁腺素可促使破骨细胞生长，并使破骨细胞质内的Ca^{2+}浓度增加，可促进肾远曲小管对钙的重吸收。但由于PTH有动员骨骼的作用，使血钙升高，因此从肾小球滤出的钙较多。PTH能抑制肾近曲小管对磷的重吸收，而促进尿磷的排泄。PTH可与维生素D起协同作用，从而促进小肠中钙的吸收。

3. 胰腺

1) 胰岛素

胰岛素(insulin)是由胰腺中胰岛β-细胞分泌的一种蛋白质激素。由mRNA指导翻译出来的产物是前胰岛素原，经专一性蛋白酶水解，失去氨基末端富含疏水性氨基酸残基的肽段(信号肽，由23个氨基酸残基组成)，生成无活性的胰岛素原。胰岛素原再经肽酶作用，失去一段由大约30个氨基酸残基组成的多肽(称C肽，其中含有较多的谷氨酸残基和甘氨酸残基)，剩下胰岛素原的两个小片段(即A链和B链)通过两个二硫键连接在一起，形成有活性的胰岛素。胰岛素的最小相对分子质量为6 000左右，常以二聚体形式存在。在胰岛内含锌胰岛素可形成六聚体，较为稳定，在血液循环中也可以单体形式存在。

胰岛素一方面提高组织摄取葡萄糖的能力，另一方面抑制肝糖原分解，并促进肝糖原与肌糖原的合成。因此胰岛素有降低血糖的作用。胰岛素具有促进组织摄取葡萄糖的能力，可能是由于它具有影响细胞膜通透性的效应。而具有降低血糖的作用，则是由于胰岛素具有抑制细胞内腺苷酸环化酶的效应。肾上腺素与胰高血糖素引起cAMP的增加，而胰岛素则相反，引起细胞内cAMP的减少，同时还引起cGMP的增加。

胰岛素促进肌肉、肝脏和脂肪组织中的合成代谢，抑制其中的分解代谢，特别是加快糖原合成、脂肪酸合成和蛋白质合成的速率，抑制糖原和脂肪酸的分解过程。另外，胰岛素还可以降低一些酶的浓度，如丙酮酸羧化酶和果糖-1,6-二磷酸酶，进而抑制糖异生作用。

2）胰高血糖素

胰高血糖素(glucagon)是胰岛 α-细胞分泌的多肽激素，由 29 个氨基酸残基组成，相对分子质量为 3 485，等电点为 7.5～8.5。

胰高血糖素具有升高血糖浓度的效应，和肾上腺素的效应相同，两者都是通过 cAMP 提高肝糖原磷酸化酶的活性，从而促进糖原分解。但胰高血糖素和肾上腺素不同的是，前者主要作用于肝脏，而对肌糖原没有作用。另外，胰高血糖素可以促进糖异生，抑制糖酵解，从而使血糖浓度升高。

胰高血糖素对蛋白质和脂肪代谢也有影响，可以使组织蛋白质含量降低，促进肝脏中尿素的合成，还可以活化脂肪组织中的脂肪酶，促进脂肪分解，使血浆游离脂肪酸增加，并促进肝脏摄取游离脂肪酸。但胰高血糖素可以抑制肝脏释放甘油三酯。

4. 肾上腺

1）肾上腺髓质激素

常见的肾上腺髓质激素的结构式如下：

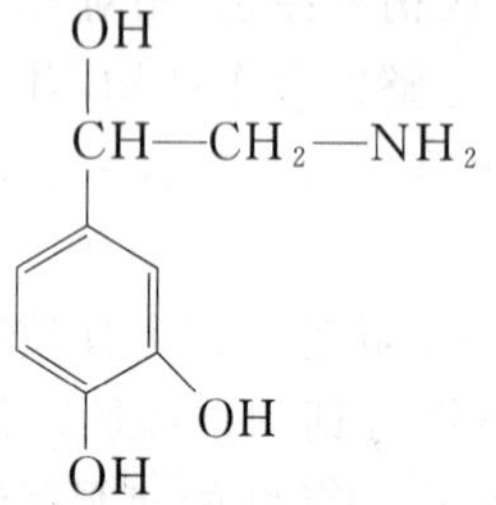

去甲肾上腺素 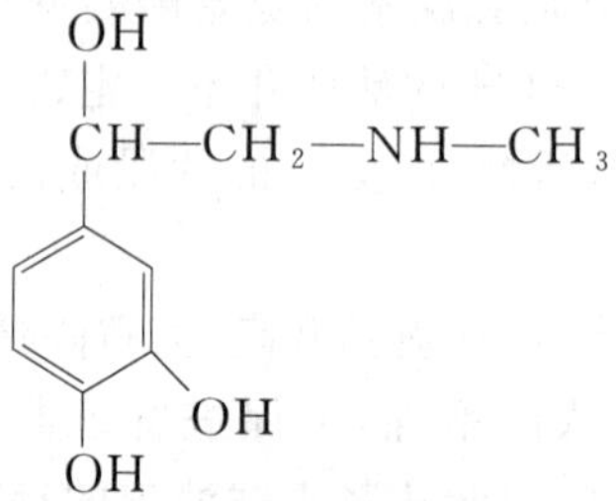　　肾上腺素 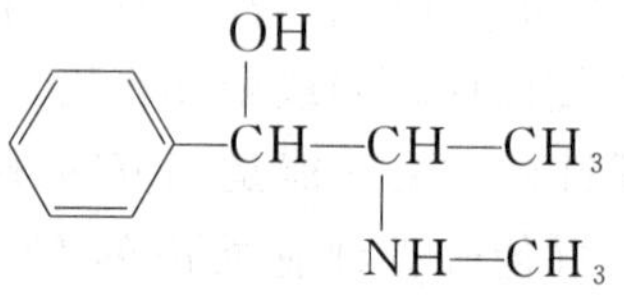　　麻黄素

肾上腺髓质激素对糖代谢的影响与胰岛素有拮抗作用。它可促进肝糖原分解和肌糖原酵解，使血乳酸和血糖升高，并有增强糖异生的作用。另外，它对脂肪和蛋白质代谢也有影响，可促进蛋白质分解，抑制脂肪合成，增强脂肪动员与氧化，加强能量的利用和产热，使机体处于能量动员状态。

2）肾上腺皮质激素

肾上腺皮质分泌的激素种类很多，化学本质为甾体类化合物，按它们的生理功能可分为三类：糖皮质激素（如皮质醇、皮质酮等，主要调节糖、蛋白质与脂肪代谢）、盐皮质激素（如醛固酮、脱氢皮质酮等，主要调节组织中电解质的转运和水的分布）和性激素（如雌酮、雌二醇、雄酮等，主要影响第二性征）。肾上腺糖皮质激素中以皮质醇的作用为最强，它的主要作用是使血糖升高，与胰岛素有拮抗作用。肾上腺盐皮质激素中以醛固酮的作用为最强，它的主要靶组织是肾，可促进 Na^+、Cl^- 的重吸收和 K^+、H^+ 的排出，其中对 Na^+ 的重吸收是原发的，也是主要的。当分泌增加时，可使血钠升高、血钾降低，功能亢进时会出现高血钠、高血压、高血糖和低血钾症状。低血钾可引起代谢性碱中毒、肌无力，甚至麻痹。肾小管还可因缺钾而变性，使肾小管浓缩功能下降，产生多尿、夜尿、烦渴等症状。如肾上腺功能减退，盐、糖代谢紊乱，可引起艾迪生病，表现为肌无力、血压降低、皮肤色素沉着、血糖过低、低血钠和高血钾等症状。

5. 性腺

性激素包括雄性睾丸所分泌的雄性激素与雌性卵巢所分泌的雌性激素。它们的产生都受脑垂体所分泌的促性腺激素控制，有些性激素是由肾上腺皮质分泌的，化学本质均属甾体类化合物，由胆固醇经孕烯醇酮转化而来。

1）雄性激素

雄性激素(androgen)又称雄激素，重要的雄性激素有睾丸酮(testosterone)、脱氢异雄酮、雄烯二酮、雄酮等。它们都是19碳甾体醇，以睾丸酮的生理活性为最大，其他雄性激素活性很小。17位的β-羟基是表现生理活性所必需的。睾丸酮在某些靶组织经α-还原酶还原成二氢睾酮而起作用，在另一些组织中则直接发挥作用。几种雄性激素的结构式如下：

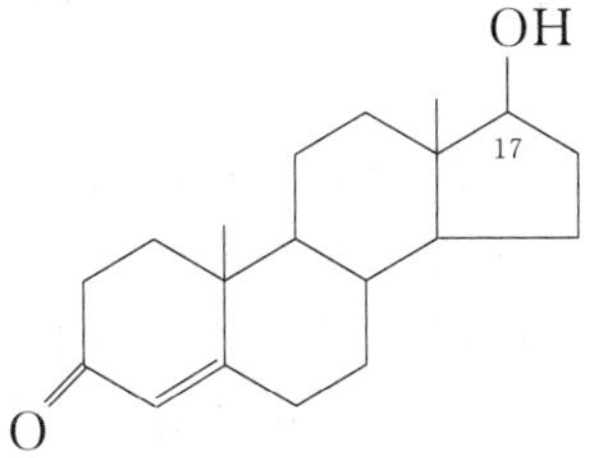

睾丸酮 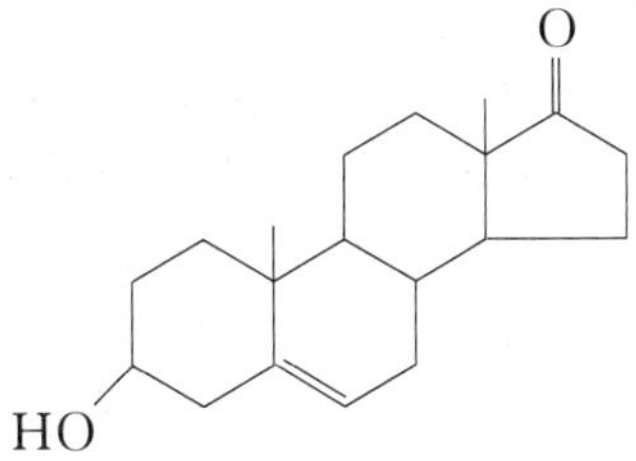　　脱氢异雄酮

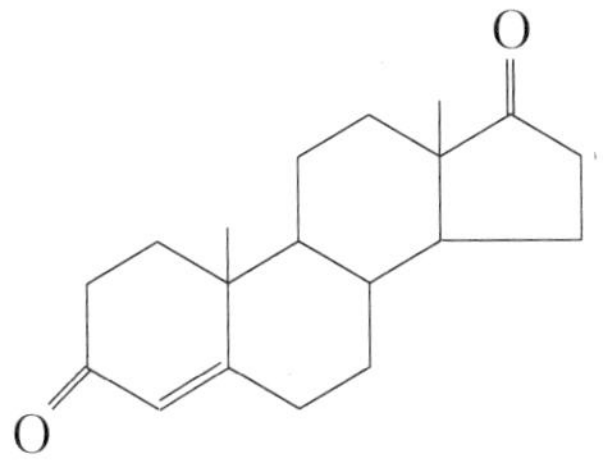

雄烯二酮 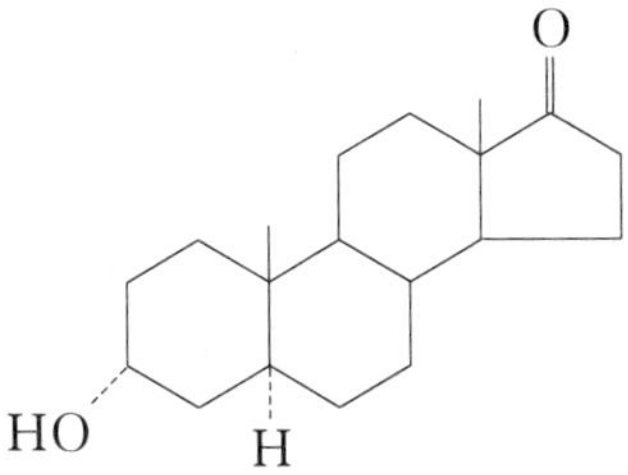　　雄酮

雄性激素能促进RNA和蛋白质合成及骨骼生长，使钙盐沉淀。这是由于睾丸酮促进蛋白质合成，而使骨基质增加，基质增加有利于钙化。雄性激素可刺激红细胞生成，雄性动物阉割后，可引起贫血，补给睾丸酮后可以恢复，这是由于睾丸酮一方面能增加促红素(促红素是一种糖蛋白，能刺激骨髓生成红细胞)的生成，另一方面还能直接刺激骨髓制造红细胞。睾丸酮还可以促进肾远曲小管重吸收Na^+、Cl^-，从而引起水肿，同时尿中排K^+和无机磷酸盐减少。

2）雌性激素

雌性激素(estrogen)主要有雌激素和孕激素两种。卵巢的卵泡和黄体分泌雌激素，如雌二醇(estradiol)、雌酮和雌三醇，它们的α环均有酚基，故呈酸性。这三种雌激素的生理活性相差很大，其中以雌二醇的活性为最强，雌酮次之，雌三醇最弱。一般认为雌二醇是卵巢分泌的激素，而雌三醇是雌二醇和雌酮的代谢产物。主要雌激素的化学结构式如下：

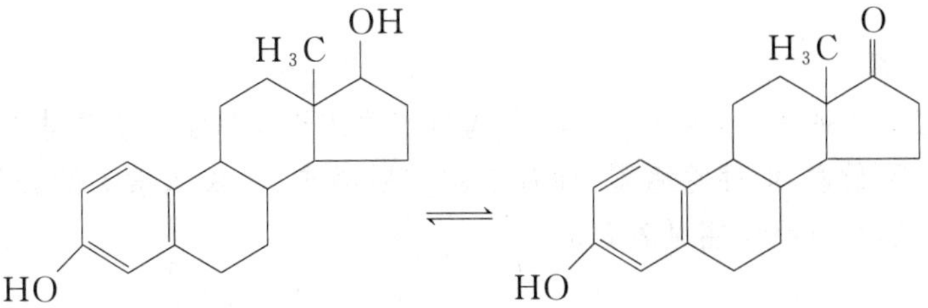

雌二醇　⇌　雌酮

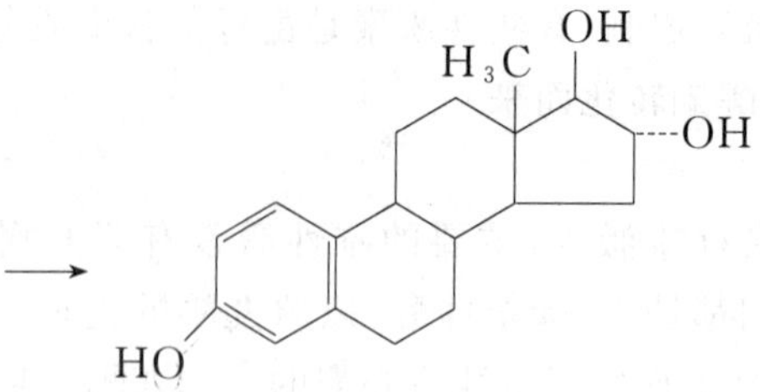

雌三醇

黄体和胎盘分泌孕激素,如孕酮(progesterone),为 21 碳的甾体类激素。

雌激素能增强核酸及蛋白质合成有关酶系的活性,从而导致性器官及副性器官的生长发育;促进肝合成一些血浆蛋白质(如各种激素结合球蛋白、血管紧张素原、凝血因子等),促进骨骼钙的沉积,加速骨骺的闭合。雌激素具有降低血浆胆固醇的作用,主要通过改变血浆与肝之间的胆固醇分布,加速胆固醇的降解和排泄;还能使高密度脂蛋白增加,而高密度脂蛋白与动脉粥样硬化发病率呈负相关,故雌激素有防止动脉粥样硬化的作用。

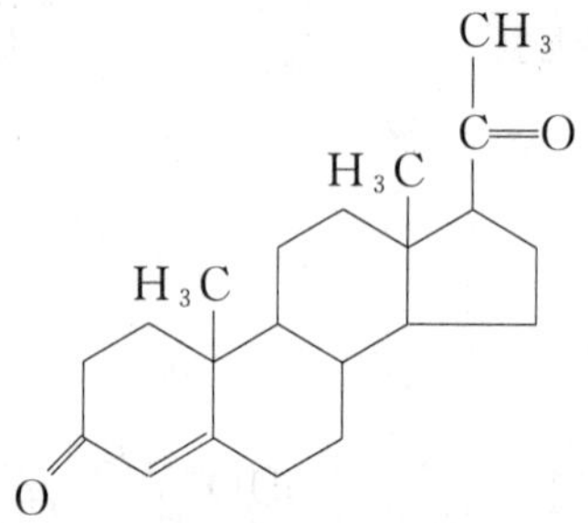

孕酮

孕酮在雌激素作用的基础上,使子宫膜进一步发育,以保证受精卵着床,维持妊娠,这与孕酮促进靶组织中蛋白质的合成有关。此外,孕酮还有产热作用,排卵后孕酮的分泌量增加,可使基础体温升高。

3) 促性腺激素

性激素的分泌受促性腺激素的调节。促性腺激素有多种,脑垂体前叶嗜碱性细胞分泌促卵泡激素(follicle stimulating hormone, FSH)及促黄体生成素(luteinizing hormone, LH)。促黄体生成素又称促间质细胞激素(interstitial cell stimulating hormone, ICSH),能调节性腺细胞的发育与性激素的分泌,与维持正常月经及妊娠有关。胎盘的合体滋养层则分泌人绒毛膜促性腺激素(human chorionic gonadotropin, HCG),它与 LH 相似,也是维持妊娠所必需的。以上三种促性腺激素均为糖蛋白,均由 α-亚基和 β-亚基组成。α-亚基的氨基酸残基顺序相似,但糖链有差别;β-亚基则各不相同,它们的功能特异性取决于 β-亚基。

6. 脑

1) 下丘脑激素

下丘脑分泌十几种激素,这些激素具有调节脑垂体相应激素或促激素分泌的功能,控制脑垂体中促甲状腺激素、促性腺激素、促肾上腺皮质激素、生长激素等的分泌。下丘脑分泌的几种激素的化学本质及功能见表 8-3。

2) 脑肽

垂体可合成分泌一类吗啡样多肽,称为内啡肽(endorphin)。α-内啡肽、β-内啡肽、γ-内啡肽的一级结构分别相当于β-促脂激素(脂肪酸释放激素,lipotropin,LPH)的 67～71、61～91、61～77 位的氨基酸残基序列,它们具有很强的吗啡样活性,此外,这些肽参与高等动物情感应答的调节过程。

α-内啡肽有两种,均为五肽。Met-脑啡肽的一级结构为酪-甘-甘-苯丙-蛋,Leu-脑啡肽的一级结构为酪-甘-甘-苯丙-亮。β-内啡肽为三十一肽,其前 5 个氨基酸残基的顺序与 Met-内啡肽的一样。γ-内啡肽为十六肽,它与β-内啡肽的前 16 个氨基酸残基序列一样。也就是说,β-内啡肽的前 16 个氨基酸残基构成的十六肽就是γ-内啡肽,β-内啡肽、γ-内啡肽的前 5 个氨基酸残基构成的五肽就是 Met-脑啡肽。

表 8-3　下丘脑激素的化学本质及功能

激　素	简称	英 文 名 称	化学本质	生理效应
促肾上腺皮质激素释放因子	CRF	corticotrophin releasing factor	多肽	促进或抑制相应促激素或激素的分泌
促黄体生成激素释放因子	LRF	luteinizing hormone releasing factor	十肽	
促卵泡激素释放因子	FRF	follicle stimulating hormone releasing factor	多肽	
生长激素释放因子	GRF	growth hormone releasing factor	多肽	
生长激素释放抑制因子	GRIF	growth hormone release inhibitory factor	十四肽	
促乳激素释放因子	PRF	prolactin releasing factor	多肽	
促黑素细胞激素释放因子	MRF	melanophore-stimulation hormone releasing factor	多肽	
促黑素细胞激素释放抑制因子	MRIF	melanophore-stimulation hormone release inhibitory factor	多肽	
促甲状腺激素释放因子	TRF	thyrotropin releasing factor	三肽	

思　考　题

1. 何谓激素？按化学本质如何分类？举例说明。
2. 何谓激素的受体？如何分类？
3. 激素的作用机制有哪几类？简述之。
4. 简述甲状腺素、胰岛素、肾上腺素的生理功能,并说明胰岛素降低血糖的机理。

第9章 生物氧化

生物体内的氧化和生物体外的燃烧虽然最终产物都是CO_2和水，所释放的能量也完全相等，但两者所进行的方式大不相同。糖、脂肪、蛋白质在生物体内被彻底氧化之前，都先经过分解代谢，在不同的分解代谢过程中都伴有代谢物的脱氢过程和辅酶NAD^+或FAD的还原过程。这些携带着H^+和电子的还原型辅酶，最终将H^+和电子传递给氧时，都需经历一段相同的过程，即生物氧化过程。人们把有机物在体内氧化分解成CO_2和水，并释放出能量的过程称为生物氧化(biological oxidation)。生物氧化实际上是需氧细胞呼吸作用中的一系列氧化还原反应，是在细胞或组织中发生的，所以又称为细胞氧化或细胞呼吸，有时也称为组织呼吸。

9.1 概　　述

与体外燃烧一样，生物氧化也是一个消耗氧，生成CO_2和水，并释放出大量能量的过程。但与体外燃烧不同的是，生物氧化过程是在37 ℃、近于中性的含水环境中，由酶催化进行的，反应逐步释放出能量，相当一部分能量以高能磷酸键的形式储存起来。

9.1.1 生物氧化的特点和方式

生物氧化是发生在生物体内的氧化还原反应，具有氧化还原反应的共同特征，主要表现为被氧化的物质总是失去电子，而被还原的物质总是得到电子，并且物质被氧化时，总伴随能量的释放。生物体内的完全氧化和体外燃烧在化学本质上是相同的，但由于生物氧化是在细胞内进行的，故与有机物的体外燃烧有许多不同之处。

1. 生物氧化的特点

生物氧化的特点如下：

(1) 有机物在细胞内被氧化时，CO_2是在代谢过程中经脱羧反应释放出来的，水的生成则是通过更复杂的过程完成的。

(2) 生物氧化是在一系列酶的催化下进行的恒温恒压反应，而有机物在体外燃烧时需要高温。

(3) 生物氧化进行过程中，必然伴随生物还原反应的发生。水是许多生物氧化反应的氧供体，通过加水脱氢作用直接参与了氧化反应。

(4) 生物氧化所产生的能量是逐步发生、分次释放的。这种逐步、分次的放能方式，不会引起体温的突然升高，而且可使放出的能量得到最有效的利用。与此相反，有机物在体外燃烧产生大量的光和热，且能量是骤然放出的。

(5) 生物氧化过程中产生的能量一般储存于一些特殊的化合物中。电子由还原型辅酶传递到氧的过程中形成大量的ATP，占全部生物氧化产生能量的绝大部分。

2. 生物氧化的方式

生物氧化是在一系列氧化还原酶催化下分步进行的，每一步反应都由特定的酶催化。在生物氧化过程中，主要包括如下几种氧化方式。

1）脱氢氧化反应

（1）脱氢。在生物氧化中，脱氢反应占有重要地位，它是许多有机物生物氧化的重要步骤。催化脱氢反应的是各种类型的脱氢酶，如琥珀酸脱氢酶。

$$\begin{array}{c}H_2C\text{—}COOH\\|\\H_2C\text{—}COOH\end{array}\xrightarrow{-2H}\begin{array}{c}HC\text{—}COOH\\\|\\HOOC\text{—}CH\end{array}$$

琥珀酸　　延胡索酸

（2）加水脱氢。延胡索酸脱氢反应即属于这一类。

$$\begin{array}{c}HC\text{—}COOH\\\|\\HOOC\text{—}CH\end{array}+H_2O\longrightarrow\begin{array}{c}H\\|\\HO\text{—}C\text{—}COOH\\|\\CH_2COOH\end{array}\xrightarrow{-2H}\begin{array}{c}O\\/\!/\\C\text{—}COOH\\|\\CH_2COOH\end{array}$$

延胡索酸　　苹果酸　　草酰乙酸

2）氧直接参加的氧化反应

这类反应包括加氧酶催化的加氧反应和氧化酶催化的生成水的反应。加氧酶能够催化氧分子直接加入有机分子中，如甲烷单加氧酶。

$$CH_4+NADH+H^++O_2\longrightarrow CH_3\text{—}OH+NAD^++H_2O$$

氧化酶主要催化以氧分子为电子受体的氧化反应，产物为水。在各种脱氢反应中产生的 H^+ 和电子，最后都是以这种形式进行氧化的。

3）生成 CO_2 的氧化反应

（1）直接脱羧作用。氧化代谢的中间产物羧酸在脱羧酶的催化下，直接从分子中脱去羧基，如 L-氨基酸的脱羧。

$$\begin{array}{c}H\\|\\R\text{—}C\text{—}COOH\\|\\NH_2\end{array}\xrightarrow{\text{L-氨基酸脱羧酶}}R\text{—}CH_2NH_2+CO_2$$

L-氨基酸　　胺

（2）氧化脱羧作用。氧化代谢中产生的羧酸（主要是酮酸）在氧化脱羧（氢）酶系的催化下，脱羧的同时发生氧化（脱氢）作用，如丙酮酸的氧化脱羧。

$$\begin{array}{c}COOH\\|\\C{=}O\\|\\CH_3\end{array}+NAD^++CoASH\xrightarrow{\text{丙酮酸脱氢酶系}}H_3C\overset{O}{\overset{/\!/}{C}}\sim SCoA+CO_2+NADH+H^+$$

4）脱电子反应

脱电子反应是指从底物上脱下一个电子的反应。

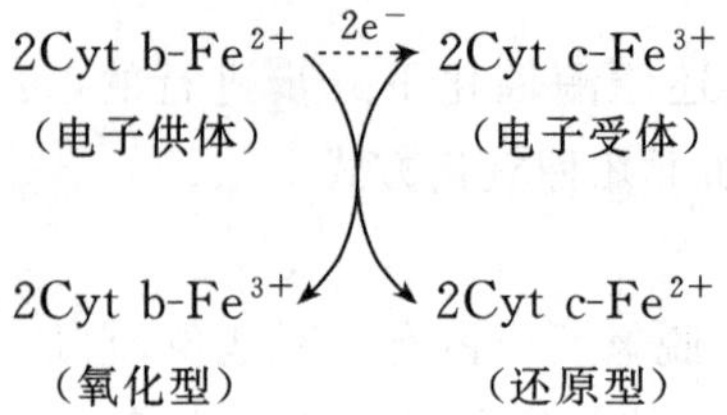

$2Cyt\ b\text{-}Fe^{2+}$ (电子供体) $\xrightarrow{2e^-}$ $2Cyt\ c\text{-}Fe^{3+}$ (电子受体)

$2Cyt\ b\text{-}Fe^{3+}$ (氧化型)　　$2Cyt\ c\text{-}Fe^{2+}$ (还原型)

9.1.2　参与生物氧化的酶类

体内催化氧化反应的酶有许多种,按照其催化氧化反应方式的不同可分为三大类:脱氢氧化酶类、加氧酶类和过氧化物酶类。

1. 脱氢氧化酶类

这一类依据其反应受氢体或氧化产物的不同,又可以分为三种。

1) 氧化酶类

氧化酶(oxidase)直接作用于底物,以氧作为受氢体或受电子体,产物是水。氧化酶均为结合蛋白质,辅基常含有 Cu^{2+},如细胞色素氧化酶、酚氧化酶、抗坏血酸氧化酶等。

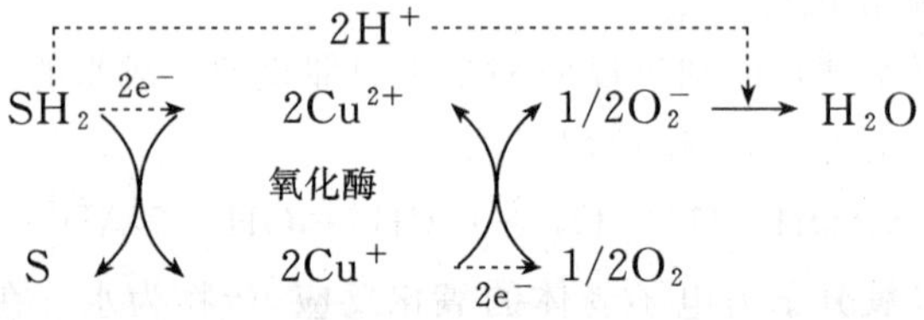

SH_2 $\xrightarrow{2e^-}$ $2Cu^{2+}$　$1/2O_2^-$ → H_2O　($2H^+$)

氧化酶

S　$2Cu^+$ $\xrightarrow{2e^-}$ $1/2O_2$

2) 需氧脱氢酶类

需氧脱氢酶(aerobic dehydrogenase)以 FAD 或 FMN 为辅基,以氧为直接受氢体,产物为 H_2O_2 或超氧阴离子(O_2^-),某些色素如甲烯蓝(methylene blue,MB,又称亚甲蓝)、铁氰化钾($K_3Fe(CN)_6$)、二氯酚靛酚可以作为这类酶的人工受氢体。这类酶有 D-氨基酸氧化酶(辅基 FAD)、L-氨基酸氧化酶(辅基 FMN)、黄嘌呤氧化酶(辅基 FAD)、醛脱氢酶(辅基 FAD)、单胺氧化酶(辅基 FAD)、二胺氧化酶等。

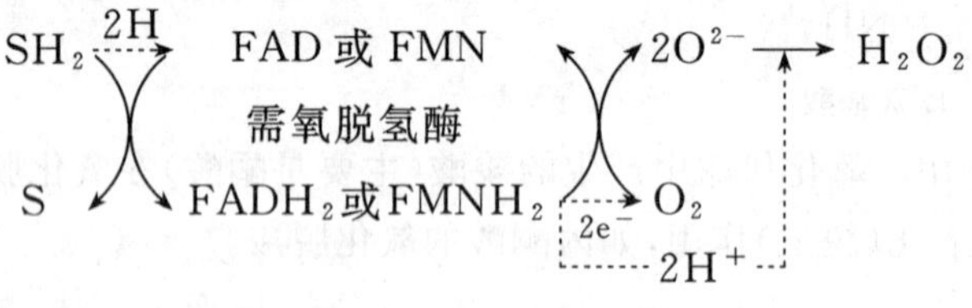

SH_2 $\xrightarrow{2H}$ FAD 或 FMN　$2O^{2-}$ → H_2O_2

需氧脱氢酶

S　$FADH_2$ 或 $FMNH_2$ $\xrightarrow{2e^-}$ O_2　($2H^+$)

3) 不需氧脱氢酶类

这是人体内主要的脱氢酶类,其直接受氢体不是氧,而是某些辅酶(NAD^+、$NADP^+$)或辅基(FAD、FMN),辅酶或辅基还原后又将氢原子传递至线粒体氧化呼吸链,最后将电子传给氧并生成水。在此过程中释放出来的能量使 ADP 磷酸化生成 ATP,如 3-磷酸甘油醛脱氢酶、琥珀酸脱氢酶、细胞色素系统等。

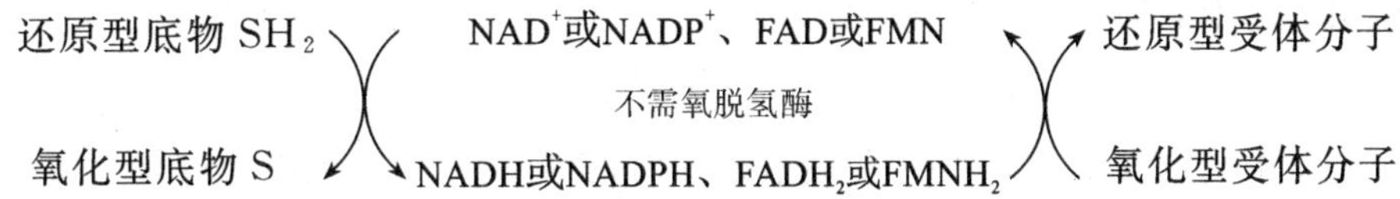

2. 加氧酶类

加氧酶根据向底物分子中加入氧原子的数目，又可分为单加氧酶（monooxygenase）和双加氧酶（dioxygenase）。此类酶存在于微粒体或过氧化物酶体中的氧化系统、高等植物中的一些氧化系统，大多属非线粒体氧化系统。

1）单加氧酶

单加氧酶又称为多功能氧化酶、混合功能氧化酶（mixed function oxidase）、羟化酶（hydroxylase）。单加氧酶催化氧分子中的一个原子加到底物分子上使之羟化，另一个氧原子被 $NADPH+H^+$ 提供的氢还原生成水，在此氧化过程中无高能磷酸化合物生成，其反应如下：

$$RH+NADPH+H^++O_2\xrightarrow{\text{单加氧酶}}ROH+NADP^++H_2O$$

单加氧酶实际上是含有黄素酶及细胞色素的酶系，常常是由细胞色素 P-450、NADPH 细胞色素 P-450 还原酶、NADPH 和磷脂组成的复合物。细胞色素 P-450 是一种以血色素为辅基的 b 族细胞色素，其中的 Fe^{3+} 可被 $Na_2S_2O_3$ 等还原为 Fe^{2+}，还原型的细胞色素 P-450 与 CO 结合后在 450 nm 波长处有最大吸收。它的作用类似于细胞色素 aa_3，能与氧直接反应，将电子传递给氧。

2）双加氧酶

此酶催化氧分子中的两个原子分别加到底物分子中构成双键的两个碳原子上，如色氨酸吡咯酶（色氨酸双加氧酶）。

$$\text{色氨酸}+O_2\xrightarrow{\text{双加氧酶}}\text{甲酰犬尿氨酸}$$

色氨酸　　　　甲酰犬尿氨酸

3. 过氧化物酶类

1）过氧化氢酶（catalase）

此酶催化两个 H_2O_2 分子的氧化还原反应，生成水并释放出氧。

$$2H_2O_2\xrightarrow{\text{过氧化氢酶}}2H_2O+O_2$$

过氧化氢酶的催化效率极高，每个酶分子在 0 ℃每分钟可催化 264 万个 H_2O_2 分子分解，因此人体一般不会发生 H_2O_2 的蓄积中毒。

2）过氧化物酶（peroxidase）

此酶催化过氧化物直接氧化酚类或胺类物质。

$$R+H_2O_2\xrightarrow{\text{过氧化物酶}}RO+H_2O$$

某些组织的细胞中还有一种含硒(Se)的谷胱甘肽过氧化物酶,可催化下述反应:

$$H_2O_2 + 2GSH \xrightarrow{\text{过氧化物酶}} 2H_2O + GSSG$$

临床工作中判定粪便、消化液中是否有隐血时,就是利用血细胞中的过氧化物酶活性将愈创木酯或联苯胺氧化成蓝色化合物。

9.1.3 生物系统的高能化合物

无论是底物水平磷酸化还是氧化磷酸化,释放的能量除一部分以热的形式散失于环境中之外,其余部分多直接生成 ATP,以高能磷酸键的形式存在。同时,ATP 也是生命活动利用能量的主要直接供给形式。

1. 高能磷酸化合物的概念

生物体内磷酸化合物很多,并不是所有的磷酸化合物都是高能的,只有那些磷酸基团水解时能释放出大量自由能的化合物才称为高能磷酸化合物,这种能量称为磷酸键能。ATP 就是这类化合物的典型代表。

ATP 的前两个磷酸基团水解时各释放出 30.5 kJ/mol 能量,第三个磷酸基团水解时释放出14.2 kJ/mol能量。一般将水解时释放出20.9 kJ/mol以上自由能的化合物称为高能化合物,含有高能的键称为高能键,常用"~"表示。这里的高能键必须与物理化学上的高能键区别开来。在物理化学上,键能是断裂一个键所需要的能量,键能越大,键就越稳定;在生物化学上,高能键是指水解反应或基团转移反应中的标准自由能变($\Delta G^{\ominus}$),水解时释放的自由能越多,这个键就越不稳定,越容易被水解而断裂。高能化合物与低能化合物是相对而言的。

2. 高能化合物的类型

机体内高能化合物的种类很多,不只是高能磷酸化合物。根据其键型的特点,高能化合物可分为以下几种类型。

1) 磷氧键型

属于这种键型的化合物很多,又可分成以下几类。

(1) 酰基磷酸化合物。

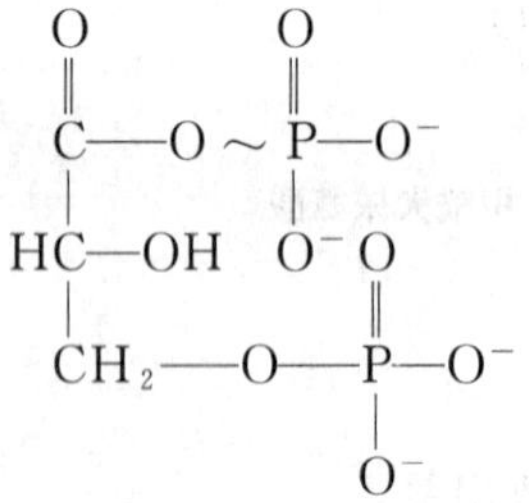

$$\begin{array}{l} \overset{O}{\overset{\|}{C}}-O\sim\overset{O}{\overset{\|}{P}}-O^- \\ \quad\ |\qquad\quad\ | \\ HC-OH\quad O^-\ \ O \\ \quad\ |\qquad\qquad\ \ \| \\ CH_2-O-P-O^- \\ \qquad\qquad\quad\ | \\ \qquad\qquad\ \ O^- \end{array}$$

1,3-二磷酸甘油酸

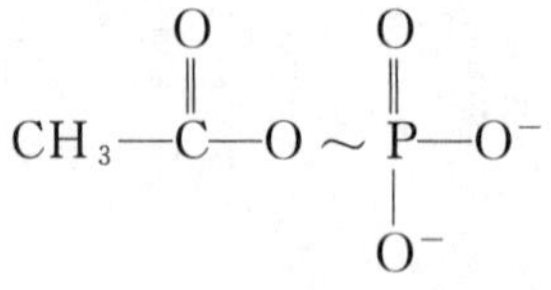

$$CH_3-\overset{O}{\overset{\|}{C}}-O\sim\overset{O}{\overset{\|}{\underset{O^-}{\underset{|}{P}}}}-O^-$$

乙酰磷酸

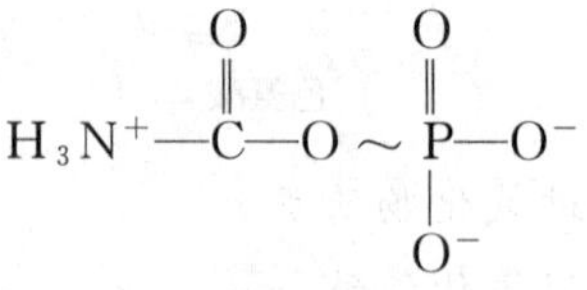

$$H_3N^+-\overset{O}{\overset{\|}{C}}-O\sim\overset{O}{\overset{\|}{\underset{O^-}{\underset{|}{P}}}}-O^-$$

氨甲酰磷酸

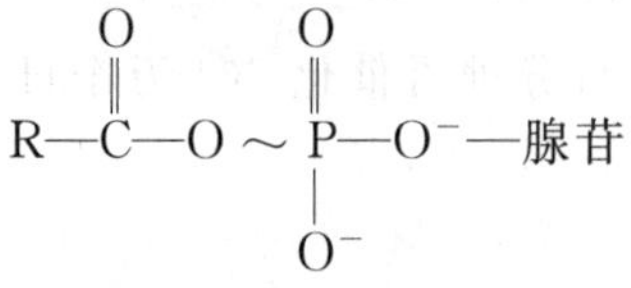

$$R-\overset{O}{\overset{\|}{C}}-O\sim\overset{O}{\overset{\|}{\underset{O^-}{\underset{|}{P}}}}-O^-\text{—腺苷}$$

酰基腺苷酸

$$R-\overset{H}{\overset{|}{\underset{^+NH_3}{\underset{|}{C}}}}-\overset{O}{\overset{\|}{C}}-O\sim\overset{O}{\overset{\|}{\underset{O^-}{\underset{|}{P}}}}-O^-\text{—腺苷}$$

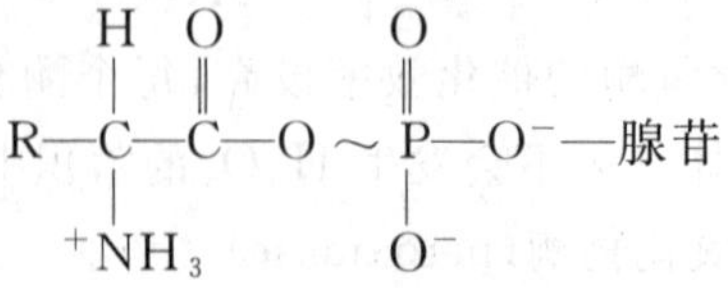

氨酰腺苷酸

(2) 焦磷酸化合物。

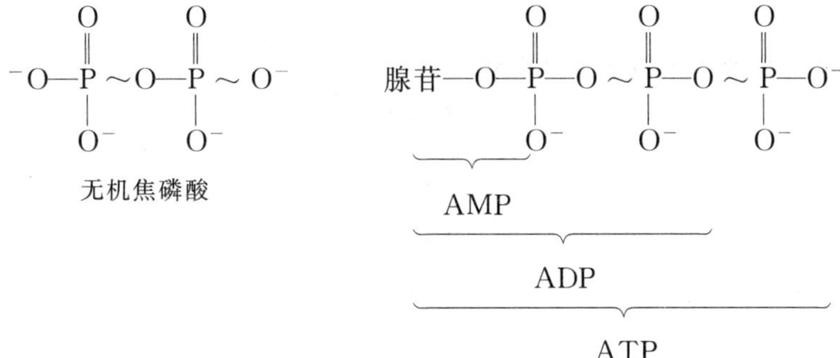

(3) 烯醇式磷酸化合物。

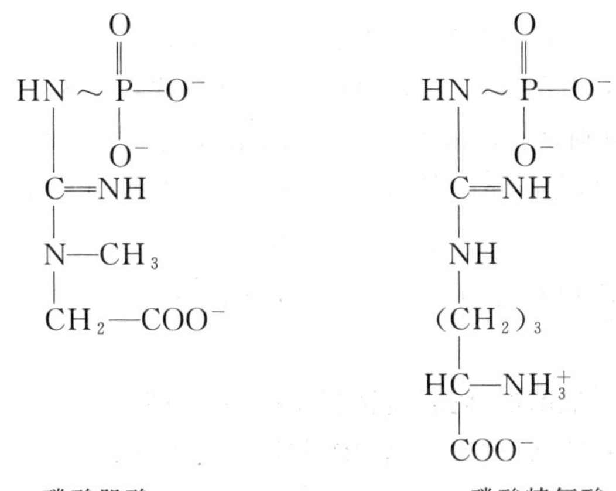

磷酸烯醇式丙酮酸

2) 氮磷键型

磷酸肌酸、磷酸精氨酸属于氮磷键型高能化合物。

磷酸肌酸　　磷酸精氨酸

3) 硫酯键型

3′-磷酸腺苷-5′-磷酰硫酸属于硫酯键型高能化合物。

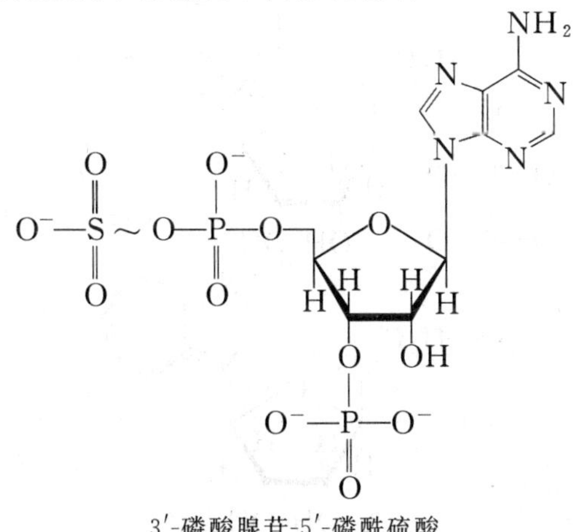

3′-磷酸腺苷-5′-磷酰硫酸

4) 甲硫键型

S-腺苷甲硫氨酸属于甲硫键型高能化合物。

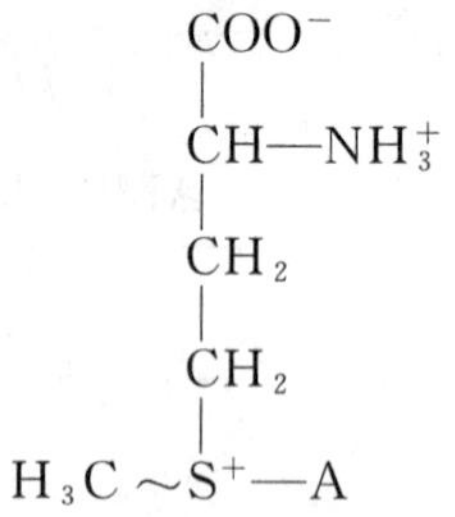

$$
\begin{array}{c}
COO^- \\
| \\
CH—NH_3^+ \\
| \\
CH_2 \\
| \\
CH_2 \\
| \\
H_3C \sim S^+—A
\end{array}
$$

S-腺苷甲硫氨酸

9.2 生物氧化系统

9.2.1 呼吸链

呼吸链(respiratory chain)是由一系列的递氢体(hydrogen transfer)和递电子体(electron transfer)按一定的顺序排列所组成的连续反应系统,它将代谢物脱下的成对氢原子传递给氧生成水,同时有 ATP 生成。实际上呼吸链的作用代表着线粒体最基本的功能,呼吸链中的递氢体和递电子体分别是能传递氢原子和电子的载体,由于氢原子可以看成是由 H^+ 和电子组成的,所以递氢体也是递电子体,递氢体和递电子体的本质是酶或辅因子。

1. 递氢体和递电子体

构成呼吸链的递氢体和递电子体主要分为以下五类。

1) NAD^+

NAD^+ 为体内很多脱氢酶的辅酶,是连接作用物与呼吸链的重要环节,分子中除含烟酰胺(维生素 PP)外,还含有核糖、磷酸及 AMP,其结构式如下:

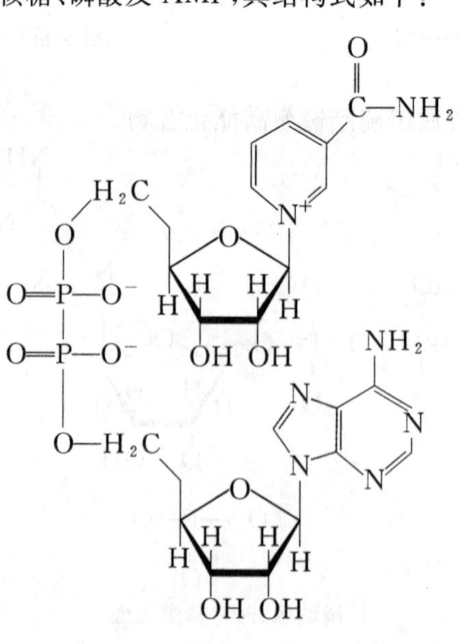

NAD^+ 的主要功能是接受从代谢物上脱下的 2H($2H^+ + 2e^-$),然后传给另一传递体黄素蛋白。在生理 pH 值条件下,烟酰胺中的氮(吡啶氮)为五价氮,它能可逆地接受电子而成为三价氮,其对位的碳也较活泼,能可逆地加氢还原,故可将 NAD^+ 视为递氢体。反应时,NAD^+ 的烟酰胺部分可接受一个氢原子及一个电子,尚有一个 H^+ 留在介质中。

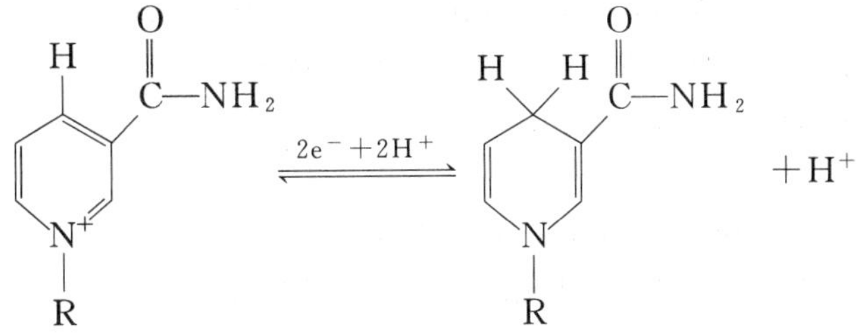

NAD^+ $\underset{}{\overset{2e^- + 2H^+}{\rightleftharpoons}}$ NADH $+ H^+$

$$NAD^+ + 2e^- + 2H^+ \longrightarrow NADH + H^+$$

此外,亦有不少脱氢酶的辅酶为 $NADP^+$,它与 NAD^+ 唯一的不同之处是在腺苷酸核糖的 2′-碳位上羟基的氢被磷酸基取代。当此类酶催化代谢物脱氢后,其辅酶 $NADP^+$ 接受氢而被还原成 $NADPH + H^+$,它须经吡啶核苷酸转氢酶(pyridine nucleotide transhydrogenase)作用将氢转移给NAD^+,再经呼吸链传递,但 $NADPH + H^+$ 一般是为合成代谢或羟化反应提供氢。

2) 黄素蛋白

黄素蛋白(flavoprotein,FP)种类很多,其辅基有两种:一种为黄素单核苷酸(FMN),另一种为黄素腺嘌呤二核苷酸(FAD)。两者均含核黄素(维生素 B_2),此外,FMN 尚含 1 分子磷酸,而 FAD 则比 FMN 多含 1 分子 AMP。

在 FAD、FMN 分子中的异咯嗪部分可以进行可逆的脱氢加氢反应。

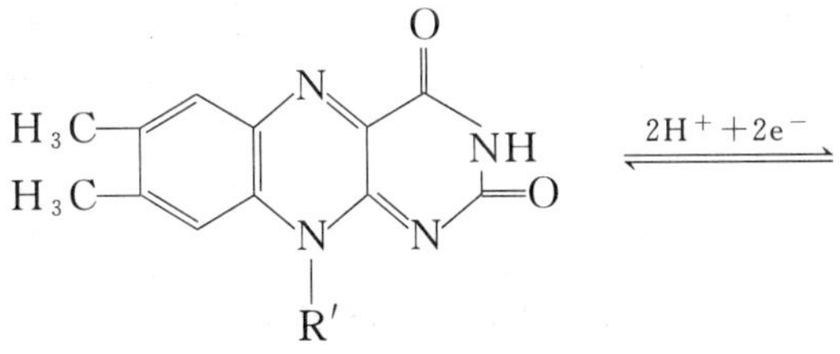

$\overset{2H^+ + 2e^-}{\rightleftharpoons}$

FAD(或 FMN)

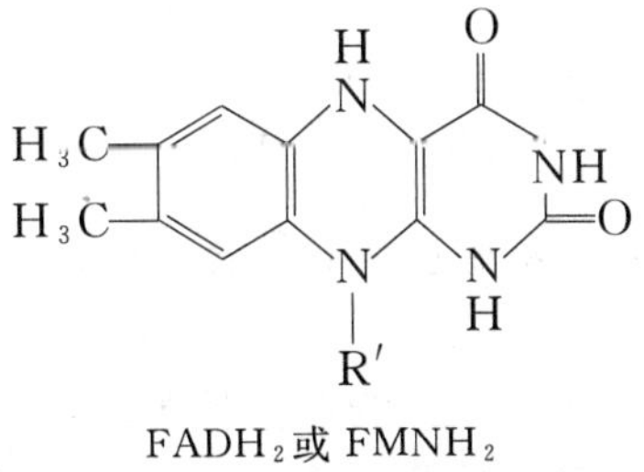

$FADH_2$ 或 $FMNH_2$

FAD 或 FMN 与酶蛋白部分之间通过共价键相连,结合牢固,因此氧化与还原(即电子的失与得)都在同一个酶蛋白上进行,故黄素核苷酸的氧化还原电势取决于和它们结合的蛋白质。在电子转移反应中,它们只是在黄素蛋白的活性中心部分,而其本身不能作为作用物或产物,这和 NAD^+ 不同,NAD^+ 与酶蛋白结合疏松,当与酶蛋白结合时可以从代谢物接受氢而被还原为 NADH,NADH 可以再与另一种酶蛋白结合,释放氢后又被氧化为 NAD^+。

多数黄素蛋白参与呼吸链组成,与电子转移有关,如 NADH 脱氢酶(NADH dehydrogenase)以 FMN 为辅基,是呼吸链的组分之一,介于 NADH 与其他递电子体之间。琥珀酸脱氢酶、线粒体内的甘油磷酸脱氢酶(glycerol phosphate dehydrogenase)的辅基为 FAD,它们可直接从作用物转移氢到呼吸链,此外脂酰 CoA 脱氢酶与琥珀酸脱氢酶相似,也属于以 FAD 为辅基的黄素蛋白类,也能将氢从作用物传递到呼吸链,但中间尚需另一递电子体,即电子转移黄素蛋白(electron transferring flavoprotein,ETF,辅基为 FAD)参与才能完成。

3)铁硫蛋白

铁硫蛋白(iron-sulfur protein,Fe-S)又称铁硫中心,其特点是含铁原子。铁与无机硫原子或蛋白质肽链上半胱氨酸残基的硫相结合,常见的铁硫蛋白有三种组合方式:①单个铁原子与 4 个半胱氨酸残基上的巯基硫相连;② 2 个铁原子、2 个无机硫原子组成(2Fe-2S),其中每个铁原子还各与 2 个半胱氨酸残基的巯基硫相结合;③由 4 个铁原子与 4 个无机硫原子相连(4Fe-4S),铁与硫相间排列在一个正六面体的 8 个顶角端,此外 4 个铁原子还各与 1 个半胱氨酸残基上的巯基硫相连(图 9-1)。

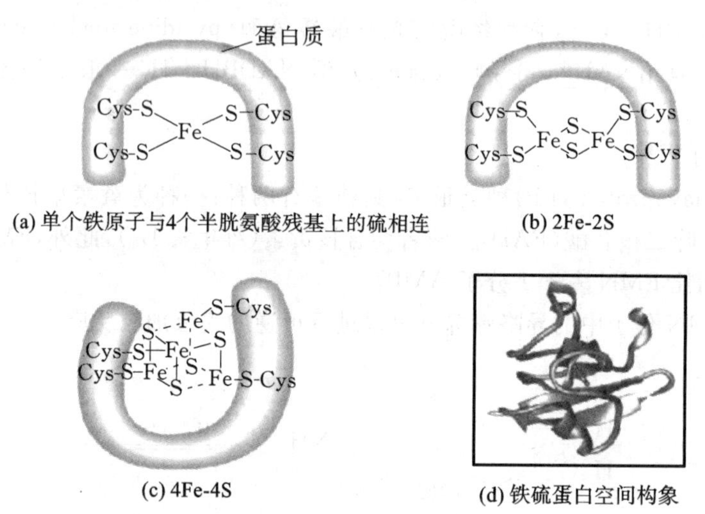

图 9-1 铁硫蛋白结构

铁硫蛋白中的铁可以呈两价(还原型),也可呈三价(氧化型),通过铁的氧化还原而达到传递电子作用。

$$Fe^{2+} \underset{+e^-}{\overset{-e^-}{\rightleftharpoons}} Fe^{3+}$$

在呼吸链中它多与黄素蛋白或细胞色素 b 结合存在。

4)泛醌

泛醌(ubiquinone)亦称辅酶 Q(CoQ),为脂溶性苯醌,它是呼吸链中唯一的非蛋白电子载体,带有一条很长的侧链,是由多个异戊二烯(isoprene)单位构成的,不同来源的泛醌其异戊二烯单位的数目不同,在哺乳类动物组织中最常见的泛醌其侧链由 10 个异戊二烯单位组成。泛醌的结构式如下:

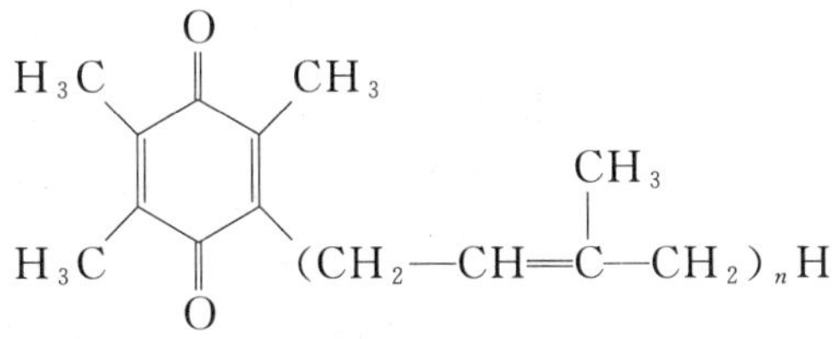

O
H_3C　　CH_3
CH_3
H_3C　　$(CH_2—CH═C—CH_2)_nH$
O

CoQ 催化的反应式如下：

$$\text{E-FMNH}_2 + \text{CoQ} \rightleftharpoons \text{E-FMN} + \text{CoQH}_2$$

CoQ 接受一个电子和一个质子还原成 $CoQH^+$，再接受一个电子和质子则还原成 $CoQH_2$，后者又可脱去电子和质子而被氧化为 CoQ(图 9-2)。

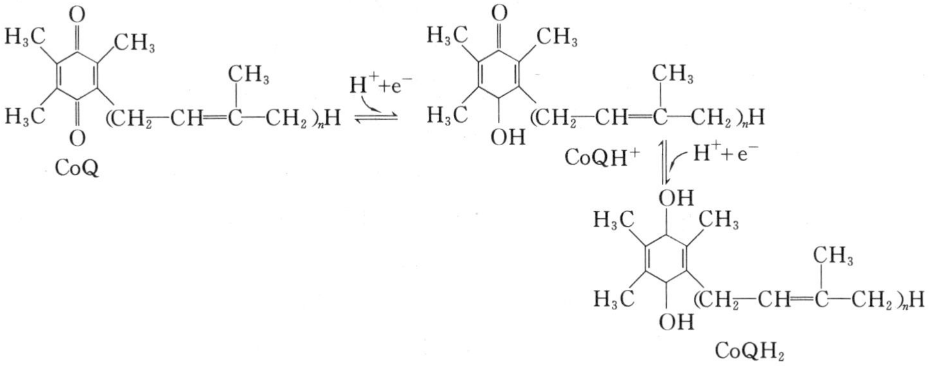

CoQ　$\overset{H^+ + e^-}{\rightleftharpoons}$　$CoQH^+$　$\overset{H^+ + e^-}{\rightleftharpoons}$　$CoQH_2$

图 9-2　CoQ 包含的三种形态

CoQ 不只接受 NADH 脱氢酶的氢，还接受线粒体其他脱氢酶脱下的氢，如琥珀酸脱氢酶、脂酰 CoA 脱氢酶，以及其他黄素酶脱下的氢，所以 CoQ 在呼吸链中处于中心地位。由于 CoQ 在呼吸链中是一种和蛋白质结合不紧的辅酶，因此它在黄素蛋白和细胞色素之间能够作为一种特别灵活的载体而起作用。

5）细胞色素系统

1926 年 Keilin 首次使用分光镜观察昆虫飞翔肌振动时，发现特殊的吸收光谱，因此把细胞内的吸光物质定名为细胞色素(Cyt)。细胞色素是一类含有铁卟啉辅基的色蛋白，属于递电子体。线粒体内膜中有 Cyt b、Cyt c_1、Cyt c、Cyt aa_3，肝、肾等组织的微粒体中有 Cyt P-450。Cyt b、Cyt c_1、Cyt c 为红色细胞素，Cyt aa_3 为绿色细胞素。不同的细胞色素具有不同的吸收光谱，不但其酶蛋白结构不同，辅基的结构也有一些差异。细胞色素是呼吸链中将电子从 CoQ 传递到氧的专一酶类。

Cyt c 为外周蛋白，位于线粒体内膜的外侧。Cyt c 比较容易分离提纯，其结构已清楚。哺乳动物的 Cyt c 由 104 个氨基酸残基组成，Cyt c 的辅基血红素(亚铁原卟啉)通过共价键(硫醚键)与酶蛋白相连，其余各种细胞色素中辅基与酶蛋白均通过非共价键结合。

Cyt a 和 Cyt a_3 不易分开，统称为 Cyt aa_3。和 Cyt P-450、Cyt b、Cyt c_1、Cyt c 不同，Cyt aa_3 的辅基不是血红素，而是血红素 A。

铁卟啉辅基所含 Fe^{2+} 可有 $Fe^{2+} \rightleftharpoons Fe^{3+} + e^-$ 的互变，因此起到传递电子的作用。铁原子可以和酶蛋白及卟啉环形成 6 个配位键。Cyt aa_3 和 Cyt P-450 辅基中的铁原子只形成 5 个配位键，还能与氧再形成一个配位键，将电子直接传递给氧，也可与 CO、氰化物、H_2S 或叠氮化合物形成一个配位键。Cyt aa_3 与氰化物结合就阻断了整个呼吸链的电子传递，引起氰化物中毒。

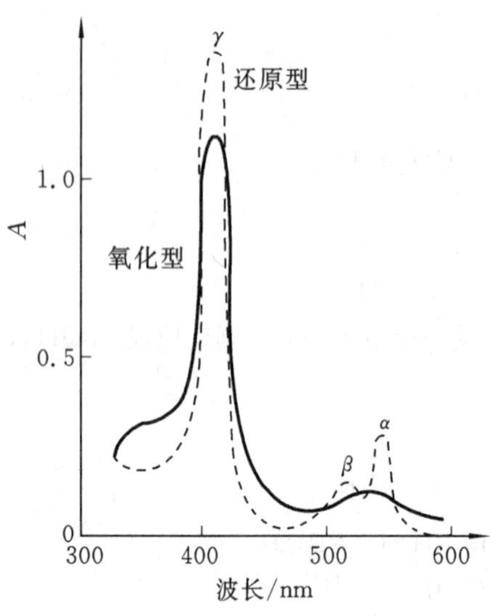

图 9-3　还原型 Cyt c 的吸收光谱

在呼吸链中至少含有 5 种不同的细胞色素，分别为 Cyt b、Cyt c、Cyt c_1、Cyt a_1、Cyt a_3。根据其确切的吸收峰判断，Cyt b 以两种形式(b_{562} 和 b_{566})存在，Cyt b 接受从 CoQ 传来的电子，并将其传递给 Cyt c_1，Cyt c_1 又将接受的电子传递给 Cyt c。电子在从 CoQ 到 Cyt c 的传递过程中，还有铁硫蛋白在中间起作用。Cyt aa_3 是最后的一个载体，以复合物形式存在。Cyt aa_3 还含有两个必需的铜离子。Cyt a 从 Cyt c 接受电子后，即传递给 Cyt a_3，由还原型 Cyt a_3 将电子直接传递给氧。在 Cyt a 和 Cyt a_3 间传递电子的是两个铜离子，铜在氧化还原反应中也发生价态变化($Cu^+ \rightleftharpoons Cu^{2+} + e^-$)。

Cyt c 是唯一可溶性的细胞色素，它的相对分子质量很小(相对分子质量为13 000)，是当前了解得最透彻的细胞色素蛋白质。对它的氨基酸残基顺序已经进行了广泛的测定。细胞色素类都具有极相似的吸收峰，图 9-3 为以 Cyt c 为代表的典型吸收峰。Cyt c 在 554 nm、524 nm、418 nm 波长处有三个吸收峰，依次为 α、β、γ 吸收峰。

2. 呼吸链的组成

在真核细胞的线粒体中，呼吸链由若干递氢体或递电子体按一定顺序排列组成。这些递氢体或递电子体往往以复合体的形式存在于线粒体内膜上。整个呼吸链主要由四个蛋白质复合体依次传递电子来合成 ATP(图 9-4)。

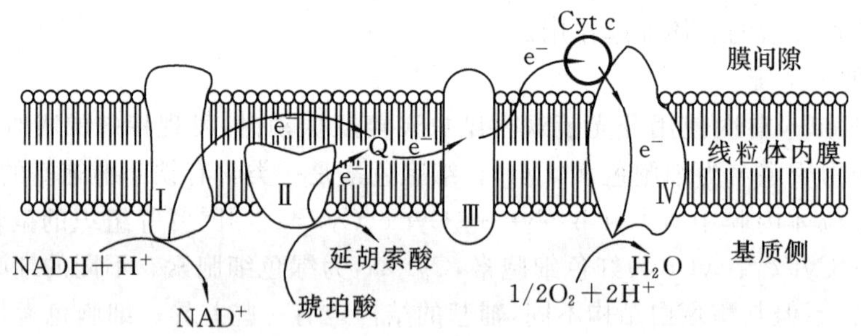

图 9-4　呼吸链各复合体的位置

1) 复合体Ⅰ

复合体Ⅰ由 1 分子 NADH 还原酶(FMN)、2 分子铁硫蛋白(Fe-S)和 1 分子 CoQ 组成，其作用是将($NADH + H^+$)传递给 CoQ，催化 NADH 的氧化及 CoQ 的还原，可生成 ATP。电子在复合体Ⅰ中的传递方式：NADH→FMN→Fe-S→CoQ。

2) 复合体Ⅱ

复合体Ⅱ由 1 分子琥珀酸脱氢酶(FAD)、2 分子铁硫蛋白和 2 分子 Cyt b_{560} 组成，其作用是将 $FADH_2$ 传递给 CoQ，催化 CoQ 的还原。由于其位于内膜中，不能传送氢到内膜中，因此没有产生 ATP。

3）复合体Ⅲ

复合体Ⅲ由2分子Cyt b（分别为Cyt b_{562}和Cyt b_{566}）、1分子Cyt c_1和1分子铁硫蛋白组成，其作用是将电子由泛醌传递给Cyt c，催化Cyt c的还原。由于其位于内膜中，且可传送氢到内膜中，因此可产生ATP。

4）复合体Ⅳ

复合体Ⅳ由1分子Cyt a和1分子Cyt a_3组成，含两个铜离子，可直接将电子传递给氧，故Cyt aa_3又称为细胞色素c氧化酶。其作用是将细胞色素c接受的电子传递给分子氧而生成水，催化还原型Cyt c氧化，是"终端氧化酶"，可产生ATP。人线粒体呼吸链复合体的基本组成见表9-1。

表9-1 人线粒体呼吸链复合体的基本组成

复合体	酶名称	多肽链数	辅基
复合体Ⅰ	NADH-泛醌还原酶	39	FMN、Fe-S
复合体Ⅱ	琥珀酸-泛醌还原酶	4	FAD、Fe-S
复合体Ⅲ	泛醌-细胞色素c还原酶	10	铁卟啉、Fe-S
复合体Ⅳ	细胞色素c氧化酶	13	铁卟啉、Cu

9.2.2 呼吸链的电子传递

1. 电子传递链（呼吸链）的概念

电子从还原型辅酶通过一系列按照电子亲和力递增的顺序排列的递电子体传递到氧的整个系统，称为电子传递链或呼吸链。呼吸链在原核细胞中存在于质膜上，在真核细胞中存在于线粒体的内膜上。

2. 呼吸链的内容

由NADH到氧的呼吸链主要包括FMN、CoQ、Cyt b、Cyt c_1、Cyt c、Cyt a、Cyt a_3以及一些铁硫蛋白（铁硫中心），其中铁硫中心和细胞色素类是含铁蛋白质，细胞色素aa_3是含铜蛋白质。这些递电子体传递电子的顺序是按照它们的还原电势大小排成的，这个序列与它们对电子亲和力的不断增加顺序相吻合，如图9-5所示。

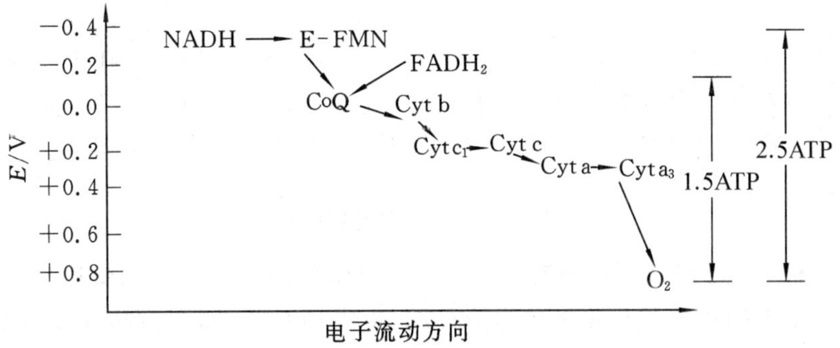

图9-5 电子传递次序

呼吸链电子载体的标准电势是逐步下降的，电子流动的方向是朝向氧分子。其中几个电势明显变化的位点正是ATP合成的位点。真核细胞中线粒体的呼吸链含有大量的电子携带蛋白质,这些特殊的蛋白质在呼吸链中也起电子传递作用。目前在呼吸链中所发现的组分已有 15 种以上(图 9-6),不同的递电子体都和蛋白质结合存在,这些与呼吸链中电子载体相结合的蛋白质都是疏水的,因此给分离提取和研究这些蛋白质造成很多困难。这也正是当前研究工作者致力解决的问题。

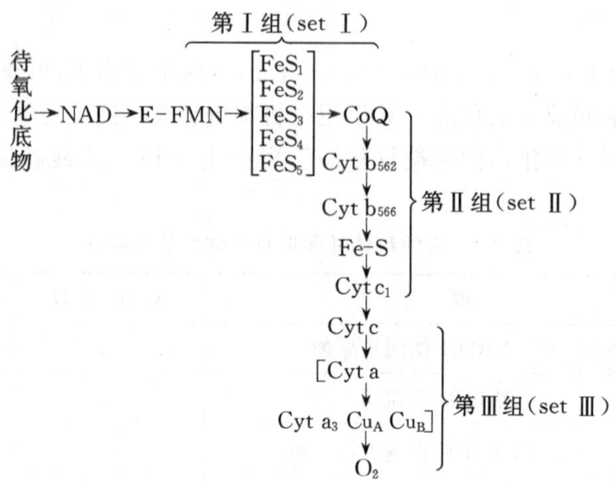

图 9-6　呼吸链的全部电子载体组合

第Ⅰ组中至少含有 5 种铁硫中心;第Ⅱ组中含有两种不同的 Cyt b 和一种与第Ⅰ组不同的铁硫中心;第Ⅲ组中除 Cyt a、Cyt a_3外,还含有两个铜离子。这些氧化还原中心的确切序列和功能尚未弄清。

3. 呼吸链中各种传递体的排列顺序

1) 氧化呼吸链

(1) NADH 氧化呼吸链。人体内大多数脱氢酶都以 NAD^+ 为辅酶,在脱氢酶催化下底物 SH_2脱下的氢交给 NAD^+ 生成 $NADH+H^+$,在 NADH 脱氢酶作用下,$NADH+H^+$将两个氢原子传递给 FMN,生成 $FMNH_2$,再将氢传递至 CoQ,生成 $CoQH_2$,此时两个氢原子解离成 $2H^++2e^-$,$2H^+$游离于介质中,$2e^-$经Cyt b、Cyt c_1、Cyt c、Cyt aa_3传递,最后将$2e^-$传递给$\frac{1}{2}O_2$,并与介质中游离的$2H^+$结合生成水,综合上述传递过程可用图 9-7 表示。

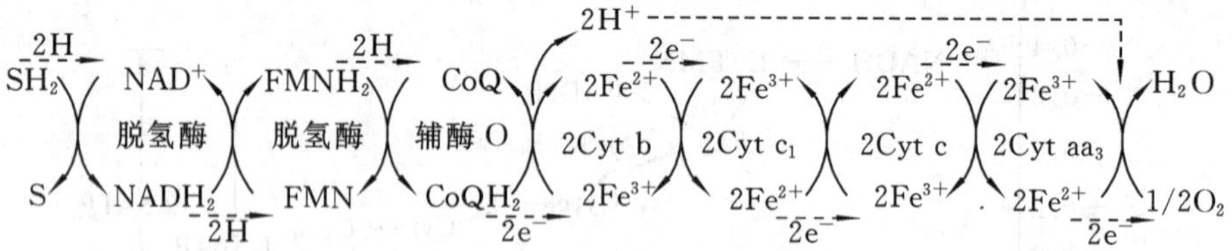

SH_2 / S ⇄(2H) NAD^+ 脱氢酶 $NADH_2$ ⇄(2H) $FMNH_2$ 脱氢酶 FMN ⇄(2H) CoQ 辅酶 O $CoQH_2$ →($2H^+$, $2e^-$) $2Fe^{2+}$ 2Cyt b $2Fe^{3+}$ ⇄ $2Fe^{3+}$ 2Cyt c_1 $2Fe^{2+}$ ⇄ $2Fe^{2+}$ 2Cyt c $2Fe^{3+}$ ⇄ $2Fe^{3+}$ 2Cyt aa_3 $2Fe^{2+}$ ⇄($2e^-$) H_2O / $1/2O_2$

图 9-7　NADH 氧化呼吸链

(2) 琥珀酸氧化呼吸链。琥珀酸在琥珀酸脱氢酶作用下脱氢生成延胡索酸,FAD 接受两个氢原子生成 $FADH_2$,然后将氢传递给 CoQ,生成 $CoQH_2$,此后的传递和 NADH 氧化呼吸链相同,整个传递过程可用图 9-8 表示。

(3) 哺乳动物线粒体呼吸链。哺乳动物细胞的线粒体中物质代谢会生成大量的 $NADH+H^+$和 $FADH_2$,它们可来自丙酮酸氧化脱羧、TCA 循环、脂肪酸的β-氧化和 L-谷氨酸的氧化

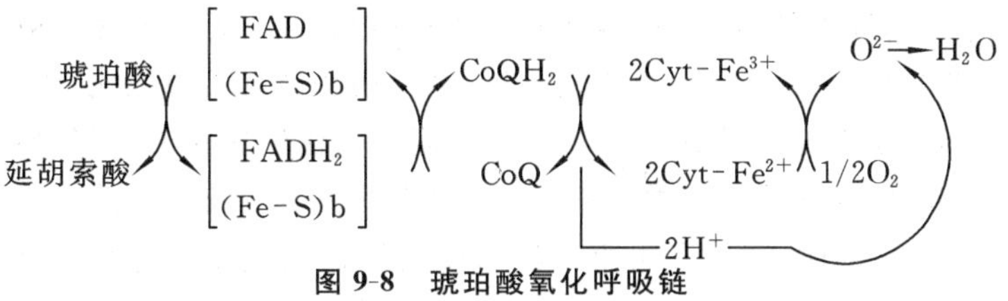

图 9-8　琥珀酸氧化呼吸链

b—琥珀酸脱氢酶复合体的细胞色素

脱氨等反应。某些重要底物氧化时的呼吸链见图 9-9。

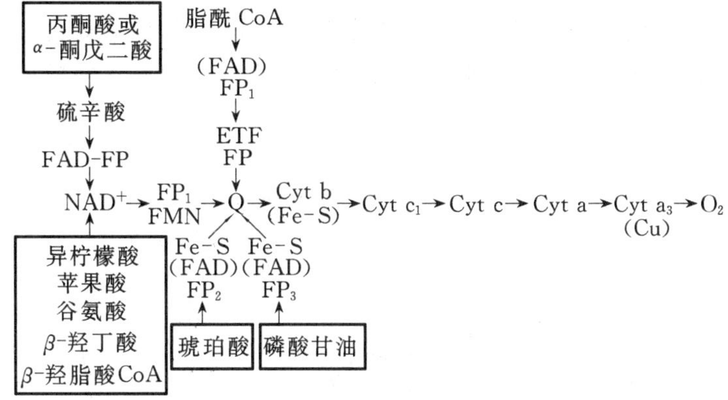

图 9-9　哺乳动物细胞线粒体中某些底物氧化时的呼吸链

FP—黄素蛋白;ETF—电子转移黄素蛋白(electron transfer flavoprotein)

2）细胞质中 NADH 的转移

体内很多物质氧化分解产生 NADH,若反应发生在线粒体内,则产生的 NADH 可直接通过呼吸链进行氧化磷酸化,但也有不少反应是在线粒体外进行的,如 3-磷酸甘油醛脱氢反应、乳酸脱氢反应及氨基酸联合脱氨基反应等。由于所产生的 NADH 存在于线粒体外,而在真核细胞中,NADH 不能自由通过线粒体内膜,因此,必须借助某些能自由通过线粒体内膜的物质才能被转入线粒体,这就是穿梭机制,体内主要有两种穿梭机制。

(1) α-磷酸甘油穿梭(glycerol α-phosphate shuttle)。该穿梭机制主要在脑及骨骼肌中,它是借助于 α-磷酸甘油与磷酸二羟基丙酮之间的氧化还原转移氢,使线粒体外 NADH 的氢进入线粒体的呼吸链氧化,具体过程见图 9-10。

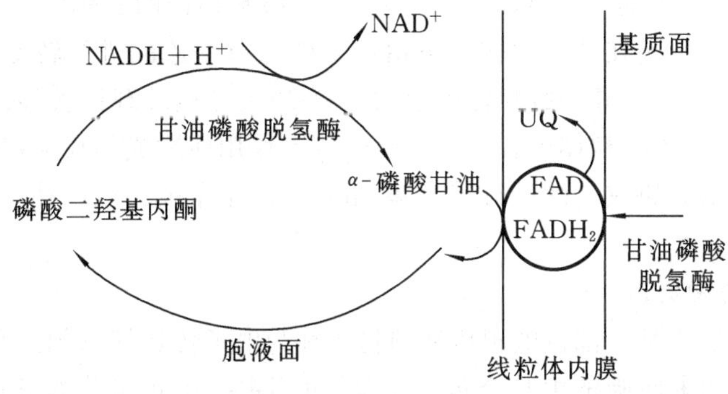

图 9-10　α-磷酸甘油穿梭机制

当细胞液中 NADH 的浓度升高时,细胞液中的磷酸二羟基丙酮首先被 NADH 还原成 α-磷酸甘油(3-磷酸甘油),反应由甘油磷酸脱氢酶(辅酶为 NAD^+)催化,生成的 α-磷酸甘油可再经位于线粒体内膜近外侧的甘油磷酸脱氢酶催化氧化生成磷酸二羟基丙酮。线粒体与细胞液中的甘油磷酸脱氢酶为同工酶,两者的不同之处在于线粒体内的酶是以 FAD 为辅基的脱氢酶,FAD 所接受的质子、电子可直接经 CoQ、复合体Ⅲ、复合体Ⅳ传递到氧,这样线粒体外的氢就被转运到线粒体氧化了,但通过这种穿梭机制只能生成 1.5 分子 ATP 而不是 2.5分子 ATP。

(2) 苹果酸-天冬氨酸穿梭(malate aspartate shuttle)。这种穿梭机制主要在肝、肾、心中发挥作用,其穿梭机制比较复杂,不仅需借助苹果酸、草酰乙酸的氧化还原,而且要借助 α-酮戊二酸与氨基酸之间的转换,才能使细胞液中 NADH 的氢移入线粒体氧化,具体过程见图 9-11。

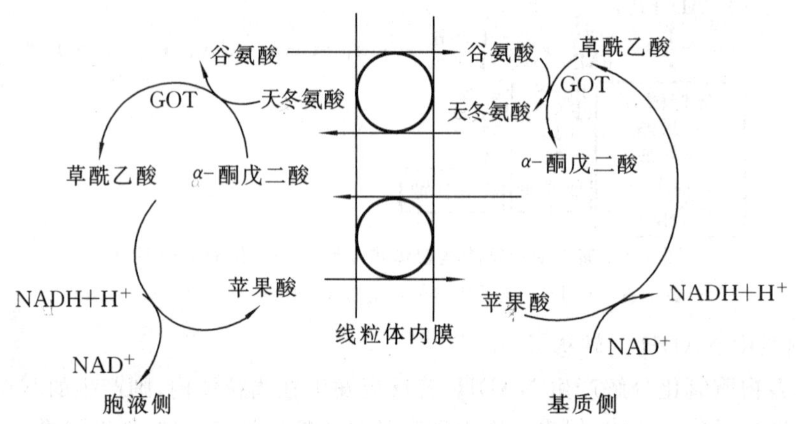

图 9-11 苹果酸-天冬氨酸穿梭机制

GOT—谷草转氨酶

当细胞液中 NADH 的浓度升高时,首先将草酰乙酸还原为苹果酸,此反应由苹果酸脱氢酶催化,细胞液中增多的苹果酸可通过内膜上的二羧酸载体系统与线粒体内的 α-酮戊二酸交换。进入线粒体的苹果酸经苹果酸脱氢酶催化氧化生成草酰乙酸并释放出 NADH,氢从复合体Ⅰ进入呼吸链经 CoQ、复合体Ⅲ、复合体Ⅳ传递给氧,所以仍可产生 2.5 分子 ATP,与在线粒体内产生的 NADH 氧化相同。同时线粒体内的 α-酮戊二酸由于与苹果酸交换而减少,需要补充,于是在转氨酶作用下由谷氨酸与草酰乙酸进行转氨基反应,生成 α-酮戊二酸和天冬氨酸,天冬氨酸经线粒体膜上的谷氨酸-天冬氨酸载体转移系统与细胞液中的谷氨酸交换,从而弥补了线粒体内谷氨酸由于转氨基作用而造成的损失,进入细胞液的天冬氨酸再与细胞液中的 α-酮戊二酸进行转氨基,重新又产生草酰乙酸以补充最初的消耗,从而完成整个穿梭过程。

4. *电子传递的抑制剂*

能够阻断呼吸链中某一部位电子传递的物质称为电子传递抑制剂。利用专一性电子传递抑制剂选择性地阻断呼吸链中某个传递步骤,再测定链中各组分的氧化-还原态情况,是研究呼吸链顺序的一种重要方法。常见的抑制剂有鱼藤酮(rotenone)、安密妥、杀粉蝶菌素、抗霉素 A、氰化物、硫化氢、叠氮化物、CO 等。

几种电子传递抑制剂的作用部位如图9-12所示。

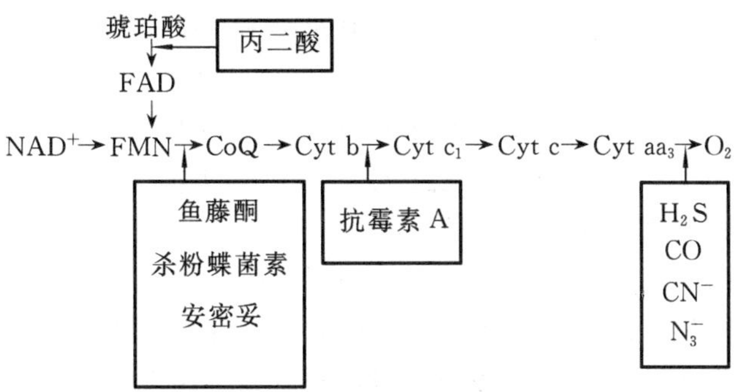

图9-12 电子传递抑制剂反应的部位

9.3 氧化磷酸化

氧化磷酸化作用是将生物氧化过程中释放的能量转移至ADP形成ATP的作用,是细胞生命活动的基础,是主要的能量来源。

9.3.1 ATP酶复合体

1. ATP

ATP几乎是生物组织细胞能够直接利用的唯一能源,在糖、脂类及蛋白质等物质氧化分解中释放出的能量,相当大的一部分能使ADP磷酸化成为ATP,从而把能量保存在ATP分子内。

ATP为游离核苷酸,由腺嘌呤、核糖与3分子磷酸构成,磷酸与磷酸间以磷酸酐键相连,当这种高能磷酸化合物水解(磷酸酐键断裂)时自由能变(ΔG)为30.5 kJ/mol,而一般的磷酸酯水解(磷酸酯键断裂)时自由能变只有8~12 kJ/mol。在生理条件下,合成ATP所需自由能为40~50 kJ/mol。测定结果表明,每合成1分子ATP需要2~3个质子从膜间隙跨膜转运到基质。

磷-氧比(P/O值)指的是每消耗一个氧原子(或每对电子通过呼吸链传递至氧)所产生的ATP分子数。测定结果表明,NADH经呼吸链完全氧化测得的P/O值为2.5,而$FADH_2$完全氧化时测得的P/O值为1.5。根据NADH和$FADH_2$经电子传递过程的能量计算,释放的能量远远多于根据实测P/O值计算的合成ATP所需的能量,因此氧化磷酸化是可以进行的,即1 mol NADH经呼吸链氧化可偶联产生2.5 mol ATP,而$FADH_2$则产生1.5 mol ATP。

ATP是高能磷酸化合物,当ATP水解时首先将其分子的一部分,如磷酸(Pi)或AMP转移给作用物,或与催化反应的酶形成共价结合的中间产物,以提高作用物或酶的自由能,最终AMP或Pi将被取代而释放出。ATP多以这种通过磷酸基团等转移的方式,而非单独水解的方式参加酶促反应并提供能量,用以驱动需能反应。ATP水解反应如下:

$$ATP \longrightarrow ADP + Pi \quad 或 \quad ATP \longrightarrow AMP + PPi$$

ATP是细胞内的主要磷酸载体,作为细胞的主要供能物质参与体内的许多代谢反应,还有一些反应需要UTP或CTP作为供能物质,如UTP参与糖原合成和糖醛酸代谢,GTP

参与糖异生和蛋白质合成,CTP 参与磷脂合成过程。

作为供能物质所需要的 UTP、CTP 和 GTP 可经下述反应再生:

$$UDP + ATP \longrightarrow UTP + ADP$$

$$GDP + ATP \longrightarrow GTP + ADP$$

$$CDP + ATP \longrightarrow CTP + ADP$$

由 dNDP 生成的 dNTP 过程也需要 ATP 供能:

$$dNDP + ATP \longrightarrow dNTP + ADP$$

人体储存能量的方式不是 ATP 而是磷酸肌酸。磷酸肌酸主要存在于肌肉组织中,骨骼肌中含量多于平滑肌,脑组织中含量也较多,肝、肾等其他组织中含量很少。它的作用机制是在 ATP 充足时,通过转移末端高能磷酸基团给肌酸,生成磷酸肌酸,把能量储存起来;当 ATP 不足时,磷酸肌酸将高能磷酸基团转移给 ADP,生成 ATP。

磷酸肌酸的生成反应如下:

$$\text{肌酸} + ATP \rightleftharpoons \text{磷酸肌酸} + ADP$$

肌细胞线粒体内膜和细胞液中均有催化该反应的肌酸激酶,它们是同工酶。线粒体内膜的肌酸激酶主要催化正向反应,生成的 ADP 可促进氧化磷酸化,生成的磷酸肌酸由线粒体进入细胞液,磷酸肌酸所含的能量不能直接利用;胞液中的肌酸激酶主要催化逆向反应,生成的 ATP 可补充肌肉收缩时的能量消耗,而肌酸又回到线粒体用于磷酸肌酸的合成,此过程可用图 9-13 表示。

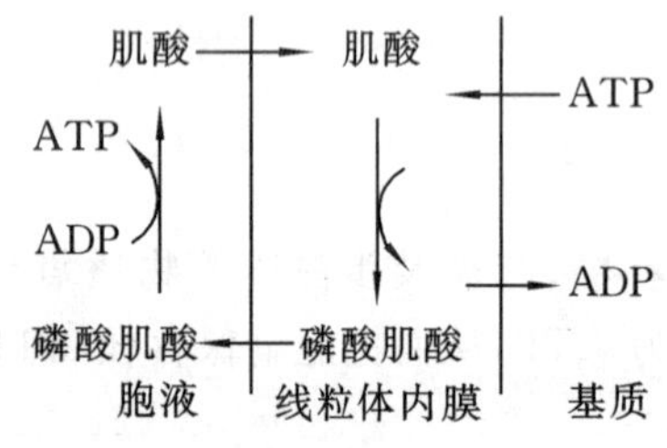

图 9-13　磷酸肌酸的生成与利用

肌肉中磷酸肌酸的浓度为 ATP 浓度的 5 倍,可储存肌肉几分钟收缩所急需的化学能,可见肌酸的分布与组织耗能有密切关系。

2. ATP 酶复合体的结构与作用机理

ATP 酶复合体又称为 ATP 合成酶(ATP synthase),是一个大的膜蛋白质复合体,相对分子质量为 4.8×10^{7},由两个因子构成:一个是疏水的 F_0,另一个是亲水的 F_1。因此 ATP 酶复合体又称 F_0F_1 酶复合体(图 9-14)。在电子显微镜下观察线粒体时,可见到线粒体内膜基质侧有许多球状颗粒突起,这就是 ATP 酶复合体,其中球状的头与茎是 F_1 部分,相对分子质量为 3.8×10^{5},由 α_3、β_3、γ、δ、ε 等 9 种多肽亚基组成。β 亚基与 α 亚基上有 ATP 结合部位;γ 亚基被认为具有控制质子通过的闸门作用;δ 亚基是 F_1 与膜相连所必需的,其中心部分为质子通道;ε 亚基是酶的调节部分。F_0 是跨线粒体内膜的疏水蛋白质复合体,由疏水的 a、b_2、$c_{9\sim12}$ 亚基组成,形成跨内膜质子通道。动物细胞 F_0 还有其他辅助亚基。c 亚基由短环连接的 2 个反向跨膜 α-螺旋组成,9～12 个 c 亚基围成环状结构;a 亚基紧靠 c 亚基外侧,有由 5 个跨膜 α-螺旋形成的 2 个半穿透线粒体内膜的、不连通的亲水质子半通道,2 个开口分别位于线粒体的基质侧和内膜的膜间腔侧,2 个半通道分别与 1 个 c 亚基相对应。

ATP 酶复合体构象的改变,促使 H^+ 在膜内外流动。当 H^+ 顺浓度梯度经 F_0 中 α 亚基和 C 因子之间回流时,γ 亚基发生旋转,3 个 β 亚基的构象发生改变。大致过程是:首先一个 ATP 分子连接于 β 亚基上,此时 β 亚基的构象紧密;接着一个 ADP 分子和一个磷酸根离子连接于 β 亚基上,此时 β 亚基的构象松弛;接着 H^+ 经由 F_0 的圆盘流到膜外,带动 C 因子,而 F_1 的 γ 亚基与 C 因子相连,于是也跟着转动。γ 亚基的转动促使 F_1 的 3 个 β 亚基构象改变,

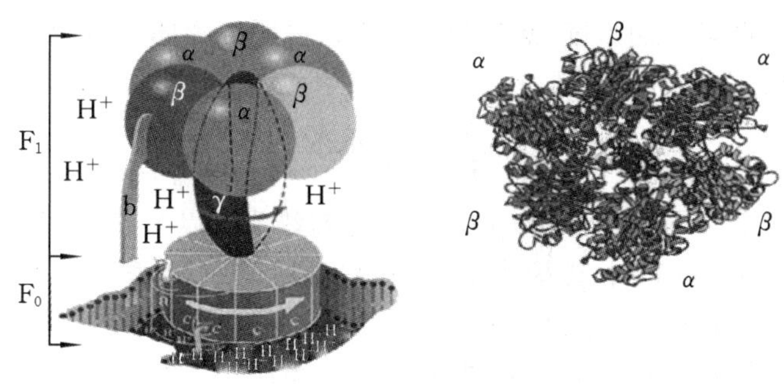

图 9-14 ATP 酶复合体的结构

构象紧密的 β 亚基变开放，于是释放出 ATP 分子，构象松弛的 β 亚基变紧密，构象开放的 β 亚基变松弛。最后 ADP 分子和磷酸根离子结合成 ATP，重新回到初始阶段(图9-15)。

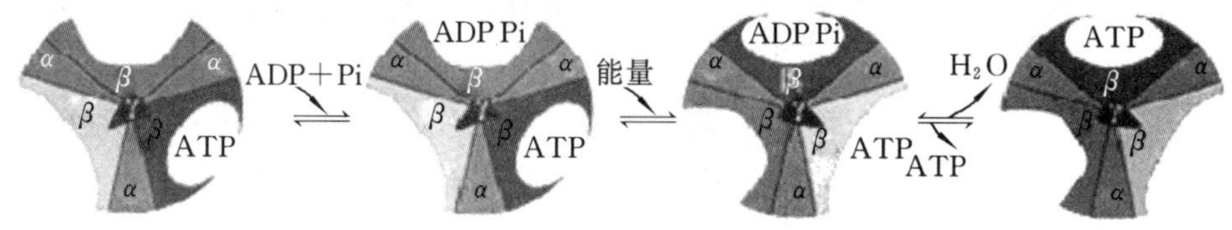

图 9-15 ATP 酶复合体的作用机理

9.3.2 ATP 合成反应

1. ATP 的生成方式

1）底物水平磷酸化

底物分子中的能量直接以高能键形式转移给 ADP 生成 ATP，这个过程称为底物水平磷酸化(substrate level phosphorylation)，这一磷酸化过程在细胞质和线粒体中进行。

$$1,3\text{-二磷酸甘油酸}+\text{ADP}\xrightleftharpoons{\text{3-磷酸甘油酸激酶}}\text{3-磷酸甘油酸}+\text{ATP}$$

$$\text{磷酸烯醇式丙酮酸}+\text{ADP}\xrightarrow{\text{丙酮酸激酶}}\text{烯醇式丙酮酸}+\text{ATP}$$

$$\text{琥珀酸 CoA}+\text{Pi}+\text{GDP}\xrightleftharpoons{\text{琥珀酸激酶}}\text{琥珀酸}+\text{CoASH}+\text{GTP}$$

2）氧化磷酸化

氧化和磷酸化是两个不同的概念。氧化是底物脱氢或失电子的过程，而磷酸化是指 ADP 与 Pi 合成 ATP 的过程。在结构完整的线粒体中氧化与磷酸化这两个过程是紧密偶联在一起的，即氧化释放的能量用于 ATP 合成，这个过程就是氧化磷酸化(oxidative phosphorylation)。氧化是磷酸化的基础，而磷酸化是氧化的结果。

机体代谢过程中能量的主要来源是线粒体，既有氧化磷酸化，也有底物水平磷酸化，以前者为主要来源。细胞液中底物水平磷酸化也能获得部分能量，实际上这是酵解过程的能量来源，对于酵解组织、红细胞和组织相对缺氧时的能量来源是十分重要的。

2. 能荷

ATP 在细胞的能量转换中起着重要作用。在细胞内存在着三种腺苷酸，即 AMP、ADP 和 ATP，称为腺苷酸库。在细胞中 ATP、ADP 和 AMP 在某一时间的相对数量控制着细胞的代谢活动。Atkinson 于 1968 年提出了能荷(energy charge)概念。他认为能荷是细胞中

高能磷酸状态的一种数量上的量度,能荷的大小可以说明生物体中 ATP-ADP-AMP 系统的能量状态。能荷可用下式表示:

$$能荷=\frac{[ATP]+0.5[ADP]}{[ATP]+[ADP]+[AMP]}$$

能荷的大小取决于 ATP 和 ADP 的浓度,能荷的数值可以为 0～1.0。当细胞中全部的 AMP 和 ADP 都转化成 ATP 时,能荷为 1.0,在细胞以较快的速率进行磷酸化(合成 ATP),而生物合成反应又很少进行时,才能出现这种情况,此时腺苷酸系统中可利用的高能磷酸键数量最大;当腺苷酸系统中都为 ADP 时,能荷为0.5,系统中含有一半的高能磷酸键;当所有的 ATP 和 ADP 都转化为 AMP 时,则能荷等于 0,此时腺苷酸系统中不存在高能化合物。

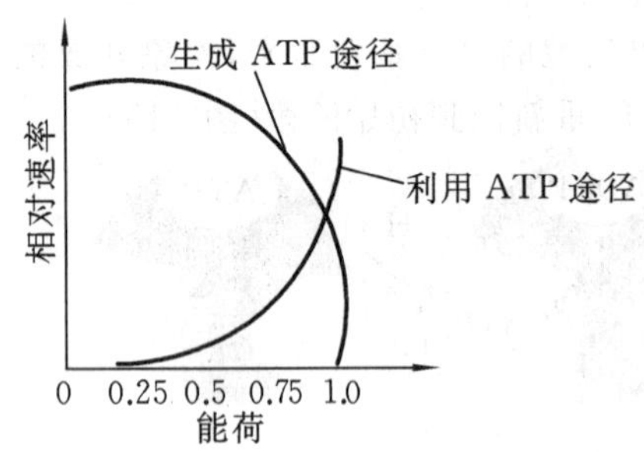

图 9-16 能荷对 ATP 生成(分解代谢)途径和 ATP 利用(合成代谢)途径相对速率的影响

Atkinson 还证明,能荷高时能够抑制生物体内 ATP 的生成,但促进了 ATP 的利用,也就是说,高的能荷能够促进合成代谢而抑制分解代谢(图 9-16)。能荷小时,生成 ATP 的速率快,生物可以通过高分子化合物的降解以产生能量;当能荷逐渐增加时,此途径就下降,亦即分解代谢减弱。当能荷低时,ATP 利用的速率就慢,而随着能荷的增加,ATP 利用的相对速率就增加。这说明生物体内 ATP 的利用和生成有自我调节与控制的能力。图 9-16 中两条曲线交点的能荷为 0.9,细胞中的能荷与 pH 值一样是可以缓冲的。经过测定,大多数细胞中的能荷在 0.8～0.95。

细胞中的能荷可通过 ATP、ADP 和 AMP 对一些酶进行变构调节。例如,ATP-ADP 系统调节糖酵解的主要部位是在 6-磷酸果糖和 1,6-二磷酸果糖相互转化处。

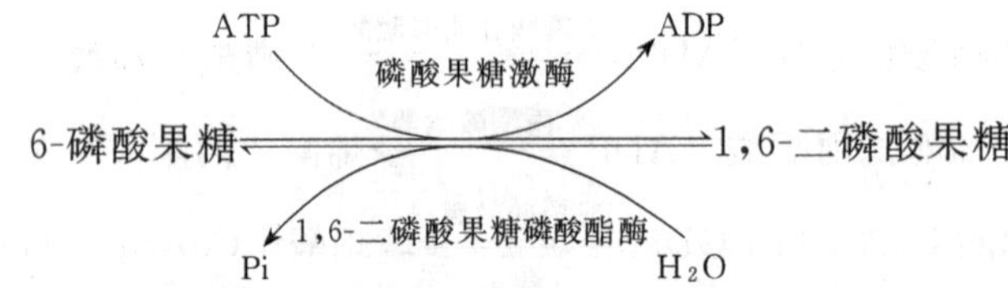

催化此反应的磷酸果糖激酶是变构酶,受 ATP 强烈抑制,被 AMP 激活。反之,1,6-二磷酸果糖磷酸酯酶则受 ATP 激活,被 AMP 抑制。另外,在 TCA 循环中,当细胞的能荷等于 1.0 时,高水平的 ATP 和低水平的 AMP 会降低柠檬酸合成酶和异柠檬酸脱氢酶的活性,使 TCA 循环的活性降低,从而减少呼吸作用,以达到调节生成 ATP 数量的目的。

总之,能荷的大小由 ATP、ADP 和 AMP 的相对数量决定,它在代谢中起控制作用。高能荷能抑制 ATP 的生成(分解代谢)途径而激活 ATP 的利用(合成代谢)途径。

9.3.3 电子传递反应和 ATP 合成偶联机制

在正常的生理条件下,电子传递与磷酸化紧密地偶联,但是电子在从一个中间载体到另一个中间载体的传递过程中究竟怎样促使 ADP 磷酸化成 ATP 呢? 目前有三种假说来解释氧化磷酸化的偶联机理。

1. 化学偶联假说

这一假说是用来解释氧化磷酸化偶联机制的最早的假说，认为电子传递时，ATP 的合成是化学能的直接转换，在电子传递时，先生成不含磷酸的高能中间产物 A～I，再转移成含磷酸的高能中间产物，随后裂解并将能量供给 ADP 生成 ATP。

$$AH_2 + B + I \longrightarrow A\sim I + BH_2$$

$$A\sim I + Pi \longrightarrow X\sim P + I$$

$$X\sim P + ADP \longrightarrow ATP + A$$

总反应式　$$AH_2 + B + Pi + ADP \longrightarrow A + BH_2 + ATP$$

但是人们并未从呼吸链中找到实际的例子，也不能说明为什么线粒体内膜的完整性对氧化磷酸化是必要的。

2. 构象偶联假说

该假说认为电子沿呼吸链传递，使线粒体内膜蛋白质组分发生了构象变化而形成一种高能状态，这种高能状态将能量传递给 ATP 酶分子而使之激活，也转变为高能状态。ATP 酶的复原将能量提供给 ATP 的合成，并使 ATP 从酶上游离下来。

这一假说实质上与化学偶联假说相似，只不过认为电子传递所释放的自由能不是储存在高能中间产物上，而是储存在蛋白质的立体构象中；呼吸作用放出的能量被偶联膜（线粒体内膜的一种）的还原型递电子体（Ared）吸收，Ared 即变构而成为激活态的氧化型构象（AOX），这种 AOX 可促进 ADP 的磷酸化而产生 ATP。

$$Ared + BOX \longrightarrow AOX + Bred$$

$$AOX + ADP + Pi \longrightarrow AOX + ATP$$

将亚线粒体泡分解成失去磷酸化作用的无球体的部分和可溶性 ATP 酶球体部分，然后又重组为有氧化磷酸化作用的泡，多数亚线粒体泡的膜是内表面翻转向外的线粒体内膜。

3. 化学渗透偶联假说

该假说认为呼吸链是一个 H^+ 泵，电子传递的结果是将 H^+ 从线粒体内膜基质“泵”到内膜外液体中，于是形成一个跨内膜的 H^+ 浓度梯度，即膜外的 H^+ 浓度高，膜内的 H^+ 浓度低；膜外的电势高，膜内的电势低。这种梯度就是 H^+ 返回膜内的一种动力，为 H^+ 浓度梯度所驱使，通过在 ATP 酶分子上的特殊通道，H^+ 又流回线粒体基质。当 H^+ 通过 ATP 酶流回线粒体内膜基质时，释放出自由能的反应和 ATP 的合成反应相偶联。化学渗透偶联假说和许多实验结果是相符合的，是目前能较圆满解释氧化磷酸化作用机理的一种学说。化学渗透偶联假说的基本观点有以下几点。

(1) 线粒体内膜中电了传递与线粒体释放 H^+ 是偶联的，即呼吸链在传递电子过程中释放出来的能量不断地将线粒体基质内的 H^+ 逆浓度梯度泵出线粒体内膜（图 9-17）。

(2) H^+ 不能自由透过线粒体内膜，结果使得线粒体内膜外侧 H^+ 浓度增高，基质内 H^+ 浓度降低，在线粒体内膜两侧形成一个质子跨膜梯度，线粒体内膜外侧带正电荷，内膜内侧带负电荷，这就是跨膜电势（$\Delta\Psi$）。由于线粒体内膜两侧 H^+ 浓度不同，内膜两侧还有一个 pH 梯度 ΔpH，膜外侧 pH 值较基质 pH 值约低 1.0，底物氧化过程中释放的自由能就储存于 $\Delta\Psi$ 和 ΔpH 中，若以 ΔP 表示总的质子移动力，那么三者的关系可用下式表示：

$$\Delta P = \Delta\Psi - 59\Delta pH$$

(3) 线粒体外的 H^+ 可以通过线粒体内膜上的三分子体顺着 H^+ 浓度梯度进入线粒体

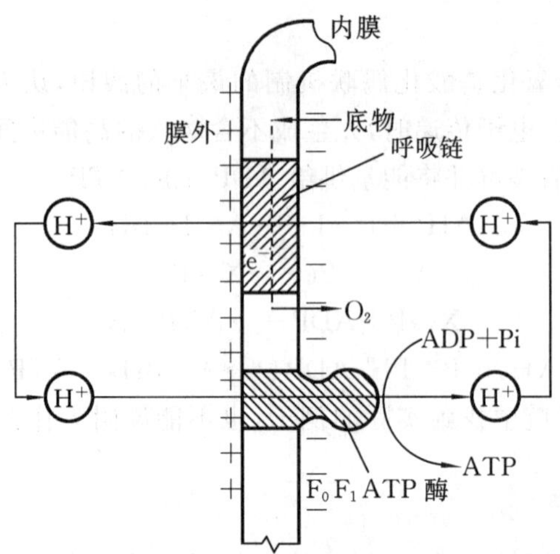

图 9-17　电子传递与质子传递偶联

基质中,这相当于一个特异的质子通道,H^+顺浓度梯度方向运动所释放的自由能用于 ATP 的合成,寡霉素能与寡霉素敏感相关蛋白(oligomycin sellsitivity-conferring protein,OSCP)结合,特异阻断这个H^+通道,从而抑制 ATP 的合成。有关 ATP 合成的分子机制目前还不是十分清楚。

(4) 解偶联剂的作用是促进H^+被动扩散通过线粒体内膜,即增强线粒体内膜对H^+的通透性,解偶联剂能消除线粒体内膜两侧的质子梯度,所以不能再合成 ATP。总之,化学渗透偶联假说认为在氧化与磷酸化之间起偶联作用的因素是H^+的跨膜梯度。

9.3.4　氧化磷酸化的解偶联和抑制作用

1. 解偶联剂

能够使氧化过程与磷酸化过程脱节的物质称为解偶联剂,它对电子传递没有抑制作用,但能抑制 ADP 磷酸化生成 ATP 的过程。解偶联剂使氧化和磷酸化脱偶联,氧化仍可以进行,而磷酸化不能进行。解偶联剂作用的本质是增大线粒体内膜对H^+的通透性,消除H^+的跨膜梯度,因而无 ATP 生成。解偶联剂只影响氧化磷酸化而不干扰底物水平磷酸化,使氧化释放出来的能量全部以热的形式散发。解偶联剂在代谢研究中是一种非常有用的手段,常用的解偶联剂有 2,4-二硝基苯酚(dinitrophenol,DNP)、羰基-氰-对三氟甲氧基苯肼(FCCP)、双香豆素(dicoumarin)等。

2. 抑制作用

1) 电子传递抑制剂

这类抑制剂抑制呼吸链的电子传递,也就是抑制氧化,氧化是磷酸化的基础,抑制了氧化也就抑制了磷酸化。鱼藤酮专一抑制 NADH→CoQ 的电子传递,抗霉素 A(actinomycin A)专一抑制 CoQ→Cyt c 的电子传递。氰化物、CO、叠氮化物和 H_2S 均抑制细胞色素氧化酶。

2) 氧化磷酸化抑制剂

对电子传递和 ADP 磷酸化均有抑制作用的试剂称为氧化磷酸化的抑制剂。这类抑制剂抑制 ATP 的合成,抑制了磷酸化也一定会抑制氧化,如寡霉素。

3. 氧化磷酸化的调节

1) [ATP]/[ADP]值对氧化磷酸化的直接影响

线粒体内膜中有腺苷酸转位酶，催化线粒体内 ATP 与线粒体外 ADP 的交换，ATP 分子解离后带有 4 个负电荷，而 ADP 分子解离后带有 3 个负电荷。由于线粒体内膜内外有跨膜电势($\Delta\Psi$)，内膜外侧带正电，内膜内侧带负电，所以 ATP 出线粒体的速率比进线粒体的速率快，而 ADP 进线粒体的速率比出线粒体的速率快。Pi 进入线粒体也由磷酸转位酶催化，磷酸转位酶催化羟基与 Pi 交换，磷酸二羧酸转位酶催化 Pi 与二羧酸(如苹果酸)交换。

当线粒体中有充足的氧和底物供应时，氧化磷酸化就会不断进行，直至 ADP+Pi 全部合成 ATP，此时呼吸速率降到最慢，若加入 ADP，耗氧量会突然增加，这说明 ADP 控制着氧化磷酸化的速率，人们将 ADP 的这种作用称为呼吸受体控制。

机体消耗能量增加时，ATP 分解生成 ADP，ATP 出线粒体增多，ADP 进线粒体增多，线粒体内[ATP]/[ADP]值降低，使氧化磷酸化速率加快，ADP+Pi 接收能量生成 ATP。机体消耗能量少时，线粒体内[ATP]/[ADP]值升高，线粒体内 ADP 浓度降低，就会使氧化磷酸化速率减慢。

2) [ATP]/[ADP]值的间接影响

[ATP]/[ADP]值升高时，氧化磷酸化速率减慢，导致 NADH 氧化速率减慢，NADH 浓度增大，从而抑制了丙酮酸脱氢酶系、异柠檬酸脱氢酶、α-酮戊二酸脱氢酶系和柠檬酸合成酶活性，使糖的氧化分解和 TCA 循环的速率减慢。

3) [ATP]/[ADP]值对关键酶的直接影响

[ATP]/[ADP]值升高会抑制体内的许多关键酶，如变构抑制磷酸果糖激酶、丙酮酸激酶和异柠檬酸脱氢酶，还能抑制丙酮酸脱氢酶系、α-酮戊二酸脱氢酶系，通过直接反馈作用抑制糖的分解和 TCA 循环。

思 考 题

1. 常见的呼吸链电子传递抑制剂有哪些？它们的作用机制是什么？

2. 在磷酸戊糖途径中生成的 NADPH 如果不参加合成代谢，那么将如何进一步氧化？

3. 在体内 ATP 有哪些生理作用？可通过什么方式生成 ATP？

4. 某些植物体内出现对氰化物呈抗性的呼吸形式，试提出一种可能的机制。

5. 什么是铁硫蛋白？其生理功能是什么？

6. 什么是能荷？能荷与代谢调节有什么关系？

7. 氧化作用和磷酸化作用是怎样偶联的？有哪些因素会抑制这种偶联作用？

第10章 糖 代 谢

新陈代谢是生命最基本的特征，一旦停止，生命也就结束了。糖是生物体的主要成分，也是生命活动中物质和能量的主要来源，因此，糖代谢是新陈代谢的核心。

10.1 概 述

10.1.1 多糖及寡糖的降解

1. 多糖的酶促降解

多糖分子不能进入细胞，动物或微生物在利用多糖作为碳源和能源时，需要分泌降解酶，将多糖分子在胞外降解（即消化）成单糖或双糖，这样才能被细胞吸收，进入中间代谢。不同生物分泌的多糖降解酶类不同，利用多糖的能力也就不同。

1）淀粉的酶促降解

凡是能够催化淀粉（或糖原）分子及其分子片段中的α-葡萄糖苷键水解的酶，统称淀粉酶。动物、植物及绝大多数微生物都能分泌淀粉酶，但不同生物所分泌淀粉酶的种类不同，根据其作用特点可分为4种主要类型：α-淀粉酶、β-淀粉酶、γ-淀粉酶和异淀粉酶。除此之外，比较重要的还有芽孢杆菌产生的环糊精生成酶（EC 2.4.1.19），能将淀粉水解并环化成环状糊精；斯氏假单胞菌产生一种寡糖淀粉酶，能水解支链淀粉或直链淀粉并生成麦芽四糖。几种主要淀粉水解酶的作用专一性如图10-1所示。

（1）α-淀粉酶。α-淀粉酶又称淀粉-1，4-糊精酶、液化酶，系统名称为α-1，4-葡聚糖水解酶，编号EC 3.2.1.1，广泛分布于动植物和微生物中。

α-淀粉酶是一种内切酶，从淀粉分子内部随机切割α-1，4-糖苷键。底物分子越大，水解效率越高，随着底物分子减小，水解速率减慢。该酶作用于黏稠的淀粉糊时，能使黏度迅速下降。α-淀粉酶不能水解淀粉中的α-1，6-葡萄糖苷键及其非还原性一侧相邻的α-1，4-糖苷键。因此，其水解产物中有含α-1，6-糖苷键的各种分支糊精，如枯草杆菌α-淀粉酶产生的α-极限糊精有6^2-麦芽三糖基麦芽三糖、6^2-麦芽糖基麦芽三糖、6^3-麦芽糖基麦芽四糖、6^2-麦芽糖基麦芽四糖等，其结构如图10-2所示。

α-淀粉酶作用于淀粉时，随着黏度下降，碘反应由蓝色→紫色→红色→无色，反应液的还原能力缓慢增强。达到消色点时的水解效率称为消色点水解效率。消色点之后，水解速率减慢，延长时间直至还原能力不再增加时，称为水解极限。这时的水解效率为极限水解效率。

酶的来源不同，消色点水解效率和极限水解效率不同。据此枯草杆菌α-淀粉酶可分为液化型（BLA）和糖化型（BSA）两类。两者的水解性能见表10-1。

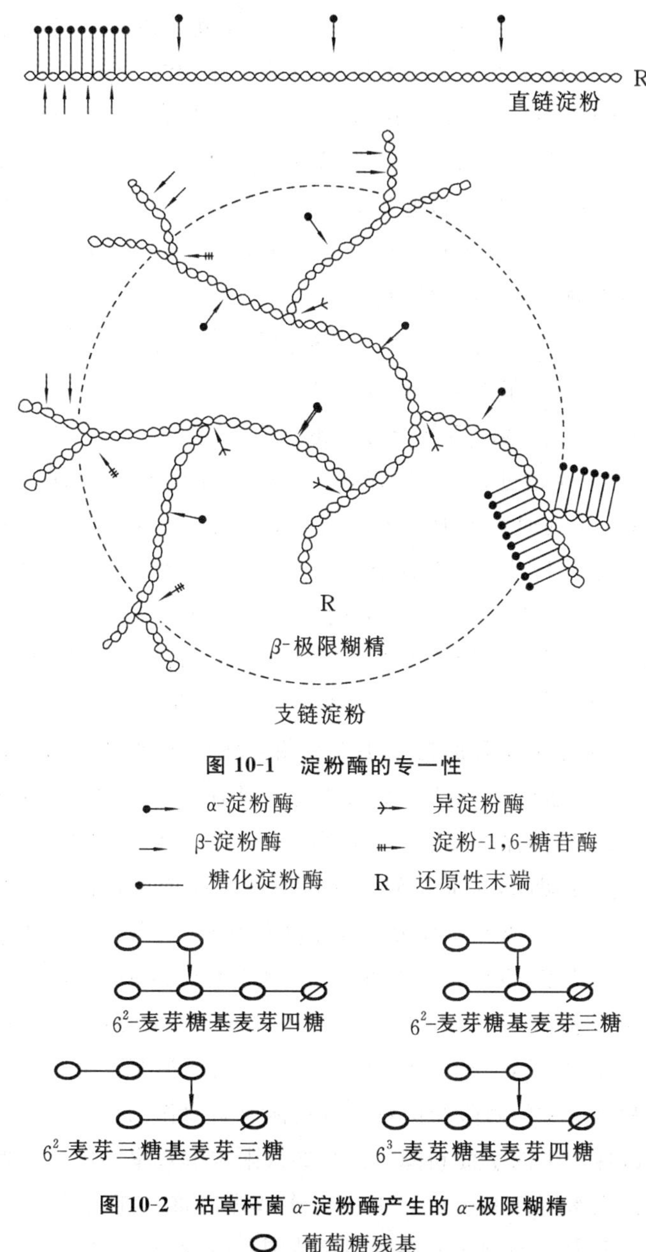

图 10-1 淀粉酶的专一性

图 10-2 枯草杆菌 α-淀粉酶产生的 α-极限糊精

表 10-1 不同类型枯草杆菌 α-淀粉酶的水解性能

酶类型	消色点水解效率/(%)	对可溶性淀粉极限水解效率/(%)	主 要 产 物
BLA	13	30	聚合度为 G_7、G_8 的寡糖
BSA	25	>70	G_1、G_2、G_3

注:测定 DE 值代表水解效率。

α-淀粉酶是钙金属蛋白,每分子含有一个 Ca^{2+}。哺乳动物的 α-淀粉酶需Cl^-激活,植物和微生物酶不需要。α-淀粉酶热稳定性比较好,如枯草杆菌 α-淀粉酶在 65 ℃时仍稳定;嗜热芽孢杆菌 α-淀粉酶经 85 ℃处理 20 min 存活率仍为 70%;凝结芽孢杆菌 α-淀粉酶在Ca^{2+}存在下,90 ℃时酶的半衰期达 90 min;高温 α-淀粉酶(嗜热芽孢杆菌生产)在 110 ℃时仍能液化淀粉。Ca^{2+}、Na^+、Cl^-和淀粉都能提高酶的热稳定性,当 NaCl 与 $CaCl_2$同时存在时,效果更显著。植物 α-淀粉酶一般不耐酸,pH=5.5~8 时稳定,pH<4 时易失活。不同微生物所产生的 α-淀粉酶的酸碱稳定范围差别很大。

(2) β-淀粉酶。β-淀粉酶又称淀粉-1,4-麦芽糖苷酶,系统名称为 α-1,4-葡聚糖麦芽糖苷酶,编号 EC 3.2.1.2,主要分布于植物和微生物中。

β-淀粉酶是一种外切酶,从淀粉分子的非还原性末端依次切割 α-1,4-糖苷键,生成麦芽糖。该酶不能水解,也不能越过 α-1,6-糖苷键。当其作用于支链淀粉时,遇到分支点即停止作用。β-淀粉酶作用于淀粉时水解液中还原糖直线增加,但不能像 α-淀粉酶那样使黏度迅速降低。碘显色反应变化不明显。水解至极限时,水解效率达 60%以上,反应液仍显紫红色。植物 β-淀粉酶耐酸不耐热,与 α-淀粉酶明显不同。细菌 β-淀粉酶的热稳定性和酸碱稳定性因菌种不同而差别很大。β-淀粉酶催化水解产生的游离半缩醛羟基发生 Walden 转位作用,将 α 型转变为β 型,生成 β-麦芽糖。酶名中"β-"即由此而来。

(3) γ-淀粉酶。γ-淀粉酶又称淀粉-1,4、1,6-葡萄糖苷酶、糖化酶、葡萄糖淀粉酶,系统名称为 α-1,4-葡聚糖葡萄糖水解酶,编号 EC 3.2.1.3,普遍分布于各类生物中,但酒精酵母不分泌这种酶,也不分泌 β-淀粉酶,大量的工业用 γ-淀粉酶主要来自霉菌发酵生产。

γ-淀粉酶也是一种外切酶,从淀粉分子非还原性末端依次切割 α-1,4-葡萄糖苷键。与 β-淀粉酶类似,水解产生的游离半缩醛羟基发生转位作用,释放 β-葡萄糖,但产物是葡萄糖单糖。该酶专一性不太严格,也可缓慢水解 α-1,6-葡萄糖苷键和 α-1,3-葡萄糖苷键。理论上该酶可使支链淀粉完全水解。实际上,随着底物相对分子质量降低,水解速率逐渐减慢。该酶对异麦芽糖单独存在的 α-1,6-糖苷键无作用,对 6^2-葡萄糖基麦芽糖(潘糖)的 α-1,6-键则能起作用。天然淀粉分子中的磷酸酯键对 γ-淀粉酶有阻碍作用。

微生物的不同菌株产生的 γ-淀粉酶对淀粉的极限水解效率不同。大多数根霉糖化酶和少数黑曲霉菌株的极限水解效率可达到 100%,多数黑曲霉只能达到 80%。霉菌的 γ-淀粉酶的酸碱稳定范围一般为 pH=4~5,温度稳定范围一般为 50~60 ℃。

(4) 异淀粉酶。异淀粉酶又称淀粉-1,6-葡萄糖苷酶,系统名称为葡聚糖-6-葡聚糖水解酶,编号 EC 3.2.1.33。动物、植物、微生物都产生异淀粉酶。来源不同,其名称不统一,有脱支酶、Q 酶、R 酶、普鲁蓝酶、茁霉多糖酶等。彼此性质虽有差别,但作用专一性都是水解支链淀粉或糖原的 α-1,6-糖苷键,生成长短不一的直链淀粉(糊精)。工业用酶主要由微生物发酵生产。

无论体内还是体外,淀粉的水解(消化)需要有几种淀粉酶协同作用,各种淀粉酶的作用特点见表 10-2。

表 10-2 淀粉酶的主要类别及对淀粉的水解作用

名 称	作用特点		分 布
	作用方式和专一性	产物及表观现象	
α-淀粉酶	内切。从淀粉分子内部随机切割α-1,4-糖苷键,不切割α-1,6-糖苷键	α-糊精及麦芽寡糖、二糖和葡萄糖。使淀粉糊黏度很快下降,还原糖增加慢	唾液、胰液、麦芽、霉菌、细菌等
γ-淀粉酶	外切。从非还原性末端依次切割葡萄糖单位,遇α-1,4-糖苷键或α-1,6-糖苷键都能水解	葡萄糖。还原糖增加快,黏度降低慢	动物组织、霉菌、细菌
β-淀粉酶	外切。从非还原性末端依次切割麦芽糖单位,遇α-1,6-糖苷键便停止作用,不能切割,也不能越过	麦芽糖和β-极限糊精。还原糖增加快,黏度降低不明显,碘显色反应变紫红色	甘薯、大豆、大麦、麦芽、细菌等
异淀粉酶	内切。水解支链淀粉或糖原的α-1,6-糖苷键	直链淀粉。碘显色反应蓝色加深	肝脏、植物、酵母、细菌

2）糖原的降解

糖原结构类似于支链淀粉,带有大量分支和非还原端。糖原的降解主要是糖原非还原性末端α-1,4-糖苷键的磷酸化,反应由糖原磷酸化酶催化,在胞内进行,反应产物为1-磷酸葡萄糖。

$$\text{糖原}(G_n) + H_3PO_4 \rightleftharpoons \text{糖原}(G_{n-1}) + 1\text{-磷酸葡萄糖}$$

糖原磷酸化酶连续作用于糖原的非还原性末端,直到分支点前4个葡萄糖残基处停止。然后在脱支酶催化下,糖原分支上的3个葡萄糖残基转移到主链的非还原性末端,支链上剩下的最后一个葡萄糖残基(由α-1,6-糖苷键连接)在脱支酶的作用下被水解,使糖原除去分支残基,同时生成游离的葡萄糖(图10-3)。

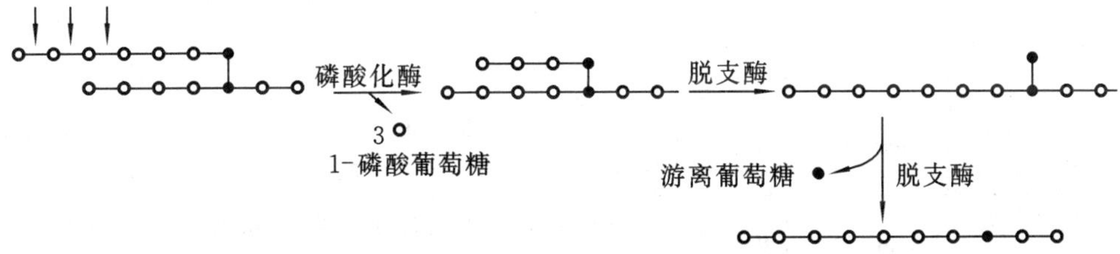

图 10-3 糖原分解

生成的产物1-磷酸葡萄糖可在磷酸葡萄糖变位酶作用下转变为6-磷酸葡萄糖,后者即可进入糖酵解途径。在高等动物的肝脏中,1-磷酸葡萄糖可在葡萄糖-6-磷酸酶的作用下转变为葡萄糖,再由血液运输到全身各组织,提供葡萄糖作为能源。

3）纤维素的降解

能够分解纤维素的微生物称为纤维素微生物。细菌、放线菌、真菌中都有分解纤维素的菌群,它们是纤维素酶的潜在资源。目前,纤维素酶生产菌种主要选自真菌。

人类和其他高等动植物都不能合成纤维素酶,因而自身都不能消化纤维素。反刍动物之所以能以纤维素作为营养,是因为其瘤胃中生存有大量纤维素微生物。

纤维素酶的组分很多,20 世纪 50 年代以来,根据 Reese 等人提出的关于纤维素酶作用方式的 C_1-C_x假说,将纤维素酶分为 C_1酶、C_x酶和 β-葡萄糖苷酶三类。它们对天然纤维素的降解作用过程被描述为

$$结晶纤维素 \xrightarrow{C_1酶} 无定形纤维素 \xrightarrow{C_x酶} 纤维二糖 \xrightarrow{\beta\text{-}葡萄糖苷酶} D\text{-}葡萄糖$$

单一组分的纤维素酶不能有效地降解天然纤维素,各组分协同作用才能将纤维素充分降解(表 10-3)。

表 10-3 康氏木霉纤维素酶不同组分的相对酶活力

酶 组 分	棉花增溶率/(%)	备 注
康氏木霉培养液	100	酶组分齐全
C_1	<1	
$C_x(1)$	<1	
$C_x(2)$	<1	
β-葡萄糖苷酶(1)	0	
β-葡萄糖苷酶(2)	0	
$C_1+C_x(1+2)$	24	
C_1+β-葡萄糖苷酶(1+2)	5	
$C_1+C_x(1+2)$+β-葡萄糖苷酶(1+2)	103	酶组分齐全

4) 果胶质的酶促降解

能够催化果胶酸(多聚半乳糖醛酸)或果胶(多聚甲氧基半乳糖醛酸)分子降解的酶统称为果胶酶。根据降解作用机理可将果胶酶分为裂解酶和水解酶两类,其名称和特点见表 10-4。

表 10-4 果胶酶的名称和特点

类别	酶名称	符 号	底 物	专一性和作用方式	产 物	表观现象
水解酶类	果胶甲酯酶	PE	果胶	果胶分子中的甲酯键	甲醇、果胶酸	水解液 pH 值降低
	外切果胶酸水解酶	exo-PG	果胶酸	从非还原性末端依次水解 α-1,4-糖苷键	D-半乳糖醛酸	还原糖增加快
	内切果胶酸水解酶	endo-PG	果胶酸	随机水解分子内部的 α-1,4-糖苷键	聚半乳糖醛酸碎片	黏度很快降低
	果胶水解酶	PMG	果胶			
裂解酶类	果胶酸外裂酶	exo-PGL	果胶酸	以反式消除方式,从非还原性末端依次断裂 α-1,4-糖苷键	C(4)与C(5)间有双键的半乳糖醛酸	280 nm 波长处吸光度上升,还原糖上升快
	果胶酸内裂酶	endo-PGL	果胶酸	以反式消除方式,从分子内部随机断裂 α-1,4-糖苷键	聚半乳糖醛酸碎片	黏度下降快,280 nm 波长处吸光度上升
	果胶外裂酶	exo-PMGL	果胶	与 exo-PGL 相同		
	果胶内裂酶	endo-PMGL	果胶	与 endo-PGL 相同		

几种果胶酶的作用部位如图10-4所示。

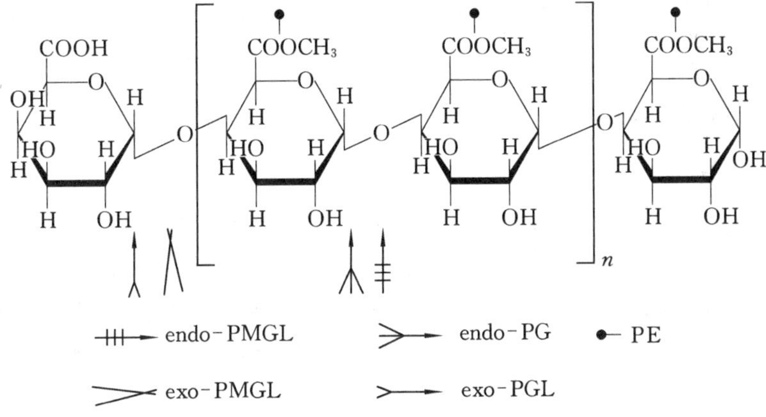

图10-4 几种果胶酶的作用部位

果胶酶普遍存在于植物和微生物中，动物不能合成果胶酶，故不能消化果胶质。微生物果胶酶制剂已被普遍用于果汁、果酒澄清，提高果汁、菜汁出率等。

2. *寡糖的酶促降解*

寡糖中最重要的为蔗糖、麦芽糖和乳糖，催化它们降解的酶分别是蔗糖酶、麦芽糖酶和乳糖酶，它们都属于糖苷酶类。这三种酶广泛分布于微生物、动物小肠液中。其催化反应为

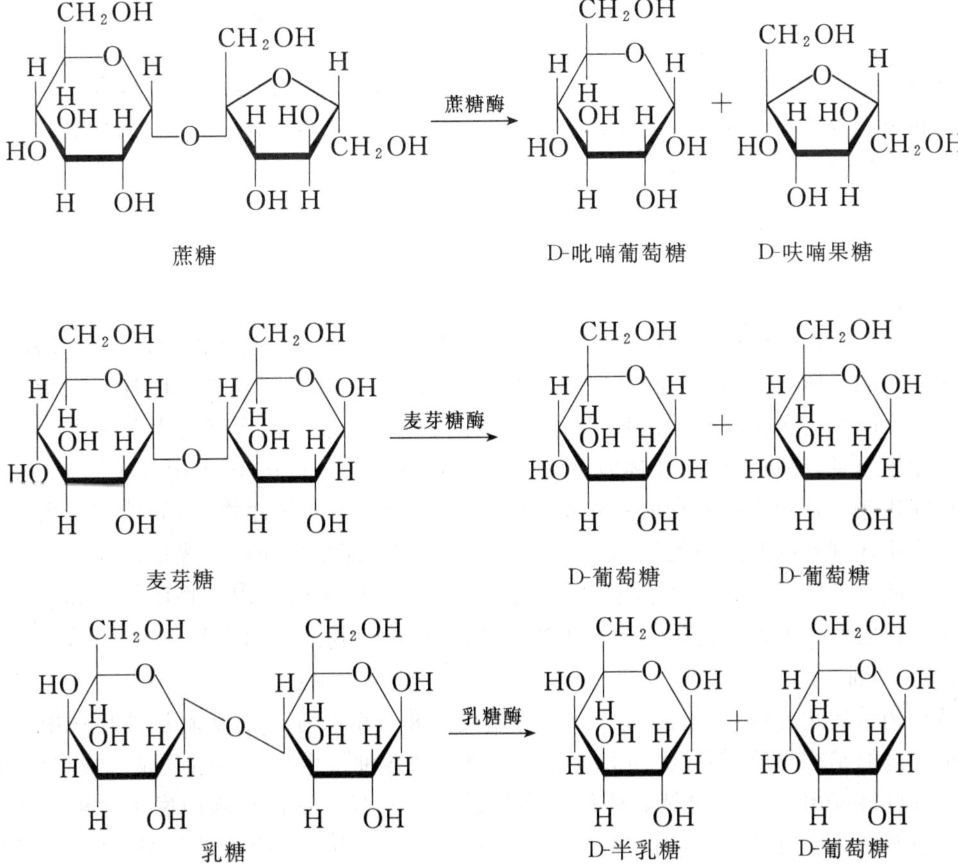

有些人喝完牛奶后感觉不适,甚至腹胀、腹泻。这是由乳糖酶缺乏(lactase deficiency)或乳糖酶活性低下所导致的乳糖不耐症引起的,大致可分为三类:先天性乳糖酶缺乏、继发性乳糖酶缺乏和原发性乳糖酶缺乏。原发性乳糖酶缺乏是最常见、发生率也最高的一种。

10.1.2 糖的消化和吸收

1. 糖的消化方式

糖的消化发生在胞外。动物口腔中含有唾液腺分泌的 α-淀粉酶,但由于食物在口腔中停留的时间很短,仅有一小部分淀粉、麦芽糖被分解。食物进入胃后,在胃内酸性环境(pH=1~2)中,淀粉酶很快失活,淀粉的消化停止。小肠中有胰腺分泌的 α-淀粉酶及合适的 pH 值环境(pH=6.7~7.2),成为淀粉消化的主要场所。此外,小肠黏膜上还存在 α-糊精酶、蔗糖酶和乳糖酶,分别可消化糊精、蔗糖及乳糖,生成相应的单糖。

微生物对糖的消化是通过分泌胞外酶在培养环境中实现的。许多厌氧微生物都可分泌淀粉酶(酵母菌分泌淀粉酶的能力差)。能分泌纤维素酶和果胶酶的微生物,虽不像能分解淀粉的微生物那样广泛,但也有不少细菌、放线菌和真菌有这种能力。

2. 糖的吸收

所有微生物细胞都具有吸收单糖的能力,而动物对糖的吸收主要在小肠上段完成。所有单糖都可以被动物和微生物细胞吸收,但吸收速率不同。若以葡萄糖的吸收速率为 100,则各种单糖的相对吸收速率如下:

D-半乳糖(110)>D-葡萄糖(100)>D-果糖(43)>D-甘露糖(19)>
L-木酮糖(15)>L-阿拉伯糖(9)

果糖、甘露糖、木酮糖及阿拉伯糖可能是通过单纯的扩散作用吸收,所以吸收速率较慢。葡萄糖和半乳糖的吸收还存在着主动吸收过程,所以吸收较快。这是一种有载体蛋白参加、耗能的逆浓度梯度的吸收过程。

10.1.3 糖的中间代谢

1. 中间代谢的概念与功能

中间代谢(intermediary metabolism)是指细胞内所发生的有组织的酶促反应过程,是新陈代谢活动的主体,也是代谢研究的主要内容。因此,生物化学所讲的代谢通常仅指中间代谢。虽然中间代谢包括不同的酶催化反应,但仍可以从复杂的代谢网络中归纳出一些具有共同规律的途径,并将这些途径称为主要代谢途径(central metabolic pathway)。

中间代谢包括物质代谢和能量代谢。物质代谢讨论各种活性物质,如糖、脂、蛋白质及核酸等物质在细胞内发生酶促转化的途径及调控机理。能量代谢讨论光能或化学能在细胞中向生物能(ATP)转化的原理和过程,以及生命活动对能量的利用。物质代谢和能量代谢是同一过程的两个方面。能量转化寓于物质转化过程中,物质代谢必然伴有能量转化,或者放能,或者需能。

按照物质转化方向,代谢活动可分为合成代谢和分解代谢。活细胞从外环境中取得原料合成自身的结构物质、储存物质和生理活性物质及各种次生物质的过程是合成代谢,也称生物合成(biosynthesis)。这是需要供应能量的过程。有机物在细胞内发生分解的作用过程称为分解代谢。分解代谢过程中的许多中间产物可作为生物合成的原料,伴随分解代谢释放出的化学能可转化为细胞能够利用的生物能(ATP)。合成代谢和分解代谢相辅相成，有机地联系在一起。

中间代谢的功能概括为四个方面：①将外界引入的营养物质转变为自身需要的结构元件，即大分子的组成前体；②将结构元件装配成自身的大分子，如蛋白质、核酸、脂类以及其他组分；③形成或分解生物体特殊功能所需的生物分子；④提供生命活动所需的一切能量。

2. 中间代谢的发生过程

1) 分解代谢的一般过程

糖的分解代谢分为无氧代谢和有氧代谢。在无氧条件下，细胞分解单糖生成多种中间代谢物；在不同的微生物细胞中及不同的环境条件下，这些中间代谢物进一步转化，形成各种不同的发酵产物。在有氧条件下，糖可以被彻底氧化为CO_2和 H_2O，同时为细胞的合成代谢和其他生命活动提供大量的能量，有氧代谢途径中的中间产物是细胞合成各种非糖物质的主要碳骨架来源。

几乎所有生物都具有分解利用有机物的能力。有机物(糖、脂、蛋白质)分解过程中的中间代谢可以分为三个阶段，如图 10-5 所示。

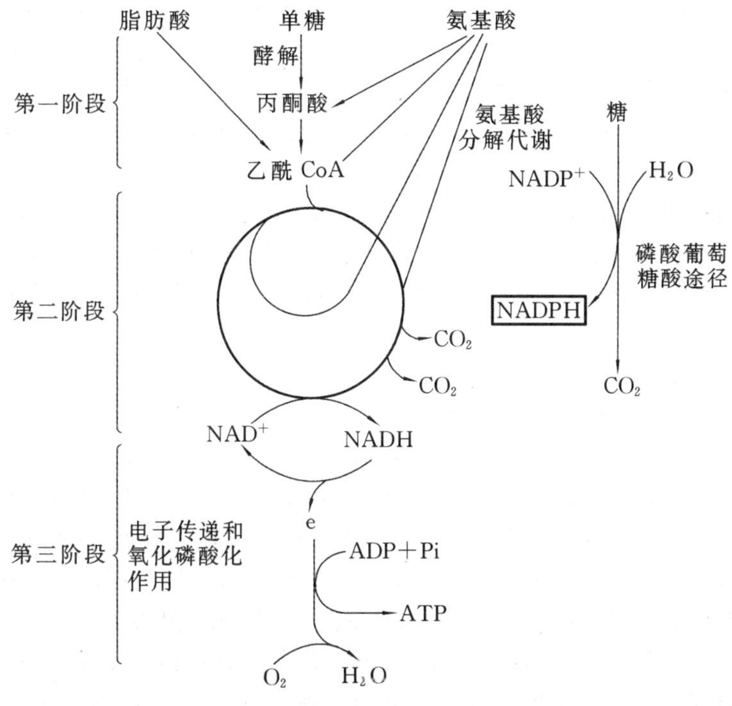

图 10-5 有机物分解代谢的一般过程

第一阶段是单体分子初步分解阶段。细胞都具有特定的分解代谢途径，分别对单糖、氨基酸、脂肪酸等单体分子进行不完全分解，如葡萄糖的酵解途径(EMP 途径)、脂肪酸的 β-氧化降解、氨基酸氧化脱氨分解等。各种单体分子不管其结构和性质差别多大，经过第二阶段的有关代谢途径都能被降解成少数几种中间产物，主要有丙酮酸和二碳碎片——乙酰基(与 CoASH 结合成乙酰 CoA)。

各种单体分子除了生成乙酰 CoA 的降解途径之外，还有其他降解途径，如糖的 HMP、ED 途径。各种降解途径都有其特定的生理意义，有的还与某些发酵产品的生成和积累有密切关系。

第二阶段是乙酰基完全分解阶段。三羧酸循环途径是各种营养物质分解所生成的乙酰基集中“燃烧”的公共途径。经过三羧酸循环,乙酰基完全分解,碳原子氧化成 CO_2,并有少量能量释放,生成 ATP。大量的化学能以氢原子对($2H^+ + 2e$)的形式转入还原型辅酶分子。还原型辅酶再将氢原子对送入呼吸链进行氧化放能。

第三阶段是氢的“燃烧”阶段,主要包括电子传递过程和氧化磷酸化作用。在线粒体内膜上由多种色素蛋白组成的呼吸链是将第二阶段生成的氢原子对完全氧化的组织系统,也是细胞中有机物氧化分解释放能量的主要部位。例如,葡萄糖有氧分解时,90%以上的化学能是在呼吸链阶段释放的,其中,40%以上的能量通过伴随发生的氧化磷酸化反应转化为 ATP 供生命活动需要。细胞所需的 ATP 主要在此阶段产生。

2) 合成代谢的一般过程

糖的合成代谢包括植物和部分微生物的光合作用以及细胞内非糖物质转变为葡萄糖的异生作用。光合作用制造了有机物和 O_2,实现了太阳能与化学能之间的转化,是地球上一切生物赖以生存的基础。

生物合成包括组建生物大分子所需单体分子的合成、生物大分子的合成、细胞结构的组建、生理活性物质及次生物质的合成等。所有生物合成都是需能酶促反应过程,主要是由 ATP 供能,也有些生物合成所需能量是由 GTP、CTP 或 UTP 提供的。所有生物合成过程都需还原型辅酶(NADPH)供应还原力。除了营养储存物质的合成之外,一般正常生理状态下的生物合成都遵守细胞经济学的原理,即用多少合成多少。

不同生物类群的生物合成能力有所不同,所用的原材料和能量来源也不尽相同。但是,一切活细胞都需要自行合成本身所需要的各种生物大分子。以蛋白质、多糖、脂类及核酸合成过程为主体,合成代谢可以分成三个阶段:原料准备阶段、单体分子合成阶段、生物大分子合成阶段。

生物合成所需的碳源、氮源、能量和还原力(NADPH)主要通过分解代谢供应,因此,分解代谢可以视为合成代谢的原料准备阶段。

不论是单糖、脂肪酸还是氨基酸,在细胞内既可直接用于生物大分子的合成,也可分解,参加异质性转化,即由一种营养物质转化为细胞的其他物质。特别是单糖分解生成的丙酮酸、乙酰 CoA,HMP 途径的多种中间产物,以及三羧酸循环的中间产物,可分别作为氨基酸、脂肪酸、核苷酸等单体分子生物合成的前体。有的异质性转化还需要某些无机物参加,如微生物利用糖的分解代谢中间产物合成氨基酸时,需要无机氮参加。

自养生物所需要的单糖、脂肪酸、氨基酸、核苷酸等各种单体分子及其他生理活性物质,生物自身都能合成。凡自身不能合成的单体分子则为其生长限制因子,必须由外界供给。高等动物有几种氨基酸和脂肪酸及维生素等生理活性物质,自身不能合成,需要靠植物和微生物供给。微生物的生物合成能力差别很大。大多数类群能合成自身所需要的单体分子,有些微生物缺乏合成某些单体分子的能力。

对于异养生物而言,分解代谢是生物合成的先决条件。只有充足的营养源被分解,才能为生物合成供应必需的原料和能量。

在单体分子、能量和还原力都具备的条件下,细胞都能进行生物大分子的合成。核酸和蛋白质分子的合成需要用核酸作模板。脂类和多糖的生物合成虽不需要模板,但参加合成反应的酶仍是由 DNA 指导合成的。生物大分子的合成同样受代谢调节机制的调节。

10.2 糖的无氧分解

糖的无氧分解可以获得有限的能量维持生命活动，是厌氧微生物的主要能量来源。糖的无氧分解途径可分为糖酵解、乙醇发酵、甘油发酵和同型乳酸发酵等(图 10-6)。

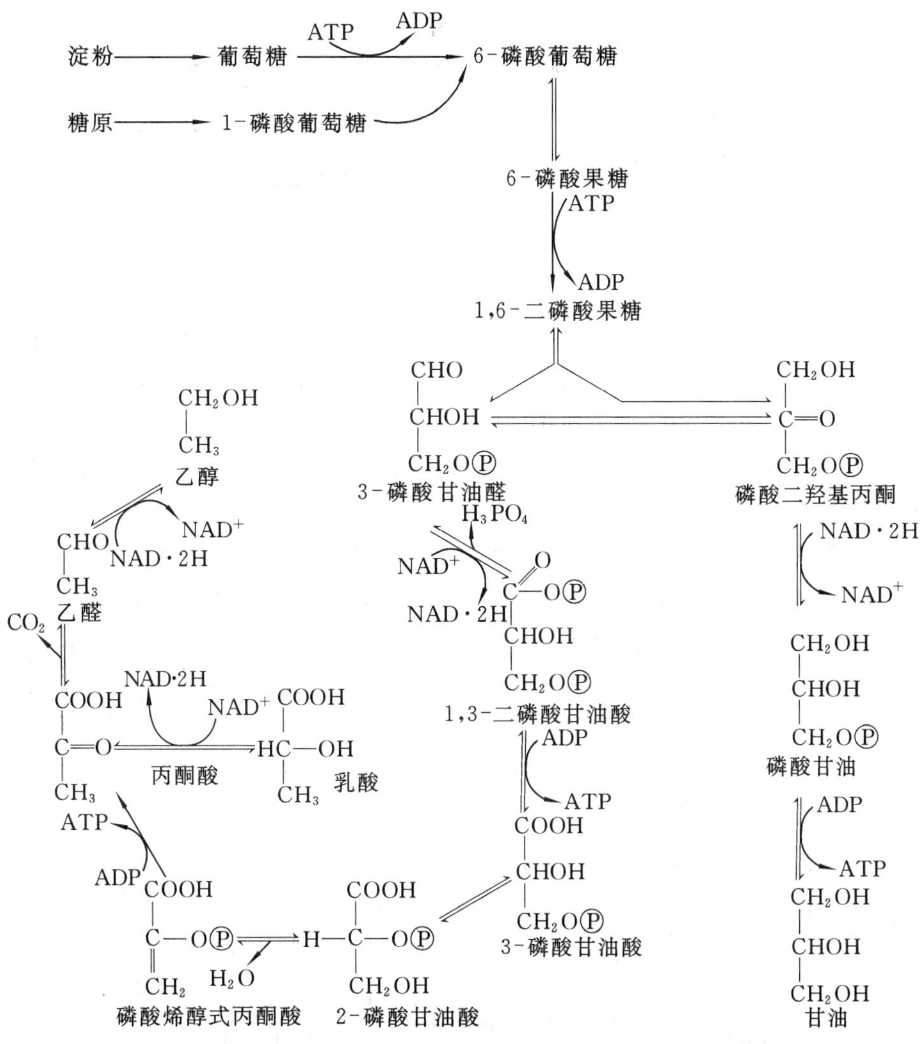

图 10-6 糖的无氧分解

10.2.1 糖酵解的反应历程

糖酵解(glycolysis)途径是指葡萄糖转变为丙酮酸，同时产生 ATP 的一系列反应。整个糖酵解反应于 20 世纪 40 年代被阐明，并以 Embden G.、Mayerhof O. 和 Parnas 的名字命名为 Embden-Mayerhof-Parnas 途径，简称 EMP 途径。

糖酵解途径从葡萄糖到丙酮酸共由 10 步反应组成，由 10 种酶分别催化，这些酶全部在细胞液中，组成可溶性的酶系。

1) 葡萄糖分子活化阶段

此阶段共有 3 步反应,是需能过程,共消耗 2 分子 ATP,将葡萄糖分子转化成高度活化的 1,6-二磷酸果糖(F-1,6-2P)形式。

(1) 葡萄糖磷酸化。由己糖激酶催化,ATP 提供能量和磷酸基,反应生成6-磷酸葡萄糖(G-6-P),这是一步不可逆反应。

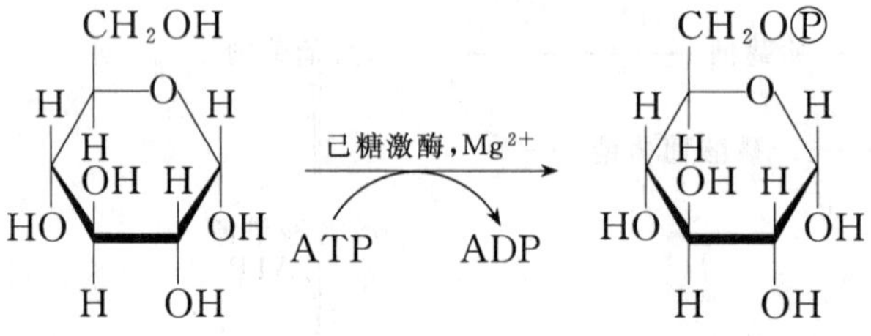

己糖激酶,Mg^{2+} ATP ADP

G G-6-P

葡萄糖的磷酸化反应有三个方面的意义:①将葡萄糖分子磷酸化成易参加代谢反应的活化形式;②磷酸化的葡萄糖分子带有很强的极性基团,不能透过细胞膜,故而有防止胞内葡萄糖分子外渗的作用;③葡萄糖磷酸化反应及后续反应中加到糖分子上的磷酸基团,在酵解过程中都要转化成 ATP 分子的末端高能磷酸基团,因此磷酸化反应为底物水平磷酸化储备了磷酸基。

磷酸基转移反应是物质代谢中常见的基本反应,凡催化 ATP 分子的磷酸基团向代谢物分子转移的酶叫做激酶,己糖激酶便是一例。该酶分布很广,动植物及微生物细胞中都有,它对葡萄糖的亲和力较大,但专一性不强,也可催化果糖、甘露糖、半乳糖等己糖磷酸化。己糖激酶是别构酶,是酵解途径的第一种调节酶。该酶需要二价金属离子(Mg^{2+} 或 Mn^{2+})作为辅因子。G-6-P 和 ATP 是其变构抑制剂。在动物组织中,葡萄糖磷酸化除了己糖激酶催化之外,还有专一性很强的葡萄糖激酶催化,葡萄糖激酶是诱导酶,胰岛素能促进其合成。

(2) 磷酸己糖的异构反应。由磷酸己糖异构酶催化,G-6-P 转变成 6-磷酸果糖(F-6-P),该反应是可逆的。

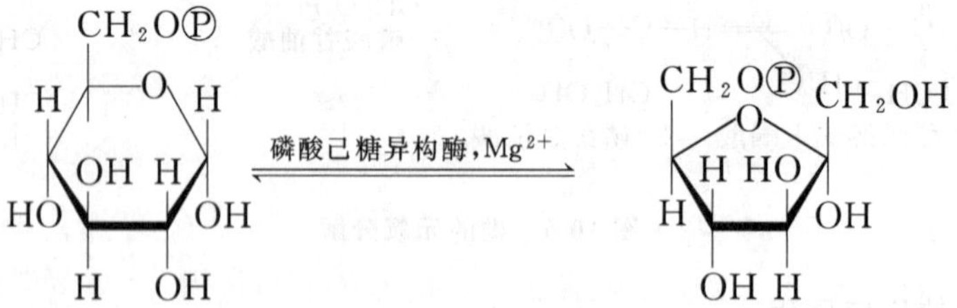

磷酸己糖异构酶,Mg^{2+}

G-6-P F-6-P

经此反应,己醛糖变成己酮糖,C(1)变成伯醇基团,羰基移到 C(2)上,为进一步参加磷酸化反应和后续裂解反应做好了准备。

(3) F-6-P 磷酸化反应。反应需 ATP 供应能量和磷酸基,由磷酸果糖激酶(PFK)催化,Mg^{2+} 或 Mn^{2+} 作辅因子,将 F-6-P 磷酸化,生成热力学上更加活泼的果糖-1,6-二磷酸(F-1,6-2P)。

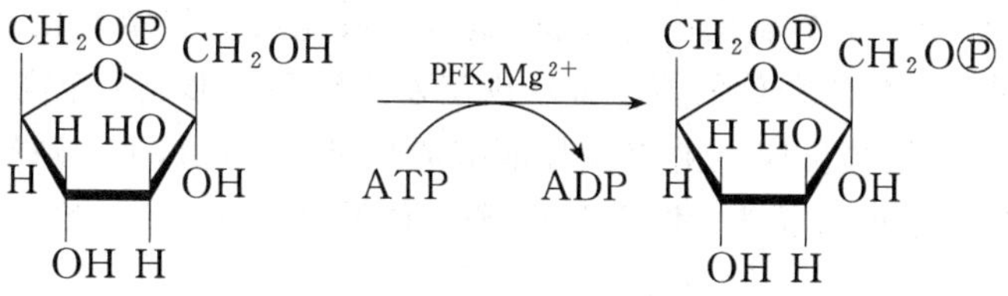

$$\text{F-6-P} \xrightarrow[\text{ATP} \rightarrow \text{ADP}]{\text{PFK}, Mg^{2+}} \text{F-1,6-2P}$$

F-6-P　　　　F-1,6-2P

PFK 是糖酵解途径中第二种调节酶，也是最重要的限速酶，它催化决定代谢途径快慢的限速反应步骤，受多种调节因素的变构调节。ATP 是其变构抑制剂，柠檬酸、脂肪酸可增强其抑制作用；ADP、AMP、无机磷是其变构激活剂。PFK 催化的反应不可逆。F-1,6-2P 可由果糖二磷酸酶催化水解，生成 F-6-P 和磷酸。

2）己糖降解阶段

经 2 步反应，1 分子己糖生成 2 分子 3-磷酸甘油醛。

（1）裂解反应。果糖-1,6-二磷酸醛缩酶（简称醛缩酶）催化 F-1,6-2P 裂解，在 C(3)与 C(4)间发生键断裂，生成 3-磷酸甘油醛和磷酸二羟基丙酮。该反应可逆，平衡趋向 F-1,6-2P 的生成。

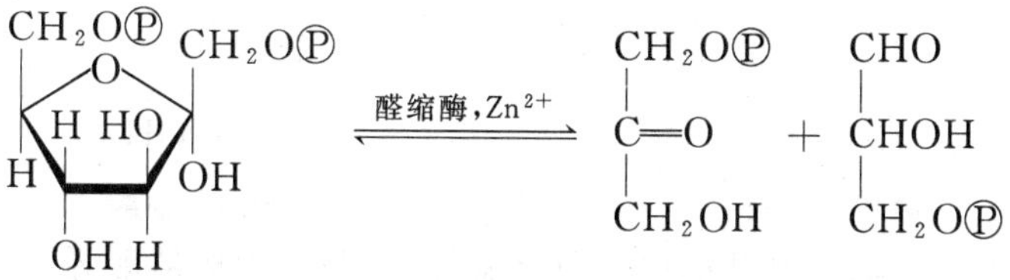

$$\text{F-1,6-2P} \underset{}{\overset{\text{醛缩酶}, Zn^{2+}}{\rightleftharpoons}} \begin{array}{c} CH_2O\text{Ⓟ} \\ | \\ C{=}O \\ | \\ CH_2OH \end{array} + \begin{array}{c} CHO \\ | \\ CHOH \\ | \\ CH_2O\text{Ⓟ} \end{array}$$

F-1,6-2P　　　　磷酸二羟基丙酮　3-磷酸甘油醛

（2）磷酸丙糖异构反应。3-磷酸甘油醛和磷酸二羟基丙酮由磷酸丙糖异构酶催化互相转变。

$$\begin{array}{c} CH_2O\text{Ⓟ} \\ | \\ C{=}O \\ | \\ CH_2OH \end{array} \overset{\text{磷酸丙糖异构酶}}{\rightleftharpoons} \begin{array}{c} CHO \\ | \\ CHOH \\ | \\ CH_2O\text{Ⓟ} \end{array}$$

磷酸二羟基丙酮　　　　3-磷酸甘油醛

反应平衡趋向磷酸二羟基丙酮，平衡后，磷酸二羟基丙酮占 96%。但由于3-磷酸甘油醛能不停地向前反应，被消耗掉，故能推动异构化反应不断地向 3-磷酸甘油醛方向进行。

3）氧化产能阶段

3-磷酸甘油醛经 5 步反应生成丙酮酸，同时发生 2 次底物水平磷酸化反应，各生成 1 分子 ATP。

（1）3-磷酸甘油醛氧化并磷酸化。由甘油醛-3-磷酸脱氢酶催化 3-磷酸甘油醛脱氢氧化并磷酸化，生成高能化合物 1,3-二磷酸甘油酸，该反应需要NAD^+和无机磷酸参加。

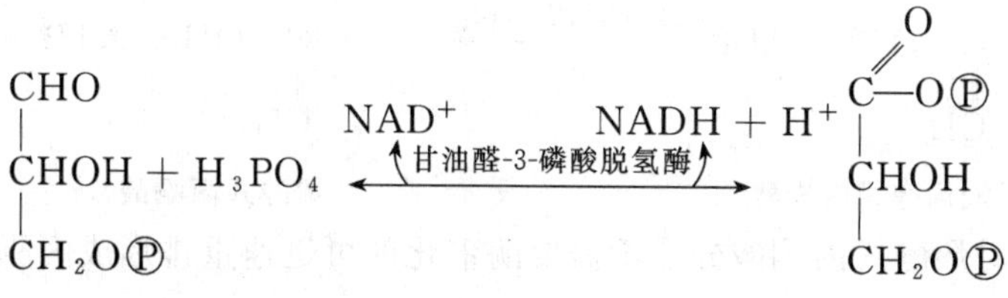

$$\begin{array}{c} CHO \\ | \\ CHOH \\ | \\ CH_2O\text{Ⓟ} \end{array} + H_3PO_4 \underset{\text{甘油醛-3-磷酸脱氢酶}}{\overset{NAD^+ \quad NADH + H^+}{\rightleftharpoons}} \begin{array}{c} O \\ \| \\ C{-}O\text{Ⓟ} \\ | \\ CHOH \\ | \\ CH_2O\text{Ⓟ} \end{array}$$

3-磷酸甘油醛　　　　1,3-二磷酸甘油酸

这是糖酵解途径中的一个氧化产能步骤,是氧化放能反应与磷酸化需能反应的偶联反应,3-磷酸甘油醛脱氢氧化所释放的能量推动羰基发生磷酸化形成一个高能磷酸键。

(2) 高能磷酸基团转移反应。由磷酸甘油酸激酶催化,将 1,3-二磷酸甘油酸分子中的高能磷酸基团转移到 ADP 分子上,生成 ATP 和 3-磷酸甘油酸。

$$\begin{array}{c} O \\ /\!/ \\ C—O\text{Ⓟ} \\ | \\ CHOH \\ | \\ CH_2O\text{Ⓟ} \end{array} + ADP \xrightleftharpoons{\text{磷酸甘油酸激酶},Mg^{2+}} \begin{array}{c} COOH \\ | \\ CHOH \\ | \\ CH_2O\text{Ⓟ} \end{array} + ATP$$

1,3-二磷酸甘油酸 3-磷酸甘油酸

按葡萄糖计,1 分子葡萄糖生成 2 分子 3-磷酸甘油酸,同时可得到 2 分子 ATP,正好补偿了第一阶段的消耗。

(3) 磷酸甘油酸磷酸变位反应。3-磷酸甘油酸由磷酸甘油酸变位酶催化转变成 2-磷酸甘油酸。

$$\begin{array}{c} COOH \\ | \\ CHOH \\ | \\ CH_2O\text{Ⓟ} \end{array} \xrightleftharpoons{\text{磷酸甘油酸变位酶},Mg^{2+}} \begin{array}{c} COOH \\ | \\ HC—O\text{Ⓟ} \\ | \\ CH_2OH \end{array}$$

3-磷酸甘油酸 2-磷酸甘油酸

(4) 烯醇化反应。2-磷酸甘油酸由烯醇化酶催化,脱水生成磷酸烯醇式丙酮酸,该反应需要 Mg^{2+} 或 Mn^{2+} 作辅因子。

$$\begin{array}{c} COOH \\ | \\ HC—O\text{Ⓟ} \\ | \\ CH_2OH \end{array} \xrightleftharpoons{\text{烯醇化酶},Mg^{2+}} \begin{array}{c} COOH \\ | \\ C—O\text{Ⓟ} \\ \| \\ CH_2 \end{array} + H_2O$$

2-磷酸甘油酸 磷酸烯醇式丙酮酸

磷酸烯醇式丙酮酸含有一个超高能磷酸键,水解时可释放很高的自由能。因为在烯醇化酶的作用下,2-磷酸甘油酸分子内的 C(2)和 C(3)分别发生氧化和还原反应,分子内能重新分布,使磷酸键成为超高能磷酸键。

(5) 丙酮酸和 ATP 生成反应。磷酸烯醇式丙酮酸的高能磷酸基团转移给 ADP 生成 ATP 和丙酮酸。这是酵解途径中的第二个底物水平磷酸化反应,1 分子葡萄糖经此反应又生成 2 分子 ATP。该反应由丙酮酸激酶催化,需要 K^+、Mg^{2+}(或 Mn^{2+})参加。其逆反应很弱,故可视为不可逆反应。

$$\begin{array}{c} COOH \\ | \\ C—O\text{Ⓟ} \\ \| \\ CH_2 \end{array} + ADP \xrightarrow{\text{丙酮酸激酶},Mg^{2+},K^+} \begin{array}{c} COOH \\ | \\ C—OH \\ \| \\ CH_2 \end{array} + ATP$$

磷酸烯醇式丙酮酸 烯醇式丙酮酸

在 pH=7.0 时烯醇式丙酮酸分子不需要酶催化就可迅速重排形成丙酮酸。

$$\begin{array}{c} COOH \\ | \\ C-OH \\ \| \\ CH_2 \end{array} \longrightarrow \begin{array}{c} COOH \\ | \\ C=O \\ | \\ CH_3 \end{array}$$

烯醇式丙酮酸　　　丙酮酸

葡萄糖经酵解生成丙酮酸的总反应式为

$$\begin{array}{l} COOH \\ | \\ (CHOH)_4 \\ | \\ CH_2OH \end{array} + 2Pi + 2ADP + 2NAD^+ \longrightarrow 2\begin{array}{l} COOH \\ | \\ C=O \\ | \\ CH_3 \end{array} + 2ATP + 2NADH + H^+ + H_2O$$

细胞中的辅酶分子数量有限，必须循环使用。NADH 须随时恢复其氧化态 NAD^+，才能周而复始地参加反应。在有氧条件下，NADH 由呼吸链氧化，以氧为最终受氢体；在无氧条件下，以丙酮酸或丙酮酸降解产物为受氢体。丙酮酸在有氧条件下进入线粒体继续氧化分解，直至完全“燃烧”，最大限度地释放化学能；在无氧条件下，则转化成其他还原态的产物。

10.2.2　其他单糖进入糖酵解的途径

常见的己糖(如 D-果糖、D-半乳糖、D-甘露糖)经激酶催化生成磷酸糖脂后，可在相应部位进入酵解途径，如图 10-7 所示。

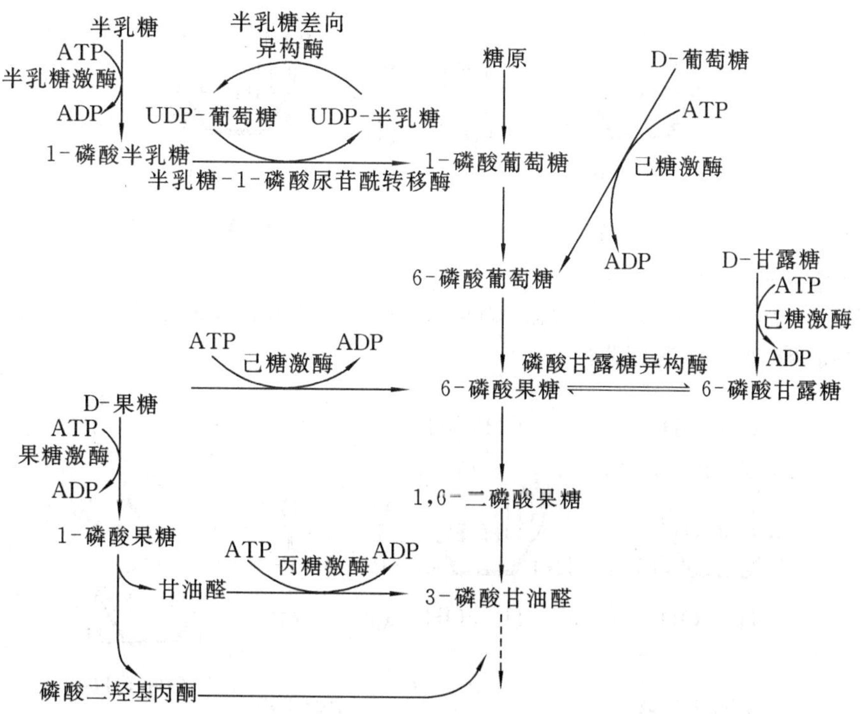

图 10-7　几种己糖进入糖酵解的途径

1. D-果糖

(1) 通过己糖激酶催化变成6-磷酸果糖而进入糖酵解途径。

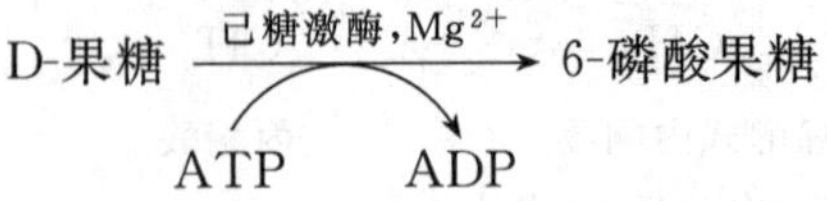

$$\text{D-果糖} \xrightarrow[\text{ATP} \curvearrowright \text{ADP}]{\text{己糖激酶}, Mg^{2+}} \text{6-磷酸果糖}$$

但是己糖激酶对葡萄糖的亲和力比对果糖的亲和力大12倍。动物肝中葡萄糖的含量很高,形成的6-磷酸果糖很少,只有在脂肪组织中果糖的含量比葡萄糖高。

(2) 肝中的果糖激酶(fructokinase)可催化果糖生成1-磷酸果糖,然后被果糖-1-磷酸醛缩酶(fructose-1-phosphate aldolase)断裂成甘油醛和磷酸二羟基丙酮,前者再经丙糖激酶(triose kinase)磷酸化成3-磷酸甘油醛而进入糖酵解途径。

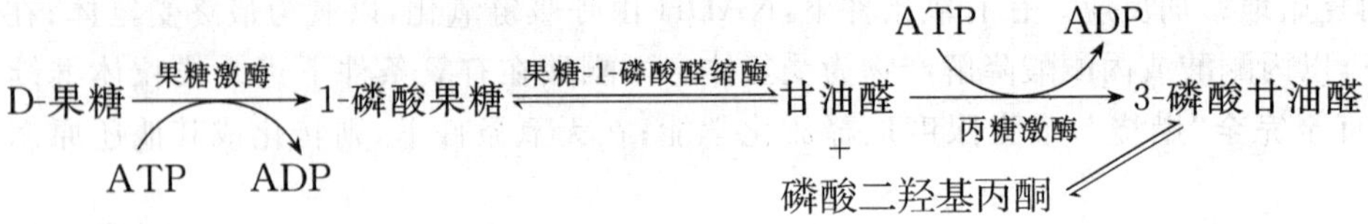

$$\text{D-果糖} \xrightarrow[\text{ATP} \curvearrowright \text{ADP}]{\text{果糖激酶}} \text{1-磷酸果糖} \xrightleftharpoons{\text{果糖-1-磷酸醛缩酶}} \text{甘油醛} + \text{磷酸二羟基丙酮}$$

$$\text{甘油醛} \xrightarrow[\text{丙糖激酶}]{\text{ATP} \curvearrowright \text{ADP}} \text{3-磷酸甘油醛} \rightleftharpoons \text{磷酸二羟基丙酮}$$

2. D-半乳糖

(1) 先由半乳糖激酶(galactokinase)磷酸化成1-磷酸半乳糖,反应需ATP提供磷酸基。

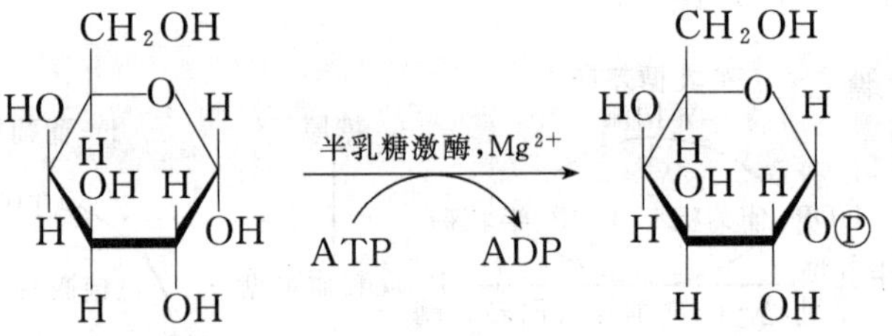

$$\text{半乳糖} \xrightarrow[\text{ATP} \curvearrowright \text{ADP}]{\text{半乳糖激酶}, Mg^{2+}} \text{1-磷酸半乳糖}$$

半乳糖　　　　1-磷酸半乳糖

(2) 在半乳糖-1-磷酸尿苷酰转移酶(galactose-1-phosphate uridylyl transferase)的催化下,1-磷酸半乳糖从二磷酸尿苷葡萄糖(UDP-葡萄糖)得到尿苷磷酰基变成二磷酸尿苷半乳糖(UDP-半乳糖)和1-磷酸葡萄糖。

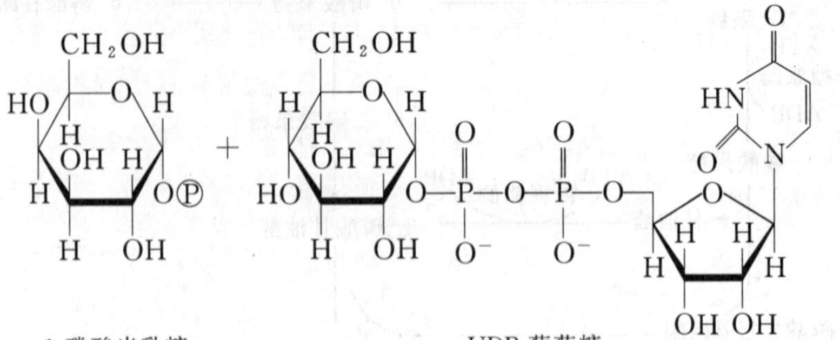

1-磷酸半乳糖 + UDP-葡萄糖

半乳糖-1-磷酸尿苷酰转移酶 ⇅

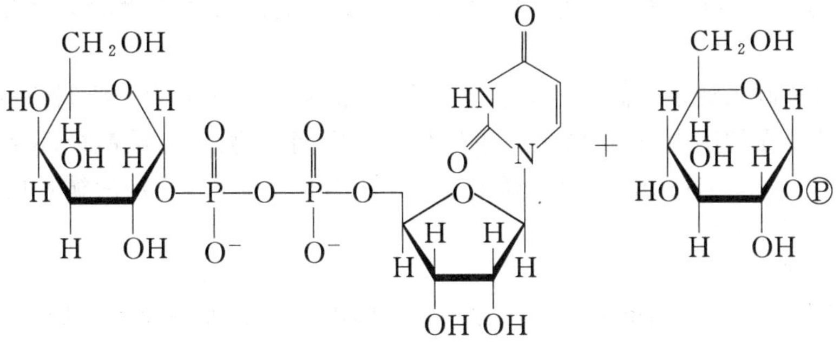

UDP-半乳糖　　　　1-磷酸葡萄糖

UDP-半乳糖在半乳糖差向异构酶的催化下，改变 C(4)上羟基的构型，生成 UDP-葡萄糖。

3. D-甘露糖

(1) 己糖激酶催化甘露糖磷酸化生成 6-磷酸甘露糖。

(2) 磷酸甘露糖异构酶催化 6-磷酸甘露糖生成 6-磷酸果糖，从而进入糖酵解途径。

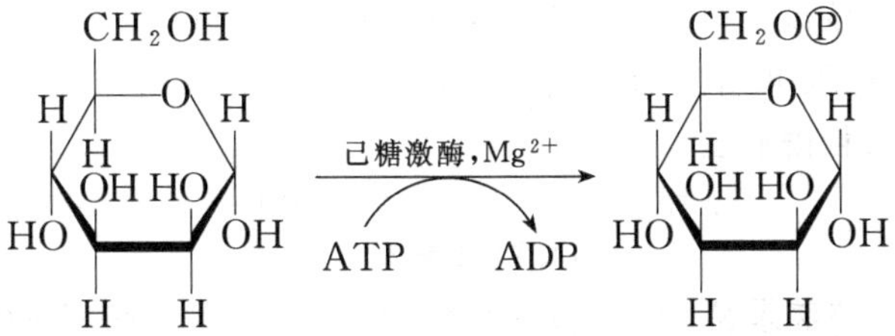

己糖激酶，Mg^{2+}

ATP　ADP

甘露糖　　　　6-磷酸甘露糖

磷酸甘露糖异构酶

6-磷酸甘露糖　　　　6-磷酸果糖

10.2.3 糖酵解的调节

糖酵解过程中有三种酶(己糖激酶、磷酸果糖激酶、丙酮酸激酶)催化的反应是不可逆的，这三步反应是糖酵解途径重要的调节点。其中以磷酸果糖激酶催化的反应最为重要。

1. 磷酸果糖激酶的调节

磷酸果糖激酶是糖酵解中最重要的调节酶，也是糖酵解途径中唯一的限速酶。该酶属变构酶，由 4 个亚基组成，受多种代谢物的调节。

1) [ATP]/[AMP]值

当[ATP]/[AMP]值较高时，ATP 可以与磷酸果糖激酶的变构部位结合，从而使酶的构象发生变化，降低其对 6-磷酸果糖的亲和力，而使该酶受到抑制，酵解作用减弱；当

[ATP]/[AMP]值下降,AMP 积累,ATP 减少时,酶的活性恢复,糖酵解作用增强。

2）柠檬酸

柠檬酸可抑制磷酸果糖激酶的活性。其实,柠檬酸对糖酵解途径的调节也是通过 ATP 水平来实现的。在细胞内,柠檬酸是三羧酸循环的中间产物,而三羧酸循环又是 ATP 产生的主要途径,高浓度的柠檬酸意味着高浓度的 ATP,也就是说,三羧酸循环的原料丰富,不需要增加葡萄糖的分解。

3）H^+浓度

H^+可抑制磷酸果糖激酶的活性。在动物细胞中,当 pH 值降低时,糖酵解作用减弱,以防止肌肉组织在无氧条件下生成过量的乳酸,导致血液酸化(酸中毒)。

4）1,6-二磷酸果糖和 2,6-二磷酸果糖

1,6-二磷酸果糖是磷酸果糖激酶的反应产物,也是该酶的变构激活剂。这种产物的正反馈作用是比较少见的。2,6-二磷酸果糖是在磷酸果糖激酶-2 的催化下,由 6-磷酸果糖转变来的,它可以消除 ATP 对磷酸果糖激酶的抑制效应。

磷酸果糖激酶-2 是由一条多肽链(相对分子质量为 55 000)组成的双功能酶。当细胞内 cAMP 的浓度升高时,该酶磷酸化,此时酶的磷酸水解活性增强,即表现为果糖二磷酸酶的活性,2,6-二磷酸果糖浓度下降;反之,当 cAMP 的浓度下降时,该双功能酶去磷酸化,则激酶活性增强,表现出磷酸果糖激酶-2 的活性,2,6-二磷酸果糖浓度上升,激活磷酸果糖激酶-2的活性,从而促进糖酵解。

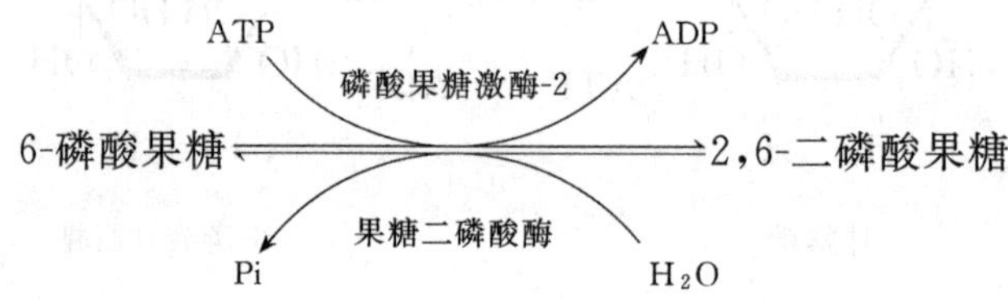

2. 己糖激酶的调节

己糖激酶的活性受 6-磷酸葡萄糖的抑制,当上述各因素抑制磷酸果糖激酶时,必然导致 6-磷酸果糖和 6-磷酸葡萄糖的积累,从而导致己糖激酶被抑制。但动物肝内葡萄糖激酶无 6-磷酸葡萄糖的变构部位,所以不受 6-磷酸葡萄糖的抑制,这对血糖浓度升高时保证肝糖原的顺利合成起重要作用。

3. 丙酮酸激酶的调节

丙酮酸激酶是第三个重要的调节点,1,6-二磷酸果糖是其变构激活剂,ATP、乙酰 CoA、丙氨酸及游离长链脂肪酸可抑制该酶的活性。

虽然糖酵解过程有三个部位可以调节,但三个部位的重要性是不相同的。由磷酸果糖激酶催化的反应是糖酵解过程的限速步骤(committed step),而己糖激酶和丙酮酸激酶催化的反应都不是限速步骤。这是因为己糖激酶催化反应的产物 6-磷酸葡萄糖既是糖酵解的中间产物,又是其他代谢的底物或中间产物,使该酶催化的反应不能成为限速步骤。同样,丙酮酸激酶催化的反应也不能成为限速步骤。

10.2.4 糖酵解与发酵

1. 酵解

过去人们把细胞在缺氧条件下,由葡萄糖生成乳酸的过程称为糖酵解。现代生物化学

中酵解可理解为葡萄糖经 1,6-二磷酸果糖降解，生成丙酮酸并产生 ATP 的代谢过程，在有氧或无氧条件下都能进行。也就是说，各种细胞在有氧条件和无氧条件下，经 EMP 途径降解葡萄糖生成丙酮酸的反应历程是一样的，所不同的仅在于丙酮酸的去路不同，所以酵解是动物、植物、微生物细胞中普遍存在的葡萄糖分解代谢的基本途径。

酵解的生理意义主要表现在以下几个方面。

(1) 酵解途径是单糖分解代谢的一条最重要的基本途径，已糖(如葡萄糖、果糖、半乳糖、甘露糖等)及戊糖都能通过特定的方式进入酵解途径。该途径在各类生物中的分布最为广泛，而且在有氧或无氧条件下都能运转。

(2) 细胞在缺氧条件下，通过无氧酵解可以获得有限的能量维持生命活动，每酵解 1 分子葡萄糖可得到 2 分子 ATP。但是，无氧酵解时糖的“燃烧”很不充分，仅有 6%～8%的能量释放出来，92%以上的能量以不完全分解产物的形式排泄了，能量转化率和利用率都很低。尽管如此，糖的无氧酵解仍然是厌氧微生物的主要能量来源，同时，作为其他生物对不良环境的一种适应能力也是很有意义的。

(3) 在有氧条件下，酵解是单糖完全氧化分解成 CO_2 和水的必要准备阶段，单糖分子经酵解途径初步降解之后可转入 TCA 循环完全“燃烧”。有氧酵解的能量转化率与无氧酵解不同，酵解第六步反应所生成的 2 分子 $NADH+H^+$ 进入呼吸链，经氧化磷酸化作用可生成 5 分子 ATP，加上底物水平磷酸化净得的 2 分子 ATP，共 7 分子 ATP，相当于无氧酵解的 3.5 倍。

(4) 糖酵解的另一重要功能便是形成很多中间产物，这些中间产物可分别作为其他物质生物合成的原料。例如，糖酵解所生成的丙酮酸经转氨基作用即可变成丙氨酸，丙氨酸是合成蛋白质的氨基酸，而缬氨酸和亮氨酸的合成也间接由丙酮酸作为碳骨架来源；磷酸烯醇式丙酮酸可以合成四碳二羧酸，作为其他代谢的中间产物，也可沿糖酵解反应逆转而合成六碳糖和多糖，还可以与 4-磷酸赤藓糖结合形成芳香族氨基酸；磷酸二羟基丙酮可以经还原而转变成磷酸甘油，与脂肪的合成有直接关系；6-磷酸葡萄糖既是糖酵解的中间产物，又可作为磷酸戊糖途径的底物，转化并合成还原剂 NADPH。可见，糖酵解中间产物是与其他代谢有密切联系的。

2. 发酵

现代生物化学中的“发酵”仍旧是指微生物的无氧代谢过程，但含义扩展了。在无氧条件下，微生物将葡萄糖或其他有机物分解生成 ATP 及 NADH，又以不完全分解产物作为电子受体，还原生成产物的无氧代谢过程称为发酵。以代谢途径的中间产物作为电子供体，又以途径本身的不完全分解产物作为电子受体，是发酵的根本化学特征。它不需要与途径之外的物质发生电子转移。根据产物不同，常见的发酵有乙醇发酵、同型乳酸发酵、甘油发酵、丁酸型发酵、异型乳酸发酵等。

发酵工业领域发酵的含义与上述发酵的概念又不同，它泛指通过微生物及其他生物材料的工业培养，积累发酵产品的生产过程，包括厌氧发酵和好氧发酵。因此，本书中利用淀粉原料发酵生产柠檬酸、谷氨酸等好氧代谢过程，也习惯地称为柠檬酸发酵、谷氨酸发酵。

10.2.5　乙醇发酵

酵母菌的乙醇发酵也称为Ⅰ型发酵，是一种应用与研究最早、发酵机制最清楚的发酵类型。在发酵过程中,酵母菌利用EMP途径将葡萄糖分解为丙酮酸,然后在丙酮酸脱羧酶催化下脱羧形成乙醛,乙醛在乙醇脱氢酶作用下被还原为乙醇。

$$\underset{\text{丙酮酸}}{\begin{array}{l}COOH\\ |\\ C{=}O\\ |\\ CH_3\end{array}} \xrightarrow[\text{丙酮酸脱羧酶}]{\nearrow CO_2} \underset{\text{乙醛}}{\begin{array}{l}CHO\\ |\\ CH_3\end{array}} \xrightarrow[\text{乙醇脱氢酶}]{NADH+H^+ \quad NAD^+} \underset{\text{乙醇}}{CH_3CH_2OH}$$

从葡萄糖开始的总反应式为

$$\begin{array}{l}CHO\\ |\\ (CHOH)_4\\ |\\ CH_2OH\end{array} + 2Pi + 2ADP \longrightarrow 2CH_3CH_2OH + CO_2 + 2ATP + 2H_2O$$

丙酮酸脱羧酶是乙醇发酵的关键酶。该酶主要存在于酵母菌细胞中,它以TPP为辅基,催化丙酮酸脱羧形成乙醛。

乙醇发酵的应用

酵母菌乙醇发酵是一种厌氧发酵,如将厌氧条件改为好氧条件,葡萄糖分解速率减慢,乙醇生成停止。当重新返回厌氧条件时,葡萄糖分解加速,伴随大量乙醇产生。巴斯德首先发现这种现象,故称之为巴斯德效应。

在酵母菌的乙醇发酵中,发酵条件对发酵过程与产物影响很大,如发酵过程中的通气状况、培养基组成及pH值控制均对发酵终产物产生影响。正常的乙醇发酵在弱酸性条件下进行,如果将发酵液pH值控制在弱碱性(pH=7.6),酵母菌的乙醇发酵转向甘油发酵。

10.2.6　甘油发酵

正常乙醇发酵总要产生少量甘油,这是因为乙醇发酵之初,细胞内没有足够的乙醛作为受氢体,致使NADH浓度升高,被α-磷酸甘油脱氢酶用于磷酸二羟基丙酮的还原反应,生成α-磷酸甘油。NADH被氧化成NAD^+,α-磷酸甘油则在α-磷酸甘油磷酸酯酶作用下水解,生成甘油。其反应如下:

$$\underset{\text{磷酸二羟基丙酮}}{\begin{array}{l}CH_2OH\\ |\\ C{=}O\\ |\\ CH_2O\text{Ⓟ}\end{array}} + NADH + H^+ \xrightarrow{\alpha\text{-磷酸甘油脱氢酶}} \underset{\alpha\text{-磷酸甘油}}{\begin{array}{l}CH_2OH\\ |\\ CH{-}OH\\ |\\ CH_2O\text{Ⓟ}\end{array}} + NAD^+$$

$$\underset{\alpha\text{-磷酸甘油}}{\begin{array}{l}CH_2OH\\ |\\ CH{-}OH\\ |\\ CH_2O\text{Ⓟ}\end{array}} + H_2O \xrightarrow{\alpha\text{-磷酸甘油磷酸酯酶}} \underset{\text{甘油}}{\begin{array}{l}CH_2OH\\ |\\ CH{-}OH\\ |\\ CH_2OH\end{array}} + H_3PO_4$$

α-磷酸甘油脱氢酶催化的还原反应,对乙醇发酵的启动是有帮助的。一旦细胞中有了足够的乙醛作为受氢体,由于乙醇脱氢酶对NADH的K_m比α-磷酸甘油脱氢酶的K_m小得多,NADH优先用于乙醛还原生成乙醇,代谢途径就不再趋向甘油。

如果人工控制发酵条件,将受氢体乙醛除去,则势必造成发酵液中积累甘油。这就是酵母菌甘油发酵的基本原理。

1. 亚硫酸盐法甘油发酵

如果在发酵培养基中加入适量 $NaHSO_3$，则乙醇发酵转变为甘油发酵，形成大量甘油和少量乙醇，该发酵称为Ⅱ型发酵。其机理：$NaHSO_3$ 与乙醛结合形成复合物，封闭了乙醛，使它不能作为受氢体，磷酸二羟基丙酮代替乙醛作为受氢体。

$$\underset{\text{乙醛}}{\begin{array}{l}CHO\\ |\\ CH_3\end{array}} + NaHSO_3 \longrightarrow \underset{\text{乙醛-亚硫酸氢钠复合物}}{\begin{array}{l}\quad OH\\ \quad |\\ H-C-OSO_2Na\\ \quad |\\ \quad CH_3\end{array}}$$

用葡萄糖进行甘油发酵的总反应式为

$$\underset{\text{葡萄糖}}{\begin{array}{l}CHO\\ |\\ (CHOH)_4\\ |\\ CH_2OH\end{array}} + NaHSO_3 \xrightarrow{EMP} \underset{\text{甘油}}{\begin{array}{l}CH_2OH\\ |\\ CHOH\\ |\\ CH_2OH\end{array}} + \underset{\text{乙醛-亚硫酸氢钠复合物}}{\begin{array}{l}\quad OH\\ \quad |\\ H-C-OSO_2Na\\ \quad |\\ \quad CH_3\end{array}} + CO_2$$

1 分子葡萄糖理论上只可生成 1 分子甘油。甘油发酵时，菌体得不到 ATP。因为磷酸二羟基丙酮不再进入酵解第三阶段，无 ATP 生成，只有从 1 分子 3-磷酸甘油醛到丙酮酸阶段生成的 2 分子 ATP，正好补偿葡萄糖磷酸化阶段所消耗的 2 分子 ATP。可见，用加成反应方法进行甘油发酵时，必须控制亚硫酸氢钠的量，适当保留一部分乙醇发酵，使酵母获得能量，维持生长和发酵；也可利用足够数量的回收酵母进行非生长性发酵。

2. 碱法甘油发酵

将发酵液 pH 值控制在弱碱性（pH=7.6），酵母菌的乙醇发酵转向甘油发酵，发酵主产物为甘油，伴随产生少量乙醇、乙酸和 CO_2，该发酵称为Ⅲ型发酵。其机理：在微碱性环境中，两个乙醛分子间发生歧化反应，1 分子乙醛被氧化为乙酸，1 分子乙醛被还原为乙醇。

$$2CH_3CHO \xrightarrow{NaOH} CH_3CH_2OH + CH_3COOH$$

乙醛失去了作为受氢体的作用，磷酸二羟基丙酮代替乙醛作为受氢体，被还原为甘油。自葡萄糖开始，总反应式为

$$\underset{\text{葡萄糖}}{\begin{array}{l}CHO\\ |\\ (CHOH)_4\\ |\\ CH_2OH\end{array}} + NaOH \longrightarrow \underset{\text{甘油}}{\begin{array}{l}CH_2OH\\ |\\ CHOH\\ |\\ CH_2OH\end{array}} + \underset{\text{乙醇}}{CH_3CH_2OH} + \underset{\text{乙酸}}{CH_3COOH}$$

由于这种类型的甘油发酵不产生 ATP，故细胞没有足够的能量进行正常的生理活动，因而认为这是一种在静息细胞内进行的发酵。该发酵中有乙酸产生，乙酸积累会导致 pH 值下降，使甘油发酵重新回到乙醇发酵。因此，利用该途径生产甘油时，需不断调节 pH 值，维持微碱性。

10.2.7　同型乳酸发酵

乳酸发酵是指某些细菌在厌氧条件下利用葡萄糖生成乳酸及少量其他产物的过程。生

成乳酸的最后一步反应是丙酮酸在乳酸脱氢酶(LDH)催化下被还原为乳酸。乳酸分子中含有一个不对称碳原子,故发酵产生的乳酸就有D型、L型两种同分异构体。这是具有不同立体专一性的乳酸脱氢酶作用的结果,即D型乳酸脱氢酶和L型乳酸脱氢酶作用于丙酮酸后分别形成D-乳酸和L-乳酸。两种构型乳酸的产生有两种方式:一是细菌细胞内同时含有两种构型的乳酸脱氢酶;二是细胞内仅有L型乳酸脱氢酶,催化丙酮酸产生L-乳酸,细胞内L-乳酸积累可诱导消旋酶合成,将L-乳酸转化为D-乳酸,直至两种构型的乳酸达到动态平衡。

利用EMP途径发酵葡萄糖得到的产物只有乳酸。以乳酸为唯一产物的乳酸发酵称为同型乳酸发酵。在无氧条件下,可利用EMP途径生成的还原型辅酶NADH,将丙酮酸还原成乳酸。

$$\underset{\text{丙酮酸}}{\begin{array}{c}\mathrm{COOH}\\ |\\ \mathrm{C{=}O}\\ |\\ \mathrm{CH_3}\end{array}} + \mathrm{NADH} + \mathrm{H^+} \xrightleftharpoons{\mathrm{LDH}} \underset{\text{乳酸}}{\begin{array}{c}\mathrm{COOH}\\ |\\ \mathrm{HCOH}\\ |\\ \mathrm{CH_3}\end{array}} + \mathrm{NAD^+}$$

与酵母菌的乙醇发酵类似,乳酸发酵的生理学意义在于将还原型辅酶及时转化成氧化型NAD^+,维持无氧酵解持续进行。哺乳动物体内也有乳酸脱氢酶,特别是骨骼肌细胞,在缺氧条件下,能酵解葡萄糖生成乳酸,乳酸可经糖异生作用再合成葡萄糖。

10.3 糖的有氧分解

糖的有氧分解通常专指葡萄糖经酵解→丙酮酸→三羧酸循环途径,完全"燃烧",生成CO_2、水和大量ATP的代谢过程。这是各种好氧及兼性厌氧生物中普遍具有的一条重要代谢途径。该途径由糖酵解途径(EMP)、丙酮酸氧化脱羧、TCA循环、呼吸链水平的氧化磷酸化等代谢途径组成,称为EMP-TCA途径。

10.3.1 乙酰CoA的形成

1. 丙酮酸脱氢酶复合体

糖酵解生成的丙酮酸可穿过线粒体膜进入线粒体内室,在丙酮酸脱氢酶系的催化下脱氢脱羧,生成乙酰CoA。总反应式为

$$\underset{\text{丙酮酸}}{\begin{array}{c}\mathrm{COOH}\\ |\\ \mathrm{C{=}O}\\ |\\ \mathrm{CH_3}\end{array}} + \mathrm{CoASH} + \mathrm{NAD^+} \xrightarrow[\text{丙酮酸脱氢酶系}]{\mathrm{TPP、L}\langle\mathrm{S{-}S}\rangle\mathrm{、Mg^{2+}}} \underset{\text{乙酰 CoA}}{\mathrm{H_3C\overset{O}{\overset{\|}{C}}\sim SCoA}} + \mathrm{NADH} + \mathrm{H^+} + \mathrm{CO_2}$$

丙酮酸脱氢酶系是研究得比较清楚的多酶复合体,由三种酶及6种辅因子组成。三种酶为:E_1——丙酮酸脱氢酶(pyruvate dehydrogenase,EC1.2.4.1),E_2——二氢硫辛酸乙酰基转移酶(dihydrolipoyl transacetylase, EC2.3.1.12),E_3——二氢硫辛酸脱氢酶(dihydrolipoyl dehydrogenase, EC1.8.1.4)。6种辅因子包括TPP、硫辛酸、CoASH、FAD、NAD^+、Mg^{2+}。这一多酶复合体位于线粒体内膜上,原核细胞则在细胞液中。

2. 反应历程

丙酮酸脱氢脱羧的复杂反应历程可分为五个步骤。

(1) E_1将丙酮酸脱羧，形成的羟乙基被 TPP 携带。

$$丙酮酸 + TPP \xrightarrow{E_1} 过渡态中间产物 \xrightarrow[E_1]{CO_2} 羟乙基\text{-}TPP$$

丙酮酸　TPP　过渡态中间产物　羟乙基-TPP

本反应所形成的 CO_2是呼吸作用中 CO_2的第一个来源。

(2) 羟乙基被 E_1氧化成乙酰基，并转移到氧化型硫辛酸上，形成乙酰硫辛酸。

$$HO\text{—}\underset{CH_3}{\overset{H}{C}}\text{—}TPP + \underset{S}{\overset{S}{|}}\!\!>L \xrightarrow{E_1} {CH_3CO\sim S \atop HS}\!\!>L + TPP$$

羟乙基-TPP　氧化型硫辛酸　乙酰硫辛酸

(3) 在 E_2的催化下，将乙酰基转移到 CoA 上，形成乙酰 CoA。

$${CH_3CO\sim S \atop HS}\!\!>L + CoASH \xrightarrow{E_2} H_3C\overset{O}{\overset{\|}{C}}\sim SCoA + {HS \atop HS}\!\!>L$$

乙酰硫辛酸　乙酰 CoA　二氢硫辛酸

(4) 二氢硫辛酸被 E_3催化氧化为氧化型硫辛酸，脱下的氢被 FAD 接受生成 $FADH_2$。

$${HS \atop HS}\!\!>L + FAD \xrightarrow{E_3} \underset{S}{\overset{S}{|}}\!\!>L + FADH_2$$

二氢硫辛酸　氧化型硫辛酸

(5) E_3可将 $FADH_2$上的氢转移给 NAD^+生成 $NADH+H^+$。

$$FADH_2 + NAD^+ \xrightarrow{E_3} FAD + NADH + H^+$$

至此，反应完成。其反应概略如图 10-8 所示。

3. 丙酮酸脱氢酶系的调控

丙酮酸氧化脱羧生成乙酰 CoA 的反应，是处于代谢途径分支点上的关键步骤，对控制糖的有氧分解代谢有重要作用。细胞中有两种不同的调控机制对丙酮酸脱氢酶系进行严密的调节控制。

1) 共价修饰调节

E_1分子特定部位的 Ser 可被专一性激酶催化发生磷酸化，又可被专一性磷酸酶水解去磷酸化。磷酸化型无催化活性，去磷酸化型有活性。当细胞中 ATP 或乙酰 CoA 浓度大时，驱使激酶将 E_1磷酸化，酶失活。当细胞中 ATP 不足时，E_1上的磷酸基团又被专一性的磷酸

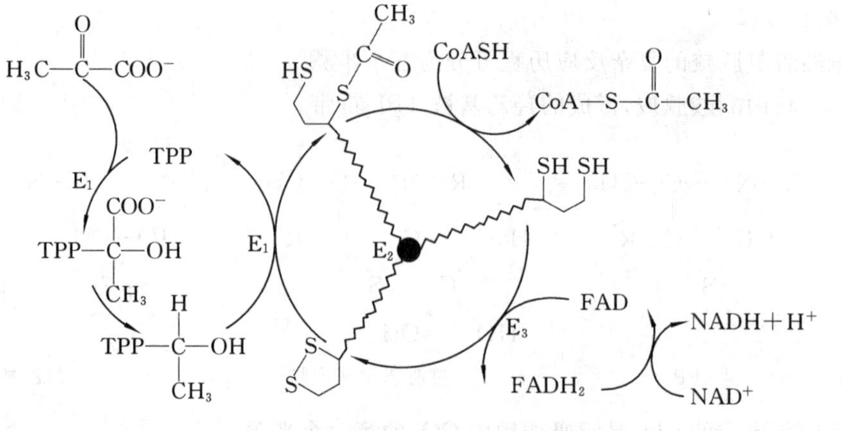

$$H_3C-\overset{O}{\overset{\|}{C}}-COO^- \xrightarrow{E_1,\ TPP} TPP-\overset{COO^-}{\overset{|}{\underset{CH_3}{\underset{|}{C}}}}-OH \longrightarrow TPP-\overset{H}{\overset{|}{\underset{CH_3}{\underset{|}{C}}}}-OH$$

图 10-8 丙酮酸脱氢酶复合体催化作用模式

酶催化水解,活性恢复。细胞内[ATP]/[ADP]、[乙酰 CoA]/[CoASH]或[NADH]/[NAD^+]的值增高时,E_1的磷酸化作用增加;丙酮酸浓度高时,可抑制 E_1的磷酸化作用;Ca^{2+}浓度增加时,能促进E_1的去磷酸化作用。

2) 变构调节

丙酮酸氧化脱羧的反应产物乙酰 CoA、NADH 和 ATP 对该酶系有反馈抑制作用。这些产物在细胞中的浓度高时,对丙酮酸脱氢酶系发生变构抑制,停止丙酮酸氧化分解。乙酰 CoA、NADH、ATP 可抑制 E_2的活性。CoASH、NAD^+浓度高时,可解除酶的抑制。

10.3.2 三羧酸循环

三羧酸循环(tricaboxylic acid cycle)又称柠檬酸循环,简称为 TCA 循环。这是物质代谢和能量代谢中很重要的一条途径。

20 世纪 30 年代,Krebs N. A. 用鸽子飞翔肌的内糜悬液系统地研究了几种二羧酸和几种三羧酸在氧化性代谢中的相互关系。在大量实验的基础上,经过推理分析,Krebs 于 1937 年提出一条环状代谢途径,称为柠檬酸循环,并认为这是糖在肌肉里氧化分解的主要途径。后人为纪念 Krebs 的功绩,又将该途径称为 Krebs 循环。

研究证明,在能量代谢中,TCA 循环是糖、脂肪、氨基酸等有机物的不完全降解产物最后氧化分解的公共途径。

1. TCA 循环的反应历程

TCA 循环从草酰乙酸与乙酰 CoA 缩合生成柠檬酸开始,经过 8 种酶催化的 10 步反应完成一个循环。中间发生两次脱羧、四次脱氢,共消耗 3 分子水,净分解一个乙酸分子。草酰乙酸又恢复到原来状态,不过,其组成元素被更新了。反应历程如图 10-9 所示。

反应 1 乙酰 CoA 与草酰乙酸合成柠檬酸。这是三羧酸循环的起始步骤,由柠檬酸合成酶(又称缩合酶)催化。

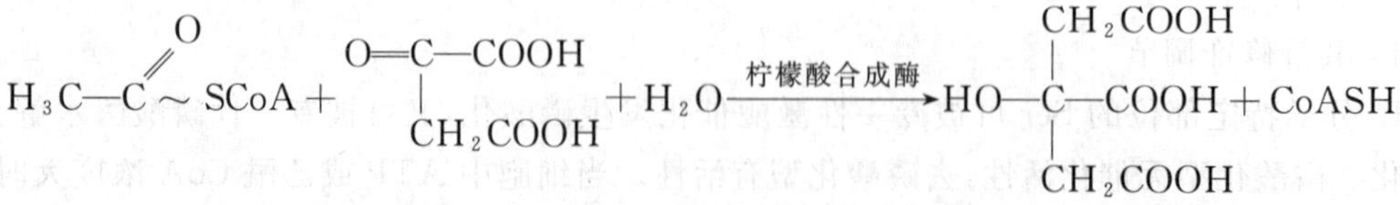

$$\underset{\text{乙酰 CoA}}{H_3C-\overset{O}{\overset{\|}{C}}\sim SCoA} + \underset{\text{草酰乙酸}}{O=\underset{CH_2COOH}{\underset{|}{C}}-COOH} + H_2O \xrightarrow{\text{柠檬酸合成酶}} \underset{\text{柠檬酸}}{HO-\overset{CH_2COOH}{\overset{|}{\underset{CH_2COOH}{\underset{|}{C}}}}-COOH} + CoASH$$

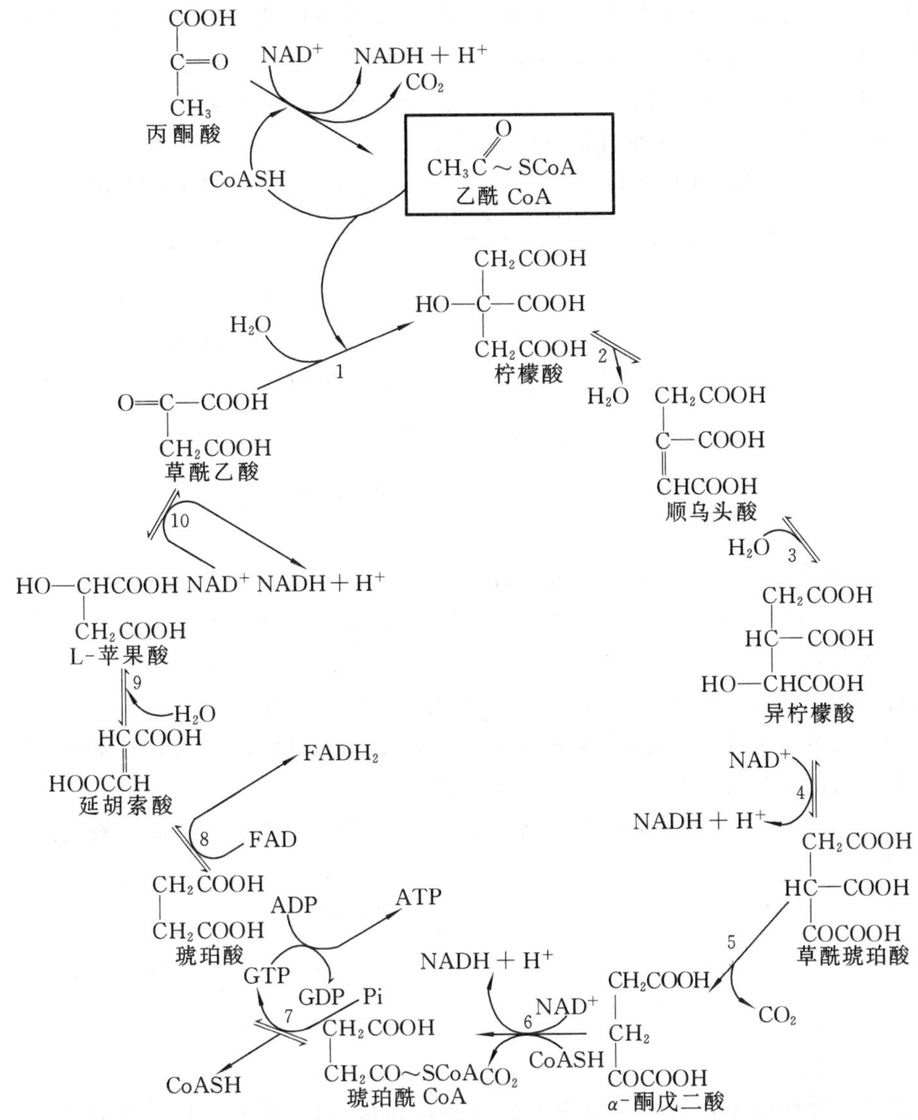

图 10-9 三羧酸循环

柠檬酸合成酶是 TCA 循环的特征性酶，又是该途径的第一个限速酶，其逆反应很弱。细胞中各种能源物质分解产生的 $CH_3CO\sim SCoA$ 都可参加这一反应。由高能硫酯键水解释放的大量能量推动合成柠檬酸。

反应 2、3 柠檬酸异构化经顺乌头酸到异柠檬酸。两步反应都是由顺乌头酸酶催化的。柠檬酸分子是前手性分子，其酶促脱水和加水反应是有方向性的，将不能脱氢的柠檬酸分子改造成具有仲醇基团(CHOH)的异柠檬酸分子，为后续脱氢反应做好了准备。

$$\underset{\text{柠檬酸}}{\begin{matrix} CH_2COOH \\ | \\ HO—C—COOH \\ | \\ CH_2COOH \end{matrix}} \xrightleftharpoons[H_2O]{\text{顺乌头酸酶}\quad H_2O} \underset{\text{顺乌头酸}}{\begin{matrix} CH_2COOH \\ | \\ C—COOH \\ \| \\ CHCOOH \end{matrix}} \xrightleftharpoons{H_2O\quad\text{顺乌头酸酶}} \underset{\text{异柠檬酸}}{\begin{matrix} CH_2COOH \\ | \\ HC—COOH \\ | \\ HO—CHCOOH \end{matrix}}$$

顺乌头酸酶需要二价铁离子,若用配位剂除去反应液中的铁离子,则酶活性被抑制,造成柠檬酸积累。这一原理,在柠檬酸的发酵生产中可以应用。

反应 4、5　异柠檬酸氧化脱羧生成 α-酮戊二酸。这是 TCA 循环中的第一次氧化和脱羧反应,是由异柠檬酸脱氢酶催化的连续反应过程。

$$\begin{matrix} CH_2COOH \\ | \\ HC—COOH \\ | \\ HO—CHCOOH \\ \text{异柠檬酸} \end{matrix} \xrightleftharpoons[]{NAD^+\ \text{异柠檬酸脱氢酶}\ NADH+H^+} \begin{matrix} CH_2COOH \\ | \\ HC—COOH \\ | \\ O{=}C—COOH \\ \text{草酰琥珀酸} \end{matrix}$$

$$\xrightarrow[\text{异柠檬酸脱氢酶}]{H^+\ \ CO_2} \begin{matrix} CH_2COOH \\ | \\ CH_2 \\ | \\ O{=}C—COOH \\ \alpha\text{-酮戊二酸} \end{matrix}$$

异柠檬酸脱氢酶是变构酶,是 TCA 循环中的第二个限速酶。该酶有两种同工酶:用 $NADP^+$ 作辅酶,在线粒体基质和细胞液中都有,从底物脱下的氢主要用于生物合成;用 NAD^+ 作辅酶,主要分布于线粒体基质中,从底物脱下的氢经呼吸链氧化、产能。原核生物的异柠檬酸脱氢酶既可用 NAD^+ 作辅酶,也可用 $NADP^+$ 作辅酶。

反应生成的 α-酮戊二酸是碳、氮代谢的公共中间产物,可用以合成 L-谷氨酸。L-谷氨酸氧化脱氨生成的 α-酮戊二酸也可进入 TCA 循环。

反应 6　α-酮戊二酸氧化脱羧生成琥珀酰 CoA,这是由 α-酮戊二酸脱氢酶系催化的一步复杂反应。

$$\begin{matrix} CH_2COOH \\ | \\ CH_2 \\ | \\ O{=}C—COOH \\ \alpha\text{-酮戊二酸} \end{matrix} + CoASH + NAD^+ \xrightarrow{\alpha\text{-酮戊二酸脱氢酶系}} \begin{matrix} COOH \\ | \\ CH_2\quad O \\ |\qquad \| \\ CH_2—C \sim SCoA \\ \text{琥珀酰 CoA} \end{matrix} + NADH + H^+ + CO_2$$

催化这一反应的酶系与丙酮酸脱氢酶系非常相似,由三种酶蛋白及 6 种辅因子组成。每个复合体包括 12 个 α-酮戊二酸脱氢酶分子、24 个转琥珀酰基酶和 12 个二氢硫辛酸脱氢酶。各个转琥珀酰基酶分子上都结合一个二硫辛酸基作辅酶。此外,还需要 CoASH、NAD^+、FAD、TPP 及 Mg^{2+} 作辅酶。

α-酮戊二酸脱氢脱羧反应是 TCA 循环的第三个限速步骤。反应生成的琥珀酰 CoA 含高能硫酯键,性质活泼,可与甘氨酸合成卟啉环,进而合成血红素、叶绿素、细胞色素等生物分子。

经前 6 步反应,已有与乙酰基等量的碳原子以 CO_2 形式释放。后面的反应步骤是四碳二羧酸分子的氧化过程。

反应 7　琥珀酰 CoA 转化成琥珀酸并产生 GTP。由琥珀酰 CoA 合成酶催化琥珀酰 CoA 发生高能硫酯键的水解,同时,与 GDP 的磷酸化反应相偶联,生成 GTP。这是 TCA 循环中唯一的一步底物水平上生成高能磷酸键的反应。实际上,这是前一步反应(α-酮戊二酸氧化脱羧)生成的高能键的能量转移反应。反应生成琥珀酸、CoASH 和 GTP。GTP 可用于蛋白质合成的供能，也可由二磷酸核苷酸激酶催化，将末端磷酸基团转移给 ADP，生成 ATP。

$$\underset{\text{琥珀酰 CoA}}{\begin{array}{l}COOH\\ |\\ CH_2\\ |\\ H_2C\quad O\\ |\quad\ //\\ C\sim SCoA\end{array}} \xrightleftharpoons[\text{琥珀酰 CoA 合成酶}\quad CoASH]{GDP+Pi\ \to\ GTP} \underset{\text{琥珀酸}}{\begin{array}{l}CH_2COOH\\ |\\ CH_2COOH\end{array}}$$

$$GTP+ADP \xrightleftharpoons{\text{二磷酸核苷酸激酶}} GDP+ATP$$

反应 8　琥珀酸脱氢生成延胡索酸，由琥珀酸脱氢酶催化。

$$\underset{\text{琥珀酸}}{\begin{array}{l}CH_2COOH\\ |\\ CH_2COOH\end{array}} + FAD \xrightleftharpoons{\text{琥珀酸脱氢酶}} \underset{\text{延胡索酸}}{\begin{array}{l}HC—COOH\\ \quad\ \|\\ HOOC—CH\end{array}} + FADH_2$$

琥珀酸脱氢酶是以 FAD 为辅基的不需氧脱氢酶，是位于线粒体内膜上的膜蛋白。还原型辅基（$FADH_2$）能被膜上自由移动的 CoQ 氧化，将电子对汇入呼吸链。丙二酸（$HOOC-CH_2-COOH$）与琥珀酸结构类似，对琥珀酸脱氢酶有很强的竞争性抑制作用。

产物延胡索酸又称反丁烯二酸或富马酸，是多种化工合成的原料，也可用作食品酸味剂，可由根霉或假丝酵母发酵生产。

反应 9　延胡索酸水化生成苹果酸，由延胡索酸酶（又称延胡索酸水合酶）催化。

$$\underset{\text{延胡索酸}}{\begin{array}{l}HC—COOH\\ \quad\ \|\\ HOOC—CH\end{array}} + H_2O \xrightleftharpoons{\text{延胡索酸酶}} \underset{\text{L-苹果酸}}{\begin{array}{l}HO—CHCOOH\\ \qquad\ |\\ \qquad CH_2COOH\end{array}}$$

经此反应，延胡索酸加水生成 L-苹果酸，本来难以进行酶促脱氢氧化反应的延胡索酸分子又被改造成具有仲醇基团（CHOH）的分子。

反应 10　苹果酸脱氢生成草酰乙酸，由苹果酸脱氢酶催化，这是 TCA 循环的最后一步，经此反应又回到起始分子草酰乙酸。

$$\underset{\text{L-苹果酸}}{\begin{array}{l}HO—CHCOOH\\ \qquad\ |\\ \qquad CH_2COOH\end{array}} + NAD^+ \xrightleftharpoons{\text{苹果酸脱氢酶}} \underset{\text{草酰乙酸}}{\begin{array}{l}O{=}C—COOH\\ \quad\ |\\ \quad CH_2COOH\end{array}} + NADH + H^+$$

热力学上，这步反应是需能反应，不利于草酰乙酸生成，反应平衡趋向苹果酸。由于柠檬酸合成酶的作用，草酰乙酸浓度很低（低于 10^{-6} mol/L），而苹果酸却不断产生，从而推动反应顺利向草酰乙酸方向进行。

经过上述 10 步反应历程，相当于把一个不易分解的乙酰基基团（$CH_3CO\sim$）完全分解。反应 5、6 的 α-酮戊二酸脱羧反应生成 2 分子 CO_2；反应 4、6、10 由不需氧脱氢酶催化产生 3 分子还原型辅酶（$NADH+H^+$）；反应 8 生成 1 分子还原型辅基（$FADH_2$）；反应 7 在底物水平上合成 1 分子 GTP。总反应式为

$$H_3CC(=O)\sim SCoA+3H_2O+3NAD^++FAD+GDP+Pi \longrightarrow$$
$$2CO_2+3(NADH+H^+)+FADH_2+GTP+CoASH$$

2. TCA 循环的调节控制

TCA 循环的反应速率受细胞调节机制的调节。由此所提供的生物能量(ATP)及中间产物,以能够满足细胞需要为原则。直接驱动调节作用的因素是细胞中代谢物质(底物和产物)的浓度。TCA 循环主要受细胞中[ATP]/[ADP]值和[NADH]/[NAD^+]值,以及有关反应物和产物浓度的调控。调节位点是途径中的限速酶,通过测定途径中各种酶的最大活力,或者测定正反应、逆反应速率等方法可以确定。TCA 循环中的三个限速酶可作为调控位点。

第一个调控位点是柠檬酸合成酶。细胞中 ADP、AMP、Pi、NAD^+及乙酰 CoA 浓度高时,对其起变构激活作用,促进反应。ATP、NADH、琥珀酰 CoA、脂酰 CoA 和柠檬酸是其变构抑制剂,浓度高时则抑制酶活力,降低反应速率。

第二个调控位点是异柠檬酸脱氢酶。ADP、NAD^+是其变构激活剂,ATP、NADH 是其变构抑制剂。

第三个调控位点是 α-酮戊二酸脱氢酶系,其中的二氢硫辛酸脱氢酶是变构调节酶,主要受高浓度的 ATP、GTP、琥珀酰 CoA、NADH 及 Ca^{2+}的变构抑制。

研究证明,柠檬酸合成酶和 α-酮戊二酸脱氢酶系是 TCA 循环中的主要调节部位。前者对 TCA 循环前半段的调控起主要作用,后者对 TCA 循环后半段的调控起主要作用。

10.3.3　TCA 循环的生物学意义

1. TCA 循环是细胞内各种能源物质完全氧化分解的公共途径

糖、脂和大多数氨基酸的碳链经过各自的降解路线都可以生成乙酰 CoA 进入 TCA 循环。因此,TCA 循环是各种营养物质完全氧化分解的公共途径。

乙酰 CoA 的乙酰基是能够被 TCA 循环完全分解的唯一底物。任何中间产物分子的加入,只起到为循环途径增加一个成员的作用。单独的 TCA 循环不能把任何中间产物完全降解。例如,L-谷氨酸的碳链(α-酮戊二酸)进入 TCA 循环,经过脱羧变成四碳二羧酸后就再也不能降解了。如果要将其完全降解,则需要辅助反应将草酰乙酸连续脱羧降解,生成乙酰 CoA,乙酰基再重返 TCA 循环。例如,动物骨骼肌中磷酸烯醇式丙酮酸羧化激酶(PEP-CK)、丙酮酸激酶(PK)和丙酮酸脱氢酶复合物(PDH)可以催化草酰乙酸到乙酰 CoA。这几种酶在微生物中也存在。

$$HOOC—C(=O)—CH_2—COOH \xrightarrow[PEP\text{-}CK]{GTP \quad GDP+CO_2} COOH—C(—OⓅ)=CH_2 \xrightarrow[PK]{ADP \quad ATP}$$

$$COOH—C(=O)—CH_3 \xrightarrow[PDH]{CoASH \quad NAD^+ \quad NADH+H^+} H_3CC(=O)\sim SCoA+CO_2$$

2. TCA 循环为细胞提供能量

就 TCA 循环反应过程本身来说，释放的自由能很少，每摩尔乙酰基经 TCA 循环分解，仅释放 72.3 kJ 的能量。每次循环仅有一次底物水平磷酸化，生成 1 分子 ATP。然而，循环途径中，从底物上脱下的氢原子对(2H)经呼吸链氧化可释放大量自由能并合成 ATP。按每个 $NADH+H^+$ 的氢原子对生成 2.5 分子 ATP，$FADH_2$ 的氢原子对生成 1.5 分子 ATP 计算，则一个乙酰基通过 TCA 循环和呼吸链一共可生成 10 分子 ATP。

按 1 mol 乙酰基计算，完全燃烧共生成 10 mol ATP，以每摩尔高能磷酸键水解释放 30.5 kJ 自由能计算，10 mol ATP 的末端磷酸键共储存自由能 305 kJ，1 mol 乙酰基经 TCA 循环和呼吸链完全“燃烧”所释放的热量共约 900 kJ。能量利用率约为 34%，其余能量则以热能形式散发。针对散发的这部分能量，在发酵生产中，从工艺设备到工艺管理需要有一系列复杂的技术措施。

3. TCA 循环是物质转化的枢纽

TCA 循环不仅是各种有机物完全分解的公共终端途径，而且通过 TCA 循环可以实现糖、脂、蛋白质之间的互相转化，也可为许多生物合成提供前体物质。因此，TCA 循环是细胞内物质转化的枢纽，是联系分解代谢和合成代谢的多向性途径。

10.3.4 TCA 循环的补偿途径

能为 TCA 循环补充中间产物的代谢途径称为补偿途径，主要有丙酮酸羧化支路和乙醛酸循环支路。

1. 丙酮酸羧化支路

“支路”是对 TCA 循环主体路线而言，是 TCA 循环的一条附属线路，能为 TCA 循环供应草酰乙酸或苹果酸。已经证明有几种酶可催化这一反应，其中最具普遍意义的有丙酮酸羧化酶和苹果酸酶。

丙酮酸羧化酶最先在细菌中被发现，后来证明动物、植物、微生物中也普遍存在该酶。该酶是寡聚酶，有 4 个亚基，各需 1 分子生物素和一个二价金属离子(Mg^{2+})作辅基，乙酰 CoA 是其变构激活剂，反应需要 ATP 供能。

$$\underset{\text{丙酮酸}}{\begin{array}{l}\text{COOH}\\ |\\ \text{C}{=}\text{O}\\ |\\ \text{CH}_3\end{array}} + CO_2 + ATP + H_2O \xrightleftharpoons{\text{丙酮酸羧化酶、生物素、}Mg^{2+}} \underset{\text{草酰乙酸}}{\begin{array}{l}\text{O}{=}\text{C}\text{—COOH}\\ |\\ \text{CH}_2\text{—COOH}\end{array}} + ADP + Pi$$

苹果酸酶是真核细胞中的一种酶，它催化丙酮酸还原羧化成苹果酸，反应不需要 ATP，但需要 $NADPH+H^+$。

$$\underset{\text{丙酮酸}}{\begin{array}{l}\text{COOH}\\ |\\ \text{C}{=}\text{O}\\ |\\ \text{CH}_3\end{array}} + CO_2 + NADPH + H^+ \xrightleftharpoons{\text{苹果酸酶}} \underset{\text{苹果酸}}{\begin{array}{l}\text{HO—CH—COOH}\\ \quad\ \ |\\ \quad\ \ \text{CH}_2\text{COOH}\end{array}} + NADP^+$$

植物和细菌中还有磷酸烯醇式丙酮酸羧化激酶,可催化磷酸烯醇式丙酮酸羧化生成草酰乙酸。

$$\underset{\text{磷酸烯醇式丙酮酸}}{\begin{array}{l} COOH \\ | \\ C—O\text{Ⓟ} \\ \| \\ CH_2 \end{array}} + CO_2 + GDP \overset{Mg^{2+}}{\rightleftharpoons} \underset{\text{草酰乙酸}}{\begin{array}{l} O{=}C—COOH \\ \quad\ | \\ \quad\ CH_2—COOH \end{array}} + GTP$$

2. 乙醛酸循环支路

植物和某些微生物体内具有异柠檬酸裂解酶和苹果酸合成酶,前者催化异柠檬酸裂解生成琥珀酸和乙醛酸,后者催化乙醛酸与乙酰 CoA 合成苹果酸。

$$\underset{\text{异柠檬酸}}{\begin{array}{l} HO—CHCOOH \\ \quad\ | \\ \quad\ CHCOOH \\ \quad\ | \\ \quad\ CH_2COOH \end{array}} \xrightarrow{\text{异柠檬酸裂解酶}} \underset{\text{琥珀酸}}{\begin{array}{l} CH_2COOH \\ | \\ CH_2COOH \end{array}} + \underset{\text{乙醛酸}}{\begin{array}{l} COOH \\ | \\ CHO \end{array}}$$

$$\underset{\text{乙醛酸}}{\begin{array}{l} COOH \\ | \\ CHO \end{array}} + H_3C\overset{O}{\overset{\|}{C}} \sim SCoA \xrightarrow{\text{苹果酸合成酶}} \underset{\text{苹果酸}}{\begin{array}{l} HO—CHCOOH \\ \quad\ | \\ \quad\ CH_2COOH \end{array}}$$

这两个反应与 TCA 循环的 4 步反应(反应 10、1、2、3)构成一个循环路线,称为乙醛酸循环(图 10-10)。该循环反应的净效果是利用 2 分子乙酰 CoA 合成 1 分子琥珀酸,为 TCA 循环补充一个成员。总反应式为

$$2H_3C\overset{O}{\overset{\|}{C}} \sim SCoA + NAD^+ + 2H_2O \longrightarrow \underset{\text{琥珀酸}}{\begin{array}{l} CH_2COOH \\ | \\ CH_2COOH \end{array}} + 2CoASH + NADH + H^+$$

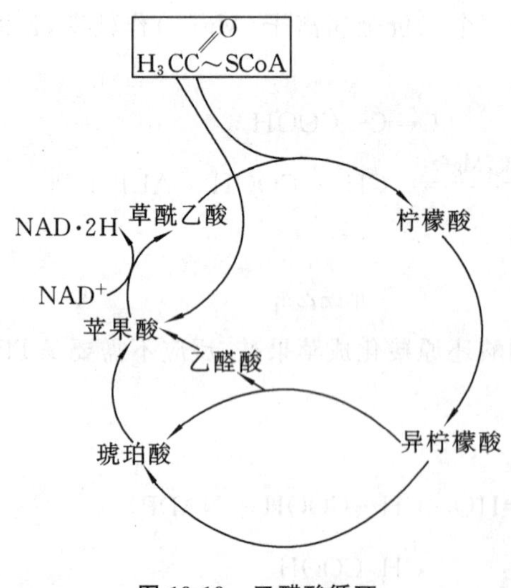

图 10-10　乙醛酸循环

乙醛酸循环对植物和某些微生物特别重要。第一,可以利用脂肪酸或乙酸作为唯一能源获得生物能量。第二,可以利用脂肪酸或乙酸作为唯一碳源合成糖、氨基酸和蛋白质,维持正常生长。若没有乙醛酸循环,脂肪酸分解生成乙酰 CoA,进入 TCA 循环后完全分解,不能合成糖类。动物组织无乙醛酸循环,故不能将脂肪酸转变成糖类。

除上述补偿途径之外,某些能生成 TCA 循环中间产物的代谢反应都可为 TCA 循环回补新的成员。例如,L-Asp、L-Glu 及它们的酰胺,脱氨后的碳架草酰乙酸(或反丁烯二酸)和 α-酮戊二酸皆可进入 TCA 循环。

10.3.5 柠檬酸发酵

1. 自然发酵与代谢调节发酵

EMP发酵生产的多种产品都是微生物固有代谢能力自然积累的产物。在无氧条件下，有关的兼性微生物具有适应环境条件并利用无氧酵解途径获得能量维持生长的代谢特性。但是，因为环境条件不好，利用率并不高，大部分不可避免地成了“燃烧”不完全的终端产物，如乙醇、乳酸等。像这类利用微生物在特定条件下的固有代谢规律，自然积累某种产品的发酵称为自然发酵。许多自然发酵产品都是微生物自身不能再利用的代谢产物，容易积累。因此，在人们对代谢途径完全没有认识的情况下已能进行生产了。

柠檬酸发酵是在发酵技术和原理上都与自然发酵不同的一种新型发酵。尽管早在1923年已能通过培养微生物生产，但产率很低。直到对微生物糖代谢途径及其调节机理都十分清楚之后，才能有针对性地采取措施，改变微生物固有的代谢平衡，大幅度地提高柠檬酸的产率，这种在代谢途径调节控制理论指导下建立的发酵技术称为代谢调节发酵。

2. 积累代谢途径中间产物的基本条件

细胞的正常代谢途径都遵循细胞经济学原理并受调控系统的精确调控，中间产物一般不会超常积累。因此，若想在发酵生产上利用已知的微生物代谢途径积累某种中间产物作为发酵产品，或将其进一步代谢转化成其他发酵产品，仅仅选育出有关代谢途径旺盛的菌种是不够的。在这样的前提下，还必须解决好两个基本问题：①设法阻断代谢途径，使所要求的中间产物不能进一步反应，实现积累，常用的方法主要有酶活抑制的方法或菌种诱变造成营养缺陷型；②代谢途径被阻断部位之后的产物，必须有适当的补充机制，满足代谢活动的最低需求，维持细胞生长，这样才能维持发酵持续进行。

3. 利用EMP-TCA途径积累柠檬酸的措施

柠檬酸是TCA循环的中间产物，正常运转的TCA循环不会大量积累。要想利用微生物的EMP-TCA途径积累柠檬酸，关键是阻断顺乌头酸酶催化的反应。方法之一是针对顺乌头酸酶的酶学性质使用抑制剂。该酶是含铁的非血红素蛋白，铁硫中心(Fe_4S_4)作为辅基，催化底物脱水、加水反应。因此，在菌体生长繁殖到足够菌数的时候，适量加入亚铁氰化钾(黄血盐)，它与铁硫中心的Fe^{2+}生成配合物，则顺乌头酸酶失活或活力大大降低，从而实现柠檬酸积累。方法之二是通过诱变造成生产菌种顺乌头酸酶缺损或活性很低，同样可以积累柠檬酸。

草酰乙酸是合成柠檬酸的前体之一，顺乌头酸酶的催化反应被阻断之后，草酰乙酸就不能由TCA循环本身产生了。即便乙酰CoA能源源不断地生成，也无法合成柠檬酸。因此，解决草酰乙酸的来源也是积累柠檬酸的关键。实用的办法是选育回补途径旺盛的菌种。目前柠檬酸发酵生产菌种都是黑曲霉，具有很强的丙酮酸羧化支路，可以利用丙酮酸固定CO_2生成草酰乙酸。

利用黑曲霉EMP-TCA途径发酵生产柠檬酸的代谢途径和技术要点如图10-11所示。

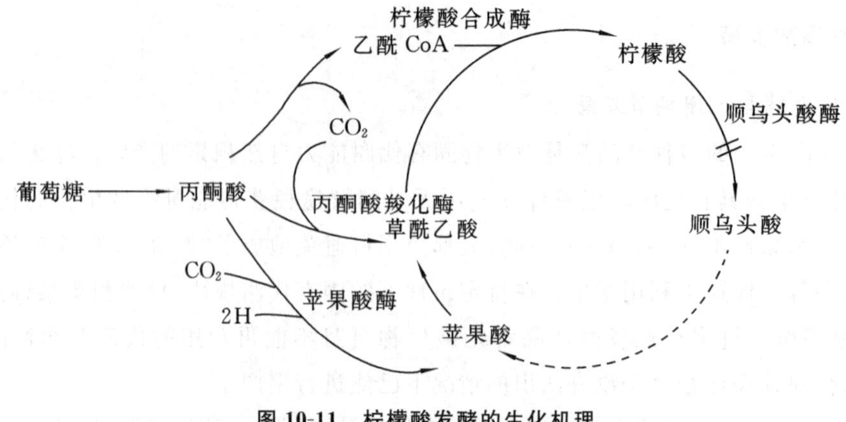

图 10-11 柠檬酸发酵的生化机理

10.4 糖有氧分解的代谢支路

10.4.1 单磷酸己糖途径(HMP 途径)

EMP-TCA 循环是各种生物体普遍存在的一条葡萄糖氧化分解途径,是主要的产能途径。研究发现,当用碘乙酸或氟化钠抑制酵解途径时,呼吸作用仍能消耗葡萄糖。这说明细胞中还存在另外的葡萄糖降解途径。用 ^{14}C 分别标记葡萄糖的 C(1)和 C(6),制得 C(1)标记葡萄糖($^{*}C$(1)-G)和 C(6)标记葡萄糖($^{*}C$(6)-G)。如果 EMP-TCA 循环是唯一的分解途径,则降解 $^{*}C$(1)-G 和 $^{*}C$(6)-G 生成 $^{*}CO_2$的速率应该相同(葡萄糖分子经 EMP-TCA 降解时,生成 CO_2的先后顺序是 C(3)和 C(4)→C(2)和 C(5)→C(1)和 C(6))。然而,实验结果却是 $^{*}C$(1)-G 比 $^{*}C$(6)-G 更容易生成标记的 $^{*}CO_2$,还发现 6-磷酸葡萄糖降解生成 CO_2的同时也产生 5-磷酸核酮糖。1953 年,Racker 等终于阐明了糖代谢的磷酸己糖支路。它与 EMP 途径不同,是从只带一个磷酸基的6-磷酸葡萄糖分子开始降解的,所以称为单磷酸己糖途径(hexose monophosphate pathway,HMP),又称磷酸戊糖途径(pentose phosphate pathway,PPP)或磷酸戊糖通路。已经证明,这是动物、植物、微生物细胞中普遍存在的另一条重要的葡萄糖分解途径,其酶系在细胞液中。

HMP 途径的生化过程可分为两个阶段:第一阶段是氧化降解阶段,G-6-P 经脱氢脱羧生成 5-磷酸核酮糖、CO_2和还原型辅酶(NADPH);第二阶段是磷酸戊糖分子重排阶段,由 6 分子戊糖重新组合成 5 分子己糖。HMP 途径的基本生化过程如图 10-12 所示。

第一阶段:6-磷酸葡萄糖氧化降解阶段,由图中前 3 步反应组成。

反应 1 葡萄糖-6-磷酸脱氢酶以 $NADP^+$ 为辅酶催化 G-6-P 脱氢生成 6-磷酸葡萄糖酸内酯和还原型辅酶 $NADPH+H^+$。该反应不可逆,是 HMP 途径的限速步骤。酶活性主要受[$NADP^+$]/[NADPH]值的调节。$NADP^+$ 起激活作用,产物 NADPH 起反馈抑制作用。

反应 2 6-磷酸葡萄糖酸内酯水解酶催化内酯水解,生成 6-磷酸葡萄糖酸。因为磷酸葡萄糖酸内酯很不稳定,也可自发水解,内酯酶能加快反应进程。

反应 3 葡萄糖酸-6-磷酸脱氢酶以 $NADP^+$ 作辅酶催化 6-磷酸葡萄糖酸脱氢脱羧,生成 5-磷酸核酮糖(Ru-5-P)、CO_2 和 $NADPH+H^+$。

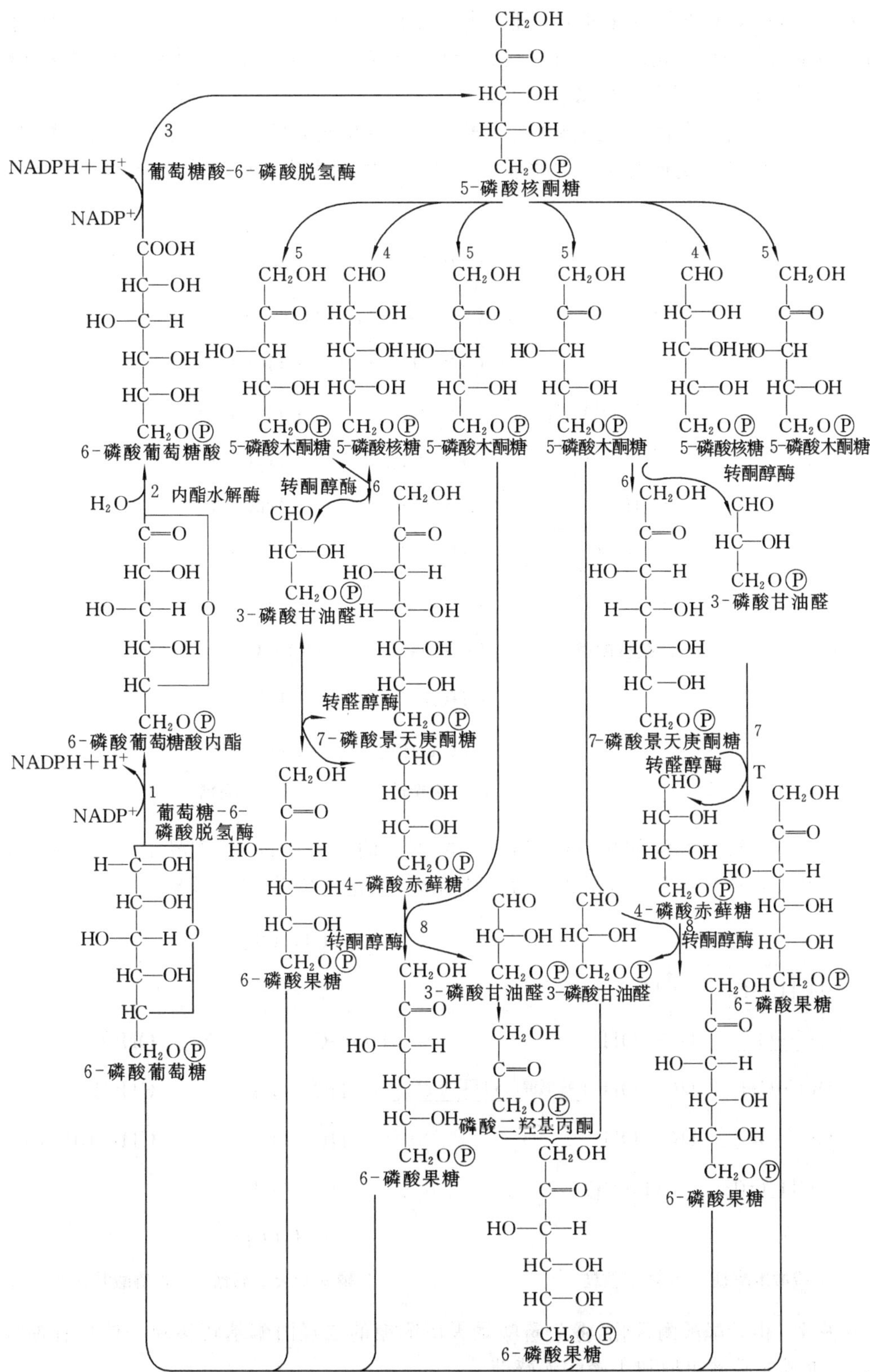
5-磷酸核酮糖
3
葡萄糖酸-6-磷酸脱氢酶
NADPH+H⁺
NADP⁺
6-磷酸葡萄糖酸
2 内酯水解酶
H₂O
6-磷酸葡萄糖酸内酯
NADPH+H⁺
NADP⁺
1
葡萄糖-6-
磷酸脱氢酶
6-磷酸葡萄糖
5-磷酸木酮糖
5-磷酸核糖
5-磷酸木酮糖
5-磷酸木酮糖
5-磷酸核糖
5-磷酸木酮糖
转酮醇酶
6
3-磷酸甘油醛
7-磷酸景天庚酮糖
转醛醇酶
4-磷酸赤藓糖
6-磷酸果糖
8
转酮醇酶
3-磷酸甘油醛
3-磷酸甘油醛
磷酸二羟基丙酮
6-磷酸果糖
6-磷酸果糖
7-磷酸景天庚酮糖
转醛醇酶
7
T
4-磷酸赤藓糖
6-磷酸果糖
6-磷酸果糖

图 10-12 HMP 途径

第二阶段:磷酸戊糖分子重排阶段,主要是由异构反应、转酮反应和转醛反应组成。5-磷酸核酮糖先经异构化反应分别生成5-磷酸核糖和5-磷酸木酮糖,然后经转酮反应和转醛反应生成6-磷酸果糖和3-磷酸甘油醛。

反应4　由磷酸戊糖异构酶催化5-磷酸核酮糖发生同分异构反应,生成5-磷酸核糖。

反应5　由磷酸戊糖差向异构酶催化5-磷酸核酮糖发生差向异构反应,生成5-磷酸木酮糖。

```
                          CHOH               CHO
                          ‖                  |
                          C—OH               HC—OH
                          |                  |
                          CHOH   ——→         CHOH
                          |                  |
 CH₂OH           酶       CHOH               CHOH
 |             ↗ 构       |                  |
 C═O  异                  CH₂O℗              CH₂O℗
 |                        1,2-烯醇式          5-磷酸核糖
 CHOH  差
 |       向
 CHOH      异             CH₂OH              CH₂OH
 |           构           |                  |
 CH₂O℗         酶 ↘       C—OH               C═O
                          ‖                  |
5-磷酸核酮糖              C—OH   ——→         HO—CH
                          |                  |
                          CHOH               CHOH
                          |                  |
                          CH₂O℗              CH₂O℗
                          2,3-烯醇式          5-磷酸木酮糖
```

反应6　由转酮醇酶催化,将5-磷酸木酮糖上的二碳单位(羟乙醛基)转移到醛糖的C(1)上,生成7-磷酸景天庚酮糖和3-磷酸甘油醛。反应需要TPP作辅酶。

```
                                                  CH₂OH
  ┌─────────┐- - - - - -→                         |
  | CH₂OH   |      CHO                            C═O
  | |       |      |                              |
  | C═O     |      HC—OH                     HO—CH           CHO
  └─────────┘      |                              |              |
 HO—CH       +     HC—OH   转酮醇酶,TPP,Mg²⁺       HC—OH    +     CHOH
  |                |       ——————————→            |              |
 HC—OH             HC—OH                          HC—OH          CH₂O℗
  |                |                              |
  CH₂O℗            CH₂O℗                          HC—OH
                                                  |
                                                  CH₂O℗

5-磷酸木酮糖      5-磷酸核糖                    7-磷酸景天庚酮糖    3-磷酸甘油醛
```

反应7　由转醛醇酶催化,将7-磷酸景天庚酮糖的二羟丙酮基转移到3-磷酸甘油醛的醛基上,生成6-磷酸果糖和4-磷酸赤藓糖。

CH_2OH—C=O—HO—CH—HC—OH—HC—OH—HC—OH—CH_2OⓅ + CHO—CHOH—CH_2OⓅ ⇌（转醛醇酶） CH_2OH—C=O—HO—CH—HC—OH—HC—OH—CH_2OⓅ + CHO—HC—OH—HC—OH—CH_2OⓅ

7-磷酸景天庚酮糖　3-磷酸甘油醛　　6-磷酸果糖　4-磷酸赤藓糖

反应 8　生成的 4-磷酸赤藓糖又和另一分子 5-磷酸木酮糖发生转酮醇反应，生成 6-磷酸果糖和 3-磷酸甘油醛。

CH_2OH—C=O—HO—CH—HC—OH—CH_2OⓅ + CHO—HC—OH—HC—OH—CH_2OⓅ ⇌（转酮醇酶） CH_2OH—C=O—HO—CH—HC—OH—HC—OH—CH_2OⓅ + CHO—CHOH—CH_2OⓅ

5-磷酸木酮糖　4-磷酸赤藓糖　　6-磷酸果糖　3-磷酸甘油醛

10.4.2　HMP 途径的生物学意义

葡萄糖经 HMP 途径降解的生物学意义，主要不是作为产能途径，而是为生物合成提供原料。

(1) 产生大量的 NADPH，作为生物合成所需的还原力。例如，脂肪酸、氨基酸、核苷酸、固醇类物质等生物在合成途径中都需要大量 NADPH，主要是靠 HMP 途径供应。

(2) HMP 途径中生成 C_3、C_4、C_5、C_6、C_7 等各种长短不等的碳链，这些中间产物都可作为生物合成的前体。其中，5-磷酸核糖是核苷酸、组氨酸、色氨酸等分子的前体，C_3、C_4 可作为芳香族氨基酸的前体。这些前体直接关系到核酸和蛋白质大分子的合成。

(3) 核苷酸还是多种核苷酸类辅酶的成分，辅酶则直接关系着细胞中的各种代谢。

(4) 在特殊情况下，HMP 途径也可为细胞提供能量。NADPH 的电子转交给 NAD^+，经呼吸链氧化产能，按氧化 1 分子葡萄糖计算，可产生 30 分子 ATP，扣除开始消耗的 1 分子，净得 29 分子 ATP，与 EMP-TCA 途径相当。

(5) HMP 途径是戊糖代谢的主要途径。戊糖（如 D-核糖、L-阿拉伯糖、D-木糖等）在自然界分布较广，能被某些微生物利用，其代谢方式一般是以磷酸戊糖形式进入 HMP 途径，并进一步与 EMP、TCA 循环等途径连接。

鉴于 HMP 途径在多种生物合成方面都有重要的作用,所以微生物如果具有 HMP 途径,则自身生物合成能力强,对营养要求就低;如果不具有 HMP 代谢途径,则多种辅酶和生物活性物质不能自行合成,对营养要求就高。

10.4.3 异型乳酸发酵

与同型乳酸发酵不同,葡萄糖发酵的产物,除乳酸之外,还有比例较高的乙醇和 CO_2,这种类型的发酵称为异型乳酸发酵。异型乳酸发酵是微生物依磷酸解酮酶(PK)途径进行糖代谢的结果。

葡萄糖分解代谢的 PK 途径,主要存在于某些细菌和少数真菌中,如肠膜状明串珠菌、短乳杆菌、双歧杆菌及根霉等。该代谢途径由一部分 EMP 及 PK 等酶类组成。其中,PK 是该途径的特征酶,己糖和戊糖都可经该途径进行代谢。其生化过程如图 10-13 所示。

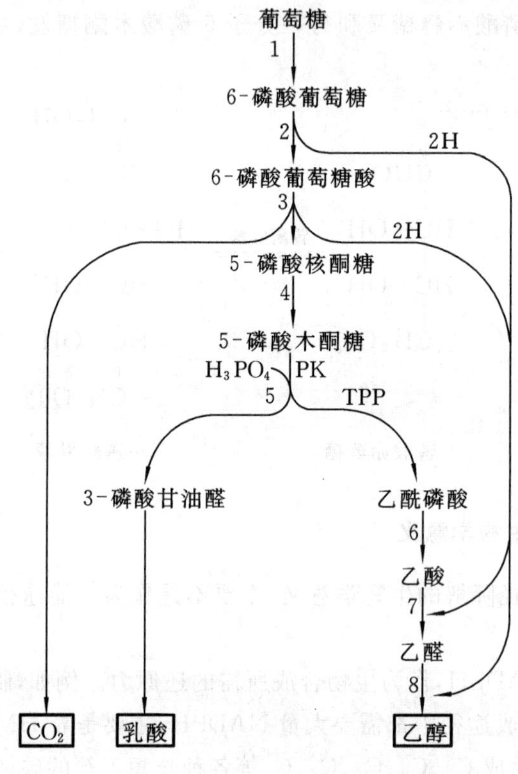

图 10-13　PK 途径

第一阶段:反应 1→反应 4,葡萄糖先经 HMP 途径降解,脱氢、脱羧,直到生成 5-磷酸木酮糖。

$$\begin{array}{c} CH_2OH \\ | \\ C{=}O \\ | \\ HO{-}CH \\ | \\ HC{-}OH \\ | \\ CH_2O\text{Ⓟ} \end{array} + H_3PO_4 \xrightarrow{PK、TPP} \begin{array}{c} CHO \\ | \\ HC{-}OH \\ | \\ CH_2O\text{Ⓟ} \end{array} + H_3C\overset{\displaystyle O}{\overset{\|}{C}}{-}O\text{Ⓟ}$$

第二阶段：反应5，PK催化5-磷酸木酮糖发生磷酸解，生成3-磷酸甘油醛和乙酰磷酸。这是该途径的特征性反应。

第三阶段：产能阶段。

（1）3-磷酸甘油醛经EMP途径生成乳酸，并产生2分子ATP。

$$\begin{array}{l}CHO\\ |\\ HC—OH\\ |\\ CH_2O\text{Ⓟ}\end{array} \xrightarrow[\text{EMP}]{\text{Pi}\quad 2ADP\quad 2ATP} \begin{array}{l}COOH\\ |\\ HC—OH\\ |\\ CH_3\end{array}$$

（2）乙酰磷酸经反应6、7、8还原成乙醇，所需还原力依靠HMP阶段的脱氢反应。乙酰磷酸的高能磷酸基团转给ADP，又生成1分子ATP。

$$\underset{\text{乙酰磷酸}}{H_3CC(=O)—O\text{Ⓟ}} \xrightarrow[\text{乙酸激酶}]{ADP+Pi\quad ATP} \underset{\text{乙酸}}{CH_3COOH} \xrightarrow[\text{醛脱氢酶}]{NADPH+H^+\quad NADP^+} \underset{\text{乙醛}}{CH_3CHO}$$

$$\xrightarrow[\text{乙醇脱氢酶}]{NADPH+H^+\quad NADP^+} \underset{\text{乙醇}}{CH_3CH_2OH}$$

1分子葡萄糖经PK途径的两个产能反应，共生成3分子ATP，补偿开始消耗的1分子ATP，净得2分子ATP，与无氧EMP途径的效果相当。总反应式为

$$C_6H_{12}O_6+2ADP+2Pi \longrightarrow CH_3CHOHCOOH+CH_3CH_2OH+CO_2+2ATP$$

应该指出的是，微生物的代谢途径一般不是单一的，因此，不论是同型乳酸发酵还是异型乳酸发酵，实际代谢产物都不像代谢途径中那样单纯，所以两类乳酸发酵的产物并没有不可逾越的界限。在微生物分类学研究中，通常把发酵1 mol葡萄糖产生的乳酸少于1.8 mol，同时还产生较多的乙醇、CO_2或乙酸、甘油、甘露醇等产物的乳酸菌称为异型乳酸发酵菌。

异型乳酸发酵的微生物，如双歧杆菌，已经用于发酵生产活菌饮料，并越来越受到重视。

10.4.4　细菌乙醇发酵

研究发现少数兼性厌氧菌（如运动假单孢杆菌和嗜糖假单孢杆菌等）可以利用葡萄糖发酵生产乙醇，其代谢是依脱氧酮糖酸（ED）途径（图10-14）进行的。

ED途径的生化反应过程，可分为三个阶段。

第一阶段：葡萄糖氧化分解生成6-磷酸葡萄糖酸和还原型辅酶Ⅱ（NADPH），其反应机理与HMP途径的前3步反应相同。

第二阶段：6-磷酸葡萄糖酸转变为三碳糖，包括2步反应。

（1）由葡萄糖酸-6-磷酸脱水酶催化生成2-酮-3-脱氧葡萄糖酸-6-磷酸，葡萄糖酸-6-磷酸脱水酶是ED途径的特征性酶。反应不可逆，需Fe^{2+}、GSH作为辅因子。

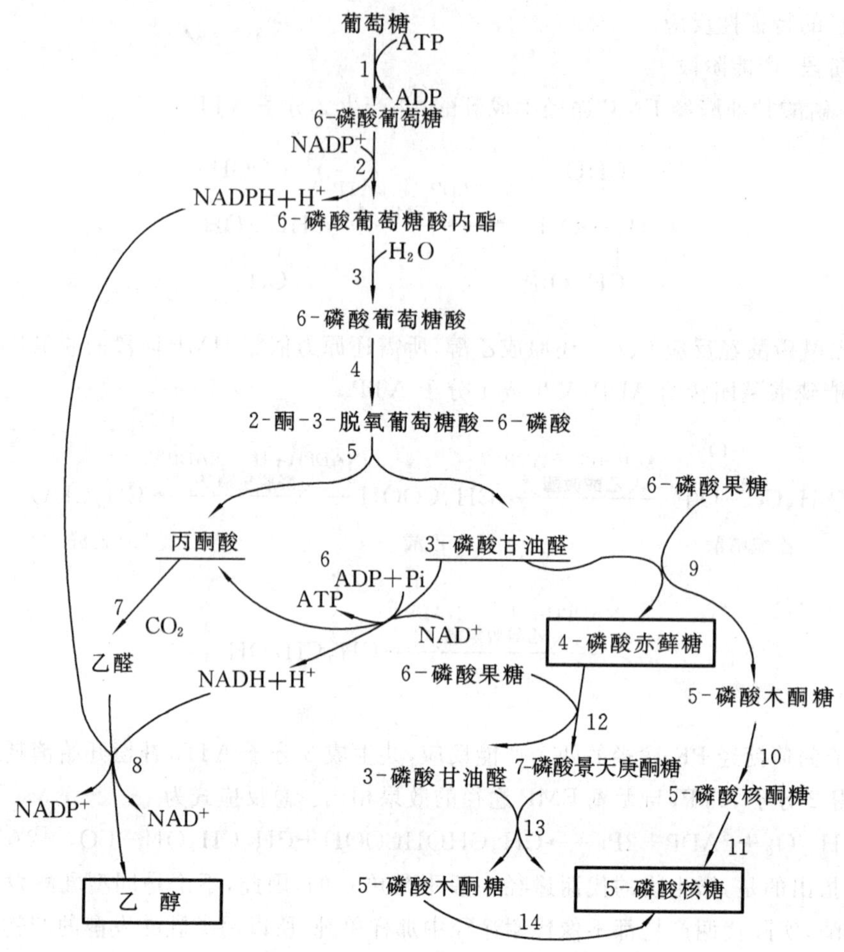

图 10-14　ED 途径

$$
\begin{array}{c}
COOH \\
| \\
HC-OH \\
| \\
HO-CH \\
| \\
HC-OH \\
| \\
HC-OH \\
| \\
CH_2O\text{Ⓟ}
\end{array}
\xrightarrow[\text{GSH},\,Fe^{2+}]{\text{脱水酶}\ \nearrow H_2O}
\begin{array}{c}
COOH \\
| \\
C-OH \\
\| \\
CH \\
| \\
HC-OH \\
| \\
HC-OH \\
| \\
CH_2O\text{Ⓟ}
\end{array}
\longrightarrow
\begin{array}{c}
COOH \\
| \\
C=O \\
| \\
CH_2 \\
| \\
HC-OH \\
| \\
HC-OH \\
| \\
CH_2O\text{Ⓟ}
\end{array}
$$

6-磷酸葡萄糖酸　　　　烯醇式　　　　酮式

2-酮-3-脱氧葡萄糖酸-6-磷酸

与 EMP 途径不同,这一反应中生成的丙酮酸未经过产能反应过程。

(2) 由脱氧酮糖酸醛缩酶催化酮糖酸裂解,生成丙酮酸和 3-磷酸甘油醛,反应可逆。

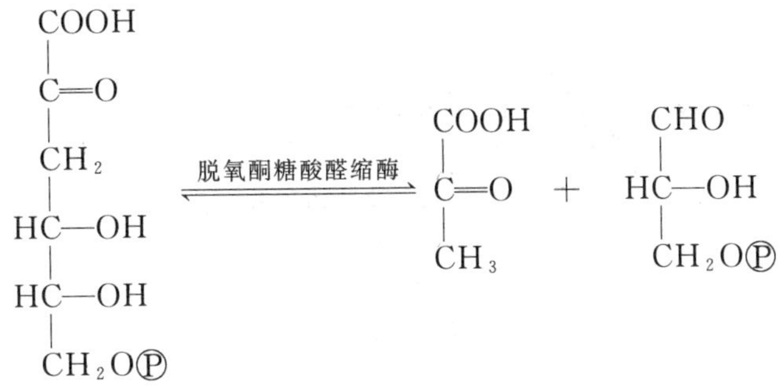

$$\begin{array}{l} COOH \\ | \\ C{=}O \\ | \\ CH_2 \\ | \\ HC{-}OH \\ | \\ HC{-}OH \\ | \\ CH_2O\text{Ⓟ} \end{array} \xrightleftharpoons{\text{脱氧酮糖酸醛缩酶}} \begin{array}{l} COOH \\ | \\ C{=}O \\ | \\ CH_3 \end{array} + \begin{array}{l} CHO \\ | \\ HC{-}OH \\ | \\ CH_2O\text{Ⓟ} \end{array}$$

2-酮-3-脱氧葡萄糖酸-6-磷酸　　丙酮酸　　3-磷酸甘油醛

第三阶段：氧化产能阶段。前面生成的 3-磷酸甘油醛可以经 EMP 途径生成丙酮酸，这是 ED 途径唯一的产能过程。1 分子葡萄糖可生成 2 分子 ATP 和 1 分子 NADH，扣除第一阶段的消耗，净得 1 分子 ATP。从葡萄糖到丙酮酸的总反应式为

$$C_6H_{12}O_6 + NADP^+ + NAD^+ + ADP + Pi \xrightarrow{\text{ED途径}}$$

$$2H_3C{-}\overset{\overset{\displaystyle O}{\|}}{C}{-}COOH + NADH + H^+ + NADPH + H^+ + ATP$$

在该途径中生成的 2 分子丙酮酸脱羧生成乙醛，乙醛被还原成乙醇。所需还原力可由 3-磷酸甘油醛脱氢生成的 NADH 和 6-磷酸葡萄糖脱氢反应生成的 NADPH 提供。总反应式为

$$C_6H_{12}O_6 + ADP + Pi \longrightarrow 2CH_3CH_2OH + 2CO_2 + ATP$$

自古以来，乙醇发酵生产主要是靠酵母菌。细菌乙醇发酵是 20 世纪 70 年代才出现的。细菌乙醇发酵的优点是代谢速率快，发酵周期短，比酵母菌的乙醇产率高；缺点是发酵工艺技术条件要求很高，目前尚处于研究阶段。

10.5　糖的合成代谢

10.5.1　糖原的生物合成

葡萄糖为合成糖原的唯一原料，半乳糖和果糖都要通过磷酸葡萄糖才能变为糖原。在糖原的合成过程中需己糖激酶、葡萄糖磷酸变位酶、尿苷二磷酸葡萄糖（以下简称 UDPG）焦磷酸化酶、糖原合成酶、分支酶及 ATP 参加作用。其过程如图 10-15 所示。

UDPG 中的葡萄糖很活泼，容易形成糖苷键，在有小分子糖原作为引物（R）时，通过糖原合成酶的催化，UDPG 中的葡萄糖即以 1，4-糖苷键与小分子糖原连接增长糖原的分子链。分支酶再将新形成的葡聚糖链的部分 α-1，4-糖苷键变成α-1，6-糖苷键，形成糖原的支链。

合成糖苷键所需的能量，直接由 UTP 供给，UTP 的再合成则由 ATP 供应高能磷酸键，反应的逆反应需要磷酸酯酶（phosphatase）参加。磷酸酯酶是催化水解磷酸酯键的酶，如催化 6-磷酸葡萄糖水解成葡萄糖和磷酸的酶。

果糖、半乳糖、甘露糖也可转变为糖原，不过不是主要的来源。非糖物质（如乳酸、丙酮酸、丙酸、甘油及部分氨基酸）也可在肝脏和肾脏皮质中变成糖原。

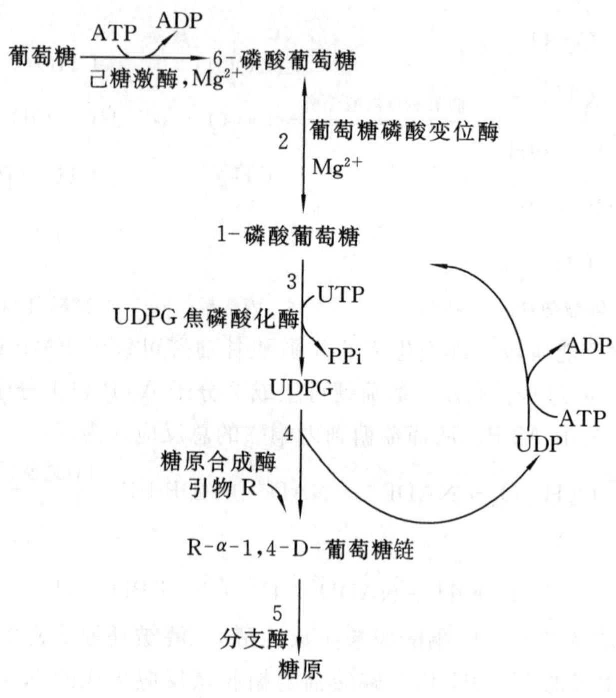

图 10-15　糖原的合成途径

10.5.2　糖异生作用

由非糖物质转化成葡萄糖或糖原的过程称为糖异生作用。凡是能生成丙酮酸的物质均可转变为葡萄糖,如乳酸、生糖氨基酸、甘油、TCA 循环的中间产物(柠檬酸、酮戊二酸、苹果酸等),主要在肝脏中进行。另外,肾脏中也可进行糖的异生,尤其是较长时间饥饿时肾脏中糖异生作用很强,相当于同质量的肝脏的水平。

1. 糖异生作用的反应途径

糖异生作用的多数反应是糖酵解途径的逆反应,但糖酵解途径中有 3 步反应不可逆,需要另外的酶来催化(图 10-16)。

2. 糖异生作用的关键步骤

上述途径中,绕过糖酵解途径的三个不可逆反应是糖异生作用的关键步骤。

6-磷酸葡萄糖 + H_2O —(6-磷酸葡萄糖磷酸酯酶, Pi)→ 葡萄糖

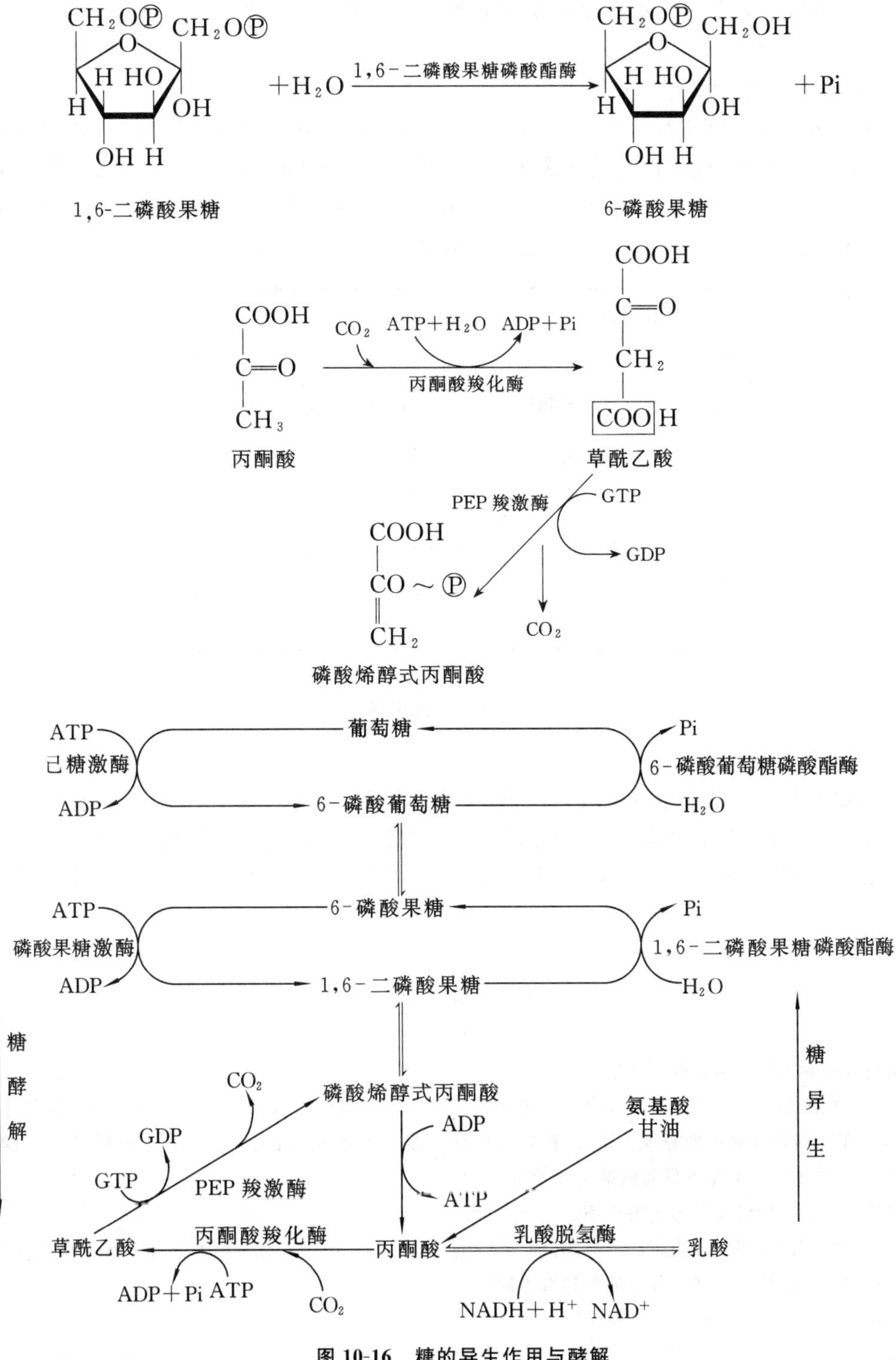

图 10-16 糖的异生作用与酵解

3. 糖异生作用的生理意义

1）对维持空腹或饥饿时血糖的相对恒定具有重要意义

体内糖储存量有限，如果没有外源性补充，只需 10 h 以上糖原即可耗尽。事实上，禁食

24 h时,血糖仍能保持正常水平,此时完全依赖糖异生作用。糖异生作用一直在进行,只是空腹和饥饿时明显加强。

2) 体内乳酸利用的主要方式

乳酸很容易通过细胞膜弥散入血,通过血液循环运到肝脏,经糖异生作用转变为葡萄糖;肝脏糖异生作用生成的葡萄糖又输送到血液循环,再被肌肉利用。这一过程叫做乳酸循环(又称 Cori 循环)(图 10-17)。可见,糖异生作用在乳酸再利用、肝糖原更新、补充肌肉糖的消耗,以及防止乳酸中毒等方面都起着重要作用。

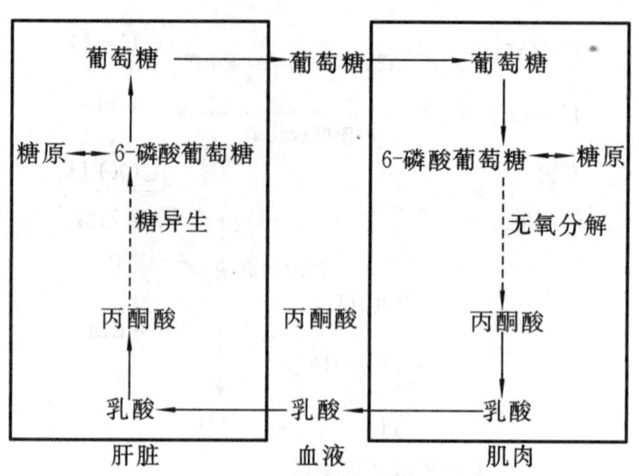

图 10-17 乳酸循环

3) 协助氨基酸代谢

大多数氨基酸都是生糖氨基酸,可以转变为丙酮酸、酮戊二酸和草酰乙酸,参加糖异生作用。实验证明:进食蛋白质后,肝糖原增加;禁食晚期,由于组织蛋白质分解加强,血液中氨基酸含量增加,糖异生作用活跃,是饥饿时维持血糖的主要来源。可见氨基酸转变成糖是氨基酸代谢的重要途径。

思 考 题

1. 何谓糖酵解和发酵?两者有何区别?
2. 什么是三羧酸循环?三羧酸循环经过几次氧化脱羧?产生 NADH、$FADH_2$和 GTP 的反应分别是什么?TCA 对于生物体有何重要意义?TCA 循环的中间产物一旦参加生物合成,使其浓度降低,因而影响 TCA 循环的进行。生物体是如何解决此矛盾的?
3. 简述草酰乙酸在糖代谢中的重要作用。
4. 用糖代谢的理论阐述发酵法生产乙醇、甘油、乳酸的生化机理。酵母乙醇发酵和细菌乙醇发酵有什么不同?同型乳酸发酵与异型乳酸发酵有什么不同?
5. 什么是糖异生作用?它有何生理意义?

第 11 章　脂质降解与脂肪酸代谢

脂质是脂肪及类脂的总称，广泛存在于动植物及微生物体内。脂肪的生理功能是储存能量及氧化供能，常大量存在于一些动植物组织和细胞内，可称为储存脂质，每克脂肪氧化可释放 38.87 kJ 能量，高于同等质量的糖类或蛋白质氧化释放的能量；类脂是机体组织的结构成分，可称为结构脂质，磷脂是生物膜的主要成分，固醇类物质是某些动物激素和维生素 D 及胆酸的前体。脂质代谢和人体健康及工农业生产等方面密切相关。

11.1　概　　述

人类及哺乳动物膳食中的脂质主要为脂肪，此外还含有少量磷脂、胆固醇等。脂质不溶于水，需要在小肠经胆汁中的胆汁酸盐作用下，乳化并分散成细小的微团（micelles）后，才能被消化酶水解。

11.1.1　脂质的消化、吸收和运输

1. 脂质的消化

小肠上段是脂质消化的主要场所，胰液及胆汁分泌后均进入十二指肠。胰腺分泌入十二指肠中消化脂质的酶有胰脂酶（pancreatic lipase）、磷脂酶 A_2（phospholipase A_2）、胆固醇酯酶（cholesterol esterase）及辅脂酶（colipase）。胆汁酸盐是较强的乳化剂，能降低脂质与水相之间的界面张力，使脂肪及胆固醇等疏水的脂质乳化成细小微团，增加消化酶对脂质的接触面积，有利于脂质的消化及吸收。

胰脂酶必须吸附在乳化脂肪微团的水-脂界面上，才能作用于微团内的甘油三酯。胰脂酶虽然依赖于胆汁酸盐的存在而发挥作用，但在肠腔内又受到胆汁酸盐的抑制，辅脂酶可完全解除这种抑制作用。因此，辅脂酶虽然不具有脂肪酶的催化作用，但在胰脂酶消化脂肪时是不可缺少的蛋白质辅因子。

胰脂酶特异催化甘油三酯（三酰甘油）的 α-酯键水解，生成 β-甘油单酯（β-monoglyceride，单酰甘油）及两分子脂肪酸。其水解是逐步进行的，即一种甘油三酯首先被 α-脂酶（α-lipaзe）水解为 α,β-甘油二酯（二酰甘油），再被水解为 β-甘油单酯。β-甘油单酯虽然也可被 α-脂酶水解，但作用很慢，它可被酯酶（esterase）水解为甘油和脂肪酸。甘油三酯的水解见图 11-1。

胰磷脂酶 A_2 催化磷脂 2 位酯键水解，生成脂肪酸及溶血磷脂。实际上动物体内存在多种能使甘油磷脂水解的磷脂酶类，分别作用于甘油磷脂分子中不同的酯键。

一元醇的酯类如胆固醇酯、乙酰胆碱等都是简单酯，胆固醇酯酶促进胆固醇酯水解生成游离胆固醇及脂肪酸，胆碱酯酶可催化乙酰胆碱的水解。

$$RCOOR' + H_2O \xrightarrow{\text{酯酶}} RCOOH + R'OH$$

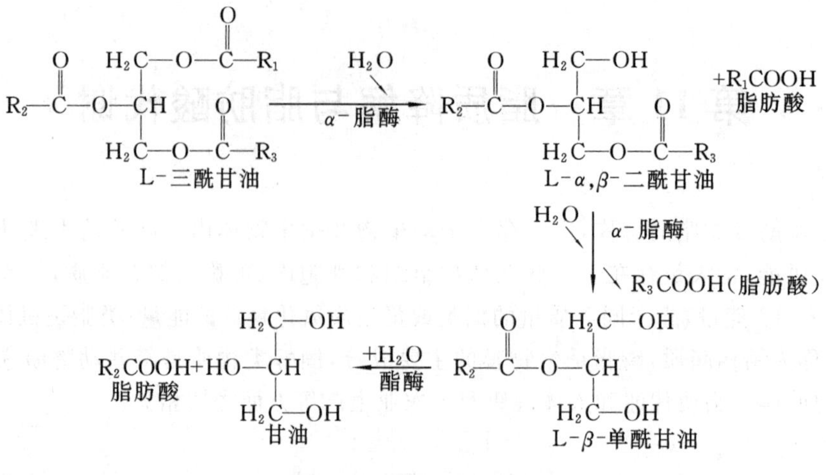

L-三酰甘油 + H_2O $\xrightarrow{\alpha\text{-脂酶}}$ L-α,β-二酰甘油 + R_1COOH（脂肪酸）

L-α,β-二酰甘油 + H_2O $\xrightarrow{\alpha\text{-脂酶}}$ L-β-单酰甘油 + R_3COOH（脂肪酸）

L-β-单酰甘油 $\xrightarrow[\text{酯酶}]{+H_2O}$ R_2COOH（脂肪酸） + 甘油

图 11-1 甘油三酯的水解

2. 脂质的吸收

脂质的消化产物包括甘油单酯、脂肪酸、胆固醇、溶血磷脂等，可与胆汁酸盐乳化成更小的混合微团(mixed micelles)。这种微团体积更小，极性更大，易于穿过小肠黏膜细胞表面的水屏障而被肠黏膜细胞吸收。

脂质消化产物吸收部位主要在十二指肠下段及空肠上段。由短链脂肪酸($C_2 \sim C_4$)和中链脂肪酸($C_6 \sim C_{10}$)构成的甘油三酯，只需经胆汁酸盐乳化后即可被吸收，吸收后在肠黏膜细胞内脂肪酶的作用下，水解为甘油和脂肪酸，通过门静脉进入血液循环。由长链脂肪酸($C_{12} \sim C_{26}$)构成的甘油三酯需经前述的消化水解后方可被吸收。长链脂肪酸及β-甘油单酯吸收入肠黏膜细胞后，在光面内质网脂酰 CoA 转移酶(acyl-CoA transferase)的催化下，由 ATP 供给能量，β-甘油单酯与 2 分子脂酰 CoA 再合成甘油三酯。甘油三酯再与粗面内质网合成的载脂蛋白(apolipoprotein)等，以及磷脂、胆固醇结合成乳糜微粒，经淋巴进入血液循环。约 75%的磷脂需水解后被吸收，这些水解产物也可以在肠壁重新合成完整的磷脂分子再进入血液，而约 25%的磷脂可以在胆汁酸盐的协助下，不经过消化就能直接吸收进入肝脏。食物中的胆固醇虽然分为游离态和脂肪酸结合态两种情况，但由于胰液和肠液中均含有能催化其水解的胆固醇酯酶，所以在肠道中都是以游离态吸收的。胆固醇必须借助于胆汁酸盐的乳化作用才能在肠道中被吸收，吸收后的胆固醇约有 2/3 又在肠黏膜细胞中经相应的酶催化重新合成胆固醇酯，再进入淋巴系统。

动物的小肠既能吸收完全水解的脂肪，又能吸收部分水解或未经水解的脂肪微滴。吸收途径大多由淋巴系统进入血液循环，也有小部分直接通过门静脉进入肝脏。

不被吸收的脂质进入大肠后可被细菌分解。

3. 脂质的运输

脂质的运输依赖于血液。血浆白蛋白具有结合游离脂肪酸的能力，每分子白蛋白可结合 10 分子脂肪酸。脂肪酸不溶于水，与白蛋白结合后由血液运送至全身各组织，主要由心、肝、骨骼肌等摄取利用。甘油溶于水，直接由血液运送至肝、肾、肠等组织。吸收后进入血液的脂质有三种主要形式：乳糜微粒、β-脂蛋白、未酯化的脂肪酸。血液中的脂质(统称为血脂)均以脂蛋白(lipoprotein)的形式运输(表 11-1)：乳糜微粒(CM)、极低密度脂蛋白(very low density lipoprotein，VLDL）、低密度脂蛋白（low density lipoprotein，LDL）、高密度脂蛋白（high density lipoprotein，HDL）。脂蛋白的亲水性对脂质的转运及代谢具有重要意义。

表 11-1　各种脂蛋白的组成、密度和生理功能

分　类	相对密度	组分含量/（%）				主要生理功能
		蛋白质	甘油三酯	胆固醇	磷脂	
CM	＜0.96	0.8～2.5	80～95	2～7	6～9	转运外源性脂肪
VLDL	0.96～1.006	5～10	50～70	10～15	10～15	转运内源性脂肪
LDL	1.006～1.063	25	10	45	20	转运胆固醇
HDL	1.063～1.210	45～50	5	20	36	转运磷脂和胆固醇

注：表中各组分的含量仅供参考，与选取样本有关。

11.1.2　脂肪的分解与合成

1. 脂肪的分解

消化吸收后的脂质除了被各组织氧化利用外，也可储存于脂肪组织。脂肪组织是储存脂肪的主要场所，以皮下、肾周围、肠系膜和腹腔大网膜等部位储存最多，称为脂库。动物在不能进食时，脂肪的储存在供能方面具有重要意义。人体内储存脂肪的多少，受性别、年龄、营养状况、活动程度、神经和激素等方面的影响，肥胖是体内储存脂肪过多的结果。储存脂肪被脂肪酶逐步水解为游离脂肪酸（free fatty acid，FFA）和甘油的过程称为脂肪动员。在脂肪动员中，脂库处的脂肪细胞内激素敏感性甘油三酯脂肪酶（hormone-sensitive triglyceride lipase）起决定性作用，它是脂肪分解的限速酶。

当禁食、饥饿或交感神经兴奋时，肾上腺素、去甲肾上腺素、胰高血糖素等分泌增加，作用于细胞膜表面受体，激活腺苷酸环化酶，促进 cAMP 合成，激活依赖 cAMP 的蛋白激酶，使细胞液内激素敏感性甘油三酯脂肪酶磷酸化而活化。活化后的甘油三酯脂肪酶使甘油三酯水解成甘油二酯及脂肪酸。该步反应是脂肪分解的限速步骤，催化反应的甘油三酯脂肪酶受多种激素的调控，故称之为激素敏感性甘油三酯脂肪酶。肾上腺素、胰高血糖素、促肾上腺皮质激素及促甲状腺素等这些促进脂肪分解的激素称为脂解激素，都能促进脂肪动员。胰岛素、前列腺素 E_2 及烟酸等抑制脂肪动员，对抗脂解激素的作用。

脂解作用使储存脂肪分解成游离脂肪酸及甘油，然后释放入血液中。脂肪酸与血浆清蛋白结合，运输至各组织中，通过脂肪酸代谢途径以供氧化利用，也可先经肝脏改造后再被各组织利用。甘油主要是在肝甘油激酶（glycerokinase）作用下，转变为 3-磷酸甘油，然后脱氢生成磷酸二羟基丙酮，沿糖代谢途径进行分解或异生为糖或糖原（图 11-2）。但脂肪细胞及骨骼肌等组织因甘油激酶活性很低，故不能很好地利用甘油。

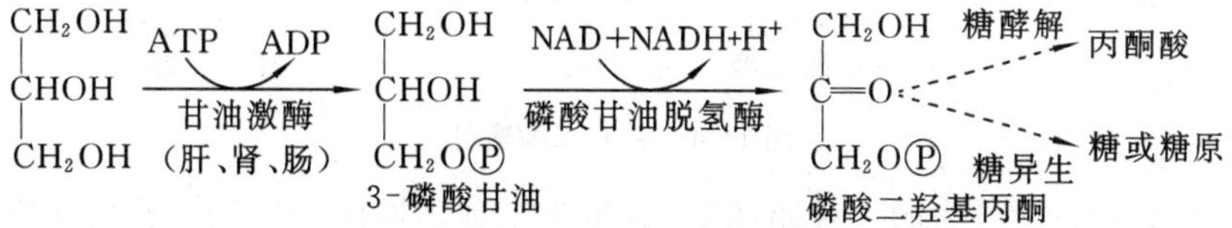

图 11-2　甘油的分解代谢途径

2. 脂肪的合成

甘油三酯是机体储存能量的形式。机体摄入的糖、脂肪、蛋白质等均可合成脂肪并在脂肪组织储存。肝、脂肪组织及小肠是合成甘油三酯的主要场所,三者均含合成甘油三酯的脂酰 CoA 转移酶。合成脂肪的能力以肝为最强,脂肪组织也是机体合成脂肪的一个重要组织,它不仅可利用由食物而来的乳糜微粒或极低密度脂蛋白中的脂肪酸合成脂肪,更可将葡萄糖作为原料合成脂肪,而合成甘油三酯所需的甘油及脂肪酸主要由葡萄糖代谢提供。脂肪的合成有两条基本途径。

1) 甘油单酯途径

小肠黏膜细胞主要利用消化吸收的甘油单酯及脂肪酸再合成甘油三酯。这一途径是小肠黏膜合成脂肪的主要途径(图 11-3)。

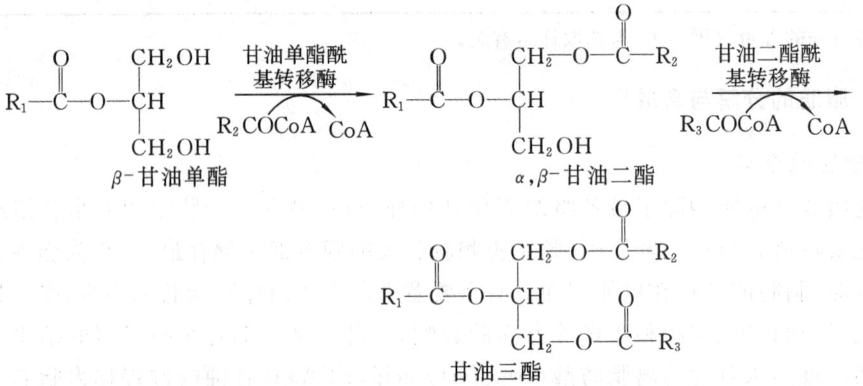

图 11-3　甘油单酯途径

2) 甘油二酯途径

甘油二酯途径是肝细胞及脂肪细胞合成脂肪的主要途径。葡萄糖经糖酵解途径生成 3-磷酸甘油,在脂酰基转移酶的作用下,在 α、β 位依次加上 2 分子脂酰 CoA,生成磷脂酸(phosphatidic acid)。然后在磷脂酸磷酸酶的作用下,水解脱去磷酸生成 1,2-甘油二酯,最后在脂酰基转移酶的催化下,再加上 1 分子脂酰基即生成甘油三酯(图 11-4)。

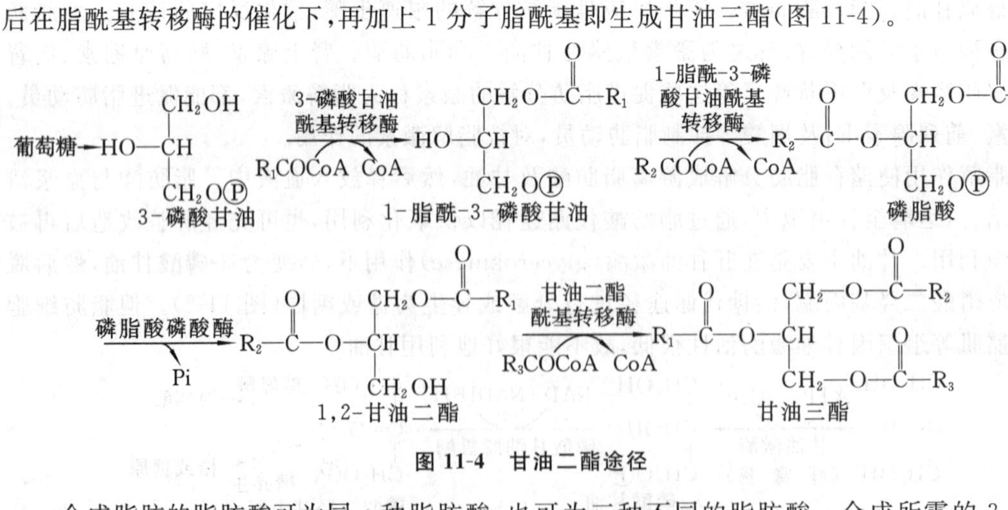

图 11-4　甘油二酯途径

合成脂肪的脂肪酸可为同一种脂肪酸,也可为三种不同的脂肪酸。合成所需的 3-磷酸甘油主要由糖代谢提供。肝、肾等部位含有甘油激酶,该酶能使游离甘油磷酸化生成 3-磷酸甘油。脂肪细胞因缺乏甘油激酶而不能利用甘油合成脂肪。

11.2　脂肪酸氧化

脂肪酸的氧化部位:原核生物在细胞溶胶中,真核生物在线粒体基质中,植物在乙醛酸体、过氧化物体中。脂肪酸是哺乳动物的主要能源物质之一。在 O_2供给充足的条件下,脂肪酸可在体内分解成 CO_2及水的同时释放出大量能量,以 ATP 形式供机体利用。除脑组织外,大多数组织能氧化脂肪酸,但以肝和肌肉为最活跃。

11.2.1　脂肪酸的 β-氧化

1. 酸的活化——脂酰 CoA 的生成

细胞内分解脂肪酸的酶只能氧化分解脂酰 CoA,而不能氧化分解游离脂肪酸,所以脂肪酸必须转变为脂酰 CoA 才可以被氧化,这种转变称为脂肪酸活化。脂肪酸活化在细胞液中进行。内质网及线粒体外膜上的脂酰 CoA 合成酶(acyl-CoA synthetase)在 ATP、CoASH、Mg^{2+} 存在的条件下,催化脂肪酸活化,生成脂酰 CoA。

$$RCH_2CH_2CH_2COOH + CoASH \longrightarrow RCH_2CH_2CH_2CO\sim SCoA + AMP + PPi$$

脂酰 CoA 水溶性比游离脂肪酸好得多,所以脂肪酸活化后不仅含有高能硫酯键,而且增加了水溶性,从而提高了脂肪酸的代谢活性。反应过程中生成的焦磷酸立即被细胞内的焦磷酸酶水解,阻止了逆向反应的进行。因此,1 分子脂肪酸活化,实际上消耗了 2 个高能磷酸键,在计算能量转换时,往往将脂肪酸活化的能量消耗计为 2 个 ATP。

2. 脂酰 CoA 进入线粒体

因为催化脂酰 CoA 氧化分解的酶系全部存在于线粒体的基质中,活化的脂酰 CoA 必须进入线粒体内才能进行氧化分解。实验证明,游离的长链脂肪酸及长链脂酰 CoA 不能直接透过线粒体内膜,需要借助于肉碱的转运才可进入线粒体内。

线粒体外膜存在肉碱脂酰转移酶Ⅰ(carnitine acyl transferase Ⅰ),能够催化长链脂酰 CoA 与肉碱作用生成脂酰肉碱(acyl carnitine),而脂酰肉碱即可在线粒体内膜的肉碱-脂酰肉碱转位酶(carnitine-acylcarnitine translocase)的作用下,通过内膜转入线粒体基质内。该转位酶是线粒体内膜转运肉碱及脂酰肉碱的载体,它在转运 1 分子脂酰肉碱进入线粒体基质的同时,还将 1 分子肉碱由线粒体基质内转运到线粒体内膜与外膜之间的膜间空隙。进入线粒体内的脂酰肉碱,则在位于线粒体内膜内侧的肉碱脂酰转移酶Ⅱ的作用下,转变为脂酰 CoA 和肉碱。脂酰 CoA 可在线粒体基质中酶系的作用下,进行 β-氧化,脂酰肉碱可由肉碱-脂酰肉碱转位酶作用转运到线粒体的膜间空隙,重新生成脂酰肉碱(图 11-5)。

因为脂酰 CoA 进入线粒体是脂肪酸 β-氧化的主要限速步骤,所以肉碱脂酰转移酶Ⅰ尽管没有直接参与脂肪酸 β-氧化反应,但仍然是脂肪酸 β-氧化的限速酶。当饥饿、高脂低糖膳食或糖尿病时,机体不能利用糖分解提供能量,这时肉碱脂酰转移酶Ⅰ活性增强而导致脂肪酸氧化增强,从而为机体供能。

3. 脂肪酸的 β-氧化

脂酰 CoA 进入线粒体基质后,在线粒体基质中疏松结合的脂肪酸 β-氧化酶复合体的催化下进行 β-氧化,在没完成氧化步骤之前,各种中间产物不易离开多酶复合体。其氧化过程是从脂酰基的 β-碳原子开始,连续进行脱氢、加水、再脱氢、硫解 4 步反应,使脂酰基断裂生

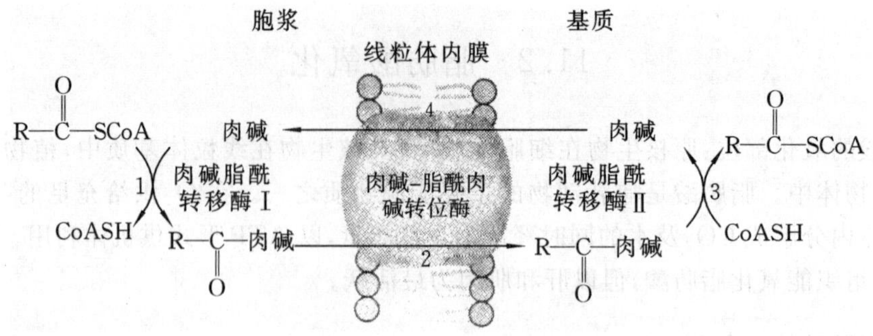

图 11-5　脂酰 CoA 转移至线粒体

成 1 分子比原来少 2 个碳原子的脂酰 CoA 和 1 分子乙酰 CoA。如此反复循环进行，直至脂酰 CoA 全部变成乙酰 CoA(图11-6)。

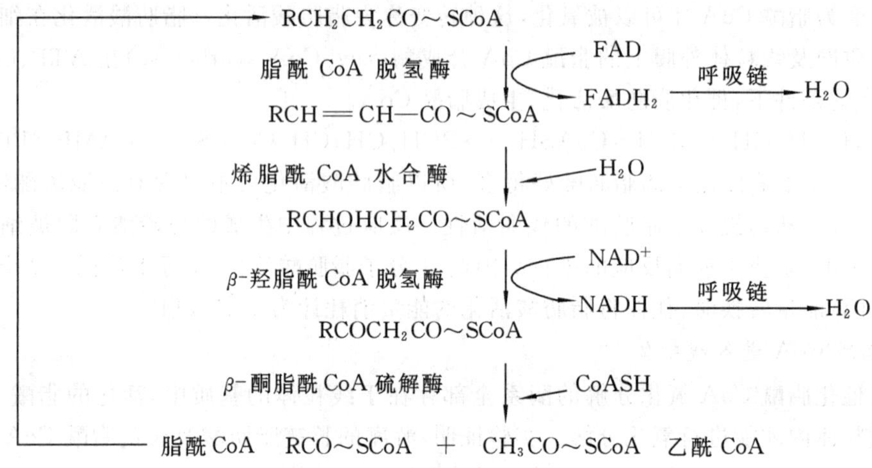

图 11-6　脂肪酸的 β-氧化历程

脂肪酸 β-氧化的具体过程如下。

(1) 脱氢。脂酰 CoA 在脂酰 CoA 脱氢酶的催化下，α、β-碳原子各脱下一个氢原子后生成反-Δ^2烯脂酰 CoA，脱下的氢原子由 FAD 接受生成 $FADH_2$。

$$\underset{\text{脂酰 CoA}}{R-CH_2-\overset{\beta}{C}H_2-\overset{\alpha}{C}H_2-\overset{O}{\overset{\|}{C}}\sim SCoA} \xrightarrow[\text{FAD}\ \ \text{FADH}_2]{\text{脂酰 CoA 脱氢酶}} \underset{\text{烯脂酰 CoA(反式)}}{R-CH_2-\overset{H}{\overset{|}{C}}=\underset{H}{\underset{|}{C}}-\overset{O}{\overset{\|}{C}}\sim SCoA}$$

$\Delta G^{\ominus\prime}=-20\ \text{kJ/mol}$

不同的脂酰 CoA 脱氢酶可以作用于不同长度的碳链脂酰 CoA，但这些脱氢酶的辅基都是 FAD。该反应实际上是可逆的，但催化逆反应的酶是另一种酶。

(2) 加水。反-Δ^2烯脂酰 CoA 在 Δ^2烯脂酰 CoA 水合酶(enoyl-CoA hydratase)的催化下，将一分子的水在 β-碳原子上加一个羟基，在 α-碳原子上加一个氢生成 L-β-羟脂酰 CoA。该反应属于可逆反应，酶的底物要求为反式构型，但从牛肝线粒体分离得到的烯脂酰 CoA 水合酶不含有任何辅基，并且对脂肪酰碳链的长度也没有专一性。

$$R—CH_2—\underset{H}{C}=\overset{H}{C}—\overset{O}{\overset{\|}{C}}\sim SCoA \xrightleftharpoons{\text{烯脂酰 CoA 水合酶}} R—CH_2—\underset{H}{\overset{OH}{C}}—\underset{H}{\overset{H}{C}}—\overset{O}{\overset{\|}{C}}\sim SCoA$$

烯脂酰 CoA(反式)　　$\Delta G^{\ominus\prime}=-3.1\ kJ/mol$　　L-β-羟脂酰 CoA

(3) 再脱氢。L-β-羟脂酰 CoA 在β-羟脂酰 CoA 脱氢酶(hydroxyacyl-CoA dehydrogenase)的催化下,脱下 2 个氢原子生成β-酮脂酰 CoA,脱下的 2 个氢原子由 NAD^+ 接受,生成 NADH 及 H^+。该脱氢酶具有立体异构专一性,只催化 L-羟脂酰 CoA 脱氢而对 D-羟脂酰 CoA 不起脱氢催化作用。

$$R—CH_2—\underset{H}{\overset{OH}{C}}—CH_2—\overset{O}{\overset{\|}{C}}\sim SCoA \xrightarrow[NAD^+ \ \curvearrowright\ NADH+H^+]{\beta\text{-羟脂酰 CoA 脱氢酶}} R—CH_2—\overset{O}{\overset{\|}{C}}—CH_2—\overset{O}{\overset{\|}{O}}\sim SCoA$$

L-β-羟脂酰 CoA　　$\Delta G^{\ominus\prime}=+15.7\ kJ/mol$　　β-酮脂酰 CoA

(4) 硫解。β-酮脂酰 CoA 在β-酮脂酰 CoA 硫解酶(β-ketoacyl-CoA thiolase)催化作用下,通过 CoASH 的巯基使β-酮脂酰 CoA 碳链断裂,生成 1 分子乙酰 CoA 和少 2 个碳原子的脂酰 CoA。

$$R—CH_2—\overset{O}{\overset{\|}{C}}—CH_2—\overset{O}{\overset{\|}{C}}\sim SCoA \xrightarrow[\nearrow CoASH]{\beta\text{-酮脂酰 CoA 硫解酶}} R—CH_2—\overset{O}{\overset{\|}{C}}\sim SCoA + CH_3—\overset{O}{\overset{\|}{C}}\sim SCoA$$

β-酮脂酰 CoA　　$\Delta G^{\ominus\prime}=-28\ kJ/mol$　　脂酰 CoA(比原来少 2 个碳原子)　　乙酰 CoA

新生成的脂酰 CoA,可再进行脱氢、加水、再脱氢及硫解反应,每经过一轮上述反应,就脱下一个二碳单位的乙酰 CoA,对于偶数碳的脂肪酸(自然界多为偶数碳的脂肪酸)而言,如此反复进行上述反应,直至最后生成丁酰 CoA,丁酰 CoA 再进行一次β-氧化,即完成脂肪酸的β-氧化。虽然β-氧化的几个反应基本是可逆的,但由于硫解酶所催化的反应是放热反应(−28 kJ/mol),并且自由能变化比较大,因此,整个反应系统的平衡点偏向于脂肪酸的分解。

由脂肪酸经β-氧化后生成的大量乙酰 CoA,一部分在线粒体内通过 TCA 循环彻底被氧化,另一部分在线粒体中缩合生成酮体,通过血液运送至肝外组织氧化利用。

4. 脂肪酸β-氧化的生理意义

(1) 脂肪酸氧化是体内能量的重要来源。以软脂酸(十六酸,palmitic acid)为例,每分子软脂酸经过 7 次β-氧化,总共生成 7 分子 $FADH_2$、7 分子 $NADH+H^+$、8 分子乙酰 CoA。通过呼吸链每分子 $FADH_2$ 氧化产生 1.5 分子 ATP,每分子 $NADH+H^+$ 氧化产生 2.5 分子 ATP,每分子乙酰 CoA 通过 TCA 循环氧化产生 10 分子 ATP。因此,1 分子软脂酸彻底氧化共生成 ATP 的数目为

$$(7\times1.5)+(7\times2.5)+(8\times10)=108$$

减去脂肪酸活化时耗去的 2 个高能磷酸键(相当于 2 个 ATP),净生成 106 分子 ATP。

这些 ATP 在体内分解可以直接为机体供能。

(2) β-氧化的产物乙酰 CoA 除了作为产生能量的物质外,也是糖、蛋白质代谢的中间产物,所以乙酰 CoA 还是体内各种物质交流的枢纽,即乙酰 CoA 还可以作为合成脂肪酸、酮体、某些氨基酸等物质的原料。

(3) β-氧化过程产生的物质最后在通过呼吸链产生能量的同时生成大量的水,这些水对于陆生动物来说是至关重要的。

11.2.2 脂肪酸的其他氧化途径

1. 不饱和脂肪酸的氧化

生物体内的不饱和脂肪酸一般只含顺式双键。单不饱和脂肪酸的双键通常位于 C(9) 和 C(10)之间,如油酸。当 β-氧化到一定程度时,形成顺式烯脂酰 CoA,而 β-氧化只在反式烯脂酰 CoA 中进行,所以需要烯脂酰 CoA 异构酶催化双键的异构(顺式-反式异构)。多不饱和脂肪酸的双键位置往往与前面的双键相隔 3 个碳原子,如亚油酸,2 个双键之间不能形成共轭双键,并且 2 个双键还分别在奇数碳原子和偶数碳原子上,因此,当 β-氧化使之成为 2,4-二烯脂酰 CoA 且不易被脂酰水解酶水解时,需要烯脂酰 CoA 异构酶及 2,4-二烯脂酰 CoA 还原酶的催化,使 2,4-二烯脂酰 CoA 转变为能够进行 β-氧化的反-2-脂酰 CoA,其还原过程是依赖 NADPH 的反应。不饱和脂肪酸的氧化过程见图 11-7。

2. 奇数脂肪酸的氧化

人体含有极少量奇数碳原子脂肪酸。奇数碳原子脂肪酸的氧化的前阶段也是经过 β-氧化生成乙酰 CoA,但最终生成的不是乙酰 CoA,而是丙酰 CoA。丙酰 CoA 需经过丙酰 CoA 羧化酶的催化作用,生成(*S*)-甲基丙二酸单酰 CoA,该反应需要生物素作为辅基,并由 ATP 水解为 ADP 和 Pi 提供能量驱动反应进行。(S)-甲基丙二酸单酰 CoA 再在甲基丙二酸单酰 CoA 消旋酶的作用下转变为(*R*)-甲基丙二酸单酰 CoA,然后通过甲基丙二酸单酰 CoA 变位酶的作用,生成琥珀酰 CoA,该反应需 5′-腺苷钴胺素作为辅基。丙酰 CoA 到琥珀酰 CoA 的转化过程见图 11-8。

生成的琥珀酰 CoA 虽然是进入柠檬酸循环而被氧化,但并非直接作为柠檬酸循环的底物,而是必须先转化为丙酮酸再转化为乙酰 CoA。这个过程包括琥珀酰 CoA 转变为苹果酸,再由苹果酸酶(malic enzyme)催化,氧化脱羧生成丙酮酸和 CO_2,接着丙酮酸通过丙酮酸脱氢酶和柠檬酸循环彻底被氧化。

3. 脂肪酸的 α-氧化

脂肪酸 α-氧化方式首先发现于植物种子及叶组织中,后来发现动物肝脏以及脑组织中也存在这种氧化方式。植物种子萌发时,脂肪酸的 α-碳通过单加氧酶的催化作用被氧化成羟基,生成 α-羟基脂肪酸,反应需要氧参加,α-羟基脂肪酸再经过脱氢酶催化脱氢形成 α-酮脂酸,最后经脱羧酶催化脱羧成为比原来少 1 个碳原子的脂肪酸,最后的脱羧反应也需要单加氧酶和氧参加。

$$\underset{\text{脂肪酸}}{RCH_2COOH} \xrightarrow{\text{单加氧酶}} \underset{\alpha\text{-羟基脂肪酸}}{RCH(OH)COOH} \xrightarrow{\text{脱氢酶}} \underset{\alpha\text{-酮脂酸}}{RC(=O)COOH} \xrightarrow[\searrow CO_2]{\text{脱羧酶}} \underset{\text{脂肪酸}}{RCOOH}$$

(少 1 个碳原子)

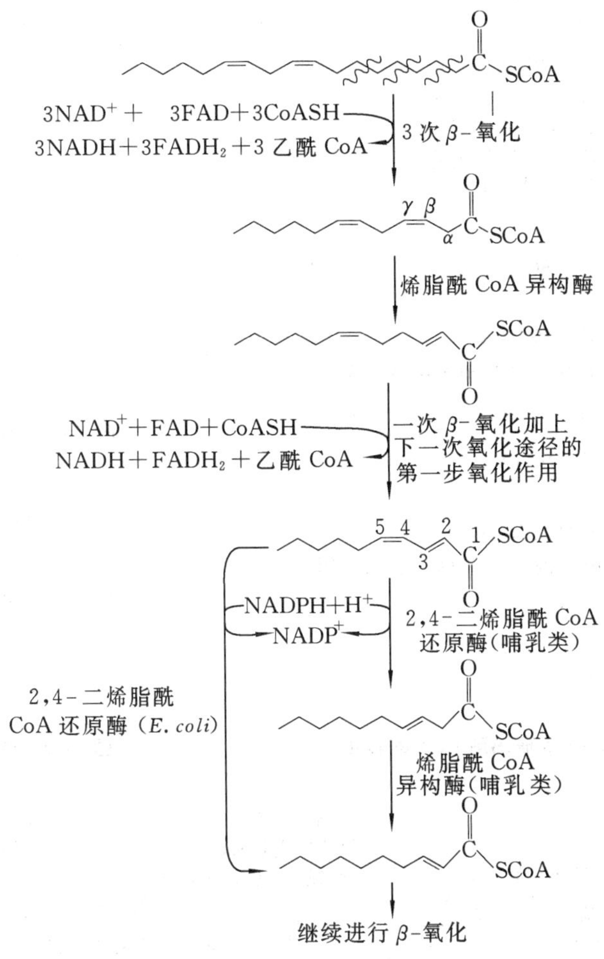

图 11-7　不饱和脂肪酸的氧化

4. 脂肪酸的 ω-氧化

动物体内多为 12 碳以上的脂肪酸，这些长链脂肪酸可通过 β-氧化而分解，但动物体内也存在 12 碳以下的脂肪酸（如癸酸和十一酸），这些脂肪酸可通过 ω-氧化而进行分解。动物肝脏的微粒体中存在着一种酶系，能催化 ω-氧化。ω-氧化是指脂肪酸最末端的碳原子首先被氧化成羟基，形成 ω-羟脂肪酸，然后进一步将羟基氧化为羧基，使脂肪酸成为 α，ω-二羧酸。二羧酸的两端都与 CoA 结合，并进行 β-氧化。脂肪酸的 ω-氧化见图 11-9。

11.2.3　酮体的代谢

酮体（ketone body）包括乙酰乙酸（acetoacetate）、β-羟基丁酸（β-hydroxybutyrate）及丙酮。肝具有活性较强的合成酮体的酶系，但缺乏利用酮体的酶系，因此酮体便成了脂肪酸在肝分解氧化时特有的中间代谢产物。

1. 酮体的生成

脂肪酸在线粒体中经 β-氧化时生成大量的乙酰 CoA，这些乙酰 CoA 就是合成酮体的原料。酮体的合成在线粒体内酶的催化下，分三步进行（图 11-10）。

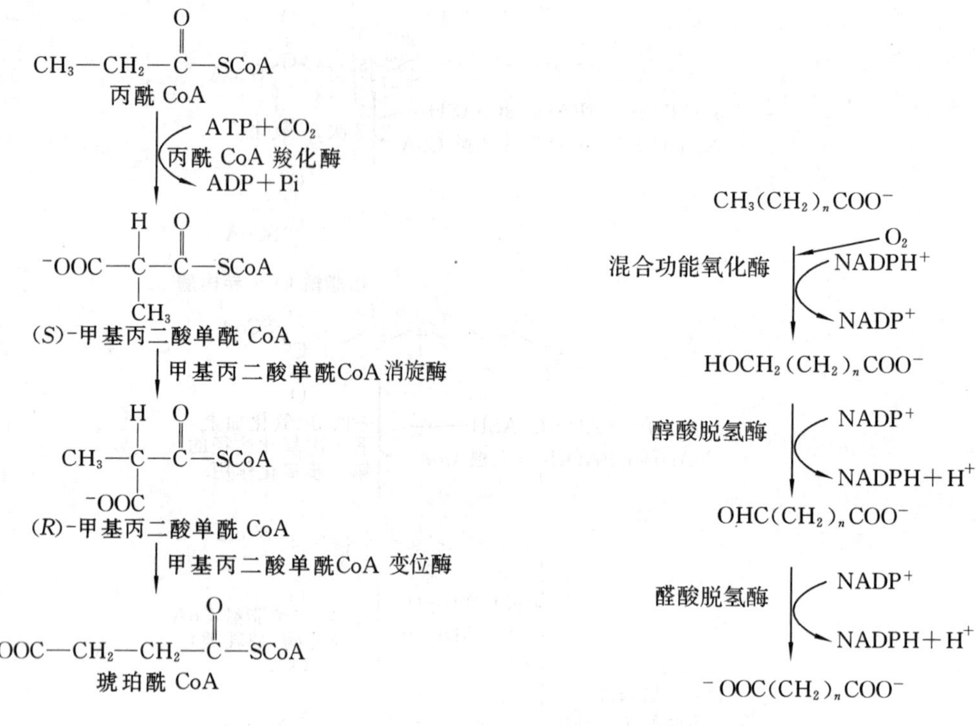

图 11-8　丙酰 CoA 到琥珀酰 CoA 的转化

图 11-9　脂肪酸的 ω-氧化

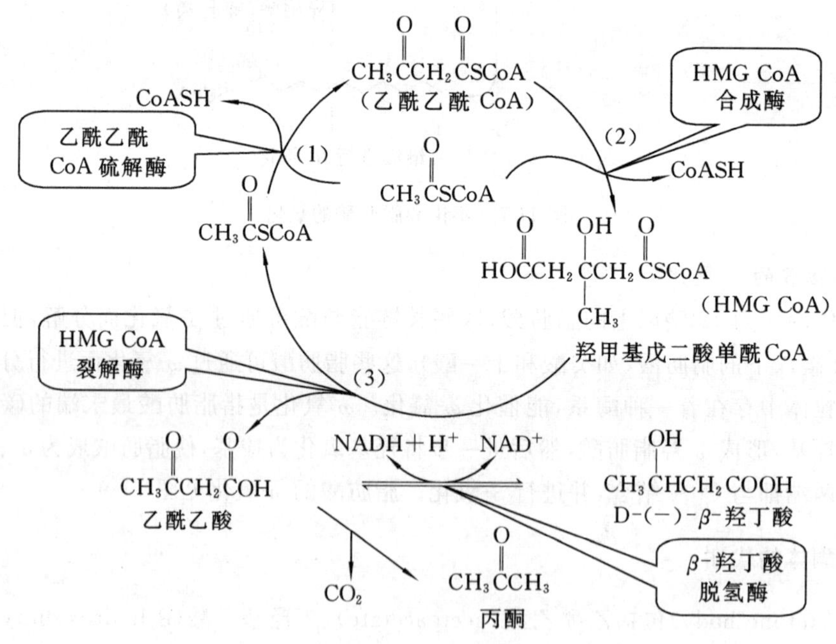

图 11-10　酮体的合成

(1) 2 分子乙酰 CoA 在肝线粒体乙酰乙酰 CoA 硫解酶的作用下，发生缩合反应形成乙酰乙酰 CoA，同时释放出 1 分子 CoASH。

(2) 乙酰乙酰 CoA 在羟甲基戊二酸单酰 CoA 合成酶的催化下，再与 1 分子乙酰 CoA

缩合生成羟甲基戊二酸单酰 CoA(3-hydroxy-3-methyl glutaryl CoA,HMG CoA),同时释放出 1 分子 CoA。

(3) 羟甲基戊二酸单酰 CoA 又在 HMG CoA 裂解酶的作用下,裂解生成乙酰乙酸和乙酰 CoA。形成的乙酰乙酸可以进一步形成另两种酮体。乙酰乙酸在线粒体内膜中 β-羟丁酸脱氢酶的催化下,被还原成 β-羟丁酸,所需的氢由 NADH 提供,还原的速率由[NADH]/[NAD^+]值决定。部分乙酰乙酸还可以在酶催化下脱羧而成为丙酮。

2. 酮体的利用

生成酮体是肝特有的功能,这是因为肝线粒体内含有各种合成酮体的酶类,尤其是 HMG CoA 合成酶。可是肝氧化酮体的酶活性非常低,导致肝不能氧化酮体。肝产生的酮体只能透过细胞膜进入血液,通过血液运输到肝外组织才可进一步被分解氧化利用。肝外许多组织具有活力很强的利用酮体的酶(图 11-11)。

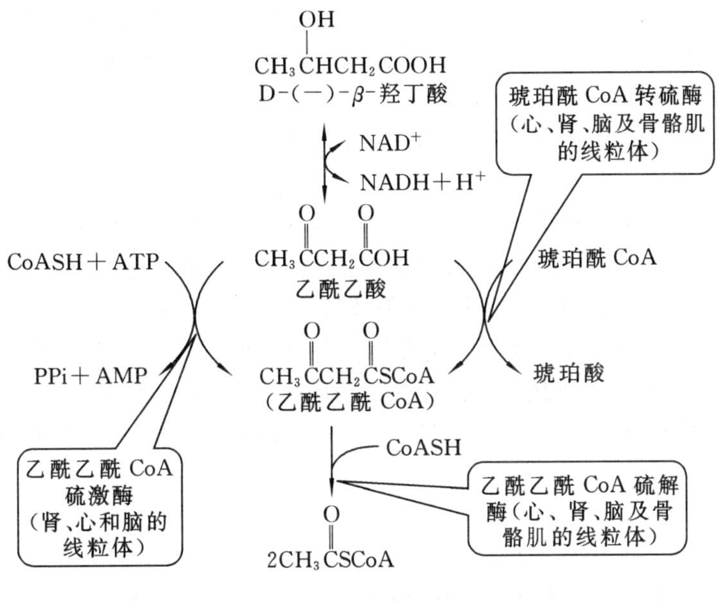

图 11-11　酮体的利用

(1) 琥珀酰 CoA 转硫酶。心、肾、脑及骨骼肌的线粒体具有较高的琥珀酰 CoA 转硫酶活力,当琥珀酰 CoA 存在时,该酶可使乙酰乙酸活化,生成乙酰乙酰 CoA。

(2) 乙酰乙酰 CoA 硫解酶。心、肾、脑及骨骼肌的线粒体中另有乙酰乙酰 CoA 硫解酶,可使乙酰乙酰 CoA 硫解,生成 2 分子乙酰 CoA,生成的乙酰 CoA 可进入 TCA 循环而被彻底氧化。

(3) 乙酰乙酰 CoA 硫激酶。肾、心和脑的线粒体中还有乙酰乙酰 CoA 硫激酶,也可直接活化乙酰乙酸生成乙酰乙酰 CoA,乙酰乙酰 CoA 在前述硫解酶的作用下硫解为 2 分子乙酰 CoA。

另两种酮体也可以被利用。β-羟基丁酸可在 β-羟基丁酸脱氢酶的催化下,脱氢生成乙酰乙酸,再转变成乙酰 CoA 而被氧化;部分丙酮通过一系列酶作用可转变为丙酮酸或乳酸,进而可以异生成糖,这是脂肪酸的碳原子转变成糖的一条途径。

3. 酮体生成的生理意义

酮体是脂肪酸在肝内正常的中间代谢产物,因为肝不能利用而必须输出到肝外组织被氧化利用,所以这是肝输出能源的一种形式。脑组织虽然不能氧化脂肪酸,但能利用酮体。酮体溶于水,分子小,能通过血脑屏障及肌肉毛细血管壁,是肌肉尤其是脑组织的重要能源。如果长期饥饿、糖供应不足,酮体可以代替葡萄糖成为脑组织及肌肉的主要能源。

在正常情况下,血液中仅含有少量酮体,而在饥饿、高脂低糖膳食及糖尿病时,脂质代谢显著增高,致使酮体生成量增加。如果酮体生成量超过肝外组织利用的能力,则引起血液中酮体含量升高,可导致酮症酸中毒(acidosis)。酮体引起的酸中毒危害有两个方面:一是扰乱体内的正常 pH 值,二是破坏机体的水盐代谢平衡。

4. 酮体生成的调节

(1) 饮食与激素的影响。饱食后,具有抑制脂肪动员、对抗脂解激素作用的胰岛素分泌量增加,致使进入肝的脂肪酸减少,因而酮体生成量减少。饥饿时,促进脂肪动员的胰高血糖素等脂解激素分泌量增多,致使血液中游离脂肪酸浓度升高而使肝摄取的游离脂肪酸增多,有利于脂肪酸 β-氧化及酮体生成。

(2) 肝糖原含量及代谢的影响。进入肝细胞的游离脂肪酸主要有两条去路:一是在细胞液中酯化合成甘油三酯及磷脂;二是进入线粒体内进行 β-氧化,生成乙酰 CoA 及酮体。当饱食及糖供给充足时,肝糖原丰富,糖代谢旺盛,进入肝细胞的脂肪酸主要与 3-磷酸甘油反应,酯化生成甘油三酯及磷脂。当饥饿或糖供给不足时,糖代谢减弱,3-磷酸甘油及 ATP 供量不足,脂肪酸酯化量减少,主要进入线粒体进行 β-氧化,酮体量增多。

(3) 丙二酸单酰 CoA 竞争抑制。饱食后正常进行的糖代谢所产生的乙酰 CoA 及柠檬酸能够别构激活乙酰 CoA 羧化酶而促进丙二酸单酰 CoA 的合成,丙二酸单酰 CoA 能竞争性抑制肉碱脂酰转移酶Ⅰ,从而阻止脂酰 CoA 进入线粒体内进行 β-氧化而使酮体量减少。

11.2.4 脂肪酸合成

1. 饱和脂肪酸的生物合成

饱和脂肪酸的生物合成有两条途径,即由细胞质酶系(非线粒体酶系)从乙酰 CoA 开始合成饱和脂肪酸的途径和其他酶系(线粒体酶系、微粒体内质网酶系)的饱和脂肪酸碳链延长的途径。细胞质酶系只能合成最长为 16 碳的脂肪酸,更长的脂肪酸则需要通过饱和脂肪酸碳链延长途径完成。

1) 细胞质酶系合成饱和脂肪酸的途径

这一合成途径存在于人体及其他动物的肝、肾、脑、肺、乳腺、脂肪组织等,这些组织的细胞液中含有脂肪酸合成酶系,是处于线粒体外的合成途径,又称丙二酸单酰 CoA 途径。

(1) 脂肪酸合成原料乙酰 CoA 的转运。合成脂肪酸的主要原料是乙酰 CoA,这些乙酰 CoA 主要来自葡萄糖分解代谢,以及丙氨酸脱氢、乳酸脱氢产生的丙酮酸氧化脱羧。这些乙酰 CoA 都是在线粒体内产生的,而合成脂肪酸的酶系却存在于细胞液,因此线粒体内的乙酰 CoA 必须进入细胞液才能成为合成脂肪酸的原料。乙酰 CoA 不能自由透过线粒体内膜,而是需要借助于柠檬酸-丙酮酸循环(citrate-pyruvate cycle)才能到达线粒体外(图 11-12)。该循环中,乙酰 CoA 首先在线粒体内与草酰乙酸缩合生成柠檬酸,柠檬酸可以通过线粒体内膜上高活性的三羧酸阴离子转运载体进入细胞液,细胞液中在 ATP 存在的情况

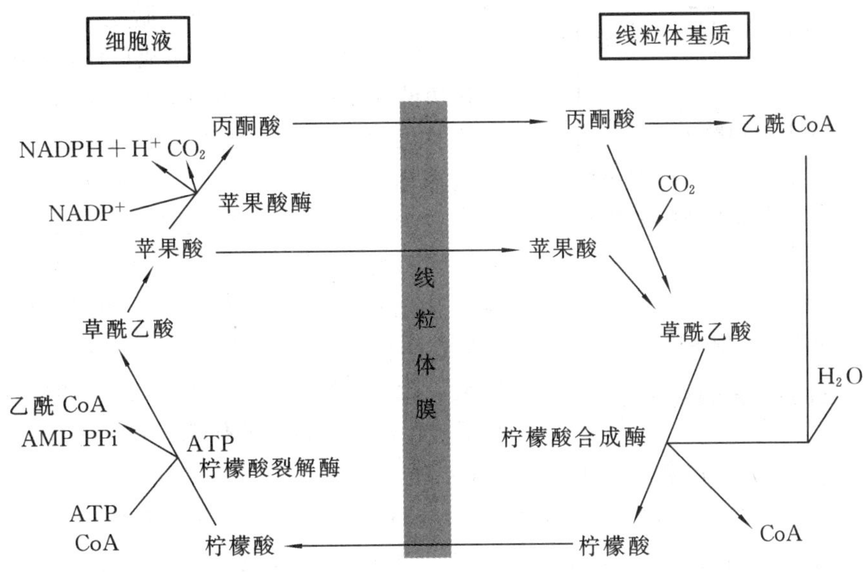

图 11-12　柠檬酸-丙酮酸循环

下，柠檬酸裂解酶(citrate lyase)催化柠檬酸裂解释放出乙酰 CoA 及草酰乙酸。进入细胞液的乙酰 CoA 即可用以合成脂肪酸，而草酰乙酸则由苹果酸脱氢酶催化(NADH 供氢)还原成苹果酸，苹果酸既可经线粒体内膜载体转运入线粒体内，又可在苹果酸酶的作用下分解为丙酮酸，再转运入线粒体内，最终均形成线粒体内的草酰乙酸，再参与转运乙酰 CoA。柠檬酸-丙酮酸循环可简称为柠檬酸转运。

乙酰 CoA 除通过柠檬酸-丙酮酸循环转运到细胞液中外，还可以通过 α-酮戊二酸转运(图 11-13)和肉碱转运(图 11-14)，但以柠檬酸-丙酮酸循环为主。

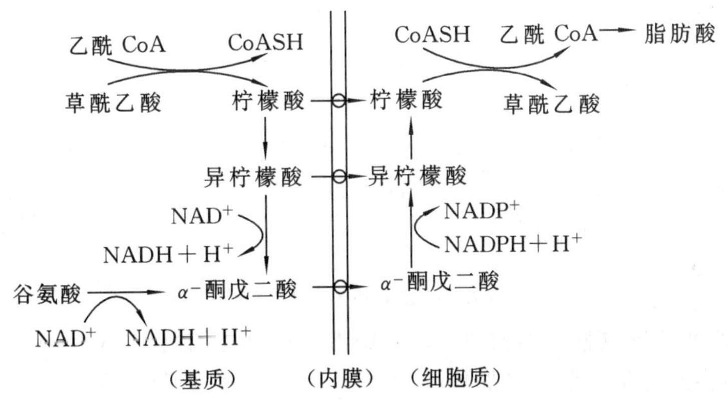

图 11-13　α-酮戊二酸转运系统

(2) 丙二酸单酰 CoA 的形成。脂肪酸合成起始于乙酰 CoA 转化成丙二酸单酰 CoA。以柠檬酸裂解而产生的乙酰 CoA 为原料，经羧化反应生成丙二酸单酰 CoA。该反应由存在于细胞液中的乙酰 CoA 羧化酶催化。该酶有两种存在形式：一种是无活性的单体，相对分子质量约为40 000；另一种是有活性的多聚体，相对分子质量为600 000～800 000，通常由10～20个单体构成，呈线状排列。柠檬酸、异柠檬酸都可使该酶发生别构，由无活性的单体

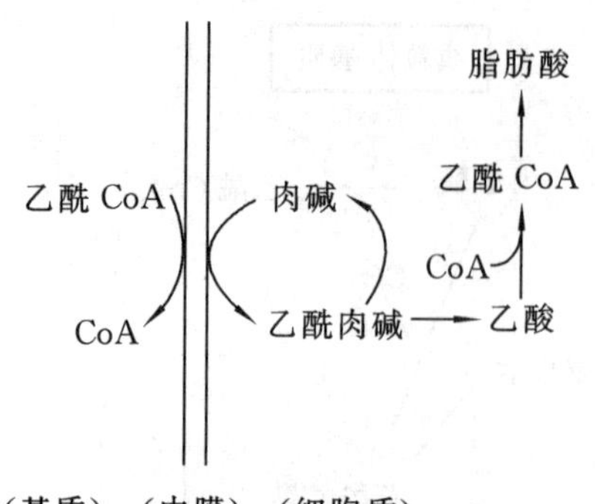

图 11-14　肉碱转运系统

聚合成有活性的多聚体，而软脂酰 CoA 及其他长链脂酰 CoA 则能使多聚体解聚成单体，抑制乙酰 CoA 羧化酶的催化活性。乙酰 CoA 羧化酶也受磷酸化、去磷酸化的调节。一种依赖于 AMP(不是 cAMP)的蛋白激酶可使乙酰 CoA 羧化酶磷酸化(79 位、1200 位及 1215 位丝氨酸残基磷酸化)而导致该酶失活。胰高血糖素能通过激活该蛋白激酶而抑制乙酰 CoA 羧化酶的活性，而胰岛素则能通过蛋白质磷酸酶的作用使磷酸化的乙酰 CoA 羧化酶去磷酸化而恢复活性。生物素是乙酰 CoA 羧化酶的辅基，在羧化反应中起转移羧基的作用。其反应过程如下：

$$\text{酶-生物素} + HCO_3^- + ATP \rightleftharpoons \text{酶-生物素-}CO_2 + ADP + Pi$$

$$\text{酶-生物素-}CO_2 + \text{乙酰 CoA} \longrightarrow \text{酶-生物素} + \text{丙二酸单酰 CoA}$$

总反应式　$ATP + HCO_3^- + \text{乙酰 CoA} \xrightarrow{\text{乙酰 CoA 羧化酶}} \text{丙二酸单酰 CoA} + ADP + Pi$

(3) 脂肪酸合酶催化的合成反应。脂肪酸的合成始于乙酰 CoA 羧化形成的丙二酸单酰 CoA，而延长中的脂肪酸是在一个酰基载体蛋白(acyl carrier protein，ACP)上进行的。ACP 和 CoA 一样，也含有一个磷酸泛酰巯基乙胺(phosphopantetheine)。与 CoA 不同的是磷酸泛酰巯基乙胺的磷酸基团与 ACP 中 Ser 的羟基酯化，而在 CoA 中该基团是与 AMP 连接的。ACP 的磷酸泛酰巯基乙胺末端巯基与反应中间产物酯化，将中间产物从一个反应中心转移到另一个反应中心。

$$\underbrace{HS-CH_2-CH_2-}_{\text{半胱胺}}NH-C(=O)-CH_2-CH_2-NH-C(=O)-C(OH)(H)-C(CH_3)_2-CH_2-O-P(=O)(O^-)-O-CH_2-Ser-ACP$$

ACP 的磷酸泛酰巯基乙胺

$$\underbrace{HS-CH_2-CH_2-}_{\text{半胱胺}}NH-C(=O)-CH_2-CH_2-NH-C(=O)-C(OH)(H)-C(CH_3)_2-CH_2-O-P(=O)(O^-)-O-P(=O)(O^-)-O-CH_2-\text{腺苷酸}\ (3'-{}^{-2}O_3PO,\ 2'-OH)$$

CoA 的磷酸泛酰巯基乙胺

生物合成脂肪酸的过程基本相似。由脂肪酸合酶催化乙酰 CoA 及丙二酸单酰 CoA 合成长链脂肪酸，实际上是一个重复加成反应过程，每次延长 2 个碳原子。在大肠杆菌中，这一加成过程由 6 种酶蛋白和 1 个 ACP 聚合在一起构成的多酶复合体催化；而在高等动物中，脂肪酸合酶含有 7 个酶和 1 个 ACP，都在一条多肽链上，属多功能酶，由一个基因编码，哺乳类动物的这条多肽链的相对分子质量为2.5×10^5。具有活性的酶是由这样两条完全相同的多肽链(亚基)折叠交织形成 X 形的二聚体，该二聚体解聚则活性丧失。每一亚基的 ACP 结构域中的丝氨酸残基连有磷酸泛酰巯基乙胺，作为脂肪酸合成过程中脂酰基的载体，可与脂酰基相连，可用 E_1-泛-SH 表示。此外，在每一亚基的酮脂酰合成酶结构域中半胱氨酸残基的巯基也很重要，它可与脂酰基相连，可用 E_2-半胱-SH 表示。

脂肪酸的合成除需乙酰 CoA 作为基本原料外，还需 ATP、NADPH、HCO_3^-（CO_2）及 Mn^{2+} 等的参与。脂肪酸的合成属于还原性合成，所有的氢都由 NADPH 提供。NADPH 主要来自磷酸戊糖途径（磷酸己糖支路），细胞液中异柠檬酸脱氢酶及苹果酸酶（两者均以 NADP 为辅酶）催化的反应也可提供少量的 NADPH。哺乳动物脂肪酸起始合成过程分为两个阶段，经过 6 步反应，生成丁酰-ACP，以后每经过一个轮次的反应，碳链延长 2 个碳原子，自起始合成完成后，经过 6 轮反应，可合成 16 个碳的软脂酸-ACP（棕榈酸-ACP），然后在软脂酰基硫酯酶（palmitoyl thioesterase）作用下硫酯键被水解，生成软脂酸。

第一阶段：丙二酸单酰-S-ACP 的合成。

① 启动 β-酮脂酰-ACP 合成酶的脂酰化（起始合成时为乙酰化）。由柠檬酸-丙酮酸循环进入细胞质的柠檬酸经柠檬酸裂解酶催化产生的乙酰 CoA，经过乙酰 CoA-ACP 转酰基酶催化与 ACP-SH 作用产生乙酰-S-ACP，然后将乙酰基转移到 β-酮脂酰-ACP 合成酶的半胱氨酸残基上，使之乙酰化。

真菌（酵母）脂肪酸合成酶的结构

$$\text{乙酰 CoA} + \text{ACP-SH} \xrightleftharpoons{\text{乙酰 CoA-ACP 转酰基酶}} \text{乙酰-S-ACP} + \text{CoA}$$

$$\text{乙酰-S-ACP} + \text{CoA} + \text{ACP -SH 合成酶} \rightleftharpoons \text{乙酰-S-ACP 合成酶} + \text{ACP-SH}$$

②装载丙二酸单酰-S-ACP 的合成。丙二酸单酰 CoA 经丙二酸单酰 CoA-ACP 转酰基酶（malonyl CoA-ACP transferase）催化与 ACP-SH 作用生成丙二酸单酰-S-ACP。

$$\text{丙二酸单酰 CoA} + \text{ACP-SH} \xrightleftharpoons{\text{丙二酸单酰 CoA-ACP 转酰基酶}} \text{丙二酸单酰-S-ACP} + \text{CoA}$$

第二阶段：丁酰-S-ACP 的合成。

在第一阶段所形成的丙二酸单酰-S-ACP 和乙酰化的 β-酮脂酰-ACP 合成酶经过缩合、还原、脱水、再还原 4 个步骤，4 步反应分别由不同的酶催化。

① 缩合。乙酰化的 β-酮脂酰-ACP 合成酶和丙二酸单酰-S-ACP 缩合生成乙酰乙酰-S-ACP，同时丙二酸单酰-S-ACP 脱羧放出 CO_2。

$$\text{乙酰-S-ACP 合成酶} + \text{丙二酸单酰-S-ACP} \longrightarrow \text{乙酰乙酰-S-ACP} + \text{ACP-SH} + CO_2$$

② 还原。乙酰乙酰-S-ACP 由 β-酮脂酰-ACP 还原酶（β-ketoacyl-ACP reductase）催化还原生成 D-β-羟丁酰-S-ACP（分解代谢中的羟丁酰 CoA 为 L 型），还原所需的氢由辅酶 NADPH 提供。

$$\text{乙酰乙酰-S-ACP} + \text{NADPH} + H^+ \rightleftharpoons \text{D-}\beta\text{-羟丁酰-S-ACP} + \text{NADP}^+$$

③ 脱水。还原生成的 D-β-羟丁酰-S-ACP 由 β-羟脂酰-ACP-脱水酶（β-hydroxyacyl-ACP dehydrase）催化脱水生成反式烯丁酰-S-ACP。

$$\text{D-}\beta\text{-羟丁酰-S-ACP} \rightleftharpoons \text{反式烯丁酰-S-ACP} + H_2O$$

④ 再还原。脱水后生成的反式烯丁酰-S-ACP 由烯酰基-ACP 还原酶（enoyl-ACP reductase）催化还原生成丁酰-S-ACP，还原所需的氢由辅酶 NADPH 提供。

$$\text{烯丁酰-S-ACP} + \text{NADPH} + H^+ \longrightarrow \text{丁酰-S-ACP} + \text{NADP}^+$$

形成的丁酰-S-ACP 再在 β-酮脂酰-ACP 合成酶的催化下与第一阶段合成的丙二酸单酰-S-ACP 经过缩合、还原、脱水、再还原 4 个步骤的重复，合成己酰-S-ACP，最后总共经过 7 轮反应（包括起始阶段）合成 16 碳的软脂酸-ACP，然后硫酯键被软脂酰基硫酯酶催化，水解生成软脂酸。软脂酸合成的总反应式为

$$CH_3CO\sim SCoA + 7HOOCCH_2CO\sim SCoA + 14NADPH + 14H^+ \longrightarrow$$
$$CH_3(CH_2)_{14}COOH + 7CO_2 + 6H_2O + 8CoASH + 14NADP^+$$

2）饱和脂肪酸碳链延长的途径

细胞质酶系脂肪酸的合成只能到 16 碳的软脂酸，继续延长碳链由两个酶系经两条途径在不同细胞部位完成。另外，植物中的细胞溶质酶系可利用丙二酸单酰-ACP 延长脂肪酸碳链。

（1）线粒体脂肪酸延长酶系。以乙酰 CoA 为延长碳链的原料，通过脂肪酸 β-氧化的逆反应（还原剂有所不同），连续添加和还原乙酰单位，即重复进行硫解、加氢、脱水、加氢 4 个步骤，每轮循环加 2 个碳。前一步加氢的还原剂是 NADH，后一步加氢的还原剂是 NADPH。该延长酶系主要延长短链脂肪酸，可延长至 24 碳或 26 碳，该系统也可以延长不饱和脂肪酸的碳链（图 11-15）。

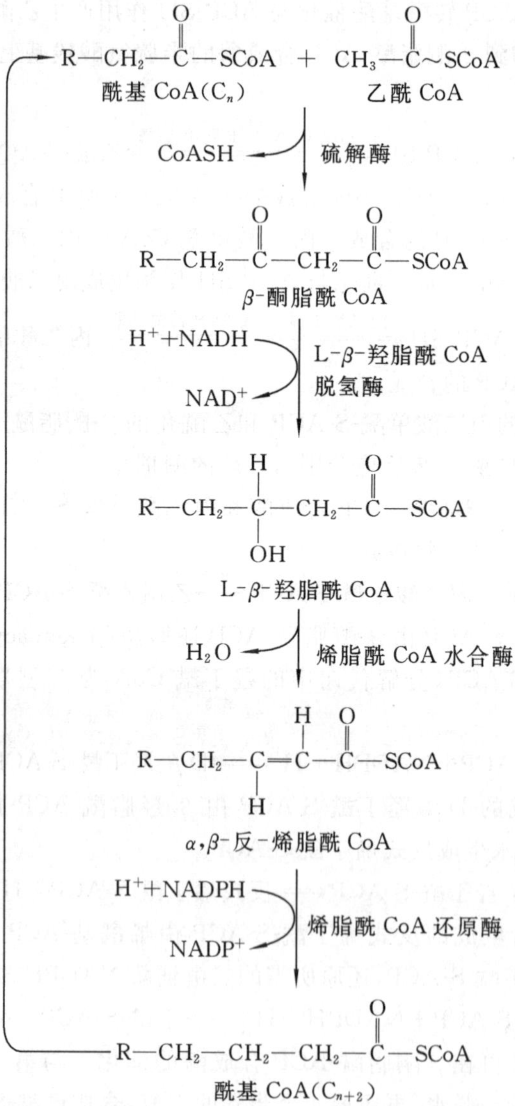

$$R{-}CH_2{-}\overset{O}{\overset{\|}{C}}{-}SCoA \;+\; CH_3{-}\overset{O}{\overset{\|}{C}}\sim SCoA$$

酰基 CoA（C_n）　　乙酰 CoA

↓ 硫解酶（→ CoASH）

$$R{-}CH_2{-}\overset{O}{\overset{\|}{C}}{-}CH_2{-}\overset{O}{\overset{\|}{C}}{-}SCoA$$

β-酮脂酰 CoA

↓ L-β-羟脂酰 CoA 脱氢酶（H^++NADH → NAD^+）

$$R{-}CH_2{-}\underset{OH}{\overset{H}{C}}{-}CH_2{-}\overset{O}{\overset{\|}{C}}{-}SCoA$$

L-β-羟脂酰 CoA

↓ 烯脂酰 CoA 水合酶（→ H_2O）

$$R{-}CH_2{-}\underset{H}{C}{=}\overset{H}{C}{-}\overset{O}{\overset{\|}{C}}{-}SCoA$$

α，β-反-烯脂酰 CoA

↓ 烯脂酰 CoA 还原酶（H^++NADPH → $NADP^+$）

$$R{-}CH_2{-}CH_2{-}CH_2{-}\overset{O}{\overset{\|}{C}}{-}SCoA$$

酰基 CoA（C_{n+2}）

图 11-15　线粒体的脂肪酸延长

(2) 微粒体内质网脂肪酸延长酶系。微粒体内质网脂肪酸延长酶系以丙二酸单酰-CoA为二碳单位的供体，延长饱和或不饱和长链脂肪酸，其中间过程与脂肪酸合成酶系相似，所不同的是不需 ACP 作为酰基载体，而是以 CoA 为载体。该延长酶系可将软脂酰-CoA 延长碳链合成硬脂酸，最多可延长至 24 碳，但以 18 碳硬脂酸为最多。其总反应式如下：

$$\text{RCO-CoA}+\text{丙二酸单酰-CoA}+2\text{NADPH}+2\text{H}^+\longrightarrow$$
$$\text{RCH}_2\text{CH}_2\text{CO-CoA}+2\text{NADP}^+ +\text{CO}_2+\text{CoA}$$

2. 不饱和脂肪酸的合成

许多生物可以使饱和脂肪酸通过脱氢或先氧化再脱水形成一个双键成为不饱和脂肪酸，一般是在 C(9)和 C(10)之间形成双键，人体含有的不饱和脂肪酸棕榈油酸($16:1\Delta^9$)、油酸($18:1\Delta^9$)就是这样形成的。植物和某些微生物还可以使C(12)和 C(13)之间脱去氢。某些微生物甚至可以合成含有多个双键的不饱和脂肪酸，如亚油酸($18:2\Delta^{9,12}$)、亚麻酸($18:3\Delta^{9,12,15}$)及花生四烯酸($20:4\Delta^{5,8,11,14}$)等。前述的两种单不饱和脂肪酸可由人体自身合成，而后三种多不饱和脂肪酸必须从食物摄取。这是因为动物只有 Δ^4、Δ^8 及 Δ^9 去饱和酶(desaturase)，缺乏 Δ^9 以上的去饱和酶，而植物则含有 Δ^9、Δ^{12} 及 Δ^{15} 去饱和酶。不饱和脂肪酸形成的途径有两条：氧化脱氢途径和 β-氧化、脱水途径。

1) 氧化脱氢途径

此途径一般在脂肪酸的 C(9)和 C(10)位进行脱氢，如微粒体内、肝脏、脂肪组织等存在的脂酰饱和脱氢酶可使硬脂酸脱氢形成油酸。

$$\underset{\text{硬脂酸}}{\text{CH}_3(\text{CH}_2)_{16}\text{—COOH}}\xrightarrow[\text{O}_2\ \rightarrow\ 2\text{H}_2\text{O}]{\text{NADH}+\text{H}^+\ \rightarrow\ \text{NAD}^+}\underset{\text{油酸}}{\text{CH}_3(\text{CH}_2)_7\text{—CH}{=}\text{CH—}(\text{CH}_2)_7\text{—COOH}}$$

该反应有 NADH-Cyt b_5还原酶(NADH-cytochrome b_5 reductase)、Cyt b_5和去饱和酶参加，电子传递过程如下：

$$\text{H}^+ + \text{NADH} \rightarrow \text{NAD}^+;\quad \text{E-FAD} \rightarrow \text{E-FADH}_2 \text{（NADH-Cyt } b_5 \text{还原酶）}$$
$$\text{E-FADH}_2 \rightarrow \text{E-FAD};\quad \text{Fe}^{3+} \rightarrow \text{Fe}^{2+} \text{（Cyt } b_5\text{）}$$
$$\text{Fe}^{2+} \rightarrow \text{Fe}^{3+};\quad \text{Fe}^{3+} \rightarrow \text{Fe}^{2+} \text{（去饱和酶）}$$
$$\text{硬脂酰 CoA}+\text{O}_2 \rightarrow \text{油脂酰 CoA}+2\text{H}_2\text{O}$$

植物中也可以按以上途径传递电子，只不过植物中由铁硫蛋白替代了动物中的 Cyt b_5。

2) β-氧化、脱水途径

该途径的前体可能是 10 碳长度的脂肪酸，形成双键的过程不是直接脱氢，而是首先在饱和脂肪酸的 β-碳位发生氧化，使之成为 β-羟基脂肪酸，然后在 α 和 β 位碳原子间脱水形成双键，最后经过碳链延长作用而得到相应的不饱和脂肪酸。含有多个双键的脂肪酸也用类似的方法合成。

$$\underset{\text{十碳脂肪酸}}{\text{CH}_3(\text{CH}_2)_6\text{—}\overset{\beta}{\text{C}}\text{H}_2\text{—}\overset{\alpha}{\text{C}}\text{H}_2\text{—COOH}}\xrightarrow{\beta\text{-氧化}}\underset{\beta\text{-羟基十碳脂肪酸}}{\text{CH}_3(\text{CH}_2)_6\text{—C(H)(OH)—CH}_2\text{—COOH}}\xrightarrow{\text{脱水}}$$

$$CH_3(CH_2)_6—\overset{\beta}{C}H═\overset{\alpha}{C}H—COOH \xrightarrow{\text{碳链延长}}$$

烯十碳脂肪酸

$$CH_3(CH_2)_7—CH═CH—(CH_2)_7—COOH$$

油酸

厌氧微生物合成单不饱和脂肪酸的方式与上述途径有所不同的是无须经过β-碳位氧化作用，而是发生在脂肪酸从头合成的过程中，当生成β,γ-羟癸酰-ACP时，由专一的脱水酶催化脱水，生成β,γ-烯癸酰-ACP，再继续加入二碳单位，就可产生不同长度的单不饱和脂肪酸。

3. 脂肪酸合成的调节

1）膳食的调节作用

在进食含高脂肪的食物后，或由于饥饿导致脂肪动员加强时，肝细胞内脂酰CoA增多，可别构抑制乙酰CoA羧化酶，从而抑制体内脂肪酸的合成；在进食糖类食物而引起糖代谢加强时，NADPH及乙酰CoA供应量增多，同时糖代谢加强使细胞内ATP增多，可抑制异柠檬酸脱氢酶，造成异柠檬酸及柠檬酸堆积，在线粒体内膜的相应载体协助下，由线粒体转入胞液，从而别构激活乙酰CoA羧化酶，使脂肪酸合成量增加。大量进食糖类食物也使各种合成脂肪有关的酶活性增强而导致脂肪合成量增加。

2）激素的调节作用

能促进脂肪动员的脂解激素和对抗脂解激素作用的激素共同调节脂肪的合成。其中胰岛素和胰高血糖素是调节脂肪合成的主要激素。胰岛素能诱导乙酰CoA羧化酶、脂肪酸合成酶、ATP-柠檬酸裂解酶等的合成，从而促进脂肪酸合成。同时，由于胰岛素还能促进脂肪酸合成磷脂酸，因此还增加了脂肪的合成。胰岛素能加强脂肪组织的脂蛋白脂酶活性，促使脂肪酸进入脂肪组织，再加速合成脂肪而储存，故易导致肥胖。胰高血糖素通过增加蛋白激酶A的活性使乙酰CoA羧化酶磷酸化而降低其活性，所以能抑制脂肪酸的合成，另外也抑制甘油三酯的合成，甚至减少肝脂肪向血液中释放。肾上腺素、生长激素也能抑制乙酰CoA羧化酶，从而影响脂肪酸的合成。

11.3 磷脂和胆固醇代谢

11.3.1 磷脂代谢

体内磷脂包括由甘油构成的磷脂(即甘油磷脂)和由鞘氨醇构成的磷脂(即鞘氨醇磷脂，又称鞘磷脂)。甘油磷脂是生物膜中主要的脂成分，鞘磷脂是包围和电隔离很多神经细胞突触的髓鞘的主要成分，它们都属于结构脂质。

1. 甘油磷脂的代谢

1）甘油磷脂的降解

多种磷脂酶(phospholipase)能作用于甘油磷脂分子中不同的酯键而使甘油磷脂水解。作用于甘油磷脂1、2位酯键的酶分别称为磷脂酶A_1和磷脂酶A_2，作用于经磷脂酶A_1及磷脂酶A_2水解后形成的溶血磷脂1、2位酯键的酶分别称为磷脂酶L_1和磷脂酶L_2，作用于甘油磷脂 3 位酯键的酶称为磷脂酶 C，作用于磷酸取代基间酯键的酶称为磷脂酶 D(图 11-16)。

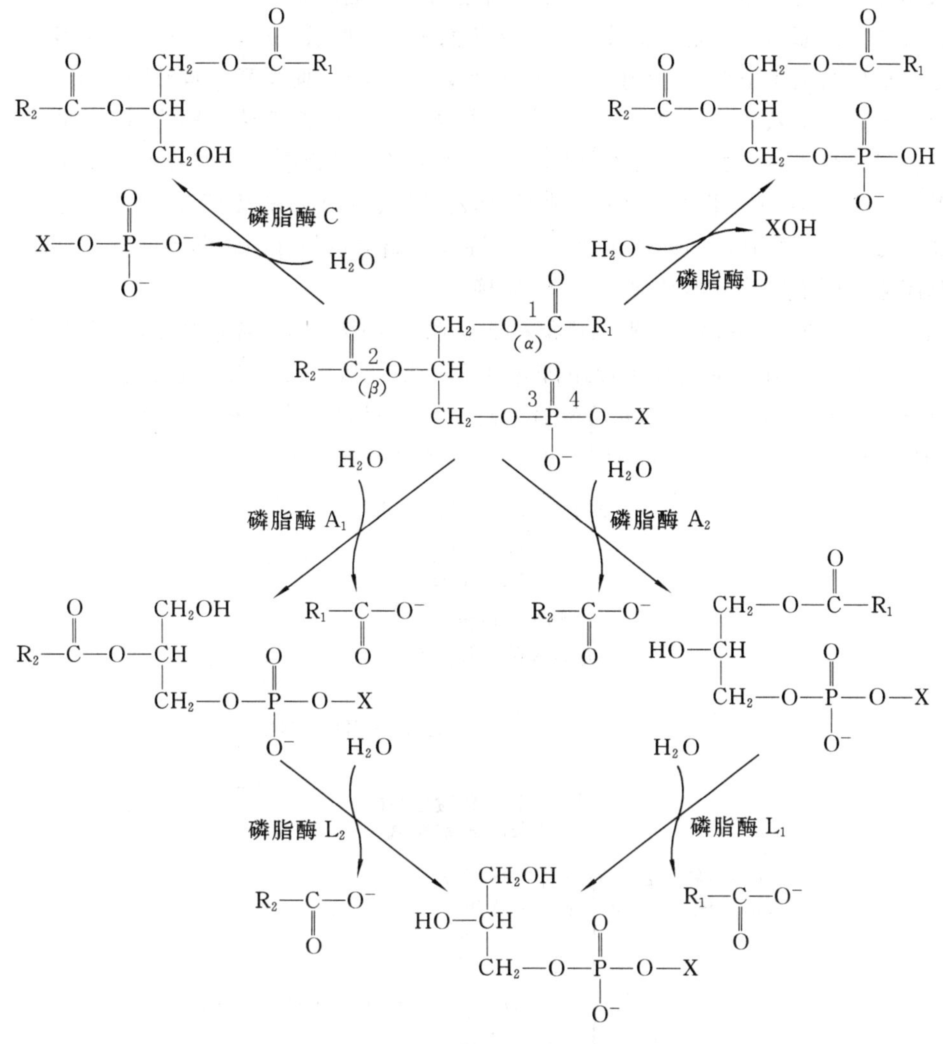

图 11-16　甘油磷脂的水解

磷脂酶 A_2 存在于动物各组织的细胞膜及线粒体膜上，其激活剂为 Ca^{2+}，作用于甘油磷脂后的产物为溶血磷脂 1 及多不饱和脂肪酸(大多为花生四烯酸)。溶血磷脂 1 为 2 位脱去脂酰基的磷脂，具有较强的表面活性，因可使红细胞膜或其他细胞膜破坏引起溶血或细胞坏死而得名，可以将其进一步水解的酶即磷脂酶 L_1 也称为溶血磷脂酶 1。磷脂酶 A_1 存在于动物组织溶酶体(蛇毒及某些微生物亦含有)中，能水解磷脂的 1 位酯键，产生脂肪酸及溶血磷脂 2。磷脂酶 L_2 使溶血磷脂的甘油酯键水解脱下另一脂肪酸，生成不含脂肪酸的甘油磷酸胆碱后即失去溶解细胞膜的作用，后者还可进一步被磷脂酶 D 水解为磷酸甘油及胆碱。磷脂酶 C 存在于细胞膜及某些细菌中，能特异水解 3 位磷酸酯键，产物为甘油二酯及磷酸胆碱或磷酸乙醇胺等。

彻底水解后所得的各种产物分别按各自的代谢途径进行，如脂肪酸按照脂肪酸的代谢途径进行代谢，甘油按照甘油的代谢途径代谢，胆碱通过氧化等步骤最后合成氨基酸。

2) 甘油磷脂的合成

人体和其他动物体中,虽然各组织细胞都能合成甘油磷脂,但甘油磷脂主要在肝脏中合成。合成所需的原料主要是由葡萄糖代谢转化而来的脂肪酸、甘油,但其2位的多不饱和脂肪酸必须从植物油中摄取;另外还需磷酸盐、胆碱、丝氨酸、肌醇等。胆碱既可由食物供给,又可由丝氨酸及蛋氨酸在体内合成。丝氨酸本身是合成磷脂酰丝氨酸的原料,脱羧后生成的乙醇胺又是合成磷脂酰乙醇胺的前体。乙醇胺由(S)-腺苷甲硫氨酸获得3个甲基即可合成胆碱。CTP在甘油磷脂合成中为合成CDP-乙醇胺、CDP-胆碱及CDP-甘油二酯等活化中间产物所必需。三酰甘油的前体1,2-二酰甘油和磷脂酸也是甘油磷脂的前体。甘油磷脂的极性基团通过磷酸二酯键与甘油的C(3)连接。

哺乳动物体内,磷脂酰乙醇胺及磷脂酰胆碱两类磷脂在体内含量最多,占组织及血液中磷脂的75%以上。在合成过程中,乙醇胺和胆碱与脂连接前需要被活化才能完成连接,合成过程见图11-17。肝脏中的磷脂酰乙醇胺通过从(S)-腺苷甲硫氨酸获得甲基转化为磷脂酰胆碱,通过这种方式合成的磷脂酰胆碱占人肝中含量的10%~15%。

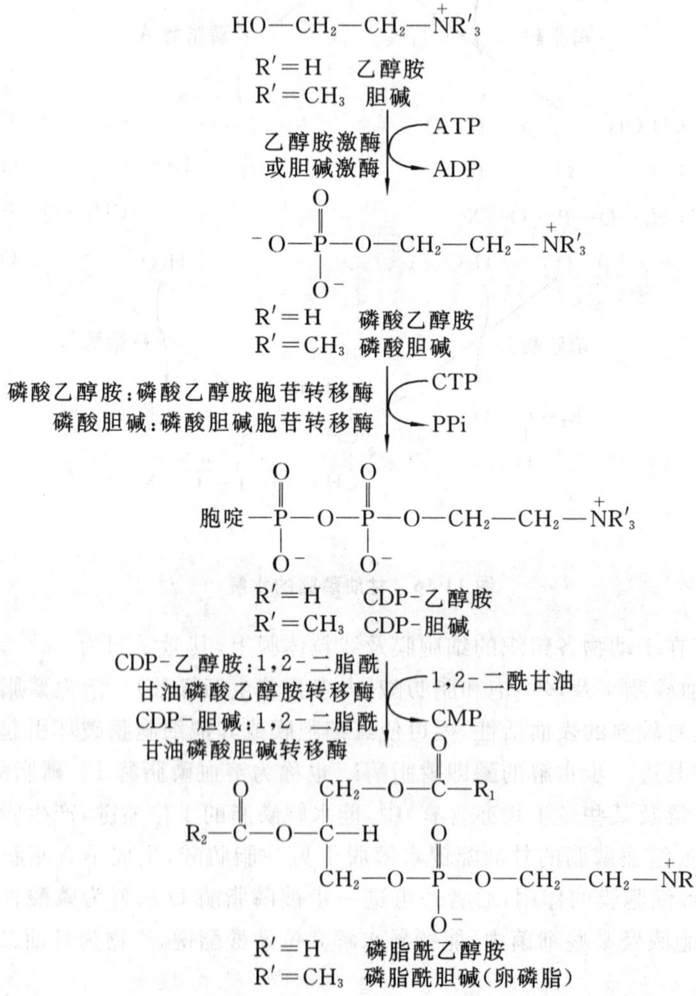

$$HO-CH_2-CH_2-\overset{+}{N}R'_3$$

R′=H 乙醇胺
R′=CH_3 胆碱

↓ 乙醇胺激酶或胆碱激酶(ATP → ADP)

$$^{-}O-\overset{\overset{O}{\|}}{\underset{\underset{O^-}{|}}{P}}-O-CH_2-CH_2-\overset{+}{N}R'_3$$

R′=H 磷酸乙醇胺
R′=CH_3 磷酸胆碱

↓ 磷酸乙醇胺:磷酸乙醇胺胞苷转移酶;磷酸胆碱:磷酸胆碱胞苷转移酶(CTP → PPi)

$$胞啶-\overset{\overset{O}{\|}}{\underset{\underset{O^-}{|}}{P}}-O-\overset{\overset{O}{\|}}{\underset{\underset{O^-}{|}}{P}}-O-CH_2-CH_2-\overset{+}{N}R'_3$$

R′=H CDP-乙醇胺
R′=CH_3 CDP-胆碱

↓ CDP-乙醇胺:1,2-二脂酰甘油磷酸乙醇胺转移酶;CDP-胆碱:1,2-二脂酰甘油磷酸胆碱转移酶(1,2-二酰甘油 → CMP)

$$\begin{array}{l} \qquad\qquad\qquad\quad CH_2-O-\overset{\overset{O}{\|}}{C}-R_1 \\ R_2-\overset{\overset{O}{\|}}{C}-O-\overset{|}{C}-H \\ \qquad\qquad\qquad\quad CH_2-O-\overset{\overset{O}{\|}}{\underset{\underset{O^-}{|}}{P}}-O-CH_2-CH_2-\overset{+}{N}R'_3 \end{array}$$

R′=H 磷脂酰乙醇胺
R′=CH_3 磷脂酰胆碱(卵磷脂)

图11-17 磷脂酰乙醇胺与磷脂酰胆碱的生物合成

磷脂酰丝氨酸是由磷脂酰乙醇胺在磷脂酰乙醇胺转移酶的催化下，进行含氮极性基团交换反应所合成的，合成过程见图 11-18。

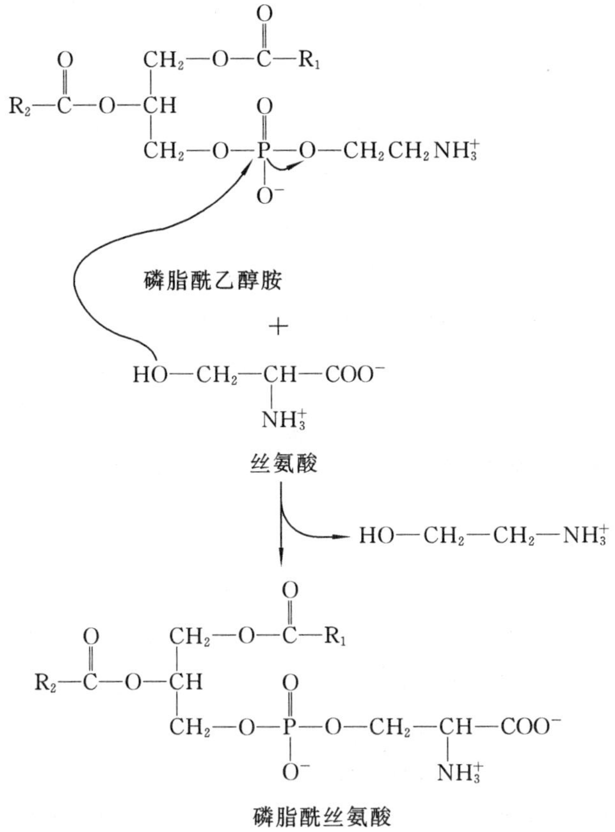

$CH_2—O—CO—R_1$
$R_2—CO—O—CH$
$CH_2—O—PO(O^-)—O—CH_2CH_2NH_3^+$

磷脂酰乙醇胺

+

$HO—CH_2—CH(NH_3^+)—COO^-$

丝氨酸

→ $HO—CH_2—CH_2—NH_3^+$

$CH_2—O—CO—R_1$
$R_2—CO—O—CH$
$CH_2—O—PO(O^-)—O—CH_2—CH(NH_3^+)—COO^-$

磷脂酰丝氨酸

图 11-18　磷脂酰丝氨酸的生物合成

甘油磷脂的合成在内质网膜外侧进行。磷脂酰肌醇和磷脂酰甘油合成过程中活化部位不是极性头部而是疏水性尾巴，合成过程见图 11-19。

心磷脂是由 2 分子磷脂酰甘油通过缩合反应去除 1 分子甘油后形成的(图11-20)。

2. 鞘磷脂的代谢

1) 鞘磷脂的降解

鞘磷脂是一种非甘油酯，是神经细胞膜的重要成分。在分解过程中，首先由鞘磷脂酶催化，释放出磷酸胆碱，并生成神经酰胺，然后在神经酰胺酶的催化作用下释放出神经鞘氨醇而生成脂肪酸。

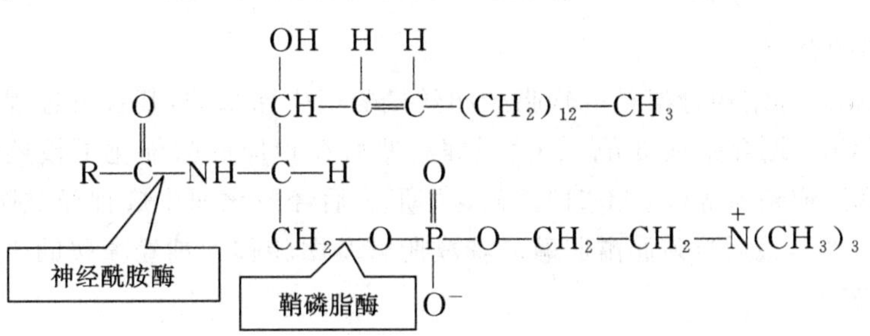

$CH(OH)—CH=CH—(CH_2)_{12}—CH_3$
$R—CO—NH—CH$
$CH_2—O—PO(O^-)—O—CH_2—CH_2—N^+(CH_3)_3$

神经酰胺酶　　鞘磷脂酶

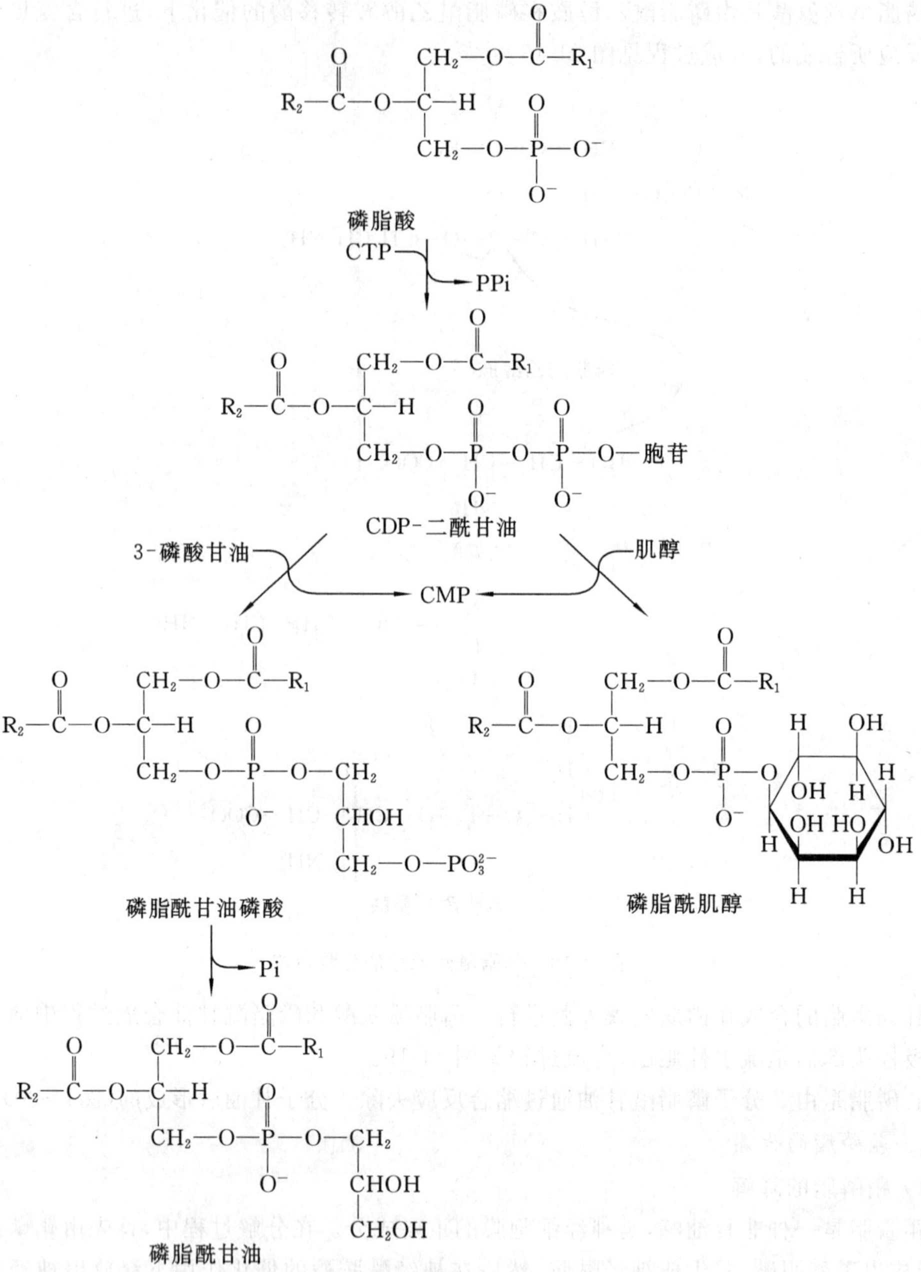

磷脂酸

CTP → PPi

CDP-二酰甘油

3-磷酸甘油　CMP　肌醇

磷脂酰甘油磷酸　磷脂酰肌醇

Pi

磷脂酰甘油

图 11-19　磷脂酰肌醇与磷脂酰甘油的生物合成

2) 鞘磷脂的合成

鞘磷脂的鞘氨醇结构骨架是由软脂酸和丝氨酸衍生而来的，其合成过程的第一步是丝氨酸与软脂酰 CoA 缩合生成 3-酮二氢鞘氨醇，然后在相应的酶催化下被还原为二氢鞘氨醇，最后去饱和形成鞘氨醇(图 11-21)。鞘氨醇形成后经酰化而生成神经酰胺(*N*-酰基神经鞘氨醇)(图 11-22)，最后将磷脂酰胆碱的磷酰胆碱基团转移到神经酰胺的 1 位羟基上形成鞘磷脂(图 11-23)。

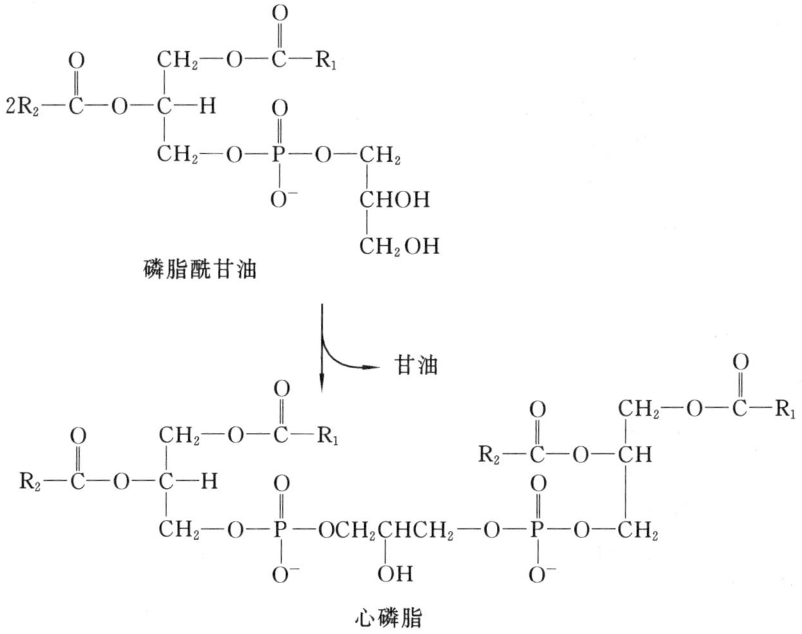

```
                                  O
                                  ‖
           O        CH2—O—C—R1
           ‖        |
2R2—C—O—C—H       O
                    |          ‖
                    CH2—O—P—O—CH2
                               |      |
                               O⁻    CHOH
                                      |
                                      CH2OH
```

磷脂酰甘油

↓ → 甘油

```
                                                                  O
                                  O                               ‖
                                  ‖              O      CH2—O—C—R1
           O        CH2—O—C—R1        ‖      |
           ‖        |                   R2—C—O—CH
R2—C—O—C—H       O                        O      |
                    |          ‖                        ‖      |
                    CH2—O—P—OCH2CHCH2—O—P—O—CH2
                               |          |             |
                               O⁻         OH            O⁻
```

心磷脂

图 11-20　心磷脂的生物合成

11.3.2　胆固醇代谢

胆固醇是细胞膜的重要组分，同时又是固醇类激素和胆汁酸的前体，对于生命体来说有着极其重要的作用。但是体内的胆固醇含量不可太多，因为胆固醇在动脉里沉积可能引发心血管疾病及中风。大多数哺乳动物的细胞都有合成胆固醇的能力，但胆固醇的母核即环戊烷多氢菲在体内不能被降解，因此，这里所说的代谢，实际上是针对胆固醇的合成、转化利用及排泄而言的(图 11-24)。

1. 胆固醇的转化与排泄

胆固醇的侧链可被氧化、还原或降解转变为其他具有环戊烷多氢菲母核的生理活性化合物，参与调节代谢，或排至体外。

1) 转变为胆汁酸

人体不能彻底氧化胆固醇，不能氧化的胆固醇可由肝细胞转化成胆汁酸，这是胆固醇在体内代谢的主要去路。胆汁酸盐也称为胆盐(bile salt)，是类似于去污剂的亲水脂类分子，它可以溶解脂微粒。胆固醇在肝脏中转化为胆汁酸，以与甘氨酸或牛磺酸(taurine)结合的形式分泌到胆囊储存，以后随着胆汁进入肠道或在肠腔通过肠黏膜脱落进入肠中。然后一部分可通过肠肝循环被重新吸收进入血液而利用，一部分在肠道中通过细菌作用被还原为粪固醇而随粪便排至体外。

2) 转化为类固醇激素

少量胆固醇在一些内分泌腺中转变为重要的类固醇激素。肾上腺皮质细胞中储存大量胆固醇酯，其含量可达 2%～5%。

3) 转化为 7-脱氢胆固醇

胆固醇还可被氧化为 7-脱氢胆固醇，然后经紫外线照射转变为维生素 D_3。

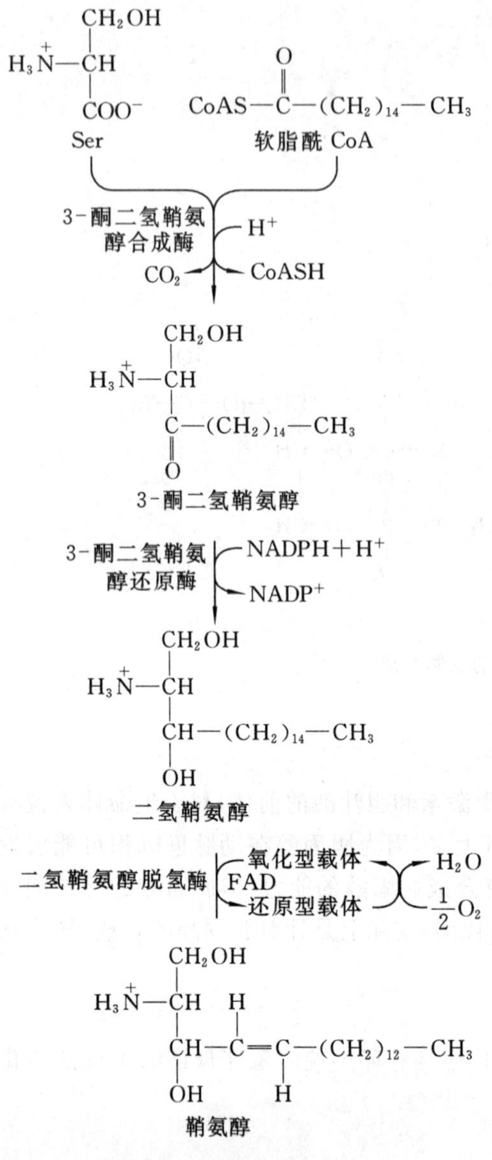

$$\mathrm{H_3\overset{+}{N}{-}CH(CH_2OH){-}COO^-}\ (\text{Ser}) + \mathrm{CoAS{-}\overset{O}{\overset{\|}{C}}{-}(CH_2)_{14}{-}CH_3}\ (\text{软脂酰 CoA})$$

$$\xrightarrow[\text{3-酮二氢鞘氨醇合成酶}]{H^+ \quad \to CO_2,\ CoASH}$$

$$\mathrm{H_3\overset{+}{N}{-}CH(CH_2OH){-}\overset{O}{\overset{\|}{C}}{-}(CH_2)_{14}{-}CH_3}$$

3-酮二氢鞘氨醇

$$\xrightarrow[\text{3-酮二氢鞘氨醇还原酶}]{NADPH+H^+ \to NADP^+}$$

$$\mathrm{H_3\overset{+}{N}{-}CH(CH_2OH){-}CH(OH){-}(CH_2)_{14}{-}CH_3}$$

二氢鞘氨醇

$$\xrightarrow[\text{二氢鞘氨醇脱氢酶 FAD}]{\text{氧化型载体}\to\text{还原型载体};\ \frac{1}{2}O_2 \to H_2O}$$

$$\mathrm{H_3\overset{+}{N}{-}CH(CH_2OH){-}CH(OH){-}CH{=}CH{-}(CH_2)_{12}{-}CH_3}$$

鞘氨醇

图 11-21　鞘氨醇的生物合成

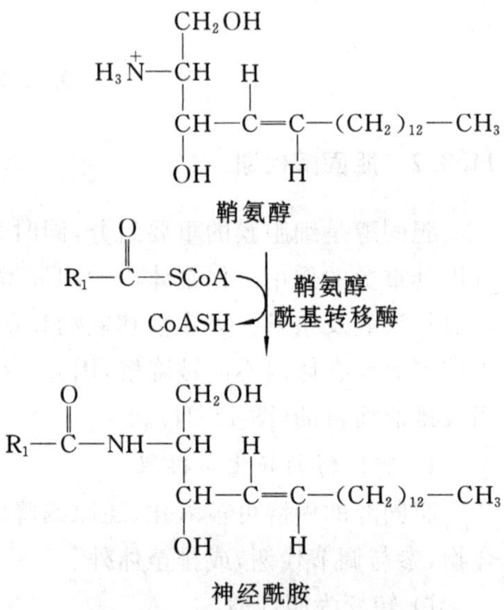

$$\mathrm{H_3\overset{+}{N}{-}CH(CH_2OH){-}CH(OH){-}CH{=}CH{-}(CH_2)_{12}{-}CH_3}$$

鞘氨醇

$$\xrightarrow[\text{鞘氨醇酰基转移酶}]{R_1{-}\overset{O}{\overset{\|}{C}}{-}SCoA \to CoASH}$$

$$\mathrm{R_1{-}\overset{O}{\overset{\|}{C}}{-}NH{-}CH(CH_2OH){-}CH(OH){-}CH{=}CH{-}(CH_2)_{12}{-}CH_3}$$

神经酰胺

图 11-22　神经酰胺的生物合成

2. 胆固醇的合成

肝脏是胆固醇合成的主要场所。体内胆固醇 70%～80%由肝合成，10%由小肠合成。胆固醇合成酶系存在于细胞液及光面内质网膜上，因此胆固醇的合成主要在细胞液及内质网中进行。

胆固醇是以异戊二烯为碳骨架通过加成作用而形成的，乙酰 CoA 是合成异戊二烯的前体。因此，乙酰 CoA 是胆固醇合成的原料。乙酰 CoA 是葡萄糖、氨基酸及脂肪酸在线粒体内的分解代谢产物，它不能通过线粒体内膜，其转运也是通过柠檬酸-丙酮酸循环完成的。每合成 1 分子胆固醇需 18 分子乙酰 CoA、36 分子 ATP 及 16 分子 NADPH＋H^+。乙酰 CoA 及 ATP 大多来自线粒体中糖的有氧氧化，而 NADPH 则主要来自细胞液中的磷酸戊糖途径。

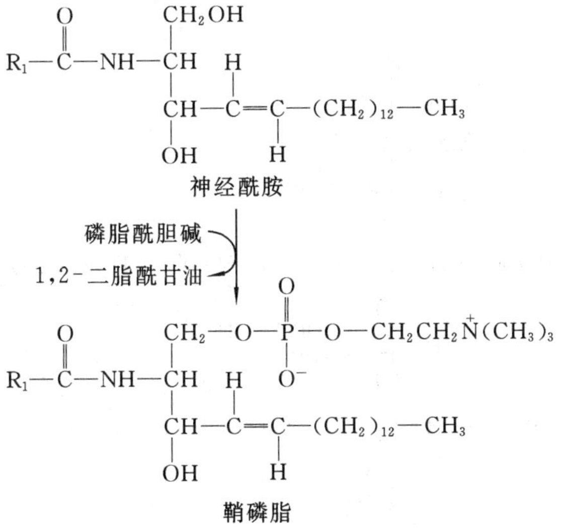

$R_1—C(=O)—NH—CH(CH_2OH)—CH(OH)—CH=CH—(CH_2)_{12}—CH_3$

神经酰胺

磷脂酰胆碱 → 1,2-二脂酰甘油

$R_1—C(=O)—NH—CH(CH_2—O—P(=O)(O^-)—O—CH_2CH_2\overset{+}{N}(CH_3)_3)—CH(OH)—CH=CH—(CH_2)_{12}—CH_3$

鞘磷脂

图 11-23　鞘磷脂的生物合成

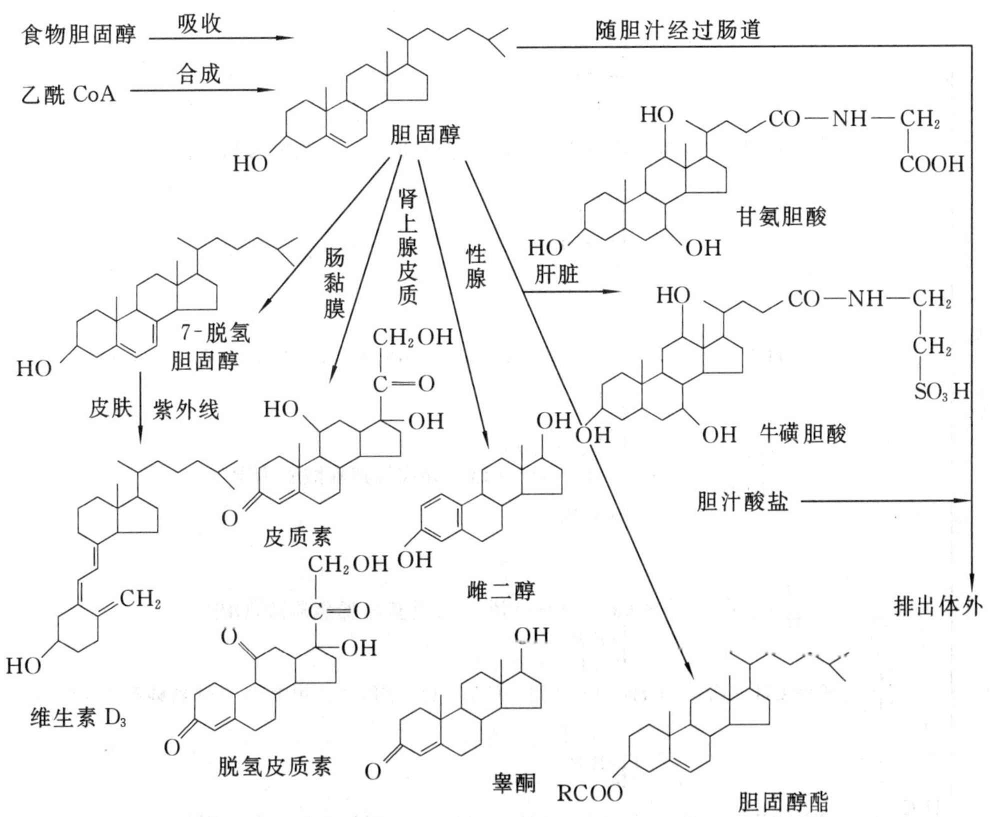

图 11-24　胆固醇体内代谢示意图

胆固醇合成过程复杂，大致可划分为三个阶段(图 11-25)。

(1) 甲羟戊酸(mevalonic acid，MVA)的合成。在细胞液中，2 分子乙酰 CoA 在乙酰乙酰 CoA 硫解酶的催化下，缩合成乙酰乙酰 CoA。然后在细胞液中 HMG CoA 合成酶的催化

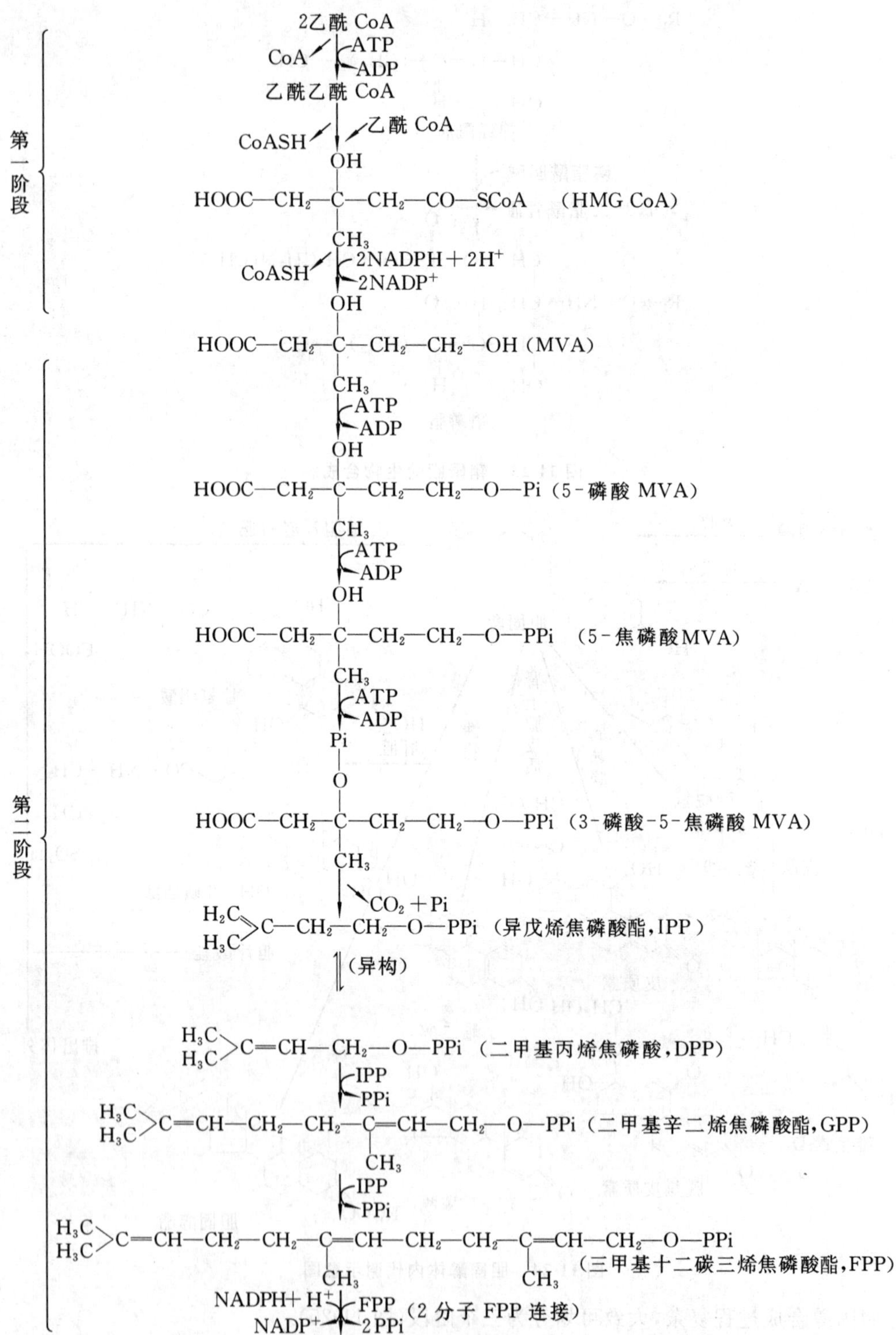

图 11-25 胆固醇的合成

$(H_3C)_2C{=}CH{-}CH_2({-}CH_2{-}C(CH_3){=}CH{-}CH_2)_4{-}CH_2{-}CH{=}C(CH_3)_2$ 鲨烯

第三阶段

（折叠）

鲨烯 $\xrightarrow{O_2}$ 鲨烯环氧化物 $\xrightarrow{环化酶}$ 羊毛固醇 $\xrightarrow[+2H]{-3CH_3}$ 胆固醇

续图 11-25

下再与 1 分子乙酰 CoA 缩合生成 HMG CoA。HMG CoA 是合成胆固醇及酮体的重要中间产物，线粒体中合成的 HMG CoA 裂解后生成酮体，而在细胞液中生成的 HMG CoA 则是在内质网 HMG CoA 还原酶的催化下还原生成甲羟戊酸，所需氢由 $NADPH+H^+$ 提供。HMG CoA 还原酶是合成胆固醇的限速酶，该步反应为合成胆固醇的关键反应，整个合成速率由该步反应速率决定。

(2) 鲨烯(squalene)的合成。鲨烯是分子内含有 30 个碳原子的开链烯烃，1 分子鲨烯是由 6 分子异戊二烯分子缩合而成的。

(3) 胆固醇的合成。由鲨烯合成胆固醇需经过多步反应，同时还需由一套氧化环化酶系统进行催化，其详细机制尚未完全弄清。

3. 胆固醇合成的调节

因为 HMG CoA 还原酶是胆固醇合成的限速酶，所以可以通过对 HMG CoA 还原酶活性的影响来实现对胆固醇合成的调节。动物实验表明，肝 HMG CoA 还原酶活性具有昼夜节律性，午夜酶活性最高，中午酶活性最低。

HMG CoA 还原酶存在于肝、肠及其他组织细胞的内质网。它是由 887 个氨基酸残基构成的糖蛋白，相对分子质量为97 000，C 端亲水的结构域伸向细胞液，具有催化活性。HMG CoA 还原酶的活性通过磷酸化和去磷酸化的互变进行调节。当 ATP 水平降低时，细胞液中 AMP 活化蛋白激酶(AMP-activated protein kinase)可使 HMG CoA 还原酶磷酸化而丧失活性，但细胞液中的磷蛋白磷酸酶又可催化 HMG CoA 还原酶去磷酸化而恢复酶活性。

(1) 胆固醇。胆固醇作为底物可反馈抑制肝胆固醇的合成。胆固醇主要抑制 HMG CoA 还原酶的合成，HMG CoA 还原酶在肝内的半衰期约为4 h。因此，肝内酶的合成速率直接影响酶含量，如果酶的合成被阻断，肝细胞内酶含量在数小时内便降低。此外还发现，胆固醇的氧化产物如 7-羟基胆固醇、5，6-二羟基胆固醇对 HMG CoA 还原酶有较强的抑制作用。

(2) 激素。激素通过对 HMG CoA 还原酶的作用对胆固醇的合成进行调节。胰岛素、甲状腺素能诱导肝 HMG CoA 还原酶的合成而增加胆固醇的合成量;胰高血糖素、皮质醇能抑制并降低 HMG CoA 还原酶的活性而减少胆固醇的合成量;甲状腺素除能促进 HMG CoA 还原酶的合成外,还能促进胆固醇在肝内转变为胆汁酸,并且该作用较前者为强,因而甲状腺功能亢进时病人血清胆固醇含量反而下降。

思考题

1. 什么是 β-氧化作用? 全过程是如何进行的?
2. 脂肪酸的从头生物合成和脂肪酸的 β-氧化是否互为逆过程? 它们之间有什么主要的差别?
3. 计算 1 mol 硬脂酸(18 碳)经过 β-氧化途径彻底转变为 CO_2 和水所产生的 ATP 量,并与葡萄糖彻底氧化产生的 ATP 量进行比较,看看相同碳原子数的糖和脂产热效率是否相同。
4. 为什么动物体内自身合成的脂肪酸都是偶数碳链? 为什么人体不能合成长于软脂酸碳链的脂肪酸?
5. 细胞质酶系合成饱和脂肪酸途径是怎样的?
6. 几种不同的甘油磷脂是怎样合成的?
7. 鞘磷脂的合成有哪几个主要步骤?
8. 胆固醇在动物体内可以转变为哪些物质?
9. 胆固醇合成是以什么为原料? 合成过程可大致分为哪几个阶段?

第 12 章　蛋白质降解与氨基酸代谢

蛋白质是细胞的基本成分，是生命现象的物质基础，是生化反应的主要催化剂，蛋白质代谢在生命活动过程中具有极其重要的作用。

12.1　蛋白质降解与蛋白质营养

12.1.1　氮源与氨基酸库

1. 氮源与氮循环

氮元素是蛋白质、核酸等含氮化合物的成分，是构成生命物质的基本元素。自然界生物种类繁多，可利用的氮元素形式也不同。大气中的分子氮（N_2）占 79%，但是大多数的生物无法直接利用它，只有少数固氮微生物能利用空气中的 N_2，将其转化为可利用的无机氮源。全球每年生物固定的氮量约 2×10^8 t（折合尿素4×10^8 t），主要由植物根瘤菌完成，其次是由化肥工业合成氨提供。

植物可利用的无机氮源形式主要为氨态氮（NH_4^+）和硝态氮（NO_3^-、NO_2^-），这些生物具有将无机氮化合物转化为有机氮化合物（如氨基酸、维生素、蛋白质和核酸等）的能力。

人和其他动物不能利用无机氮化合物，必须以氨基酸、蛋白质为氮源。小分子含氮化合物可被生物直接吸收，大分子的蛋白质、多肽等不易被细胞吸收。生物可以通过自身分泌到细胞外的蛋白质水解酶类将其水解成小肽及氨基酸后，吸收利用。

大多数微生物可利用无机氮源，也可利用蛋白质、氨基酸等含氮有机物。有些微生物在只含无机氮源的培养基中不能生长，因为它们缺少将无机氮化合物转化为有机氮化合物（如某些种类的氨基酸、维生素等）的能力。

自然界的无机氮可以通过生物合成转化为具有重要生物学功能的有机氮化合物，同时有机氮化合物可通过生物逐步降解成小分子含氮有机化合物（氨基酸、核苷酸、有机胺）、氨态氮和硝态氮，微生物进一步反硝化将其转化成 N_2，这一过程一般称为氮循环（图 12-1）。

2. 氨基酸库

氨基酸是蛋白质、核酸等生物分子合成的素材，细胞内总是有相当数量的游离氨基酸存在。这些游离氨基酸一部分是从外界消化吸收的，一部分由细胞自身合成，也有的是由体内蛋白质更新释放出来的，细胞内所有游离存在的氨基酸称为“氨基酸库”（amino acid pool）。“库”内的氨基酸不断被利用，又不断被补充，始终处于动态平衡中（图 12-2）。

氨基酸库中的游离氨基酸有三个主要来源：一是对外界蛋白质的消化吸收；二是体内组织蛋白质的分解；三是机体自身利用碳骨架和氨合成的非必需氨基酸。植物及大多数微生物可合成自身生长发育所需的全部氨基酸；动物及一些微生物只能合成部分氨基酸，其余的氨基酸只能通过食物（培养基）消化吸收满足生物代谢需要。

氨基酸的利用包括以下三个方面。

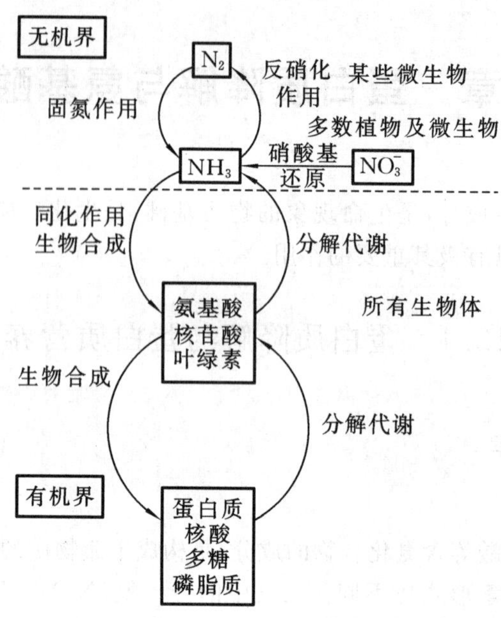

图 12-1　自然界的氮循环

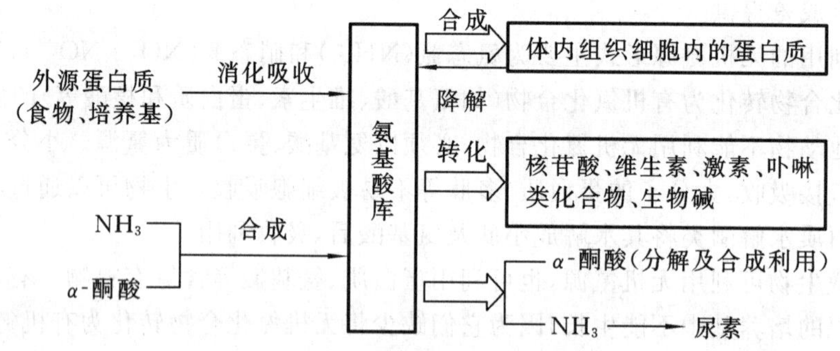

图 12-2　生物体氨基酸代谢概况

(1) 用来重新合成蛋白质,以满足机体蛋白质的不断更新、修复和生长所需。

(2) 用于转化合成核苷酸(核酸)、维生素、激素等含氮化合物,如嘌呤、嘧啶、胆碱、肌醇、烟酰胺、卟啉类化合物、肾上腺素、甲状腺素、生物转化产物等。

(3) 氨基酸脱去氨基后的碳骨架可被氧化产生能量,或者进一步异生成糖或脂肪,脱下的氨基可以重新利用,未被利用的则通过代谢途径转变成尿素、氨、尿酸和肌酐等,排至体外。

3. 机体氮平衡

蛋白质是一切生命活动的基础,高等动物需要不断从外界摄取蛋白质以维持细胞生长、更新和修复的需要。机体摄入的蛋白质量和排出量在正常情况下处于平衡状态,氮平衡(nitrogen balance)是指摄入蛋白质的含氮量与排泄物中含氮量之间的关系,它反映体内蛋白质的合成与分解代谢的总结果。

$$B=I-(U+F+S)$$

式中：B 表示氮平衡状况；I 表示食物摄入氮量；U 表示尿氮；F 表示粪氮；S 表示皮肽等损失氮。

氮平衡有以下三种表现形式。

(1) 零氮平衡(zero nitrogen balance)。摄入氮量和排出氮量相等，表示机体内蛋白质的分解与合成处于平衡状态，健康的成年人应维持在零氮平衡，甚至富余 5%为宜。

(2) 正氮平衡(positive nitrogen balance)。摄入氮量多于排出氮量，表示细胞内蛋白质的合成量多于分解量。处于生长发育阶段的儿童、怀孕时的妇女、疫病恢复时的病人及运动和劳动需要增加肌肉活动的人等均应保证适当的正氮平衡，以满足机体对蛋白质额外的需要。

(3) 负氮平衡(negative nitrogen balance)。摄入氮量少于排出氮量，表示细胞内蛋白质的分解量多于合成量。饥饿、食物中缺乏蛋白质或食物蛋白质营养价值低劣、患有慢性消耗性疾病时会出现负氮平衡，应注意尽可能减轻或改变负氮平衡。

12.1.2　蛋白质的酶促水解

1. 蛋白质的降解特性

蛋白质的水解过程：蛋白质→蛋白胨→肽→氨基酸。蛋白质的水解在工业过程中可以由酸、碱催化，在生物代谢中则主要由各种不同的蛋白质水解酶催化。根据被降解蛋白质的来源，水解过程可分为内源和外源两种途径。

内源蛋白质的降解是一个有序的过程。由于蛋白质在生物体内有重要的功能，细胞内的蛋白质在降解时受到严密的控制，细胞内蛋白质不断地进行更新周转，蛋白质的半衰期可以从数分钟到数周不等。在大肠杆菌中，许多蛋白质的降解是通过一种依赖于 ATP 的蛋白酶(称为 Lon)来实现的。当细胞中存在有错误或半衰期很短的蛋白质时，该蛋白酶就被激活。每切除一个肽键要消耗 2 分子 ATP。

在真核生物中，蛋白质降解有两种系统：一种是溶酶体通过自体吞噬的无选择性降解；另一种是通过泛素(ubiquitin)对蛋白质选择性标记，与泛素相连的蛋白质将被送到一个依赖于 ATP 的蛋白质降解系统。

外源蛋白质的降解主要由消化道分泌的各种蛋白质水解酶完成，蛋白质只有分解成小分子的氨基酸或寡肽才能被细胞(人体消化道、微生物菌体)吸收利用。这一过程在人体蛋白质营养、食品与发酵工业等应用较多。

2. 蛋白酶及其作用

蛋白酶是催化水解蛋白质类化合物中肽键的一类酶的总称，广泛存在于动物的内脏、植物的茎叶和果实及微生物中。生物利用外源蛋白质作为营养，通过向细胞外分泌蛋白酶将蛋白质水解成氨基酸，然后才能吸收利用。

利用不同生物所产蛋白酶的种类和性质上的差异，已经开发出多种蛋白酶产品，分别在洗涤剂、食品发酵、医药卫生、皮革、丝绸纺织等方面得到广泛使用。蛋白酶的种类很多，有几种不同的分类方法。

1) 根据其来源分类

(1) 动物蛋白酶。动物蛋白酶主要来源于动物的内脏，如胰脏(胰蛋白酶)、胃(胃蛋白酶)和肠道等。人体胃肠道中的蛋白水解酶多以无活性的酶原形式分泌,经过一定的切割激活才成为有活性的酶,在消化道发挥蛋白质的分解作用。动物蛋白酶制剂常用于消化不良的辅助治疗,胰蛋白酶制剂(含脂肪酶)被广泛应用于制革工业中。

(2) 植物蛋白酶。植物蛋白酶存在于植物的各种组织器官,其中某些植物的果实中含有丰富的蛋白酶,如木瓜蛋白酶、菠萝蛋白酶、无花果蛋白酶等都可使蛋白质水解,木瓜蛋白酶在肉类加工中作为嫩肉粉(分解胶原蛋白,增加肉的持水性)。植物组织中的蛋白酶,其水解作用以种子萌芽时最为旺盛。发芽时,胚乳中储存的蛋白质在蛋白酶催化下水解成氨基酸,当这些氨基酸运输至胚时,胚利用它们重新合成蛋白质,以适应植物生长发育的需要。

(3) 微生物蛋白酶。微生物蛋白酶种类多,使用广。真菌分解蛋白质的能力普遍比较强,能分解利用天然蛋白质;细菌中某些梭菌、芽孢杆菌、变形杆菌、假单胞菌等分解蛋白质的能力也很强;许多放线菌也有分解蛋白质的能力,放线菌是传统蛋白酶制剂生产的重要菌种。有些细菌只能分解蛋白质的降解产物多肽、二肽,不能利用天然蛋白质,故这类微生物培养时必须添加蛋白质的水解物(蛋白胨)。

微生物发酵法是蛋白酶制剂的主要生产途径,应用中习惯把微生物蛋白酶制剂按其最适 pH 值分为碱性蛋白酶(pH=9～11)、中性蛋白酶(pH=7～8)和酸性蛋白酶(pH=2～6)三类。

2) 根据其作用位点分类

根据酶的作用位点,可将蛋白酶分为内肽酶、外肽酶和二肽酶。

蛋白质水解酶类共同的作用是水解肽键,但它们对所水解肽键的位置和形成肽键的氨基酸残基有一定的选择性。内肽酶水解蛋白质肽链内部(中间位置)的肽键,产生各种短肽,如胃蛋白酶、膜蛋白酶、糜蛋白酶和弹性蛋白酶。外肽酶则水解肽链的末端肽键,可分为从羧基端水解的羧肽酶和从氨基端水解的氨肽酶两种。二肽酶是水解二肽为两个氨基酸的酶。

蛋白酶水解肽链有特异性,不同的蛋白水解酶对组成肽键的氨基酸残基有一定的特异性要求(表 12-1),如胃蛋白酶只水解以芳香族氨基酸(苯丙氨酸、酪氨酸)或酸性氨基酸(谷氨酸、天冬氨酸)的氨基组成的肽键,胰蛋白酶则只断裂以碱性氨基酸的羧基参与形成的肽键(图 12-3)。

表 12-1 胃肠道中重要的蛋白水解酶的一些特性

名 称	来源	水解肽键的特异性	相对分子质量	最适 pH 值
胃蛋白酶	胃	-酸性-CONH-芳族-	3.3×10^4	1.5～2.5
胰蛋白酶	胰	-碱性-CONHR-	2.3×10^4	8.0～9.0
糜蛋白酶	胰	-芳族-CONHR-	2.4×10^4	8.0～9.0
弹性蛋白酶	胰	-脂族-CONHR-	2.6×10^4	8.8
羧肽酶 A	胰	中性氨基酸羧基末端肽	3.4×10^4	7.4
羧肽酶 B	胰	碱性氨基酸羧基末端肽	3.4×10^4	8.0
氨基肽酶	小肠	寡肽的氨基末端肽		7.0～8.5
二肽酶	小肠	二肽的肽键		8.0

注:酸性指酸性氨基酸;碱性指碱性氨基酸;芳族指芳香族氨基酸;脂族指脂肪族氨基酸;R 指任意氨基酸。

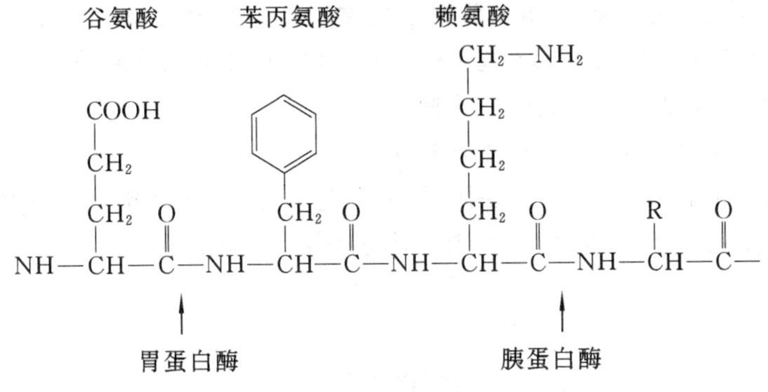

图 12-3　蛋白酶对肽链的专一性

蛋白酶对蛋白质的水解作用与生产实践关系极为密切。例如，酱油、豆豉、腐乳等的制作都利用了微生物蛋白酶对蛋白质的水解作用。

对人体而言，食物蛋白质在消化道多种蛋白酶的共同作用下，大多水解成氨基酸，还有相当数量的寡肽和多肽，氨基酸及肽在小肠黏膜上被吸收，主要由消耗 ATP 的主动转运和 γ-谷氨酰基循环途径转运入细胞内，现在发现短肽比游离氨基酸更易吸收，吸收的肽经酶作用大部分水解为氨基酸。微生物分解利用培养基中的蛋白质与此类似，所以蛋白质的消化吸收在异养生物的氮代谢中具有十分重要的意义。

蛋白质降解机制及其应用

12.2　氨基酸分解代谢的共同途径

氨基酸分子的共同结构特征是具有 α-NH_2 和 α-COOH，氨基酸分解代谢的公共途径有脱氨基作用、脱羧基作用和脱氨脱羧作用等，它们分别被脱氨酶类、转氨酶类和脱羧酶类等催化。

各种氨基酸的 R 基团都不一样，所以各种氨基酸又有自己的特殊代谢途径（个性）。这里主要讨论氨基酸分解代谢的公共途径。

氨基酸代谢的辩证思考

12.2.1　氨基酸的脱氨基作用

氨基酸失去氨基的过程称为脱氨基作用，这是机体氨基酸分解代谢的第一个步骤。脱氨基作用有氧化脱氨基和非氧化脱氨基两类。氧化脱氨基作用普遍存在于动植物中，动物的脱氨基作用主要在肝脏内进行；非氧化脱氨基作用存在于微生物中。

1. 氧化脱氨基作用

氨基酸的氧化脱氨基作用（oxidative deamination）是氨基酸先发生氧化（脱氢），再脱去氨基，可用下列反应式表示：

$$\underset{\text{氨基酸}}{\begin{array}{c}\mathrm{R}\\|\\\mathrm{CH{-}NH_2}\\|\\\mathrm{COOH}\end{array}} \xrightarrow[\text{酶}]{-2\mathrm{H}} \underset{\text{亚氨基酸}}{\begin{array}{c}\mathrm{R}\\|\\\mathrm{C{=}NH}\\|\\\mathrm{COOH}\end{array}} \xrightarrow{+\mathrm{H_2O}} \underset{\alpha\text{-酮酸}}{\begin{array}{c}\mathrm{R}\\|\\\mathrm{C{=}O}\\|\\\mathrm{COOH}\end{array}} + \mathrm{NH_3}$$

上面的反应实际上包括脱氢和水解两个化学反应。脱氢反应是酶促反应,它的产物是亚氨基酸,亚氨基酸在水溶液中极不稳定,易于分解,可自发地分解成α-酮酸和氨。根据氧化酶的不同,氧化脱氨基又可分成以下两种。

1）氨基酸氧化酶催化的氧化脱氨基作用

反应中需要氧的直接参与,生成α-酮酸、氨和过氧化氢,不产能。催化此反应的酶有L-氨基酸氧化酶和D-氨基酸氧化酶两种,都含有黄素蛋白,分别催化L-氨基酸和D-氨基酸的氧化脱氨基作用。

$$\begin{matrix} R \\ | \\ CH—NH_2 \\ | \\ COOH \end{matrix} + H_2O \xrightarrow[O_2]{\text{氨基酸氧化酶}} \begin{matrix} R \\ | \\ C=O \\ | \\ COOH \end{matrix} + NH_3 + H_2O_2$$

L-氨基酸氧化酶有两类:一类以FAD为辅基,在脊椎动物中只存在于肝脏、肾脏细胞中,以肾脏细胞中的活性最高;另一类以FMN为辅基。动物体内的L-氨基酸氧化酶多属于后一类。

L-氨基酸氧化酶能催化十几种氨基酸的脱氨基作用,脱下的氢由辅基FMN或FAD携带并转到氧分子上形成H_2O_2,再由细胞内过氧化氢酶分解为水和氧,该酶催化的氧化脱氨基的特点是需要氧的直接参与,不需呼吸链,也不产生ATP。由于L-氨基酸氧化酶在生物体内分布不普遍,其最适pH值为10左右,在正常生理条件下活性低,所以该酶在L-氨基酸的氧化脱氨反应中并不起主要作用。

D-氨基酸氧化酶在体内分布虽广,活性也高,但体内D-氨基酸的数量有限,因此该酶的氧化脱氨基作用也不大。

2）氨基酸脱氢酶催化的氧化脱氨基作用

氨基酸脱氢酶是不直接需氧脱氢酶类,最重要的酶是L-谷氨酸脱氢酶,该酶的辅酶为NAD^+或$NADP^+$,能催化L-谷氨酸氧化脱氨基,生成α-酮戊二酸及氨。其所催化的反应如下:

$$\underset{\text{L-谷氨酸}}{\begin{matrix} COO^- \\ | \\ (CH_2)_2 \\ | \\ HCNH_3^+ \\ | \\ COO^- \end{matrix}} + NAD^+ + H_2O \xrightarrow{\text{L-谷氨酸脱氢酶}} \underset{\alpha\text{-酮戊二酸}}{\begin{matrix} COO^- \\ | \\ (CH_2)_2 \\ | \\ C=O \\ | \\ COO^- \end{matrix}} + NH_4^+ + NADH + H^+$$

L-谷氨酸脱氢酶广泛分布于动物、植物和微生物中,它的最适pH值在7附近,酶活性高,特别是动物肝及肾脏中活性更高。真核细胞的谷氨酸脱氢酶大多存在于线粒体基质中,脱氨产生的NADH可直接进入呼吸链氧化,产生ATP,形成的α-酮戊二酸则进入TCA循环并被氧化分解,因而反应很容易向氧化脱氨方向进行。

生物体内的其他氨基酸可转化成谷氨酸(转氨基作用),使得谷氨酸脱氢酶在氨基酸代谢中具有重要的作用。该酶是一种别构酶,ATP、GTP、NADH是别构抑制剂,ADP、GDP及某些氨基酸是别构激活剂。当ATP、GTP不足时,谷氨酸氧化脱氨作用便加速,从而调节氨基酸氧化分解以供给机体所需能量。

L-谷氨酸脱氢酶既能催化 L-谷氨酸氧化脱氨形成 α-酮戊二酸和氨，也能催化上述反应的逆反应——α-酮戊二酸和氨合成 L-谷氨酸。逆反应在线粒体外的细胞质中进行，需要 NADPH 参与及较高的氨浓度。

2. 氨基酸的转氨基作用

转氨基作用(transamination)是 α-氨基酸和 α-酮酸之间的氨基转移作用，α-氨基酸的 α-氨基在转氨酶的催化下转移到 α-酮酸的酮基上，原来的氨基酸生成相应的 α-酮酸，原来的 α-酮酸生成新的 α-氨基酸。其反应式如下：

$$\begin{array}{l}R_1\\ |\\ CH—NH_2\\ |\\ COOH\end{array} + \begin{array}{l}R_2\\ |\\ C{=}O\\ |\\ COOH\end{array} \underset{}{\overset{\text{转氨酶}}{\rightleftharpoons}} \begin{array}{l}R_1\\ |\\ C{=}O\\ |\\ COOH\end{array} + \begin{array}{l}R_2\\ |\\ CH—NH_2\\ |\\ COOH\end{array}$$

上述反应可逆，平衡常数接近 1，故转氨基作用既是氨基酸的分解代谢过程，也是体内某些氨基酸(非必需氨基酸)合成的重要途径。反应的实际方向取决于 4 种反应物的相对浓度。

1) 转氨酶

催化氨基酸转氨基作用的酶统称为转氨酶。转氨酶种类很多，大多数转氨酶需要 α-酮戊二酸作为氨基的受体，其中比较重要的转氨酶是谷丙转氨酶(glutamic-pyruvic transaminase，GPT)和谷草转氨酶(glutamic-oxaloacetic transaminase，GOT)。它们分别催化下列反应：

$$\underset{\text{谷氨酸}}{\begin{array}{l}COOH\\ |\\ CH_2\\ |\\ CH_2\\ |\\ CH—NH_2\\ |\\ COOH\end{array}} + \underset{\text{丙酮酸}}{\begin{array}{l}CH_3\\ |\\ C{=}O\\ |\\ COOH\end{array}} \overset{\text{GPT}}{\rightleftharpoons} \underset{\alpha\text{-酮戊二酸}}{\begin{array}{l}COOH\\ |\\ CH_2\\ |\\ CH_2\\ |\\ C{=}O\\ |\\ COOH\end{array}} + \underset{\text{丙氨酸}}{\begin{array}{l}CH_3\\ |\\ CH—NH_2\\ |\\ COOH\end{array}}$$

$$\underset{\text{谷氨酸}}{\begin{array}{l}COOH\\ |\\ CH_2\\ |\\ CH_2\\ |\\ CH—NH_2\\ |\\ COOH\end{array}} + \underset{\text{草酰乙酸}}{\begin{array}{l}COOH\\ |\\ CH_2\\ |\\ C{=}O\\ |\\ COOH\end{array}} \overset{\text{GOT}}{\rightleftharpoons} \underset{\alpha\text{-酮戊二酸}}{\begin{array}{l}COOH\\ |\\ CH_2\\ |\\ CH_2\\ |\\ C{=}O\\ |\\ COOH\end{array}} + \underset{\text{天冬氨酸}}{\begin{array}{l}COOH\\ |\\ CH_2\\ |\\ CH—NH_2\\ |\\ COOH\end{array}}$$

2) 转氨基作用机制

转氨酶为结合蛋白酶，所有转氨酶的辅酶都是磷酸吡哆醛，它结合于转氨酶活性中心赖氨酸的 ε-氨基上。在转氨基的过程中，磷酸吡哆醛先从氨基酸接受氨基转变成磷酸吡哆胺，同时氨基酸转变成 α-酮酸。磷酸吡哆胺进一步将氨基转移给另一种 α-酮酸而生成相应的氨基酸，同时磷酸吡哆胺又变回磷酸吡哆醛。在转氨酶的催化下，磷酸吡哆醛和磷酸吡哆胺的这种相互转变起着转氨基的作用。其反应式如下：

$$HOOC-\underset{R_1}{\overset{H}{C}}-NH_2 + O=\overset{H}{C}-\text{(吡啶环: } CH_2OPO_3H_2,\ N,\ HO,\ CH_3) \underset{+H_2O}{\overset{-H_2O}{\rightleftharpoons}} HOOC-\underset{R_1}{\overset{H}{C}}-N=\overset{H}{C}-\text{(吡啶环: } CH_2OPO_3H_2,\ N,\ HO,\ CH_3)$$

氨基酸　　磷酸吡哆醛　　Schiff 碱

⇅ 分子重排

$$HOOC-\underset{R_1}{C}=O + H_2N-CH_2-\text{(吡啶环: } CH_2OPO_3H_2,\ N,\ HO,\ CH_3) \underset{+H_2O}{\overset{-H_2O}{\rightleftharpoons}} HOOC-\underset{R_1}{C}=N-CH_2-\text{(吡啶环: } CH_2OPO_3H_2,\ N,\ HO,\ CH_3)$$

α-酮酸　　磷酸吡哆胺　　Schiff 碱异构体

转氨基作用的简化表达式为

$$R_1-CH(NH_2)-COOH + Ⓟ-B_6-CHO \xrightarrow{\text{转氨酶}} R_1-CO-COOH + Ⓟ-B_6-CH_2-NH_2$$

$$Ⓟ-B_6-CH_2-NH_2 + R_2-CO-COOH \xrightarrow{\text{转氨酶}} Ⓟ-B_6-CHO + R_2-CH(NH_2)-COOH$$

3）转氨基与转氨酶的生物作用

由转氨酶催化的转氨基作用是可逆反应，意义在于它不仅是体内多数氨基酸脱氨的重要方式，也是机体合成非必需氨基酸的主要途径，可参与多种氨基酸的代谢。

转氨酶在临床上常作为一些疾病重要的诊断和治疗参考指标，人体各组织器官虽都可进行转氨基作用，但其转氨酶的活性有较大的差异(表 12-2)。人体正常时转氨酶主要分布在细胞内，特别是肝脏和心脏，而血清中两种酶的活性最低，如因病变使细胞的通透性增加、细胞破裂和组织坏死等，可造成大量的胞内酶外流，造成血清转氨酶活性增加，如心肌梗死和肝脏疾病病人，特别是急性传染性肝炎，可造成血清转氨酶活性异常升高。

表 12-2　正常人体组织器官中的 GPT 和 GOT 的活性　　(单位:活力单位/g(湿组织))

组织器官	GPT	GOT	组织器官	GPT	GOT
心脏	156 000	7 000	胰脏	28 000	2 000
肝脏	142 000	44 000	骨骼肌	99 000	4 000
肾脏	91 000	19 000	血液	20	16

3. 联合脱氨基作用

氨基酸的转氨基作用虽然在生物体内普遍存在，但是单靠转氨基作用并不能最终脱掉氨基，单靠氧化脱氨基作用也不能满足机体多种氨基酸的脱氨基需要。研究发现，机体内氨基酸的脱氨主要是联合脱氨基作用（transdeamination），即转氨基作用和脱氨基作用相偶联。

1）转氨基作用与氧化脱氨基作用相偶联

氨基酸的 α-氨基先借助转氨基作用转移到 α-酮戊二酸分子上，生成相应的 α-酮酸和 L-谷氨酸，然后谷氨酸在 L-谷氨酸脱氢酶催化下脱氨基生成 α-酮戊二酸，同时释放出游离氨（图 12-4）。

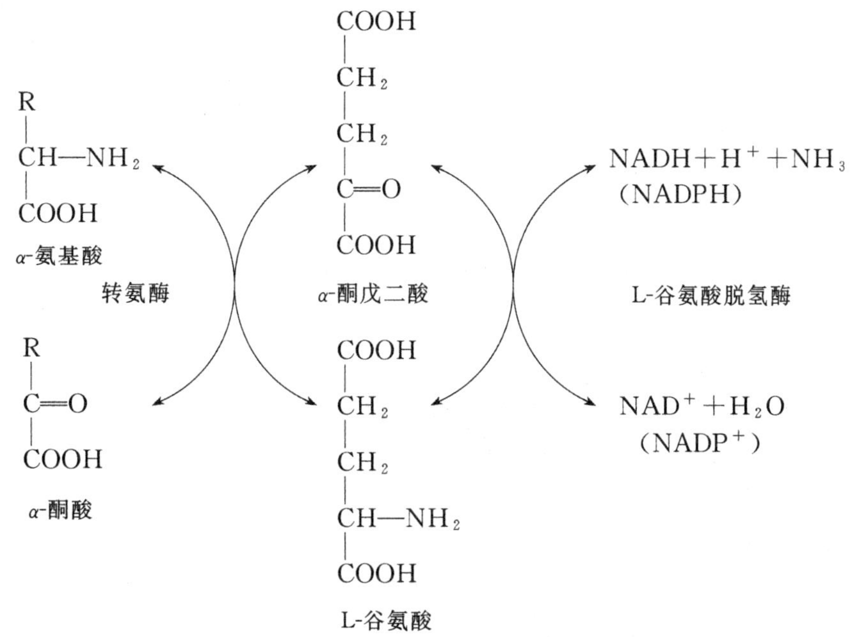

图 12-4 转氨基作用与氧化脱氨基作用偶联

联合脱氨基作用一般先转氨，然后氧化脱氨。转氨基作用的氨基受体是 α-酮戊二酸，生成谷氨酸后再氧化脱氨。

由于 L-谷氨酸脱氢酶在肝、肾、脑等组织中的活性高，这些组织中的联合脱氨基作用进行得比较活跃，不同的氨基酸首先通过转氨基作用生成谷氨酸，再由谷氨酸脱氢酶催化氧化脱氨基，这样可以使多种不同的氨基酸脱去氨基，生成 α-酮酸和 NADH。

2）转氨基作用与嘌呤核苷酸（AMP）循环相偶联

这是将转氨基作用与从 AMP 上水解脱氨基联合的过程。从 α-氨基酸开始的联合脱氨基作用见图 12-5。

这一过程包括转氨基和脱氨基两个方面。首先发生两次转氨基作用生成天冬氨酸：先是 α-氨基酸与 α-酮戊二酸转氨基生成谷氨酸，随后由谷草转氨酶催化谷氨酸和草酰乙酸转氨基生成天冬氨酸。再由次黄嘌呤核苷酸（IMP）与天冬氨酸作用生成中间产物腺苷酸代琥珀酸，后者在裂合酶作用下生成 AMP 和延胡索酸，AMP 水解后即产生游离氨和 IMP，延胡索酸通过 TCA 循环的部分途径转化为草酰乙酸。

氨基是从 AMP 上水解脱除的，这种脱氨基作用主要发生于动物的骨骼肌、心肌、肝脏

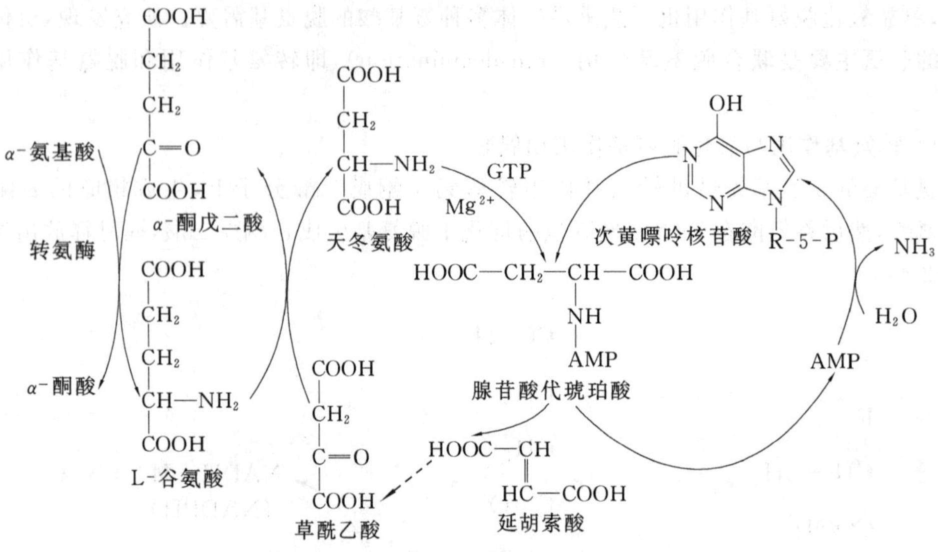

图 12-5 转氨基作用与 AMP 循环相偶联

及脑组织中。

4. 氨基酸的其他脱氨基作用

转氨基与氧化脱氨基结合起来的联合脱氨基作用是大多数生物体内主要的氨基脱除方式，此外还有一些氨基酸可进行非氧化脱氨作用，产生氨和 α-酮酸，这种方式主要存在于微生物中，动物体内较少。

1) 脱水脱氨基

含羟基的氨基酸(如丝氨酸、苏氨酸)在脱水酶的催化下，脱去 1 分子水和氨，生成相应的 α-酮酸。

$$\underset{\text{丝氨酸}}{\begin{matrix}CH_2-OH\\|\\CH-NH_2\\|\\COOH\end{matrix}} \xrightarrow[-H_2O]{\text{脱水酶}} \begin{matrix}CH_3\\|\\C=NH\\|\\COOH\end{matrix} \xrightarrow{+H_2O} \underset{\text{丙酮酸}}{\begin{matrix}CH_3\\|\\C=O\\|\\COOH\end{matrix}} + NH_3$$

磷酸吡哆醛是脱水酶的辅因子，大肠杆菌及酵母中均有此脱氨方式。

2) 脱硫化氢脱氨基

半胱氨酸上的巯基在氨基酸脱巯基酶催化下，与脱水类似，脱去 H_2S，生成相应的 α-酮酸。

$$\underset{\text{半胱氨酸}}{\begin{matrix}CH_2-SH\\|\\CH-NH_2\\|\\COOH\end{matrix}} \xrightarrow[-H_2S]{\text{氨基酸脱巯基酶}} \begin{matrix}CH_3\\|\\C=NH\\|\\COOH\end{matrix} \xrightarrow{+H_2O} \underset{\text{丙酮酸}}{\begin{matrix}CH_3\\|\\C=O\\|\\COOH\end{matrix}} + NH_3$$

大肠杆菌、枯草杆菌及酵母中均有此脱氨方式。

3) 直接脱氨基

氨基酸在专一性酶的催化下直接脱氨基生成不饱和脂肪酸，如天冬氨酸直接脱氨基生成延胡索酸和氨。

$$\underset{\text{天冬氨酸}}{\begin{array}{l}COOH\\ |\\ CH_2\\ |\\ CH-NH_2\\ |\\ COOH\end{array}} \xrightarrow{\text{天冬氨酸酶}} \underset{\text{延胡索酸}}{\begin{array}{l}HOOC-CH\\ \quad\quad\ \ \|\\ \quad\quad HC-COOH\end{array}} + NH_3$$

在细菌和酵母中都存在这一反应，该反应可逆，其逆反应也是一种同化氨的途径。

4）还原性脱氨基

在无氧条件下，一些含有氢化酶的专性厌氧菌（如梭状芽孢杆菌）和一些兼性厌氧微生物能利用还原脱氨基反应使氨基酸加氢脱氨基，生成饱和脂肪酸和氨，如大肠杆菌可将甘氨酸还原脱氨，生成乙酸。

$$NH_2-CH_2-COOH + NADH + H^+ \longrightarrow CH_3-COOH + NAD^+ + NH_3$$

12.2.2 氨基酸的脱羧基及氨基和羧基的共同脱除

1. 氨基酸的脱羧基作用

体内的部分氨基酸可以进行脱羧而生成相应的伯胺，反应的通式为

$$R\underset{\displaystyle\ }{\overset{\displaystyle NH_2\atop |}{C}}HCOOH \longrightarrow RCH_2NH_2 + CO_2$$

催化氨基酸脱羧的酶称为脱羧酶（decarboxylase），这类酶的辅酶为磷酸吡哆醛。脱羧酶的专一性高，一般是一种氨基酸一种专一的脱羧酶，且只对 L-氨基酸起作用。氨基酸的脱羧反应普遍存在于微生物、高等动植物组织中，但不是氨基酸的主要代谢方式。

动物的肝、肾、脑中都已发现氨基酸脱羧酶，脑组织中富含 L-谷氨酸脱羧酶，能使 L-谷氨酸脱羧，形成 γ-氨基丁酸。氨基酸脱羧后形成的胺许多具有重要的生理作用，有些胺类是某些维生素或激素的重要成分，如 γ-氨基丁酸是重要的神经递质（neurotransmitter）。组氨酸脱羧形成的组胺（histamine）又称组织胺，有降低血压的作用，又是胃液分泌的刺激剂。酪氨酸脱羧形成的酪胺（tyraminc）有升高血压的作用。

胺类是碱性物质，绝大多数胺类是有毒的，体内积累过多会对机体产生伤害，一般生物体会通过自我调节作用使体内的脱羧（生成碱性的胺）和脱氨（生成酸性的 α-酮酸）基本平衡，称为生物的趋中性。另外，生物体内有胺氧化酶，能将过多的胺氧化脱去氨，生成脂肪酸。

一些蛋白质类食物的腐败变质（与自然界动物尸体的腐烂相似），是在细菌脱羧酶的作用下主要由赖氨酸、鸟氨酸产生尸胺、腐胺等，这些伯胺不但有臭味，也对人体有害。

$$\underset{\text{赖氨酸}}{H_2N-CH_2-(CH_2)_3-\underset{\displaystyle |\atop \displaystyle NH_2}{C}H-COOH} \xrightarrow{\text{赖氨酸脱羧酶}}$$

$$\underset{\text{尸胺}}{H_2N-CH_2-(CH_2)_3-\underset{\displaystyle |\atop \displaystyle NH_2}{C}H_2} + CO_2$$

$$H_2N—CH_2—(CH_2)_2—\underset{\underset{NH_2}{|}}{CH}—COOH \xrightarrow{\text{鸟氨酸脱羧酶}}$$

鸟氨酸

$$H_2N—CH_2—(CH_2)_2—CH_2NH_2+CO_2$$

腐胺

每种氨基酸脱羧酶只作用于特定的氨基酸,这一性质被用来测定发酵液中某种氨基酸的含量。例如,在谷氨酸生产中测定发酵液中谷氨酸的含量就是用这一方法。

2. 脱氨脱羧作用

氨基酸可以同时脱去羧基和氨基,生成少一个碳原子的高级醇、氨和 CO_2。该反应在某些细菌和酵母菌中进行,如异亮氨酸、亮氨酸和缬氨酸等分别生成活性戊醇(2-甲基丁醇)、异戊醇和异丁醇等,这些高级醇的混合物称为杂醇油。其反应式如下:

$$CH_3—CH_2—\underset{\underset{CH_3}{|}}{CH}—\underset{\underset{NH_2}{|}}{CH}—COOH+H_2O \longrightarrow$$

异亮氨酸

$$\begin{matrix} CH_3—CH_2 & \\ & \diagdown \\ & CH—CH_2OH+NH_3+CO_2 \\ & \diagup \\ CH_3 & \end{matrix}$$

活性戊醇

$$\begin{matrix} CH_3 & \\ & \diagdown \\ & CH—CH_2—\underset{\underset{NH_2}{|}}{CH}—COOH+H_2O \longrightarrow \\ & \diagup \\ CH_3 & \end{matrix}$$

亮氨酸

$$\begin{matrix} CH_3 & \\ & \diagdown \\ & CH—CH_2—CH_2OH+NH_3+CO_2 \\ & \diagup \\ CH_3 & \end{matrix}$$

异戊醇

$$\begin{matrix} CH_3 & \\ & \diagdown \\ & CH—\underset{\underset{NH_2}{|}}{CH}—COOH+H_2O \longrightarrow \\ & \diagup \\ CH_3 & \end{matrix} \begin{matrix} CH_3 & \\ & \diagdown \\ & CH—CH_2OH+NH_3+CO_2 \\ & \diagup \\ CH_3 & \end{matrix}$$

缬氨酸　　　　　　　　　　异丁醇

酿造酒中都含有微量的高级醇。它们一方面来自上述的氨基酸脱氨脱羧作用,另一方面来自氨基酸的生物合成途径,以糖类为碳源合成氨基酸的最后阶段形成酮酸,由此脱羧、还原可形成相应的高级醇。高级醇的生成量与所用酵母菌种、发酵液中氨基酸含量及发酵条件有关。发酵液中氨基酸含量高,高级醇生成量多;氨基酸含量低,高级醇生成量也低,但氨基酸含量过低也会产生较多的高级醇。

12.2.3　氨基酸降解产物的代谢

氨基酸经脱氨作用生成 α-酮酸及氨，氨基酸经脱羧作用产生胺及 CO_2，氨基酸代谢的这些产物可进一步参加代谢，其中 CO_2 及酮酸与糖脂代谢类似，α-酮酸进入代谢途径可分解或合成，随氨基酸碳骨架不同而不同；氨及胺则有其特性，大量的氨及胺对生物体有害，必须及时处理。胺可直接排出，也可在酶的催化下转变为其他物质，而氨和 α-酮酸等则必须进一步参加其他代谢过程，才能转变为可被排出的物质或合成体内有用的物质。

1. 氨的代谢

除可以用于新氨基酸的合成外，主要氨代谢包括以下几个方面。

1）形成酰胺储存或运输

氨与酸性氨基酸在酶的催化下生成酰胺，其中谷氨酰胺合成酶催化谷氨酸与氨结合而形成谷氨酰胺最普遍，此反应需要 ATP 参加。

$$\begin{array}{l}COOH\\ |\\ CHNH_2 + NH_3 + ATP\\ |\\ CH_2\\ |\\ COOH\end{array}\xrightarrow{\text{天冬酰胺合成酶}}\begin{array}{l}COOH\\ |\\ CHNH_2 + ADP + Pi\\ |\\ CH_2\\ |\\ CONH_2\end{array}$$

L-天冬氨酸　　　　L-天冬酰胺

$$\begin{array}{l}COOH\\ |\\ CHNH_2 + NH_3 + ATP\\ |\\ (CH_2)_2\\ |\\ COOH\end{array}\xrightarrow{\text{谷氨酰胺合成酶}}\begin{array}{l}COOH\\ |\\ CHNH_2 + ADP + Pi\\ |\\ (CH_2)_2\\ |\\ CONH_2\end{array}$$

L-谷氨酸　　　　L-谷氨酰胺

生成酰胺可达到酸碱中和解毒并将氨暂存的目的。谷氨酰胺是中性无毒物质，容易透过细胞膜，是氨的主要运输形式；而谷氨酸带有负电荷，不能透过细胞膜。谷氨酰胺运送到肝脏，肝细胞的谷氨酰胺酶又将其分解为谷氨酸和氨，此氨是尿氨的主要来源，占尿中氨的60％。

酰胺是蛋白质合成的原料，同时储存于其上的氨基可用于合成新的氨基酸或其他含氮化合物，如嘌呤、嘧啶、核苷酸等。

2）合成氨甲酰磷酸

氨、CO_2 及 ATP 可在氨甲酰磷酸合成酶的催化下反应生成氨甲酰磷酸，该酶需要 N-乙酰谷氨酸作辅因子。其反应式如下：

$$NH_3 + CO_2 + H_2O + 2ATP \xrightarrow[N\text{-乙酰谷氨酸、}Mg^{2+}]{\text{氨甲酰磷酸合成酶}} H_2N{-}\overset{\overset{\displaystyle O}{\|}}{C}{-}O\sim \text{Ⓟ} + 2ADP + Pi$$

氨甲酰磷酸是合成吡啶核苷酸、精氨酸和尿素的重要前体物质。由于氨甲酰磷酸分子中具有高能键，因此，它是微生物能量代谢的重要高能化合物之一。氨甲酰磷酸的合成是由无机氮源合成有机含氮物的重要反应，是固化氮的重要途径，对植物和微生物来说是保留氮的重要方式。

3) 合成尿素排泄

尿素是生物体蛋白质代谢的一种产物。在高等动物体中,形成尿素后即排至体外。尿素的形成是高等动物的一种重要解毒方式。植物和微生物也能形成尿素,但其作用是储存氨,以供合成需要。当体内需要氨时,尿素可经尿素酶的作用,分解成氨和 CO_2。

尿素合成又称尿素循环(urea cycle)、鸟氨酸循环。这一过程由一个循环机制完成,鸟氨酸在这个循环中的作用类似于草酰乙酸在 TCA 循环中的作用,1 分子鸟氨酸和氨甲酰磷酸形成瓜氨酸;瓜氨酸与 1 分子氨(由天冬氨酸提供)结合成精氨酸;精氨酸水解形成尿素和 1 分子鸟氨酸,完成一次循环(图 12-6)。

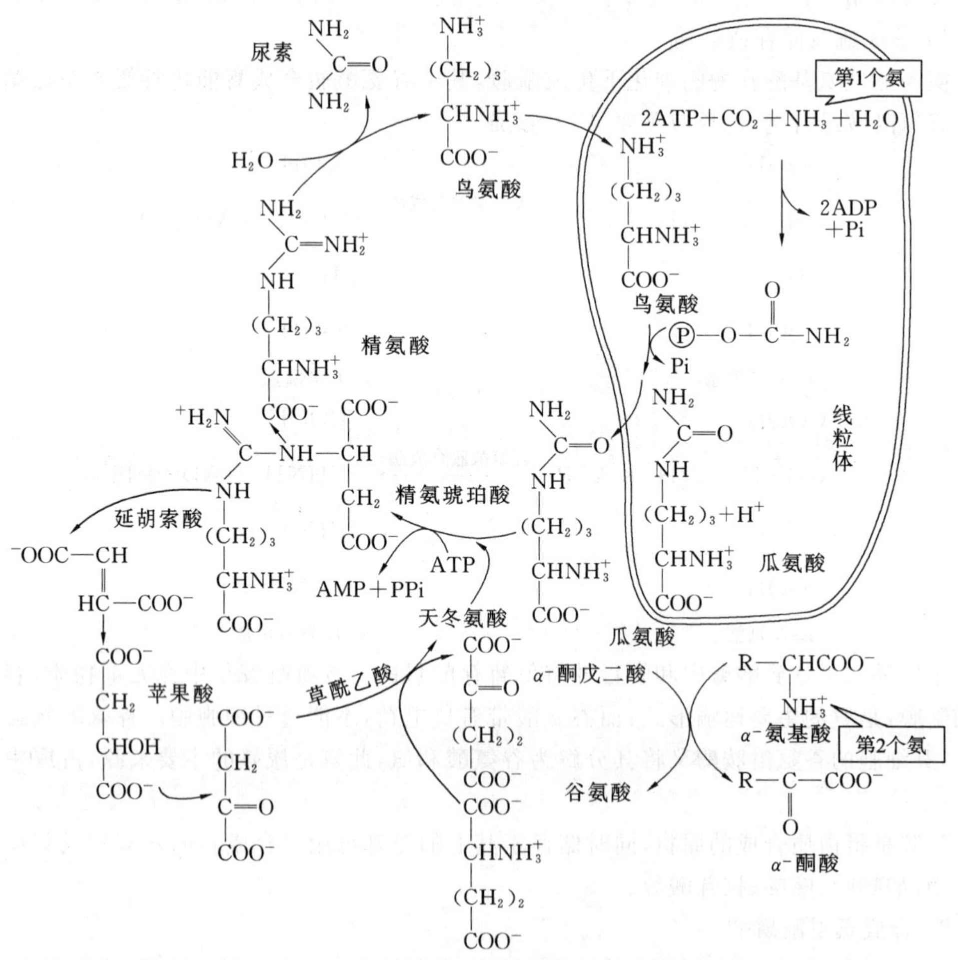

图 12-6 尿素循环

尿素循环总的结果是 2 分子氨生成 1 分子尿素,是由精氨酸裂解生成的,由线粒体及线粒体外的细胞基质两个细胞部位完成。尿素循环与 TCA 循环、转氨基作用有紧密的联系,尿素循环分为以下几个阶段。

(1) 线粒体内合成瓜氨酸。肝脏细胞中大量氨基酸与 α-酮戊二酸经转氨基作用形成的谷氨酸,透过线粒体膜进入线粒体基质,在线粒体中由谷氨酸脱氢酶将氨基脱下形成游离氨,氨与 TCA 循环产生的 CO_2 及 2 分子 ATP 反应,形成氨甲酰磷酸。鸟氨酸接受由氨甲酰磷酸提供的氨甲酰基形成瓜氨酸。

(2) 精氨琥珀酸合成与裂解。瓜氨酸离开线粒体进入细胞液，在细胞液中由精氨琥珀酸合成酶催化，瓜氨酸与天冬氨酸结合形成精氨琥珀酸。该酶需要 ATP 提供能量。

精氨琥珀酸在精氨琥珀酸裂解酶作用下分解为精氨酸和延胡索酸。这一步反应中天冬氨酸的氨基发生转移，成为精氨酸分子的一部分，而其碳骨架形成延胡索酸。形成的延胡索酸是 TCA 循环中的中间产物，可进一步形成苹果酸，再氧化为草酰乙酸。精氨琥珀酸合成与裂解是尿素循环与 TCA 循环紧密联系的枢纽。

(3) 精氨酸水解为鸟氨酸和尿素。在精氨酸酶催化下，精氨酸分解产生尿素和鸟氨酸，从鸟氨酸开始下一循环。

尿素循环总反应式如下：

$$NH_4^+ + CO_2 + 3ATP + \text{天冬氨酸} + 2H_2O \longrightarrow$$
$$\text{尿素} + 2ADP + 2Pi + AMP + PPi + \text{延胡索酸}$$

尿素是中性无毒物质，所以形成尿素不仅可以解除氨对机体的毒害，还可降低体内CO_2溶于血液所产生的酸性。尿素的形成需消耗能量，形成 1 分子尿素需消耗 4 个高能磷酸键水解释放的能量。

2. α-酮酸的代谢

氨基酸经脱氨基作用产生氨，同时生成 α-酮酸——氨基酸碳骨架。不同氨基酸的 R 侧链不同，生成的 α-酮酸各异，它们在体内的代谢也有较大差别。这里仅介绍酮酸在体内的共同代谢途径。α-酮酸除氨基化生成氨基酸外，还可以进入氧化分解途径生成 CO_2、水，或者转变为糖或脂肪。

1) 再合成氨基酸

氨基酸脱氨基反应是可逆的，α-酮酸经转氨基作用或还原氨基化反应都可以生成相应的氨基酸，这是机体合成非必需氨基酸的重要途径。这个过程合成的氨基酸是非必需氨基酸。

2) 生成 CO_2、水

α-酮酸进入 EMP、TCA 循环氧化分解。20 种氨基酸的碳骨架不同，分别在不同酶系作用下进行氧化分解，不同的 α-酮酸可分别进入 TCA 循环，进一步分解生成 CO_2。α-酮酸通过生成乙酰 CoA、α-酮戊二酸、琥珀酰 CoA、延胡索酸、草酰乙酸 5 种中间产物进入 TCA 循环(图 12-7)。此外，苯丙氨酸和酪氨酸碳骨架的一部分也以乙酰 CoA 的形式进入 TCA 循环。当氨基酸脱羧形成胺类后，即失去了进入 TCA 循环的可能性。

氨基酸脱氨基后生成的 α-酮酸可氧化生成 CO_2、水，同时释放的能量可用以合成 ATP。例如，1 mol谷氨酸氧化脱氨基分别产生 1 mol NADH、α-酮戊二酸和氨，α-酮戊二酸进入 TCA 循环转变成草酰乙酸，伴随产生 2 mol NADH、1 mol $FADH_2$和 1 mol ATP；草酰乙酸进一步被氧化可产生 12.5 mol ATP。总共产生22.5 mol ATP。氨合成尿素消耗了 3 mol ATP，故谷氨酸彻底被氧化生成水、CO_2和尿素的同时净合成 19.5 mol ATP。

3) 转变为糖或脂肪

当体内不需要将 α-酮酸再合成氨基酸，并且体内的能量供给充足时，α-酮酸可以转变为糖或脂肪。这些代谢途径是蛋白质与糖、脂肪代谢相互联系、相互转化的重要方式。例如，用氨基酸饲养患糖尿病的犬，大多数氨基酸可使尿中葡萄糖的含量增加，少数几种可使葡萄

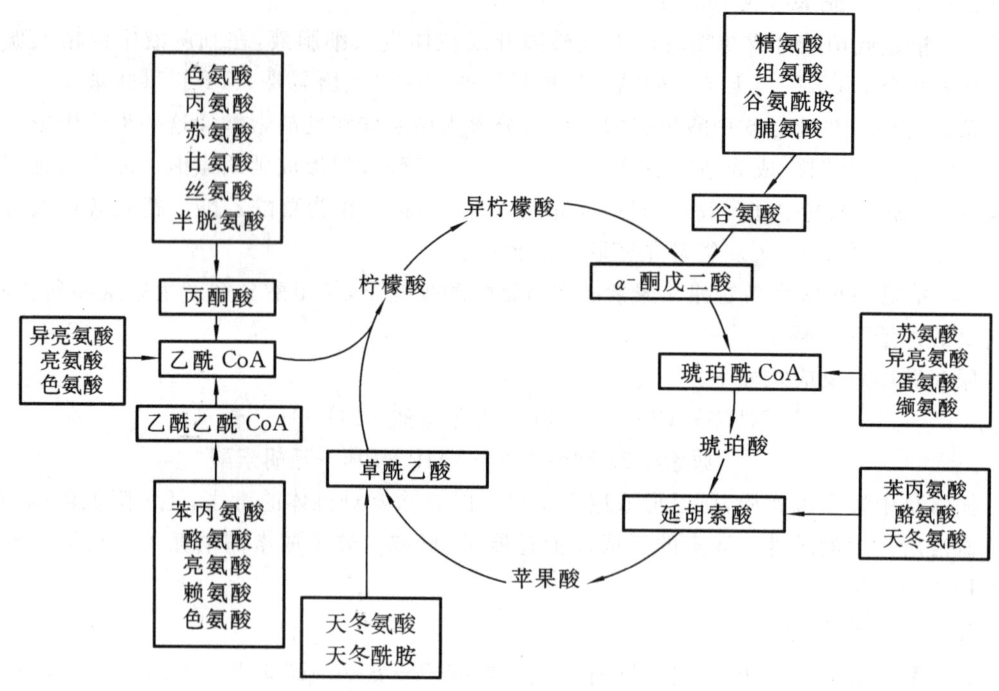

图 12-7　氨基酸碳骨架代谢

糖及酮体的含量同时增加，而亮氨酸只能使酮体的含量增加。

在体内碳骨架可以转变为糖的氨基酸称为生糖氨基酸，天然氨基酸中除亮氨酸和赖氨酸外都是生糖氨基酸。生糖氨基酸分解的中间产物大都是糖代谢过程中的丙酮酸、草酰乙酸、α-酮戊二酸、琥珀酰 CoA，或者与这几种物质有关的化合物，按糖代谢途径进行代谢。能转变成酮体的氨基酸(Leu、Lys)称为生酮氨基酸，生酮氨基酸的代谢产物为乙酰 CoA 或乙酰乙酸，在动物体内不能转变为糖，只能转变为脂肪酸，按脂肪酸代谢途径进行代谢。部分转变成糖，部分转变成酮体的氨基酸称为生糖兼生酮氨基酸，部分按糖代谢途径进行代谢，部分按脂肪酸代谢途径进行代谢，这类氨基酸包括异亮氨酸、苯丙氨酸、酪氨酸、色氨酸。

但在微生物和植物中，因存在乙醛酸循环途径，乙酰 CoA 也能转为琥珀酸等四碳二羧酸，因此也能通过糖原异生作用转变为糖。所有氨基酸的碳骨架在生物体内都能转变为乙酰 CoA，可进一步合成脂肪酸。氨基酸在向糖转变过程中生成的磷酸二羟基丙酮可被还原成甘油，甘油与脂肪酸可进一步合成脂肪。

3. CO_2与胺的代谢

氨基酸脱羧形成的CO_2大部分直接排到细胞外，动物通过呼吸释放，小部分可通过丙酮酸羧化支路生成草酰乙酸或苹果酸。这些有机酸的生成对于 TCA 循环及通过 TCA 循环产生的发酵产物(如柠檬酸、谷氨酸、延胡索酸、苹果酸等)有促进作用。

氨基酸脱羧生成的胺可在胺氧化酶的催化下生成醛；醛在醛脱氢酶的催化下，加水生成有机酸；有机酸再经氧化作用，生成乙酰 CoA；乙酰 CoA 进入 TCA 循环，最后被氧化成CO_2和水。

氨基酸代谢的应用

12.3　氨基酸合成代谢

12.3.1　概述

简单地讲，氨基酸合成是将 α-酮酸氨基化生成相应的氨基酸，基本条件是氨、α-酮酸、还原力(NADPH)及催化氨基化的酶系统，主要方式有还原氨基化、转氨基及两者结合的联合氨基化。

植物和绝大多数微生物能合成全部氨基酸。但有些微生物的氨基酸为营养缺陷型，由于其合成所需的相关酶系的缺失，相应的氨基酸就成为必需氨基酸。

12.3.2　氨基酸合成的公共途径

氨基酸合成的公共途径主要是 α-酮酸通过氨基化及转氨基作用生成氨基酸的通用过程。

1. 还原氨基化作用

还原氨基化作用是由 L-氨基酸脱氢酶催化的 α-酮酸与氨生成氨基酸的过程，它是氨基酸分解代谢中 L-氨基酸脱氢酶催化氧化脱氨基的逆反应。反应分两步，先是 α-酮戊二酸与氨脱水缩合生成 α-亚氨基酸，再还原加氢生成谷氨酸，消耗 1 分子的 NADPH 或NADH，其反应式如下：

$$\underset{\alpha\text{-酮戊二酸}}{\begin{array}{c} COOH \\ | \\ (CH_2)_2 \\ | \\ C{=}O \\ | \\ COOH \end{array}} + NH_3 + \underset{(\text{或 } NADPH)}{NADH} + H^+ \xrightarrow{\text{L-谷氨酸脱氢酶}} \underset{\text{L-谷氨酸}}{\begin{array}{c} COOH \\ | \\ (CH_2)_2 \\ | \\ CHNH_2 \\ | \\ COOH \end{array}} + \underset{(\text{或 } NADP^+)}{NAD^+} + H_2O$$

L-氨基酸脱氢酶的辅酶为 NAD^+ 或 $NADP^+$，细菌和酵母以 $NADP^+$ 为辅酶，高等植物以 NAD^+ 为辅酶，动物则 NAD^+ 和 $NADP^+$ 都可为辅酶。

2. 氨基酸合成酶催化的氨基化作用

自然界合成谷氨酸的最普遍途径是经过 2 步反应进行的：先酰胺化，再由氨基酸合成酶催化的氨基化生成谷氨酸。

酰胺化反应主要是谷氨酸(天冬氨酸)在酰胺合成酶催化下，利用氨消耗 ATP 生成谷氨酰胺(天冬酰胺)的过程。

$$Glu(Asp) + NH_3 + ATP \xrightarrow{\text{谷氨(天冬)酰胺合成酶}} Gln(Asn)$$

生成的谷氨酰胺和天冬酰胺可用于蛋白质的合成，但主要的用途是氨的储存、运输。谷氨酸合成酶催化 α-酮戊二酸接受谷氨酰胺的氨基生成谷氨酸。

$$\begin{matrix} COOH \\ | \\ C{=}O \\ | \\ (CH_2)_2 \\ | \\ COOH \end{matrix} + \begin{matrix} COOH \\ | \\ CHNH_2 \\ | \\ (CH_2)_2 \\ | \\ CONH_2 \end{matrix} + NADPH + H^+ \xrightarrow{\text{谷氨酸合成酶}} 2\begin{matrix} COOH \\ | \\ CHNH_2 \\ | \\ (CH_2)_2 \\ | \\ COOH \end{matrix} + NADP^+$$

α-酮戊二酸　L-谷氨酰胺　L-谷氨酸

谷氨酸合成酶(glutamate synthase)的供氢体可以是 NADPH 或 NADH,微生物主要为前者,植物两者皆可。从 α-酮戊二酸开始经此途径合成谷氨酸的总反应式为

$$\alpha\text{-酮戊二酸} + NH_3 + ATP + NAD(P)H \xrightarrow{\text{谷氨酰胺合成酶、谷氨酸合成酶}} \text{谷氨酸} + NAD(P)^+ + H_2O$$

该反应生成 1 分子谷氨酸是在两种酶催化下,消耗 1 分子 NAD(P)H 和 α-酮戊二酸,还需要 1 分子 ATP。从能量代谢看是消耗能量,但是该反应可以在低浓度氨存在的条件下实现合成,反应的通用性更强,为多数生物合成谷氨酸的途径。

3. 转氨基与联合氨基化作用

在转氨酶催化下将某一氨基酸的氨基转移到 α-酮酸上生成新氨基酸,只要有不同的 α-酮酸就可生成相应的氨基酸,最通用的氨基供体是谷氨酸。

联合氨基化是指先通过氨基化生成为数不多的氨基酸(如谷氨酸),再通过转氨基生成多种氨基酸(可看成联合脱氨基的逆转),现认为只有苏氨酸、赖氨酸不参加转氨基,生物体内的其他氨基酸都可通过与谷氨酸转氨联合生成。

4. 直接氨基化

个别氨基酸是在专一的酶催化下将 α-酮酸直接进行氨基化反应(直接脱氨基的逆反应),如延胡索酸与氨在 L-天冬氨酸酶的催化下生成 L-天冬氨酸,该酶存在于某些植物和细菌中。

12.3.3 氨基酸的生物合成途径

生物体内氨基酸的合成途径会由于碳骨架的不同而不同,但是概括地讲都起源于 TCA 循环、EMP 和 HMP 等代谢的主干途径的关键中间代谢产物(图 12-8)。根据氨基酸生物合成起始物的不同,氨基酸生物合成途径可归纳为六大类。图中只交代了合成氨基酸的碳骨架来源及相互间的关系,每一类的名称多以该中间产物直接生成的氨基酸或特征氨基酸命名。

1. 氨基酸生物合成途径的类型

氨基酸生物合成途径可分为六大类,起源于 TCA 循环的有 α-酮戊二酸和草酰乙酸两类,当它们用于氨基酸合成时要求回补途径发挥作用,以及时补充循环中失去的中间产物。

起源于 EMP 途径的有丙酮酸和 3-磷酸甘油两类,由它们合成多种人体必需氨基酸,一碳单位代谢在合成中起重要作用。半胱氨酸和蛋氨酸中的硫,只有植物和微生物才可由无机硫酸盐还原产生。赖氨酸则由丙酮酸和草酰乙酸共同形成。

三种芳香族氨基酸是由 HMP 途径中的 4-磷酸赤藓糖和 EMP 途径中的磷酸烯醇式丙酮酸衍生而来,EMP 途径中的 5-磷酸核糖焦磷酸(PRPP)参与色氨酸合成。从 PRPP 起始合成组氨酸是一个特殊的独立途径。

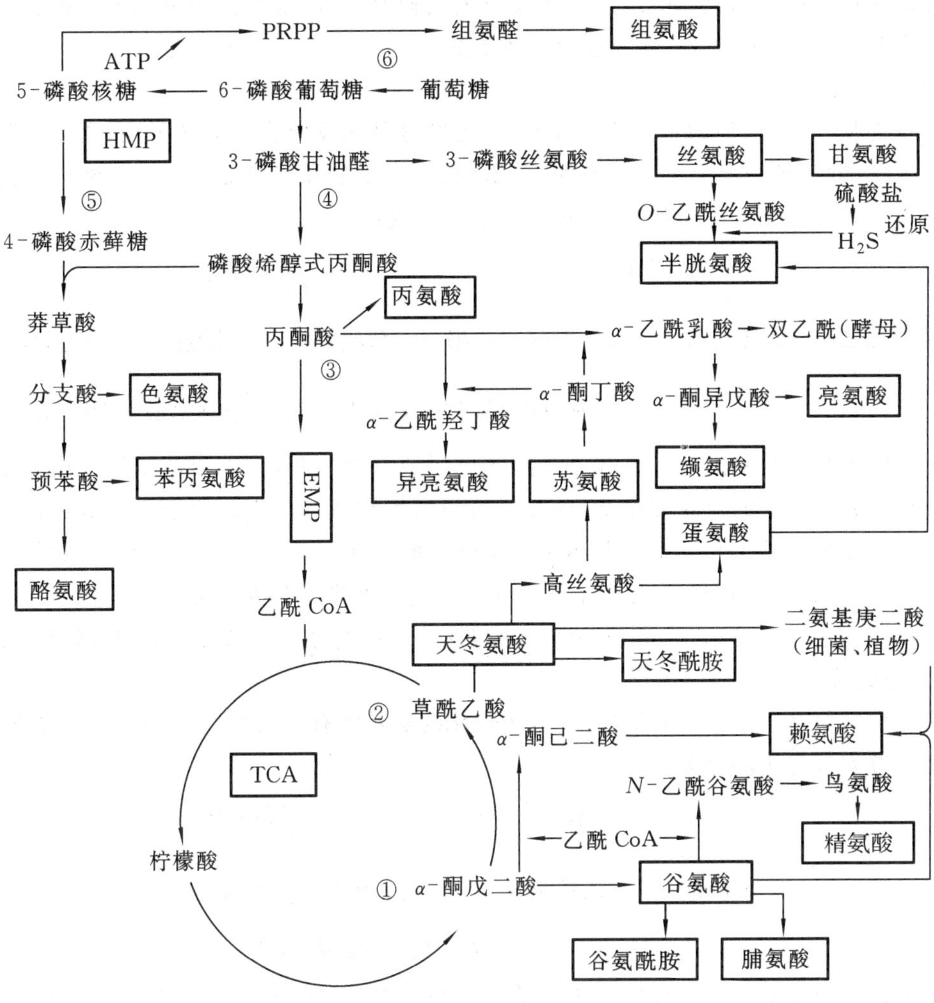

PRPP
组氨醛
组氨酸
ATP
⑥
5-磷酸核糖
6-磷酸葡萄糖
葡萄糖
HMP
3-磷酸甘油醛
3-磷酸丝氨酸
丝氨酸
甘氨酸
硫酸盐
⑤
④
O-乙酰丝氨酸
还原
H_2S
4-磷酸赤藓糖
磷酸烯醇式丙酮酸
半胱氨酸
莽草酸
丙氨酸
丙酮酸
α-乙酰乳酸
双乙酰(酵母)
③
分支酸
色氨酸
α-酮丁酸
α-酮异戊酸
亮氨酸
α-乙酰羟丁酸
预苯酸
苯丙氨酸
EMP
异亮氨酸
苏氨酸
缬氨酸
蛋氨酸
酪氨酸
高丝氨酸
乙酰 CoA
天冬氨酸
二氨基庚二酸
(细菌、植物)
天冬酰胺
②
草酰乙酸
赖氨酸
α-酮己二酸
TCA
N-乙酰谷氨酸
鸟氨酸
乙酰 CoA
精氨酸
柠檬酸
①
α-酮戊二酸
谷氨酸
谷氨酰胺
脯氨酸

图 12-8　氨基酸的生物合成

1）谷氨酸类型

这一类从 TCA 循环的 α-酮戊二酸衍生的氨基酸有谷氨酸、谷氨酰胺、精氨酸、脯氨酸和赖氨酸。其衍生关系如下(箭头上的数字表示所需合成代谢的步骤数)：

谷氨酰胺
1
α-酮戊二酸
1
谷氨酸
5
鸟氨酸
3
精氨酸
9
赖氨酸
脯氨酸

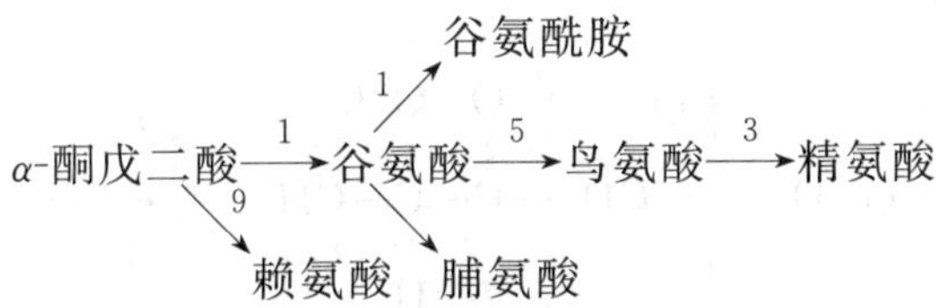

谷氨酸在氨基酸代谢中处于重要的核心地位。在特殊条件下，有的微生物还可能通过其他的途径合成谷氨酸，如枯草杆菌可以从精氨酸合成谷氨酸。

谷氨酸的 γ-羧基还原形成谷氨酸-γ-半醛，然后自发环化形成二氢吡咯-5-羧酸，再还原成脯氨酸，脯氨酸进一步氧化生成羟脯氨酸。

真菌中可以从 α-酮戊二酸经过 9 步反应生成赖氨酸，但是细菌和植物中的赖氨酸由丙酮酸和天冬氨酸途径合成，人体不能合成赖氨酸。

2) 天冬氨酸类型

这一类从 TCA 循环的草酰乙酸开始，首先经氨基化反应合成天冬氨酸，再经酰胺化反应生成天冬酰胺，进一步衍生出蛋氨酸、苏氨酸、异亮氨酸和赖氨酸。天冬氨酸经磷酸化和还原生成天冬氨酸-β-半醛，以此分界进行以下的合成：

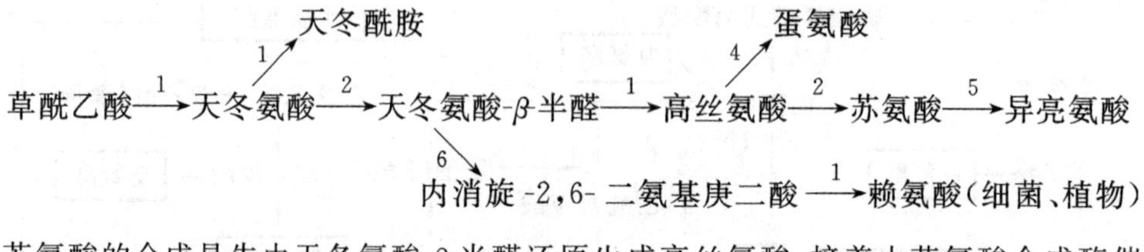

草酰乙酸 $\xrightarrow{1}$ 天冬氨酸 $\xrightarrow{2}$ 天冬氨酸-β-半醛 $\xrightarrow{1}$ 高丝氨酸 $\xrightarrow{2}$ 苏氨酸 $\xrightarrow{5}$ 异亮氨酸

天冬氨酸 $\xrightarrow{1}$ 天冬酰胺

高丝氨酸 $\xrightarrow{4}$ 蛋氨酸

天冬氨酸-β-半醛 $\xrightarrow{6}$ 内消旋-2,6-二氨基庚二酸 $\xrightarrow{1}$ 赖氨酸(细菌、植物)

苏氨酸的合成是先由天冬氨酸-β-半醛还原生成高丝氨酸，接着由苏氨酸合成酶催化生成苏氨酸。异亮氨酸的合成较复杂，由苏氨酸与丙酮酸经过 5 步反应衍生而成。蛋氨酸中连接在高丝氨酸上的 γ-S—CH_3，其 S 来自半胱氨酸，—CH_3来自叶酸携带的一碳单位。

在细菌与植物体内，赖氨酸的合成是由天冬氨酸-β-半醛与丙酮酸经过 6 步反应生成内消旋-2,6-二氨基庚二酸，再生成赖氨酸。所以这一类中的必需氨基酸合成与丙氨酸类有关。

3) 丙氨酸类型

丙酮酸转氨基一步生成丙氨酸，进一步转化的氨基酸有缬氨酸、亮氨酸，并为异亮氨酸、赖氨酸和苏氨酸提供部分碳骨架。

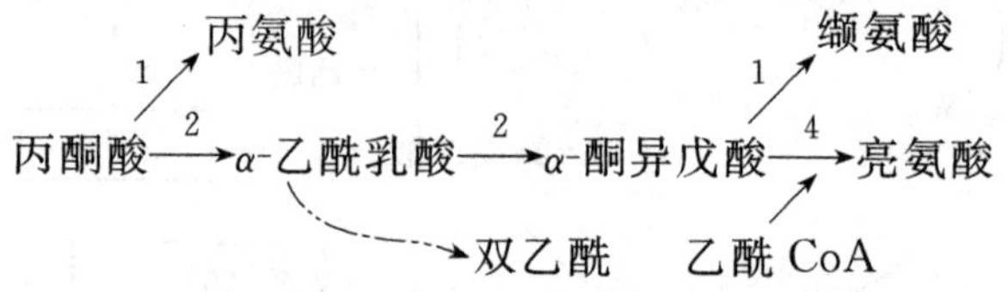

丙酮酸 $\xrightarrow{1}$ 丙氨酸

丙酮酸 $\xrightarrow{2}$ α-乙酰乳酸 $\xrightarrow{2}$ α-酮异戊酸 $\xrightarrow{4}$ 亮氨酸（乙酰 CoA 参与）

α-酮异戊酸 $\xrightarrow{1}$ 缬氨酸

α-乙酰乳酸 ⇢ 双乙酰

合成过程首先是丙酮酸脱羧生成的活性乙醛(TPP)与丙酮酸缩合生成 α-乙酰乳酸，再经异构、还原、脱水等步骤生成 α-酮异戊酸，后者经转氨基生成缬氨酸。亮氨酸则还要在 α-酮异戊酸的基础上与乙酰 CoA 缩合，经多步转化而成。丙氨酸类和天冬氨酸类的氨基酸合成转化相互交叉，这两类中多种氨基酸为人体不能合成的必需氨基酸。

在利用酵母进行发酵的过程中，代谢中间产物 α-乙酰乳酸除可以沿着生成缬氨酸和亮氨酸的途径进行反应外，还可以分泌到酵母细胞外，α-乙酰乳酸也可脱羧生成 β-羟基丁酮，再经脱氢氧化为双乙酰。

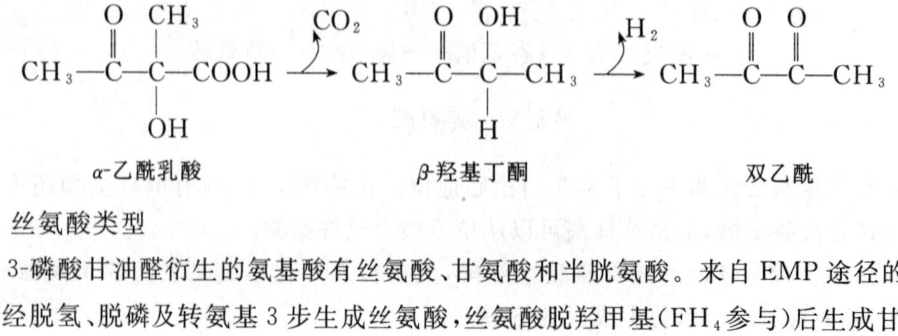

$$CH_3—\overset{O}{\overset{\|}{C}}—\underset{OH}{\overset{CH_3}{C}}—COOH \xrightarrow{-CO_2} CH_3—\overset{O}{\overset{\|}{C}}—\underset{H}{\overset{OH}{C}}—CH_3 \xrightarrow{-H_2} CH_3—\overset{O}{\overset{\|}{C}}—\overset{O}{\overset{\|}{C}}—CH_3$$

α-乙酰乳酸　　　　β-羟基丁酮　　　　双乙酰

4) 丝氨酸类型

由 3-磷酸甘油醛衍生的氨基酸有丝氨酸、甘氨酸和半胱氨酸。来自 EMP 途径的 3-磷酸甘油醛经脱氢、脱磷及转氨基 3 步生成丝氨酸，丝氨酸脱羟甲基(FH_4参与)后生成甘氨酸。

在大多数植物和微生物中，丝氨酸与乙酰 CoA 反应，将乙酰基转移到丝氨酸的羟基上生成 *O*-乙酰丝氨酸，再与"巯基供体"(丝氨酸巯基化酶)反应生成半胱氨酸，然后提供巯基给高丝氨酸生成蛋氨酸。

动物体内不能合成蛋氨酸，能由蛋氨酸转化生成半胱氨酸。

5) 芳香氨基酸类型

这一类包括苯丙氨酸、酪氨酸和色氨酸，由 HMP 途径中的 4-磷酸赤藓糖和 EMP 途径的磷酸烯醇式丙酮酸反应成环。

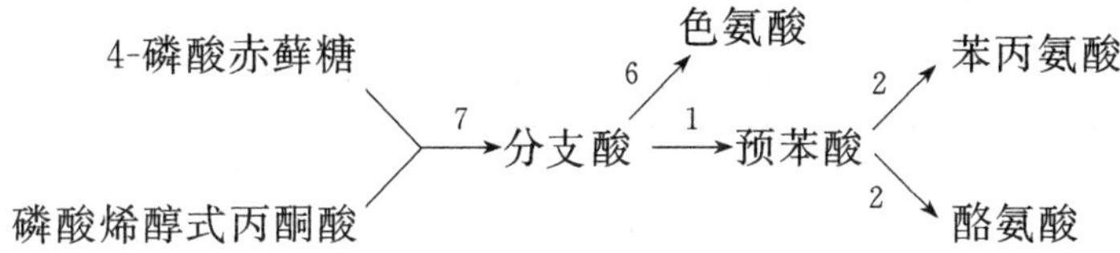

成环形成分支酸共 7 步反应，多次加氢、脱水生成的分支酸为六元双烯环状酸。苯丙氨酸和色氨酸在微生物和植物中可以合成，在动物体内不能合成，苯丙氨酸可转化为酪氨酸。

6) 组氨酸类型

组氨酸酶促生物合成途径由 10 步反应组成。它由 PRPP 开始，首先把 5-磷酸核糖部分连接到 ATP 分子中的嘌呤环的第 1 号氮原子上生成 *N*-糖苷键相连的中间产物 *N*-1-(核糖-5-磷酸)-ATP，经过一系列反应最后合成组氨酸。由于组氨酸来自 ATP 分子上的 N—C 基团，故有人认为它是嘌呤核苷酸代谢的一个分支。

2. 氨基酸其他代谢与转化的含氮化合物

一般生物发酵及由天然蛋白质水解(控制酸水解)得到的是 L-氨基酸，化学合成的多为 D/L 外消旋混合物。

1) 氨基酸与一碳单位代谢

(1) 一碳单位的概念与种类。在生物体内氨基酸及其他物质(核苷酸/碱基)代谢过程中，要去掉或延长两个碳原子多通过乙酰基，但是一个碳原子的代谢则比较复杂，一般是通过一碳单位来完成。

机体内比较重要的一碳单位有甲基、亚甲基、次甲基、羟甲基、甲烯基、甲炔基、甲酰基及亚氨甲基，一碳单位来源于组氨酸、甘氨酸、丝氨酸与蛋氨酸，CO_2不属于一碳单位。

在代谢过程中一碳单位都不能游离存在，而必须与载体结合才能参与代谢。

(2) 一碳单位的载体。机体内一碳单位的载体主要有两类。最重要的载体是四氢叶酸(FH_4)，FH_4分子上结合一碳单位的部位是 N^5、N^{10}(四氢叶酸的结构与原子编号见图 12-9)，如 N^{10}-CHO-FH_4和 N^5，N^{10}═CH-FH_4 分别为嘌呤合成时 C(2)与 C(8)的来源；N^5，N^{10}-CH_2-FH_4为胸苷酸合成时甲基的来源。另一种载体是(*S*)-腺苷甲硫氨酸(SAM)，其结构见图 12-10。SAM 由蛋氨酸与 ATP 反应生成，SAM 的 S 原子上的甲基是常用的一碳单位，在氨基酸合成中有重要意义。

(3) 一碳单位代谢的作用。一碳单位不仅与氨基酸的代谢有关，还可作为嘌呤和嘧啶合成的原料，在核酸代谢中具有重要的地位，而且参与体内许多其他含氮化合物复杂碳骨架的代谢，是使蛋白质与核酸代谢相互联系的重要环节。一碳单位的来源、互变与功能见表 12-3。

续表

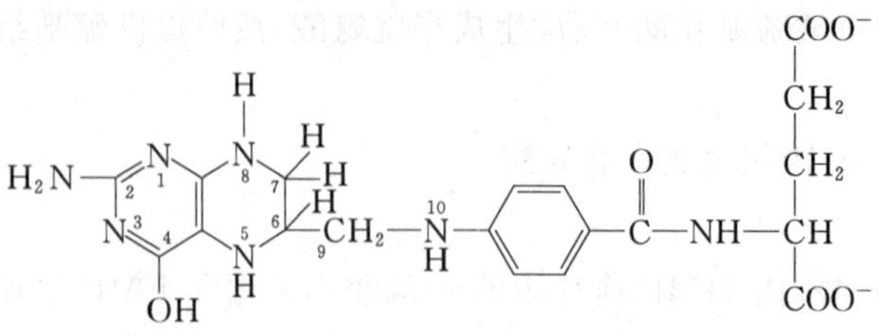

图 12-9　FH_4的结构与原子编号

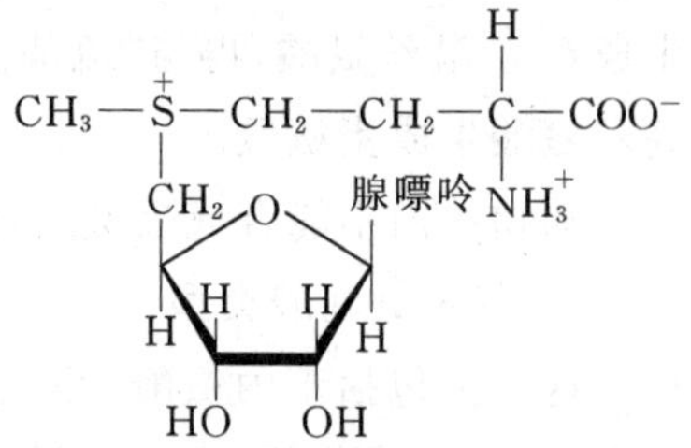

图 12-10　SAM

表 12-3　一碳单位的来源、互变与功能

一碳单位的来源	活性形式与互变	功　能
蛋氨酸	SAM	甲基化:胆碱、肾上腺素、肌酸
丝氨酸	↓ N^5-CH_3-FH_4 N^5,N^{10}-CH_2-FH_4 ↑	胸腺嘧啶的甲基
组氨酸	↓ N^5,N^{10}═CH-FH_4	嘌呤的 C(8)
甘氨酸	↓ N^{10}-CHO-FH_4	嘌呤的 C(2)

对生物体一碳单位代谢机理的研究有助于抗代谢新药的设计,如磺胺药物可以抗菌、氨甲蝶呤可以抗癌等。

2) 氨基酸衍生的重要含氮化合物

生物体内的氨基酸除可合成各种重要功能的蛋白质外,体内许多重要含氮化合物多是由氨基酸衍生出来的,与氨基酸的合成和分解密不可分。这些物质(表 12-4)的种类多,途径复杂多样。

表 12-4　氨基酸衍生的重要含氮化合物

含氮化合物		氨基酸前体
分类	典型化合物	
核酸(DNA、RNA)	嘌呤、嘧啶	Gly、Asp、Glu、Gln
脂类	胆碱、鞘氨醇	Ser、Met
激素	肾上腺素、甲状腺素	Tyr
	吲哚乙酸/乙烯(植物)	Trp、Met
色素	卟啉类(细胞色素、血红素、叶绿素)	Glu、Gly(琥珀酰 CoA)
	黑色素	Tyr、Phe
维生素	烟酸	Trp
生物碱	吗啡、可待因、奎宁、马钱子碱	Glu、Tyr、Trp

卟啉类化合物是生物体内重要的色素基团,以多种形式普遍存在于各种生物中。生物体以谷氨酸、甘氨酸和琥珀酰 CoA 为基本原料,首先合成胆色素原,再聚合成原卟啉,原卟啉可衍生成所有生物普遍存在的细胞色素中的色素基团、动物血红素、植物叶绿素、藻胆色

素及其他光敏色素等，它们都有重要的、不可替代的生物学功能。

氨基酸脱羧生成的胺类是生物体重要的调节物质。由酪氨酸可衍生的活性物质有肾上腺素、去甲肾上腺素、多巴及多巴胺，它们在神经系统中起重要作用。

12.4　谷氨酸发酵及生物体物质代谢的相互关系

12.4.1　谷氨酸发酵

谷氨酸在氨基酸代谢中具有重要作用，其生物合成途径已非常清楚。谷氨酸最早通过酸水解小麦面筋（谷蛋白）制备，1957 年实现了谷氨酸发酵法工业化生产。

1. 谷氨酸的生物合成途径

简单地讲，谷氨酸的生物合成途径就是 α-酮戊二酸氨基化生成谷氨酸，以微生物体内进行的还原氨基化反应为主，主要是利用糖质原料（淀粉）和无机氮源（氨）发酵生产谷氨酸。以葡萄糖为碳源发酵生产谷氨酸的途径见图 12-11。首先葡萄糖经 EMP（HMP）途径转变为丙酮酸，生成的丙酮酸一部分氧化生成乙酰 CoA，另一部分固定 CO_2 生成草酰乙酸或苹果酸。草酰乙酸与乙酰 CoA 都进入 TCA 循环，在柠檬酸合成酶催化下生成柠檬酸，进而转化为 α-酮戊二酸。α-酮戊二酸在谷氨酸脱氢酶的催化下进行还原氨基化反应。

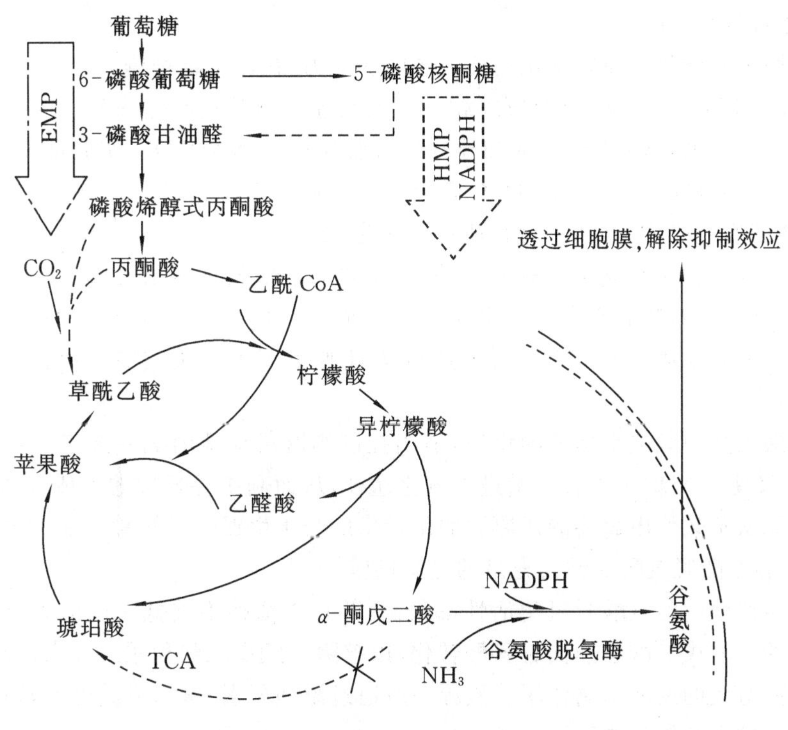

图 12-11　谷氨酸的生物合成途径

由于谷氨酸不是正常代谢终产物，只是一个代谢中间产物，要想大量积累谷氨酸必须通过对代谢途径的调节控制才能实现。谷氨酸合成必须保证合成所需的原料 α-酮戊二酸、氨和还原力（NADPH 或 NADH），同时还应能使谷氨酸及时透过细胞膜，解除抑制效应。研究发现谷氨酸的合成包括EMP途径、HMP途径、TCA循环、乙醛酸循环及丙酮酸羧化支路等途径,调节控制细胞膜通透性与脂类代谢紧密相关。

2. 谷氨酸合成的生物途径调控特点

利用微生物进行谷氨酸发酵,实现谷氨酸的超常积累,是通过选育菌种并控制发酵条件、解除细胞固有的代谢调节机制、破坏其正常的代谢平衡而获得成功的。

概括起来,谷氨酸生产菌具有如下生理、生化特性。

1) α-酮戊二酸的保证供应

α-酮戊二酸是TCA循环的中间代谢物质,在正常情况下其分解与合成处于平衡,仅能维持较低的浓度水平,要实现大量谷氨酸的合成,就必须构建新的代谢平衡。

首先是阻断α-酮戊二酸的分解。生产菌的一个重要特性是α-酮戊二酸脱氢酶丧失活性或活性极低,使α-酮戊二酸能够积累,迫使α-酮戊二酸大量用于合成谷氨酸。这个过程简称"节流"。

其次是加强α-酮戊二酸新的合成途径。由于TCA循环中α-酮戊二酸分解被阻断,不能通过环式代谢再生四碳二羧酸(草酰乙酸、苹果酸等),主要可通过羧化回补途径实现四碳二羧酸的再生,要求丙酮酸(磷酸烯醇式丙酮酸)羧化支路旺盛,通过高活性羧化酶作用使三碳的酮酸与CO_2羧化生成四碳二羧酸,乙醛酸循环生成琥珀酸和苹果酸也是重要的回补途径。这个过程简称"开源"。

2) 充足的NADPH供给

谷氨酸脱氢酶催化还原氨基化需要大量的还原力,在微生物细胞内NADPH和NADH有通用性,NADPH主要来源于HMP途径(6-磷酸葡萄糖脱氢产生NADPH),NADH来自EMP途径及TCA循环(α-磷酸甘油和异柠檬酸脱氢产生NADH)。实验证明,谷氨酸生产菌在生物素供应充足的情况下经HMP途径分解的葡萄糖占总量的38%,当控制生物素亚适量(谷氨酸旺盛合成)时,HMP途径所占比例为26%。

减少NADPH进入生物氧化途径的消耗,主要通过氧的供应量(通风量)来实现。实验证明,无氧条件下谷氨酸的产量比有氧条件下要高。这是由于合成反应中所需的NADPH在无氧时,不进入氧化途径进行氧化,这就为还原氨基化生成谷氨酸反应提供了大量NADPH。

在谷氨酸发酵中必须掌握氧的供应,适当控制则既可保证丙酮酸逐步氧化生成足量的α-酮戊二酸,又使NADPH不会大量进入氧化途径,从而利于谷氨酸的生成和$NADP^+$的氧化再生。还原氨基化作用需要的还原力的足量供应与再生促使谷氨酸不断生成。

3) 高的谷氨酸脱氢酶活性与充足的氮源供应

谷氨酸生产菌的谷氨酸脱氢酶活性都很高,并且其活性不被低浓度的谷氨酸抑制。这样可使生成的α-酮戊二酸迅速向谷氨酸转化,以解除α-酮戊二酸积累对TCA循环中异柠檬酸脱氢酶可能造成的反馈抑制作用。氮源一般通过添加尿素、氨水或其他铵盐进行补充,生产菌一般可耐较大的铵盐浓度。

谷氨酸脱氢酶的辅酶可以是NADPH或NADH,充足的NADPH(NADH)、氨和α-酮戊二酸是酶发挥作用的条件,ATP则为该酶的负别构效应剂,也就是说,细胞中高的能量代谢水平(ATP)对该酶有抑制作用,通过控制生物氧化不仅可增加NADPH(NADH),而且有利于谷氨酸脱氢酶活性的提高。

4）通过脂代谢调控细胞膜通透性，解除抑制效应

谷氨酸生产大多为生物素缺陷型（或甘油、油酸缺陷型），即其自身不能合成生物素，需要由培养基提供。生物素是脂肪酸合成途径中乙酰 CoA 羧化酶的辅酶，生物素不足会引起脂肪酸合成受阻，进而影响其他脂类的合成，而这些脂类是细胞膜膜脂蛋白的重要成分，对其合成的影响，必然导致细胞膜的结构发生改变，当细胞中磷脂减少到正常量的一半时，就会引起细胞变形，通透性增强，谷氨酸向膜外漏出并积累于发酵液中。

同时生物素又是丙酮酸羧化酶的辅酶，该酶催化的丙酮酸羧化生成四碳二羧酸反应在谷氨酸合成中同样占有重要地位。控制发酵液中生物素亚适量，一方面确保谷氨酸的旺盛合成及菌体的正常活性；另一方面造成菌体磷脂合成不足，使细胞膜有良好通透性，谷氨酸易于分泌泄漏于细胞外，从而消除因细胞内谷氨酸浓度积累过高对谷氨酸脱氢酶产生的反馈抑制效应，也便于氨基酸的分离和提取。

3. 环境条件对谷氨酸发酵的影响

发酵液中生物素、铵离子、溶解氧及磷酸盐等的浓度，发酵液 pH 值，氧化还原电势等因素对谷氨酸发酵影响很大。当发酵条件与环境因素发生改变时，必然影响代谢中有关酶的合成及活性，从而导致反应方向改变，使谷氨酸积累减少，而其他副产物积累增加。溶解氧适中时积累谷氨酸，不足时会积累乳酸，过量时则积累 α-酮戊二酸。氨浓度适中时积累谷氨酸，过量时会积累谷氨酰胺，不足时则积累 α-酮戊二酸。中性偏碱时积累谷氨酸。pH＝5～5.8、氨过量时，积累谷氨酰胺和 N-乙酰谷氨酸。生物素亚适量时积累谷氨酸，过量时积累乳酸或琥珀酸。磷酸盐适中时积累谷氨酸，过量时积累缬氨酸等。

12.4.2　糖、脂肪、蛋白质代谢的相互关系

1. 氨基酸与糖代谢的关系

大部分氨基酸的碳链部分在代谢过程中可以全部或部分地转变为糖的中间产物。Ala、Cys、Gly、Ser、Thr、Trp 等都可以转变成丙酮酸，Glu、His、Arg、Pro 等都能生成 α-酮戊二酸，Phe 和 Tyr 都可生成延胡索酸，Ile、Val、Met 及 Thr 都能生成琥珀酰 CoA，Asp 可以生成草酰乙酸。氨基酸在生物体内转变为糖的反应具有重要的生理意义，当体内缺糖时，氨基酸即可分解转变成为组织细胞所必需的糖，以维持正常的生理功能。

糖在生物体内也可以转变成几种氨基酸，如糖代谢生成的中间产物丙酮酸、草酰乙酸和 α-酮戊二酸经氨基化作用或转氨基作用后分别生成 Ala、Asp、Glu。发酵上所需的微生物菌体往往以糖原料为碳源，以铵盐或尿素为氮源，这样利用糖代谢生成的 α-酮酸经还原氨基化合成氨基酸，进而合成菌体蛋白质。

生物体内的氨基酸可进一步合成蛋白质，从而发挥更重要的作用。生物体内的氨基酸可以自身合成及经蛋白质水解，人与动物主要为后者，蛋白质营养（提供必需氨基酸）对维持人体正常代谢必不可少。

2. 氨基酸与脂肪代谢的关系

某些氨基酸的碳链部分在代谢中可以变为脂肪酸代谢的中间产物。Ile 可生成乙酰 CoA；Trp、Phe、Tyr 可生成乙酰乙酸；Leu 既可生成乙酰乙酸，又可生成乙酰 CoA。这些中间产物都可合成脂肪酸，进而合成脂肪。脂肪的甘油部分可由许多生糖氨基酸合成。

脂肪分解生成的甘油可沿糖代谢途径合成几种氨基酸，但分解生成的脂肪酸部分合成

氨基酸的可能性极小。一般微生物培养基中糖质原料多于脂肪,故由脂肪转变成氨基酸或由氨基酸转变成脂肪的情况实际不多。

3. 糖代谢与脂肪代谢的关系

糖代谢中间产物磷酸二羟基丙酮及乙酰 CoA 可分别形成甘油与脂肪酸,又可由 HMP 途径提供 NADPH,进而合成脂肪。一般发酵工业所用培养基中脂肪很少,而微生物成分中脂类物质均可以形成,这就说明了糖能转变成脂肪。另一方面,脂肪中的甘油可通过转变成磷酸二羟基丙酮而合成糖。脂肪酸虽然也可通过β-氧化而生成乙酰 CoA 进入 TCA 循环形成α-酮戊二酸、草酰乙酸,再间接转变成丙酮酸,进而合成糖,但当一分子乙酰 CoA 进入 TCA 循环时,首先要消耗一分子草酰乙酸,因此乙酰 CoA 经 TCA 循环生成的草酰乙酸与消耗的草酰乙酸相等,即不能净生成草酰乙酸,所以由脂肪酸不能净生成糖。仅在具有乙醛酸循环的微生物与植物中可发生脂肪转化为糖的过程,如油料种子的萌发。

4. 糖代谢为紧密联系其他物质代谢的枢纽

糖代谢的强度决定脂肪和蛋白质代谢的强度。当糖量充足时,有节约脂肪和蛋白质的作用;而当糖和脂肪不足时,氨基酸代谢便加强,但是这种节约有限度,糖与脂肪可以避免过量氨基酸转化为糖用于氧化产能,但是必需氨基酸的作用是无法代替的;糖代谢作为脂肪代谢的基础,如果没有一定的糖代谢,体内脂肪很难完全氧化(TCA 循环的必需性),酮体代谢会增加。

此外,上述三类物质通过不同的代谢途径在生成乙酰 CoA 之后,均可进入 TCA 循环彻底氧化成 CO_2 和水,同时放出能量。可见,TCA 循环是这些物质分解产生能量的共同途径。同时,TCA 循环上α-酮戊二酸、草酰乙酸又可与谷氨酸、天冬氨酸进行互变。因此,TCA 循环又是这些物质互相转变的共同机构,在氨基酸、脂类及体内其他物质的合成过程中具有重要作用。

思考题

谷氨酸发酵及生物体物质代谢的相互关系

1. 什么是氨基酸库?微生物与人体内氨基酸的来源和去路有何异同?
2. 蛋白酶有哪些种类?蛋白酶制剂的工业应用有哪些方面?
3. 氨基酸脱氨的方式有哪几种?请写出丙酮酸由谷丙转氨酶及谷氨酸脱氢酶催化的联合脱氨基反应(反应物与产物用分子式,辅酶用简写符号)。
4. 生物体内氨的去路主要有哪些方式?动物体排泄的尿素是如何形成的?
5. 生糖氨基酸、生酮氨基酸是按什么原则分类的?
6. 按照氨基酸合成途径的特点可将其分成哪些大类?它们与糖代谢直接联系的物质分别是什么?
7. 从α-酮戊二酸合成谷氨酸的方式有哪几种?说明谷氨酸合成酶催化的反应特点与在谷氨酸合成中的意义。
8. 阐述一碳单位在物质代谢中的主要作用。常见的一碳单位载体是什么?
9. 阐述氨基酸与糖代谢的密切关系,说明糖、脂、蛋白质代谢的相互关系。
10. 说明微生物发酵生产菌实现谷氨酸大量积累的生化途径、代谢调控的主要目的与措施,并配以简图。

第 13 章　核酸降解与核苷酸代谢

生物体具有降解和分解外来（如食物中）的核酸和自身组织细胞更新产生的核酸的能力，也能利用体内小分子物质合成各种核苷酸供体内核酸合成所需。

核酸的基本结构单位是核苷酸，核酸代谢与核苷酸代谢密切相关。细胞内存在多种游离的核苷酸，这是一类在代谢上极为重要的物质，它们几乎参与细胞的所有生化过程，有以下几个方面的作用：①核苷酸是核酸生物合成的前体；②核苷酸衍生物是许多生物合成的活性中间产物；③ATP 是生物能量代谢中通用的高能化合物；④腺苷酸是三种重要辅酶的组分；⑤某些核苷酸是代谢的调节物质。

13.1　核酸的降解

13.1.1　核酸的消化与吸收

动物和厌氧微生物可以分泌消化酶分解食物、体外的核蛋白和核酸类物质，以获得各种核苷酸。食物中的核酸多以核蛋白形式存在，核蛋白在胃中受胃酸作用，分解为核酸和蛋白质。核酸的消化、吸收主要在小肠中进行。核酸由胰液核酸酶（磷酸二酯酶）催化水解成核苷酸，后者再经肠液中核苷酸酶（磷酸单酯酶）水解为核苷和磷酸，核苷经核苷水解酶或核苷磷酸化酶催化，可生成含氮碱（嘌呤碱或嘧啶碱）与戊糖或戊糖磷酸（图 13-1）。分解产生的戊糖被吸收而参加体内的戊糖代谢，嘌呤和嘧啶则主要被分解而排至体外。

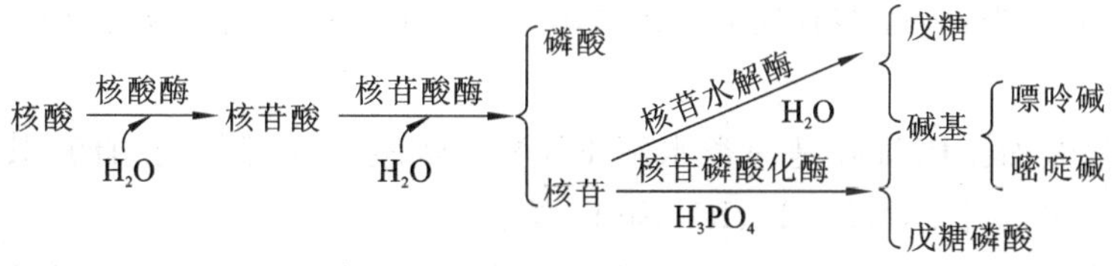

图 13-1　核酸的降解

外源核酸不能直接被人体细胞吸收利用，人体细胞中的核酸都是自身合成的。食物中的核酸都将被逐步分解成核苷酸、核苷、磷酸、核糖、碱基，然后或者用于合成核苷酸，或者参与其他代谢途径，或者降解排至体外。

虽然植物一般不能消化体外的有机物，但所有细胞都含有与核酸代谢有关的酶类，可催化细胞内的各种核酸分解，促进核酸在体内的更新。

13.1.2　核酸降解中的酶类

核酸是由许多核苷酸以 3′,5′-磷酸二酯键连接而成的大分子化合物，依据条件不同，其酶促降解会得到大小不同的核苷酸片段及单核苷酸。核酸降解的第一步是水解核苷酸之间的磷酸二酯键,生成低级多聚核苷酸或单核苷酸。在生物体内有许多磷酸二酯酶可以催化这一解聚作用。

高等动植物体内都有作用于磷酸二酯键的核酸酶。不同来源的核酸酶,其专一性、作用方式都有所不同。有些核酸酶作用于 RNA,称为核糖核酸酶(ribonuclease,RNase);有些核酸酶只能作用于 DNA,称为脱氧核糖核酸酶(deoxyribonuclease,DNase);有些核酸酶专一性较低,既能作用于 RNA,也能作用于 DNA,因此统称为核酸酶(nuclease)。根据对底物的作用方式,核酸酶又可分为核酸内切酶(endonuclease)和核酸外切酶(exonuclease)。在核糖核酸酶和脱氧核糖核酸酶中,能够水解核酸分子内磷酸二酯键的酶称为核酸内切酶,从核酸链的一端逐个水解下核苷酸的酶称为核酸外切酶。

(1) 脱氧核糖核酸酶。DNase 是一类通过特异性催化磷酸二酯键水解而降解 DNA 的酶类,主要有 DNase Ⅰ、DNase Ⅱ和限制性核酸内切酶。

DNase Ⅰ水解磷酸二酯键的 3′端酯键,产物为 5′端带磷酸的寡聚脱氧核苷酸片段,该酶特异性不强。DNase Ⅱ水解磷酸二酯键的 5′端酯键,产物为 3′端带磷酸的寡聚脱氧核苷酸片段。限制性核酸内切酶(restriction endonuclease)能专一性地识别并水解双链 DNA 上的特异核苷酸顺序,且只在特定核苷酸序列处切开核苷酸之间的连接键,该酶可交错地切断两链(此时产生两条互补的单链,称为黏性末端)。当外源 DNA 侵入细菌后,限制性核酸内切酶可将其水解切成片段,从而限制了外源 DNA 在细菌细胞内的表达,而细菌本身的 DNA 由于在该特异核苷酸顺序处被甲基化酶修饰,不被水解,从而得到保护。近年来,限制性核酸内切酶的研究和应用发展很快,目前已提纯的限制性核酸内切酶有 100 多种,许多已成为基因工程研究中必不可少的工具酶。

限制性核酸内切酶可分成三种类型:Ⅰ型、Ⅱ型和Ⅲ型。Ⅰ型和Ⅲ型限制性核酸内切酶水解 DNA 时需要消耗 ATP,全酶中的部分亚基可通过在特殊碱基上补加甲基对 DNA 进行化学修饰。Ⅱ型限制性核酸内切酶水解 DNA 时不需要 ATP,也不以甲基化或其他方式修饰 DNA,能在所识别的特殊核苷酸顺序内或附近切割 DNA,因此,被广泛用于 DNA 分子克隆和序列测定。

(2) 核糖核酸酶。RNase 是一类水解 RNA 中磷酸二酯键的内切酶,其特异性较强。RNase 主要有 RNase Ⅰ、RNase T_1、RNase U_2 等。

RNase Ⅰ特异性作用于 RNA 中嘧啶核苷酸的 C(3′)位磷酸与其相邻核苷酸 C(5′)位所形成的磷酸酯键。RNase T_1 特异性作用于鸟嘌呤的 C(3′)位磷酸与其相邻核苷酸 C(5′)位所形成的磷酸酯键。RNase U_2 特异性作用于嘌呤核苷酸的 C(3′)位磷酸与其相邻核苷酸 C(3′)位所形成的磷酸酯键。

在核酸外切酶中,较常见的有牛脾磷酸二酯酶(spleen phosphodiesterase,SPDase)和蛇毒磷酸二酯酶(venom phosphodiesterase,VPDase)。牛脾磷酸二酯酶从 RNA 的 5′-OH 端开始,逐个水解下核苷酸,产生 3′-单核苷酸。蛇毒磷酸二酯酶则相反,从多核苷酸链的 3′-OH端开始,逐个水解下核苷酸,产生 5′-单核苷酸。但是它们的特异性较低,对 RNA 和 DNA(或其低级多核苷酸)都能分解(图 13-2)。

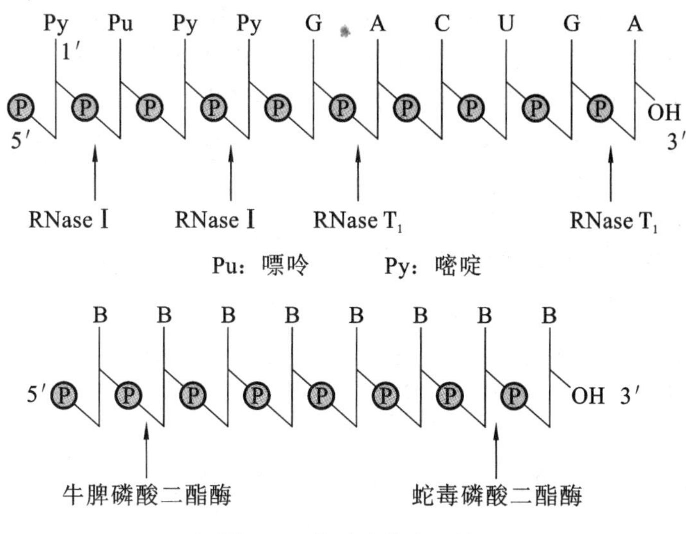

图 13-2　核酸酶的专一性

13.2　核苷酸的分解代谢

13.2.1　核苷酸的降解

核苷酸水解下磷酸即成核苷，生物体内广泛存在的磷酸单酯酶或核苷酸酶可以催化这个反应。非特异性的磷酸单酯酶能催化一切核苷酸水解，磷酸基在核苷的 2′、3′或 5′位置上都可被水解下来。某些特异性的磷酸单酯酶只能水解 3′-核苷酸或 5′-核苷酸，分别称为 3′-核苷酸酶或 5′-核苷酸酶。

核苷经核苷酶(nucleosidase)作用分解为嘌呤碱或嘧啶碱和核糖。分解核苷的酶有两类：一类是核苷磷酸化酶(nucleoside phosphorylase)，分解核苷生成嘌呤碱或嘧啶碱和戊糖的磷酸酯；另一类是核苷水解酶(nucleoside hydrolase)，水解核苷生成嘌呤碱或嘧啶碱和戊糖。

$$\text{(脱氧)核苷} + \text{磷酸} \xrightleftharpoons{\text{核苷磷酸化酶}} \text{嘌呤碱或嘧啶碱} + \text{1-磷酸(脱氧)戊糖}$$

$$\text{核苷} + H_2O \xrightarrow{\text{核苷水解酶}} \text{嘌呤碱或嘧啶碱} + \text{戊糖}$$

核苷磷酸化酶存在比较广泛，其催化的反应是可逆的；核苷水解酶主要存在于植物和微生物体内，只能催化核糖核苷的水解，对脱氧核糖核苷没有作用，反应是不可逆的。

13.2.2　嘌呤碱的分解

嘌呤核苷酸在核苷酸酶和核苷酶的作用下被降解为嘌呤碱和戊糖，不同种类的生物分解嘌呤碱的能力不一样，因而代谢产物也各不相同。人和猿类及一些排尿酸的动物(如鸟类、某些爬虫类和昆虫等)以尿酸作为嘌呤碱代谢的最终产物。其他多种生物则还能进一步分解尿酸，形成不同的代谢产物，直至最后分解成二氧化碳和氨。

嘌呤碱的分解首先是在各种脱氨酶的作用下水解脱去氨基。腺嘌呤和鸟嘌呤水解脱氨时分别生成次黄嘌呤和黄嘌呤，脱氨反应也可以在核苷酸的水平上进行。

腺嘌呤在腺嘌呤脱氨酶(adenine deaminase)作用下脱氨生成次黄嘌呤(hypoxanthine),然后,次黄嘌呤经黄嘌呤氧化酶(xanthine oxidase)催化被氧化成黄嘌呤(xanthine)。在动物组织中腺嘌呤脱氨酶的含量极少,而腺嘌呤核苷脱氨酶(adenosine deaminase)和腺嘌呤核苷酸脱氨酶(adenylate deaminase)的活性较高。因此,腺嘌呤的脱氨分解可在其核苷和核苷酸的水平上发生,再水解生成次黄嘌呤。它们的关系如下:

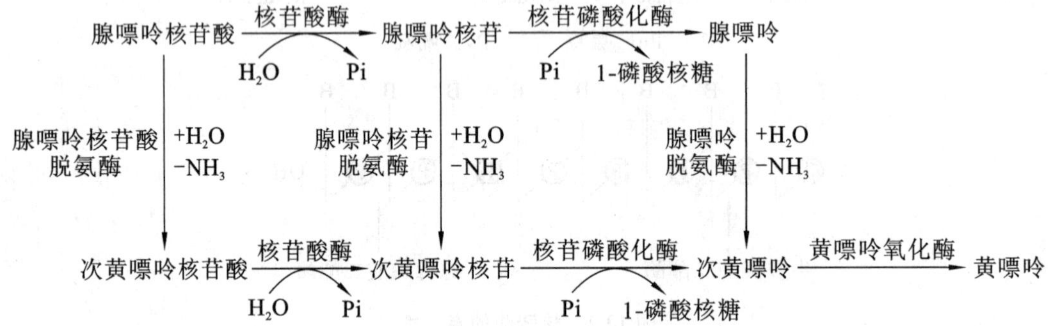

鸟嘌呤脱氨酶(guanine deaminase)的分布较广,鸟嘌呤的脱氨分解主要是在该酶的作用下进行的。

$$鸟嘌呤+H_2O\xrightarrow{鸟嘌呤脱氨酶}黄嘌呤+NH_3$$

次黄嘌呤和黄嘌呤在黄嘌呤氧化酶的作用下氧化生成尿酸。

$$次黄嘌呤+O_2+H_2O\xrightarrow{黄嘌呤氧化酶}黄嘌呤+H_2O_2$$

$$黄嘌呤+O_2+H_2O\xrightarrow{黄嘌呤氧化酶}尿酸+H_2O_2$$

黄嘌呤氧化酶是一种复合黄素酶,它由 2 个相同的亚基组成,相对分子质量为 260 000。每个亚基含有 1 个 FAD、1 个钼原子和 1 个 Fe_4S_4 中心。黄嘌呤(或次黄嘌呤)的氧化是极其复杂的过程,它要求分子氧作为电子受体,还原产物是 H_2O_2,进入尿酸的氧来自水。当底物与酶结合后,Mo(Ⅵ)被还原成 Mo(Ⅳ),电子经过黄素、铁硫中心等一系列转移步骤而传递给分子氧,并与氢离子形成 H_2O_2,Mo(Ⅳ)则再氧化成 Mo(Ⅵ)。产物过氧化氢随即被过氧化氢酶分解。

痛风症病人由于体内嘌呤核苷酸分解代谢异常,可致血中尿酸水平升高,尿酸水溶性较差,当血浆中尿酸含量超过 8 mg/dL 时,即可形成尿酸盐晶体,以尿酸钠晶体形式沉积于软骨、关节、软组织及肾,临床上表现为皮下结节、关节疼痛等。结构与次黄嘌呤很相似的别嘌呤醇(allopurinol)对黄嘌呤氧化酶有很强的抑制作用,所以有时用它治疗痛风。经别嘌呤醇治疗的病人排泄黄嘌呤和次黄嘌呤以代替尿酸。别嘌呤醇可被黄嘌呤氧化酶氧化成别黄嘌呤(alloxanthine),它与酶活性中心的 Mo(Ⅳ)牢固结合,从而使 Mo(Ⅳ)不易转变成 Mo(Ⅵ),这种底物结构类似物经酶作用后成为酶的灭活物,称为自杀作用物。此外,别嘌呤醇的分子结构与次黄嘌呤类似,可竞争性抑制黄嘌呤氧化酶的活性,从而减少体内尿酸的生成(图 13-3);别嘌呤还可与 PRPP 反应生成别嘌呤核苷酸,可反馈抑制嘌呤核苷酸从头合成途径的关键酶(见 13.3 节)。

尿酸的进一步分解代谢随生物种类不同而异。人和猿类缺乏分解尿酸的能力;鸟类等排尿酸动物不仅可将嘌呤碱分解成尿酸,还可以把大量其他含氮代谢物转变成尿酸,再排至

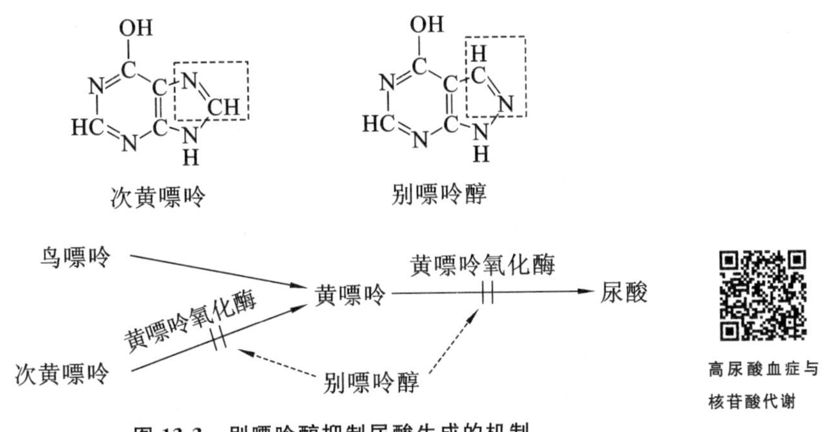

图 13-3　别嘌呤醇抑制尿酸生成的机制

体外。然而大多数种类的生物能够继续分解尿酸。尿酸在尿酸氧化酶(urate oxidase)作用下被氧化,同时脱掉二氧化碳,而生成尿囊素(allantoin)。

$$尿酸+2H_2O+O_2 \xrightarrow{尿酸氧化酶} 尿囊素+CO_2+H_2O_2$$

尿酸氧化酶是一种含铜酶,它以氧为直接电子受体,但产生过氧化氢而不产生水。

尿囊素是除人及猿类以外,其他哺乳类嘌呤代谢的排泄物。其他多数种类生物则含有尿囊素酶(allantoinase),能水解尿囊素生成尿囊酸(allantoic acid)。

$$尿囊素+H_2O \xrightarrow{尿囊素酶} 尿囊酸$$

尿囊酸是某些硬骨鱼的嘌呤碱代谢排泄物。尿囊酸在尿囊酸酶(allantoicase)作用下水解生成尿素和乙醛酸。

$$尿囊酸+H_2O \xrightarrow{尿囊酸酶} 尿素+乙醛酸$$

尿素是多数鱼类及两栖类生物的嘌呤碱代谢排泄物。某些低等动物还能将尿素分解成氨和二氧化碳再排至体外。

植物和微生物体内嘌呤碱代谢的途径大致与动物相似。植物体内广泛存在着尿囊素酶、尿囊酸酶和脲酶等,嘌呤碱代谢的中间产物(如尿素和尿囊酸等)也在多种植物中大量存在。微生物一般能分解嘌呤碱类物质,生成氨、二氧化碳以及一些有机酸(如甲酸、乙酸、乳酸等)。嘌呤碱的分解代谢过程见图 13-4。

13.2.3　嘧啶碱的分解

嘧啶核苷酸分解代谢的特点是嘧啶环被打破。嘧啶核苷酸经降解反应生成嘧啶碱和磷酸戊糖;嘧啶碱的分解主要在肝中进行,经水化脱氨、还原和水解等反应,胞嘧啶和尿嘧啶的主要分解产物为 β-丙氨酸,胸腺嘧啶的主要分解产物为 β-氨基异丁酸。在人体内,β-丙氨酸、β-氨基异丁酸经转化为有机酸可继续分解,但部分也可随尿液排至体外(图 13-5)。

不同种类生物对嘧啶的分解过程也不完全一样。一般具有氨基的嘧啶需要先水解脱去氨基,如胞嘧啶脱氨生成尿嘧啶。

$$胞嘧啶+H_2O \xrightarrow{胞嘧啶脱氨酶} 尿嘧啶+NH_3$$

在人和某些动物体内,其脱氨过程也可能是在核苷或核苷酸的水平上进行的。

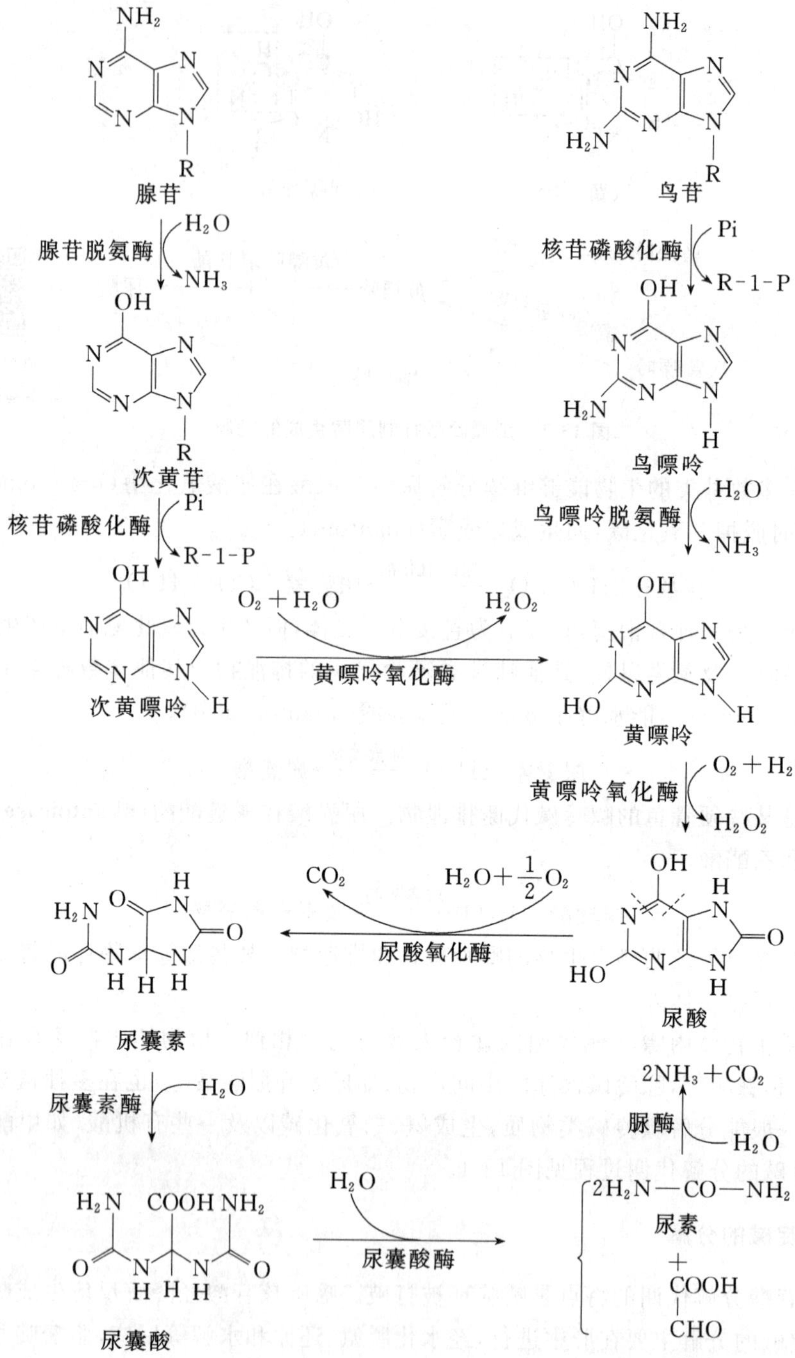

腺苷 $\xrightarrow[\text{腺苷脱氨酶}]{H_2O \quad NH_3}$ 次黄苷 $\xrightarrow[\text{核苷磷酸化酶}]{Pi \quad R\text{-}1\text{-}P}$ 次黄嘌呤 $\xrightarrow[\text{黄嘌呤氧化酶}]{O_2+H_2O \quad H_2O_2}$ 黄嘌呤

鸟苷 $\xrightarrow[\text{核苷磷酸化酶}]{Pi \quad R\text{-}1\text{-}P}$ 鸟嘌呤 $\xrightarrow[\text{鸟嘌呤脱氨酶}]{H_2O \quad NH_3}$ 黄嘌呤

黄嘌呤 $\xrightarrow[\text{黄嘌呤氧化酶}]{O_2+H_2O \quad H_2O_2}$ 尿酸 $\xrightarrow[\text{尿酸氧化酶}]{H_2O+\frac{1}{2}O_2 \quad CO_2}$ 尿囊素 $\xrightarrow[\text{尿囊素酶}]{H_2O}$ 尿囊酸 $\xrightarrow[\text{尿囊酸酶}]{H_2O}$ 尿素 + 乙醛酸

$2H_2N—CO—NH_2$（尿素）$\xrightarrow[\text{脲酶}]{H_2O}$ $2NH_3+CO_2$

图 13-4 嘌呤碱的分解代谢过程

尿嘧啶经还原生成二氢尿嘧啶，并水解使环开裂，然后水解生成二氧化碳、氨和 β-丙氨酸；β-丙氨酸经转氨基作用脱去氨基后还可参加有机酸代谢。

$$\text{尿嘧啶}+NAD(P)H+H^+ \xrightleftharpoons{\text{二氢尿嘧啶脱氢酶}} \text{二氢尿嘧啶}+NAD(P)^+$$

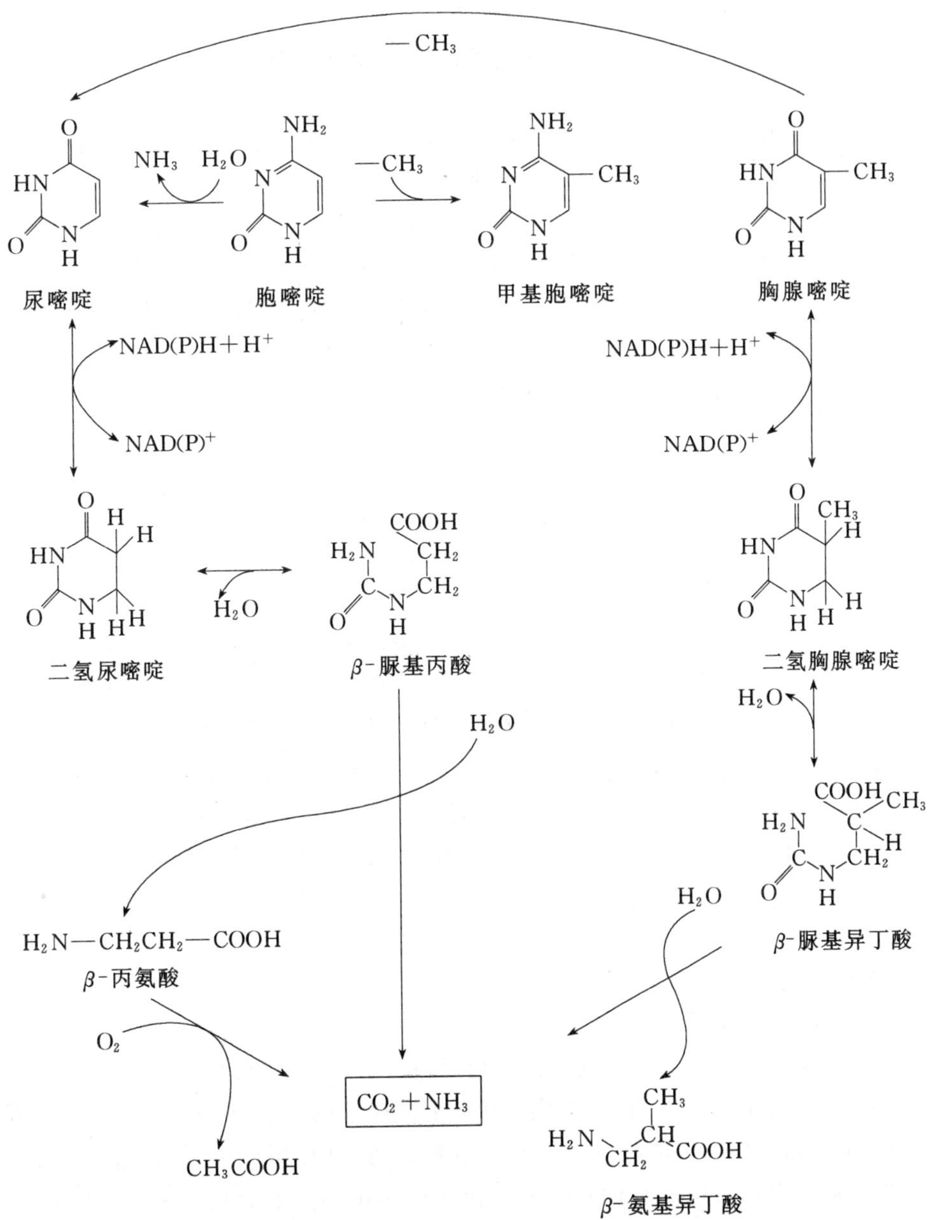

图 13-5　嘧啶碱的分解代谢过程

$$\text{二氢尿嘧啶}+H_2O \xrightleftharpoons{\text{二氢嘧啶酶}} \beta\text{-脲基丙酸}$$

$$\beta\text{-脲基丙酸}+H_2O \xrightarrow{\text{脲基丙酸酶}} \beta\text{-丙氨酸}+CO_2+NH_3$$

胸腺嘧啶的分解与尿嘧啶相似，其分解过程如下：

$$\text{胸腺嘧啶}+NAD(P)H+H^+ \xrightleftharpoons{\text{二氢胸腺嘧啶脱氢酶}} \text{二氢胸腺嘧啶}+NAD(P)^+$$

$$\text{二氢胸腺嘧啶}+H_2O \xrightleftharpoons{\text{二氢嘧啶酶}} \beta\text{-脲基异丁酸}$$

$$\beta\text{-脲基异丁酸}+H_2O \xrightarrow{\text{脲基丙酸酶}} \beta\text{-氨基异丁酸}+CO_2+NH_3$$

13.3　核苷酸的合成代谢

生物体内核苷酸的合成代谢有两条不同的途径,即从头合成途径和补救合成途径。生物体利用一些简单的前体物质,如5-磷酸核糖、氨基酸、一碳单位和二氧化碳等,逐步合成嘌呤核苷酸的过程称为从头合成途径(de novo synthesis),这一途径主要发生在肝脏,其次为小肠和胸腺,所有合成反应在胞液中进行,这是核苷酸的主要合成途径。核苷酸的补救合成途径(salvage pathway)又称再利用合成途径,是指利用分解代谢产生的自由嘌呤碱和嘧啶碱合成核苷酸的过程,这一途径可在大多数组织细胞中进行。

13.3.1　嘌呤核苷酸的生物合成

1. 嘌呤核苷酸的从头合成途径

同位素标记实验证明,生物体内能利用二氧化碳、甲酸盐、谷氨酰胺、天冬氨酸和甘氨酸作为合成嘌呤环的前体。嘌呤环中的第1位氮来自天冬氨酸的氨基,第3位及第9位氮来自谷氨酰胺的酰氨基,第2位及第8位碳来自甲酸盐,第6位碳来自二氧化碳,而第4位碳、第5位碳及第7位氮则来自甘氨酸。嘌呤环中各原子的来源见图13-6。

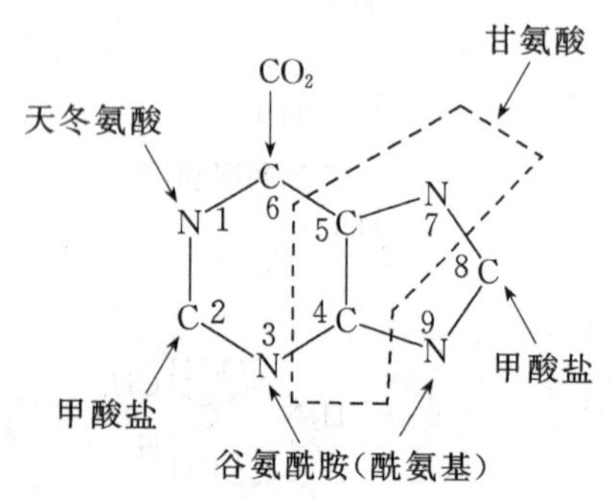

图13-6　嘌呤环中各原子的来源

目前关于嘌呤碱的合成途径已经了解得比较清楚。生物体内不是先合成嘌呤碱,再与核糖和磷酸结合成核苷酸,而是从5-磷酸核糖焦磷酸开始,经过一系列酶促反应,生成次黄嘌呤核苷酸,然后转变为其他嘌呤核苷酸。

1) 次黄嘌呤核苷酸(IMP)的合成

(1) 5-磷酸核糖焦磷酸(PRPP)的合成。

次黄嘌呤核苷酸的合成是一个连续的酶促反应过程,首先需要由5-磷酸核糖焦磷酸(5-phosphoribosyl pyrophosphate,PRPP)供给核苷酸的磷酸核糖部分,在其上再完成嘌呤环的装配。在体内,5-磷酸核糖焦磷酸可由5-磷酸核糖与ATP作用产生,催化这一反应的酶称为磷酸核糖焦磷酸激酶(phosphoribosyl pyrophosphokinase),在此反应中ATP的焦磷酸基作为一个单位直接转移到5-磷酸核糖分子的C(1)的羟基上。

$$\text{5-磷酸核糖}+\text{ATP}\xrightarrow[\text{Mg}^{2+}]{\text{磷酸核糖焦磷酸激酶}}\text{5-磷酸核糖焦磷酸}+\text{AMP}$$

(2) 次黄嘌呤核苷酸的酶促合成。

次黄嘌呤核苷酸的酶促合成过程共有10步反应,可分成两个阶段。在第一阶段,由5-磷酸核糖焦磷酸与谷氨酰胺反应生成5-磷酸核糖胺(5-phosphoribosylamine),再与甘氨酸结合,经甲酰化和转移谷氨酰胺的氮原子,然后闭环生成5-氨基咪唑核苷酸(5-aminoimidazole ribotide),形成嘌呤的咪唑环,包括5步反应;第二阶段则由5-氨基咪唑核苷酸羧化,进一步获得天冬氨酸的氨基,再甲酰化,最后脱水闭环生成次黄嘌呤核苷酸,也包括5步反应。现依次叙述如下。

反应 1 为 5-磷酸核糖胺的生成：5-磷酸核糖焦磷酸可与谷氨酰胺反应生成 5-磷酸核糖胺、谷氨酸和无机焦磷酸盐。催化这一反应的酶为磷酸核糖焦磷酸转酰胺酶(phosphoribosyl pyrophosphate transamidase)。这一步反应使原来的 α 构型核糖化合物变为 β 构型，因为 5-磷酸核糖焦磷酸具有 α 构型，而 5-磷酸核糖胺则具有 β 构型。

$$\text{5-磷酸核糖焦磷酸}+\text{谷氨酰胺}+H_2O \xrightarrow[Mg^{2+}]{\text{磷酸核糖焦磷酸转酰胺酶}} \text{5-磷酸核糖胺}+\text{谷氨酸}+PPi$$

反应 2 为甘氨酰胺核苷酸的生成：5-磷酸核糖胺和甘氨酸在有 ATP 供给能量的情况下，合成甘氨酰胺核苷酸(glycinamide ribotide)，同时 ATP 分解成 ADP 和正磷酸盐。这一步骤由甘氨酰胺核苷酸合成酶(glycinamide ribotide synthetase)催化，反应式如下：

$$\text{5-磷酸核糖胺}+\text{甘氨酸}+ATP \underset{Mg^{2+}}{\overset{\text{甘氨酰胺核苷酸合成酶}}{\rightleftharpoons}} \text{甘氨酰胺核苷酸}+ADP+Pi$$

反应 3 为甲酰甘氨酰胺核苷酸的生成：甘氨酰胺核苷酸经甲酰化生成甲酰甘氨酰胺核苷酸(formylglycinamide ribotide)，甲酰基的供体为 N^{10}-甲酰四氢叶酸(N^{10}-formyltetrahydrofolate)。催化这个甲酰化反应的酶为甘氨酰胺核苷酸转甲酰基酶(glycinamide ribotide transformylase)。

$$\text{甘氨酰胺核苷酸}+N^{10}\text{-甲酰四氢叶酸}+H_2O \xrightarrow[Mg^{2+}]{\text{甘氨酰胺核苷酸转甲酰基酶}} \text{甲酰甘氨酰胺核苷酸}+\text{四氢叶酸}$$

在体内，N^{10}-甲酰四氢叶酸的甲酰基可由甲酸供给。在酶的催化下，甲酸经 ATP 活化并以甲酰基形式转移给四氢叶酸生成 N^{10}-甲酰四氢叶酸。

反应 4 为甲酰甘氨脒核苷酸的生成：甲酰甘氨酰胺核苷酸在有谷氨酰胺并有 ATP 存在时，转变成甲酰甘氨脒核苷酸(formylglycinamidine ribotide)，谷氨酰胺脱去酰氨基后生成谷氨酸，ATP 则分解成 ADP 和正磷酸盐，催化这个反应的酶为甲酰甘氨脒核苷酸合成酶(formylglycinamidine ribotide synthetase)。

$$\text{甲酰甘氨酰胺核苷酸}+\text{谷氨酰胺}+ATP+H_2O \xrightarrow{\text{甲酰甘氨脒核苷酸合成酶}} \text{甲酰甘氨脒核苷酸}+\text{谷氨酸}+ADP+Pi$$

反应 5 为 5-氨基咪唑核苷酸的生成：在有 ATP 存在时，甲酰甘氨脒核苷酸经氨基咪唑核苷酸合成酶(aminoimidazole ribotide synthetase)的作用转变成 5-氨基咪唑核苷酸。这个反应可被镁离子和钾离子激活，反应式如下：

$$\text{甲酰甘氨脒核苷酸}+ATP \xrightarrow[Mg^{2+}、K^{+}]{\text{氨基咪唑核苷酸合成酶}} \text{5-氨基咪唑核苷酸}+ADP+Pi$$

反应 6 为 5-氨基咪唑-4-羧酸核苷酸的生成：在氨基咪唑核苷酸羧化酶(aminoimidazole ribotide carboxylase)的催化下，5-氨基咪唑核苷酸可与二氧化碳反应，生成 5-氨基咪唑-4-羧酸核苷酸(5-aminoimidazole-4-carboxylate ribotide)，反应式如下：

$$\text{5-氨基咪唑核苷酸}+CO_2 \underset{Mg^{2+}}{\overset{\text{氨基咪唑核苷酸羧化酶}}{\rightleftharpoons}} \text{5-氨基咪唑-4-羧酸核苷酸}$$

反应 7 为 5-氨基咪唑-4-(N-琥珀基)氨甲酰核苷酸的生成：在有 ATP 存在时，5-氨基咪唑-4-羧酸核苷酸与天冬氨酸缩合生成 5-氨基咪唑-4-(N-琥珀基)氨甲酰核苷酸(5-aminoimidazole-4-(N-succino)-carboxamide ribotide)。反应由氨基咪唑琥珀基氨甲酰核苷酸合成酶(5-aminoimidazole-4-(N-succino)-carboxamide ribotide synthetase)催化。

5-氨基咪唑-4-羧酸核苷酸＋天冬氨酸＋ATP $\xrightleftharpoons{\text{氨基咪唑琥珀基氨甲酰核苷酸合成酶}}$ 5-氨基咪唑-(*N*-琥珀基)氨甲酰核苷酸＋ADP＋Pi

反应 8 为 5-氨基咪唑-4-氨甲酰核苷酸的生成：在另一种酶的催化下，5-氨基咪唑-4-(*N*-琥珀基)氨甲酰核苷酸可被分解，脱一分子延胡索酸，而转变成 5-氨基咪唑-4-氨甲酰核苷酸(5-aminoimidazole-4-carboxamide ribotide)。此酶同时具有分解腺苷酸琥珀酸(adenylosuccinate)的活性，因此称为腺苷酸琥珀酸裂解酶(adenylosuccinate lyase)。

5-氨基咪唑-4-(*N*-琥珀基)氨甲酰核苷酸 $\xrightleftharpoons{\text{腺苷酸琥珀酸裂解酶}}$ 5-氨基咪唑-4-氨甲酰核苷酸＋延胡索酸

反应 9 为 5-甲酰氨基咪唑-4-氨甲酰核苷酸的生成：在以 N^{10}-甲酰四氢叶酸供给甲酰基的情况下，5-氨基咪唑-4-氨甲酰核苷酸经甲酰化生成 5-甲酰氨基咪唑-4-氨甲酰核苷酸(5-formamidoimidazole-4-carboxamide ribotide)，催化这个反应的酶为氨基咪唑氨甲酰核苷酸转甲酰基酶(aminoimidazole-4-carboxamide ribotide transformylase)。

5-氨基咪唑-4-氨甲酰核苷酸＋N^{10}-甲酰四氢叶酸 $\xrightleftharpoons{\text{氨基咪唑氨甲酰核苷酸转甲酰基酶}}$ 5-甲酰氨基咪唑-4-氨甲酰核苷酸＋四氢叶酸

反应 10 为次黄嘌呤核苷酸的生成：5-甲酰氨基咪唑-4-氨甲酰核苷酸在次黄嘌呤核苷酸合酶(IMP synthase)作用下脱水环化，形成次黄嘌呤核苷酸，反应是可逆的。

5-甲酰氨基咪唑-4-氨甲酰核苷酸 $\xrightleftharpoons{\text{次黄嘌呤核苷酸合酶}}$ 次黄嘌呤核苷酸＋H_2O

次黄嘌呤核苷酸的酶促合成过程见图 13-7。

2) 腺嘌呤核苷酸(AMP)的合成

生物体内由次黄嘌呤核苷酸氨基化生成腺嘌呤核苷酸，共分两步进行：①次黄嘌呤核苷酸在 GTP 供给能量的条件下与天冬氨酸合成腺苷酸琥珀酸(adenylosuccinic acid)，GTP 则分解成 GDP 和正磷酸盐，反应由腺苷酸代琥珀酸合成酶(adenylosuccinate synthetase)催化；②中间产物腺苷酸琥珀酸在腺苷酸琥珀酸裂解酶的催化下分解成腺嘌呤核苷酸和延胡索酸。反应过程如下：

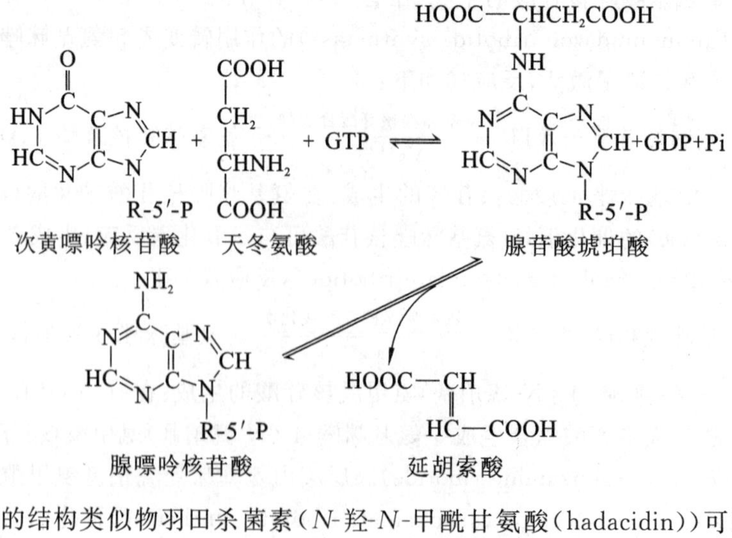

次黄嘌呤核苷酸(R-5′-P) ＋ 天冬氨酸(HOOC—CH₂—CHNH₂—COOH) ＋ GTP ⇌ 腺苷酸琥珀酸(6-NH—CH(COOH)CH₂COOH，R-5′-P)＋GDP＋Pi

腺苷酸琥珀酸 → 腺嘌呤核苷酸(6-NH₂，R-5′-P) ＋ 延胡索酸(HOOC—CH═CH—COOH)

天冬氨酸的结构类似物羽田杀菌素(*N*-羟-*N*-甲酰甘氨酸(hadacidin))可强烈抑制腺苷

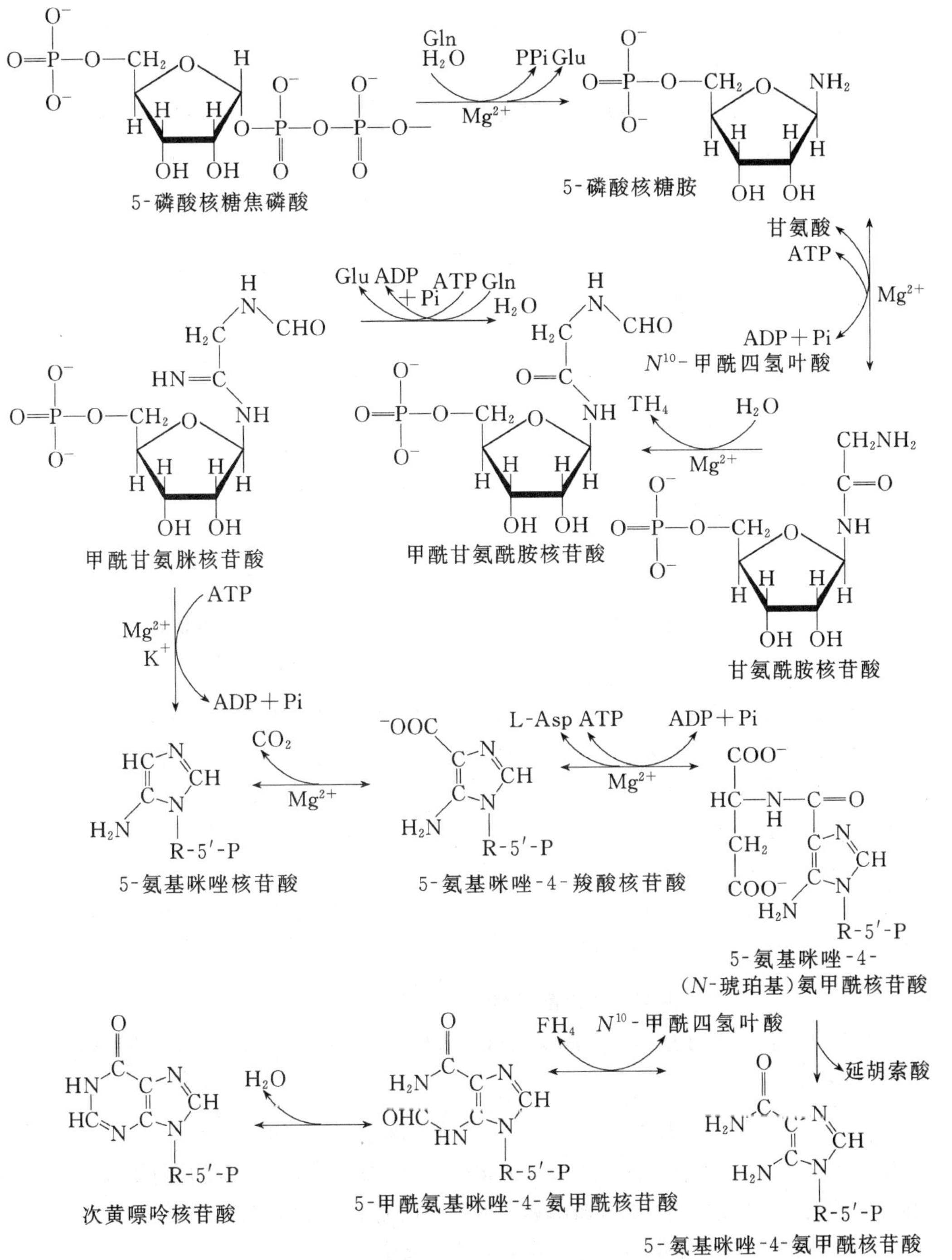

5-磷酸核糖焦磷酸

5-磷酸核糖胺

甲酰甘氨脒核苷酸

甲酰甘氨酰胺核苷酸

甘氨酰胺核苷酸

5-氨基咪唑核苷酸

5-氨基咪唑-4-羧酸核苷酸

5-氨基咪唑-4-(N-琥珀基)氨甲酰核苷酸

次黄嘌呤核苷酸

5-甲酰氨基咪唑-4-氨甲酰核苷酸

5-氨基咪唑-4-氨甲酰核苷酸

图 13-7　次黄嘌呤核苷酸的酶促合成过程

酸琥珀酸合成酶的活性，从而阻止腺苷酸琥珀酸的生成。

3）鸟嘌呤核苷酸(GMP)的合成

由次黄嘌呤核苷酸合成鸟嘌呤核苷酸有 2 步反应。首先，次黄嘌呤核苷酸经氧化生成黄嘌呤核苷酸，反应由次黄嘌呤核苷酸脱氢酶(inosine-5′-phosphate dehydrogenase)催化，并需要 NAD^+(作为辅酶)和钾离子激活；黄嘌呤核苷酸再经氨基化即生成鸟嘌呤核苷酸。细菌直接以氨作为氨基供体，动物细胞则以谷氨酰胺的酰氨基作为氨基供体，氨基化时需要 ATP 供给能量。催化黄嘌呤核苷酸氨基化生成鸟嘌呤核苷酸的酶称为鸟嘌呤核苷酸合成酶(guanylate synthetase)。

$$\text{次黄嘌呤核苷酸 (R-5'-P)} + NAD^+ + H_2O \xrightarrow{K^+} \text{黄嘌呤核苷酸 (R-5'-P)} + NADH + H^+$$

$$\text{黄嘌呤核苷酸} + \text{谷氨酰胺 } (HOOC\text{-}CHNH_2\text{-}CH_2\text{-}CH_2\text{-}CONH_2) + ATP + H_2O \longrightarrow \text{鸟嘌呤核苷酸} + \text{谷氨酸 } (HOOC\text{-}CHNH_2\text{-}CH_2\text{-}CH_2\text{-}COOH) + AMP + PPi$$

2. 嘌呤核苷酸的补救合成途径

生物体内除能以简单前体物质“从头合成”核苷酸外，尚能由预先形成的碱基和核苷合成核苷酸，这是对核苷酸代谢的一种“补救”(salvage)途径，以便更经济地利用已有的成分。生物体利用外源的或核苷酸代谢产生的嘌呤碱和核苷重新合成嘌呤核苷酸的途径称为嘌呤核苷酸的补救合成途径。嘌呤核苷酸的补救合成有如下两种方式。

1) 腺苷激酶催化的嘌呤核苷酸补救合成途径

核苷磷酸化酶所催化的转核糖基反应是可逆的。在特异的核苷磷酸化酶作用下，各种碱基可与 1-磷酸核糖反应生成核苷。

$$\text{碱基} + \text{1-磷酸核糖} \xrightleftharpoons{\text{核苷磷酸化酶}} \text{核苷} + Pi$$

由此所产生的核苷在适当的磷酸激酶(phosphokinase)作用下，由 ATP 供给磷酸基，即形成核苷酸。

$$\text{核苷} + ATP \xrightleftharpoons{\text{核苷磷酸激酶}} \text{核苷酸} + ADP$$

但在生物体内，除腺苷激酶(adenosine kinase)外，缺乏其他嘌呤核苷的激酶。显然，在嘌呤类物质的再利用过程中，核苷激酶途径即使不能完全排除，也是不重要的。

2) 磷酸核糖转移酶催化的嘌呤核苷酸补救合成途径

更为重要的补救合成途径是，嘌呤碱与 5-磷酸核糖焦磷酸在磷酸核糖转移酶(phosphoribosyl transferase)或称为核苷酸焦磷酸化酶(nucleotide pyrophosphorylase)的作用下形成嘌呤核苷酸。已经分离出两种具有不同特异性的酶：腺嘌呤磷酸核糖转移酶催化形成核苷酸；次黄嘌呤(鸟嘌呤)磷酸核糖转移酶催化形成次黄嘌呤核苷酸(鸟嘌呤核苷酸)。嘌呤核苷则可先分解成嘌呤碱，再与 5-磷酸核糖焦磷酸反应，形成腺嘌呤核苷酸。

$$\text{腺嘌呤}+\text{5-磷酸核糖焦磷酸}\xrightleftharpoons{\text{磷酸核糖转移酶}}\text{腺嘌呤核苷酸}+\text{PPi}$$

$$\begin{matrix}\text{次黄嘌呤}\\\text{(或鸟嘌呤)}\end{matrix}+\text{5-磷酸核糖焦磷酸}\xrightleftharpoons{\text{磷酸核糖转移酶}}\begin{matrix}\text{次黄嘌呤核苷酸}\\\text{(或鸟嘌呤核苷酸)}\end{matrix}+\text{PPi}$$

3. 嘌呤核苷酸生物合成的调节

在整个嘌呤核苷酸从头合成途径中，调节合成速率的关键酶有三个，即 PRPP 酰胺转移酶、腺苷酸代琥珀酸合成酶和次黄嘌呤核苷酸脱氢酶。嘌呤核苷酸的从头合成受三个终产物(次黄苷酸、腺苷酸和鸟苷酸)的反馈控制，主要的控制点有两个。第一个控制点是 PRPP 酰胺转移酶，它催化合成途径的第一步反应。PRPP 酰胺转移酶是变构酶，可被终产物 IMP、AMP 和 GMP 抑制。第二个控制点是腺苷酸代琥珀酸合成酶和次黄嘌呤核苷酸脱氢酶，它们分别在分支代谢途径中催化次黄苷酸生成腺苷酸和次黄苷酸生成鸟苷酸的第一步反应。AMP 的积累对腺苷酸代琥珀酸合成酶产生变构效应，从而抑制 AMP 的形成，但不影响 GMP 的形成；同样，GMP 的过量抑制次黄嘌呤核苷酸脱氢酶，从而抑制 GMP 的合成，但不影响 AMP 的合成。大肠杆菌中嘌呤核苷酸生物合成的反馈控制机理见图 13-8，不同生物的调节方式略有不同。

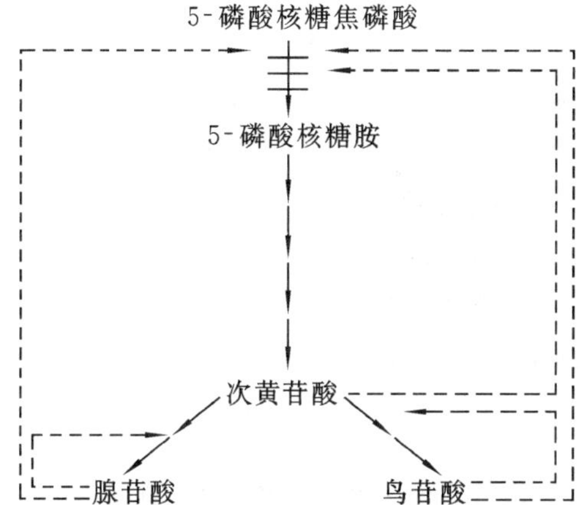

图 13-8　嘌呤核苷酸生物合成的反馈控制机理

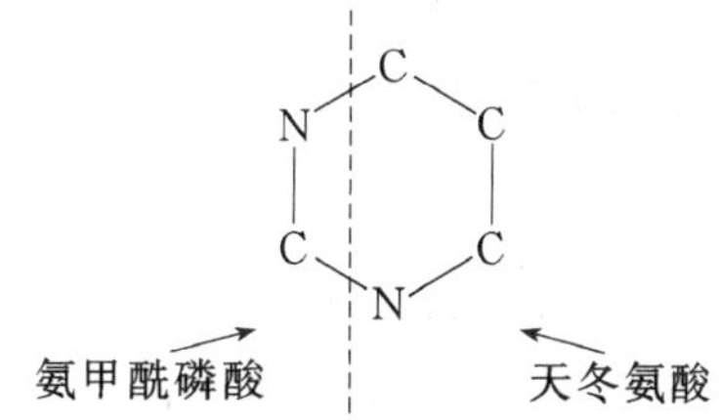

图 13-9　嘧啶环各原子的来源

13.3.2　嘧啶核苷酸的生物合成

嘧啶核苷酸的嘧啶环是由氨甲酰磷酸和天冬氨酸合成的(图 13-9)。与嘌呤核苷酸不同，在合成嘧啶核苷酸时首先形成嘧啶环，再与磷酸核糖结合成为乳清苷酸(orotidine-5′-phosphate)，然后生成尿嘧啶核苷酸。其他嘧啶核苷酸则由尿嘧啶核苷酸转变而成。

1. 嘧啶核苷酸的从头合成途径

1) 尿嘧啶核苷酸(UMP)的合成

尿嘧啶核苷酸合成的基本过程是由氨甲酰磷酸(carbamyl phosphate)与天冬氨酸合成氨甲酰天冬氨酸(carbamyl aspartate)，闭环并被氧化生成乳清酸(orotic acid)，乳清酸与 5-磷酸核糖焦磷酸作用生成乳清苷酸，脱羧后就生成尿嘧啶核苷酸(图 13-10)。

生物体内的氨甲酰磷酸可由氨、二氧化碳和 ATP 合成。用于形成嘧啶的氨甲酰磷酸需由谷氨酰胺作为氨的供体，每合成 1 分子氨甲酰磷酸消耗 2 分子 ATP。催化此合成反应的

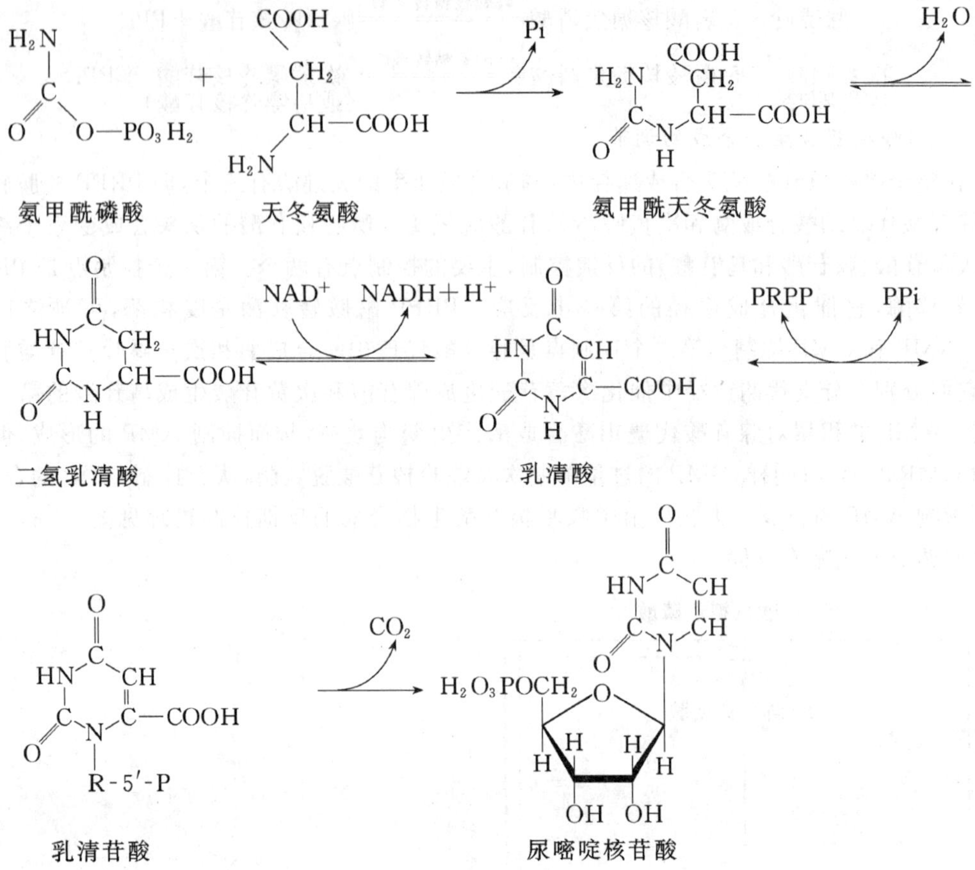

氨甲酰磷酸 + 天冬氨酸 $\xrightarrow{\quad} $ 氨甲酰天冬氨酸 + Pi $\rightleftharpoons$ 二氢乳清酸 + H_2O

二氢乳清酸 $\xrightleftharpoons[\quad]{NAD^+ \quad NADH+H^+}$ 乳清酸 $\xleftrightarrow{PRPP \quad PPi}$ 乳清苷酸 $\xrightarrow{CO_2}$ 尿嘧啶核苷酸

氨甲酰磷酸　　天冬氨酸　　氨甲酰天冬氨酸

二氢乳清酸　　乳清酸

乳清苷酸　　尿嘧啶核苷酸

图 13-10　尿嘧啶核苷酸的酶促合成过程

酶为氨甲酰磷酸合成酶(carbamyl phosphate synthetase)。

$$谷氨酰胺+2ATP+CO_2 \xrightleftharpoons{氨甲酰磷酸合成酶} 氨甲酰磷酸+2ADP+Pi+谷氨酸$$

尿嘧啶核苷酸的酶促合成共有以下 5 步反应。

(1) 氨甲酰天冬氨酸的生成:氨甲酰磷酸在天冬氨酸转氨甲酰酶(aspartate carbamyl transferase)的作用下,将氨甲酰部分转移至天冬氨酸的 α-氨基上,形成氨甲酰天冬氨酸。

$$氨甲酰磷酸+天冬氨酸 \xrightarrow{天冬氨酸转氨甲酰酶} 氨甲酰天冬氨酸+Pi$$

(2) 二氢乳清酸的生成:氨甲酰天冬氨酸通过可逆的环化脱水作用转变成二氢乳清酸(dihydroorotic acid),催化这一反应的酶为二氢乳清酸酶(dihydroorotase)。

$$氨甲酰天冬氨酸 \xrightleftharpoons{二氢乳清酸酶} 二氢乳清酸+H_2O$$

(3) 乳清酸的生成:二氢乳清酸在二氢乳清酸脱氢酶(dihydroorotate dehydrogenase)催化下被氧化成乳清酸。该酶是含铁的黄素酶,在以氧为电子受体时生成过氧化氢,烟酰胺腺嘌呤二核苷酸可代替氧被还原。

$$二氢乳清酸+NAD^+ \xrightleftharpoons[FAD、FMN]{二氢乳清酸脱氢酶} 乳清酸+NADH+H^+$$

(4) 乳清苷酸的生成:乳清酸与 5-磷酸核糖焦磷酸在乳清苷酸焦磷酸化酶(orotidylic acid pyrophosphosphorylase)催化下生成乳清苷酸。反应是可逆的,镁离子可活化此反应。

$$乳清酸+5\text{-}磷酸核糖焦磷酸 \underset{Mg^{2+}}{\overset{乳清苷酸焦磷酸化酶}{\rightleftharpoons}} 乳清苷酸+PPi$$

（5）尿嘧啶核苷酸的生成：乳清苷酸在乳清苷酸脱羧酶（orotidylic acid decarboxylase）作用下脱去羧基，生成尿嘧啶核苷酸。

$$乳清苷酸 \xrightarrow{乳清苷酸脱羧酶} 尿嘧啶核苷酸+CO_2$$

2）胞嘧啶核苷酸（CTP）的合成

由尿嘧啶核苷酸转变为胞嘧啶核苷酸是在尿嘧啶核苷三磷酸（UTP）的水平上进行的。尿嘧啶核苷三磷酸可以由尿嘧啶核苷酸在相应的激酶作用下经 ATP 转移磷酸基而生成。催化尿嘧啶核苷酸转变为尿嘧啶核苷二磷酸（UDP）的酶为特异性的尿嘧啶核苷酸激酶（uridine phosphate kinase）。催化尿嘧啶核苷二磷酸转变为尿嘧啶核苷三磷酸的酶为专一性较低的核苷二磷酸激酶（nucleoside diphosphokinase）。

$$UMP+ATP \underset{Mg^{2+}}{\overset{尿嘧啶核苷酸激酶}{\rightleftharpoons}} UDP+ADP$$

$$UDP+ATP \underset{Mg^{2+}}{\overset{核苷二磷酸激酶}{\rightleftharpoons}} UTP+ADP$$

尿嘧啶、尿嘧啶核苷和尿嘧啶核苷酸都不能氨基化变成相应的胞嘧啶化合物，只有尿嘧啶核苷三磷酸才能氨基化生成胞嘧啶核苷三磷酸（CTP）。在细菌中尿嘧啶核苷三磷酸可以直接与氨作用，动物组织则需要由谷氨酰胺供给氨基。反应要由 ATP 供给能量，催化此反应的酶为 CTP 合成酶（CTP synthetase），反应式如下：

$$UTP+谷氨酰胺+ATP+H_2O \xrightarrow{CTP合成酶} CTP+谷氨酸+ADP+Pi$$

2. 嘧啶核苷酸的补救合成途径

生物体利用外源的或核苷酸代谢产生的嘧啶碱和核苷重新合成嘧啶核苷酸的途径称为嘧啶核苷酸的补救合成途径。在嘌呤核苷酸的补救合成途径中，主要是通过磷酸核糖转移酶催化，直接由碱基形成核苷酸，而在嘧啶核苷酸补救合成途径中起重要作用的是嘧啶核苷激酶（pyrimidine nucleoside kinase）。尿嘧啶转变为尿嘧啶核苷酸可以通过两种方式进行：①与 5-磷酸核糖焦磷酸反应生成尿嘧啶核苷酸；②尿嘧啶与 1-磷酸核糖反应产生尿嘧啶核苷，后者在尿苷激酶作用下被磷酸化而生成尿嘧啶核苷酸，反应式如下：

$$尿嘧啶+5\text{-}磷酸核糖焦磷酸 \overset{磷酸核糖转移酶}{\rightleftharpoons} 尿嘧啶核苷酸+PPi$$

$$尿嘧啶+1\text{-}磷酸核糖 \overset{尿苷磷酸化酶}{\rightleftharpoons} 尿嘧啶核苷+Pi$$

$$尿嘧啶核苷+ATP \underset{Mg^{2+}}{\overset{尿苷激酶}{\rightleftharpoons}} 尿嘧啶核苷酸+ADP$$

胞嘧啶不能直接与 5-磷酸核糖焦磷酸反应生成胞嘧啶核苷酸，但是胞嘧啶核苷能在尿苷激酶的催化下被 ATP 磷酸化而形成胞嘧啶核苷酸。

$$胞嘧啶核苷+ATP \underset{Mg^{2+}}{\overset{尿苷激酶}{\rightleftharpoons}} 胞嘧啶核苷酸+ADP$$

3. 嘧啶核苷酸生物合成的调节

大肠杆菌中嘧啶核苷酸的生物合成有三种调节酶，分别是氨甲酰磷酸合成酶、天冬氨酸转氨甲酰酶和 CTP 合成酶，它们受到终产物的反馈控制。氨甲酰磷酸合成酶是合成途径中的第一种调节酶，受 UMP 的反馈抑制，而天冬氨酸转氨甲酰酶和 CTP 合成酶受 CTP 的反

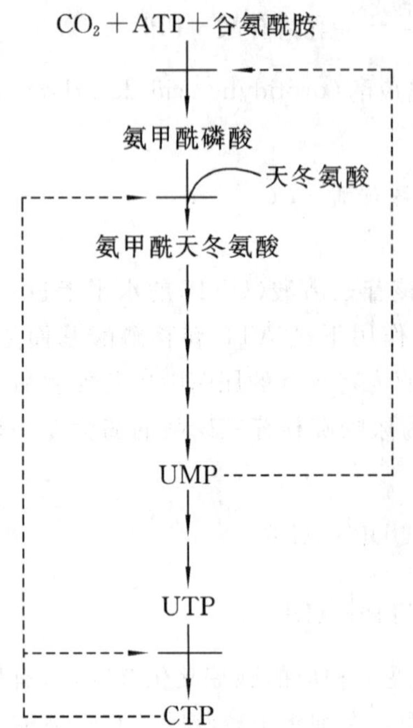

图 13-11 嘧啶核苷酸生物合成的调节机制

馈抑制。嘧啶核苷酸生物合成的调节机制见图 13-11。

13.3.3 脱氧核糖核苷酸的合成

1. 核糖核苷酸的还原

脱氧核糖核苷酸是脱氧核糖核酸合成的前体，生物体内脱氧核糖核苷酸可以由核糖核苷酸还原形成。腺嘌呤、鸟嘌呤、胞嘧啶和尿嘧啶 4 种核糖核苷酸经核糖核苷酸还原酶催化还原，将其中核糖第 2 位碳原子上的氧脱去，即成为相应的脱氧核糖核苷酸。根据产生自由基的基团不同，核糖核苷酸还原酶可分为 4 种类型：Ⅰ型核糖核苷酸还原酶来源于大肠杆菌，含双核铁中心，在酪氨酸自由基被淬灭后需要氧进行再生，因此必须在有氧环境下才具有功能；Ⅱ型核糖核苷酸还原酶存在于其他微生物中，它含有 5′-脱氧腺苷钴胺素，而不是双核铁中心；Ⅲ型核糖核苷酸还原酶适用于厌氧环境，该酶含铁硫簇，其结构有别于Ⅰ型酶的双核铁中心，并且活化要求 NADPH 和 *S*-腺苷甲硫氨酸，它以核苷三磷酸为底物，而不是通常的核苷二磷酸，大肠杆菌除含Ⅰ型酶外，还含有Ⅲ型酶；Ⅳ型核糖核苷酸还原酶含有双核锰中心(binuclear manganese center)，它存在于某些微生物中。

核糖核苷酸还原成脱氧核糖核苷酸需要提供 2 个氢原子，氢的最终供体是 NADPH，由氢携带蛋白(hydrogen carrying protein)转移给还原酶，再传递到 4 种底物核苷酸上。硫氧还蛋白(thioredoxin)是一种广泛参与氧化还原反应的小分子蛋白质，它含有一对巯基，给出两个氢后即成为氧化型(二硫化物)，在硫氧还蛋白还原酶催化下被 NADPH 还原，硫氧还蛋白还原酶是一种含 FAD 的黄素酶。谷氧还蛋白(glutaredoxin)也能起传递氢的作用，谷氧还蛋白还原酶结合两分子的谷胱甘肽(GSH，氧化型为 GSSG)，可从 NADPH 获得氢。它们的氢传递关系见图 13-12。

2. 胸腺嘧啶核苷酸(dTMP)的合成

胸腺嘧啶核苷酸是脱氧核糖核酸的组成部分。胸腺嘧啶核苷酸的形成需要经过 2 步，即首先由尿嘧啶核糖核苷酸还原形成尿嘧啶脱氧核糖核苷酸，然后尿嘧啶脱氧核糖核苷酸再经甲基化转变成胸腺嘧啶核苷酸。催化尿嘧啶脱氧核糖核苷酸甲基化的酶称为胸腺嘧啶核苷酸合酶(thymidylate synthase)。甲基的供体是 N^5，N^{10}-亚甲基四氢叶酸(N^5，N^{10}-methylene-tetrahydrofolate)，N^5，N^{10}-亚甲基四氢叶酸给出甲基后即变成二氢叶酸。二氢叶酸再经二氢叶酸还原酶催化，由还原型烟酰胺腺嘌呤二核苷酸磷酸(NADPH＋H^+)供给氢，被还原成四氢叶酸。如果有亚甲基的供体，例如丝氨酸存在时，四氢叶酸可获得亚甲基而转变成 N^5，N^{10}-亚甲基四氢叶酸。其反应过程如下：

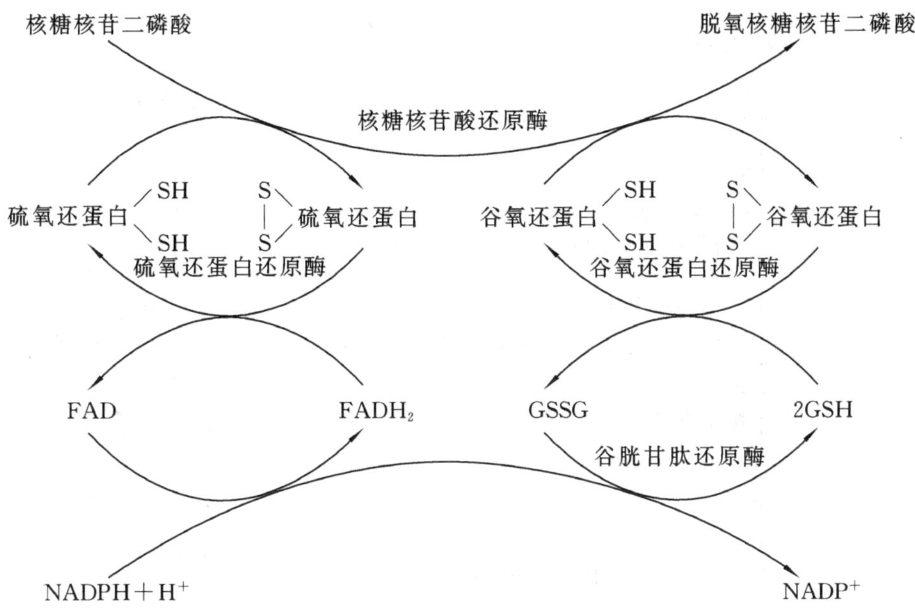

图 13-12　核糖核苷酸还原为脱氧核糖核苷酸的氢传递过程

(尿嘧啶环，N-脱氧核糖—Ⓟ) $\xrightarrow[N^5,N^{10}\text{-亚甲基四氢叶酸}\ \rightarrow\ \text{二氢叶酸}]{\text{胸腺嘧啶核苷酸合酶}}$ (5-CH_3 胸腺嘧啶环，N-脱氧核糖—Ⓟ)

$$\text{二氢叶酸}+\text{NADPH}+\text{H}^+ \xrightleftharpoons{\text{二氢叶酸还原酶}} \text{四氢叶酸}+\text{NADP}^+$$

$$\text{丝氨酸}+\text{四氢叶酸} \xrightleftharpoons{\text{丝氨酸羟甲基转移酶}} \text{甘氨酸}+N^5,N^{10}\text{-亚甲基四氢叶酸}+H_2O$$

叶酸的衍生物四氢叶酸是一碳单位的载体，它在嘌呤和嘧啶核苷酸的生物合成中起着重要作用。某些叶酸的结构类似物，如氨基蝶呤(aminopterin)、氨甲蝶呤(methotrexate)等，能与二氢叶酸还原酶发生不可逆结合，结果阻止了四氢叶酸的生成，从而抑制它参与的各种一碳单位转移反应。

合成胸腺嘧啶核苷酸时所需要的底物尿嘧啶脱氧核苷酸，可以由两条途径提供：一条途径是由尿嘧啶核苷二磷酸(UDP)还原成尿嘧啶脱氧核苷二磷酸(dUDP)，经磷酸化成为尿嘧啶脱氧核苷三磷酸(dUTP)，再经尿嘧啶脱氧核苷三磷酸酶催化转变成尿嘧啶脱氧核苷酸(dUMP)；另一条途径是由胞嘧啶脱氧核苷三磷酸(dCTP)脱氨，经尿嘧啶脱氧核苷三磷酸再转变成尿嘧啶脱氧核苷酸(dUMP)。具体过程如下：

$$\text{CDP} \xrightarrow{\text{核糖核苷酸还原酶}} \text{dCDP} \xrightarrow{\text{核苷二磷酸激酶}} \text{dCTP}$$

$$\text{dCTP} \xrightarrow{\text{脱氨酶}} \text{dUTP}$$

$$\text{UDP} \longrightarrow \text{dUDP} \longrightarrow \text{dUTP} \xrightarrow{\text{dUTPase}} \text{dUMP} \xrightarrow{\text{胸苷酸合酶}} \text{dTMP}$$

综合核苷酸的从头合成途径和补救合成途径，可将核苷酸的生物合成过程总结如图13-13所示。

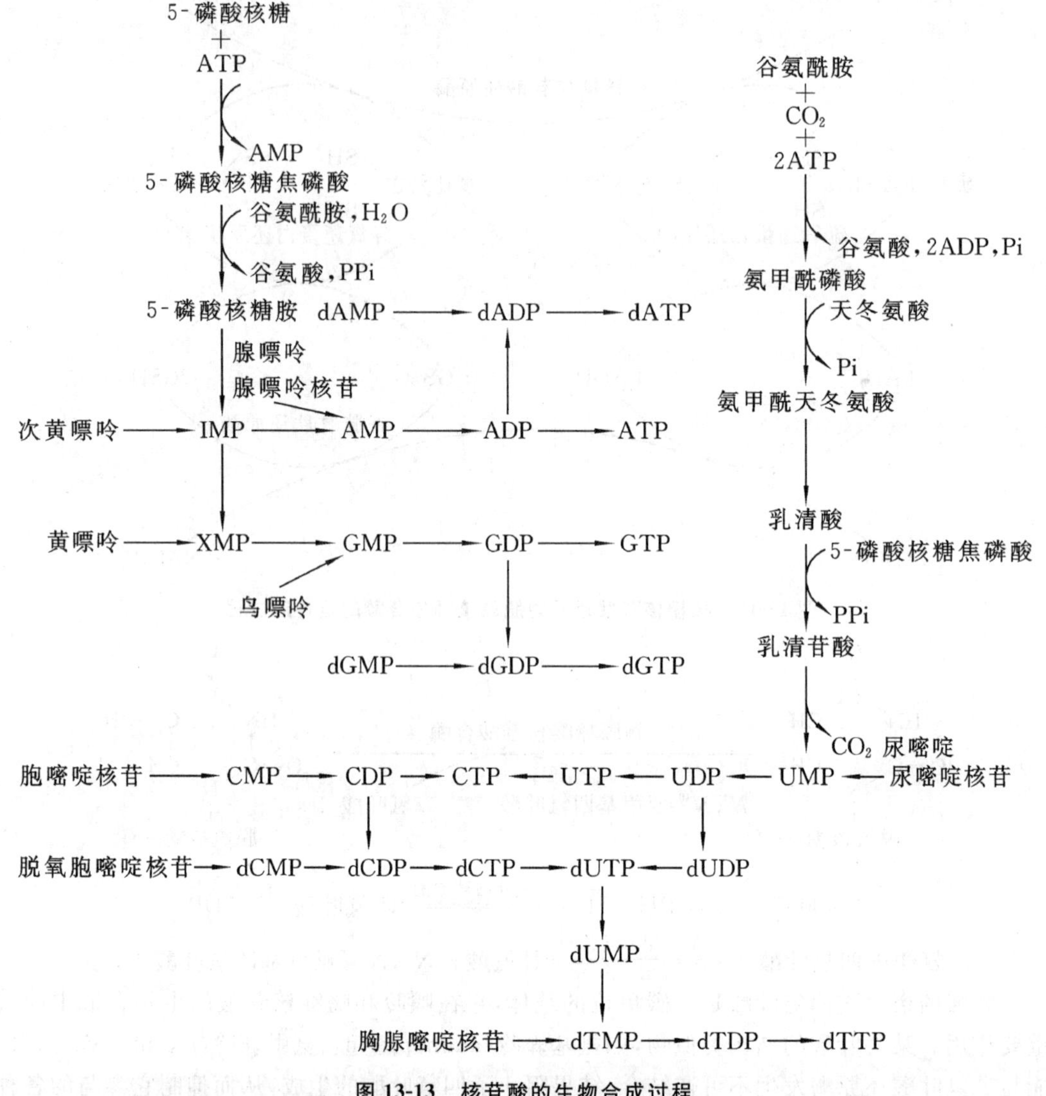

图 13-13 核苷酸的生物合成过程

3. 脱氧核苷酸合成的调节

脱氧核苷酸由二磷酸核苷经核糖核苷酸还原酶催化还原而成。核糖核苷酸还原酶是一种别构酶,由 R_1 和 R_2 亚基组成,它们分开时没有酶的活性,只有合在一起并有镁离子存在时才形成有催化活性的酶。R_1 亚基含有两条相同的多肽链,每条多肽链上有两个变构调节位点和一对参与还原反应的巯基。酶活性调节位点影响整个酶的活性,ATP 结合于其上使酶活化;dATP 结合于其上使酶抑制。第二个调节位点是底物特异性位点,当 ATP 或 dATP 与之结合时使酶有利于 UDP 和 CDP 的还原,当 dTTP 或 dGTP 结合时分别促进 GDP 或 ADP 的还原。酶活性的调节不仅有底物的前馈激活和产物的反馈抑制,而且不同核苷酸之间还存在特异性的调节,使 DNA 4 种前体的合成达到平衡。R_2 亚基也含有两条多肽链,各有一个酪氨酰基和一个双核铁(Fe^{3+})辅因子(binuclear ironcofactor),酶的两个活性部位在 R_1 亚基和 R_2 亚基的界面处。双核铁中心的功能是产生和稳定酪氨酸自由基,但酪氨酸自由基距离活性部位太远，不能直接参与作用，而需要产生另一自由基（—X·），可能是位于活性部位 R_2 亚基上的半胱氨酸转变成一个硫的自由基，以起催化作用。核糖核苷二磷酸（NDP）进入酶的活性部位，由 R_2 亚基上的自由基（—X·）发动单电子转移反应，导致 R_1 亚基上一对巯基（—SH）被氧化，同时核糖核苷酸上 2′-OH 被还原，由氢取代羟基生成脱氧核糖核苷二磷酸（dNDP）和水，ATP、dTTP 和 dGTP 是还原酶的变构效应物。核糖核苷酸还原酶结构如图 13-14 所示。

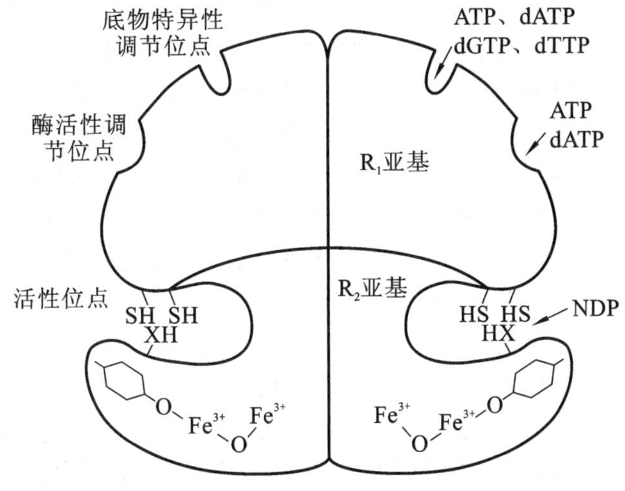

图 13-14　核糖核苷酸还原酶结构示意图

思　考　题

1. 试述痛风发病的生化机制及临床治疗措施。
2. 何谓抗代谢物？常用的有哪几类？试述其抗肿瘤作用机制。
3. 嘌呤核苷酸合成的基本原料有哪些？试述嘌呤核苷酸合成的主要过程。
4. 嘧啶核苷酸合成的基本原料有哪些？试述嘧啶核苷酸合成的主要过程。

第 14 章　遗传信息传递

DNA 分子双螺旋结构模型的提出和蛋白质合成中心法则(central dogma)的诞生,使人们可以从遗传物质结构的角度解释遗传与变异,揭示遗传信息可能的传递规律。对于大多数生物体来说,双链 DNA 是遗传信息的携带者。在细胞分裂过程中,亲代细胞所包含的遗传信息,完整、忠实地传递到两个子代细胞。这个过程的实质是 DNA 分子复制自身,合成完全相同的两个拷贝。DNA 复制(replication)的概念也许不难理解,但复制的过程是一个有着许多酶和蛋白质参与的复杂过程。同时,生物体内外环境中都存在着可能使 DNA 分子损伤的因素,因此机体还必须有一套 DNA 修复的机制。

Crick 于 1957 年提出遗传信息由 DNA 经 RNA 流向蛋白质过程的中心法则,DNA 携带的遗传信息经过以 DNA 为模板的 RNA 转录(transcription)过程,并通过翻译(translation)实现 DNA 的蛋白质表达。RNA 是遗传信息传递过程中一个重要的中间分子,RNA 以三个碱基为一个氨基酸的遗传密码,决定着蛋白质的一级结构。随着人们对于遗传信息传递的深入研究,关于中心法则的内容和范围也得到不断的更新,如"逆转录"(reverse transcription)和以蛋白质为模板的 DNA 合成过程的发现,扩展了中心法则的范围和内容。

14.1　DNA 复制

DNA 复制即 DNA 生物合成,是遗传信息从亲代 DNA 传递到子代 DNA 的过程。双链 DNA 复制是一个复杂的过程,包括起始、延伸和终止三个不同的阶段,每一阶段都涉及许多酶和蛋白质。DNA 的半保留复制(semiconservative replication)机制确保遗传信息可以忠实地传递,是 DNA 复制最重要的特征。

14.1.1　分子遗传学的中心法则

蛋白质合成的中心法则是由 Crick 提出的,其核心内容是遗传信息由 DNA 传递给 RNA,再由 RNA 传递给蛋白质。

在 DNA 指导蛋白质的合成过程中,双链首先被拆开,并以其中一条链为模板合成 mRNA,合成过程是按照碱基互补配对原则进行的。转录后,DNA 将合成蛋白质所需的全部信息转移到 mRNA 上,然后 mRNA 与核糖体结合,在装载氨基酸分子的 tRNA 的参与下合成多肽链。因此,核糖体是细胞中合成蛋白质的"车间"。RNA 合成蛋白质的效率是惊人的,可在 1 min 内连接多达1 500个氨基酸。

Crick 在提出中心法则时曾指出,遗传信息是沿 DNA→RNA→蛋白质的方向流动。但美国学者 Baltimore D. 和 Temin H. M. 在研究肿瘤病毒过程中发现了逆转录酶,证明从 DNA 到 RNA 的信息流能够被逆转。不仅如此,在对 RNA 噬菌体和某些 RNA 动物病毒的复制研究中,还发现了一类新酶——RNA 复制酶,表明宿主细胞内不仅存在着 DNA 复制,也存在着 RNA 复制(图 14-1)。

近年来，发现一种感染性蛋白粒子(proteinaceous infectious particle，Prion)，也称朊病毒。Prion 是一种具有传染致病能力的蛋白质粒子，不含有 DNA 和 RNA，却能在宿主细胞内产生与自身相同的分子，实现相同的生物学功能，引起相同的疾病。Prion 是人和动物传染性海绵状脑病的病原体，会导致疯牛病、羊瘙痒症等疾病。这种蛋白质分子是否是负载和传递遗传信息的物质？它的发现被认为是对中心法则的又一次严峻挑战。进一步的研究发现，Prion 的确是不含有核酸的蛋白质颗粒，但它不是传递遗传信息的载体，也不能自我复制，而是由基因编码产生的一种正常蛋白质的异构体(图 14-2)。因此，Prion 尚不足以修正中心法则。

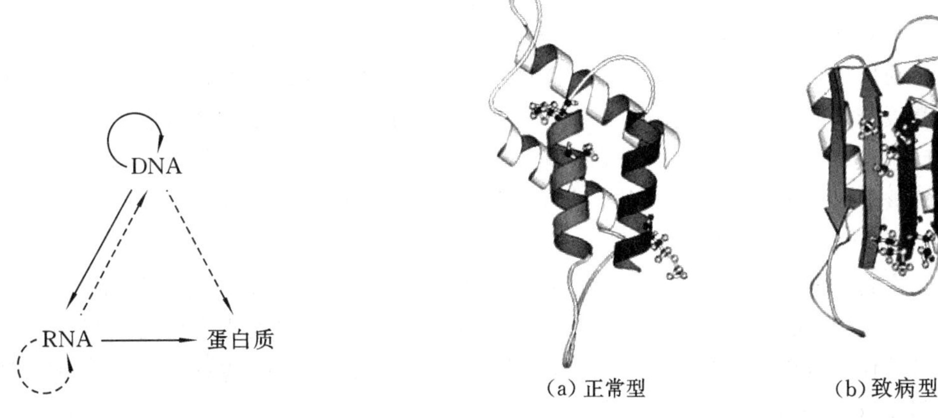

图 14-1 修正的中心法则

图 14-2 Prion 蛋白的两种结构

14.1.2 DNA 复制过程相关的酶和蛋白质

DNA 复制是在一系列酶的作用下进行的，参与复制的酶和蛋白质主要包括 DNA 聚合酶、引物酶和 DNA 连接酶。同时，复制过程中的双链解旋还需要 DNA 解螺旋酶(DNA helicase)、DNA 拓扑异构酶(DNA topoisomerase，Topo)和单链 DNA 结合蛋白(single stranded DNA binding protein，SSB)等的参与。它们共同起到解开双链、解决拓扑问题和维持 DNA 在一段时间内保持单链状态的作用，以保证 DNA 复制的完成。

1. DNA 聚合酶

DNA 聚合酶的全称是依赖 DNA 的 DNA 聚合酶(DNA-dependent DNA polymerase，DNA pol)。原核生物的 DNA 聚合酶主要有三种：DNA pol Ⅰ、DNA pol Ⅱ 和 DNA pol Ⅲ。DNA pol Ⅰ 是主要的修复酶，DNA pol Ⅱ 是次要的修复酶，DNA pol Ⅲ 是复制酶。此外，大肠杆菌中还有两种聚合酶(DNA pol Ⅳ 和 DNA pol Ⅴ)参与 SOS 修复。

DNA 聚合酶的聚合作用主要表现为：在模板指导下，以 dNTP 为原料，在 DNA 或引物 RNA 的 3′-OH 末端逐个加上脱氧单核苷酸，形成 3′,5′-磷酸二酯键，使 DNA 链沿 5′→3′方向延伸。DNA pol Ⅰ 的聚合反应速率较慢，每秒钟约加入 10 个核苷酸，当 DNA 链延长 20 多个核苷酸后，酶就脱离了模板，表明它不是真正在复制延长过程中起作用的酶。

DNA 聚合酶还具有以下多种核酸酶活性。

(1) 3′→5′外切酶活性。DNA pol Ⅰ 和 DNA pol Ⅲ 均具有 3′→5′外切酶活性，即可从 DNA 链 3′端开始沿 3′→5′方向进行水解反应，产生 5′-单核苷酸。在 DNA 复制过程中，当

$3'$端出现错配的碱基时,可由 DNA pol Ⅰ识别和切除错配的碱基,保证 DNA 复制的正确性,因而具有校阅功能。

DNA polⅡ也具有 $3'\rightarrow5'$外切酶活性,但它只是在 DNA pol Ⅰ或 DNA polⅢ缺乏的情况下才起作用。它在生物体内的功能尚不清楚,可能是在 DNA 损伤修复中起作用。

(2) $5'\rightarrow3'$外切酶活性。这是 DNA pol Ⅰ所特有的酶活性,能从 DNA 链 $5'$端开始沿 $5'\rightarrow3'$方向逐一切除碱基,或跳过几个碱基,切除错配的核苷酸,起到修复作用。因此,DNA pol Ⅰ可以参与 RNA 引物的切除,填补冈崎片段间的空隙或修复 DNA 损伤。

DNA polⅢ是由多个亚基组成的复合物。大肠杆菌 DNA 聚合酶约由 9 种亚基组成,分别为 α、ε、θ、τ、δ、δ'、β、κ 及 ψ。其中,α 亚基具有催化合成 DNA 的功能,ε 亚基有 $3'\rightarrow5'$外切酶活性,θ 亚基则为装配所必需。它们三者组成核心酶,β 亚基起着夹住模板链,使酶沿着模板链滑动的作用,其余亚基统称为 γ 复合物。DNA polⅢ催化的聚合反应具有高度连续性,可以沿模板链连续地移动,一般在加入5 000个以上的核苷酸之后才脱离模板,因此其催化的聚合反应速率快,是在原核生物细胞内真正起复制作用的酶。其 $3'\rightarrow5'$外切酶活性可阻止错误的核苷酸进入或除去错误的核苷酸,然后连续加入正确的核苷酸,因而具有编辑和校阅功能。DNA polⅢ和 DNA pol Ⅰ的协同作用可使复制的错误率大大降低。

真核生物的DNA 聚合酶有 α、β、γ、δ 及ε 5 种。DNA pol δ 催化前导链的合成;DNA pol α 起到填补空隙及催化滞后链合成的作用;DNA pol ε 在复制过程中主要起到校阅、修复和填补缺口的作用;DNA pol β 也是一种修复酶,但它只是在没有其他 DNA 聚合酶时才发挥作用;DNA pol γ 催化线粒体 DNA 的合成。

2. DNA 解螺旋酶

DNA 解螺旋酶从复制起始点开始解开 DNA 双链,每解开 1 对碱基,需消耗 2 分子 ATP。大肠杆菌中的 DNA 解螺旋酶由 *dnaB* 基因编码。DNA 复制时,首先由起始蛋白(DnaA 蛋白)识别复制起始点,再由 DnaB 蛋白和 DnaC 蛋白组成的复合物协同作用使 DNA 双链得以解开。

3. DNA 拓扑异构酶

拓扑性质是指几何图形在连续变形下保持不变的性质,DNA 作为一种复杂的生物大分子具有拓扑性质。碱基顺序相同,但连环数或拓扑环绕数(L)不同的两个双链 DNA 分子称为拓扑异构体。拓扑异构体的互变由拓扑异构酶催化。拓扑异构酶一般通过切断 DNA 的一条或两条链中的磷酸二酯键,然后重新缠绕和封口来改变 DNA 连环数。拓扑异构酶广泛存在于原核生物及真核生物中,分为 TopoⅠ和 TopoⅡ两类。

TopoⅠ一般切断 DNA 中的一条链。大肠杆菌的 TopoⅠ只释放负超螺旋,而真核细胞的 TopoⅠ对正超螺旋和负超螺旋都能起作用。TopoⅠ催化的反应不需要 ATP,其结果是切断 DNA 双链中的一条链,从而使分子内张力释放,DNA 解链旋转时不致缠结。TopoⅡ也称为 DNA 促旋酶,由两个 α 亚基和两个 β 亚基组成。α 亚基具有磷酸二酯酶活性,β 亚基具有依赖 DNA 的 ATP 酶活性。TopoⅡ可以切断处于超螺旋状态的 DNA 分子双链,未断的双链 DNA 穿过缺口,将正超螺旋转变为负超螺旋或增加负超螺旋,这个过程需要水解 ATP 供能。此外,TopoⅡ还具有环连或解环连,以及打结或解结的作用(图 14-3)。

4. 引物酶

DNA 聚合酶需要通过游离的 $3'$-OH 才能连接下一个核苷酸,从而催化两个 dNTP 通

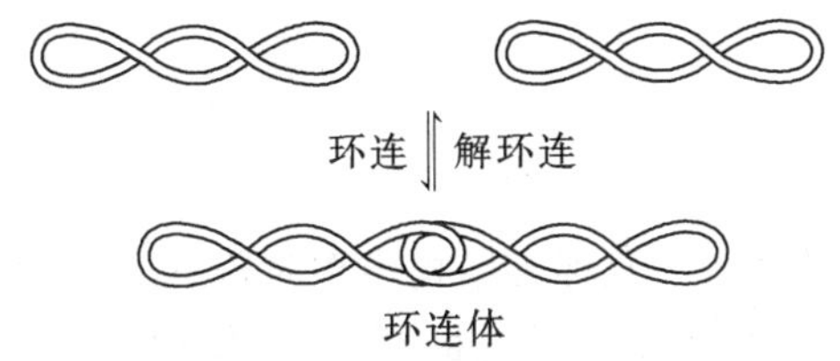

图 14-3　Topo Ⅱ 催化的环连和解环连过程

过磷酸二酯键聚合。因此，当 DNA 复制开始时，一般需要由引物酶催化合成一短链 RNA 作为 DNA 合成的引物(primer)。引物酶在复制起始部位催化合成与 DNA 模板互补的 RNA 片段，合成方向同样为 5′→3′。不同生物 RNA 引物的长短不同，原核生物有 55～100 个核苷酸，动物细胞约有 10 个核苷酸。

5. DNA 连接酶

DNA 连接酶能够催化 3′-OH 与 5′-磷酸形成磷酸二酯键，使缺口两侧的 DNA 片段得以连接，反应中需消耗 ATP。DNA 修复过程留下的缺口，均由 DNA 连接酶连接封闭。值得注意的是，DNA 连接酶仅可连接 DNA 双链中的单链缺口，不能将两条游离的 DNA 分子连接起来。

6. 单链 DNA 结合蛋白

已被解螺旋酶解开的 DNA 单链与单链 DNA 结合蛋白(single stranded DNA binding protein, SSB)紧密结合，维持单链状态，以利于其发挥模板作用。在复制过程中，单链 DNA 结合蛋白可以循环利用。

DNA 拓扑异构酶、DNA 解螺旋酶、引物酶和 DNA 聚合酶的综合作用如图 14-4 所示。

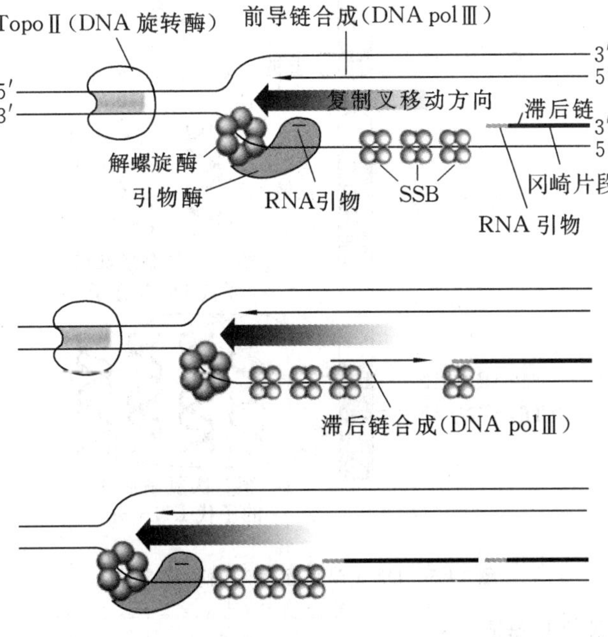

图 14-4　DNA 的复制过程中主要酶的综合作用

14.1.3　DNA 复制方式

1. DNA 半保留复制

Waston 和 Crick 在提出 DNA 双螺旋结构模型时曾就 DNA 复制过程进行过研究，他们推测 DNA 在复制过程中碱基间的氢键首先断裂，双螺旋解旋分开，每条链分别作模板合成新链。每个子代 DNA 的一条链来自亲代，另一条链则是新合成的，故称之为半保留复制。

Meselson 和 Stahl 用实验证明 DNA 分子是以半保留方式进行自我复制的(图 14-5)。他们先将大肠杆菌在 ^{15}N 培养基中生长 15 代，使几乎所有的 DNA 都被 ^{15}N 标记后，再将细菌移到只含有 ^{14}N 的培养基中培养。随后，在不同的时间取出样品，用十二烷基硫酸钠裂解细胞后，将裂解液在 CsCl 溶液中进行密度梯度离心。离心结束后，从管底到管口，溶液密度分布从高到低形成梯度。DNA 分子就停留在与其密度相当的 CsCl 溶液处，在紫外光下可以看到形成的区带。^{14}N DNA 分子密度较小，停留在离管口较近的位置；^{15}N DNA 密度较大，停留在较低的位置上。当含有 ^{15}N DNA 的细胞在 ^{14}N 培养基中培养一代后，只有一条区带介于 ^{14}N DNA 与 ^{15}N DNA 之间，而在 ^{15}N DNA 区没有吸收带，说明这时的 DNA 一条链来自 ^{15}N DNA，另一条链为新合成的含有 ^{14}N 的新链。培养两代后则在 ^{14}N DNA 区又出现一条区带。在 ^{14}N 培养基中培养的时间越久，^{14}N DNA 区带就越强，而 ^{14}N/^{15}N DNA 区带逐渐减弱，但始终未出现其他新的区带。

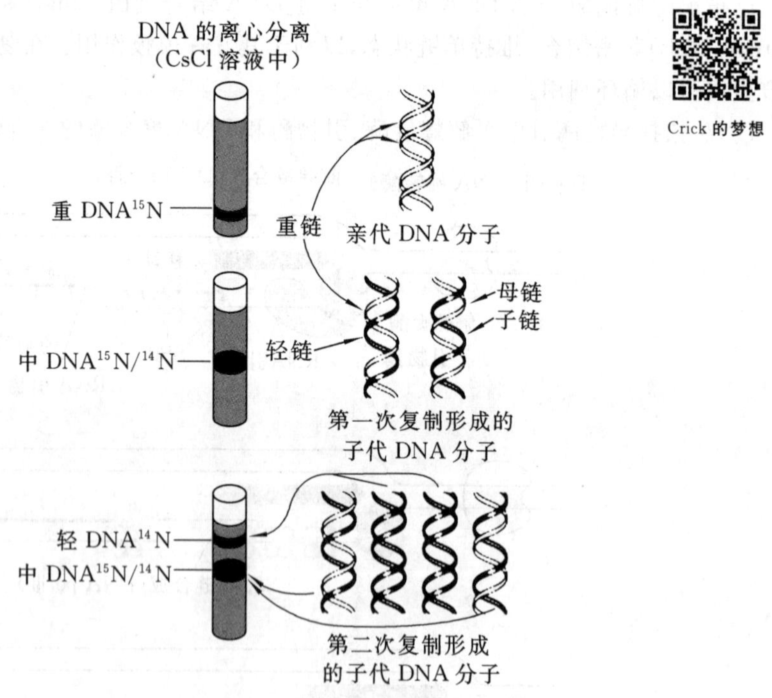

图 14-5　DNA 半保留复制的验证实验

2. 复制子和复制的起始点

生物体的单个复制单位称为复制子(replicon)。DNA 复制由固定的起始点(origin of replication，ori)开始。一个复制子只含一个起始点。细菌、病毒及线粒体 DNA 分子都是以单个复制子完成其复制。大肠杆菌的 DNA 复制起始点 C(origin C,ori C)约为 245 bp,包含反向重复的回文结构(palindrome structure)。大肠杆菌和沙门氏杆菌、产气肠杆菌、肺炎克氏杆菌等多种细菌的 ori C 都具有保守序列(conservative sequence),表明细菌复制起始点具有高度保守性。真核生物基因组包括多个复制起始点,相邻起始点相距 5～300 kb。真核细胞 DNA 的复制是由多个复制子共同完成的,在复制过程中可观察到多个复制起始点同时起始复制,形成复制泡(replication bubble)或复制眼(replication eye)等特殊结构。

3. 复制方向和速率

DNA 复制时,新链只能从 5′端向 3′端延长。底物 dNTP 的 5′-磷酸是加到原有的链末端核糖的 3′-OH 上形成磷酸二酯键的,这就是复制的方向性。DNA 复制时,双链 DNA 在复制起始点解旋,两条单链分别进行复制,呈现叉子的形式,故称为复制叉(replication fork)(图 14-6)。复制叉向前移动的方向就是复制的方向。DNA 复制的方向可分为单向复制和双向复制。单向复制是指从一个起始点开始,以同一方向合成两条新链,形成一个复制叉;或从两个起始点开始,各以相反的方向合成一条完整的新链,形成两个单一方向的复制叉,如腺病毒 DNA 的复制。双向复制是指从一个起始点开始,同时沿着两个相反的方向合成出两条新链,形成向两个方向前进的复制叉,复制叉最终在复制的终点相遇融合。大多数生物的 DNA 复制是从固定的起始点以双向等速方式进行的。

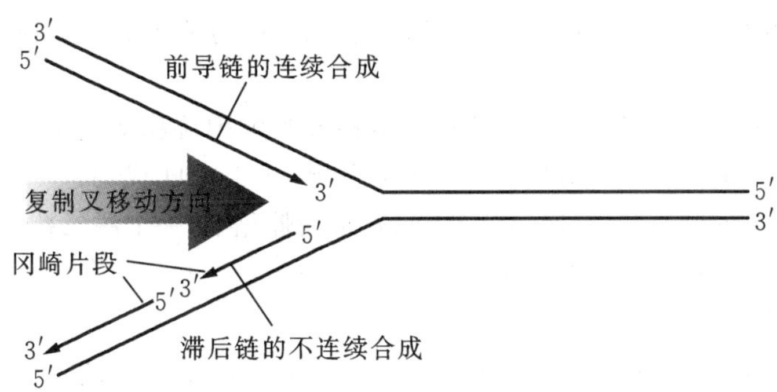

图 14-6　DNA **的复制叉**

4. 半不连续复制

DNA 双螺旋的两条链是反向平行的,即一条是 5′→3′方向,另一条是 3′→5′方向,两条链都能作为模板合成各自的互补链。但是生物体内所有 DNA 聚合酶的催化方向都是 5′→3′,在复制过程中,DNA 聚合酶以 3′→5′方向模板链为模板时,顺着复制叉移动方向,可以连续地合成新的互补链(称为前导链);以 5′→3′方向模板链为模板合成的互补链也是沿着 5′→3′方向延伸,但与复制叉的前进方向相反,只能倒着合成许多片段,即冈崎片段(Okazaki fragment)。最后,将这些冈崎片段相连接形成所谓的滞后链或随从链。

为了解释 DNA 两条链以各自为模板合成子链时的等速复制现象,日本学者冈崎(Okazaki)等人提出了 DNA 的半不连续复制(semidiscontinuous replication)模型:DNA 复制过程中,至少有一条链是首先合成较短的片段,即冈崎片段,再由 DNA 连接酶连接成连续的 DNA 分子。前导链的连续复制和滞后链的不连续复制在自然界具有普遍性,故称为 DNA 的半不连续复制。

14.1.4 DNA 复制过程

1. 复制的起始

复制的起始涉及蛋白复合物对复制起始点的识别。原核生物以固定的起始点开始,同时向两个方向进行复制。在 DNA 合成之初,母链分开成双股,并短暂地保持单链状态,张开的母链形成 Y 形的复制叉结构,以作为 DNA 合成的模板。

复制起始点的识别需多种蛋白因子的参与,主要包括 DnaA 蛋白(起始蛋白)、DnaB 蛋白(解螺旋酶)和 DnaC 蛋白。大肠杆菌的复制起始点 ori C 由 245 个碱基对(bp)组成,包含左右两个串联序列。ori C 右侧是 4 个 9 bp 的保守序列,提供了 DnaA 蛋白的起始结合位点;左侧是 3 个富含 A-T 的 13 bp 的串联重复序列(GATCTNTTNTTTT)。DnaA 蛋白与起始点结合后,继续使 20～40 个 DnaA 蛋白单体与 ori C 结合,形成一个由 DNA 序列包裹的中心核。接着 DnaA 作用于 ori C 左侧的 3 个串联重复序列,在 ATP 的存在下,DnaA 蛋白在这些位点解开 DNA 的局部双链,形成开放复合物。所有 3 个重复的 13 bp 的串联重复序列必须开放,才能开始下一个阶段的反应。然后 6 个 DnaC 蛋白单体和 1 个 DnaB 的六聚体,形成一个半径大约 6 nm 的球体,置换出 DnaA 蛋白,并与 13 bp 的串联重复序列结合,形成引发前体复合物。DnaB 利用其解螺旋酶的活性,使解链区域延长。同时,DNA Topo Ⅱ促进复制叉的不断解链。双链解开后,SSB 结合到开放的单链上,起到稳定和保护单链模板的作用。

每个 DnaB 蛋白激活一个 DnaG 引物酶,引物酶和解螺旋酶等起始复合物组成引发体(primosome)。引物酶从 5′→3′方向合成 RNA 引物,其 3′-OH 成为进一步合成 DNA 的起始点,被 DNA polⅢ的 β 亚基识别。在 DNA polⅢ的催化下,一个脱氧核苷酸被加到引物的 3′-OH 上,新 DNA 链的合成即已开始。

2. 复制的延伸

在 DNA-polⅢ的催化下,DNA 新合成链自引物的 3′-OH 开始,沿 5′→3′方向逐个地加入脱氧核糖核苷酸,使 DNA 链得以延长。合成冈崎片段时,当 DNA 链延长到下一个引物前方时,在 RNA 酶或 DNA polⅠ的作用下,切除引物,并继续延长 DNA 链,填补切除引物后形成的空隙,最后由 DNA 连接酶通过生成磷酸二酯键将两个片段连接起来,封闭缺口。

3. 复制的终止

复制的终止与 DNA 分子的形状有关。环状 DNA 分子中两个复制叉会在一个特定部位相遇,一般需要特定的终止信号(ter site)。大肠杆菌的 ter 位点包括一个 23 bp 的短序列,可被 Tus 蛋白识别,并阻止复制叉的前进。

对于线形 DNA,当复制叉到达分子末端时,复制即终止。一般来说,DNA 链复制的终止不需要特定的信号。1941 年 Mc Clintock 提出端粒(telomere)假说,认为染色体末端必然存在一种特殊结构——端粒。对端粒 DNA 序列的分析表明,端粒 DNA 的 3′端是数百个富含 G-T 的短的寡核苷酸串联重复序列,如四膜虫的串联重复序列为 TTGGGG,人为 TTAGGG。染色体端粒至少有两个作用:保护染色体末端免受损伤,使染色体保持稳定;与核纤层相连,使染色体得以定位。

按照前述的 DNA 复制机制,新合成子链 5′端的 RNA 引物被切除后,必留下一个空缺,如不填补则 DNA 每复制一次末端就缩短一点,推测一旦端粒缩短到某一阈值长度以下,就将指令细胞进入衰老状态；或者细胞停止分裂，造成正常体细胞寿命有一定界限。

端粒酶(telomerase)为一种能防止端粒缩短的酶，该酶由蛋白质和 RNA 两部分组成，其中 RNA 作为合成端粒 DNA 的模板。端粒酶是目前所知唯一携带 RNA 模板的逆转录酶，具有种属特异性。例如，四膜虫端粒酶的 RNA 含 159 个核苷酸，其中有一段序列 5′-CAACCCCAA-3′可作为合成-TTGGGG-的模板；人端粒酶的 RNA 含 450 个碱基，其中-CUAACCCUAAC-为合成-TTAGGG-的模板。在生殖细胞、干细胞和 85%癌细胞中都测出了端粒酶的活性，但是在正常体细胞中端粒酶无活性。

14.1.5　DNA 损伤与修复

DNA 储存着生物体赖以生存和繁衍的遗传信息，因此维护 DNA 分子的完整性对物种的稳定性至关重要。外界环境和生物体内部的因素都可能导致 DNA 分子的损伤或改变，因此除了 DNA 复制的高度保真外，生物体还存在 DNA 损伤修复机制。每一遗传信息都以不同拷贝储存在 DNA 两条互补链上。因此，若一条链有损伤，可被修复酶切除，并以未损伤的信息重新合成与原来相同的序列，这就是 DNA 修复(DNA repair)的基础。在漫长的进化过程中，DNA 的序列还是会发生改变，并通过复制传递给子代，这种 DNA 的核苷酸序列永久的改变称为突变(mutation)。若发生的突变有利于生物的生存则保留下来，亦即进化，若不适应自然选择则被淘汰，因此生物的进化可以看成一种主动的基因改变过程，这是物种多样性的原动力。所以生物的变异是绝对的，修复是相对的。

1. DNA 损伤

复制过程中发生的 DNA 突变称为 DNA 损伤，许多因素都能造成 DNA 损伤，如电离辐射、紫外线、烷化剂、氧化剂等，可分为自发因素、物理因素和化学因素。一种因素可能造成多种类型的损伤，一种类型的损伤也可能来自不同因素的作用。

1) 自发因素

以 DNA 为模板按碱基配对进行 DNA 复制是一个严格而精确的事件，但也不是完全不发生错误的。碱基配对的错配率为 10^{-2}～10^{-1}，在 DNA 聚合酶的作用下碱基的错配率降到 10^{-6}～10^{-5}。复制过程中如有错误的核苷酸参与，DNA 聚合酶还会暂停催化作用，以其 3′→5′外切酶的活性切除错误接上的核苷酸，然后继续进行正确的复制。这种校阅作用广泛存在于原核生物和真核生物的 DNA 聚合酶中，可以说是对 DNA 复制错误的修复形式，从而保证了复制的准确性。校正后的错配率约为 10^{-10}，即每复制 10^{10} 个核苷酸约有 1 个错误的碱基。生物体内 DNA 分子可以由以下几种原因发生变化。

(1) 碱基的异构互变。DNA 分子中 4 种碱基各自的异构体间都可以自发地相互变化(如烯醇式与酮式碱基间的互变)，这种变化就会使碱基配对间的氢键改变，可能使腺嘌呤与胞嘧啶配对、胸腺嘧啶与鸟嘌呤配对等。如果这些配对发生在 DNA 复制时，就会造成子代 DNA 序列的错误性损伤。

(2) 碱基的脱氨基作用。碱基的环外氨基有时会自发脱落，从而可能由胞嘧啶变成尿嘧啶、腺嘌呤变成次黄嘌呤(H)、鸟嘌呤变成黄嘌呤(X)等。在 DNA 复制时，U 与 A 配对、H 和 X 都与 C 配对，则导致子代 DNA 序列的错误变化。胞嘧啶自发脱氨基的频率约为每个细胞每天 190 个。

(3) 脱嘌呤与脱嘧啶。由于 DNA 分子受到周围溶剂分子的随机热碰撞，腺嘌呤或鸟嘌呤与脱氧核糖间的N-糖苷键可以断裂,使A或G脱落。一个哺乳类细胞在37 ℃条件下,20 h内DNA链上自发脱落的嘌呤约1 000个、嘧啶约500个;一个哺乳类神经细胞在整个生活期间自发脱落的嘌呤约108个。

(4) 碱基修饰与链断裂。细胞呼吸的副产物O^{2-}、H_2O_2等会造成DNA氧化性损伤,产生胸腺嘧啶乙二醇、羟甲基尿嘧啶等碱基修饰物,还可能引起DNA单链断裂等DNA损伤。每个哺乳类细胞DNA单链断裂发生的频率约为每天50 000次。此外,体内还可以发生DNA的甲基化、结构的其他变化等,这些DNA损伤的积累可能导致老化。

2) 物理因素

(1) 紫外线损伤。由于嘌呤环与嘧啶环都含有共轭双键,能吸收紫外线而引起DNA损伤。嘧啶碱引起的DNA损伤比嘌呤碱大10倍。紫外线损伤主要是使同一条DNA链上相邻的嘧啶以共价键连成二聚体,相邻的两个T、两个C或C与T间都可以环丁基环(cyclobutane ring)连成二聚体,其中最容易形成的是T-T二聚体。人的皮肤因受紫外线照射而形成二聚体的频率可达每个细胞5×10^4个/h,但只局限在皮肤中,因为紫外线不能穿透皮肤。微生物受紫外线照射后,就会影响其生存。紫外线照射还能引起DNA链断裂等DNA损伤。

(2) 电离辐射损伤。电离辐射(如X射线和γ射线)损伤DNA分为直接效应和间接效应。直接效应是指DNA直接吸收射线能量而遭损伤,间接效应是指DNA周围的溶剂分子(主要是水分子)吸收射线能量产生具有很高反应活性的自由基,进而损伤DNA。

电离辐射可导致DNA分子的多种变化:①由·OH自由基引起,包括DNA链上的碱基氧化修饰、过氧化物的形成、碱基环的破坏和脱落等,一般嘧啶比嘌呤更敏感;②脱氧核糖变化是脱氧核糖上的每个碳原子和羟基上的氢都能与·OH反应,导致脱氧核糖分解,最后会引起DNA链断裂。DNA链断裂是电离辐射引起的严重损伤事件,射线的直接和间接效应都可能使脱氧核糖被破坏或磷酸二酯键断开而导致DNA链断裂。DNA双链中一条链断裂称为单链断裂,DNA双链在同一处或相近处断裂称为双链断裂。虽然单链断裂发生频率为双链断裂的10~20倍,但还比较容易修复。对单倍体细胞(如细菌),一次双链断裂就是致死事件。

3) 化学因素

化学因素对DNA损伤的认识最早来自对化学武器杀伤力的研究,后来对癌症化疗、化学致癌作用的研究使人们更重视诱变剂或致癌剂对DNA的作用。

(1) 烷化剂造成DNA损伤。烷化剂是一类亲电子的化合物,很容易与生物体中大分子的亲核位点起反应。烷化剂的作用可使DNA发生各种类型的损伤。

① 碱基烷基化。烷化剂很容易将烷基加到嘌呤或嘧啶的N或O上,其中鸟嘌呤的N^7和腺嘌呤的N^3最容易受到攻击。烷基化的嘌呤碱基配对会发生变化,如鸟嘌呤N^7被烷基化后就不再与胞嘧啶配对,而与胸腺嘧啶配对,会使G-C转变成A-T。

② 碱基脱落。烷基化鸟嘌呤的糖苷键不稳定,容易脱落形成DNA上无碱基的位点,复制时可以插入任何核苷酸,造成序列的改变。

③ 断链。DNA链磷酸二酯键上的氧也容易被烷基化,结果形成不稳定的磷酸三酯键,易在糖与磷酸间发生水解,使DNA链断裂。

④ 交联。烷化剂有两类:单功能基烷化剂,如碘甲烷,只能使一个位点烷基化;双功能

基烷化剂，包括化学武器（如氮芥、硫芥等）、一些抗癌药物（如环磷酰胺、苯丁酸氮芥、丝裂霉素等）、某些致癌物（如二乙基亚硝胺等）。双功能基烷化剂的两个功能基可同时使两处烷基化，能造成 DNA 链内、DNA 链间，以及 DNA 与蛋白质间的交联。

（2）碱基类似物、修饰剂造成 DNA 损伤。人工合成的碱基类似物可作为诱变剂或抗癌药物，如 5-溴尿嘧啶（5-BU）、5-氟尿嘧啶（5-FU）、2-氨基腺嘌呤（2-AP）等。由于其结构与正常的碱基相似，在细胞中能代替正常的碱基进入 DNA 链中而干扰 DNA 的复制合成。例如，5-BU 与胸腺嘧啶结构十分相近，在酮式结构时与 A 配对，在烯醇式结构时与 G 配对，在 DNA 复制时可以导致 A-T 转换为 G-C。

2. DNA 损伤的类型

根据 DNA 分子的改变，突变可分为点突变、缺失突变、插入突变和倒位 4 种主要类型。

（1）点突变（point mutation）是 DNA 分子上一个碱基的变异，包括转换（transition）和颠换（transversation）两种形式。转换是指同型碱基间的变异，如一种嘌呤代替另一种嘌呤，或一种嘧啶代替另一种嘧啶。颠换是指异型碱基间的变异，如一种嘌呤代替一种嘧啶，或一种嘧啶代替一种嘌呤。点突变如发生在启动子或剪接信号部位，可以影响整个基因的功能。点突变若发生在编码序列，有的可能改变蛋白质的功能，有的则为中性变化，即编码氨基酸虽变化但功能不受影响，有的甚至是静止突变，即碱基虽变化但编码氨基酸种类并不改变。

（2）缺失（deletion）突变是一个碱基或一段核苷酸链乃至整个基因从 DNA 分子上丢失。

（3）插入（insertion）突变是一个原来没有的碱基或一段原来没有的核苷酸序列插入 DNA 大分子中，或有些芳香族分子如吖啶嵌入 DNA 双螺旋碱基对中。插入可以引起移码突变（frame-shift-mutation），影响三联体密码的阅读方式。

（4）倒位（transposition）又称转位，是指 DNA 链重组使其中一段核苷酸链方向倒置，或从一处迁移到另一处。

3. DNA 损伤的修复

1）回复修复

回复修复是较简单的修复方式，一般能将 DNA 修复到原样，包括光修复、断裂重接、碱基插入和烷基转移等修复机制。

（1）光修复。光修复是最早发现的 DNA 修复方式，由细菌中的 DNA 光解酶完成。DNA 光解酶能特异性识别紫外线造成的核苷酸链上相邻嘧啶共价结合的二聚体，并与其结合，这步反应不需要光；结合后如受 300～600 nm 波长的光照射，则此酶就被激活，将二聚体分解为两个正常的嘧啶单体，然后酶从 DNA 链上释放，DNA 恢复正常结构。后来发现类似的修复酶广泛存在于动植物中。

（2）断裂重接。DNA 单链断裂是常见的 DNA 损伤，其中一部分可仅由 DNA 连接酶参与而完全修复。此酶在各类生物的各种细胞中都普遍存在，修复反应容易进行。但双链断裂几乎不能修复。

（3）碱基插入。DNA 链上嘌呤的脱落造成无嘌呤位点，能被 DNA 嘌呤插入酶识别结合，在 K^+ 存在的条件下，催化游离嘌呤或脱氧嘌呤核苷插入生成糖苷键，且催化插入的碱基有高度专一性，与另一条链上的碱基严格配对，使 DNA 完全修复。

（4）烷基转移。在细胞中发现一种 6-甲基鸟嘌呤甲基转移酶，能直接将 DNA 链鸟嘌呤

O^6位上的甲基移到蛋白质的半胱氨酸残基上而修复损伤的DNA。该酶的修复能力并不很强,但在低剂量烷化剂作用下能诱导出此酶的修复活性。

2）切除修复

切除修复(excision repair)是修复DNA损伤最为普遍的方式,因不需要光照射,又称暗修复。对多种DNA损伤,包括碱基脱落形成的无碱基位点、嘧啶二聚体、碱基烷基化、单链断裂等都能起修复作用。这种修复方式普遍存在于各种生物细胞中,也是人体细胞主要的DNA修复机制。修复过程需要多种酶的参与。在大肠杆菌中,有一种紫外线特异的切割酶,能识别紫外线照射产生的二聚体部位,并在远离损伤部位5′端8个核苷酸处及3′端4个核苷酸处各作一个切口,将包含损伤的一段DNA切掉;DNA pol Ⅰ进入此缝隙,从3′-OH开始,按碱基配对原则以另一条完好链为模板进行修复;最后由DNA连接酶将新合成的DNA片段与原来的DNA链连接而封口,使DNA恢复原来的结构。

3）碱基切除修复

每个细胞都有一类DNA糖苷酶,能识别一种DNA分子中改变的碱基,水解该改变的碱基与脱氧核糖间的糖苷键,使改变的碱基脱落,在DNA上产生一个缺嘌呤或缺嘧啶的位点,再通过切除修复机制进行修复。目前知道至少有20种DNA糖苷酶,可识别胞嘧啶脱氨生成的尿嘧啶、腺嘌呤脱氨基产物、开环的碱基、不同烷基化类型的碱基等。

尿嘧啶DNA糖苷酶修复机制的发现,可以说明为什么RNA中的碱基是U而DNA中是甲基化的T,并且U和T都与A互补配对,所编码的密码也是相同的。尿嘧啶DNA糖苷酶只能切除DNA链上的尿嘧啶,而不能切除DNA链上的胸腺嘧啶。胸腺嘧啶与尿嘧啶在结构上的区别在于C(5)的甲基化,胞嘧啶脱氨基后形成的尿嘧啶因为缺少甲基化标签,可以被尿嘧啶DNA糖苷酶发现碱基的改变。如果DNA与RNA一样使用尿嘧啶,那么与胞嘧啶脱氨形成的尿嘧啶无法区别,不能校正,从而造成子代DNA的突变,即G-C→A-T。DNA分子中T代替U,能增加遗传信息的稳定性。相反,RNA不需修复,拷贝数多,半衰期短,即使有个别拷贝的胞嘧啶脱氨基转变为U,合成出来的绝大多数蛋白质还是具有正常生理功能。

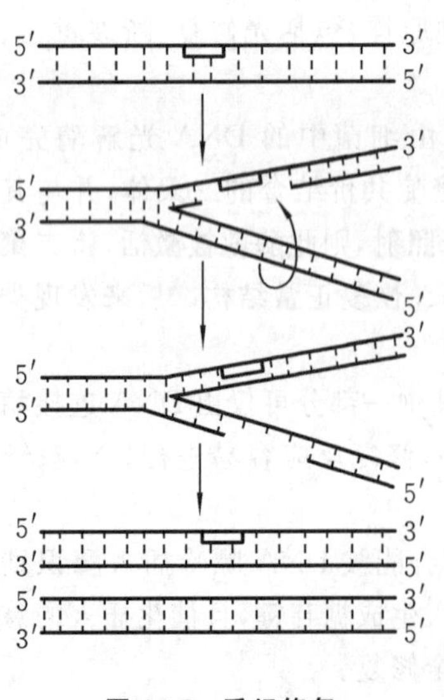

图14-7　重组修复

4）重组修复

切除修复在切除损伤片段后是以原来正确的互补链为模板来合成新的片段,但在某些情况下可能没有互补链可以直接利用,或DNA分子的损伤面较大,还来不及修复时,可采用重组修复(recombination repairing)(图14-7)。重组修复不能完全去除损伤,损伤的DNA仍然保留在亲代DNA链上,只是重组修复后合成的DNA分子是正常的,随着多次复制及重组修复,损伤链所占比例越来越小,不影响细胞的正常功能。

重组修复的酶有多种,其中最重要的是RecA蛋白,相对分子质量约38×10^3,是包含4个亚基的四聚体。RecA蛋白能促使两个同源DNA分子的碱基配对,形成杂种分子。两条完整的同源DNA双链,即使和RecA蛋白一起混合，也不会发生重组反应。因此，RecA 蛋白能特异性地识别单链 DNA，并能将之与同源双螺旋中的互补顺序“退火”，同时将另一条链排挤出去，形成 D 环(D-loop)。此外，重组修复还需要一些其他的蛋白质，如 RecBC 酶具有使 DNA 解旋的核酸酶活性。

5) SOS 修复

RecA 蛋白除了参与重组修复外，还可以被许多导致 DNA 损伤或抑制大肠杆菌复制过程的处理激活。这些处理引发一系列复杂的表型变化，称为 SOS 应答(SOS response)。SOS 修复是一种应急修复机制，当 DNA 分子受到严重损伤时，细胞处于危险状态，正常修复机制均已被抑制，此时只能进行 SOS 修复。

SOS 修复的机制：当 DNA 受到严重损伤时，RecA 蛋白的酶活性被活化，使得 LexA 蛋白被水解。LexA 蛋白(相对分子质量为22 000)是一种小的蛋白质，可以作为许多操纵子的抑制蛋白，抑制与 SOS 修复有关基因的表达。LexA 蛋白被水解后，这些基因的抑制被解除，于是 SOS 修复酶系大量表达。SOS 修复只能维持基因组的完整性，提高细胞的生成率，但留下的错误较多，故又称为错误倾向修复，使细胞有较高的突变率。

14.1.6　RNA 指导下的 DNA 合成

某些病毒的基因组是 RNA，而不是 DNA，这类病毒称为 RNA 病毒。1964 年 Temin 观察到某些致肿瘤的 RNA 病毒感染细胞的作用能被 DNA 复制抑制剂等阻断，说明病毒繁殖涉及 DNA 合成。放线菌素 D 抑制以 DNA 为模板的 RNA 合成，它能抑制子代病毒颗粒的产生，说明 RNA 病毒在宿主细胞的繁殖需要通过细胞 RNA 的合成。因此，RNA 病毒先变成 DNA 原病毒后再产生 RNA 病毒，亦即遗传信息可以从 RNA 流向 DNA。

RNA 病毒含有一种酶，称为逆转录酶(reverse transcriptase)。这种酶以 RNA 为模板，在有 4 种 dNTP 存在及合适条件下，能按碱基互补配对的原则，合成互补 DNA(complementary DNA，cDNA)，因此也称为依赖 RNA 的 DNA 聚合酶。

逆转录并非转录，而是一种复制形式，必须有引物存在才能完成。逆转录酶是逆转录病毒 RNA 编码的多功能酶，具有多种生物活性，包括依赖 RNA 的 DNA 聚合酶活性、RNA 酶 H 活性和 DNA 指导的 DNA 聚合酶活性。RNA 酶 H 活性能够特异性水解 RNA-DNA 杂交分子中的 RNA。DNA 指导的 DNA 聚合酶活性则可以逆转录合成的单链 DNA 为模板合成互补 DNA 链。逆转录酶没有 $3'\rightarrow5'$ 外切酶活性，不具有校阅功能，因此逆转录的错配率相对较高，这可能是致瘤病毒较快出现新病毒株的一个重要原因。

逆转录病毒的复制过程分两个阶段。第一阶段，病毒侵入宿主胞浆后，在逆转录酶的作用下，以 RNA 为模板合成负链 DNA，形成 RNA-DNA 杂合分子；然后正链 RNA 被逆转录酶的 RNA 酶 H 活性降解，以负链 DNA 为模板形成双链 DNA(即 DNA-DNA)进入细胞核内，整合入宿主 DNA 中，成为前病毒。第二阶段，前病毒 DNA 转录出病毒 mRNA，翻译出病毒蛋白质；同样，前病毒 DNA 转录出病毒 RNA，在细胞质内装配，以出芽方式释放；被感染的细胞仍持续分裂，将前病毒传递至子代细胞。

逆转录酶和逆转录现象是分子生物学研究中的重大发现。中心法则认为 DNA 的功能兼有遗传信息的传递和表达，因此，DNA 处于生命活动的中心位置。逆转录现象说明至少在某些生物中，RNA 同样兼有遗传信息传递和表达功能。

14.2 RNA 的生物合成

DNA 指导的 RNA 合成即转录(transcription),是把 DNA 的碱基序列转抄成 RNA。DNA 分子上的遗传信息是决定蛋白质氨基酸序列的原始模板,mRNA 是蛋白质合成的直接模板。通过 RNA 的生物合成,遗传信息从染色体的储存部位转送至细胞质,从功能上衔接 DNA 和蛋白质这两种生物大分子。

转录也是一种酶促的核苷酸聚合过程,所需的酶称为依赖 DNA 的 RNA 聚合酶(DNA-dependent RNA polymerase,DDRP)。在转录时,DNA 双链中仅有一条链可作为转录的模板,其中用作模板的链称为反义链或模板链,另一条链则称为有义链,因为有义链的 DNA 序列正好与转录出的 RNA 的序列相同,所以也称为编码链。但各个基因的有义链不一定在同一条 DNA 链上。RNA 聚合酶催化的 RNA 合成也是沿 $5' \rightarrow 3'$ 方向进行,与 DNA 复制类似。转录过程在原核生物和真核生物中所需的酶和相关因子有所不同,转录过程及转录后的加工修饰也有差异。

14.2.1 RNA 聚合酶与转录因子

转录酶是依赖 DNA 的 RNA 聚合酶,也称为 DNA 指导的 RNA 聚合酶,简称 RNA 聚合酶(RNA pol),它以 DNA 为模板催化 RNA 的合成。原核生物和真核生物的 RNA 聚合酶,均能在模板链的转录起始点催化 2 个游离的 NTP 形成磷酸二酯键而引发转录的起始。因此,转录的起始不需要引物,这也是转录与复制在起始阶段的一大区别。

1. 原核生物的 RNA 聚合酶

细菌中只发现一种 RNA 聚合酶,能催化 mRNA、tRNA 和 rRNA 等的合成。大肠杆菌的 RNA 聚合酶的相对分子质量约 4.5×10^5,由 5 个亚基($\alpha 2\beta\beta'\sigma$)组成全酶。$\sigma$ 亚基与全酶疏松结合,在细胞内外均容易从全酶中解离,解离后的部分($\alpha 2\beta\beta'$)称为核心酶。α 亚基可能参与全酶的组装及启动子的识别,从而决定哪些基因可转录。β 亚基与底物(NTP)及新生 RNA 链结合,β' 亚基与模板 DNA 结合,β 亚基和 β' 亚基组成酶的活性中心,通过 DNA 的磷酸基团与核心酶的碱性基团间的非特异性吸附作用,核心酶能与模板 DNA 非特异性地疏松结合。σ 亚基本身并无催化功能,它的作用是识别 DNA 分子上的起始信号,但不能单独与 DNA 模板结合。当 σ 亚基与核心酶结合时,可引起酶构象的改变,从而改变核心酶与 DNA 结合的性质,使全酶对转录起始点的亲和力比其他部位大 4 个数量级。在转录延长阶段,σ 亚基与核心酶分离,仅由核心酶参与延长过程。因此,σ 亚基实际上被认为是一种转录辅助因子,因而也称为 σ 因子(σ factor)。

在没有 σ 亚基时,核心酶偶尔也能起始 RNA 的合成,但有许多起始错误,而且核心酶所合成的 RNA 链的起始在某个基因的两条链上是随机的。但当 σ 亚基存在时,则起始在正确的位点上,这说明全酶能够特异性地与启动子相结合。启动子是 DNA 分子可以与 RNA 聚合酶特异结合的部位,也就是使转录开始的部位。启动子一般可分为两类:一类是 RNA 聚合酶可以直接识别的启动子,另一类启动子在和聚合酶结合时需要有蛋白质辅助因子的存在。通过比较启动子的顺序发现,在 RNA 合成开始位点的上游大约 10 bp 和 35 bp 处有两个保守序列，分别称为－10 序列和－35 序列。大多数启动子有保守序列，只有少数几个核苷酸不同。

原核生物－10 序列又称为 Pribnow 盒。该序列是从起点上游约－10 处找到的 6 bp 的保守序列 TATAAT。在真核生物中相应的序列则是位于－25～－30 的 7 bp 保守区 TATAAAA，称为 TATA 盒，又称为 Goldberg-Hogness 盒。其功能与 RNA 聚合酶的定位有关，DNA 双链在此解开并决定转录的起始位置。TATA 盒也是真核生物 RNA 聚合酶Ⅱ和通用因子形成前起始复合物的主要装配点。原核生物－10 序列上游还存在着一个保守序列 TTGACA，其中心约在－35 位置，称为－35 序列。－10 序列和－35 序列都很重要，破坏启动子功能的突变中有 75％是改变了这两个序列中的碱基所造成的。－35 序列的突变将降低 RNA 聚合酶与启动子结合的速度，但不影响转录起点附近 DNA 双链的解开；而－10 序列的突变不影响 RNA 聚合酶与启动子结合的速度，可是会降低双链解开速度。由此可见，－35 序列提供了 RNA 聚合酶识别的信号，－10 序列则有助于 DNA 局部双链解开。－35 序列和－10 序列相距约 20 bp。这两个结合区是在 DNA 分子的同一侧，可见 RNA 聚合酶结合在双螺旋的一面。原核生物也有少数启动子缺乏这两个序列，在这种情况下，RNA 聚合酶往往不能单独识别这种启动子，而需要辅助蛋白的帮助，这些蛋白因子与邻近序列的反应可以弥补启动子的缺陷。

大肠杆菌的 RNA 聚合酶与启动子结合的过程可分为两步：①酶寻找启动子－35 序列并与其以闭合复合物形式相结合；②由于－10 序列富含 A-T 碱基对，因此更易于“融化”，即解链，约有 17 bp 被解旋，两条链分开，暴露出模板链，闭合复合物转变为开放复合物。开放复合物中酶与启动子的结合比较紧密。许多发生在－10 序列的碱基突变，虽然并未降低其 A-T 的水平，却仍然能阻碍其“融化”为开放复合物，可见－10 序列除了易于“融化”之外，还必须具有特殊的形状和结构，以便于 RNA 聚合酶的识别。

2. 真核生物的 RNA 聚合酶

已发现三种真核生物的 RNA 聚合酶：RNA polⅠ、RNA polⅡ和 RNA polⅢ。它们分别负责转录不同的 RNA。RNA polⅠ是唯一存在于核仁中的 RNA 聚合酶，它催化合成两种大分子 rRNA(28S rRNAs 和 18S rRNAs)和两种小分子 rRNA 中的一种(5.8S rRNAs)，这些分子都在核糖体上；RNA polⅡ只存在于核质中，涉及 mRNA 和某些 snRNAs(核内小分子 RNA，small nuclear RNA)，以及 RNA 的前体 hnRNA(核内不均一 RNA，heterogeneous nuclear RNA)的转录；RNA polⅢ也存在于核质中，它合成 tRNAs、5S RNA 和某些参与 RNA 加工的 snRNA。

真核生物的 RNA 聚合酶是由 8～14 个亚基组成的大分子蛋白质，相对分子质量可达 5.0×10^5以上。目前，除了酿酒酵母的 RNA polⅡ外，人们对真核生物的 RNA 聚合酶的结构了解并不多。酿酒酵母的 RNA polⅡ有三个大亚基和细菌的 RNA 聚合酶同源，它们构成基本的催化装置。两个大亚基带有催化位点，余下的亚基有三种是所有真核 RNA 聚合酶所共有的。大部分亚基是以单拷贝存在的，但其中三种亚基有 2 个拷贝。RNA polⅡ合成 mRNA，它是与遗传调节有关的最直接的酶，因此对 RNA polⅡ的研究是目前的热点之一。

线粒体和叶绿体中的 RNA 聚合酶要小得多，类似于细菌的 RNA 聚合酶，且与细胞核中的 RNA 聚合酶完全不同。由于细胞器的基因组也较小，其聚合酶所需要转录的基因数也很少，而且转录的调控也简单得多。

3. 转录因子

真核生物在转录时往往需要多种蛋白因子的协助，和 RNA 聚合酶直接或间接结合的反式作用因子称为转录因子(transcription factor，TF)。转录因子主要分为三大类：①RNA 聚合酶的亚基，是转录必需的，但并不对某一启动子有特异性；②某些转录因子能与 RNA 聚合酶结合成起始复合物，但不组成游离聚合酶的成分，可能为所有转录起始或转录终止所必需；③某些转录因子仅与启动子的特异序列结合。转录因子之间可以互相辨认结合，或与 RNA 聚合酶、DNA 结合，组成 RNA 聚合酶-蛋白质-DNA 复合物而启动转录。

转录因子具有两个必需的结构域：一个是能与顺式元件(分子内作用元件，如启动子)结合的结构域，能识别特异的 DNA 序列；另一个是激活结构域，其功能是与其他反式作用因子或 RNA 聚合酶结合。真核生物基因转录的启动由多个转录因子参与，而不同转录因子组合的相互作用能启动不同基因的转录。转录因子与相应顺式元件结合的结构域，主要包括螺旋-转角-螺旋(helix-turn-helix，HLH)、锌指(zinc finger)、亮氨酸拉链(leucine zipper)和螺旋-环-螺旋(helix-loop-helix)4 种主要类型。

螺旋-转角-螺旋结构由 2 个 α-螺旋和 1 个 β-转角组成，羧基端的 α-螺旋是识别螺旋，可与 B 型 DNA 的大沟发生特异性结合。识别螺旋的氨基酸残基侧链可以与 DNA 形成疏水键、氢键和发生静电吸引作用。而另一个 α-螺旋中的氨基酸残基和 DNA 中的磷酸戊糖骨架发生非特异性结合。

锌指结构是一些具有相同并重复出现的约 30 个氨基酸残基结构，其中 4 个氨基酸残基以配位键与 Zn^{2+} 相互作用，折叠成一种包含四面体的特殊结构，好像一个竖起的手指，因此称为锌指(图 14-8)。典型的锌指蛋白含有一连串的锌指结构，锌指数目可为 2～30 个。单个锌指的三维结构是由一个 α-螺旋和一个 β-折叠片组成的，其保守序列为 Cys-$X_{2\sim4}$-Cys-X_3-Phe-X_5-Leu-X_2-His-X_3-His。含锌指结构的转录因子都是通过它的 α-螺旋与 DNA 双螺旋中的大沟接触来影响转录的。转录因子 TFⅢA 是由 9 个这样的单个锌指组成的串联重复结构域，每个锌指中的 Zn^{2+} 通过配位键与位于“手指”中的 2 个 His 和 2 个 Cys 结合，所以也称之为 Cys_2-His_2 型锌指。TFⅢA 通过与基因转录部分的控制区结合调控 rRNA(5S rRNA)的转录。

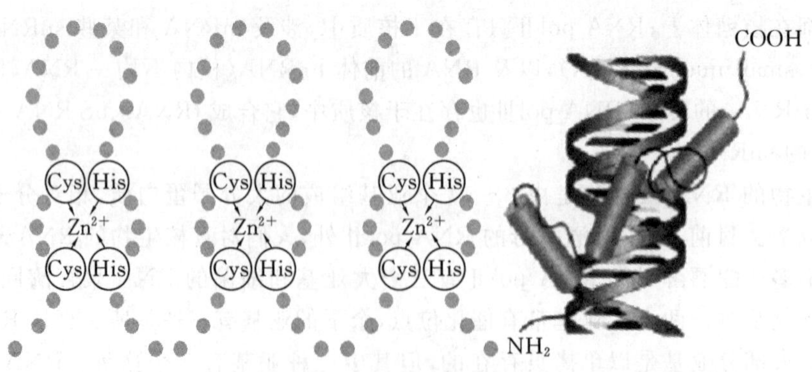

图 14-8　锌指结构

亮氨酸拉链(图 14-9)是指在反式作用因子的一段肽链中每隔 7 个氨基酸残基就有一个亮氨酸残基出现，这段肽链所形成的 α-螺旋就会出现一个由亮氨酸残基构成的疏水面，而另一面则是由亲水性氨基酸残基所构成的亲水面。由亮氨酸残基组成的疏水面即为亮氨酸拉链条，两个具有亮氨酸拉链条的反式作用因子就能借疏水作用形成二聚体。有些反式作用因子要形成二聚体后才能发挥作用，二聚体可以是由两个相同的反式作用因子组成的同源二聚体(homodimer)，也可以是由两个不同的反式作用因子组成的异源二聚体(heterodimer)。亮氨酸拉链对二聚体的形成是必需的，但不直接与 DNA 发生相互作用，拉链区以外的结构可与 DNA 结合。

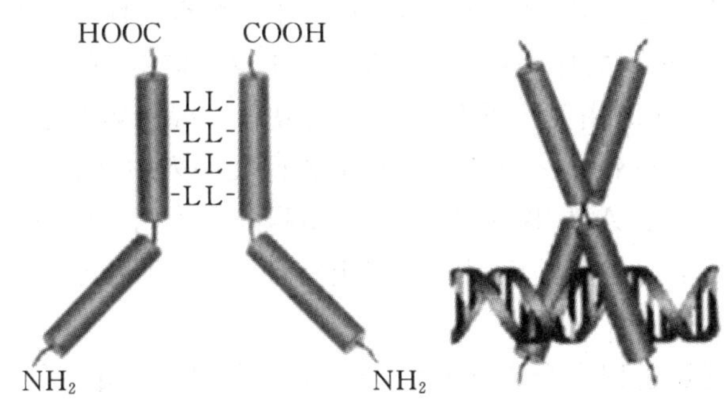

图 14-9　亮氨酸拉链

螺旋-环-螺旋结构与形成反式作用因子的二聚体有关，控制多细胞生物体有关基因表达的反式作用因子往往具有这种结构。这种结构具有比较保守的含有 50 个氨基酸残基的肽段，既含有与 DNA 结合的结构，又含有形成二聚体的结构。这部分肽段能形成两个较短的 α-螺旋，两个 α-螺旋之间有一段能形成环状的肽链。α-螺旋是兼性的，具有疏水面和亲水面。两个具有螺旋-环-螺旋的反式作用因子能形成二聚体，二聚体的形成有利于反式作用因子的 DNA 结合结构域与 DNA 结合。

14.2.2　基因转录的过程

转录是生物合成 RNA 的过程，与复制相似，包括起始、延伸和终止三个阶段。

1. 原核生物的转录过程

转录的起始就是形成转录起始复合物的过程，这一阶段所需的辅助因子，在原核生物与真核生物之间有较大的差异。原核生物 RNA 聚合酶全酶中的 σ 因子识别基因或操纵子中的启动子，并与之结合形成复合物，使局部 DNA 发生构象改变，结构变得较为松散，特别是在与核心酶结合的 TATA 盒附近，双链暂时打开约17 bp，展示出 DNA 模板链，有利于 RNA 聚合酶进入转录泡，催化 RNA 的聚合。转录的起始不需要引物，两个相邻的模板配对的核苷酸直接在起点上被 RNA 聚合酶催化形成磷酸二酯键。在大肠杆菌中，RNA 链的起始通常是在 RNA 聚合酶所结合的 DNA 区域的一端，在解开的双链部分，离 −10 序列开始处 12 或 13 个碱基处。第一个核苷酸通常是 pppA 或 pppG，较少为 pppC，但偶尔亦可为 pppU。当几个核苷酸加入后，σ 因子从全酶中解离出来，至此完成转录起始阶段。RNA 聚合酶全酶-DNA-pppGpN′-OH 结构在转录起始阶段至关重要，故称为转录的起始复合物。

RNA 链的延伸阶段开始后，σ 因子即从核心酶-DNA-新生 RNA 复合物上解离下来，并可再用于与新的核心酶结合。核心酶沿模板链的 $3'\rightarrow5'$ 方向滑行，一边使双股 DNA 解链，一边催化 NTP 按模板链互补的核苷酸序列逐个连接，使 RNA 按 $5'\rightarrow3'$ 方向不断延伸。转录生成的RNA暂时与DNA模板链形成DNA-RNA杂交体,杂交体中的DNA与RNA之间结合不紧密,当RNA链的长度超过12个碱基时,RNA的3′端仍与DNA形成杂交体,但RNA的5′端很容易脱离DNA模板链,于是被转录过的DNA区段又重新形成双螺旋。mRNA延伸的速率大约为每秒45个核苷酸,rRNA合成的速率约为mRNA的2倍。

在RNA延伸过程中,当RNA聚合酶行进到模板的终止子(terminator)部位时,RNA聚合酶停止其聚合作用,将新生RNA链释出,并离开模板DNA,转录即终止。根据是否需要一种辅助蛋白质ρ因子,细菌DNA转录终止子可分为不依赖于ρ因子和依赖于ρ因子两种结构。两类终止子有共同的序列特征:在转录终止点之前有一段回文序列,回文序列的两个重复部分(每个7～20 bp)由几个碱基对的不重复节段隔开,回文序列的对称轴一般距转录终止点16～24 bp。不依赖于ρ因子的终止子的回文序列中富含G-C碱基对,在回文序列的下游通常有一串6～8个A-T碱基对;依赖于ρ因子的终止子中回文序列的G-C碱基对含量较少,在回文序列下游方向的序列没有固定特征,其A-T碱基对含量比不依赖于ρ因子的终止子的低。

RNA聚合酶在延长过程中合成RNA的速率并不恒定,一般在通过一段富含G-C碱基对的序列之后8～10个碱基则会出现一次延宕。在终止子回文序列处转录出来的RNA形成发夹结构(hairpin structure)。该结构可能阻碍了RNA链从DNA-RNA-聚合酶三元复合物中进一步向外释放,因此造成转录作用的高度延宕。不同终止子造成延宕的时间长短差异很大。发夹结构中G-C含量越高,延宕时间越长。但发夹结构并不足以使转录终止,模板上回文序列下游富含的A-U序列也十分重要。由于A和U之间的氢键和碱基堆积力很弱,RNA-DNA杂交分子很容易被拆开,于是三元复合物解体,RNA聚合酶也从RNA上解离下来,实现了转录的终止(图14-10)。

ρ因子是*rho*基因编码的相对分子质量为5.5×10^4的蛋白质,其活性形式为六聚体,具有促进转录终止和NTPase两种活性。一般认为,ρ因子可能结合正在合成中的RNA链的5′端,利用水解NTP放出的能量沿5′→3′方向移动。而RNA聚合酶在终止子处较长时间的延宕给予ρ因子追赶的机会,当ρ因子追赶上RNA聚合酶后,与RNA聚合酶的β亚基作用,并与之竞争RNA链的3′端,将嵌合于RNA聚合酶空间结构中的RNA链"抽"出来,从而促使RNA聚合酶离开RNA链和DNA链(图14-11)。

2. *真核生物的转录过程*

真核生物的转录过程也分为起始、延伸和终止三个阶段。真核RNA聚合酶有三种类型,各自催化合成不同的RNA,所催化的转录起始和终止阶段又各有特点,因此真核转录起始和终止与原核生物相比更为复杂。真核生物转录起始时必须有一些蛋白质因子参与,即转录因子。三种RNA聚合酶的转录起始过程各不相同,所需转录因子也不一样。

RNA pol Ⅱ的转录产物是mRNA前体,其转录因子有TFⅡA、TFⅡB、TFⅡD、TFⅡE、TFⅡF、TFⅡH和TFⅡJ等多种,它们是所有RNA pol Ⅱ转录所必需的,所以也称为通用转录因子(或普遍转录因子)。TFⅡD由1个TATA盒结合蛋白(TBP)和多个TBP结合因子(TAF)组成。TFⅡF由2个亚基构成,具有解链酶活性。TFⅡB有解链酶、ATP酶和蛋白激酶活性。RNA pol Ⅱ转录起始时,TFⅡD先与TATA盒结合,然后TFⅡA及TFⅡB识别并结合于TFⅡD,随后RNA聚合酶在TFⅡF的辅助下与TFⅡB结合。RNA聚合酶就位后,转录因子TFⅡE、TFⅡH及TFⅡJ加入,形成起始复合物并开始转录(图14-12)。

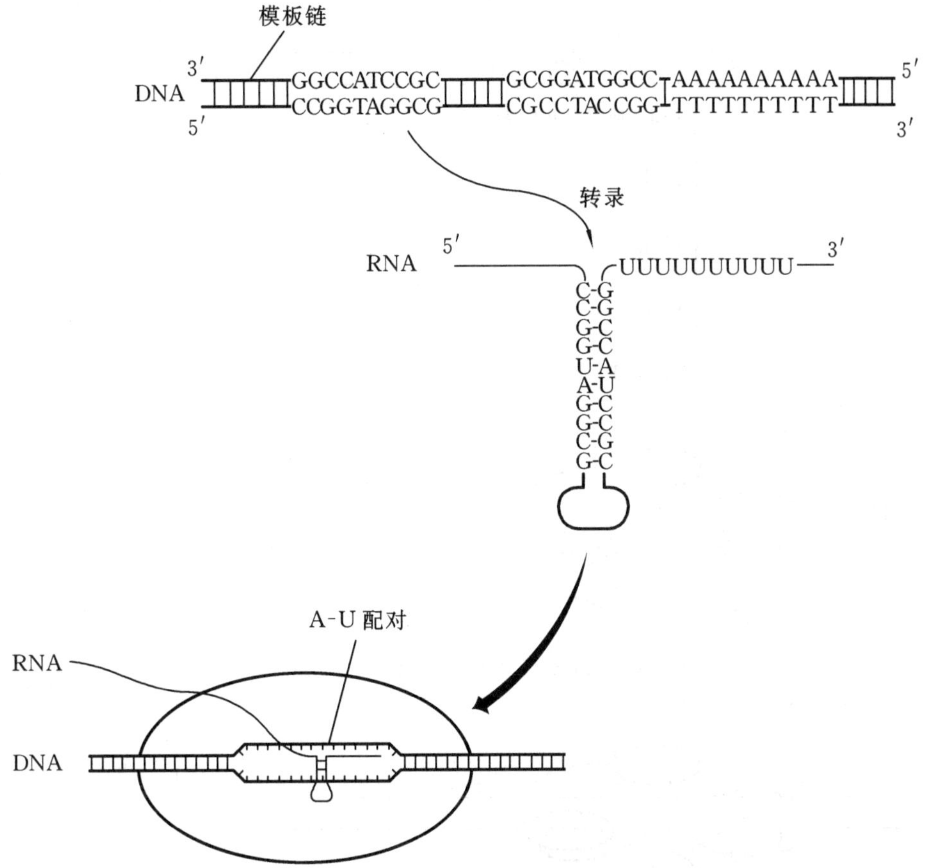

图 14-10　不依赖 ρ 因子的终止模式

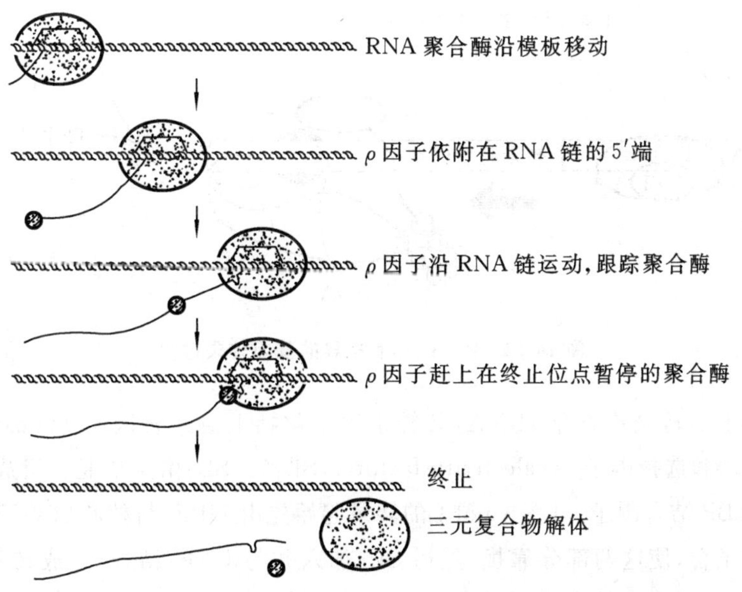

图 14-11　依赖于 ρ 因子的终止模式

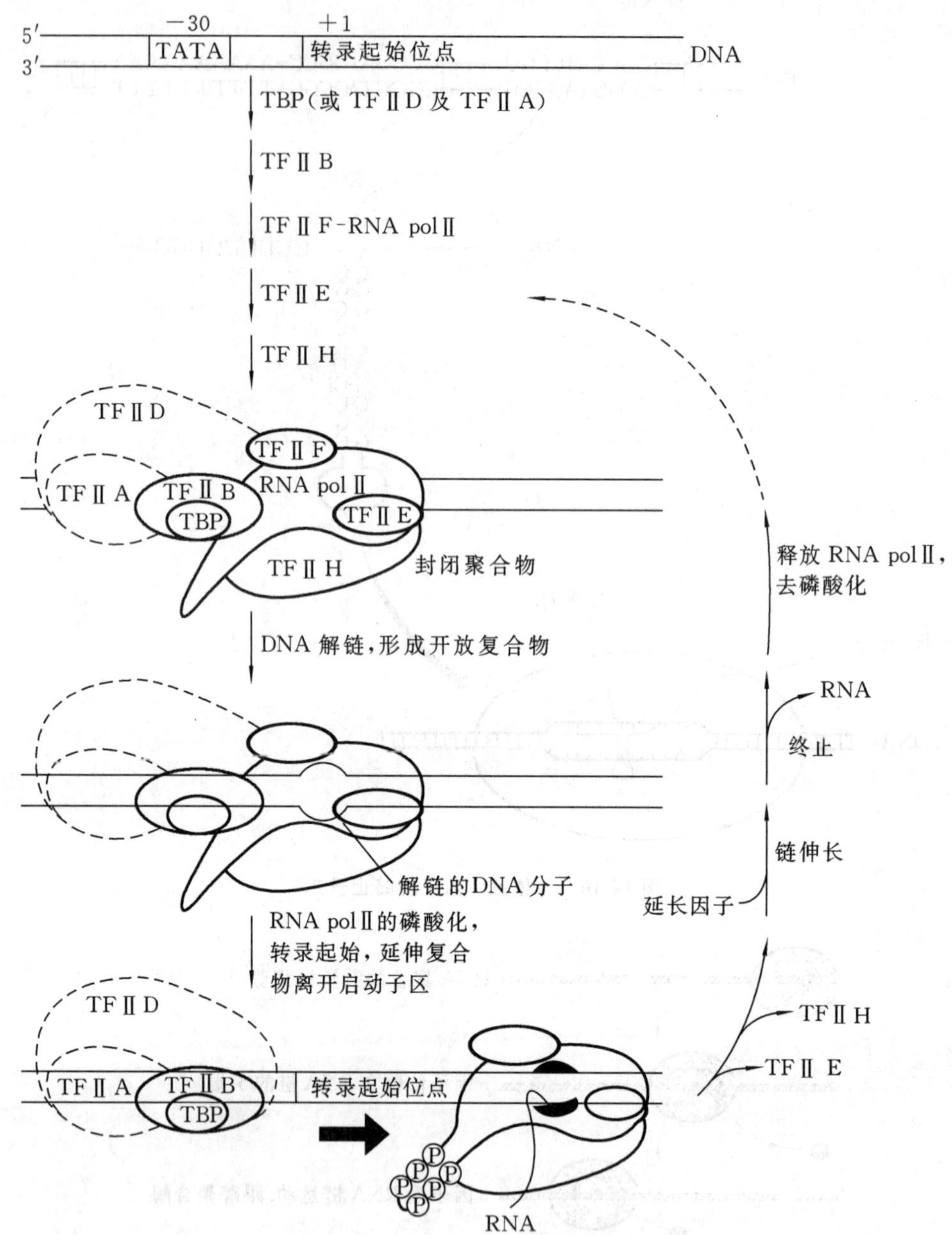

图 14-12　RNA polⅡ指导的基因转录过程

RNA polⅠ的转录产物是 rRNA,其转录因子包括上游结合因子 1(upstream binding factor 1,UBF_1)和选择因子 1(selectivity factor 1,SL_1)。SL_1由 4 个亚基组成,其中 1 个是 TBP,3 个是 TBP 结合因子。RNA polⅠ的转录起始先由 UBF_1与核心启动子及 UCE 中的 G-C 丰富序列结合,使这两部分靠拢,然后 SL_1加入并与 UBF_1结合,组成转录起始前复合物,随后 RNA polⅠ和 SL_1中的 TBP 结合形成起始复合物并起始转录。

RNA polⅢ的转录产物是 tRNA 和 5S rRNA。tRNA 基因的启动子包括 A 盒和 B 盒两部分，均在基因的内部，分别位于+10～+20 和+50～+60 区域。转录起始时，先由转录因子 TFⅢC 识别并结合 B 盒，同时延伸到 A 盒，随后转录因子 TFⅢB 结合在转录起始点周围，RNA polⅢ就位，形成起始复合物并起始转录。

真核基因转录延伸机制与原核生物基本一致。当转录起始复合物形成后，RNA 聚合酶依据碱基互补配对原则，按模板链的碱基序列，沿 5′→3′方向逐个加入核糖核苷酸。

对于 RNA polⅠ来说，它需要转录终止因子 TTF-1 与 rRNA 基因下游的终止子结合，导致转录过程暂停。然后由 PTRF(RNA pol Ⅰ和转录物释放因子)介导转录复合物的解离。RNA pol Ⅲ转录的基因都比较小，所以终止子相对简单。其模板链中有一段 oligo(dA)(poly(A))，转录出 poly(U)后两者的结合较弱，复合物变得不稳定，而且在终止过程中，其非模板链的 oligo(dT)也会参与反应，可以促进 RNA pol Ⅲ暂停。RNA pol Ⅱ的终止主要用加尾信号作为转录终止信号。当 mRNA 中转录出聚腺苷酸化信号 5′-AAUAAA-3′后，会募集一系列蛋白因子，切割 mRNA 并添加 poly(A)尾，然后才释放 RNA pol Ⅱ，转录终止。

14.2.3　基因转录的方式

转录是有选择性的，在细胞不同的发育时序，按生存条件和需要转录。在基因组庞大的 DNA 链上，并非任何区段都可以转录，能转录出 RNA 的 DNA 区段称为结构基因。转录的这种选择性称为不对称转录。基因的不对称转录包含两方面的意义：一是在 DNA 双链分子上，一股链可转录，另一股链不转录；二是模板链并非永远在同一单链上。在 DNA 双链某一区段，以其中一单链为模板链；在另一区段，又反过来以其对应单链为模板链。处在不同单链的模板链转录方向相反。

14.2.4　转录后核糖核酸链的加工

不论原核生物或真核生物的 rRNAs 和 tRNAs 都是以更为复杂的初级转录本形式被合成的，然后才能加工为成熟的 RNA 分子。然而绝大多数原核生物的 mRNA 不需加工，仍为初级转录本的形式。相反，真核生物从断裂基因产生的 mRNA 要经过复杂的加工历程，包括去除内含子的剪接反应(splicing)。

1. mRNA 前体的加工

真核生物 mRNA 的加工包括 5′端加帽、3′端加 poly(A)尾、剪接及编辑等。

1) 5′端帽子结构的形成

mRNA 前体的 5′端为 pppNp-，在成熟过程中，经磷酸酶催化水解，释放出 Pi，成为 ppNp-；然后在鸟苷酸转移酶催化下，与另一分子三磷酸鸟苷反应，末端成为 GpppNp-；继而在甲基转移酶催化下，由 SAM 供给甲基，首先在鸟嘌呤的 N^7 上甲基化，然后连于鸟苷酸的第一个(或第二个)核苷酸 2′-OH 上进行甲基化，最后成为 m^7GpppmNp-，这就是 mRNA 5′端的帽子结构，也称为帽子 0，可表示为m^7GpppX，出现在所有真核生物中；若连于鸟苷酸的第一个核苷酸 2′-OH 被甲基化，即 m^7GpppXm，称为帽子 1，这是除单细胞生物以外其他真核生物中都有的最主要的帽子；若第二个核苷酸 2′-OH 也被甲基化，即 m^7GpppXmpYm，则称为帽子 2，这种帽子只在某些物种中存在，通常低于戴帽群体总量的 15%。帽子结构的加入在细胞核内完成，而且在 RNA 链开始合成后即被加入。

2) 3′端多聚腺苷酸尾的形成

mRNA 3′端的 poly(A)尾是在细胞核内形成的,而且与转录的终止同时进行。当转录中的 mRNA 前体在 AAUAAA 下游 11～30 个核苷酸处被特异性核酸内切酶切断后,在 poly(A)聚合酶的催化下,以 ATP 为底物,发生聚合反应形成 3′端 poly(A)尾。一般真核生物在细胞质中出现的 mRNA 其 poly(A)长度为 100～200 个核苷酸。也有少数例外,如组蛋白基因的转录产物,无论是初级的或成熟的都没有 poly(A)尾。

3) mRNA 内含子的剪接体剪接

真核生物的结构基因转录时,内含子和外显子一同被转录,形成前体 RNA,前体 RNA 需要经过剪接加工,以除去内含子序列,并将外显子序列连接成为成熟的有功能的 mRNA 分子。通过比较 mRNA 和相应结构基因的核苷酸序列,可以发现外显子与内含子的连接点存在高度保守的序列,其保守序列为 GT……AG,所以剪接点的这种特征又称为 GT-AG 规则。因为两个剪接位点的序列不同,所以可以直接确定内含子的两末端。按照内含子的方向从左到右称为左(5′)剪接点和右(3′)剪接点,或供体位点和受体位点。

内含子按基因类型可分为四类:第Ⅰ类内含子主要存在于线粒体、叶绿体及某些低等真核生物的 RNA 中;第Ⅱ类内含子主要存在于线粒体、叶绿体基因中,但转录产物是 mRNA;第Ⅲ类内含子需要通过形成套索结构实现剪接,大多数细胞核内的 mRNA 初级转录产物中包含此类内含子;第Ⅳ类主要存在于 tRNA 初级转录产物 pre-tRNA 中。根据剪接方式的不同,内含子的剪接可分为自我剪接、剪接体剪接和 pre-tRNA 内含子剪接三种模式。其中,第Ⅰ类和第Ⅱ类内含子都属于自我剪接,细胞核内 mRNA 的剪接需要剪接体的参与。在这两种剪接系统中,所有的内含子都是通过转酯反应进行的。而核 pre-tRNA 内含子的剪接利用完全不同的机制,通过磷酸二酯键的断裂和连接反应进行。

从低等到高等真核生物内含子都是以 GU 开始,以 AG 结束,整个分子中含有 3 个保守序列:内含子 5′端起始序列,由 GUAAGU 组成,称为 5′端剪接点;内含子 3′端末尾序列,由 $(Py)_n$NPyAG(Py 指嘧啶,n 大约为 10,N 为任意碱基)组成,称为 3′端剪接点;在 3′端上游 18～40 个核苷酸处也有一个分支位点,酵母中的分支位点是高度保守的,具有保守序列 UACUAAC,其中第三个 A 是起催化作用的腺苷酸。高等真核生物中的分支位点并没有很强的保守性,但在每一位点上都有嘌呤或嘧啶碱基的偏好,并且目标碱基也是 A。

剪接体(spliceosome)一般由蛋白质和 RNA 组成。真核生物的细胞核和细胞质中都存在着小分子 RNA,高等真核生物中小 RNA 长度在 100～300 个碱基,酵母中小 RNA 的长度能达到1 000个碱基。它们的丰度有很大差别,含量最多的可达每个细胞 10^5～10^6个分子,含量少的几乎检测不到。细胞核中的 snRNA 和位于细胞质中的胞质小 RNA(small cytoplasmic RNA,scRNA)在自然状态下以核糖核蛋白颗粒(snRNP 和 scRNP)的形式存在,俗称 snurps 和 scyrps。在核仁中也存在着一类小的 RNA,称为 snoRNAs,它们在核糖体 RNA 的加工中起作用。

像核糖体一样,剪接体不仅依靠蛋白质-RNA 和蛋白质-蛋白质间的相互作用,也需要 RNA-RNA 间的作用。整个剪接过程分为两个阶段进行,首先是保守序列的识别和剪接复合体的组装,然后进行转酯反应。

在 mRNA 剪接过程中至少有 5 种细胞核小 RNA(U_1-snRNA、U_2-snRNA、U_4-snRNA、U_5-snRNA 和 U_6-snRNA)参与,这些 snRNA 分别与特异蛋白质结合成细胞核小分子核糖

核蛋白颗粒(snRNP)，参与 mRNA 前体的剪接过程(图 14-13)。snRNA 和 pre-mRNA 之间或两个 snRNA 之间进行碱基的配对，在剪接中起着重要作用。在剪接体形成时，首先由 U_1-snRNP 识别并结合于 5′端剪接点，U_2-snRNP识别并结合于分支点，形成一个复合体；然后 U_4-snRNP、U_6-snRNP 和U_5-snRNP聚合体加入其中，形成剪接体。剪接体经过结构调整，先后发生U_1-snRNP释放、U_5-snRNP 移位及 U_4-snRNP 释放，最终 U_2-snRNP 和 U_6-snRNP 形成催化中心，催化磷酸二酯键转移反应。

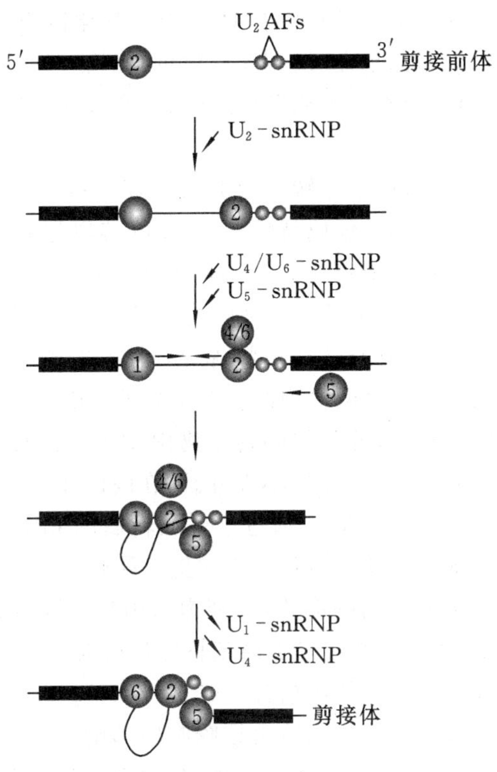

图 14-13　核 RNA 前体的剪接

通过剪接体进行的剪接，其实质也是两步转酯反应。第一步是内含子分支点中 A 的 2′-OH 亲核攻击内含子的 5′端与外显子交界处，内含子 5′端的 G 与分支点 A 的 2′-OH 形成 2′,5′-磷酸二酯键；第二步是外显子的 3′-OH 亲核攻击内含子的 3′端与另一外显子的交界处，内含子套索 RNA 结构被游离，两个外显子以 3′,5′-磷酸二酯键相连。一旦剪接反应完成，剪接体的所有成分解体，U_6-snRNP 和 U_4-snRNP 重新结合参与下一轮剪接反应。

4) 选择性剪接

大多数基因的剪接方式是固定的，也有一些基因剪接可以作为基因表达调控的一种手段。通常有两种机制：一种是初级转录产物或其中的某个内含子在一些组织细胞中剪接，在另一些组织细胞中不剪接，称为加工或丢弃调节；另一种是 mRNA 前体的剪接可能不止一种方式，同一种 mRNA 前体的不同剪接方式称为选择性剪接或可变剪接。选择性剪接可以发生在同一个体的不同组织中，或同一个体的不同发育阶段，也可以出现在同一物种的不同个体之中。选择性剪接可以导致一个基因编码两种或两种以上的蛋白质，增加了基因的容量。

5）反式剪接

发生在同一个 RNA 前体上的剪接称为顺式剪接，如果剪接发生在两种不同的 RNA 前体分子之间，则称为反式剪接。反式剪接的现象目前仅在某些叶绿体基因组和某些生物的核基因组中发生。例如，锥体虫通过反式剪接，可将一段 35 bp 的前导序列从一个 RNA 上加到所有 mRNA 的 5′端。

6）甲基化修饰

真核生物 mRNA 除在 5′端帽子结构中有 1～3 个甲基化核苷酸外，分子内部尚含有 1～2 个 m^6A(6-甲基腺嘌呤)，它们都是在 mRNA 前体的剪接之前，由特异性甲基化酶催化修饰后产生的。内含子和外显子上都有可能发生这样的修饰，但修饰的功能尚不清楚。

7）RNA 的编辑

RNA 的编辑(RNA editing)发生在转录后的 mRNA 中，其编辑区出现碱基插入、删除或转换等变化，从而改变初始产物的编码特性。RNA 的编辑与人们已知的 hnRNA 选择性剪接一样，使得一个基因序列有可能产生几个不同的蛋白质。但剪接是在切除内含子后得到成熟的 mRNA，其编码信息都存在于所转录的初始基因中。mRNA 经过编辑，其编码区所发生的碱基数量变化，改变了初始基因的编码特性，翻译生成不同于 DNA 模板编码的氨基酸序列，也就合成了不同于基因编码序列的蛋白质分子。RNA 编辑最早是在原生动物锥虫线粒体的细胞色素 c 氧化酶亚基Ⅱ基因的转录物中发现的。转录产生的 mRNA 分子与线粒体基因转录的长 55～70 个核苷酸的 RNA 互补，在酶的作用下插入 3 个 U，该互补序列称为“引导 RNA”(guide RNA，gRNA)。通过这样编辑后的 mRNA 分子比原来的 mRNA 分子增加了 3 个 U，在翻译成蛋白质时就相当于发生了移码突变。

RNA 编辑的作用机制主要有两种形式，分别为由引导 RNA(guide RNA，gRNA)介导的核苷酸插入或删除编辑和由脱氨酶介导的碱基特异替换编辑。gRNA 分子是一种小型非编码 RNA，可以与 mRNA 下游编辑位点结合形成 10～15 bp 大小的锚定双螺旋，依赖位点特异性内切酶识别并切开双螺旋序列，随后由尿嘧啶转移酶或 3′尿嘧啶特异性外切酶介导完成尿嘧啶的插入或删除，最终依赖 RNA 连接酶将 mRNA 连接起来，完成 RNA 编辑。

2021 年，Jonathan 和 Omar 团队筛选出独特的Ⅲ-E 型 CRISPR-Cas 系统，借助单一的效应蛋白 Cas7-11(包含 4 个 Cas7 的亚基和 1 个 Cas11 的亚基的融合蛋白)，它可以在不伤害细胞的情况下改变 RNA 中的特定碱基，从而校正基因突变带来的错误，也可以稳定或破坏特定 RNA 分子来调节其编码蛋白质的水平。目前，特异靶向 RNA 的Ⅵ型CRISPR-Cas 系统已经成为动物 RNA 编辑系统中的常用工具。

2. rRNA 前体的加工

真核生物的 rRNA 基因属于丰富基因(redundant gene)族的 DNA 序列，rRNA 前体的加工主要是前体的剪接和化学修饰。

1）rRNA 前体的剪接

真核生物的 rRNA 有 5S、5.8S、18S 和 28S 4 种，其中 5.8S rRNA、18S rRNA 和 28S rRNA 是由 RNA polⅠ催化，从同一个转录单位产生的。这个转录过程会生成一个较大的 rRNA 前体，即 45S rRNA 前体。随后，这个 rRNA 前体会经历一系列的转录后加工过程，包括 rRNA 前体与蛋白质结合，然后切割和甲基化。5S rRNA 转录产物不需加工就从核质转移到核仁，与 28S rRNA、5.8S rRNA 及多种蛋白质分子一起组装成为核糖体大亚基后，再转移到细胞质。

rRNA 前体在核仁中合成并被加工为成熟 rRNA，这些成熟 rRNA 与核糖核蛋白形成核糖体，再运到细胞质。rRNA 前体的剪接是经过“自我剪接”机制进行的，RNA 有能力自行剪接实现自身催化作用，因此也被称为核酶，这是人们对 RNA 分子功能认识的一个重大突破。

核酶有多种二级结构，其中一种呈槌头状，含有若干茎(stem)和环(loop)。根据核酶的槌头状结构，通过人工设计合成，可使原来没有核酶活性的 RNA 成为具有核酶活性的 RNA。

(1) 第Ⅰ类内含子的自我剪接。RNA 催化的四膜虫 rRNA 内含子的剪接是第Ⅰ类内含子自我剪接的经典例子。原生动物嗜热四膜虫的大核 26S rRNA 基因中有一段内含子，其转录产物前体 rRNA 中相应于这段内含子的核苷酸顺序是一个有 413 个核苷酸的中间插入序列(IVS)。在前体 rRNA 加工过程中，这个 IVS 可自我催化切除，并最后使外显子连接成成熟的 rRNA 分子。

(2) 第Ⅱ类内含子的自我剪接。第Ⅱ类内含子自我剪接需要 5′端剪接位点和 3′端剪接位点及一段含有一个腺苷酸(A)分支位点的短保守序列。在剪接反应中内含子 5′剪接位点的保守 G 与分支位点的 A 形成磷酸二酯键，从而形成一个套索结构。第Ⅱ类内含子是存在于线粒体中的一类内含子，它的剪接位点类似于核编码结构基因的内含子，遵从 GT-AG 规则，并且剪接机理与核内 mRNA 前体的剪接相似，需要形成一个套索结构。但是，第Ⅱ类内含子的剪接又不完全与核内内含子的剪接相同，它不需要剪接体和 snRNA 的参与，也不需要 ATP 供能，内含子的剪接是通过 RNA 自身催化实现的。第Ⅱ类内含子的自我剪接包括两步磷酸二酯键转移反应。第一步是由分支位点的保守 A 对 5′端剪接位点发动亲核攻击，形成一个不常见的 2′,5′-磷酸二酯键。第二步是由第一步中释放的外显子的自由 3′-OH 攻击 3′端剪接位点。在剪接反应前后，磷酸二酯键的数目是不变的，只是由原来的外显子与内含子间的两个 3′,5′-磷酸二酯键变为两个外显子间的 5′-3′和内含子本身套索结构中的 2′,5′-磷酸二酯键(图 14-14)。套索中的 2′,5′-磷酸二酯键位于分支位点，在这个部位会形成一个带有 3 个磷酸二酯键的结构。最后，套索被切开，形成线状并很快被降解。

2) 化学修饰

rRNA 前体加工的另一种形式是化学修饰，主要是甲基化。甲基化主要发生在核糖的 2′-OH 上。甲基化的位置在脊椎动物中是高度保守的。此外，rRNA 前体中的一些尿嘧啶核苷酸通过异构作用可转变为假尿嘧啶核苷酸。

3. tRNA 前体的加工

真核生物多数 tRNA 前体分子含有内含子，需通过剪接作用才能变成成熟的 tRNA。真核生物 tRNA 前体的加工包括剪接去除内含子、添加或修复 3′端 CCA 序列，以及碱基化学修饰等。

1) tRNA 前体的剪接

tRNA 前体的剪接作用与 mRNA 不同，是通过两种不同的酶完成的：首先由核酸内切酶催化进行剪接反应，再由连接酶将外显子连接起来。RNA 连接酶催化的连接反应需要消耗 ATP。

2) 添加或修复 3′端 CCA 序列

与原核细胞一样，真核细胞 tRNA 前体在 tRNA 核苷酰基转移酶催化下，将 3′端除去两

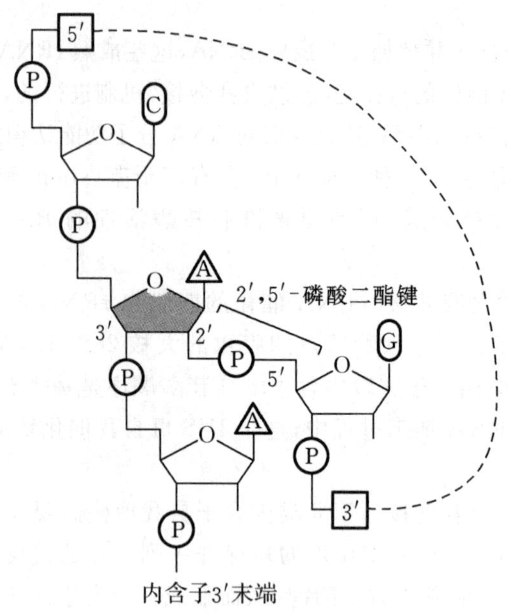

图 14-14　套索结构的形成

个 U 后,换上 tRNA 分子中统一的—CCA—OH 末端,形成柄部结构。

3) 稀有碱基的生成

真核生物 tRNA 前体的加工也存在着化学修饰,如通过甲基化使某些嘌呤生成甲基嘌呤,通过还原反应使某些尿嘧啶还原为双氢尿嘧啶(DHU),通过核苷内的转位反应使尿嘧啶核苷转变为假尿嘧啶核苷(ψ),通过脱氨反应使腺苷转变为次黄嘌呤核苷酸。

14.2.5　RNA 的复制合成

以 DNA 为模板合成 RNA 是生物界 RNA 合成的主要方式,但有些生物(像某些病毒和噬菌体),如大肠杆菌噬菌体 f2、MS2、R17 和 Qβ 中只含 RNA,不含 DNA,其遗传信息储存在 RNA 分子中。这些 RNA 可直接作为合成病毒蛋白质的 mRNA。当它们进入宿主细胞后,在 RNA 指导的 RNA 聚合酶催化下合成 RNA 分子,依靠复制而传代。RNA 指导的 RNA 聚合酶又称 RNA 复制酶。以 RNA 为模板,在 RNA 复制酶作用下,按 5′→3′方向合成互补的 RNA 分子的过程称为 RNA 复制。

1. 参与 RNA 复制的酶

DNA 病毒在其基因组复制和表达过程中利用许多宿主蛋白质。RNA 病毒复制则面临一个特殊的问题,即未受侵染的宿主细胞不含按照 RNA 模板指令合成 RNA 的酶。因此,RNA 病毒需要自身合成这类酶,目前已知有两种,即 RNA 指导的 RNA 聚合酶(RNA 复制酶)和 RNA 指导的 DNA 聚合酶(逆转录酶)。

RNA 复制酶的底物和作用方式均与 DNA 指导的 RNA 聚合酶相似。但 RNA 复制酶缺乏校正功能,因此 RNA 复制时错配率很高,这与逆转录酶的特点相似。RNA 复制酶的另一个特点是,它仅在病毒侵染时才在宿主细胞中产生,而且具有模板专一性,只对病毒本身的 RNA 起作用,而不会作用于宿主细胞中的其他 RNA 分子。

2. RNA 复制途径

RNA 病毒核酸多为单链，病毒的全部遗传信息均包含在 RNA 中。根据病毒核酸的特性，RNA 病毒可分为两组。一组病毒 RNA 的碱基序列与 mRNA 完全相同，称为正链 RNA 病毒或(+)RNA 病毒。这种病毒 RNA 可直接起到 mRNA 的作用，附着到宿主细胞核糖体上，翻译出病毒蛋白。从正链 RNA 病毒颗粒中提取出 RNA，并注入适宜的细胞时证明有感染性。另一组病毒 RNA 的碱基序列与 mRNA 互补，称为负链 RNA 病毒或(−)RNA 病毒。负链 RNA 病毒的颗粒中含有依赖 RNA 的 RNA 聚合酶，可催化合成互补链和病毒 mRNA，指导病毒蛋白的翻译。

根据病毒 RNA 和其 mRNA 的关系，RNA 病毒一般有 4 种复制途径。第一类病毒为正链 RNA 病毒，如脊髓灰质炎病毒和 Qβ 噬菌体；第二类病毒是负链 RNA 病毒；第三类病毒是双链 RNA 病毒；第四类病毒是逆转录病毒。在这里主要介绍前三种类型的 RNA 病毒的复制途径。

1）正链 RNA 病毒

噬菌体 Qβ、脊髓灰质炎病毒进入寄主细胞后，侵入的病毒 RNA 直接附着于宿主细胞核糖体上，利用寄主的翻译系统，首先合成复制酶及有关的蛋白质，如依赖 RNA 的 RNA 聚合酶。在 RNA 复制酶的作用下，以亲代 RNA 为模板形成一个双链结构，称为“复制型(replicative form)”，再从互补的负链复制出多股子代正链 RNA。这种由一条完整的负链和正在生长中的多股正链组成的结构，称为复制中间体(replicative intermediate)。新的子代 RNA 分子在复制环中存在三种功能：为进一步合成复制型起模板作用；继续起 mRNA 的作用；构成感染性病毒 RNA。最后，病毒 RNA 和蛋白质装配形成病毒颗粒。

2）负链 RNA 病毒

流感病毒、副流感病毒、狂犬病毒和腮腺炎病毒等有囊膜病毒属于这一范畴。病毒体中含有依赖 RNA 的 RNA 聚合酶。病毒侵入后，首先利用 RNA 复制酶合成出正链 RNA(mRNA)，再以正链 RNA 为模板，合成负链 RNA 及蛋白质，然后装配形成病毒颗粒。

3）双链 RNA 病毒

双链 RNA 病毒中一般含有依赖 RNA 的 RNA 聚合酶(RNA 复制酶)。病毒侵入后，首先在 RNA 复制酶作用下合成正链 RNA(mRNA)，从而翻译出蛋白质，然后合成负链 RNA，形成双链 RNA，然后装配形成病毒颗粒。

14.3 核 酸 技 术

以核酸技术为核心的基因工程技术的出现作为新的里程碑，标志着人类深入认识生命本质并能动改造生命的新时期开始。

14.3.1 聚合酶链式反应技术

聚合酶链式反应(polymerase chain reaction，PCR)技术发明于 1985 年，PCR 技术操作简便快速，并且非常有效，可在很短的时间内得到数百万个特异 DNA 序列的拷贝，使体外无限扩增核酸片段成为现实。

1. 基本原理

聚合酶链式反应用于扩增位于两个已知序列片段之间的 DNA 区段，类似于 DNA 体内复制但在试管中完成 DNA 合成，是一种在模板 DNA、引物和 4 种脱氧核苷酸存在条件下依赖于 DNA 聚合酶(*Taq* 酶)的酶促反应。PCR 技术的特异性取决于引物和模板 DNA 结合的特异性。PCR 反应由变性、退火和延伸三个基本反应步骤构成。首先在高温(95 ℃)下，待扩增的靶 DNA 双链受热变性成为两条单链 DNA 模板；然后在低温(37～55 ℃)下，利用两条人工合成的寡核苷酸引物与互补的单链 DNA 模板结合(复性)，形成部分双链；在 *Taq* 酶的最适温度(72 ℃)下，以引物 3′端为合成的起点，以单核苷酸为原料，沿模板以 5′→3′方向延伸，合成 DNA 新链。这样，每一双链的 DNA 模板，经过一次变性解链、退火复性、延伸三个步骤的热循环后就成为两条双链 DNA 分子。如此反复进行，每一次循环所产生的 DNA 均能成为下一次循环的模板，每一次循环都使两条人工合成的引物间的 DNA 特异区拷贝数扩增 1 倍，而每完成一个循环仅需 2～4 min，2～3 h就能将目的基因扩增几百万倍，使 PCR 产物以 2^n 指数形式迅速扩增，经过 25～30 个循环后，理论上可使基因扩增 10^9 倍以上，实际上一般可达 10^6～10^7 倍。

设扩增效率为 x，循环数为 n，则两者与扩增倍数 y 的关系可表示为 $y=(1+x)^n$。当扩增 30 个循环，即 $n=30$ 时，若 $x=100\%$，则 $y=2^{30}=1073741824(>10^9)$；若 $x=80\%$，则 $y=1.8^{30}=45517159.6(>10^7)$。

2. PCR 反应系统的组成

在一个典型 PCR 反应系统中需加入适宜的缓冲溶液、微量的模板 DNA、4 种 dNTP 底物、耐热 *Taq* 酶、Mg^{2+} 和 2 个人工合成的寡核苷酸引物。

1) PCR 反应缓冲溶液

用于 PCR 的标准缓冲溶液应含有 50 mmol/L KCl、10 mmol/L Tris-HCl (pH=8.3，室温)、1.5 mmol/L $MgCl_2$。在72 ℃下进行延伸反应时，反应系统的 pH 值约下降 1，恰好是 *Taq* 酶的最适 pH 值。在反应缓冲溶液中，Mg^{2+} 至关重要，它能影响反应的特异性和扩增片段的产率。

2) 人工合成的寡核苷酸引物

PCR 引物长度通常为 20～24 个核苷酸，浓度为1 μmol/L，这一浓度足以完成 30 个循环的扩增反应，过高的浓度将导致非特异性扩增，而引物浓度不足将降低 PCR 的效率。

3) *Taq* 酶

目前用于 PCR 的 *Taq* 酶主要有两种类型：一种是从嗜热水生菌中提纯的天然酶，另一种是在大肠杆菌中合成表达的基因工程酶。*Taq* 酶一般不具有 3′→5′外切酶活性。在 100 μL 反应系统中，通常所需 *Taq* 酶的用量为 0.5～5 U，根据扩增片段的长度及复杂度(G+C 含量)而定。与引物用量一样，过高的浓度将导致非特异性扩增，而酶浓度过低则降低产量。

4) 4 种 dNTP 底物

在反应系统中，4 种脱氧核苷三磷酸底物(dATP、dCTP、dTTP 和 dGTP)的浓度通常每种都是 50～200 μmol/L。过高的浓度将导致在 DNA 复制过程中掺杂错误的核苷酸。

5) 靶序列 DNA

含有靶序列的 DNA 可以单链或双链形式加入 PCR 反应系统中，虽然靶序列 DNA 的大小不影响 DNA 的扩增，当用相对分子质量极高的基因组 DNA 时，如能用切点罕见的限制酶先行消化，则扩增的效果更好。闭环的低相对分子质量靶序列 DNA 的扩增效率略低于线形 DNA。而模板 DNA 在反应系统中的浓度，要根据靶序列 DNA 在整个模板 DNA 中的含量而定。

3. 引物的设计原则

在设计引物时，要避免两个引物间 3′端 DNA 序列互补和同一引物自身 3′端的序列互补，使它们不能形成引物二聚体，同时也要避免引物序列内有较长的回文结构，使引物自身不能形成发夹结构。引物碱基序列尽可能选择碱基随机分布，引物中 G-C 的含量尽可能接近 50%。

4. 常规 PCR 技术

1）巢式 PCR

巢式 PCR(nested PCR)也称套式 PCR 或嵌合 PCR，通过设计“外侧”和“内侧”两对引物进行两次 PCR 扩增。先用一对外侧引物扩增含有目的靶序列的较大 DNA 片段，然后用另一对内侧引物以第一次 PCR 扩增产物(含内侧引物扩增的靶序列)为模板扩增，使目的靶序列得到第二次扩增，从而获取目的靶序列。通过两次连续的放大，可以明显提高 PCR 检测的灵敏度，保证产物的特异性。

2）多重 PCR

在一个反应系统中使用多套引物，针对多个 DNA 模板或同一模板的不同区域进行扩增的过程称为多重 PCR(multiplex PCR)。多重 PCR 技术涉及多对引物和多对模板。在设计循环参数时要注意两个原则：一是退火温度要足够高，提高退火温度可以减少非特异性扩增产物的生成量；二是循环参数要尽量少，以利于检测扩增产物。一般在多重 PCR 反应中，对所加引物量要尽量选择有利于较大片段的扩增条件。扩增片段越长，所需引物浓度越大；扩增片段越短，所需引物浓度越低。

3）反向 PCR

反向 PCR(reverse PCR)可以针对一个已知 DNA 片段两侧的未知序列进行扩增，选择已知序列内部没有识别位点的限制酶对此 DNA 进行酶切，然后用连接酶使带有黏性末端的靶片段自身环化，此时用一对反向引物进行 PCR，可以得到未知序列的 DNA 片段。反向 PCR 可用于研究与已知 DNA 区段相连接的未知染色体序列，因此也称为染色体步移。

4）不对称 PCR

两种引物浓度比例相差较大的 PCR 技术为不对称 PCR(asymmetric PCR)，是采用不等量的一对引物产生大量的单链 DNA。这两种引物分别称为限制性引物与非限制性引物，其最佳比例一般为 1∶(50～100)。限制性引物太多或太少，都不利于制备 ssDNA。在最初的 10～15 个循环中主要产物还是双链 DNA，但当低浓度引物被消耗尽后，高浓度引物介导的 PCR 反应就会产生大量单链 DNA。

5）定量 PCR

定量 PCR(quantitative PCR)是指用同位素或荧光标记的探针，在 DNA 扩增反应中通过自显影技术或检测荧光强度来侦测 PCR 循环后产物的总量，通过对 PCR 扩增产物进行定量分析，推测目的基因的初始模板数的一种方法。定量 PCR 过程分为外对照 PCR 定量、有限稀释 PCR 定量分析、内参照 PCR 定量、非竞争性对照基因定量法、竞争性定量 PCR、荧光定量 PCR、实时定量 PCR、PATTY 定量分析 mRNA 法、PCR-ELISA 法等。

6）逆转录 PCR

逆转录 PCR(RT-PCR)是以 RNA 为模板，通过逆转录反应(reverse transcription，RT)

与 PCR 扩增,检测单个细胞或少数细胞中少于 10 个拷贝的特异性 RNA。RNA 扩增包括两个步骤:①在单引物的介导与逆转录酶的催化下,合成 RNA 的互补链 cDNA;②加热后 cDNA 与 RNA 链解离,然后与另一引物退火,并由 DNA 聚合酶催化引物延伸生成双链靶 DNA,最后扩增靶 DNA。

7) 简并 PCR

简并 PCR(degenerate PCR)与一般 PCR 的不同之处在于,一般 PCR 中的引物是用给定的核苷酸序列设计的两条特定引物,而在简并 PCR 中用的是由多条不同核苷酸序列组成的混合引物库。其基本原理是根据氨基酸序列设计两组带有一定简并性的引物库,从不同生物物种中扩增出未知核苷酸序列的基因。简并引物库是由一组引物构成的,这些引物有很多相同碱基,在序列的不同位置也存在很多不同的碱基,只有这样才会和多种同源序列发生退火,以实现 PCR 扩增。如图14-15所示,根据氨基酸密码子的简并性,可以设计出简并引物库,其中 Y 代表 T 或 C,R 代表 G 或 A,N 代表 G、C 或 T。这样可以得到 256 种不同的序列。在引物中 Y、R 或 N 越多,引物的简并程度就越大。

Trp Asp Thr Ala Gly Gln Glu
5′ TGG GAY ACN GCN GGN CAR GA 3′

图 14-15 根据氨基酸密码子的简并性设计兼并引物库

简并 PCR 引物设计时需要遵循两个必要条件:一是有两段保守的氨基酸序列或 DNA 序列,保守氨基酸区段最好不要以 Ser、Asp 和 Leu 为主;二是蛋白质 N 端序列已知,一般蛋白末端测序得到的序列足够用来进行引物设计。

8) 任意引物 PCR

任意引物 PCR(arbitrarily primer PCR)技术又称为随机扩增多态性 DNA 技术,它是在 PCR 技术基础上发展起来的一项分子检测技术。其理论依据是不同物种的基因组中与引物相匹配的碱基序列的空间位置和数目都有可能不同,因而扩增产物的大小和数量也可能不同。用适当选择的一系列人工随机合成的寡聚核苷酸单链为引物,以所研究的基因组 DNA 或 RNA 逆转录产生的 cDNA 为模板进行 PCR 扩增。若引物在模板 DNA 的两条链上有互补位点且方向正确,距离在一定长度范围内(200～2 000 bp),就可以扩增出 DNA 片段,多个随机引物可以使检测区域扩大至整个基因组。扩增产物经琼脂糖或聚丙烯酰胺凝胶电泳分离,EB 染色或放射性自显影得到 DNA 指纹图谱,进而分析、比较其多态性。这些扩增 DNA 片段的多态性反映了基因组 DNA 相应区域的多态性。任意引物 PCR 技术具有简便、快速的特点,一套引物可用于多个物种的分析,不需预知分析对象的核酸序列,可以显示差异表达基因等特点。

14.3.2 重组 DNA 技术

重组 DNA 技术是在实验室用人工方法将不同来源,包括不同种属生物的 DNA 片段,拼接成一个重组 DNA 分子(recombinant DNA),并将其引入活细胞内,使其大量复制或表达。重组 DNA 技术是基于对自然界基因转移和重组的认识而发展起来的,接合(conjugation)、转化(transformation)、转导(transduction)和转座(transposition)是自然界基因转移并发生重组的机制。当细胞与细胞或细菌通过菌毛相互接触时,质粒 DNA 就可以从一个细胞转移至另一细胞,这种类型的 DNA 转移称为接合作用;通过自动获取或人为地供给外源

DNA,使细胞或培养的受体细胞获得新的遗传表型,称为转化作用;由病毒携带、将宿主DNA片段从一个细胞转移至另一细胞的现象或机制,称为转导作用;由插入序列(insertion sequence,IS)和转座子(transposon,Tn)介导的基因转位和重排称为转座。

1. 目的基因及其载体

外源DNA片段离开染色体是不能复制的,因此需要将外源DNA连接到复制子上,外源DNA可作为复制子的一部分在受体细胞中复制,这种能够携带外源基因进入宿主细胞的DNA分子即基因载体(vector)。

载体按功能可分为克隆载体和表达载体,前者以复制外源基因为目的,后者既能复制外源基因,又能表达外源基因产物。按来源载体可分为质粒载体、噬菌体DNA、病毒DNA、酵母人工染色体等。

2. 体外重组

体外重组涉及DNA分子的断裂和再连接,需要限制性核酸内切酶的参与。在基因组或cDNA顺序中含有多个限制性核酸内切酶识别顺序,因此可选择一种或几种限制性核酸内切酶切割,从而产生具有特定末端的长短不同的DNA片段。

经限制酶切割后的DNA片段在DNA连接酶作用下与载体共价连接,即可形成重组DNA。DNA连接酶既可以连接带有相同黏性末端的DNA片段,也可以连接具有平末端的DNA片段,但由于平末端DNA片段没有互补的单链部分,因此连接效率通常比黏性末端低。

3. 转导

外源DNA与载体在体外连接成重组DNA分子后,需将其导入宿主细胞随宿主细胞生长繁殖而得以复制。不经处理的受体菌很难成功转化,只有经过处理后的敏感细胞才有较高的转化率,这种细胞称为感受态细胞(competent cell),具有接受外源DNA的能力。根据采用的克隆载体性质不同,导入重组DNA分子的方法有转化、转染和感染等。一般来说,以质粒为载体把外源基因转入细胞的称为转化,以噬菌体和病毒为载体把外源基因导入细胞的称为转染。

4. 筛选

根据载体系统、宿主细胞特性及外源基因在受体细胞表达情况的不同,阳性重组子的筛选和鉴定可采用抗性标记选择、PCR、分子杂交等方法进行。

14.3.3 核酸分子杂交

序列互补的单链RNA与DNA、DNA与DNA或RNA与RNA,根据碱基配对原则以氢键相连而形成杂交分子的过程称为核酸分子杂交。探针是一段已知序列的DNA或RNA片段,或化学合成的寡核苷酸,通过将标记探针与待测样品DNA或RNA杂交,可判断两者的同源性。若在组织或细胞水平上用标记探针与细胞内的RNA或DNA进行杂交,则称为组织或细胞原位杂交。

1. DNA印迹

DNA印迹(Southern blot)是英国科学家Southern E.提出的一种用于检测基因组DNA中特异序列的方法,可用于分析基因的结构、同源性和拷贝数等。其基本步骤包括:将高相对分子质量DNA用适合的限制性内切酶水解成一定长度的片段后进行琼脂糖凝胶电泳分离;电泳后用碱处理,使凝胶中的 DNA 变性成单股 DNA,转移至硝酸纤维素滤膜或尼龙膜上,并固定;选择一合适的放射性核素或非核素标记探针进行分子杂交;滤膜经放射自显影处理后,即可得杂交 DNA 条带的放射自显影图(图 14-16)。

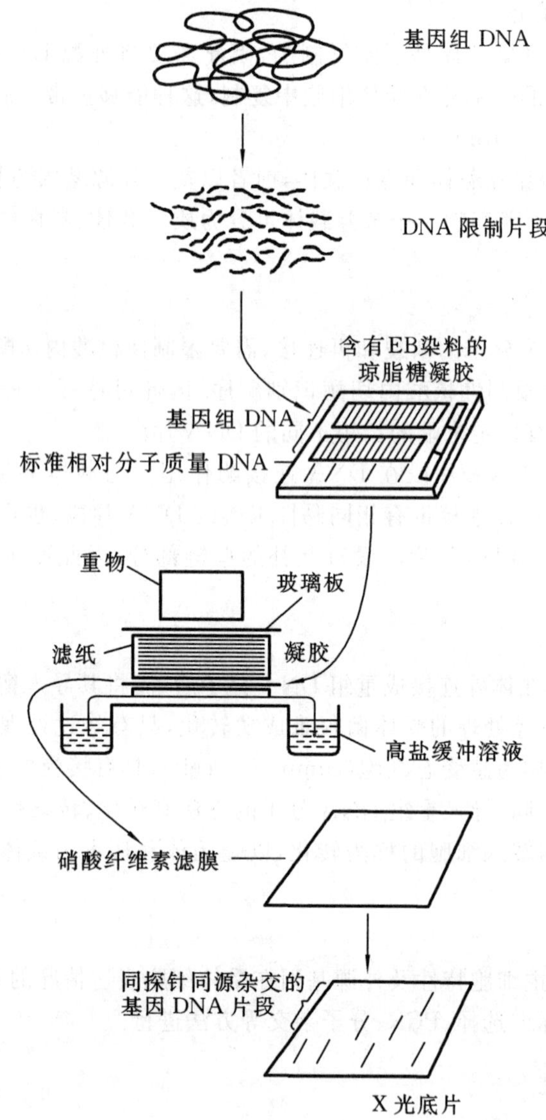

图 14-16 Southern blot 杂交技术

2. RNA 印迹

RNA 印迹(Northern blot)主要用于检测特异 mRNA 的表达情况及 mRNA 分子的大小,特别是用于研究细胞生长、分化、发育过程中有关基因的表达或组织细胞在病理条件下(如恶性肿瘤)某些基因的表达异常。其基本步骤:提取总 RNA 后,进行 RNA 变性琼脂糖凝胶电泳,在变性条件下可破坏 RNA 的局部双螺旋,使其成线状单链,有利于杂交及分子大小的判断,其他步骤与 DNA 印迹相似。

3. 斑点杂交

DNA 和 RNA 斑点杂交(dot hybridization)是直接将变性 DNA 或 RNA 点样于硝酸纤维素膜上，晾干后与放射性核素标记的探针进行杂交及放射自显影，以观察所要研究的基因或 mRNA 是否存在，并可以比较量的相对大小。

4. DNA 芯片

DNA 芯片也称 DNA 微阵列(DNA microarray)，是由数千个乃至上万个基因序列(cDNA 或寡核苷酸)自动加样并紧密地固定于一块很小的玻璃片(或膜片)载体上形成的，可同时分析大量基因的表达。当比较两个样品中基因表达差异时，可将两个不同组织或细胞样品的总 mRNA 提取出来，逆转录时分别以两种不同荧光染料标记合成的 cDNA，然后等量混匀用作探针，点样到 DNA 微阵列上，在微阵列上的每个基因与其互补的 cDNA 杂交。经洗涤除去未杂交的 cDNA，用激光扫描共聚焦显微镜测定微阵列上每个斑点的荧光强度，并利用计算机进行比对。

14.3.4　基因定点突变技术

通过删除或置换 DNA 片段中的特定核苷酸，使基因发生改变，从而产生新蛋白质的技术称为定点突变技术。体外定点突变技术是研究蛋白质结构与功能间相互关系的有力工具，也是改造或优化基因的常用手段。目前常用的定点突变方法包括寡核苷酸引物介导定点突变、PCR 介导定点突变和盒式突变。

寡核苷酸引物介导定点突变是用含有突变碱基的寡核苷酸片段作引物，在聚合酶作用下启动 DNA 复制并将杂合双链 DNA 转移到寄主细胞中。其主要特点是在引物设计时就在合成引物的某个位点上人为地造成碱基“突变”，虽然与模板上的碱基不能配对，但由于引物中的其他碱基与模板是互补的，所以仍然可以复性。然后在 DNA 聚合酶的催化下，引物以单链 DNA 为模板合成全长的互补链，而后由连接酶封闭缺口，产生闭环的异源双链 DNA 分子。

经典 PCR 介导定点突变需要 4 种扩增引物，进行 3 次 PCR 反应。前两次 PCR 反应中，应用两个互补的并在相同部位具有相同碱基突变的内侧引物，扩增形成两条有一端可彼此重叠的双链 DNA 片段，去除未掺入的多余引物之后，这两条双链 DNA 片段经变性和退火可以形成具有 3′凹末端的异源双链分子，在 *Taq* 酶的作用下，产生含重叠序列的双链 DNA 分子。这种 DNA 分子再用两个外侧寡核苷酸引物进行第三次 PCR 扩增，便产生突变体 DNA。

盒式突变是利用一段人工合成的含基因突变序列的寡核苷酸片段，取代野生型基因中的相应序列。这种突变的寡核苷酸是由两条寡核苷酸链组成的，当退火时，按设计要求产生克隆需要的黏性末端，由于不存在异源双链的中间体，因此重组质粒全部是突变体。

14.3.5　核酸探针

核酸探针技术的基础是碱基配对，核酸探针是指带有标记物的已知序列的核酸片段，它能和与其互补的核酸序列杂交，形成双链，可用于待测样品中特定基因序列的检测。核酸探针技术包括目的基因制备，放射性同位素标记或非放射性标记，标记核酸的纯化、鉴定、分装、储存等。

1. 核酸探针的种类

1) 按来源及性质划分

按来源及性质,核酸探针可分为基因组 DNA 探针、cDNA 探针、RNA 探针和人工合成的寡核苷酸探针等几类。作为诊断试剂,较常使用的是基因组 DNA 探针和 cDNA 探针。

2) 按标记物划分

按标记物,核酸探针可分为放射性标记探针和非放射性标记探针两大类。放射性标记探针用放射性同位素作为标记物。常用的放射性同位素有 ^{32}P、^{3}H 和 ^{35}S,其中以 ^{32}P 应用为最普遍。放射性标记的优点是灵敏度高,可以检测到 10^{-12} 级,但缺点是易造成放射性污染、同位素半衰期短、不稳定、成本高等。目前应用较多的非放射性标记物是生物素和地高辛,两者都是半抗原。生物素对亲和素有独特的亲和力,两者能形成稳定的复合物,通过连接在亲和素或抗生物素蛋白上的显色物质(如酶、荧光素等)进行检测。地高辛是一种类固醇半抗原分子,可利用其抗体进行免疫检测,原理类似于生物素的检测。地高辛标记核酸探针的检测灵敏度可与放射性同位素标记的相当,而特异性优于生物素标记,其应用日趋广泛。

2. 核酸探针的标记

1) 放射性同位素标记法

将放射性同位素如 ^{32}P 连接到某种脱氧核糖核苷三磷酸(dNTP)上作为标记物,然后通过切口平移法(nick translation)标记探针。切口平移法是利用大肠杆菌 DNA pol Ⅰ 的多种酶促活性将标记的 dNTP 掺入新形成的 DNA 链中,形成均匀标记的高比活力 DNA 探针。

2) 非放射性标记法

将生物素、地高辛连接到 dNTP 上,然后像放射性标记一样用酶促聚合法掺入核酸链中制备标记探针;也可让生物素、地高辛等直接与核酸进行化学反应而连接上核酸链。其中,生物素的光化学标记法较为常用,其原理是利用能被可见光激活的生物素衍生物——光敏生物素,光敏生物素与核酸探针混合后,在强可见光照射下,可与核酸共价相连,形成生物素标记的核酸探针。该法适用于单、双链 DNA 及 RNA 的标记,探针可在 −20 ℃下保存8～10个月。

14.3.6 基因编辑技术

CRISPR 是原核生物基因组内的一段重复序列,是细菌和病毒进行斗争产生的免疫武器,即病毒能把自己的基因整合到细菌,利用细菌的细胞工具为自己的基因复制服务,细菌为了将病毒的外来入侵基因清除,进化出 CRISPR-Cas9 系统,利用这个系统,细菌可以把病毒基因从自己的基因组上切除,这是细菌特有的免疫系统。随着对 CRISPR-Cas9 的深入研究,科学家发现 CRISPR 技术也可用于基因编辑,该技术成为强大的基因编辑工具。

基因编辑与科研伦理

1. 靶向 DNA 的 CRISPR-Cas 系统

目前 CRISPR 针对 DNA 的编辑系统主要分为两类:一类是包括多亚基蛋白质复合物的Ⅰ、Ⅲ和Ⅳ型系统,另一类是通过单一蛋白质发挥功能的Ⅱ、Ⅴ和Ⅵ型系统。目前,常用的编辑工具包括Ⅱ型系统中的 Cas9 和Ⅴ型系统中的 Cas12a 及 Cas12f,其中 CRISPR-Cas9 是目前最常用的基因编辑系统。

2. 靶向 RNA 的 CRISPR-Cas 系统

CRISPR 技术不仅可以靶向 DNA，科研人员还发现多个 CRISPR-Cas 系统可以切割 RNA 分子。Cas13a、Cas13b、Cas13d 是目前常用的三种 RNA 编辑工具，与 RNA 干扰技术相比，CRISPR-Cas13 系统具有更高的靶向特异性。

通过各种各样的改造，科学家还开发出一系列新型 CRISPR-Cas 系统，这些人工改造的基因编辑系统比天然的 CRISPR 系统具有更高的 DNA 切割活性、更强的特异性以及更小的体积，它们形成一个强大的工具集，可用于 DNA 序列的敲除、替换、表观遗传编辑，甚至基因表达的激活和抑制。因此，CRISPR 成为目前广泛使用的基因编辑技术，不仅被用于生物医学研究，还可应用于人类疾病的治疗。

14.3.7　DNA 纳米自组装技术

DNA 纳米自组装技术是指在一定条件下，DNA 分子间具有特定互补型的相互作用，能够自发地组成特定的纳米结构。该技术在生物学、化学、医学、信息科学等诸多领域都有应用前景。

1. DNA 纳米自组装技术的种类

1)DNA 模块自组装技术

DNA 模块自组装技术是发展最早的 DNA 纳米自组装技术，此方法是由若干条 DNA 单链先组装成小模块(称为 DNA 瓦片)，然后模块间由黏性末端相连，得到组装体。

2)DNA 折叠组装技术(DNA 折纸技术)

DNA 折纸技术利用一根长的 DNA 单链(称为脚手架链)与一系列短的 DNA 单链(称为订书钉链)间的碱基互补配对，使长的 DNA 单链发生折叠弯曲，最终形成特定结构。实验中常通过改变订书钉链的序列，使脚手架链 DNA 能够在特定位置与其配对并进行折叠，得到特定的几何模型。

3)SST 自组装技术

2008 年，Yin 等利用两对互补序列构成一条四区域长链，把这条链作为一个单链模块(SST)进行自组装，可以得到纳米带、纳米管等结构。随后发展了以 SST 为基础的大平面组装技术，该技术以单链作为一个组装模块，可被视为一种特殊的模块自组装技术。

2. DNA 纳米自组装技术的应用

1)作为模板引导纳米材料可控排布

DNA 组装体形状和尺寸都十分可控，因而常作为模板，用于引导银、金、钯、铂以及一些半导体材料的可控排布。

2)DNA 编码、储存与计算

DNA 碱基互补配对的简单性使其作为信息处理原件时，输入和输出信号都很简单，易于检测。另外，它可编码、储存信息，组装体尺寸很小，因此可以用于计算机体系，进行 DNA 编程与计算。

3)靶向药物传递

DNA 纳米自组装结构可作为载体，携带化疗药物分子进入人体，在肿瘤部位将药物释放或携带药物穿透细胞膜进入其内部，而在正常人体组织中，DNA 纳米自组装结构可以保证其稳定性，不释放药物。这样就达到提高药效，降低副作用的目的。

思 考 题

1. 参与 DNA 复制的酶有哪些？各起何作用？
2. 简述 DNA 损伤的切除修复过程。
3. RNA 转录有哪些特点？
4. 阐述 RNA 聚合酶的组成及其作用。
5. 阐述原核生物与真核生物中启动子的结构特点及功能。
6. 真核生物 mRNA 转录后加工包括哪些内容？
7. 什么是载体？可分几类？
8. 分子杂交的基本原理是什么？有哪些基本方法？
9. 何谓 PCR？试述其基本原理。
10. 试列举能够引起 DNA 损伤的因素。
11. 试比较 DNA 复制及逆转录过程中 DNA 合成的异同点。

第 15 章　蛋白质合成

蛋白质合成(protein synthesis)过程十分复杂，几乎涉及细胞内所有种类的 RNA 和几十种蛋白质因子。蛋白质合成的场所是核糖体，原料是氨基酸，反应所需能量由 ATP 和 GTP 提供。1949 年，弗雷德里克·桑格首次正确地测定了胰岛素的氨基酸序列，并验证了蛋白质是由氨基酸形成的线形多聚体。

首位获得两届诺贝尔化学奖的科学家——弗雷德里克·桑格

15.1　蛋白质合成的物质条件

15.1.1　密码子

蛋白质中的氨基酸残基序列是由 DNA 序列决定的，而直接决定蛋白质氨基酸残基序列的是 mRNA 上的核苷酸排列顺序。构成 mRNA 序列的核苷酸共有 4 种，而组成蛋白质的氨基酸有 20 种，因此决定氨基酸残基序列的应该是由几个核苷酸排列组合形成的密码子。实验证实，三个碱基编码一个氨基酸，称为三联体密码(triplet code)或密码子(codon)。编码氨基酸的密码子共有 64 个(表 15-1)。

表 15-1　密码子

第一位碱基(5′端)	第二位碱基(中间)				第三位碱基(3′端)
	U	C	A	G	
U	Phe	Ser	Tyr	Cys	U
	Phe	Ser	Tyr	Cys	C
	Leu	Ser	终止	终止	A
	Leu	Ser	终止	Trp	G
C	Leu	Pro	His	Arg	U
	Leu	Pro	His	Arg	C
	Leu	Pro	Gln	Arg	A
	Leu	Pro	Gln	Arg	G
A	Ile	Thr	Asn	Ser	U
	Ile	Thr	Asn	Ser	C
	Ile	Thr	Lys	Arg	A
	Met	Thr	Lys	Arg	G
G	Val	Ala	Asp	Gly	U
	Val	Ala	Asp	Gly	C
	Val	Ala	Glu	Gly	A
	Val	Ala	Glu	Gly	G

注：密码子的阅读方向为 5′→3′，如 UUA=$pUpUpA_{OH}$=亮氨酸。AUG 为起始密码子。

在 64 个密码子中,61 个编码氨基酸,3 个不编码任何氨基酸,不能识别也不能与氨酰-tRNA 分子进行碱基配对结合,而是多肽合成的终止信号,称为终止密码子(termination codon),它们是 UAG、UAA、UGA。AUG 是 Met 的密码子,又是肽链合成起始信号,称为起始密码子(initiation codon)。在 mRNA 分子中,起始密码子位于 5′端,终止密码子位于 3′端。密码子有以下特性。

1. 密码子的简并性

每一种氨基酸通常由 1 个或 1 个以上密码子编码,这种由几个密码子同时编码同一种氨基酸的现象称为密码子的简并性,如 GGA、GGU、GGG、GGC 都编码 Gly。可以编码相同氨基酸的密码子称为同义密码子(synonymous codon)。所有密码子中只有 Met 和 Trp 没有简并密码子(表 15-2)。一般情况下密码子的简并性只涉及第三位(3′端)碱基,第一位和第二位核苷酸都是相同的,密码子的专一性主要由前两位碱基决定。

表 15-2 密码子的简并性

密码子数目	氨 基 酸
1	Trp、Met
2	Asn、Asp、Cys、Gln、Glu、His、Lys、Phe、Tyr
3	Ile
4	Gly、Thr、Pro、Val、Ala
6	Arg、Leu、Ser

密码子的简并性具有重要的生物学意义,它可以降低遗传密码突变造成的灾难性后果。假设每种氨基酸只有一个密码子,20 组密码子编码 20 种氨基酸,剩下的 44 个密码子都是终止密码子,如果某个密码子发生单碱基突变,则会造成肽链合成的提前终止,产生很多不具生物活性的非完整蛋白。

密码子的简并性具有维持物种稳定性的作用,当 DNA 的碱基组成相差较大时,仍能保持蛋白质上氨基酸残基序列不变。细菌 DNA 中 G-C 的含量相差很大(30%~70%),但是 G-C 含量相差很大的细菌,可以编码相同的蛋白质。

2. 密码子的方向性

编码蛋白质的密码子是线形排列的,从起始密码子到终止密码子构成一个完整的读码框架(不包括终止子),又称开放阅读框架(open reading frame,ORF)。如果在阅读框中插入或删除一个碱基,就会使其后的读码发生移位性错误,称为移码(frame-shift)。阅读是沿着 mRNA 分子 5′→3′方向进行的,mRNA 靠近 5′端的密码子代表蛋白质氨基酸残基中靠近氨基末端的氨基酸,如 GCU 是 Ala 的密码子,G 为 5′端碱基,U 为 3′端碱基。

3. 密码子的摇摆性

密码子的碱基配对只有第一、二位是严谨的,第三位碱基与反密码子第一位碱基的配对有时不完全遵循 A-U、G-C 的原则,这种情况称为摇摆性(又称摆动配对或不稳定配对)。密码子的第三位和反密码子的第一位是摇摆位点(图 15-1)。

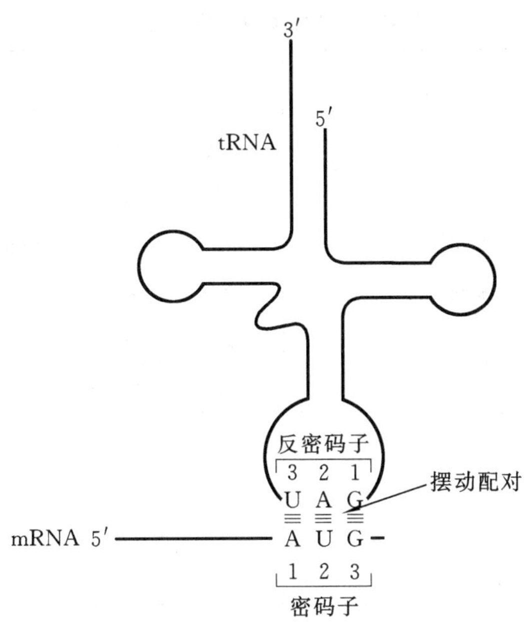

图 15-1　密码子的摇摆性

具体来说，反密码子第一位的 G 可以与密码子第三位的 U、C 配对，U 可以与 A、G 配对，另外反密码子中还经常出现罕见的次黄嘌呤核苷(I)，可以和密码子的 U、C、A 配对。实验证实，酵母 $tRNA^{A/a}$ 的反密码子为 IGC，可阅读 GCU、GCC、GCA 几组密码子。tRNA 反密码子上的 G、U 可分别与密码子上的 U、C 和 A、G 配对(表 15-3)。

表 15-3　密码子与反密码子之间的碱基配对

反 密 码 子	密 码 子
A	U
C	G
G	U、C
I	U、C、A
U	A、G

4. 密码子的不重叠性

绝大多数密码子是不重叠的，每个碱基参与形成一个密码子的一部分。但是在少数大肠杆菌噬菌体(如 R17、Qβ 等)的 RNA 基因组中，部分基因的密码子是重叠的。

5. 密码子的通用性

各种低等和高等生物，包括病毒、细菌及真核生物，基本上共用同一套密码子。但真核细胞线粒体 mRNA 中的密码子并不完全通用，如人线粒体中 UGA 不再是终止密码子，而是编码 Trp。酵母线粒体、原生动物纤毛虫等也有类似情形。所以密码子并非绝对通用，而是近于完全通用的。表 15-4 列出了线粒体基因组编码的特性。

表 15-4 线粒体中变异的密码子

项目		密码子				
		UGA	AUA	AGA AGG	CUN	CGG
通用密码		终止	Ile	Arg	Leu	Arg
动物	脊椎动物	Trp	Met	终止	+	+
	果蝇	Trp	Met	Ser	+	+
酵母	酿酒酵母(*S. cerevisiae*)	Trp	Met	+	Thr	+
	光滑球拟酵母(*T. glabrata*)	Trp	Met	+	Thr	?
	彭贝裂殖酵母(*S. pombe*)	Trp	+	+	+	+
丝状真菌		Trp	+	+	+	+
锥虫		Trp	+	+	+	+
高等植物		+	+	+	+	Trp

注:N为任意碱基;"+"表示与正常密码子相同;"?"表示不确定。

15.1.2 核糖体

核糖体又称核蛋白体,由核糖核酸和几十种蛋白质分子组成,是蛋白质合成的场所。真核细胞中核糖体按其在细胞质中的位置分为游离核糖体(合成细胞质蛋白)和内质网核糖体(合成分泌蛋白和细胞器蛋白)。不同类型生物中核糖体的结构高度保守,但是在细菌、真核细胞质及细胞器中,其总体大小及RNA与蛋白质的比例有很大的差异(图15-2)。

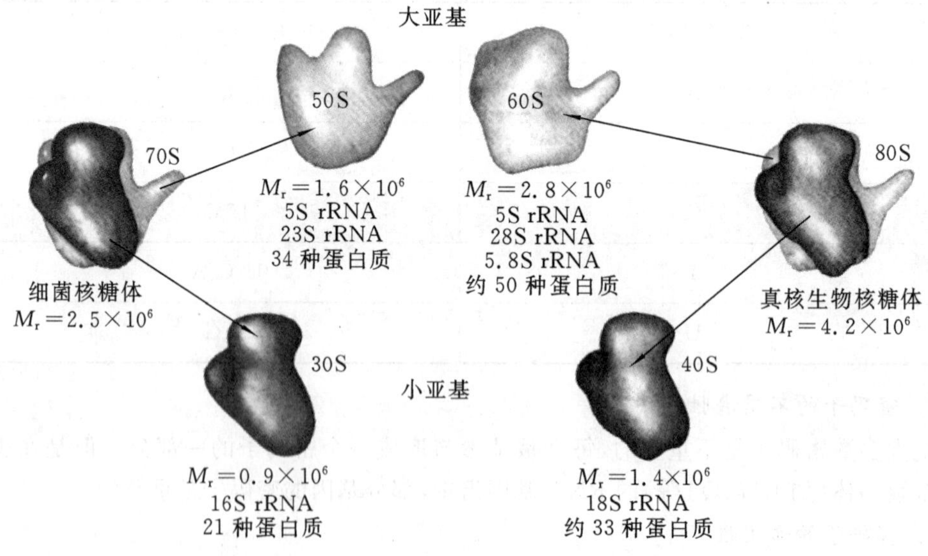

图 15-2 核糖体的组成

原核细胞核糖体由30S和50S两个亚基组成,30S小亚基单位含有16S rRNA和21种不同相对分子质量的蛋白质,50S大亚基单位含有一个5S rRNA、一个23S rRNA和34种蛋白质。真核细胞核糖体由 40S 和 60S 两个亚基构成,40S 亚基中有 18S rRNA 和 30 多种蛋白质,60S 亚基中有一个 5S rRNA、一个 28S rRNA 和约 50 种蛋白质。哺乳类生物核糖体的 60S 大亚基中还有一个 5.8S rRNA。

70S 核糖体为一椭圆体。30S 亚基的外形像一个动物的胚胎,长轴上有一凹下去的颈部,将 30S 亚基分成头部与躯干两部分。50S 亚基的外形很特别,像一把特殊的椅子,三边带有突起,中间凹下去的部位有一个很大的空穴。当 30S 与 50S 亚基互相结合成 70S 核糖体时,30S 亚基水平地与 50S 亚基相结合,腹面与 50S 亚基的空穴相抱,它的头部与 50S 亚基中含蛋白质较多的一侧相结合。两亚基接合面上留有相当大的空隙,蛋白质合成就在该空隙中进行(图 15-3)。

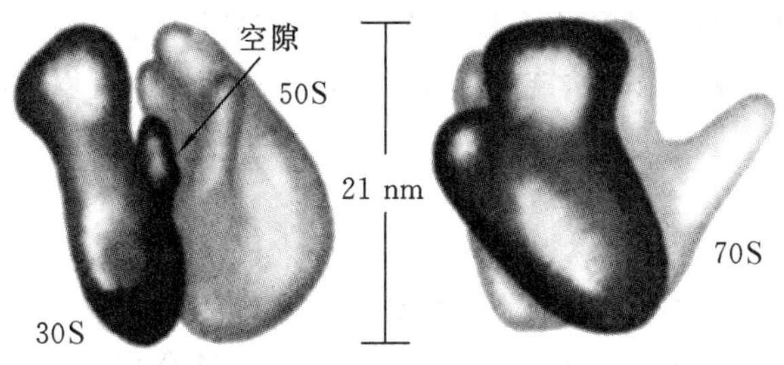

图 15-3　原核生物核糖体的功能位点

核糖体内的所有 rRNA 在形成核糖体的结构和功能中都起着重要作用。rRNA 中有很多双螺旋区、大量的茎环和发夹结构,可能是核糖体的钢筋骨架。16S rRNA 在识别 mRNA 上蛋白质合成起始位点中起着重要作用。但对 rRNA 的其他生物学功能还缺少了解。图 15-4 为 16S rRNA 和 5S rRNA 的模型。

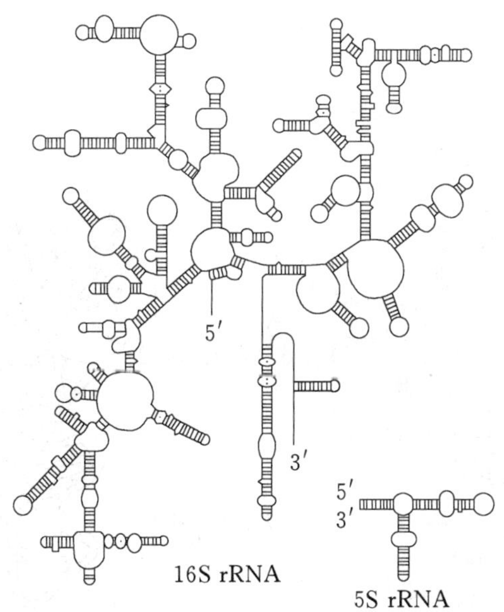

图 15-4　16S rRNA **和** 5S rRNA **的模型**

5S、16S、23S 三种 rRNA 的基因是相连在一起的。最初的 30S 转录产物即 rRNA 前体中含有这三种 rRNA。在 16S rRNA 与 23S rRNA 之间的位置上有 1 分子或 2 分子 tRNA

存在。30S rRNA 前体由 RNaseⅢ切割形成 16S 前体 rRNA 及 23S 前体 rRNA。这些 rRNA 前体与核糖体蛋白相结合后进行进一步加工。

核糖体的大、小亚基与 mRNA 有不同的结合特性。大肠杆菌的 30S 亚基能单独与 mRNA结合形成核糖体-mRNA 复合体,而后与 tRNA 专一地结合,50S 亚基不能单独与 mRNA 结合,但可非专一地与 tRNA 相结合。50S 亚基上有两个重要的位点:P 位点是结合肽酰-tRNA 的肽酰基位点,A 位点是结合氨酰-tRNA 的氨酰基位点。这两个位点的位置可能是在 50S 亚基与 30S 亚基相结合的表面上。50S 亚基上还有一个在肽酰-tRNA 移位过程中使 GTP 水解的位点。在 50S 和 30S 亚基的接触面上有一个结合 mRNA 的位点。

不论是原核细胞还是真核细胞,一条 mRNA 同时被几个核糖体阅读,把同时结合并翻译同一条 mRNA 的多个核糖体称为多核糖体。两个核糖体之间,有一段裸露的 mRNA。每个核糖体可以独立地完成一条多肽链的合成。所以多核糖体上可以同时进行多条肽链的合成。

15.1.3 tRNA

tRNA 即转移 RNA,它是用来运输氨基酸到核糖体的。tRNA 分子一般由60～95个核苷酸残基组成。几乎所有 tRNA 分子的二级结构都呈三叶草形(图 15-5),含有 4 个双链的茎和 4 个单链的环。5′端和 3′端的碱基通过形成 7 个碱基对将两端拉到一起,形成受体端,氨基酸通过与 3′端的核糖连接而形成氨酰-tRNA 分子。tRNA 的 3′端通常是 CCA 序列。未配对环的命名由其特定的结构来定。环Ⅰ的大小在 7～11 个碱基,常含有稀有碱基二氢尿嘧啶,命名为 D 环;环Ⅱ含有被称为反密码子的 3 个碱基序列,称为反密码子环;环Ⅲ是可变环,其组成可在 3～21 个碱基,是 tRNA 大小变化最大的区域;环Ⅳ含有的稀有胸腺嘧啶核苷和假尿嘧啶核苷(ψ)碱基是不变序列,称为 TψC 环。

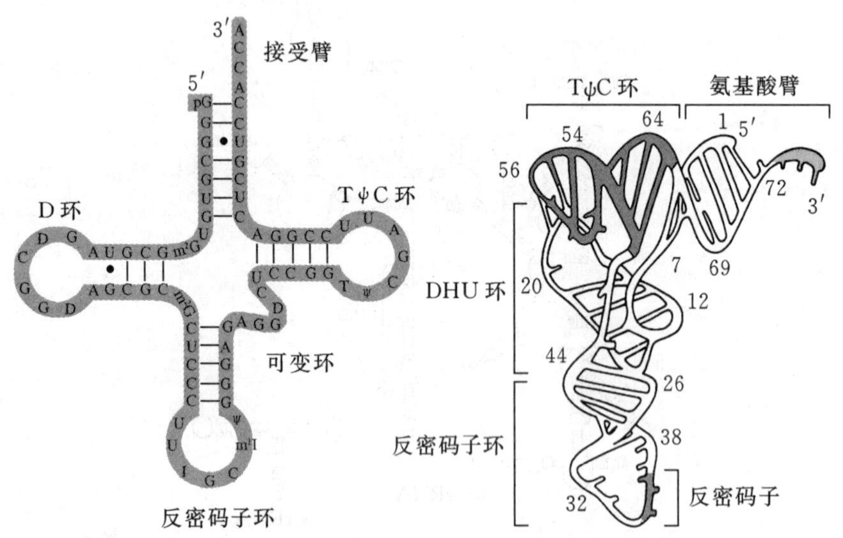

图 15-5　tRNA 的结构简图

tRNA 三叶草形的二级结构可折叠成倒 L 形的三级结构,如图 15-5 所示。这一结构由两个螺旋以直角的方位构成,结合氨基酸的一端称为接受臂(acceptor arm),另一端则含有反密码子,称为反密码子臂(anticodon arm)。tRNA 分子上与多肽合成有关的位点至少有四个:①3′端 CCA 上的氨基酸接受位点;②识别氨酰-tRNA 合成酶的位点,包括倒 L 形中部的二氢尿嘧啶臂(DHU 臂)和反密码子环,以及氨基酸臂;③核糖体识别位点,倒 L 形中部的 TψC 环与此有关;④反密码子位点。

氨基酸首先与特异 tRNA 相连接生成氨酰-tRNA,tRNA 凭借反密码子与 mRNA 分子上的密码子相识别,把所带的氨基酸送到肽链的一定位置上。对于组成蛋白质的 20 种氨基酸来说,每种 tRNA 只能携带一种氨基酸,但由于密码子的简并性,绝大多数氨基酸需要一种以上的 tRNA 作为转运工具。运输同一种氨基酸的不同 tRNA 称为同工受体 tRNA。

15.1.4　mRNA

mRNA 是信使 RNA,它是以 DNA 为模板合成的。mRNA 以核苷酸序列的方式携带遗传信息,通过这些信息来指导蛋白质合成。mRNA 上的密码子以连续的方式连接,组成读码框架。在读码框架的 5′端,由起始密码子 AUG 开始,它编码蛋氨酸。在读码框架的 3′端,含有一个或一个以上的终止密码子 UAA、UAG 和 UGA,终止蛋白质的合成。mRNA 的半衰期很短,很不稳定,完成蛋白质合成后很快就被水解。

1. 原核生物 mRNA 的结构

在起始密码子 AUG 上游 9～13 个核苷酸处,有一段可与核糖体 16S rRNA 配对结合的、富含嘌呤的 3～9 个核苷酸的共同序列,一般为 AGGA,此序列称为 5′端 Shine-Dalgamo (SD)序列。它与核糖体小亚基内 16S rRNA 的 3′端一段富含嘧啶的序列 GAUCACCUCC-UUA-OH(暂称反 SD 序列)互补,形成氢键,使结合于 30S 亚基上的起始 tRNA 能正确地定位于 mRNA 的起始密码子 AUG。

原核生物 mRNA 分子多是多顺反子。转译时,各个基因都有自己的 SD 序列、起始密码子、终止密码子,分别控制其合成的起始与终止,也就是说,每个基因的翻译都是相对独立的。

2. 真核生物 mRNA 的结构

大多数真核细胞 mRNA 分子的 3′端,含有一段转录后加上去的 poly(A)序列,其功能与 mRNA 分子的稳定性有关。真核生物 mRNA 5′端具有特殊的m^7GpppN帽子结构,无 SD 序列。帽子结构具有提高翻译效率的作用。若起始 AUG 与帽子结构间的距离太近(少于 12 个核苷酸),就不能有效利用这个 AUG,会从下游适当的 AUG 起始翻译。当距离在 17～80 个核苷酸时,离体翻译效率与距离成正比。

真核生物 mRNA 通常是单顺反子。真核 mRNA 具有“第一 AUG 规律”,即当 5′端具有数个 AUG 时,其中只有一个 AUG 为主要开放阅读框架的翻译起点。起始 AUG 具有两个特点:①AUG 上游的－3 经常是嘌呤,尤其是 A;②紧跟 AUG 的＋4 常常是 G。起始 AUG 邻近序列中,以 ANNAUGGN 的频率最高。若－3 不是 A,则＋4 必须是 G。无此规律的 AUG,则无起始功能。

原核生物和真核生物 mRNA 结构简图见图 15-6。

15.1.5　蛋白质因子

蛋白质合成可分成起始、延伸及终止三个阶段,每一阶段都涉及一组不同的蛋白质因

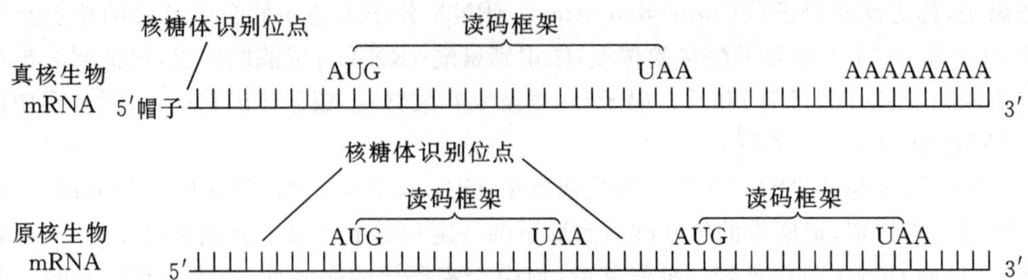

图 15-6　真核生物及原核生物 mRNA 结构简图

子。虽然原核生物与真核生物在蛋白质合成的起始上有差异,但有三点是两者都要进行的:①核糖体小亚基结合起始 tRNA;②在 mRNA 上必须找到合适的起始密码子;③大亚基必须与已经形成复合物的小亚基、起始 tRNA、mRNA 结合。一些被称为起始因子(initiation factor,IF)的非核糖体蛋白质,参与了上述三个过程(表 15-5)。这些起始因子不同于核糖体蛋白质,它们仅是临时与核糖体发生作用参与蛋白质的起始,之后会从核糖体复合物上解离下来,而核糖体蛋白质则是一直结合在同一核糖体上。

表 15-5　各种起始因子的生物学功能

项目	起始因子	生物学功能
原核生物	IF-1	占据 A 位点,防止结合其他 tRNA
	IF-2	促进起始 tRNA 与小亚基结合
	IF-3	促进大、小亚基分离,提高 P 位点结合起始 tRNA 的敏感性
真核生物	eIF-2	促进起始 tRNA 与小亚基结合
	eIF-2B、eIF-3	最先结合小亚基,促进大、小亚基分离
	eIF-4A	eIF-4A 复合物成分,有解螺旋活性,促进 mRNA 结合小亚基
	eIF-4B	结合 mRNA,促进 mRNA 扫描定位起始 AUG
	eIF-4E	结合 mRNA5′帽子
	eIF-4G	结合 IF-4E 和 PAB
	eIF-5	促进各种起始因子从小亚基解离,进而结合大亚基
	eIF-6	促进核糖体分离成大、小亚基

起始过程结束后,mRNA 上密码子的翻译由三个延长反应来完成,其中两个需要非核糖体蛋白的延长因子(elongation factor,EF)参与(表 15-6)。当与起始密码子紧邻的密码子被其氨酰-tRNA 上的反密码子识别并结合后,延长反应就开始了。氨酰-tRNA 的结合由氨酰-tRNA 结合因子(在原核系统中简写为 EF-Tu,真核系统中为 EF-1)催化。这个因子可与结合有氨酰-tRNA 和 GTP 的核糖体形成四元复合物,同时偶联 GTP 的水解。随着氨酰-tRNA 与核糖体的结合,EF-Tu 则与 GDP 形成复合体离开核糖体。第二个延长因子 EF-Ts 负责催化 EF-Tu-GTP 复合物的再形成,为结合下一个氨酰-tRNA 做准备。EF-1 是多亚基的蛋白,同时具备 EF-Tu 及 EF-Ts 的性质。延长过程的最后一步称为移位(translocation),如同氨酰-tRNA 的结合,这一过程由移位因子(原核生物中为 EF-G,真核生物中为 EF-2)催

化，此过程有 GTP 的水解。移位的目的是使核糖体沿 mRNA 移动，使下一个密码子暴露出来以供继续翻译。

表 15-6　蛋白质合成的延长因子

原核生物延长因子	生物学功能	对应真核生物延长因子
EF-Tu	促进氨酰-tRNA 进入 A 位点，结合分解 GTP	EF-1-α
EF-Ts	调节亚基	EF-1β-γ
EF-G	有转位酶活性，促进 mRNA-肽酰-tRNA 由 A 位点前移到 P 位点，促进 tRNA 的释放	EF-2

翻译的最后一步涉及合成好的肽酰-tRNA 中连接 tRNA 和 C 端氨基酸残基的酯键的切开，这一过程除了需要终止密码子外，还需要释放因子(release factor，RF)。在这一过程中，核糖体与 mRNA 的解离还需要核糖体释放因子(ribosome release factor，RRF)的参与。在大肠杆菌中，当终止密码子进入核糖体上的 A 位点后，它们被释放因子识别。RF-1 识别 UAA 和 UAG，RF-2 识别 UAA 和 UGA，RF-3 不识别终止密码子，但能刺激另外两个因子的活性。真核生物释放因子为 eRF。

15.2　蛋白质合成过程

15.2.1　氨基酸的活化

氨基酸的活化和氨酰-tRNA 的合成是蛋白质合成的第一步。游离的氨基酸在氨酰-tRNA 合成酶的催化作用下与 tRNA 相连，由 tRNA 将氨基酸带到核糖体的 A 位点，并添加到正在合成的肽链 C 端。这种由游离氨基酸形成氨酰-tRNA 的过程即氨基酸的活化过程，也是肽链每合成一步或延伸一步的必经准备阶段。活化反应分两步进行：

第一步是在 Mg^{2+} 或 Mn^{2+} 存在下，氨酰-tRNA 合成酶首先识别并结合专一的配体氨基酸，然后氨基酸的羧基与细胞环境中的 ATP 反应，氨基酸的羧基被活化，形成一个酸酐型高能复合物(氨酰-AMP 中间复合物)。该中间复合物仍然紧密地结合在酶上。

$$\text{氨基酸}+\text{ATP}+\text{酶}\longrightarrow\text{氨酰-AMP-酶}+\text{PPi}$$

第二步是氨基酸从氨酰-AMP-酶复合物转移到相应的 tRNA 上，形成氨酰-tRNA。氨酰-tRNA 合成酶之间在识别 tRNA 的部位上有所不同。在氨酰-tRNA 中氨基酸的羧基通过高能酯键连接在 tRNA 3′端 CCA 腺苷酸残基 3′-或 2′-OH 上，一旦酰基化后，便可在 3′或 2′位间转移。在转肽时，只有在 3′-OH 上时才有活性。

$$\text{氨酰-AMP-酶}+\text{tRNA}\longrightarrow\text{氨酰-tRNA}+\text{AMP}+\text{酶}$$

总反应：$\text{氨基酸}+\text{tRNA}+\text{ATP}\xrightarrow{\text{氨酰-tRNA 合成酶}}\text{氨酰-tRNA}+\text{AMP}+\text{PPi}$

氨酰-tRNA 合成酶有高度的特异性，既能识别氨基酸，又能识别 tRNA。氨酰-tRNA 合成酶具有双向识别功能，称为第二遗传密码。同时氨酰-tRNA 合成酶的高度专一性，保证了氨基酸与其特定的 tRNA 准确匹配。每个氨基酸的活化反应，净消耗 2 个高能磷酸键。

15.2.2 肽链合成的起始与延伸

1. 肽链合成的起始

1) 起始密码子的识别

mRNA 上的起始密码子常为 AUG,少数情形下(细菌)也为 GUC、UUC。原核生物中每个 mRNA 都具有其核糖体结合位点,它是位于 AUG 上游的 SD 序列。这段序列正好与 30S 小亚基中的 16S rRNA 3′端一部分序列互补,因此 SD 序列也叫做核糖体结合序列,这种互补意味着核糖体能选择 mRNA 上 AUG 的正确位置来起始肽链的合成(图 15-7)。

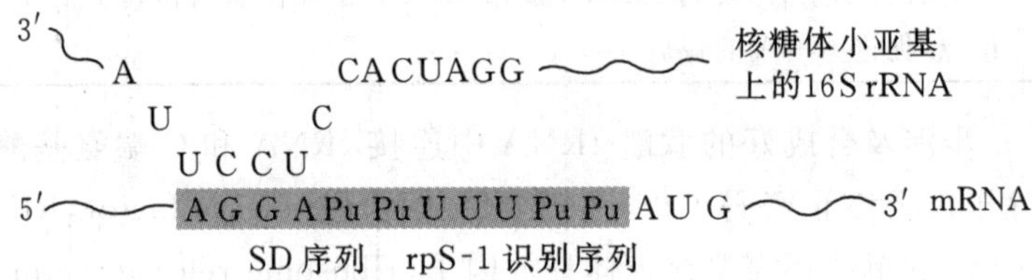

图 15-7 mRNA 上 SD 序列与 16S rRNA 3′端的互补区域

2) 起始氨基酸及起始 tRNA

原核生物的起始氨基酸是 Met,但并不是以甲硫氨酰-tRNA 为起始物,而是以 *N*-甲酰甲硫氨酸-tRNA(缩写成 fMet-$tRNA_f$)为起始物。细胞内有一种甲酰化酶催化 Met 的 α-NH_2甲酰化,形成 *N*-甲酰甲硫氨酸-tRNA。这种酶只催化 Met-$tRNA_f$,而不能催化游离的 Met 或 Met-$tRNA^{Met}$的甲酰化。所以细胞内有两种携带 Met 的 tRNA:$tRNA^{Met}$携带正常的 Met 掺入肽链;$tRNA_f$与 fMet 相结合,参与起始肽链的合成。$tRNA_f$只用于起始,它识别密码子 AUG 或 GUG(偶尔识别 UUG),但识别这些密码子的程度是不相同的。

3) 70S 起始复合物的形成

在大肠杆菌中,mRNA 首先与核糖体的 30S 亚基相结合,在起始因子 IF-3 的作用下,先形成 IF-3-30S-mRNA 复合物(比例为 1∶1∶1),然后在 IF-1、IF-2 参与下,IF-3-30S-mRNA 进一步与 fMet-$tRNA_f$、GTP 相结合后,IF-3 解离下来,形成 30S 起始复合物——30S-mRNA-fMet-$tRNA_f$。30S 起始复合物与 50S 大亚基相结合后,IF-1、IF-2 解离下来,GTP 被水解成 GDP 和磷酸以提供能量,形成一个有生物学功能的 70S-mRNA-fMet-$tRNA_f$复合物。这时,fMet-$tRNA_f$占据了核糖体肽酰位点(P 位点),空着的氨酰-tRNA 位点(A 位点)准备接受下一个氨酰-tRNA,为肽链的延长做准备(图 15-8)。在 70S 起始复合物中,$tRNA_f$上的反密码子与 mRNA 上的起始密码子准确配对。

2. 肽链的延伸

70S 起始复合物形成后,蛋白质合成进入肽链延伸阶段。大肠杆菌中肽链的延伸分三步进行,每步都是在相应的蛋白质延长因子催化下完成的,需要 GTP 供能。

1) 进位

密码子处形成完整的核糖体,开始进位阶段。肽酰-tRNA 占据 P 位点,氨酰-tRNA 结合到核糖体的 A 位点,称为进位(图 15-9)。氨酰-tRNA 在进位前需要有三种延长因子的作用,即热不稳定的 EF(unstable temperature,EF-Tu)、热稳定的 EF(stable temperature EF,EF-Ts)以及依赖 GTP 的转位因子。EF-Tu 首先与 GTP 结合,然后与氨酰-tRNA 结合成三

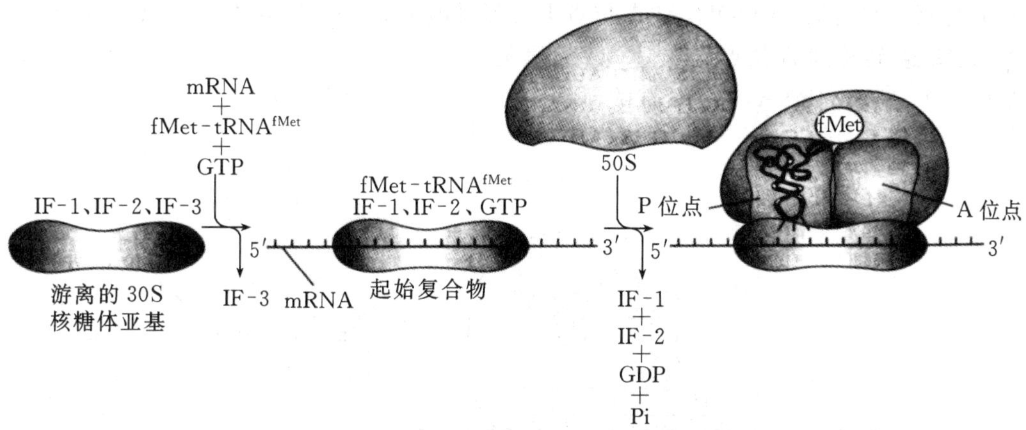

图 15-8　原核生物蛋白质合成起始复合物的形成

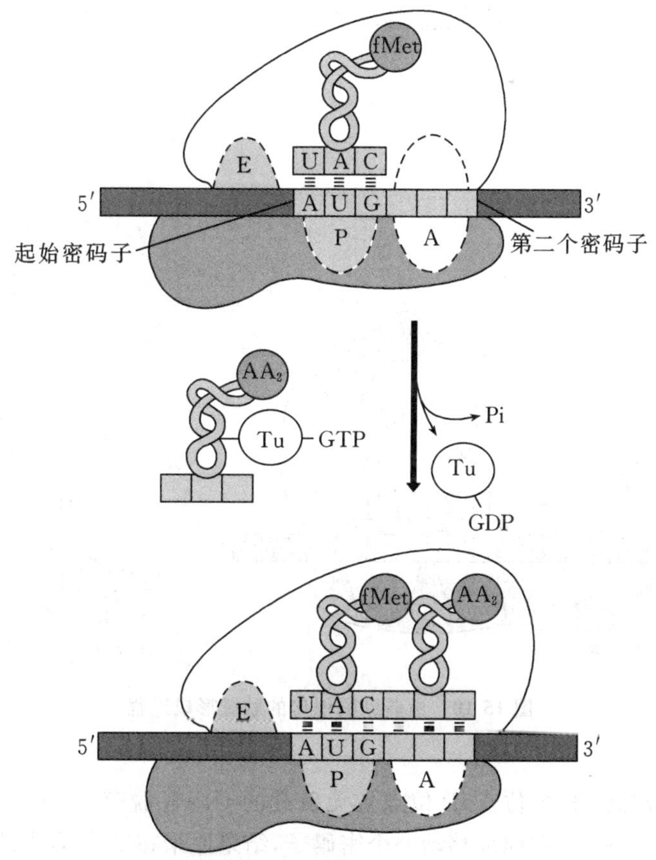

图 15-9　肽链延伸中的进位

元复合物，三元复合物进入 A 位点。GTP 水解成 GDP 和磷酸，EF-Tu 和 GDP 与结合在 A 位点的氨酰-tRNA 分离。

2）转肽

在 70S 起始复合物形成过程中，核糖体的 P 位点已结合了甲酰甲硫氨酸-tRNA，进位后，P 位点和 A 位点各结合一个氨酰-tRNA，两个氨基酸之间在核糖体肽酰转移酶作用下，P

位点上的氨基酸提供 α-COOH,与 A 位点上的氨基酸的 α-NH_2形成肽键,使 P 位点上的氨基酸(或肽链)转移到 A 位点氨酰-tRNA 的氨基酸的氨基上,这就是转肽。转肽后,在 A 位点形成一个二肽酰 tRNA,把无负载的 tRNA 留在 P 位点(图 15-10)。

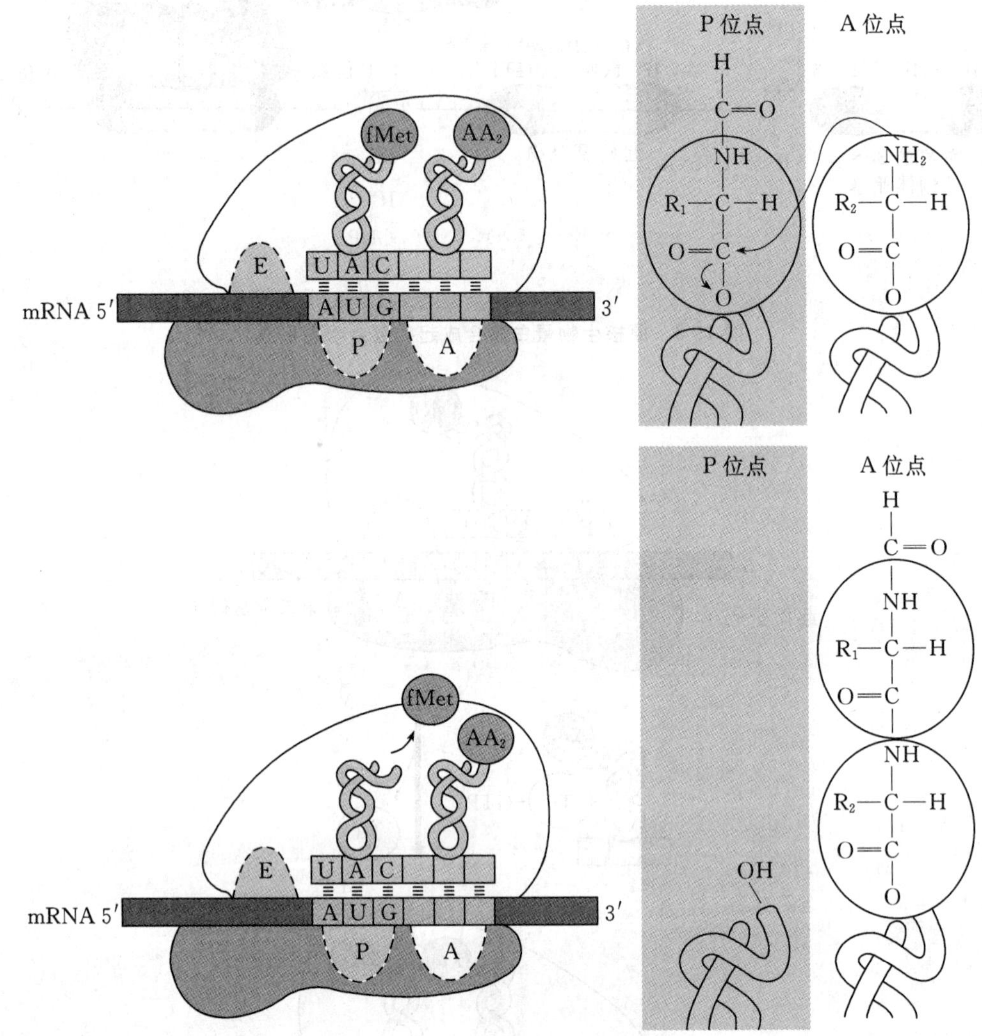

图 15-10　由转肽酶催化的肽键形成过程

3) 移位

转肽后氨基酸都位于 A 位点,P 位点上无负载的 tRNA 脱落,在 EF-G 移位酶作用下,核糖体沿 mRNA 5′→3′方向向前移动一个密码子,结果原来在 A 位点上的肽酰-tRNA 又回到 P 位点,空出 A 位点。原 P 位点上无负载的 tRNA 离开核糖体(图 15-11)。移位反应需要延伸因子 G(EF-G,移位酶)和 Mg^{2+} 参加,还需要 GTP 水解。之后,肽链上每增加一个氨基酸残基,即重复上述进位、转肽、移位的步骤,直至所需的长度。实验证明,mRNA 上的信息阅读是按 5′→3′方向进行,肽链的延伸是从氨基端到羧基端。所以蛋白质合成的方向是 N 端到 C 端。

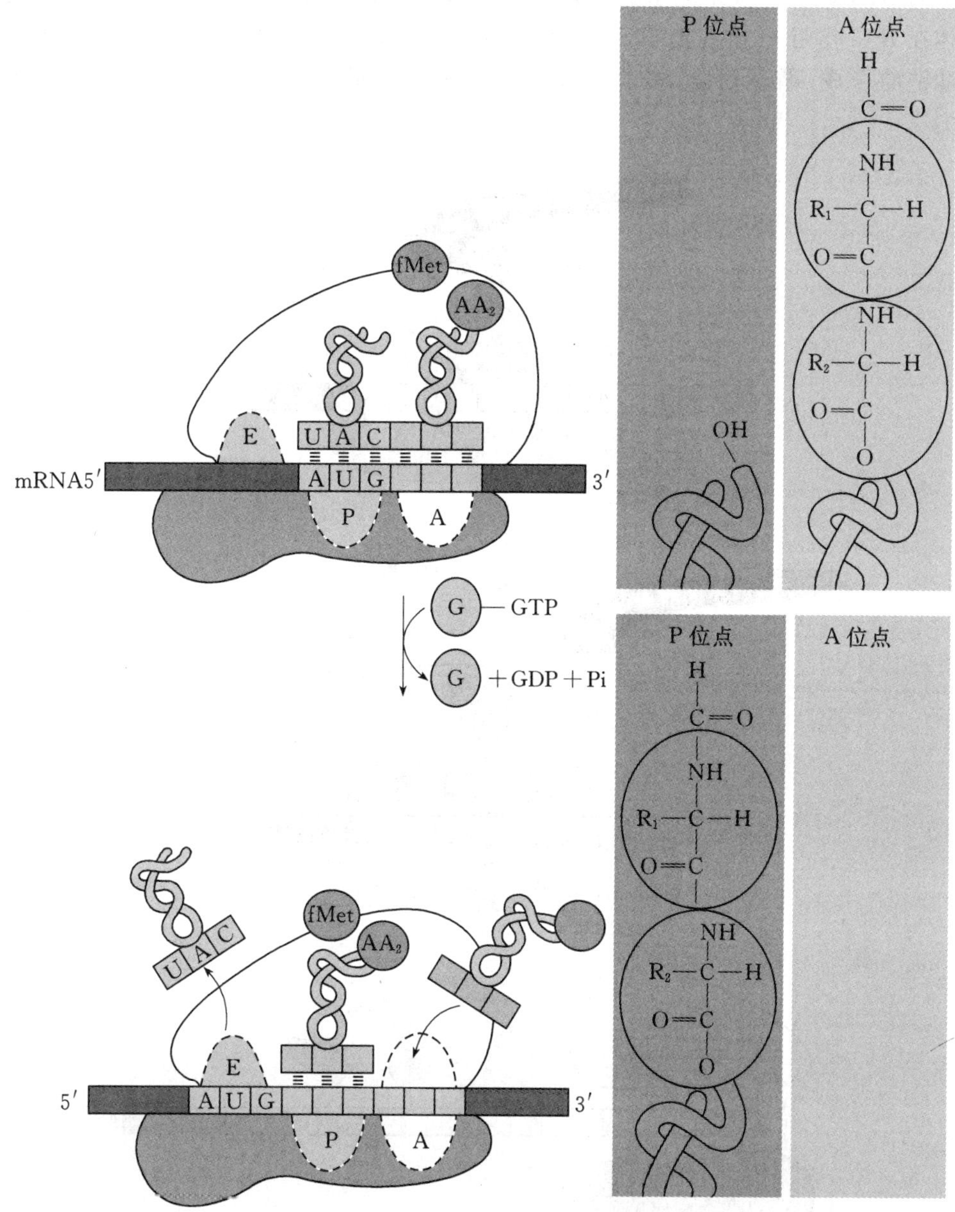

图 15-11　核蛋白体向 mRNA 的 3′侧移动

15.2.3　肽链合成的终止

肽链合成的终止步骤包括两步：①识别 mRNA 上的终止信号；②形成的肽酰-tRNA 酯键水解，释放新合成的肽链。原核生物和真核生物都有三种终止密码子（UAG、UAA 和 UGA），释放因子促成终止反应。原核生物有三种释放因子：RF-1、RF-2、RF-3。真核生物中只有一种释放因子 eRF。原核生物和真核生物的释放因子都作用于 A 位点，改变大亚基上的肽酰转移酶的专一性，使其变为水解酶，将肽酰基转移至水分子上，多肽链从结合在核糖体上的 tRNA 的 CCA 末端水解下来,然后 mRNA 与核糖体分离,最后一个 tRNA 脱落,核糖体在 IF-3 作用下,解离出 50S 和 30S 亚基(图 15-12)。解离后的大、小亚基又重新参与新的肽链的合成,循环往复,多肽链在核糖体上的合成过程又称核糖体循环(ribosome cycle)。

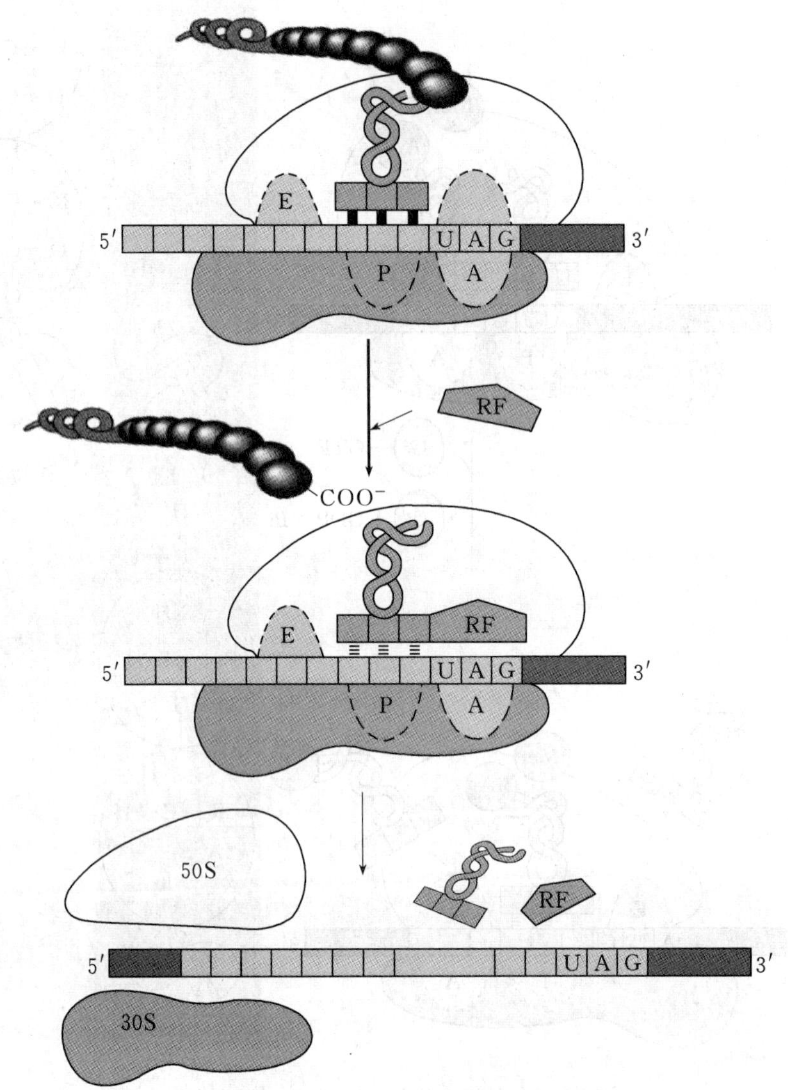

图 15-12 原核生物肽链合成的终止

15.2.4 真核细胞蛋白质合成的特点

真核细胞蛋白质合成的机理与原核细胞十分相似,但是某些步骤更为复杂,涉及的蛋白质因子也更多。

1) 核糖体

真核细胞核糖体为 80S,可解离成 60S 和 40S 两个亚基。

2) 起始 tRNA

真核细胞蛋白质合成的起始氨基酸为 Met，而不是 *N*-甲酰甲硫氨酸。起始 tRNA 为 $Met\text{-}tRNA^{Met}$，此 tRNA 分子不含 TψC 序列。这在 tRNA 家族中十分特殊。

3) 起始密码子

起始密码子为 AUG，它的上游 5′端不富含嘌呤的序列。通常 mRNA 5′端的 AUG 密码子所在的部位就是多肽合成的起点。40S 核糖体与 mRNA 5′端的帽子结合后，向 3′端移动，寻找 AUG 密码子，在 $Met\text{-}tRNA^{Met}$ 的反密码子位置固定下来，起始翻译。这个过程需要 eIF-3、eIF-1、eIF-4A 及 eIF-4B 参加，由 ATP 水解为 ADP 及磷酸供能。真核细胞 mRNA 通常只有一个 AUG 密码子，每种 mRNA 只翻译出一种多肽。

4) 起始因子与 80S 起始复合物

真核细胞蛋白质合成起始复合物较大，需要更多的起始因子参与。其形成过程见图 15-13。首先是 eIF-3 促使 40S 小亚基与 60S 大亚基分开。在 eIF-2 作用下，40S 亚基与 $Met\text{-}tRNA^{Met}$ 及 GTP 结合，形成 40S 起始复合物。通过 eIF-3 及 eIF-4G 的作用，40S 复合物与 mRNA 结合。通过 eIF-5 的作用，可使 $40S\text{-}mRNA\text{-}Met\text{-}tRNA^{Met}\text{-}GTP$ 与 60S 大亚基结合。eIF-5 具有 GTP 酶活性，催化 GTP 水解为 GDP 及磷酸，并有利于其他起始因子从 40S 小亚基表面脱落，使 40S 与 60S 两个亚基结合起来，最后经 eIF-4D 激活，成为具有活性的 $80S\text{-}mRNA\text{-}Met\text{-}tRNA^{Met}$ 起始复合物。

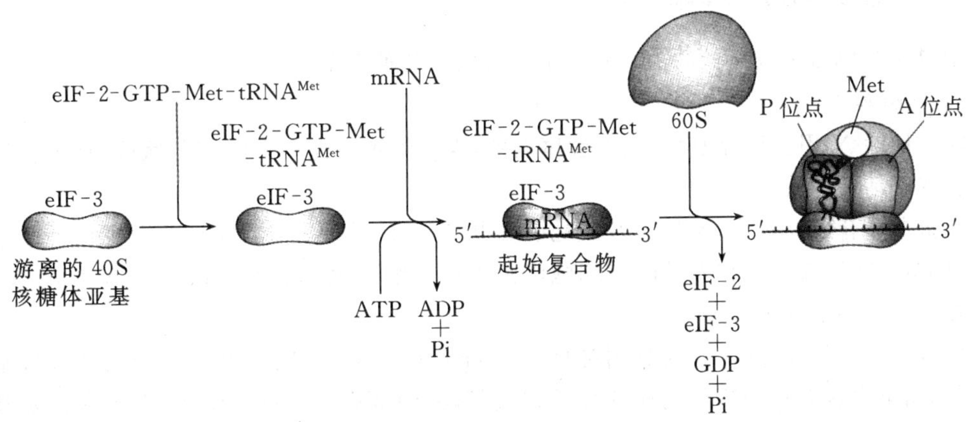

图 15-13　真核细胞起始复合物的生成

5) 肽链延伸

与原核生物类似，真核细胞中肽链的延伸也分为氨酰-tRNA 的进位、转肽、移位 3 步反应。真核细胞中肽链的延长因子为 EF-1α 和 EF-1β-1γ（相当于原核细胞中的 EF-Tu 和 EF-Ts）。移位催化因子为 EF-2。

(1) 进位。EF-1α-GTP 与氨酰-tRNA 结合，引导氨酰-tRNA 进入 A 位点，氨酰-tRNA 的反密码子与 mRNA 的密码子正确配对后，EF-1α-GTP 水解掉一个磷酸，随后 EF-1α-GDP 离开核糖体，留下氨酰-tRNA。在 EF-1β-1γ 的帮助下，EF-1α-GDP 再生为 EF-1α-GTP。在真菌（如酵母）中，需要另一个延长因子 EF-3 与 EF-1α 共同引导氨酰-tRNA 的进位。

(2) 转肽。肽酰转移酶催化 A 位点 α-氨基亲核攻击 P 位点的氨基酸的羧基，在 A 位点形成一个新的肽键。P 位点上无负载的 tRNA 从核糖体上离开。

(3) 移位。EF-2-GTP 结合在核糖体上，GTP 水解释放的能量使核糖体沿 mRNA 移动一个密码子的距离，然后 EF-2-GDP 离开核糖体。

6) 肽链终止

真核细胞中蛋白质合成由终止因子 eRF-1 和 eRF-3(GTP 结合蛋白)介导终止。GTP 结合到 eRF-3 上，激活 GTPase 活性，eRF-1 和 eRF-3-GTP 形成一个复合物。当 UAG、UGA 和 UAA 进入 A 位点时，该复合物结合到 A 位点，GTP 水解促使释放因子离开核糖体，mRNA 被释放，核糖体解体成大、小亚基，新生肽在肽酰转移酶催化下被释放。

15.3　合成后的加工修饰

新合成的蛋白质通常需要经过一定的加工或修饰才能成为具有生理活性的蛋白质分子。肽链从核糖体释放后，经过修饰处理，由多条肽链构成的蛋白质和带有辅基的蛋白质，其各个亚单位必须互相聚合才能成为完整的、有活性的成熟蛋白质，称为翻译后加工修饰。一般情况下，加工修饰既是功能上的需要，也是折叠成天然构象、定向转运的需要。这在真核生物中尤为复杂，合成的蛋白质要定向运输到细胞质、质膜、各种细胞器(如叶绿体、线粒体、溶酶体等)中。

15.3.1　一级结构的加工修饰

蛋白质合成后一级结构的加工修饰主要有以下几种类型。

1. 切除加工

除了切除 *N*-甲酰甲硫氨酸、信号肽序列外，真核细胞中还要切除部分肽段，将无活性的前体转变成活性形式。

在蛋白质合成过程中，N 端氨基酸是甲酰甲硫氨酸，其 α-氨基是甲酰化的。但天然蛋白质不以 Met 为 N 端第一位氨基酸。细胞内脱甲酰基酶或氨基肽酶可以去除 *N*-甲酰基、*N*-甲硫氨酸或 N 端的一段肽段。

信号肽(signal peptide)，又称引导肽(leader peptide)，一般由 10～40 个氨基酸残基组成，氨基端至少含有一个带正电荷的氨基酸残基，在中部有一段由 10～15 个疏水性氨基酸残基组成的肽链，其作用是帮助主体蛋白穿过磷脂层，再经分泌小泡运输到膜外至细胞的固定部位。在典型情况下信号肽位于被转运多肽链的 N 端。有些蛋白质(如卵清蛋白)的信号肽位于多肽链的中部，其功能相同。

2. 氨基酸侧链的共价修饰

1) 糖基化

真核生物中糖基化修饰很普遍。粗面内质网的核糖体是膜蛋白和分泌蛋白合成的地方，也是蛋白质分泌的起点。多肽经移位后，在内质网小腔中被修饰，包括切除 N 端信号肽，形成二硫键，使线形多肽呈现一定空间结构及糖基化作用。糖基化作用使多肽链变成糖蛋白。

2) 甲基化

甲基转移酶利用 SAM 对特定蛋白进行甲基化修饰。在大肠杆菌等细菌中发现一种甲基转移酶，能将与膜结合的化学受体蛋白谷氨酸残基甲基化。这种甲基转移酶和另外一种甲基酯酶催化甲基化、去甲基化过程，在细菌趋化性的信号转导中起重要作用。真核细胞中天冬氨酸的甲基化能促进已破坏蛋白的修复或降解。在 2,3-二磷酸核酮糖羧化酶、钙调蛋白、组氨酸、某些核糖体蛋白和细胞色素 c 中都有甲基化的赖氨酸残基。其他可甲基化的氨基酸残基还有组氨酸残基（如组蛋白）、精氨酸残基（如休克蛋白）等。

3）磷酸化

蛋白质磷酸化参与代谢调控和信号转导，以及蛋白质与蛋白质之间的相互作用。近年来，已经发现由蛋白激酶和蛋白磷酸化酶催化的蛋白质磷酸化、去磷酸化在原核生物中十分普遍。

4）羟基化

在结缔组织的胶原蛋白和弹性蛋白中脯氨酸和赖氨酸是经过羟基化的。此外，在乙酰胆碱酯酶和补体系统（参与免疫反应的一系列血清蛋白）都发现了 4-羟脯氨酸。位于粗面内质网上的三种氧化酶（脯氨酰-4-羟化酶、脯氨酰-3-羟化酶和赖氨酰羟化酶）负责特定脯氨酸和赖氨酸残基的羟基化。

5）亲脂修饰

蛋白质亲脂修饰后可以改变膜结合能力和特定的蛋白质与蛋白质之间的相互作用。常见的亲脂修饰是酰化和异戊二烯化。尽管豆蔻酸在真核细胞中很罕见，但是豆蔻酰化是常见的酰化形式之一。

3. 形成二硫键

二硫键由两个半胱氨酸残基形成，对维持蛋白质立体结构起重要作用，如核糖核酸酶合成后，肽链中 8 个半胱氨酸残基构成 4 对二硫键，此 4 对二硫键对它的酶活性是必要的。二硫键通常只发现于分泌蛋白（如胰岛素）和某些膜蛋白中，在细胞质中由于有各种还原性物质（如谷胱甘肽和硫氧还原蛋白），因此细胞质蛋白没有二硫键。因为内质网腔是一个非还原性环境，所以粗面内质网上的新生肽只暂时形成二硫键。当新生肽进入内质网腔时，一些肽链可能按氨基酸残基次序依次暂时形成二硫键，但最终会通过交换二硫键位置的形式形成正确的结构，内质网中可能还有一种二硫键异构酶（disulfide isomerase）催化该过程。二硫键也可以在链间形成，使蛋白质分子的亚单位聚合。

15.3.2　高级结构的形成

肽链释放后，可自行根据其一级结构的特征折叠、盘曲成高级结构。

1. 折叠

蛋白质立体构象的生成需要折叠，有分子伴侣（molecular chaperones）、二硫键异构酶及肽链顺反异构酶等参加。蛋白质的折叠是一个楼梯式的过程，在这个过程中，形成二级结构是早期的特征，疏水作用是很重要的驱动力。表面氨基酸残基的替代很少影响蛋白质的结构，相反，疏水核中氨基酸残基的替代常常导致严重的结构变化。

研究证实，蛋白质的折叠和转运是在分子伴侣帮助下进行的。分子伴侣是细胞内一类保守蛋白质，可识别肽链的非天然构象，促进各功能域和整体蛋白质的正确折叠。其中分子伴侣大部分是 HSP（热激蛋白），它存在于所有生物中，从细菌到高等动植物，都已发现几种类型的分子伴侣。此外，它还存在于原核生物的细胞器，如线粒体、叶绿体和内质网。分子伴侣在蛋白质折叠方面的作用表现在两方面：①从多肽开始合成到折叠的这段时间里，分子伴侣可以保护多肽链不受其他蛋白的攻击,一些线粒体和叶绿体蛋白在插入细胞器膜之前必须保持未折叠状态;②帮助蛋白质正确、快速地折叠或组装成多亚基蛋白。分子伴侣还有助于因各种胁迫而部分去折叠蛋白的重新折叠,如果不能重新折叠,分子伴侣就促进它的降解。

二硫键异构酶在内质网腔内活性很高,可在较大区段肽链中催化错配二硫键的断裂并形成正确的二硫键连接,最终使蛋白质形成热力学最稳定的天然构象。

肽-脯氨酰顺反异构酶是蛋白质三维构象形成的限速酶,在肽链合成需形成顺式构型时,可使多肽在各脯氨酸弯折处形成准确折叠。

2. 亚基聚合

具有四级结构的蛋白质是由两条以上的肽链及其他辅助成分通过非共价键聚合,形成寡聚体,各亚基必须相互依存才有活性。蛋白质的各个亚单位相互聚合时所需要的信息,蕴藏在肽链的氨基酸残基序列之中,而且这种聚合过程往往又有一定顺序,前一步骤常可促进后一聚合步骤的进行。

3. 辅基的结合

结合蛋白质如糖蛋白、脂蛋白和色素蛋白分别需加糖、加脂、加辅基等才成为活性蛋白质。结合蛋白质的合成比较复杂,在肽链合成阶段就开始,在肽链合成结束后继续加工。

15.3.3 靶向输送

蛋白质合成后,被定向地输送到其执行功能的场所,称为靶向输送。在大多数情况下,被输送的蛋白质分子需穿过膜性结构,才能到达特定的地点。因此,在这些蛋白质分子的氨基端,一般带有一段疏水的肽段,称为信号肽。分泌型蛋白质的定向输送,就是靠信号肽与胞浆中的信号肽识别粒子(SRP)识别并特异结合,再通过 SRP 与膜上的对接蛋白(DP)识别并结合后,将所携带的蛋白质送出细胞。信号肽的转运有以下两种模式。

1. 翻译中转运

分泌蛋白、质膜蛋白、溶酶体蛋白、内质网和高尔基体滞留蛋白,首先在游离核糖体上合成含信号肽的部分肽段后,就结合到内质网上,然后边合成边进入内质网腔,经初步加工和修饰后,部分多肽以膜泡形式被运往高尔基体,再经进一步的加工和修饰后被运往质膜、溶酶体或被分泌到细胞外。细菌细胞质中合成出来的多肽可以在合成部位,或被整合到质膜上,或通过质膜分泌出来行使功能。大多数非细胞质细菌蛋白在核糖体上合成的同时也被运送至质膜或跨过膜,这一过程称为翻译中转运。

在真核细胞中,当某一种多肽的 N 端开始后不久,这种多肽合成后的去向就已被决定。一部分核糖体以游离状态停留在细胞质中,它们只合成供装配线粒体及叶绿体膜的蛋白质。含信号肽的多肽进入内质网的过程:当包含信号肽的多肽被合成一部分时,信号肽识别体(signal recognition particle,SRP)就识别信号肽并结合到核糖体上(图 15-14),翻译暂时停止,SRP 与内质网膜上的受体(停泊蛋白,docking protein)结合,核糖体与内质网结合,SRP 离开,延伸的肽链通过内质网上的肽移位装置进入内质网,信号肽被切除。

对于分泌蛋白来说,跨膜转运后要切除 N 端信号肽,多肽进入内质网腔,此后还要在高尔基体上进行下一步的修饰加工。跨膜蛋白转运的起始阶段与分泌蛋白类似,N 端的信号肽作为起始信号结合在膜上,多肽链的其余部分线形穿过膜。单跨膜蛋白有一个终止转运

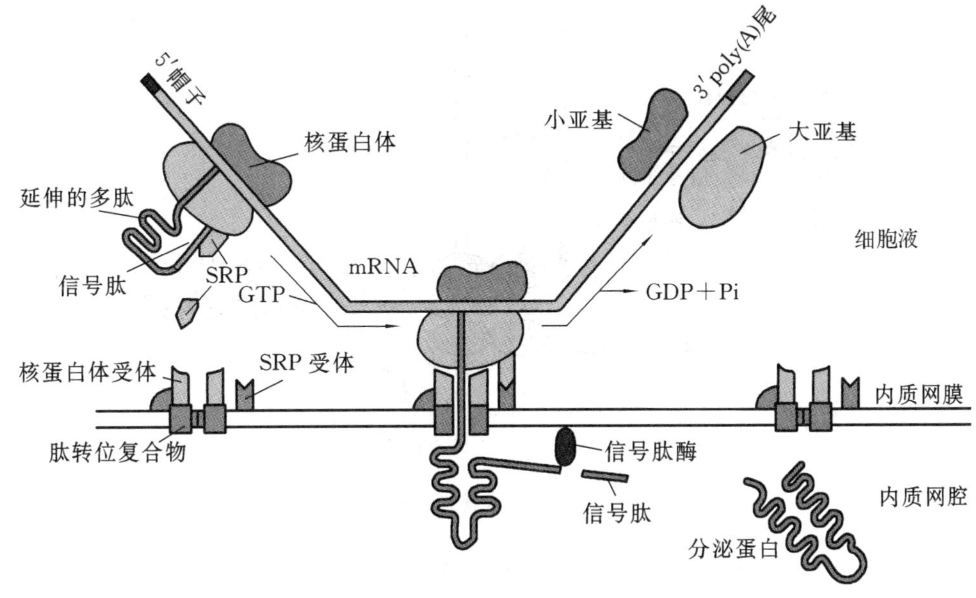

图 15-14　信号肽引导分泌蛋白进入内质网

信号，它阻止后续肽段的继续穿膜，多跨膜蛋白有一系列交替出现的起始和终止信号。

被转运到内质网中的多肽多数还要运往他处。经过初步的修饰加工，可溶性蛋白质和膜结合蛋白被运输到高尔基体，这种运输是经过运输泡进行的，滞留内质网中的蛋白质有滞留信号，在许多脊椎动物中它是 C 端的四肽(简称 KDEL)：Lys-Asp-Glu-Leu。

在高尔基体中，多肽进一步被修饰，如 *N*-糖苷键型寡糖链进一步被处理，特定 Ser 和 Thr 残基进行 *O*-糖苷键型糖基化修饰，将多肽分类并送往溶酶体、分泌体和质膜等。何种蛋白质应该送往何处，是由蛋白质本身的空间结构决定的。溶酶体蛋白添加 6-磷酸甘露酯后被运往溶酶体。

2. *翻译后转运*

线粒体 DNA 基因组可编码全部线粒体 DNA，但只编码一小部分线粒体的蛋白质。叶绿体的情形相似。大部分线粒体和叶绿体的蛋白质是由细胞核基因组 DNA 编码的，并在细胞质内由游离核糖体合成后，通过新生肽的信号序列直接运到细胞器，这种运输称为翻译后转运。在这一过程中，为了通过膜，这些蛋白质需要通过多肽链结合蛋白质的帮助进行折叠。

由核基因组编码的线粒体外膜蛋白的 N 端上也有一段肽链，称为线粒体定向肽，起信号肽的作用。它可以与外膜上的相应位点相识别，线粒体定向肽富含带正电荷的氨基酸残基、丝氨酸残基和苏氨酸残基。

从细胞质往线粒体内运送蛋白质的过程较为复杂，因为线粒体本身具有多膜的结构，如图 15-15 所示。线粒体蛋白要被转运到线粒体的内膜空间。前体蛋白的 N 端有信号肽序列。信号肽序列首先被线粒体外膜上的受体蛋白识别，引导至膜上的运输通道，得以进入线粒体的基质后信号肽被切除。

在细胞质中合成的叶绿体蛋白质的运输与线粒体蛋白非常相似，叶绿体新生肽的靶向

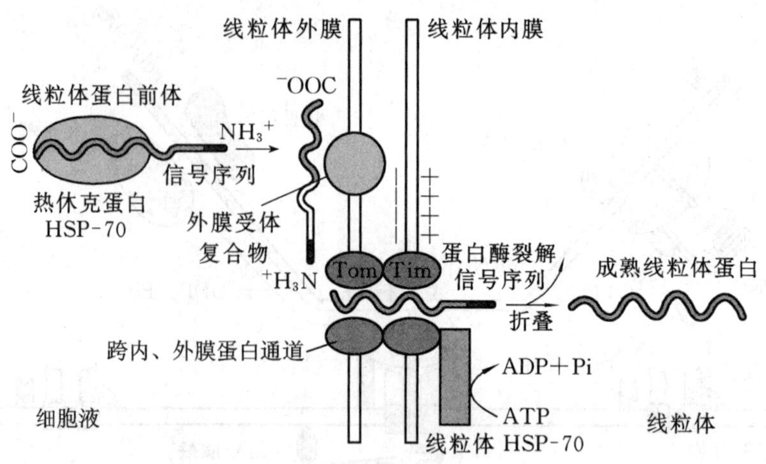

图 15-15 线粒体蛋白的靶向输送

运输也是由 N 端上的一段肽链决定的,称为叶绿体转移肽(transit peptide)。

15.4 利用基因工程技术表达蛋白质

基因工程是对携带遗传信息的分子进行设计和施工的分子工程,包括基因重组、克隆和表达。克隆原指一个亲本细胞经无性繁殖产生无数个相同细胞的子代群体的过程,基因工程学中所说的克隆则是指一个亲本 DNA 分子产生无数个相同的 DNA 分子的过程,即将 DNA 的限制性酶切片段插入克隆载体,导入宿主细胞,经过无性繁殖,以获得相同的 DNA 扩增分子。目前,利用基因工程技术表达蛋白质已广泛应用于各个领域。

15.4.1 工具酶

基因工程工具酶是一类用于 DNA 重组过程中 DNA 分子的制备、切割、连接、修饰、扩增,核酸分子的标记,以及核苷酸序列测定的酶。工具酶可分为两大类:一类是限制性核酸内切酶(restriction endonuclease),另一类是核酸修饰酶(modifying enzyme)。

1. 限制性核酸内切酶

1) 限制性核酸内切酶的分类

限制性核酸内切酶主要来源于原核生物,具有识别自身 DNA 和异源 DNA 的功能,通过切割破坏或限制异源 DNA 分子侵入宿主细胞来保护自身,因此又称为限制性内切酶。

限制性核酸内切酶分为三大类(表 15-7):Ⅰ型能识别专一的核苷酸序列,并在识别点附近切割双链,但切割序列没有专一性;Ⅱ型识别序列常为 4~6 bp的回文序列,严格专一,并在识别位点内将双链切断;Ⅲ型识别位点严格专一(不是回文序列),但切点不专一,往往不在识别位点内部。在基因工程操作中通常不需要随意修饰核酸的功能,所以最具有实用价值的是Ⅱ型限制性核酸内切酶。目前已经分离出 400 余种Ⅱ型限制性核酸内切酶,能清楚识别位点的约有 300 种,商品化的约有 100 种,而实验室常用的有 20 种。

表 15-7　各类限制性核酸内切酶的特征

类型	切割位点	甲基化作用	限制作用是否需要 ATP
Ⅰ型	非特定，在识别位点前后 100～1 000 bp 范围内	有	需要
Ⅱ型	特定，在识别序列中或附近	无	不需要
Ⅲ型	特定，在识别序列 3′端 25～27 bp 处	有	需要

2）Ⅱ型限制性核酸内切酶的底物识别顺序及切割位点

绝大多数的Ⅱ型限制性核酸内切酶识别序列具有双轴对称结构，称为回文序列，如 *Eco*RⅠ的识别序列：

5′-GAA | TTC-3′　横轴
3′-CTT | AAG-5′

纵轴

这一序列无论从正链读还是从负链读都是一样的，因此只写一条链，习惯上按 5′→3′方向书写，如 *Eco*RⅠ位点写成 GAATTC。但有些Ⅱ型限制性核酸内切酶的特异识别序列不止一种，如 *Ava*Ⅰ的识别序列为 GPyCGPuG(Py 为嘧啶核苷酸，可以是 C 或 T；Pu 为嘌呤核酸，可以是 A 或 G)。

从不同微生物分离的酶具有相同的识别特性及切割位点，这些酶称为同裂酶或异源同工酶(isoschizomer)，如 *Fsp*Ⅰ、*Aos*Ⅰ、*Avi*Ⅱ和 *Mst*Ⅰ等。

Ⅱ型限制性核酸内切酶切割 DNA 后可产生两种末端，即黏性末端(简称黏末端或黏端，cohesive end)和平末端(简称平端，blunt end)。当它切割双链 DNA 时，若切割部位不识别序列的中心轴，即可产生带有单链突出端的 DNA 黏性末端。例如，*Eco*RⅠ的切割产生带 3′凹端及 5′凸出端的黏性末端 DNA 片段。

↓
5′-G AATTC-3′　——*Eco*RⅠ——→　5′-G　　　　+　AATTC-3′
3′-CTTAA G-5′　　　　　　　　　3′-CTTAA　　　　　　G-5′
↑

含有 *Eco*RⅠ位点的双链 DNA　　　　两个黏性末端 DNA 片段

若切割部位恰好在识别序列的中心轴，即可产生平末端，如 *Sma*Ⅰ的切割：

↓
5′-CCC GGG-3′　——*Sma*Ⅰ——→　5′-CCC　+　GGG-3′
3′-GGG CCC-5′　　　　　　　　3′-GGG　　　CCC-5′
↑

含有 *Sma*Ⅰ位点的双链 DNA　　　　两个平末端 DNA 片段

某种 DNA 分子的限制酶切位点数目和排列顺序图谱称为限制性内切酶图谱或 DNA 物理图谱。它是基因操作的重要基础。

基因工程中经常用到的Ⅱ型限制性核酸内切酶有 *Eco*RⅠ、*Bam*HⅠ、*Hind*Ⅲ、*Sal*Ⅰ、*Eco*RⅤ、*Xho*Ⅰ、*Pvu*Ⅰ、*Sac*Ⅰ、*Bgl*Ⅱ、*Cla*Ⅰ等。

2. 核酸修饰酶

为获得适用于不同目的(如 DNA 片段间的连接、黏性 DNA 片段的补平或削平、DNA 序列测定、聚合酶链式反应等)的核酸片段,基因工程中还常用到核酸修饰酶,包括连接酶(ligase)、聚合酶(polymerase)、核酸酶(nuclease)、碱性磷酸酯酶(alkaline phosphatase)、T4 多核苷酸激酶(polynucleotide kinase)、甲基化酶(methylase)等。

1) 连接酶

连接酶是连接核酸片段常用的酶,主要有 T4 噬菌体 DNA 连接酶、大肠杆菌 DNA 连接酶、T4 噬菌体 RNA 连接酶等。

2) 聚合酶

聚合酶是以 DNA 或 RNA 为模板在体外合成(拷贝)DNA 或 RNA。它可分为 DNA 聚合酶和 RNA 聚合酶两大类。

DNA 聚合酶包括依赖 DNA 的 DNA 聚合酶和依赖 RNA 的 DNA 聚合酶。前者包括不耐热的大肠杆菌 DNA pol Ⅰ、大肠杆菌 DNA pol Ⅰ 大片段、T4 噬菌体 DNA 聚合酶、T7 噬菌体 DNA 聚合酶及耐热的(70℃左右时酶活性最高)*Taq*、*Tfl*、*Tth*、*Ven*t DNA 聚合酶等;后者称为逆转录酶,包括 AMV 和 M-MLV 逆转录酶。逆转录酶也可以 DNA 为模板,但优先考虑 RNA。需要指出的是末端转移酶,它也属于聚合酶,但它根本不对模板进行拷贝,而只是将脱氧核糖核苷酸加到已有的单链或双链 DNA 的 3′-OH 端。因此可给载体或目的基因加上互补的同源多聚尾。

RNA 聚合酶通常为依赖 DNA 的 RNA 聚合酶,它的功能相当于将 DNA 转录成 RNA,包括 SP6、T7、T3 RNA 聚合酶。

3) 核酸酶

核酸酶是一类降解核酸磷酸二酯键的酶,主要有脱氧核糖核酸酶 (DNase Ⅰ)、Bal 31 核酸酶、绿豆核酸酶、外切核酸酶Ⅲ、S1 核酸酶、RNase H 等。

4) 碱性磷酸酯酶

碱性磷酸酯酶催化水解 DNA、RNA 及 NTP 和 dNTP 的 5′-磷酸基团,使 5′端脱磷。它的应用为去除线状载体 DNA 两端的 5′-磷酸基团,防止载体自身连接环化;在用 T4 多聚核苷酸激酶进行末端标记之前脱去 5′-磷酸基团;激活后,作为化学荧光或其他检测系统的指示酶。

5) T4 多聚核苷酸激酶

T4 多聚核苷酸激酶催化 ATP 的 γ-磷酸基团转移至 DNA 或 RNA 脱磷的 5′端。在某些情况下,上述反应可以反方向进行,将 ATP 的 γ-磷酸基团与 DNA 或 RNA 的 5′端磷酸基团交换,而不必先用碱性磷酸酯酶对底物进行脱磷酸化。它主要应用于单链或双链 DNA 和 RNA 探针的 5′端的标记。

15.4.2 基因载体

载体是将外源 DNA 带进宿主细胞并进行复制的运载工具。作为克隆载体,应具备以下几个条件:①具有自主复制的能力;②具有与特定受体细胞相适应的复制位点或整合位点;③长度尽可能短,以提高其载装能力;④具有一个以上的单一的限制性酶切位点,以便目的基因插入;⑤具有易于筛选的选择性标记(如抗药性、氨基酸合成酶、空斑形成等);⑥从生物防护角度考虑是安全的。

常用的载体可分为质粒、噬菌体和病毒。天然的质粒、噬菌体和病毒都需经过人工构建才能成为合乎上述条件的基因载体。质粒和噬菌体常用于原核细胞为宿主的分子克隆，动物病毒用于真核细胞为宿主的分子克隆。还有一种人工构建的穿梭载体(shuttle vector)，它既含有原核细胞的复制元件，又含有真核细胞的复制元件，这样在原核和真核生物的克隆中均能应用。

1. 质粒

质粒是存在于细菌细胞质中，独立于染色体而自主复制的共价、封闭、环状双链 DNA 分子，并不是细菌生长所必需的，但可以赋予细菌某些抵御外界环境因素不利影响的能力。根据质粒的复制特点，可将其分为严紧型复制和松弛型复制。严紧型复制伴随宿主染色体的复制而复制，在宿主细胞内拷贝数(1～3 个)少，不宜用作载体；松弛型复制可不依赖宿主细胞，不需要细菌复制酶的不断合成仍可进行自我复制，细胞内拷贝数一般为 100～200 个，有的多达3 000个，当加入蛋白质合成阻抑物(如氯霉素)时，拷贝数可以大大增加，每个细胞可含有数千个拷贝，这种质粒可作为载体。

目前实验室中常用作克隆的质粒载体包括 pBR、pUC、pGEM、pSP 系列等，表达载体有 pKK、pET、pINⅢ、pEGX 系列及 pBV220 等。最常用的质粒是大肠杆菌质粒 pBR322(图 15-16)及其衍生质粒。

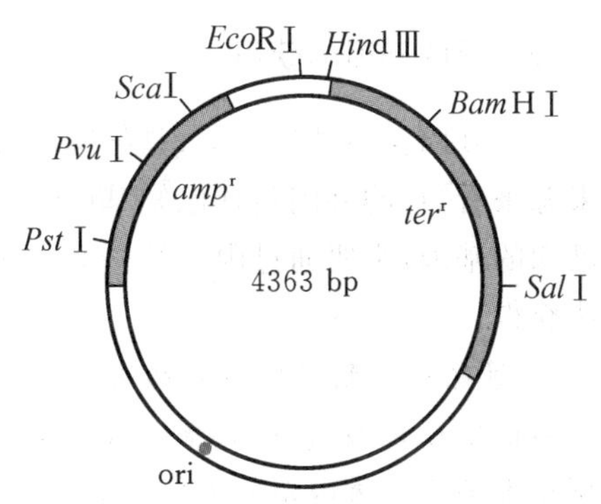

图 15-16　pBR322 **的结构**

pBR322 质粒是环形双链 DNA，全长 4363 bp，容易纯化。具有一个复制起点和一个抗氨苄青霉素基因(amp^r)及一个抗四环素基因(ter^r)，便于筛选。每个标记基因都含有单一的酶切位点，可以插入 DNA。抗氨苄青霉素基因可被 *Pst*Ⅰ、*Pvu*Ⅰ、*Sac*Ⅰ切开，抗四环素基因可被 *Bam*HⅠ、*Hind*Ⅲ等切开。这些位点上如插入外源 DNA 片段后，相应的抗生素基因被破坏，宿主细胞失去相应的抗药性，致使在含有该种抗生素的培养基上就不能生长，这一现象称为插入抑制(insertional inactivation)。利用插入抑制，很容易将带有外源 DNA 的重组体筛选出来。为了便于应用，可在 pBR322 中插入一段人工合成的接头(linker)，如质粒 plink322。这种接头上有许多新的单一酶切位点。

2. 噬菌体

目前使用的噬菌体主要有 λ 噬菌体衍生物、考斯质粒和单链 M13 噬菌体等。除 M13 噬菌体外，这类载体的特点是其容量比质粒载体大，即可插入较大的外源 DNA 片段(如 20 kb 以上)。

1) λ 噬菌体

λ 噬菌体是一种大肠杆菌病毒，为线状双链 DNA 分子，全长 48.5 kb。双链分子两端各有一个由 12 个核苷酸的 5′单链组成的互补序列，单链(黏性末端)为 GGGCGGCGACCT 和 CCCGCCGCTGGA。当 λ 噬菌体感染大肠杆菌后，线状的双链 DNA 分子通过末端单链互补连接成环，连接处称为 cos 位点(cohesive end site)。改造 λ 噬菌体的酶切位点，可产生一些单一酶切位点，可以插入外源基因。这样就产生了 λ 噬菌体衍生载体。λ 噬菌体衍生载体可分为两类：一类是插入型载体，即外源基因插入载体上单一的限制酶切位点；另一类是取代型载体，即两个限制酶切位点之间的DNA片段可被外源DNA取代。

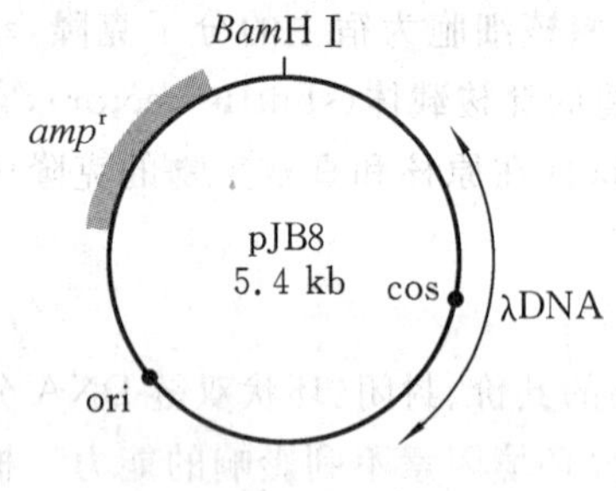

图 15-17　考斯质粒 pJB8

2) 考斯质粒

考斯质粒是由质粒DNA接上λ噬菌体DNA两端的黏性区域构建成的。这类载体本身较小，长4～6 kb。它含有质粒的抗药性标记和复制位点，与外源DNA连接后可像噬菌体那样高效地导入宿主细胞，但进入大肠杆菌后，由于缺少噬菌体的大部分功能，不能像噬菌体那样繁殖，只能像质粒那样扩增，通过抗药性标记筛选。图15-17为考斯质粒pJB8。

3) M13噬菌体

M13噬菌体是一种线状、单链DNA噬菌体，总长约6.5 kb。M13噬菌体首先吸附于大肠杆菌的雄性鞭毛上，然后穿过鞭毛内孔将DNA注入细菌体内。单链DNA利用宿主细胞复制另一条链(负链)，形成双链复制型(RF)DNA，(RF)DNA可用作克隆载体。

15.4.3　目的基因的获得

目的基因又称外源基因，是指准备导入受体细胞内，以研究或应用为目的的外源基因。从来源来看，目的基因包括已知基因和未知基因。已知基因为目前DNA序列尤其是编码序列已知的基因，主要通过限制性核酸内切酶酶切、PCR、RT-PCR、人工合成、基因文库筛选等方法获得。

1. 限制性核酸内切酶酶切法

原核生物基因组较小，基因容易定位，可直接从染色体DNA中分离。应用核酸的分离、纯化技术把生物体内全部DNA提纯后，用限制性核酸内切酶将基因组切成长短大致相同的若干片段，用带有标记的核酸探针，从中选出目的基因。真核生物一般通过基因组文库的方法获得目的基因。

2. 人工合成目的基因DNA片段

目前可利用DNA固相合成仪合成单链DNA片段，一次合成的长度一般小于100个核苷酸。通过互补单链DNA片段之间的退火，可获得双链DNA片段。对于分子较大的目的基因，可分段合成，然后将这些双链DNA片段连接组装成完整的目的基因。

3. 聚合酶链式反应合成DNA

根据模板DNA片段两端的核苷酸序列，合成2个不同的寡聚核苷酸引物。将适量引物与4种脱氧核糖核酸(dNTP)、DNA聚合酶及模板DNA分子混合，经过高温变性、低温退火和中温延伸三个阶段的循环，DNA的量以指数方式扩增，一般循环30～40次。以带目的基因的载体为模板经PCR扩增，可获得所需的目的基因。利用PCR法以基因组DNA为模板，可直接从细胞基因组DNA中获得目的基因。

4. 逆转录-PCR合成法

逆转录-PCR合成法即提取目的基因的总RNA或mRNA，利用逆转录酶由mRNA逆转录合成cDNA，在DNA聚合酶催化下合成双链cDNA片段，与适当的载体结合后转入受体菌，经扩增可获得所需的目的基因。此法主要用于合成相对分子质量较大而又不知其序列的基因。

5. 基因文库的筛选

基因文库(gene library)是指一种载体中理想地包含着某种生物体全部遗传信息的随机DNA 片段的总和。按容纳的 DNA 的性质,基因文库可分为基因组文库(genomic library)和cDNA 文库(cDNA library)。

基因组文库是含有某种生物体全部基因组的随机片段的重组 DNA 克隆群体。其构建的基本过程:提取原核或真核细胞的基本 DNA,通过机械剪切或酶切使之成为一定大小的片段,将其与适当的载体相连接,连接产物导入宿主细胞,从而得到一组含有与该生物体不同的 DNA 片段的克隆。

cDNA 文库是指含有某种生物体全部 cDNA 的随机片段的重组 DNA 克隆群体。其构建的基本过程:提取真核细胞的 mRNA,逆转录合成 cDNA 的第一条链,在 DNA 聚合酶等作用下合成 cDNA 第二条链,从而得到一组含有与该生物体不同的 cDNA 片段的克隆。

15.4.4　重组 DNA 的筛选与表达

1. 重组 DNA 的筛选

将外源 DNA 与载体连接,形成重组体分子,导入受体细胞中,可以得到所需的含有目的基因的阳性重组体。由于细胞转化的效率较低,因而重组体筛选是 DNA 体外重组技术中至关重要的环节。不同载体及宿主系统,重组体的筛选不尽相同,概括起来有两大类:直接筛选法和间接筛选法。

1) 直接筛选法

直接筛选法是借助遗传表型来进行筛选的方法。DNA 体外重组所用的载体常常携带一个或几个可供选择的遗传标记或标记基因,外源基因插入载体并导入受体细胞后,受体细胞可获得或缺失这些标记的表型,从而筛选出所需要的阳性克隆。当前在实验室中,常用的筛选方法有以下几种。

(1) 插入失活法。DNA 体外重组使用的载体,常带有可供筛选的遗传标记,当外源基因插入该标记基因时,标记基因不再表达,因此可供鉴别。例如,pUC 质粒、pGM 质粒及 M13 噬菌体系列等携带有一部分 *lacZ'* 基因,编码 β-半乳糖苷酶的一段有 146 个氨基酸残基的 α-肽,这些载体导入合适的宿主细胞,可表达 α-肽,在含显色底物 X-gal 的平板上形成蓝色噬菌斑;当外源基因插入失活 *lacZ'* 基因后,则不能表达 α-肽,阳性重组体形成无色菌落或噬菌斑。

(2) 插入表达法。有些载体,在筛选标记基因前含有一段负调控序列,当外源基因插入该段序列时,其下游的筛选标记基因才表达。例如,pTR262 质粒的四环素抗性(Tc^r)基因上游存在 *CⅠ* 基因的负调控序列,可以抑制 Tc^r 基因的表达。当外源基因插入失活 *CⅠ* 基因时,Tc^r 基因可获得表达,阳性重组体能在含 Tc 的琼脂平板上生长,而阴性重组体则不能。

(3) 遗传互补法。某些重组体在宿主细胞中表达后,其表达产物可以互补宿主细胞中的营养代谢缺陷。根据这一特点,可筛选重组体。外源基因导入哺乳动物细胞后的阳性克隆筛选常用这种方法。

(4) 噬菌斑形成筛选法。噬菌体载体包装外源 DNA 后形成的有活性的重组分子,在培养平板上出现清晰的噬菌斑,而不含外源 DNA 的单一载体 DNA,因其长度太小不能被包装成活的噬菌体颗粒,感染细菌后不形成噬菌斑,从而达到筛选的目的。

上面这些方法是根据遗传表型对重组体进行初步筛选,是筛选阳性重组体的第一步。进一步鉴定所获得的重组体是否含有目的基因,还需要用间接筛选法的一种或几种进行检测。

2) 间接筛选法

间接筛选法是检测重组体克隆中是否含有目的基因的核苷酸序列或是否产生目的基因所编码的产物的方法。阳性重组体中必然含有目的基因的核苷酸序列,另外,外源基因在受体细胞中克隆成功后,可使该基因在启动子控制下表达,即产生目的基因所编码的蛋白质。

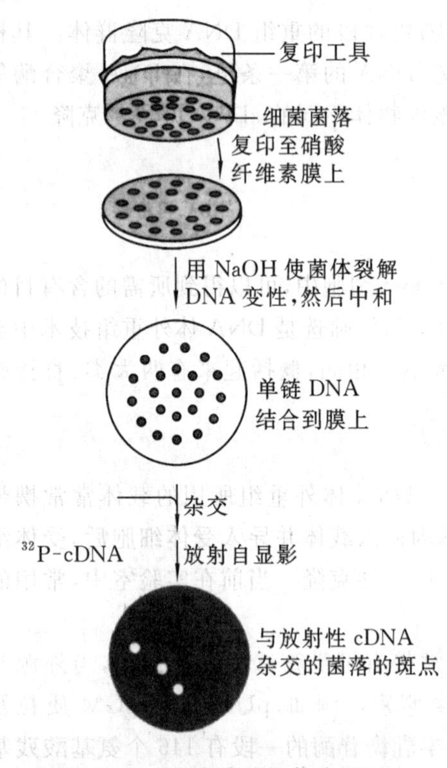

图 15-18　原位杂交法筛选 DNA 重组体图解

(1) 菌落(噬菌斑)原位杂交技术。这是一种十分灵敏而且快速的方法。其基本程序见图 15-18。重组 DNA 分子转化(或转染)细菌后,将其涂布在固体培养基表面,形成菌落或噬菌斑;用一张与培养皿面积相当的硝酸纤维素膜或尼龙膜与培养基表面轻轻接触一下,使菌落或噬菌斑中的少量菌体或噬菌体吸附于膜上。当转化子数较少时,也可用牙签将菌落或噬菌斑直接点到硝酸纤维素膜或尼龙膜上,培养一段时间,待菌落或噬菌斑经放射自显影或显色底物处理后,就会在 X 光底片上出现杂交点或在膜(硝酸纤维素膜或尼龙膜)上发生颜色反应。根据阳性反应的位置,可从保留的母板上挑出所需的克隆。扩大培养后,制备出质粒 DNA,做进一步分析。这些分析包括插入 DNA 的长度、限制性内切酶图谱,甚至 DNA 序列等。噬菌体在培养平板上所产生的噬菌斑也可以用上述类似的方法进行原位杂交加以筛选。

(2) 免疫学方法。如果插入的外源 DNA 经表达后产生蛋白质,也可用免疫学方法利用特异抗体与目的基因表达产物相互作用进行筛选。固体培养基上由菌落产生的蛋白质,可以转移到硝酸纤维素膜上,用相应的放射性标记的抗体(一般用 ^{125}I 标记)进行反应。洗去非特异性的抗体后,用放射自显影显示结果。这种方法特异性强,灵敏度高,尤其适用于选择不为宿主菌提供选择标志的基因。

2. 克隆基因的表达

克隆基因的表达是指被克隆入某一载体中的目的基因经适当的转录、翻译后加工产生蛋白质的过程,密码子的通用性是外源基因正确表达的基础。然而表达需要经过转录和翻译程序,外源基因在受体内能否正确表达,在很大程度上取决于两者之间的协调性。

原核生物和真核生物基因的表达调控有很大差别。一般认为,来源于原核细胞的目的基因在原核细胞内表达;而来源于真核细胞的目的基因在真核细胞内表达,若接上原核生物的调控元件，也能在原核细胞内表达。

1）目的基因在原核细胞内的表达

最常用的原核表达系统是大肠杆菌。在大肠杆菌中表达来源于原核细胞的目的基因时，载体需含有大肠杆菌适宜的选择性标志，具有能调控转录、产生大量 mRNA 的强启动子，目的基因位于该启动子的下游，即可高效表达。来源于真核细胞的目的基因，一般采用从真核细胞 mRNA 逆转录来的 cDNA，载体中目的基因 DNA 要插入原核启动子的下游，由于真核基因的转录产物缺少有效的核糖体结合位点，因而目的基因要置于原核 SD 序列的下面。但有些来源于真核细胞的目的基因在原核细胞内表达存在着翻译后蛋白质加工难、活性低和易水解等问题。

2）目的基因在真核细胞内表达

真核表达系统主要有酵母（真菌）、昆虫、高等动植物等的细胞，其表达载体通常由质粒、病毒和染色体 DNA 改造而成。

（1）外源基因在酵母细胞中的表达。酵母细胞的克隆载体共有五类：①整合质粒（yeast integrative plasmid，YIP），含有酵母可选择遗传标记，但无酵母复制起点，在酵母细胞内只有整合到染色体中才能稳定存在；②附加体质粒（yeast episomal plasmid，YEP），含有酵母可选择遗传标记和酵母 2μ 质粒的复制起点，在酵母细胞内以高拷贝数存在；③复制质粒（yeast replication plasmid，YRP），含有酵母染色体 DNA 的自主复制序列，以中等拷贝数存在于酵母细胞内；④含着丝粒（CEN）的质粒（yeast centromere-containing plasmid，YCP），含有 ARS 和 CEN，CEN 在有丝分裂时与纺锤体结合，以单拷贝稳定存在；⑤酵母人工染色体（yeast artificial chromosome，YAC），含有构成染色体的关键序列 ARS、CEN 和 TEL，能以微型染色体的形式存在，可用于克隆超过100 kb的大片段 DNA。上述载体的酵母选择标记常用生物合成基因。为了便于操作，除酵母选择标记和复制起点外，还常加入大肠杆菌的选择标记和复制起点，构成穿梭载体。

（2）克隆基因在植物细胞中的表达。根瘤土壤杆菌（*Agrobacterium tumefaciens*）感染植物时，将外源基因带入植物细胞，在感染部位往往长出一个肿块组织，称为冠瘿。冠瘿合成的冠瘿碱是一种氨基酸衍生物，是土壤杆菌的代谢产物。受感染后的植物组织新陈代谢发生紊乱，造成外源 DNA 易于进入。冠瘿碱的合成与正常植物组织的癌化是由土壤杆菌的 Ti 质粒引起的。Ti 质粒只适用于双子叶植物和少数几种单子叶植物，不能用于具有经济价值的谷类作物的基因工程。还有一种诱发植物形成肿瘤的质粒，即发根土壤杆菌产生的毛根质粒。此外，各种植物病毒也可改造成为基因载体，如花椰菜花叶病毒（CaMV）DNA 载体、烟草花叶病毒（TMV）。植物病毒载体易于操作，可以高效感染植物细胞，并在植物中高水平表达。

（3）克隆基因在哺乳动物细胞中的表达。哺乳动物基因工程的表达载体通常由动物病毒改造而得，常用的病毒有猿猴空泡病毒 40（simian vacuolating virus，SV40）、牛痘病毒（vaccinia virus）、逆转录病毒和腺病毒等。各种动物病毒构成的载体各有其特点和特殊用途。牛痘病毒可用于构建工程疫苗。逆转录病毒载体具有较高的整合和表达外源基因的效率，但只能转染正在分裂的细胞。腺病毒较大，其载体可以容纳较大的外源基因片段，并且可以转染非分裂基因等。

思 考 题

1. tRNA 四个主要环的名称和功能是什么?
2. 简述 RNA 的分类、各类 RNA 的结构特点及其在蛋白质生物合成中的作用。
3. 不同生物间 rRNA 和核糖体蛋白的三维结构极其相似,为什么?
4. 密码子的特性是什么?
5. 怎样理解氨酰-tRNA 合成酶的作用是第二遗传密码?
6. 叙述发生在氨酰-tRNA 合成酶上的两个反应。
7. 简述蛋白质的生物合成过程。
8. 翻译因子在原核和真核的翻译过程中有什么功能?
9. SD 序列和 30S 亚基的配对为原核提供了识别起始密码子和 Met 密码子的机制,那么真核是如何实现的?
10. 阐述肽链延伸循环的 3 步反应。
11. 总结原核生物和真核生物蛋白质合成过程的异同。
12. 蛋白质合成后有哪些加工修饰过程?
13. 基因工程常用的工具酶及其作用是什么?
14. 简述基因工程常用的载体及其特点。
15. 简述菌落或噬菌斑原位杂交的原理。
16. 基因表达的控制元件有哪些?
17. 酵母的克隆载体有哪些?

第 16 章 代谢调节控制

16.1 概 述

生物体内的代谢既是错综复杂的，又是有序的，所有的生命都靠代谢的正常运转来维持。同时，生物体具有适应外界环境的能力，当外界条件改变时，生物体能自我调整和改变其体内的代谢过程，建立新的代谢平衡，以适应环境的变化。正常机体有其精细的代谢调节机制，保证代谢反应按一定规律有条不紊地进行。

代谢调控是在三个不同层次上进行的，即细胞(酶)水平、激素水平和神经水平。其中细胞(酶)水平的调节是最原始的，也是最基本的调节方式，为动植物和微生物所共有。激素水平和神经水平的调节，是随着生物的进化而发展、完善起来的高级调节机制，但它们仍以细胞(酶)水平的调节为基础。本章主要介绍细胞(酶)水平和激素水平的调节。

16.1.1 代谢网络

物质代谢、能量代谢与代谢调节是生命存在的三大要素。机体代谢之所以能够顺利进行，并能适应千变万化的体内、体外环境，除了具备完整的糖、脂类、蛋白质、氨基酸、核苷酸与核酸代谢和与之偶联的能量代谢以外，机体还存在着复杂完整的代谢调节网络。各种代谢物的中间代谢往往是在细胞中同时进行，不仅各自井然有序、有条不紊，又能相互交叉、密切联系。

TCA 循环是糖、脂肪和蛋白质三大物质互相转化的枢纽，它们通过 6-磷酸葡萄糖、丙酮酸和乙酰 CoA 三个中间产物相互联系。脂肪酸在植物和微生物体内可通过乙醛酸循环由乙酰 CoA 合成琥珀酸，然后转变为糖或蛋白质，而动物体内不存在乙醛酸循环，一般不能由乙酰 CoA 生成糖和蛋白质。蛋白质分解产生的氨基酸，在体内可以转变为糖。脂类分解过程中产生较多的能量，可作为体内储藏能量的物质。核酸不是重要的碳源、氮源和能源，但核酸通过控制蛋白质的合成可影响细胞的成分和代谢类型。许多核苷酸在代谢中起着重要作用，如 ATP、辅酶等。同时，核酸的代谢也受其他物质，特别是蛋白质的影响，各种物质在代谢中是彼此影响、相互转化和密切联系的。TCA 循环不仅是各种物质共同的代谢途径，而且是它们互相联系的渠道。这些主要物质的代谢关系见图 16-1。

16.1.2 代谢的单向性

虽然酶促反应是可逆的，但在生物体内，代谢过程是单向的。一些关键部位的代谢是由不同的酶催化正反应或逆反应的，这样才可使两种反应都处于热力学的有利状态。一般 α-酮酸脱羧的反应、激酶催化的反应、羧化反应等都是不可逆的。这些反应常受到严密调控，是关键步骤。

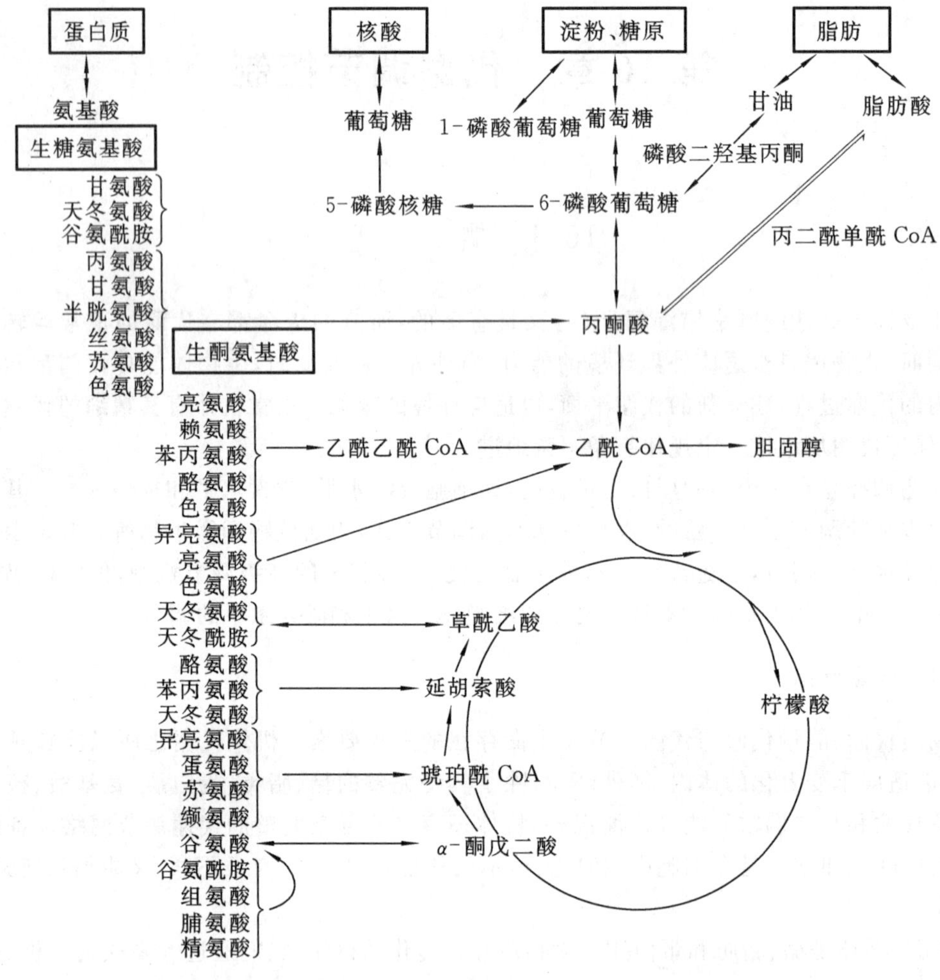

图 16-1　糖、脂类、蛋白质和核酸代谢的相互关系示意图

16.2　代谢调节

16.2.1　代谢调节的作用点

代谢调节的作用点是指在反应系统中起调节作用的关键环节。细胞内所进行的中间代谢,几乎都是在酶催化下进行的,控制酶活性是调节代谢最根本的措施。各种物质代谢途径是需一系列酶依次进行连续催化的生化过程。欲改变某一代谢途径的速率时,并非改变该代谢途径中全部酶活性,而往往只需控制这一途径中某些酶甚至某个关键酶活性即可实现。所谓关键酶,是指催化单向反应、速率较慢的酶,调节该酶活性往往可以影响代谢速率,甚至改变代谢方向(表 16-1)。关键酶所催化的反应通常是最慢的,因而又称为限速酶。

表 16-1　某些代谢途径的关键酶

代谢途径	关键酶
糖酵解	己糖激酶、磷酸果糖激酶和丙酮酸激酶
TCA 循环	柠檬酸合成酶、异柠檬酸脱氢酶和 α-酮戊二酸脱氢酶系
糖异生	丙酮酸羧化酶、磷酸烯醇式丙酮酸羧激酶、二磷酸果糖磷酸酯酶、G-6-P 磷酸酯酶
糖原合成	糖原合成酶
糖原分解	磷酸化酶
脂肪酸合成	乙酰 CoA 羧化酶
脂肪分解	激素敏感性脂肪酶
酮体生成	HMG-CoA 合成酶
胆固醇合成	HMG-CoA 还原酶
尿素合成	氨甲酰磷酸合成酶Ⅰ、精氨酸代琥珀酸合成酶
嘧啶核苷酸合成	氨甲酰磷酸合成酶Ⅱ(哺乳动物)、天冬氨酸氨甲酰转移酶(细菌)
嘌呤核苷酸合成	磷酸核糖焦磷酸合成酶

代谢途径的关键酶具有下列特点:①所催化的反应速率最慢,因此决定整条代谢途径的总速率;②一般催化单向反应或平衡反应,因此它的活性决定代谢途径的方向;③关键酶为寡聚酶,其活性受多种形式的调节;④一条代谢途径的第一种酶及分支代谢中分支后的第一种酶,通常就是关键酶。

因为代谢途径经常有交叉或分支,而每条酶促代谢反应途径都有相应的关键酶,所以整条代谢途径中会有多种关键酶。有时几条代谢途径又有代谢途径的交叉点或共同的代谢中间产物,如糖酵解与有氧氧化的代谢中间产物为丙酮酸,糖有氧氧化与磷酸戊糖途径的代谢中间产物为 6-磷酸葡萄糖,糖与脂肪酸分解代谢的代谢中间产物为乙酰 CoA,糖与氨基酸分解代谢衔接的代谢中间产物为丙酮酸、乙酰 CoA 与 α-酮戊二酸等。代谢中间产物究竟朝哪个方向继续进行代谢,或某一代谢中间产物在各途径中进一步代谢的相对量如何,取决于机体当时的需要与条件。

关键酶活性的调节大致有两种方式:一种是迟缓调节,一般需要数小时才能实现,主要是通过改变酶分子的合成速率;另一种调节方式是快速调节,一般在数秒或数分钟内就可以发生或完成,这种调节是通过激活或抑制体内原有的酶活性,主要通过酶的别构效应、共价修饰、酶原激活等方式改变酶分子的结构,从而迅速改变酶的活性。从对代谢速率调节的效果来看,酶活性调节显得直接而快速,酶量调节间接而缓慢。

16.2.2　反馈调节

前馈(feedforward)和反馈(feedback)这两个术语都来自电子学,前馈指输入对输出的影响,反馈指输出对输入的影响。这两个概念用于代谢调控中,是指代谢底物和代谢产物对代谢速率的影响。

1. 前馈

参与代谢的底物浓度的变化影响代谢途径中酶的活性,从而对整个代谢速率产生影响,这种调节方式称为前馈。如果底物浓度增加,使酶激活或酶活性提高,从而使代谢速率加快,称为正前馈;若底物浓度增加,酶活性下降,使代谢速率减慢,称为负前馈。

正前馈又称为前体激活,常见于分解代谢途径。在糖酵解中6-磷酸葡萄糖对丙酮酸激酶的激活作用,粪链球菌(*Streptococcus faecalis*)的乳酸脱氢酶活性被1,6-二磷酸果糖促进,粗糙脉孢菌(*Neurospora crassa*)的异柠檬酸脱氢酶的活性受柠檬酸的促进,这些都是正前馈的例子。负前馈的例子不多见,在脂肪酸合成中,高浓度的乙酰CoA对乙酰CoA羧化酶有抑制作用就是一例,这种情况通常在底物过量时才产生。

2. 反馈

反馈是指代谢途径的终产物对代谢速率的影响,这种影响是通过对某种酶的活性的影响来实现的。在大多数情况下终产物(或某些中间产物)影响代谢途径中的第一种酶,这样就不会造成中间产物的积累,以便合理利用原料并节约能量。

在代谢过程中,如果随着终产物浓度的升高,关键酶活性增强,这种现象称为正反馈;如果终产物的积累使关键酶的活性减弱,代谢速率减慢,则称为负反馈。

在细胞内的反馈调节中,广泛地存在负反馈,正反馈的例子不多见。例如,草酰乙酸对乙酰CoA氧化的调控即是正反馈调控的例子,在糖的有氧氧化中,乙酰CoA必须先与草酰乙酸结合才能被氧化,而草酰乙酸又是乙酰CoA被氧化的终产物。草酰乙酸的量若增加,则乙酰CoA被氧化的量亦增加。

3. 反馈抑制的方式

负反馈又称反馈抑制(feedback inhibition),分为线性反馈抑制与分支代谢反馈抑制。

1) 线性反馈抑制

线性反馈抑制是反馈抑制的基本方式。在许多代谢过程中,由一定的代谢底物开始,一个反应接着一个反应,形成连续的线性代谢途径,直到整个代谢终产物的形成。随着终产物的积累,对整条途径产生反馈抑制作用。线性反馈抑制又分为直接反馈抑制和连续反馈抑制。

在脂肪合成中,终产物脂肪酸(脂酰CoA)对关键酶乙酰CoA羧化酶的反馈抑制就是直接反馈抑制的例子。

乙酰CoA —(乙酰CoA羧化酶)→ 丙二酰CoA - - -→ 脂肪酸

连续反馈抑制又称逐步反馈抑制,如在糖酵解途径中,作为终产物之一的ATP不是直接抑制第一种关键酶己糖激酶,而是首先抑制磷酸果糖激酶。这样必然造成6-磷酸葡萄糖的积累,6-磷酸葡萄糖再反馈抑制己糖激酶,最后使整个代谢停止。其反应方式如下:

G —(己糖激酶)→ G-6-P ←→ F-6-P —(磷酸果糖激酶)→ F-1,6-2P ——→ 丙酮酸

ATP

2) 分支代谢反馈抑制

分支代谢反馈抑制是原核生物代谢的重要调节方式。其特点是每条分支途径的终产物常常控制分支后的第一种酶,同时每一种终产物又对整条途径的第一种酶有部分抑制作用。

不同的原核生物中分支代谢途径的调节方式又有区别，常见的有下面几种调节方式。

(1) 多价反馈抑制(multivalent feedback inhibition)。分支代谢途径中的几种终产物分别过量时对共同途径中较早的一种酶(关键酶)不产生抑制作用，对相应分支上的第一种酶(分支关键酶)也不产生抑制作用，因而并不影响整体代谢速率，只有几种终产物同时过量时才能对关键酶产生抑制作用，见图 16-2(a)。例如，在荚膜红极毛杆菌中，由天冬氨酸合成赖氨酸、苏氨酸、蛋氨酸的途径，当赖氨酸、苏氨酸或蛋氨酸单独过量时，对整条途径的第一种酶天冬氨酸激酶不产生抑制作用，只有三种氨基酸都过量时才产生抑制作用。

(2) 协同反馈抑制(concerted feedback inhibition)。协同(又称协调)反馈抑制是几种终产物同时过量时才抑制共同途径的第一种酶(关键酶)的活性，一种终产物单独过量虽不抑制共同途径的第一种酶(关键酶)的活性，但抑制相应分支上的第一种酶(分支关键酶)的活性，因而并不影响其他分支上的代谢，只有在所有终产物都过量时，才抑制整条途径中的第一种酶的活性，见图 16-2(b)。例如，多黏芽孢杆菌(*Bacillus polymyxa*)的天冬氨酸族氨基酸的合成，其终产物赖氨酸、苏氨酸、蛋氨酸对代谢途径的第一种酶天冬氨酸激酶的调节，就是协同反馈抑制。

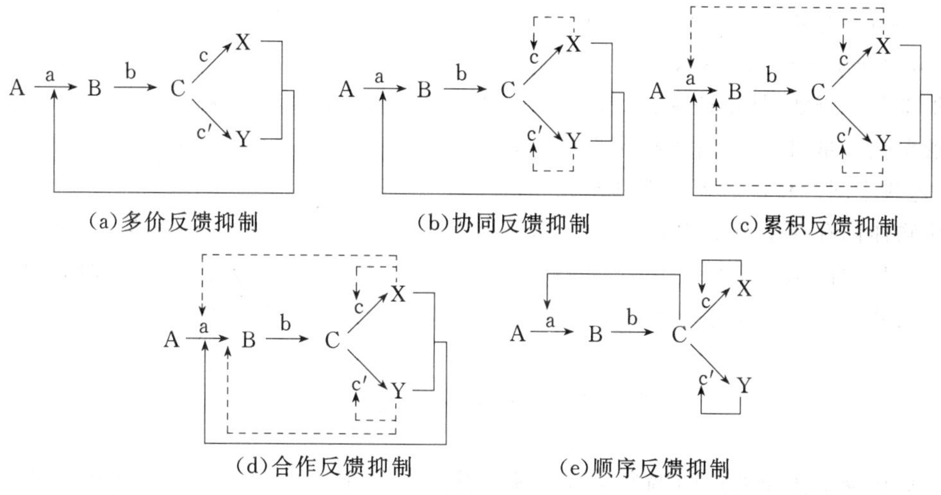

图 16-2　分支代谢反馈抑制

—— 抑制作用强；----- 抑制作用弱

(3) 累积反馈抑制(cumulative feedback inhibition)。累积反馈抑制是指几种终产物中任何一种过量都能单独地、部分地抑制(按一定比例)共同途径中前面某种酶(关键酶)的活性，各终产物之间既无协同效应，也无拮抗作用。但各终产物对共同关键酶的抑制作用具有累积效应，当所有终产物都过量时，对这种关键酶的抑制作用达到最强，见图 16-2(c)。大肠杆菌谷氨酰胺合成酶是最早发现具有累积反馈抑制作用的例子，它催化谷氨酸合成谷氨酰胺，而谷氨酰胺是用于合成甘氨酸、丙氨酸、组氨酸、色氨酸、AMP、CTP、氨甲酰磷酸和 6-磷酸葡萄糖胺的前体，它受这 8 种终产物的累积反馈抑制。这几种产物单独存在和同时存在时的抑制效果可根据表 16-2 进行计算。

(4) 合作反馈抑制(cooperative feedback inhibition)。合作反馈抑制又称为增效反馈抑制，是指任何一种终产物单独过量时，仅部分地抑制共同反应步骤的第一种酶的活性，几种终产物同时过量时，其抑制程度可以超过各产物单独存在时抑制作用的总和，各终产物均过量具有增效作用,见图 16-2(d)。例如,催化嘌呤核苷酸生物合成,最初反应的谷氨酰胺磷酸核糖焦磷酸转移酶分别受 GMP、IMP、AMP 等终产物的反馈抑制作用,当它们任意两者混合时,抑制效果比各自单独存在时的和要大。

表 16-2　代谢终产物的累积抑制

终产物	单独抑制	累积抑制
色氨酸	16%	16%
CTP	14%	(1−16%)×14%=11.8%
氨甲酰磷酸	13%	(1−16%−11.8%)×13%=9.4%
AMP	41%	(1−16%−11.8%−9.4%)×41%=25.75%
总计		16%+11.8%+9.4%+25.75%=62.95%

(5) 顺序反馈抑制(sequential feedback inhibition)。顺序反馈抑制的作用方式如图 16-2(e)所示,代谢反应的终产物 X 和 Y 过量时,首先分别反馈抑制各自支路上第一种酶 c 和 c′,从而使中间产物 C 积累。然后终产物 X 和 Y 及中间产物 C 对共同途径第一种酶 a 产生反馈抑制。例如,枯草杆菌(*Bacillus subtilis*)的芳香族氨基酸合成,当酪氨酸、苯丙氨酸、色氨酸单独过量时,各自首先抑制自身支路代谢速率,然后引起共同前体分支酸和预苯酸的积累,这些中间产物最后才反馈抑制共同途径第一种酶的活性。

生物体内存在多种反馈抑制方式,这是生物适应环境并不断进化的结果。从整体来看,这些分支代谢的调节具有一个显著的特点,即保证细胞内分支代谢的几种产物浓度不因某一种产物浓度过高而降低,不因一种产物的过量而影响其他产物的生成。

16.3　酶合成水平调节

细胞内调节主要通过酶调节实现。酶合成水平调节是通过酶量的变化来调节代谢速率。酶合成水平调节有诱导和阻遏两种方式,前者导致酶的合成,后者使酶的合成停止。酶量调节可以防止酶的过量合成,因此能节省生物合成的原料和能量。

根据细胞内酶合成与环境影响的关系,酶可以分为两大类。一类称为组成酶(constitutal enzyme),这种酶蛋白合成量十分稳定,不受代谢状态的影响,如糖酵解和 TCA 循环的酶系。一般来说,保持机体基本能源供给的酶通常都是组成酶。另一类酶,其合成量受环境营养条件及细胞内有关因子的影响,分为诱导酶(inducible enzyme)和阻遏酶(repressible enzyme)。例如,β-半乳糖苷酶,在以乳糖为唯一碳源时,大肠杆菌细胞受乳糖的诱导,其量可成千倍地增长,这类酶称为诱导酶;而与组氨酸合成相关的酶系,在有组氨酸存在的条件下,其酶蛋白合成量受到抑制,这类酶称为阻遏酶。诱导酶通常与分解代谢有关,而阻遏酶通常与合成代谢有关。

编码组成酶的基因称为基本基因。基本基因不受诱导与阻遏作用,能恒定地表达,从而使细胞内保持一定数量的酶。

16.3.1　酶的诱导合成

1. 二度生长现象

1942 年 Monod J. 研究大肠杆菌在含有葡萄糖和乳糖两种碳源的培养基中的生长情况时，出现了二度生长现象。大肠杆菌的生长特点为具有两个对数生长期，中间相隔一段停顿生长期(图 16-3)。大肠杆菌两次生长的量和两种碳源的浓度成正比，即第一次生长的量与葡萄糖的浓度成正比，第二次生长的量与乳糖的浓度成正比。

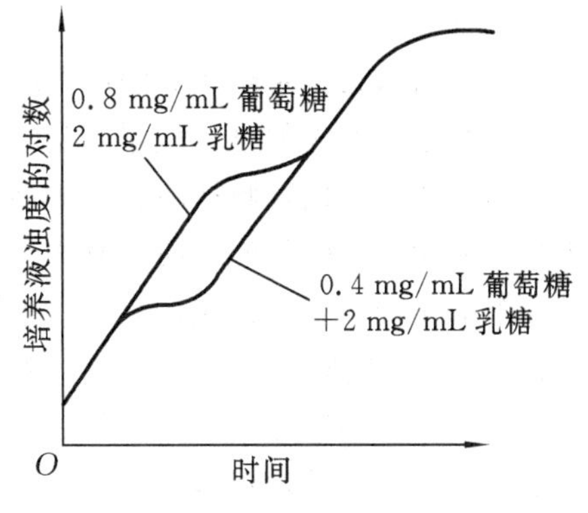

图 16-3　二度生长现象

在上述两种碳源中，大肠杆菌生长之所以出现二度生长现象，是因为大肠杆菌细胞中分解葡萄糖的酶是组成酶，所以首先利用葡萄糖。当葡萄糖消耗完后再利用乳糖，但是分解乳糖的 β-半乳糖苷酶是诱导酶，经乳糖的诱导才产生。诱导涉及基因表达程序，所以有一段停顿生长期。诱导酶的存在对生物体是有利的，细胞不需要在任何时候合成所有的酶。

将大肠杆菌或酵母菌培养在含葡萄糖和山梨糖醇的培养基上时，也出现二度生长现象，说明分解山梨糖醇的酶对大肠杆菌而言也是诱导酶。其他如亮白曲霉(*Aspergillus flavus*)的蔗糖酶、肠膜明串珠菌(*Leuconostoc mesenteroides*)和蜡状芽孢杆菌(*Bacillus cereus*)利用阿拉伯糖的酶等都是诱导酶。酶的诱导合成现象在微生物中是很普遍的。

2. 诱导的方式

在酶的诱导合成中，能起诱导作用的物质称为诱导物(inducer)。在一般情况下，底物是最好的诱导物，有时与底物结构类似的物质也可以作为诱导物，但它不被诱导产生的酶作用。与此相反，有些物质虽然是酶的底物，但并不能作为该酶的诱导物。此外，不同诱导物的诱导能力也不相同。

酶的诱导合成，主要有三种不同的方式。第一种称为单一诱导，当加入诱导物后，仅产生一种酶，这种情况是比较少见的。第二种称为协同诱导，其作用主要存在于较短的代谢途径中，当加入诱导物后，能够同时(或几乎同时)诱导几种酶的合成。例如，将乳糖加入培养基后，可同时诱导大肠杆菌合成三种酶：β-半乳糖苷酶、β-半乳糖苷透性酶和半乳糖苷转乙酰基酶。第三种称为顺序诱导，在这种诱导方式中，诱导物先诱导合成分解底物的酶，再依次合成分解各中间代谢产物的酶。

在顺序诱导中，有一些不同的方式。一种情况是同一种物质可以既诱导合成催化前一个反应的酶，又诱导合成催化后一个反应的酶；还有一种情况是底物诱导合成催化底物分解的酶，再由此酶催化底物分解的中间产物作为催化后面反应酶合成的诱导物。这些诱导方式的多样性，是由生物适应环境的能力不断加强而形成的。一般来说，顺序诱导是一种对更复杂的代谢途径进行分段调节的手段。

16.3.2　酶合成的阻遏作用

在微生物细胞内的代谢(通常是合成代谢)中，当代谢途径中某终产物过量时，除了可以通过反馈抑制的方式抑制关键酶活性,达到减少终产物积累的目的外,还可以通过阻遏作用,阻遏代谢途径中关键酶的进一步合成,以降低终产物的合成量。某些代谢途径仅具有反馈抑制调节方式,另一些仅具有阻遏作用,而有的代谢途径则同时具有两种调节方式。阻遏作用有终产物阻遏和分解代谢物阻遏两种重要方式。

1. 终产物阻遏

终产物阻遏也就是酶合成的反馈阻遏(feedback repression),是指细胞内代谢途径的终产物或某些中间产物的过量积累,阻止代谢途径中某些酶合成的现象。这种阻遏作用是比较普遍而重要的。以大肠杆菌合成天冬氨酸族氨基酸为例,终产物苏氨酸和蛋氨酸对关键酶天冬氨酸激酶有较强的反馈抑制作用,而另一终产物赖氨酸对天冬氨酸激酶则具有较强的反馈阻遏作用。也就是说,当细胞内赖氨酸积累过量时,它可以阻遏天冬氨酸激酶的合成;当赖氨酸用于蛋白质合成,细胞内赖氨酸浓度降低到一定值以后,赖氨酸对天冬氨酸激酶合成的阻遏作用解除。于是天冬氨酸激酶基因又表达,合成天冬氨酸激酶,该酶再催化天冬氨酸转化为赖氨酸,当赖氨酸浓度升高到一定值后,阻遏作用再次发生。因此,赖氨酸(终产物)就是调节天冬氨酸激酶基因活性的调节物。

终产物阻遏的作用部位,主要是代谢途径中的第一种酶或相关联的几种酶。在分支代谢途径中,反馈阻遏常作用于分支后的第一种酶。有的分支途径的终产物则对共同途径的第一种酶及分支后的第一种酶都具有反馈阻遏作用。

终产物阻遏在代谢调节中有着重要的作用,它保证了细胞内各种物质维持适当的浓度。当微生物已合成足量的产物,或外界加入该物质以后,就停止有关酶的合成,而缺乏该物质时,又开始合成有关酶。

2. 分解代谢物阻遏

将大肠杆菌置于含乳糖的培养基上培养,大肠杆菌不能立即利用乳糖,必须经过一段时间后才加以利用。这种现象是由于分解乳糖的酶 β-半乳糖苷酶必须经过乳糖诱导后才能生成。如果将大肠杆菌培养在既含葡萄糖又含乳糖的培养基上,细菌要将葡萄糖用完后才能利用乳糖,这种现象说明葡萄糖的存在对乳糖的诱导会产生抑制作用。这种抑制作用不是葡萄糖本身引起的,而是葡萄糖分解代谢产生的某些中间产物对 β-半乳糖苷酶的诱导生成有阻遏作用。这种酶诱导的阻遏作用最初被认为只限于葡萄糖,因而称为葡萄糖效应(glucose effect)。随后发现,所有可迅速代谢的能源对利用另一被缓慢利用的能源所需酶的形成都具有阻遏作用,故称为分解代谢物阻遏(catabolite repression)。

分解代谢物阻遏是指微生物在有优先可被利用的底物时,其他物质的分解途径受到抑制。在培养基中含有多种可被利用的底物时,不是同时诱导分解各种底物的酶,而是在第一种可被利用的底物耗尽后才利用第二种底物,从而产生分解第二种底物的酶。细胞总是首先利用易于分解的底物,最后利用难于分解的底物,分解代谢物阻遏对酶的诱导合成具有调节作用。

16.3.3 诱导与阻遏机制

酶的诱导和阻遏以相反方向影响酶的生物合成,它们的作用机制是相似的,可以用 Jacob F. 和 Monod J. 提出的操纵子模型(operon model)来解释。

1. 操纵子模型

1960 年,Jacob F. 和 Monod J. 提出操纵子模型(图 16-4)。一个操纵子包括下列几种基因。

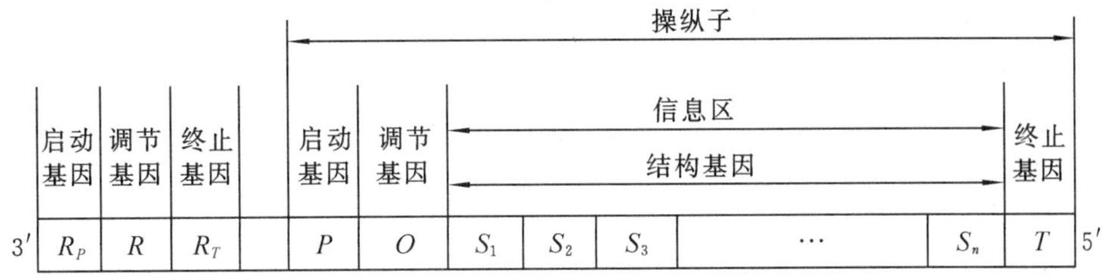

图 16-4　操纵子模型

(1) 结构基因(structure gene,S)。结构基因是决定蛋白质结构的基因,这部分 DNA 上的脱氧核苷酸序列决定了相应蛋白质的氨基酸残基序列。此外,决定各种 RNA 分子中核苷酸序列的基因也称为结构基因。一个操纵子常含有多个结构基因,结构基因是操纵子的信息区。

(2) 启动基因。启动基因即启动子,是基因转录时 RNA 聚合酶首先结合的区域。

(3) 操纵基因。操纵基因是调节基因产生的一种特异蛋白(阻遏蛋白)结合的区域。如果操纵基因与这种蛋白质结合,结构基因就不能表达,基因处于关闭状态(称为阻遏状态)。

(4) 终止基因(termination gene,T)。终止基因是转录的终止信号。

那么什么是调节基因呢? 调节基因是调节控制操纵子结构基因表达的基因,这种调节控制是通过它表达的产物——阻遏物(repressor)或阻遏蛋白(corepressor)来实现的。调节基因有自己转录的启动基因(R_P)和终止基因(R_T)。

一个操纵子包括启动基因、操纵基因、结构基因和终止基因,通常不包括调节基因。这是因为除了在多数情况下 1 个调节基因控制 1 个操纵子外,还存在更加复杂的调节系统。例如,在组氨酸合成系统中,有 1 个操纵子和 5 个调节基因;在精氨酸合成的调节系统中则相反,有 5 个操纵子和 1 个调节基因,也就是说,调节基因同时控制 5 个操纵子的协同表达。在这种情况下,将这几个结构上分开的、协同表达的功能单位(上述 5 个操纵子)称为调节子(regulon)。

调节基因能表达产生一种特异蛋白,称为阻遏物(或阻遏蛋白),它是一种可以变构的蛋白质,分子上有两个特异部位:一个部位能同操纵子中的操纵基因结合,另一个部位能同诱导物或代谢终产物(称为辅阻遏物或共阻遏物)结合。这里的诱导物和辅阻遏物统称为效应物(effector),又称调节物(modulator)。阻遏物同操纵基因及效应物的结合都是专一的、可逆的。

如果调节基因的产物阻遏蛋白与操纵基因结合,由于空间位阻效应使 RNA 聚合酶不能发挥作用,这时基因关闭,结构基因不能表达,此时称为操纵子处于阻遏状态;相反,如果阻遏蛋白脱离了操纵基因,不与操纵基因结合,此时结合于启动基因的 RNA 聚合酶就可以沿着模板滑动,结构基因得以表达,称为去阻遏作用(或消阻遏作用),见图 16-5。

因此,操纵子的基因表达与否取决于阻遏蛋白是否与操纵基因结合。阻遏蛋白的状态又是由效应物决定的,通常效应物有诱导物和辅阻遏物。当诱导物(常常是分解代谢的底物)与阻遏蛋白结合,使得阻遏蛋白的构象发生改变,阻遏蛋白就不能再与操纵基因结合,操

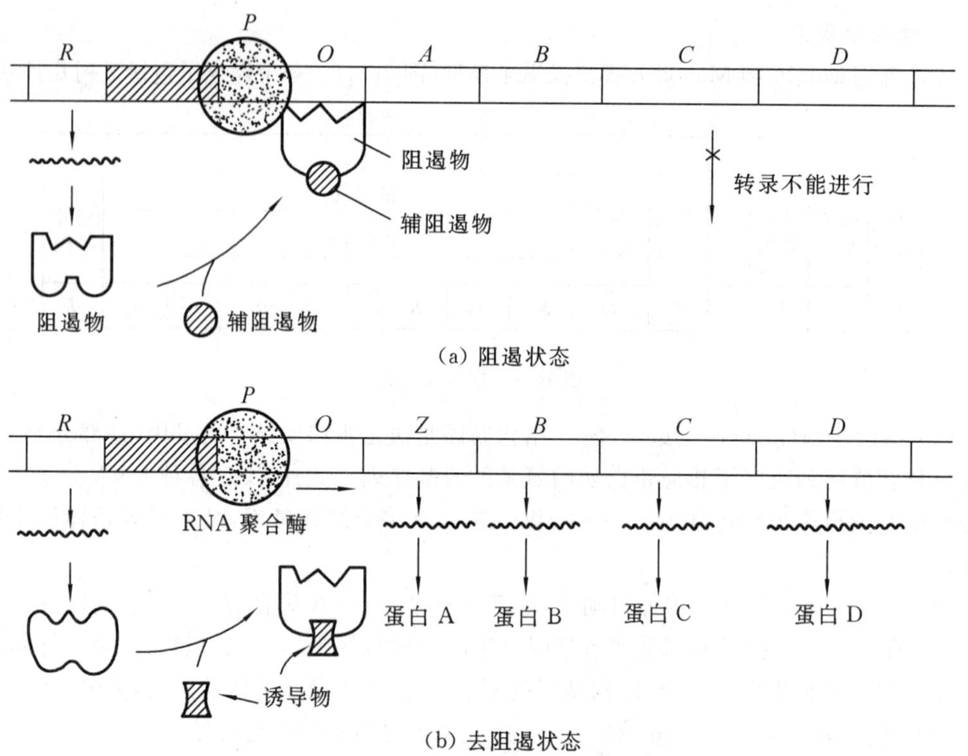

图 16-5　操纵子的阻遏状态与去阻遏状态

纵子处于去阻遏状态,基因得以表达。与此相反,辅阻遏物(常常是合成代谢的终产物)与阻遏蛋白结合后,能促进阻遏蛋白与操纵基因结合,使得基因关闭,从而操纵子处于阻遏状态。促进基因表达的因素称为正调控因子(如诱导物),而阻遏基因表达的因素称为负调控因子(如阻遏物、辅阻遏物)。

从基因表达调节的角度而言,操纵子可分为可诱导操纵子和可阻遏操纵子两类。

2. 可诱导操纵子

可诱导操纵子(inducible operon)在通常情况下基因是关闭的,也就是说,可诱导操纵子对应的调节基因所产生的阻遏物在通常情况下处于活性状态,它与操纵基因紧密地结合在一起。当有分解代谢的底物存在时,它作为诱导物与阻遏物结合,于是阻遏物的构象发生改变,导致它不能与操纵基因结合而脱离,这时结合于启动基因的 RNA 聚合酶即可转录结构基因,合成 mRNA,进而翻译成酶,以分解代谢底物。

大肠杆菌乳糖操纵子是最早发现的可诱导操纵子,在通常情况下,乳糖操纵子处于阻遏状态,操纵基因与阻遏蛋白结合。如果向培养基中加入乳糖,乳糖转变为别乳糖,别乳糖作为诱导物与阻遏蛋白结合,引起阻遏蛋白变构,结合有别乳糖的阻遏蛋白与操纵基因的亲和力大大减小,因而脱离 DNA,使结构基因得以表达。

3. 可阻遏操纵子

可阻遏操纵子(repressible operon)在通常情况下是开放的,调节基因所产生的阻遏物在通常情况下是处于活性状态的,不能与操纵基因结合。当合成代谢的终产物积累时,这些终产物作为辅阻遏物与阻遏蛋白结合,并使阻遏蛋白的构象发生改变。变构后的阻遏蛋白与操纵基因的亲和力增大，于是与操纵基因结合，将操纵子关闭。现以色氨酸操纵子(图 16-6)为例进行说明。

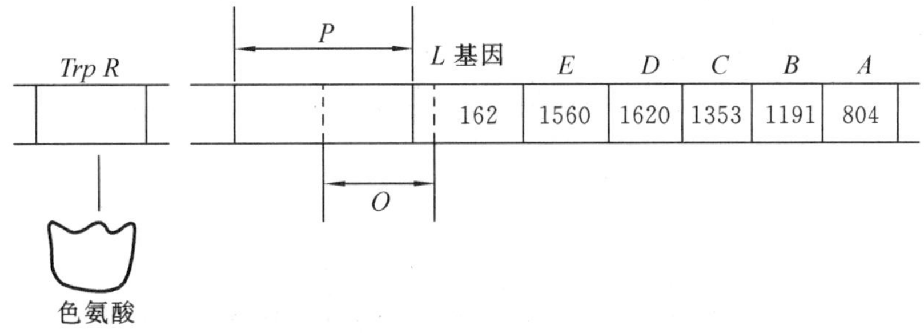

图 16-6　色氨酸操纵子

色氨酸操纵子(Trp operon)是色氨酸合成的调节功能单位。芳香族氨基酸的合成途径是一条分支代谢途径，从原料 4-磷酸赤藓糖和磷酸烯醇式丙酮酸开始到生成分支酸是合成的共同途径，分支酸之后就分成 3 条途径分别合成苯丙氨酸、酪氨酸和色氨酸。从分支酸到色氨酸有 5 步反应，由 5 种酶催化。色氨酸操纵子含有 5 个结构基因，其排列顺序为 *TrpE*(编码邻氨基苯甲酸合成酶)、*TrpD*(编码磷酸核糖邻氨基苯甲酸转移酶)、*TrpC*(编码磷酸核糖邻氨基苯甲酸异构酶)、*TrpB*(编码色氨酸合成酶 β-亚基)、*TrpA*(编码色氨酸合成酶 α-亚基)。

色氨酸操纵子还有一段162 bp的前导序列 *TrpL*。*TrpL* 序列内有一个调节区，称为制动基因或衰减子(attenuator)。色氨酸的启动基因和操纵基因有部分重叠。

1) 操纵基因的调节

控制色氨酸操纵子的调节基因(*TrpR*)与色氨酸操纵子并不连锁，相隔较远。当不存在辅阻遏物(色氨酸-$tRNA^{Trp}$)时，*TrpR* 基因所产生的阻遏蛋白并无阻遏作用。当环境中色氨酸浓度增加时，阻遏蛋白与辅阻遏物结合，阻遏蛋白的结构改变，与操纵基因的结合能力增强。阻遏蛋白与操纵基因结合，就排挤 RNA 聚合酶与启动基因结合，使转录无法进行。

2) 衰减子的调节

衰减子的调节是在色氨酸操纵子的研究中发现的。色氨酸操纵子中衰减子对酶生物合成的调节作用见图 16-7。当细胞内有足量的色氨酸存在时，RNA 聚合酶在＋90 位置暂停，转录在衰减子区段终止，释放出由 140 个核苷酸组成的前导 mRNA。而当细胞中色氨酸缺乏时，RNA 聚合酶继续向前滑动至结构基因区，合成完整的 mRNA 分子，进而由 mRNA 翻译生成色氨酸酶系。这种转录的调节作用称为衰减作用(attenuation)。色氨酸这两级调节总共可使转录降低 99.5％。

除了色氨酸操纵子以外，组氨酸操纵子(His operon)、苯丙氨酸操纵子(Phe operon)、亮氨酸操纵子(Leu operon)、苏氨酸操纵子(Thr operon)和异亮氨酸操纵子(Ile operon)等也存在操纵基因和衰减子两种调节作用。这些操纵子的前导序列均可在代谢途径终产物过量积累时，转录生成前导 mRNA 并翻译生成前导肽。

前导肽有一个共同特点，就是都含有若干个相应的氨基酸残基。例如，色氨酸操纵子可以转录后翻译生成由 14 个氨基酸残基组成的前导肽，其中含有 2 个连续的色氨酸残基；苯丙氨酸操纵子转录后翻译生成的由 15 个氨基酸残基组成的前导肽中，有 7 个连锁的苯丙氨酸残基。

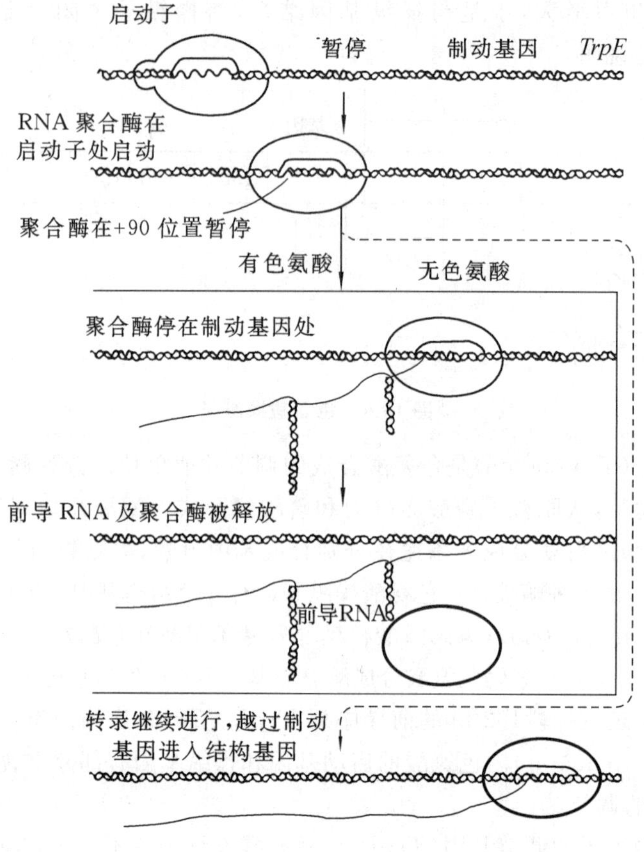

图 16-7　衰减子的调节

16.3.4　乳糖操纵子结构及活性调节

1. 乳糖操纵子结构

大肠杆菌乳糖操纵子(Lac operon)由结构基因、启动基因和操纵基因组成。乳糖操纵子(图 16-8)有 Z 基因(编码 β-半乳糖苷酶)、Y 基因(编码通透酶)、A 基因(编码转乙酰基酶)。Z、Y、A 是结构基因,P 是启动基因(启动子),O 是操纵基因,I 是调控基因。

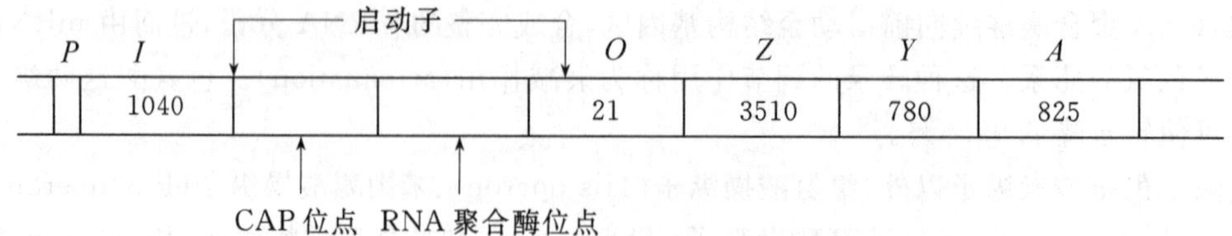

图 16-8　乳糖操纵子

大肠杆菌能把乳糖作为能源,将乳糖水解为半乳糖和葡萄糖,β-半乳糖苷酶催化此反应。当大肠杆菌在只有乳糖的培养基中生长时,一个细胞含有几百个 β-半乳糖苷酶分子,而在含其他碳源分子,如葡萄糖或甘油的培养基中生长时,一个细胞只含有极少量的 β-半乳糖苷酶分子,这说明乳糖能诱导产生大量的 β-半乳糖苷酶。由于 Z、Y、A 三种基因转录到同一条 mRNA 上,因此乳糖能诱导等量的三种酶产生。通透酶的作用是使乳糖能透过细菌壁,转乙酰基酶的作用是使乙酰 CoA 的乙酰基转移到硫代半乳糖苷上。进一步研究表明，在大肠杆菌内真正的生理性诱导剂并非乳糖，而是别乳糖，它也是由乳糖经 β-半乳糖苷酶催化形成的，再由 β-半乳糖苷酶将其水解成半乳糖和葡萄糖。

2. Lac 阻遏物的作用

由调控基因编码的 Lac 阻遏物是一种具有四级结构的蛋白质，4 个亚基（M_r = 37 000）相同，都有一个与诱导剂（生理性诱导剂为别乳糖，实验常用的诱导剂是异丙基硫代半乳糖（IPTG））结合的位点。在没有诱导剂的情况下，Lac 阻遏物能快速与操纵基因 *O* 结合，从而阻碍结构基因的转录。当诱导剂与 Lac 阻遏物结合时，Lac 阻遏物的构象就发生变化，导致阻遏物从操纵基因 *O* 上解离下来，RNA 聚合酶不再受到阻碍作用，能转录结构基因 *Z*、*Y*、*A*，见图 16-9。Lac 阻遏物与操纵基因 *O* 结合时所覆盖的区域为28 bp。Lac 阻遏物的阻遏作用是非常有效的，缺乏阻遏物比存在阻遏物时转录效率高1 000倍。

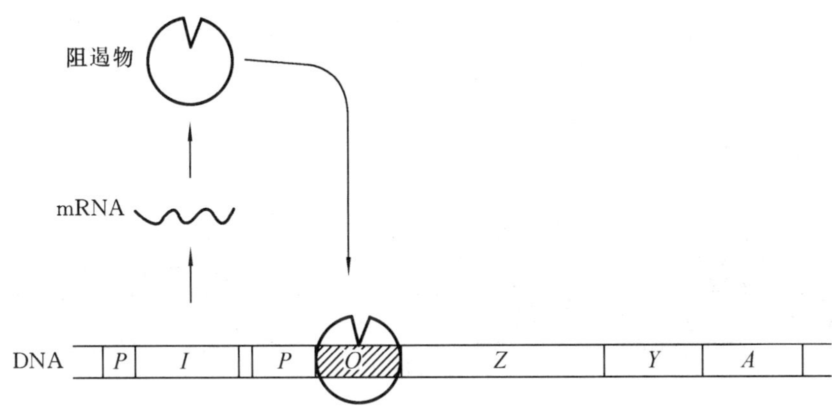

(a)在不存在诱导剂时，阻遏物对乳糖操纵子结构基因表达的阻遏作用

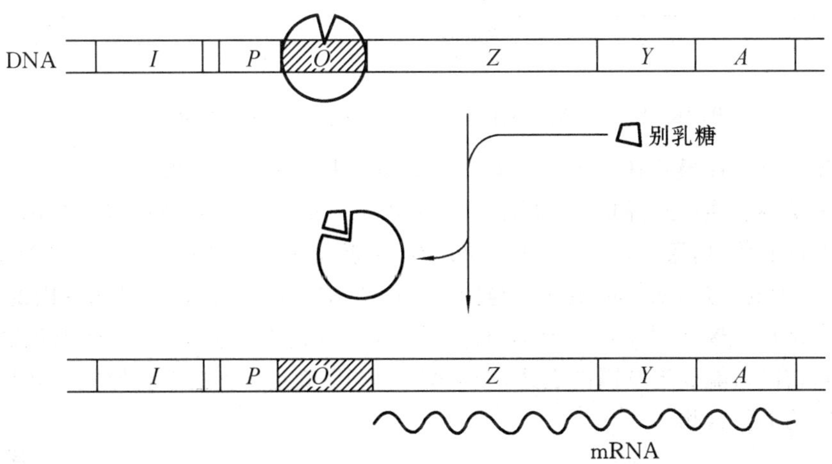

(b)诱导剂与阻遏物结合，使结构基因表达

图 16-9　Lac 阻遏物的作用

3. CAP 与 cAMP 复合物在乳糖操纵子表达中的作用

大肠杆菌具有优先利用葡萄糖作为能源的特点。当大肠杆菌在含有葡萄糖的培养基中

生长时,一些分解代谢酶,如β-半乳糖苷酶、半乳糖激酶、阿拉伯糖异构酶、色氨酸酶等的水平都很低,葡萄糖对其他酶的抑制效应称为分解代谢物阻遏作用,这种现象与 cAMP 有关。葡萄糖能降低大肠杆菌中 cAMP 的浓度,而加入外源性 cAMP 能逆转葡萄糖的这种抑制作用。cAMP 能刺激多种可诱导的操纵子启动,包括乳糖操纵子转录的启动。cAMP 在细菌和哺乳动物中的作用是相同的,都是作为饥饿信号,但作用机制全然不同,在哺乳动物细胞中,cAMP 的作用是激活蛋白激酶,再由蛋白激酶磷酸化其他靶蛋白质分子,如调控糖原合成和分解的机制。而细菌中 cAMP 的作用是通过和一种被称为分解物基因激活蛋白(CAP)的物质结合后发挥作用。CAP 是一种具有 2 个相同亚基的蛋白质,每个亚基都具有与 DNA 结合的结构域和与 cAMP 结合的结构域。CAP 与 cAMP 复合物能刺激操纵子结构基因的转录。在乳糖操纵子上,CAP 与 DNA 结合的区域正好在启动子 *P* 的上游。当没有葡萄糖存在(或葡萄糖浓度低)时,cAMP-CAP 复合物结合到相应的 DNA 序列上,并刺激 RNA 聚合酶的转录作用(能使转录效率提高 50 倍)。当然这种作用是在 Lac 阻遏物没有与操纵基因 *O* 结合的情况下才能发生,见图 16-10。在没有 CAP-cAMP 的情况下,RNA 聚合酶与启动子并不能形成具有高效转录活性的开放复合体,因此乳糖操纵子结构基因的高表达既需要诱导剂乳糖(使 Lac 阻遏物失活),又要求无葡萄糖或葡萄糖浓度低(增加 cAMP 浓度,并形成 CAP-cAMP 复合物促进转录)。

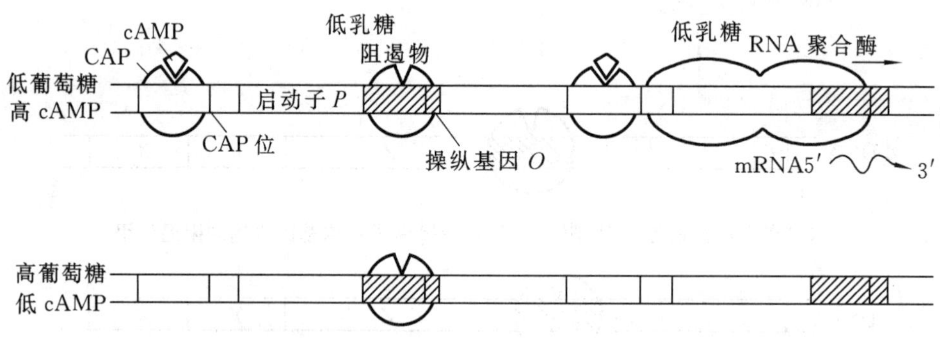

图 16-10　葡萄糖和乳糖在乳糖操纵子基因表达中的联系效应

乳糖操纵子调控模式在一定程度上反映了基因表达调控的一般情况:第一,环境条件的变化是相关基因表达的外界信号,如葡萄糖、乳糖浓度的变化是乳糖操纵子结构基因是否转录的外界条件和信号;第二,基因表达的负调控,也就是调控蛋白质与相应的 DNA 序列结合后,能阻遏基因的表达,如 Lac 阻遏物与操纵基因 *O* 结合后,就抑制了结构基因的表达,在乳糖操纵子中这种阻遏作用能被诱导剂解除;第三,基因表达的正调控,即调控蛋白与相应的 DNA 序列结合后,能促进基因的表达,如 CAP-cAMP 就是一种在多种原核生物操纵子中发挥正调控作用的复合物。

16.3.5　全局调控蛋白 CcpA 的调控作用

CcpA 蛋白对靶基因表达调控

1. 全局调控蛋白 CcpA

枯草芽孢杆菌等低 G-C 含量的 G^+ 菌的分解代谢物阻遏(CCR) 效应不同于大肠杆菌,前者在有氧生长的细胞中检测不到 cAMP,也未找到 CAP 类似的蛋白质。

Henkin 等于 1991 年发现了枯草芽孢杆菌中编码分解代谢物控制蛋白的基因 *ccpA*，*ccpA* 中断失活可解除葡萄糖对 α-淀粉酶合成基因 *amyE* 的阻遏，说明 CcpA 是控制 CCR 效应的关键因子。之后其他低 G-C 含量的 G^+ 菌 CcpA 陆续被发现，含磷酸转移酶(PTS)系统的低 G-C 含量的 G^+ 菌大部分能以 CcpA 依赖的 CCR 效应进行碳源次序代谢的调控。

2. CcpA 与辅阻遏物 HPr(组氨酸磷酰蛋白)的结合

HPr 有组氨酸残基和丝氨酸残基两个磷酸化位点，组氨酸残基磷酸化的 HPr 在 PTS 系统行使功能。HPr 蛋白的丝氨酸残基在双功能酶 HPr 激酶/磷酸酯酶(HPrK/P)催化下被磷酸化，形成 P-(Ser)-HPr，它与转录调控因子 CcpA 结合形成复合物 P-(Ser)-HPr-CcpA。在大多数情况下，该复合物(有活性的 CcpA)是靶基因的真正调控物，阻遏(CCR 效应)或激活(CCA 效应)靶基因的表达。

3. 复合物 P-(Ser)-HPr-CcpA 与靶基因的结合位点

复合物 P-(Ser)-HPr-CcpA 与靶基因的结合区域称为 cre (catabolite repression element) 位点。CcpA 实施阻遏效应时的 *cre* 序列一般在启动子区域内或在读码框内，如编码细胞色素 bd 氧化酶的 *cydABCD* 操纵子；而 CcpA 实施激活效应时，其 *cre* 序列一般位于启动子上游，也有些受 CcpA 激活的基因在其启动子区域未发现 *cre* 序列，如乙酰乳酸合成酶基因 *alsSD*。

4. 依赖 CcpA 的 CCR/CCA 效应

1) CcpA 对非速效碳的分解代谢和次级代谢产物合成代谢的阻遏效应

枯草芽孢杆菌中，只要速效的碳源和能量来源存在，CCR 效应就会发生，有活性的CcpA 会阻遏编码迟效碳源利用操纵子的表达，还会阻遏某些合成代谢过程的操纵子表达，如胞外淀粉酶和抗生素等次生代谢物的合成等。

CcpA 阻遏的参与迟效碳源分解代谢的操纵子有 *gntRKPZ*(葡萄糖酸)、*xylAB*(木糖)、*iolABCDEFGHIJ*(肌醇)、*trePAR*(海藻糖)、*galKT*(半乳糖)、*glpFK*(甘油)、*bglPH*(β-葡萄糖苷)、*xynPB*(β-木糖苷)、*yxjC-scoAE-bdh*(β-羟基丁酸)、*kduID*(半乳糖醛酸)等。编码胞外 α-淀粉酶的操纵子 *amyE*、果糖特异性磷酸转移酶系统和胞外左旋酶水解果糖聚合物与蔗糖的操纵子 *levDEFG-sacC* 以及参与脂肪酸降解的操纵子 *lcfA-fadR-fadB-etfAB*、*fadNAE* 和 *lcfB* 也受 *CcpA* 的阻遏。

各种氨基酸和核苷酸在速效碳源限制条件下也可被用作碳源和氮源。*hutPHUIGM* 操纵子参与组氨酸的利用，*dra-nupC-pdp* 操纵子参与脱氧核糖核苷代谢，它们均为 CcpA 的直接靶点，在速效碳源非限制条件下被 CcpA 阻遏。此外，枯草芽孢杆菌编码 σ^L 因子(RNA 聚合酶的亚基之一)的操纵子 *sigL* 也是 CcpA 的直接靶点。σ^L 因子调控的操纵子包括左旋酶操纵子(*levDEFG-sacC*，参与果糖代谢)和 *rocABC*、*rocDEF*、*rocG* 操纵子(参与精氨酸分解代谢)，*acoABCL* 操纵子(编码乙偶姻脱氢酶复合体)，*bkd* 操纵子(编码参与亮氨酸和缬氨酸降解的酶)。在速效碳源非限制条件下，σ^L 因子操纵子(*sigL*)的表达被 CcpA 阻遏，进而导致上述操纵子无法启动转录而被阻遏。另外，*acoABCL*、*levDEFG-sacC* 和 *rocG* 操纵子本身也含有 *cre* 序列，在速效碳源非限制条件下，这三个操纵子的表达受到双重阻遏调控：一是 CcpA 阻遏 σ^L 因子的表达引起 RNA 聚合酶装配残缺，并使其无法启动；二是这三个操纵子本身所具有的 *cre* 序列也会被 CcpA 结合而阻遏。

2）CcpA 对溢流代谢和能量代谢的调节作用

丙酮酸是糖酵解途径的重要代谢产物，其代谢去向对细胞而言很重要。在营养丰富速效碳源非限制条件下，CcpA 激活了 *pta*（编码磷酸转乙酰酶，催化 AcCoA 生成乙酰磷酸）、*ackA*（编码乙酸激酶，催化乙酰磷酸生成乙酸和 ATP）、*alsSD*（编码乙酰乳酸合成酶，是乙偶姻合成代谢关键酶）和 *ilv-leu* 操纵子（编码支链氨基酸合成代谢的酶）的表达，并在减少胞内丙酮酸高浓度积累方面发挥重要作用。其中，乙酸是枯草芽孢杆菌细胞在上述生长条件下的主要副产物之一。

另一方面，CcpA 阻遏 *citZ*（编码柠檬酸合酶）的表达，进而降低三羧酸循环的运转效率。只要细胞能通过糖酵解获得足够的 ATP，这种三羧酸循环的负调控能够避免产生多余的 ATP。另外，三羧酸循环的中间产物的转运蛋白的表达也被 CcpA 阻遏，包括参与柠檬酸转运的 *citM-yflN* 操纵子、*yxkJ* 基因（编码柠檬酸/苹果酸转运蛋白）、*dctP* 操纵子（编码四碳二羧酸（包括苹果酸、富马酸和琥珀酸）的转运系统）。

枯草芽孢杆菌的呼吸系统被葡萄糖严重地抑制。*resABCDE* 操纵子（编码细胞色素 c 三蛋白复合体）是呼吸作用中必不可少的。该操纵子是 CcpA 的直接靶点。此外，编码细胞色素 c_{550} 的 *cccA* 基因和编码细胞色素 bd 氧化酶的 *cydABCD* 操纵子也是通过与 CcpA/P-Ser-HPr 复合物（CcpA 的活性状态）的直接互作（CcpA 结合于 *cre* 序列）而被阻遏。

3）碳和氮调节之间的主要联系

枯草芽孢杆菌主要通过谷氨酰胺和谷氨酸合成的协同作用同化铵，谷氨酸合成酶（由 *gltAB* 编码）催化谷氨酰胺和 α-酮戊二酸生成谷氨酸。而谷氨酸脱氢酶（由 *rocG* 编码）催化谷氨酸生成 α-酮戊二酸以回补三羧酸循环。CcpA 间接地对 *gltAB* 的表达起到激活作用，而 *rocG* 基因直接被 CcpA 阻遏。

16.4　代谢调控在工业生产中的指导意义

16.4.1　酶活性调节在工业生产中的应用

发酵工业如氨基酸发酵、核苷酸发酵、抗生素发酵、维生素发酵等，都是利用微生物代谢活动生产特定化合物的过程。早在3 000年前古埃及就出现了啤酒生产工业，但以前的发酵工业一直是一种自然发酵过程，即运用微生物固有的代谢能力积累特定的代谢产物（主要是分解代谢过程）。20 世纪 50 年代以来，生物化学家对代谢过程的调节和控制进行研究，并取得丰硕的研究成果，形成代谢调控理论。在代谢调控理论指导下，通过某些技术措施改变细胞的调控系统，打破原有的调控机制并建立一种新的调控体系，达到工业应用目的，使工业微生物发酵进入一个新的历史阶段，即代谢控制发酵，它是现代发酵工业的重要特征之一。

1. 增大细胞膜通透性

细胞膜对物质的通过具有选择性。细胞内的有些代谢产物不能通过细胞膜，导致其在细胞内过多积累，必然产生反馈抑制而影响代谢产物的进一步生成。因此，在发酵过程中需增大细胞膜通透性。在生产实践中增大细胞膜通透性的方法主要有以下几种。

1）选育增大细胞膜通透性的菌株

在谷氨酸发酵生产中，细胞膜组分磷脂影响细胞膜的通透性，如采用解烃棒杆菌

(*Corynebacterium nydrocarboclastus*)的甘油缺陷型菌株来生产谷氨酸,就可以提高谷氨酸的产量。这是由于该菌株的 α-磷酸甘油脱氢酶缺陷,不能合成甘油,这限制了磷脂的正常合成。在限量添加甘油时,其细胞的磷脂含量仅为亲株的 50%以下,谷氨酸产量可达 72 mg/mL。如果应用油酸缺陷型菌株生产谷氨酸,在限量添加油酸的条件下,也能使谷氨酸分泌到细胞外,提高谷氨酸产量。这是由于油酸是磷脂合成的重要脂肪酸。油酸缺陷型菌株不能合成油酸,影响了细胞膜的完整性,增大了细胞膜的通透性,谷氨酸易于分泌到细胞外。

2) 合理控制生物素的使用量

在脂肪酸的生物合成中,乙酰 CoA 羧化酶是关键酶,而生物素又是乙酰 CoA 羧化酶的辅酶,因此生物素对脂肪酸的生物合成起重要作用。没有生物素,谷氨酸发酵生产中的菌体生长就受到严重影响;如果生物素过多,谷氨酸难以透过细胞膜,无法达到发酵的目的。因此,在生产中适度地控制生物素量,既能维持磷脂的生物合成,又能使细胞膜具有良好的通透性。当生物素过多时,由于青霉素阻碍细胞壁的合成,从而使细胞膜因失去细胞壁的保护而受到损伤,有利于谷氨酸的外渗,因此也可加入一定浓度的青霉素。

3) 合理添加金属离子

Mn^{2+} 浓度是核苷酸发酵成败的关键因素之一,在核苷酸发酵生产中对细胞膜的通透性产生重要的影响。以产氨短杆菌(*Brevibacterium ammoniagenes*)生产 IMP 为例,在 Mn^{2+} 浓度限量的情况下,IMP 才会在培养基中积累,而在一般情况下培养基中积累的是次黄嘌呤而不是 IMP。次黄嘌呤在细胞外进一步合成 IMP,碱基和核苷经过磷酸化后则不易从细胞内渗出。而在 Mn^{2+} 限量时,菌体内脂肪酸显著减少,通过影响细胞膜合成来改变细胞膜通透性,此时磷酸核糖焦磷酸及其激酶、核苷酸磷酸化酶等容易渗到细胞外,在培养基中合成 IMP。当然,发酵前期为了保证菌体生长良好,应使 Mn^{2+} 过量。

此外,增大细胞膜通透性的物质还有表面活性剂、高级脂肪酸、甘油等,其目的都是干扰细胞膜磷脂的正常合成。

2. 抗代谢物结构类似物突变株的选育

在单一代谢途径中,如果希望得到的产物正是末端产物本身,则用营养缺陷型方法难以达到目的,况且缺陷型中积累的产物也可能造成新的反馈抑制。因此有必要选育另一类突变菌株,它能够抵抗(或不受)高浓度代谢终产物的反馈抑制和阻遏。这种菌株在选育过程中使用了代谢产物的结构类似物,因此称为抗代谢物结构类似物突变株,简称抗性突变株,用符号 r^+ 表示。这是代谢调控理论应用于育种和发酵生产的又一途径。如微生物生长时需要氨基酸、嘌呤或嘧啶等代谢物单体,用于细胞大分子物质的合成。若将这些代谢产物的结构类似物(又称抗代谢物)加入培养基,它们能和正常代谢产物竞争同一酶系,导致正常代谢产物因竞争失利不能用于微生物的生物合成,最终使菌体不能正常生长。如果对菌体进行诱变处理,获得在抗代谢物存在时也能正常生长的突变株,则表明该突变株对某抗代谢物已不敏感了。在一般情况下,该突变株的有关酶系对正常的相应代谢产物也不敏感,从而解除了某些代谢产物对有关酶系的反馈阻遏与抑制。例如,利用苏氨酸和异亮氨酸的结构类似物 α-氨基-β-羟基戊酸(AHV)培养钝齿棒杆菌(*Corynebacterium crenatum*)时,由于 AHV 干扰了该菌株的高丝氨酸脱氢酶、苏氨酸脱氢酶和二羧酸脱水酶的作用,因此它不能生长;利用亚硝基胍诱变,获得抗 AHV 并产生苏氨酸和异亮氨酸的突变株。研究发现,这些突变株的高丝氨酸脱氢酶和二羧酸脱水酶的结构基因发生了突变,所以不再受苏氨酸和异亮氨酸的反馈抑制,在发酵中可以大量积累这两种氨基酸。

3. 控制发酵条件

在发酵过程中,发酵条件不仅影响菌体的生长,还影响代谢产物的生成,因此不同的发酵条件得到的产物也不同。如在酵母菌的无氧发酵中,通过改变通气条件、培养基的成分和pH值等发酵条件,可变乙醇发酵为甘油发酵,生产甘油。一般在发酵条件的控制中,应考虑以下几个原则:①满足菌体生长的必需条件;②选择有利于代谢产物积累的发酵条件;③考虑生产的经济成本,以利于工业生产应用。在工业生产中,通常采取下列几种措施。

(1) 使用混合碳源。混合碳源中有一部分是有利于菌体生长的速效碳源,能够被快速利用;另一部分是有利于产物积累的迟效碳源,可被缓慢地利用。在碳源的选择中,应考虑碳源原料的成本。例如,在青霉素生产中采用葡萄糖与乳糖以适当比例组成的碳源,既提高青霉素产量,又降低生产成本;如果仅用乳糖作碳源,虽能提高青霉素发酵单位,但成本太高。

(2) 应用流加法。对碳源及其他营养成分用流加的方法或用恒化器连续培养,能使发酵顺利进行。例如,用流加法将葡萄糖加入发酵液,可提高纤维素酶的产量。

(3) 加入前体法。可提高发酵产品产量的另一种方法是在发酵液中添加代谢产物前体或代谢途径的某中间产物。例如,在黏质沙雷菌(*Serratia marcescens*)的异亮氨酸发酵中添加D-苏氨酸,绕过L-异亮氨酸对L-苏氨酸脱氨酶的反馈抑制,D-苏氨酸由D-苏氨酸脱氨酶催化,同样可转变成中间产物α-酮丁酸,进一步合成L-异亮氨酸。

16.4.2 酶合成调节在工业生产中的应用

正常细胞有完善的调控系统,因此在正常细胞中没有各种代谢产物的过量积累。在基因表达过程中,如果破坏调控关系,就能导致某些酶或其他产物的过量积累。可通过筛选某些调控基因有改变的突变株或引进额外的新基因达到这一目的。

1. 筛选调控基因突变的突变株

对野生型菌株进行适当的诱变处理,可以产生使调节基因突变、不需要诱导物就能大量合成目标产物的营养缺陷型菌株,这些营养缺陷型菌株降低产物的浓度或分解代谢产物,以解除其阻遏作用。所谓营养缺陷型,是需在基本培养基中补加某种营养成分(如氨基酸、维生素、核苷酸等)才能生长的微生物突变体。微生物细胞本身能吸收环境中的简单营养物,经过自身代谢合成生长所需的各类营养物质。如果发生基因突变,则细胞失去合成与这些基因有关的营养物质,只有在培养基中补加这类营养物质后,突变细胞才能生长,故又名营养缺陷型突变体。例如,野生型大肠杆菌的β-半乳糖苷酶量很少,必须有乳糖的诱导才能大量合成,如果一突变株中乳糖操纵子的调节基因突变,则不需乳糖(或其类似物)诱导,就有大量β-半乳糖苷酶生成。

以肌苷酸发酵为例。在生物体内嘌呤核苷酸的从头合成途径中,首先合成的是肌苷酸(IMP),然后由IMP分别合成AMP和GMP,它是一种具有较长共同途径的分支代谢途径。AMP和GMP分别反馈抑制分支点后的第一步酶反应,且AMP和GMP对起始步骤的PRPP转酰胺酶有增效反馈抑制作用;另外,AMP和GMP可以通过IMP而相互转化。所以细胞内的IMP含量不可能很高。如果选育一个可以使AMP分支的第一种酶即琥珀酸腺苷酸(SAMP)合成酶失活的菌株，则可以积累 IMP。但是，选育一个可以使 GMP 分支的第一种酶即次黄苷酸脱氢酶失活的菌株，不一定积累 IMP，这与出发菌株有关。例如，产氨短杆菌中 AMP、GMP 是该代谢途径中的末端产物，当次黄苷酸脱氢酶缺失时，反应流向 AMP，进而反馈抑制 SAMP 合成酶，积累 IMP。而在枯草杆菌中，由于 AMP 可以参与组氨酸的合成，且其中的一种中间产物(5-氨基咪唑-4-氨甲酰核苷酸)也是合成 IMP 途径中的中间产物，实际上可形成环状分支代谢途径，因此不能积累 AMP，就无法通过反馈抑制 IMP。

2. 增加遗传单位的数量和种类

可利用基因工程技术或基因转导技术改变工程菌遗传物质(DNA 或 RNA)的结构，增加某些遗传单位的数量或种类，提高结构基因表达的活力，增加基因产物的产量。例如，在基因表达的调控区，引入新的启动子或引入与 RNA 聚合酶具有大亲和力的强启动子，可以加快转录的速率。利用此法曾使大肠杆菌 6-磷酸葡萄糖脱氢酶的产量提高 6 倍。又如，将携带某些细菌酶结构基因的 λ 噬菌体或 φ80 引入大肠杆菌染色体 DNA 上，这些新引入的结构基因能同大肠杆菌 DNA 一起复制，同样表达，因而使细菌内的遗传数量增加，可以提高酶的产量。如引入不同的结构基因，则可得到不同产物。利用基因工程技术构建新的氨基酸工程菌，已使比较难于发酵生产的色氨酸和苏氨酸产量大大提高。

思 考 题

1. 糖、脂肪、氨基酸三大营养物质在代谢中是怎样相互联系的?
2. 什么是关键酶? 其特点是什么?
3. 乙酰 CoA 羧化酶是脂肪酸合成的关键酶，该酶可通过哪些调控机制来调节脂肪酸的合成?
4. 在原核生物的基因表达中，哪些是正调控因子? 哪些是负调控因子?
5. 简述原核生物基因表达的调节机制。
6. 酶活性的调节包括哪几种方式?

参考文献

[1] 陈诗书,孔良曼,张有章. 医学生物化学[M]. 上海:上海医科大学出版社,1999.

[2] 陈辉. 生物化学基础[M]. 北京:高等教育出版社,2005.

[3] 陈惠黎,李茂深,朱运松. 生物大分子的结构与功能[M]. 上海:上海医科大学出版社,1999.

[4] 谷志远. 现代医学分子生物学[M]. 北京:人民军医出版社,1998.

[5] 郭勇. 酶的生产与应用[M]. 北京:化学工业出版社,2003.

[6] 郭蔼光. 基础生物化学[M]. 北京:高等教育出版社,2001.

[7] 黄来发. 食品增稠剂[M]. 北京:中国轻工业出版社,1999.

[8] 何志谦. 人类营养学[M]. 2 版. 北京:人民卫生出版社,2001.

[9] 孔繁祚. 糖化学[M]. 北京:科学出版社,2005.

[10] 冯作化. 医学分子生物学[M]. 北京:人民卫生出版社,2001.

[11] 金凤燮. 生物化学[M]. 北京:中国轻工业出版社,2004.

[12] 赖炳森. 生物化学[M]. 北京:中国医药科技出版社,1996.

[13] 李晓华. 生物化学[M]. 北京:化学工业出版社,2005.

[14] 李建武. 生物化学[M]. 北京:北京大学出版社,1990.

[15] 李盛贤,刘松梅,赵丹丹. 生物化学[M]. 哈尔滨:哈尔滨工业大学出版社,2005.

[16] 刘志国,孙中武,宋慧,等. 生物化学[M]. 北京:科学出版社,2005.

[17] 鲁子贤. 蛋白质和酶学研究方法[M]. 北京:科学出版社,1989.

[18] 刘欣. 食品酶学[M]. 北京:中国轻工业出版社,2007.

[19] 卢圣栋. 现代分子生物学实验技术[M]. 北京:高等教育出版社,1993.

[20] 罗纪盛,张丽萍,杨建雄. 生物化学简明教程[M]. 3 版. 北京:高等教育出版社,1999.

[21] 王镜岩,朱圣庚,徐长法. 生物化学[M]. 3 版. 北京:高等教育出版社,2002.

[22] 王联结. 生物化学与分子生物学[M]. 北京:科学出版社,2004.

[23] 王联结. 生物化学与分子生物学原理[M]. 北京:科学出版社,2002.

[24] 王希成. 生物化学[M]. 2 版. 北京:清华大学出版社,2005.

[25] 汪家政,范明. 蛋白质技术手册[M]. 北京:科学出版社,2000.

[26] 王琳芳,杨克恭. 蛋白质与核酸[M]. 北京:北京医科大学-中国协和医科大学联合出版社,1998.

[27] 魏述众. 生物化学[M]. 北京:中国轻工业出版社,1996.

[28] 温进坤,韩梅. 医学分子生物学理论与研究技术[M]. 2 版. 北京:科学出版社,2002.

[29] 吴梧桐. 生物化学[M]. 5 版. 北京:人民卫生出版社,2005.

[30] 吴显荣. 基础生物化学[M]. 2 版. 北京:中国农业出版社,1997.

[31] 吴坤,孙秀发. 营养与食品卫生学[M]. 5 版. 北京:人民卫生出版社,2004.

[32] 吴赛玉. 生物化学[M]. 合肥:中国科学技术大学出版社,2005.

[33] 吴乃虎. 基因工程原理[M]. 2 版. 北京:科学出版社,1998.

[34] 吴冠芳,潘华珍,吴翠. 生物化学与分子生物学实验常用数据手册[M]. 北京:科学出版社,2000.

[35] 陶慰孙,李惟,姜涌明. 蛋白质分子基础[M]. 2 版. 北京:高等教育出版社,1995.

[36] 于自然,黄熙泰. 现代生物化学[M]. 北京:化学工业出版社,2001.

[37] 阎隆飞,张玉麟. 分子生物学[M]. 北京:北京农业大学出版社,1993.

[38] 俞俊堂,唐孝宣. 生物工艺学[M]. 上海:华东理工大学出版社,1997.

[39] 叶林柏,郜金荣. 基础分子生物学[M]. 北京:科学出版社,2004.

[40] 张洪渊. 生物化学教程[M]. 3 版. 成都:四川大学出版社,2002.

[41] 张洪渊,万海清. 生物化学[M]. 北京:化学工业出版社,2006.

[42] 张迺蘅. 生物化学[M]. 2 版. 北京:北京医科大学-中国协和医科大学联合出版社,1999.

[43] 张楚富. 生物化学原理[M]. 北京:高等教育出版社,2003.

[44] 赵玉娥. 生物化学[M]. 北京:化学工业出版社,2005.

[45] 郑集,陈钧辉. 普通生物化学[M]. 3 版. 北京:高等教育出版社,2002.

[46] 周爱儒,查锡良. 生物化学[M]. 5 版. 北京:人民卫生出版社,2001.

[47] 周润琦,陈石根,李政励. 生物化学基础[M]. 北京:化学工业出版社,1992.

[48] 朱玉贤. 现代分子生物学[M]. 2 版. 北京:高等教育出版社,2002.

[49] 周海梦,昌增益,江凡. 生物化学原理[M]. 3 版. 北京:高等教育出版社,2005.

[50] 贾士儒. 生物反应工程原理[M]. 4 版. 北京:科学出版社, 2015.

[51] 沈同等. 生物化学[M]. 北京:人民教育出版社, 1980.

[52] 王金胜, 王冬梅, 吕淑霞. 生物化学[M]. 科学出版社, 2007.

[53] 杨荣武. 生物化学原理[M]. 3 版. 北京: 高等教育出版社, 2018.

[54] 姚文兵. 生物化学[M]. 9 版. 北京:人民卫生出版社,2022.

[55] 张冬梅, 陈钧辉. 普通生物化学[M]. 6 版. 北京: 高等教育出版社, 2021.

[56] 朱圣庚, 徐长法. 生物化学[M]. 4 版. 北京: 高等教育出版社, 2016.

[57] 王志新. 中国酶学基础研究四十年回顾[J]. 生物化学与生物物理进展, 2014, 41(10):990-996.

[58] Benjamin L. 基因Ⅷ[M]. 余龙,江松敏,赵寿元,译. 北京:科学出版社,2005.

[59] Marshak D R,Kadonaga J T,Burgess R R,et al. 蛋白质纯化与鉴定实验指南[M]. 朱厚础,译. 北京:科学出版社,1999.

[60] Sambrook J,Fritsch E F,Maniatis T. 分子克隆实验指南[M]. 2 版. 金冬雁,黎孟枫,译. 北京:科学出版社,1995.

[61] Stryer L. 生物化学[M]. 2 版. 唐有棋,张惠珠,译. 北京:北京大学出版社,1990.

[62] Taylor M E,Drickamer K. 糖生物学导论[M]. 马毓甲,译. 北京:化学工业出版社,2006.

[63] Twyman R M. 高级分子生物学要义[M]. 陈淳,徐沁,译. 北京:科学出版社,2000.

[64] Voet D,Voet J G,Pratt C W. 基础生物化学[M]. 朱德煦,郑昌学,译. 北京:科学出版社,2003.

[65] Garrett R H,Grisham C M. Biochemistry[M]. 影印版. 北京:高等教育出版社,2002.

[66] Hames B D,Hooper N M,Houghton J D. Biochemistry [M]. 影印版. 北京:科学出版社,1999.

[67] Hames B D,Hooper N M,Houghton J D. Instant Notes in Biochemistry[M]. 影印版. 北京:科学出版社,2000.

[68] Mckee T,Mckee J R. Biochemistry:An Introduction[M]. 影印版. 北京:科学出版社,2000.

[69] Murray R K,Granner D K,Mayes P A,et al. Harper's Biochemistry[M]. 影印版. 北京:科学出版社,2000.

[70] Weaver R F. Molecular Biology[M]. 影印版. 北京:科学出版社,2000.

[71] Alberts B,Bray D,Lewis J,et al. Molecular Biology of the Cell[M]. 3rd ed. New York:Garland Publishing Inc. ,1996.

[72] Benjamin L. Gene Ⅶ[M]. London:Oxford University Press,2000.

[73] Campbell M K,Farrell S O. Biochemistry[M]. 4th ed. New York:Thomson Learning Inc. ,2003.

[74] Lehninger A L,Nelson D L,Cox M M. Principles of Biochemistry[M]. 2nd ed. New York:Worth Publishers Inc. ,1995.

[75] Lodish H,Berk A,Zipursky S,et al. Molecular Cell Biology[M]. 4th ed. New York:WH Freeman Co. ,2000.

[76] Nair D T,Johnson R E,Prakash L,et al. Rev1 Employs a Novel Mechanism of DNA Synthesis Using a Protein Template[J]. Science,2005,309:2219-2222.

[77] Phizicky E M,Fields S. Protein-Protein Interactions:Methods for Detection and Analysis[J]. Microbiology Review,1995,59(1):94-123.

[78] Strger L. Biochemistry[M]. 4th ed. New York:WH Freeman Co,1995.

[79] Tamarin R H. Principles of Genetics[M]. 7th ed. New York:McGraw-Hill,2002.

[80] Watson J. Molecular Biology of the Gene[M]. 5th ed. New York:Cold Spring Harbor Press,2004.

[81] Weaver R. Molecular Biology [M]. 3rd ed. New York:McGraw-Hill,2005.

[82] Zubay G L,Parson W W,Vance D E. Principles of Biochemistry[M]. Dubique:Wm C Brown Publishers,1995.

[83] Xie Z X,Li B Z,Mitchell L A, et al. "Perfect" designer chromosome V and behavior of a ring derivative[J]. Science, 2017, 355, eaaf4704. DOI:10.1126/science.aaf4704.

[84] Wu Y,Li B Z,Zhao M, et al. Bug mapping and fitness testing of chemically synthesized chromosome X[J]. Science, 2017, 355, eaaf4706. DOI:10.1126/science.aaf4706.

[85] Fujita Y. Carbon Catabolite Control of the Metabolic Network in *Bacillus subtilis*[J]. Bioscience Biotechnology and Biochemistry, 2009, 73(2):245-259.

[86] Shao Y Y,Lu N,Wu Z F, et al. Creating a functional single chromosome yeast[J]. Nature, 2018, 560:331-335. DOI:10.1038/s41586-018-0382-x.